目　錄

第一篇

行銷學的世界

學習目標

在讀完本章之後，各位應當能夠做到下列各項：

1. 爲行銷下定義。
2. 說明四種行銷經營哲學。
3. 討論銷售導向和行銷導向兩者的差異。
4. 解說廠商是如何執行行銷概念。
5. 描述行銷的過程。
6. 說明研究行銷的理由。

第1章

行銷學綜覽

羅伯沙剌達（Robert Sallada）走進位在維吉尼亞州夏綠蒂思維市（Charlottesville, Virginia）的Staples文具店，想要買些地圖專用的圖釘，當然，在當時他可沒想到什麼店內服務的問題。他漫不經心地說，他以爲這種購物的經驗應該就像是到某大特價商場買東西一樣。畢竟，Staples也不過是家販賣辦公室用品的特價商店而已。沒想到結果竟是沒找到沙剌達所要的那種不太常見的圖釘，可是店員卻幫他迅速地聯絡上製造這類圖釘的廠商。就在沙剌達回到自己雇有十五名員工，專事傢俱買賣的辦公室後，Staples的員工利用傳眞，給了他一份有關地圖圖釘的書面資料。沙剌達很驚訝，因爲這些小東西總計不過二十塊美金而已。他說的時候，仍然帶著一付不可置信的語氣：「幾個月後，我走進這家店，店員仍然記得我的名字，眞是讓我印象深刻。」沙剌達現在是Staples的常客，預計每一年花在該店的支出約計幾千塊美金。

現在沙剌達和其他顧客一樣，他們總算瞭解了Staples眞的非常非常在乎顧客的感覺。這種對顧客無微不至的呵護再加上特價提供的賣點，終於讓Staples轉型成了美國最炙手可熱的零售商。

但是這樣的成功並不表示Staples就可以輕鬆下來，在這個有著八十億美元的辦公室用品超商市場中，不僅市場正逐漸快速成長，其它品牌也是個個摩拳擦掌，競爭日趨白熱化。難纏的競爭對手如辦公室補給站（Office Depot）和辦公室馬克士（Office Max），也都在削價競爭，並致力於服務品質的提升。總裁暨公司創始人湯姆史坦柏（Tom Stemberg）說道：「我們必須和顧客更親近，在服務上，我們做得比兩年前好多了，可是，我並不認爲我們做到這個地步就夠了。」

就在Staples仍然致力於各類紙、筆、傳眞機器和其它辦公室用品的特價提供之際，也不忘其主要的策略就是要爲顧客提供最好的辦法來解決問題，進而促進銷售的成長。

爲了瞭解顧客，Staples以龐大的資料庫，收集儲存了有關購買行爲的各類資訊。爲了得到這些資訊，Staples使用的是會員卡的制度，卡片在登錄製造時，就會提供未來的使用者幾個優待的項目。顧客每次使用卡片的時候，Staples就可以從卡片中獲取到該使用者購買行爲的資訊了。舉例來說，這家公司在律師和牙醫這兩個行業裏，生意做得還算不錯，在校長這個消費層裏，可能就不太行。因此，Staples利用這項資訊，將新的連鎖店開設在前述兩類消費層的鄰近地區，以便他們購買，例如，眾多法律事務所林立的鄰近地區。

另一個瞭解顧客的好處是：你可以和他們建立起長期的關係。Staples竭盡所能，希望最好的顧客再回到店裏消費。因爲資料庫裏知道這些人是誰，所以Staples會以特殊的折價方法，贏得這群人的購買忠誠度。舉例來說，在辛辛那提市的連鎖店裏，Staples正在實驗進行一種折扣卡的活動，在這個活動中，小型企業的顧客主只要每個月消費滿一百元美金，就能得到一些折扣。這個資料庫也讓Staples警覺到那些只消費一次就不再來光顧的顧客們。若是銷售人員看到某些人買了足供六個月份可使用的六箱影印紙，就不再前來店裏消費的話，他或她就應該打電話探詢原因，看看是不是有什麼辦法可以重新挽回該顧客的心。[1]

說說看Staples現階段的經營哲學是什麼？這家公司是如何執行這個哲學的？這些問題可在第一章的內文中探索得知。

Staples實質辦公用品超級商店（Staples Virtual Office Superstore）

Staples的WWW網站位址如何表現它對顧客的服務承諾？

http://www.staples.com/

1 爲行銷下定義

行銷學是什麼？

對你來說，行銷學的意義是什麼？很多人認爲它和銷售的意思是一樣的；也有人認爲行銷就是個人銷售和廣告的意思。另外仍有人相信行銷就是把商品廣鋪在店頭，安排陳列方式，並爲以後的銷售保持存貨供給。事實上，行銷學包括了以上述及的所有活動，甚至更多。

行銷

爲了達成個人和企業組織之間的交易目標，行銷扮演的是某種貨物、勞務、或構想的整體規劃和執行過程，其規劃執行的內容包括了概念的形成、商品定價、促銷以及配銷。

行銷學有兩個層面。第一個層面是一種理念、態度、展望或是強調顧客滿意度的一種經營方向；第二個層面則是用來實現這個理念的一系列活動。美國行銷協會（The American Marketing Association）對行銷（marketing）下的定義就包含了以上這兩個層面：「爲了達成個人和企業組織之間的交易目標，行銷扮演的是某種貨物、勞務或構想的整體規劃和執行過程，其規劃執行的內容包括了概念的形成、商品定價、促銷以及配銷。」[2]

交易的概念

在行銷的定義上，交易是個重要的關鍵所在。**交易的概念**（the concept of exchange）很簡單，它的意思是人們爲了得到他們想要的東西，而放棄自己的某些東西。通常，我們把錢當作是交易的媒介。我們「放棄」金錢來「得到」我們想要的商品或勞務。但是交易並不一定需要用到錢。兩個人也能用以物易物的方式，來換取像棒球卡或油畫之類的東西。

交易的概念
人們爲了得到他們想要的東西，而放棄自己的某些東西。

任何交易的發生，都需要有以下這五種狀況的存在，方能成立：

◇關係人最起碼有兩個。
◇各關係人都擁有某種東西，是對方關係人所冀望得到的。
◇各關係人都可以和對方關係人溝通，並能送達對方關係人所尋求的商品或勞務。
◇各關係人都有自由去接受或拒絕。
◇各關係人都必須想要和對方關係人產生交易。[3]

即使以上五種狀況都存在，交易的行爲也不一定會發生。但是它們卻是交易可能發生的必要條件。舉例來說，你可能會在地方報上刊登一則廣告，上面寫明你的二手汽車要以多少價錢來拍賣。有些人可能會打電話給你，詢問一下車子；也有些人會要求試開一下；甚至有一兩個人會答應你所開的價錢。交易發生的必要狀況全都有了，可是除非你和某個買主達成協議，確實賣了那部車，否則交易還是沒有發生。請注意，即使沒有產生交易，行銷還是可以發生的。在我們剛剛討論的那個例子裏，即使沒有人買了你的二手車，你也已經參與行銷了。

生產導向的經營哲學著重的是廠商內部的能力，管理階層在詳視內部的資源之後，問道：「我們的工程師能設計出什麼？」
©Michael Rosenfeld/
Tony Stone Images

2 說明四種行銷經營哲學

行銷經營的哲學

有四個互相競爭的經營哲學會嚴重影響到企業組織裏的各種行銷活動，它們指的是生產導向、銷售導向、行銷導向和社會性行銷導向等各種經營哲學。

生產導向

生產導向
生產導向的經營哲學著重的是廠商內部的能力，而不是市場的需求和欲求。

生產導向（production orientation）的經營哲學著重的是廠商內部的能力，而不是市場的需求和欲求。生產導向指的是管理階層會評估內部的資源，反問：「我們的能力極限是什麼？」；「我們的工程師能設計出什麼？」以及「就我們的設備而言，什麼東西最容易製造？」而服務業的管理階層，則可能問道：「我們公司能提供什麼樣的便利服務給大眾？」；「我們擅長的是什麼？」有些人把這類的導向視為是一種「夢工場」（Field-of-Dreams）式的行銷策略，就像電影裏說的：「如果我們創造得出來，他們就會來看！」

評估公司內部的能力是不會錯的，事實上，這類評估也是策略性行銷計畫中的主要考量（請參看第二章）。但是，生產導向之所以有缺點，是因爲它沒有考慮到該廠商所生產的商品或勞務究竟能不能有效符合市場的需求。PPG產業即提供了一個有趣的例子，在1980年代，PPG內部的研發專家花了相當多的時間精力，並投注了大量的金錢，研發出一種淺青色的擋風玻璃，這種擋風玻璃可以過濾陽光，把熱氣隔絕於外。科學家們都相信，這個新產品比市面上現有的擋風玻璃都要來的好。但是，當1991年推出這種嶄新的擋風玻璃時，卻慘遭滑鐵盧，汽車製造商拒絕購買它，因爲他們不喜歡它的顏色和價格。「我們研發出一種很棒的捕鼠器，可是卻沒有老鼠可捕。」科技部副總裁蓋利韋伯（Gary Weber）如是說道。[4]

但是生產導向的經營哲學也不一定就會讓那家公司慘遭滑鐵盧，特別是以非短期來看的話。有時候，某家廠商最擅長製造的東西正是市場所需要的。也有些情況下，若是逢遭市場競爭力積弱不振，或者是市場正處於供不應求的情況時，以生產爲導向的公司也可能會存活下來，甚至因此而成功興盛了起來。但是，最能成功立足於競爭市場中的，還是那些以顧客需求爲決定方針的廠商們，他們清楚知道顧客想要什麼，進而生產製造出來，而不是由公司裏的管理階層來決定該製造生產什麼產品。

銷售導向

銷售導向（sales orientation）的經營哲學根據的觀念是，如果使用積極有力的銷售技巧，人們就會購買更多的商品和勞務，銷售利潤也就會更加的可觀。這種哲學不只強調對最終購買者的販售，也很鼓勵中間交易商對廠商產品的積極推動和促銷。對銷售導向的廠商來說，行銷指的就是販售產品和收帳。

銷售導向
銷售導向的經營哲學根據的觀念是，如果使用積極有力的銷售技巧，人們就會購買更多的商品和勞務，銷售利潤也就會更加的可觀。

銷售導向的根本問題就像生產導向的問題一樣，它們都缺乏對市場需求（needs）和欲求（wants）的瞭解。銷售導向的公司往往會發現，不管他們的業務能力有多強，他們就是沒辦法說服人們來買這些既不符需求，也不合欲求的商品或勞務。

行銷導向

行銷導向（marketing orientation）也是目前行銷哲學的基礎根本，它瞭解商品或勞務的販售靠的不只是很強的銷售能力而已，還要有顧客的決定，才能促使商品購買行爲的產生。就生意而言，不管廠商製造了什麼，

行銷導向
該哲學認爲商品或勞務的販售靠的不只是很強的銷售能力而已，還要有顧客的決定，才能促使商品購買行爲的產生。

渥爾商場連鎖店已經佔領了全美國特價零售店的領導地位，因爲它把焦點放在顧客的需求上。該公司所持續進行的活動趨勢，建立出一個結合了食品和一般用品爲主的超級賣場中心。
Gary Krambeck/The Chicago Tribune

都不算是成功的重要條件，最重要的應該是顧客認爲自己買的是什麼認定的價值（the perceived value），這才是生意成交的眞正意義。這種被顧客認定的價值也可以決定商品的未來和發展潛力。對行銷導向的廠商而言，行銷代表的意義就是和顧客建立關係。

行銷概念
企業組織之所以存在，就社會性和經濟性的理由來說，全是爲了滿足顧客的需求和欲求，同時，進而達成該企業組織的目標。

這樣的哲學也稱之爲**行銷概念**（marketing concept），它非常簡單，也很吸引人。它認爲企業組織之所以存在，就社會性和經濟性的理由來說，全是爲了滿足顧客的需求和欲求，同時，進而達成該企業組織的目標。行銷概念包括了下列幾點：

◇將焦點放在顧客的欲求上，以便企業組織將自己的產品和競爭者的產品區隔開來。
◇整合企業組織裏的所有活動（包括生產），以便滿足這些需求。
◇完成企業組織的長期目標，以便合法盡責地滿足顧客的需求和欲求。

今天，所有形形色色的公司都在運用行銷概念。舉例來說，渥爾商場連鎖店（Wal-Mart Stores）已經佔領了全美國特價零售店的領導地位，因爲它打的招牌就是顧客一心想要的：每一天都有特價商品提供；貨源不虞匱乏；收銀員永不打烊。就在渥爾商場自1980年代到1990年代快速成長之際，西爾思羅依巴克公司（Sears Roebuck and Company）卻逐步喪失了一些生意，進而落在其它新起的專賣店、超級市場、和特價店的手中。究竟發生了什麼事？其實，打敗西爾斯的競爭者都是能滿足顧客欲求和需求的商店。「我們不知道服務的對象是誰，」總裁亞瑟C. 馬丁尼茲（Arthur C. Martinez）承認道，「在我們的策略中，出現了一個大洞，我們也不清楚我們憑什麼去打贏別人？」[5]

社會性行銷導向

社會性行銷導向（societal marketing orientation）的組織企業之所以選擇不去傳達顧客所尋求的利益點，是因爲這些利益點對顧客或社會本身來說，不見得有什麼好處。這種經過精鍊後的行銷概念就稱之爲社會性行銷概念（societal marketing concept），它認爲一個企業組織的存在不只是爲了滿足顧客的需求和欲求，也不只是爲了達成該組織企業的目標而已，還必須爲個人和社會好好的計畫，保留並增進兩者的最佳長期利益。如同第二十章所探討的，行銷一些「對環境有利」（environmentally friendly）的商品或容器，就很符合社會性行銷導向的經營哲學。

社會性行銷導向
這個觀念認爲企業組織的存在不只是爲了滿足顧客的需求和欲求，也不只是爲了達成該組織企業的目標而已，還必須爲個人和社會好好的打算，保留並增進兩者的最佳長期利益。

銷售導向和行銷導向間的差異

3 討論銷售導向和行銷導向這兩者的不同差異

正如本章一開始所說的，許多人常常搞不清楚銷售（sales）和行銷（marketing）這兩個專有名詞的眞正意義。而且不管如何，實際上，這兩種導向也是大不相同的。（圖示1.1）就根據其中的五種特點，分別比較這兩種導向的不同差異：企業組織重視的焦點何在；商業契機在哪裏；產品的對象是誰；公司的首要目標是什麼；以及該企業組織用以完成目標的工具是什麼。

圖示1.1
銷售導向和行銷導向之間的不同差異

	企業組織重視的焦點何在？	你跨足的商業契機在哪裏？	產品的對象是誰？	你的首要目標是什麼？	你要如何完成你的目標？
銷售導向	向內的，根據的是組織的需求	販售的是商品和勞務	每一個人	從最大銷售額中，獲取利潤	主要是經由密集的促銷來達成目標
行銷導向	向外的，根據的是顧客的欲求和喜好	滿足消費者的欲求和需求	人群中的特定族群	從顧客的滿意度中，獲取利潤	經由協調好的各種行銷活動來達成目標

企業組織的重視焦點

在銷售導向的公司裏，其中的職員往往「向內觀望」（inward looking），他們販售的重點在於其企業組織所能製造出來的東西，而不是製造出市場所想要的東西。其中有許多原本就是極具競爭力的優厚資源，如技術、發明、經濟等級，都可讓某些公司集中內部的努力，一舉獲得成功。[6]可是現在，多數成功的公司都已將重點矛頭轉向外面，重視的是顧客的導向。這樣的重點轉移證實了優越的技術不再能保證成功的必然性，除非顧客的需求能被顧及到。正如福特汽車公司（Ford Motor Company）的主席亞歷士特羅曼（Alex Trotman）所說的：「是顧客來決定我們要賣幾部車，而不是由福特自己來決定。」[7]就今天的市場而言，有幾個主要優勢經得起競爭的考驗，其中包括了，創造出顧客認定的使用價值、維持顧客的滿意度、以及和顧客建立起長期的關係等。

顧客的認定價值

顧客的認定價值
為獲取其它利益，而必須犧牲掉自身的某些利益比例。

顧客的認定價值（customer value）指的是爲獲取其它利益，而必須犧牲掉自身的某些利益比例。而利益和犧牲之間的的認定價值需由顧客自己來決定。但創造出顧客的認定價值，卻是許多成功廠商的主要策略。正如同美國航空（American Airlines）公司的總裁羅伯L.葛蘭達（Robert L. Crandall）所說的：「隨著航空事業在世界各地擴展，愈來愈有全球化的趨勢，這個行業也像其它公司一樣，必須找出一些方法，爲顧客提供更優越的附加價值。」[8]

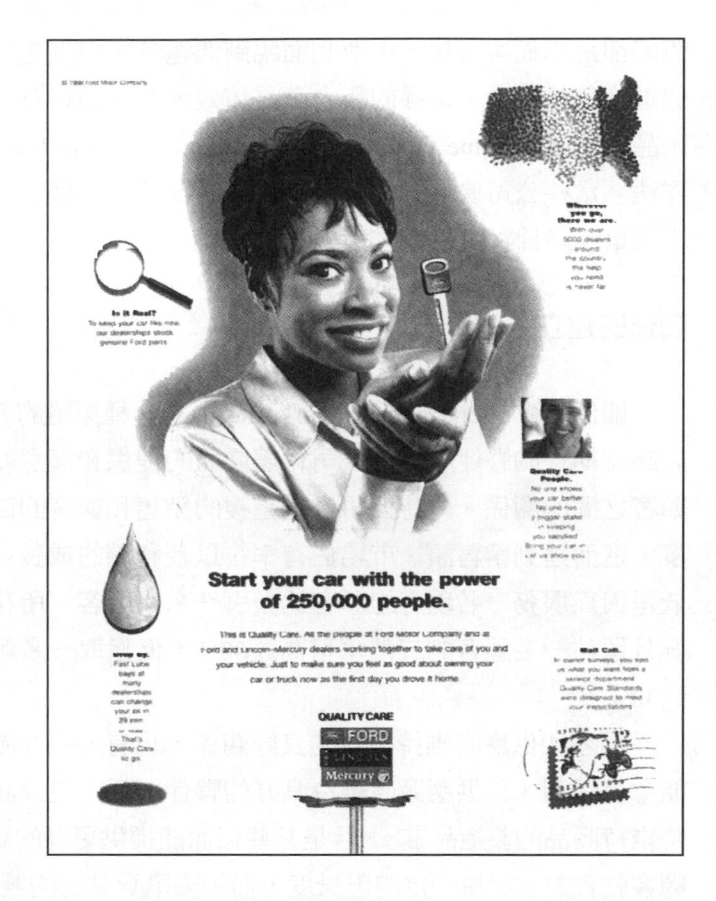

廣告標題

結合25萬人的力量，發動妳的車吧！

福特汽車公司藉由「關心品質」的廣告訴求，來傳達對顧客需求的關心。優越的技術並不能保證成功，唯有滿足顧客才是上策。

Courtesy Ford Motor Company

汽車產業也很重視顧客價值的創造。爲了要在極具競爭性的豪華汽車市場中佔有一席之地，Lexus車種採用了以顧客爲導向的策略辦法，特別強調服務。Lexus車種聲稱產品品質在製造過程中，完全奉行零缺點的生產標準。而服務品質的目標則是要讓顧客有賓至如歸的感覺，他們追求的是完美的一對一關係，且永不中斷這種關係的建立和改善。這樣的訴求不僅讓Lexus車種有了清晰的高品質形象，也讓它在豪華汽車的市場中，站穩了一席之地。第十三章會針對顧客的認定價值做更詳細的說明。

顧客滿意度

顧客滿意度（customer satisfaction）是指產品符合或超出顧客期望的那種感覺。本章一開始所提到的辦公室用品零售商（Staples），雖然在紙、筆、傳眞機、以及其它辦公室用品上，都提供了特價優惠，可是它的主要

顧客滿意度

顧客滿意度是指產品符合或超出顧客期望的那種感覺。

策略卻是為顧客著想，在他們面臨到問題時，提供更好的解決辦法，進而促進銷售的成長。這樣的觀念乃是仿效一些和顧客有著親密關係，如：家用品補給站（Home Depot）和空運快遞（Airborne Express）等公司廠商的作法。這些公司追求的不只是一次交易而已：他們要的是關係的培養。[9]第十三章亦將針對顧客滿意度做更詳細的說明。

關係的建立

關係行銷
這是一種策略的名稱，意指和顧客建立起長期性的夥伴關係。

關係行銷（relationship marketing）是一種策略的名稱，意指和顧客建立起長期性的夥伴關係。公司藉著價值的提供和滿意度的契合，來建立和顧客之間的關係。同時公司也從重複的銷售和顧客的口碑相傳下，獲利良多，進而達到銷售額、市場佔有率、以及利潤的成長目標。成本之所以降低是因為服務一名現有的顧客比吸引一名新顧客，所花的成本要少得多。況且留住一名顧客的或然率可高達60%，但獵取一名新顧客的或然率卻不到30%。[10]

顧客和供應商維持穩定的良好關係，也有一些好處。做生意的買主可能會發現到，和供應廠商維持良好的夥伴關係，可以減低成本的支出，同時維持商品的製造品質。[11]若是某些廠商能提供更高的認知價值和滿意度，顧客就會對它保持一定的忠誠度，而不去購買其它的競爭品牌。[12]這種認知價值和滿意度會以形形色色的方式呈現出來，也許是金錢上的好處，使獲得幸福的感受，抑或是對供應商的信心表現造成構造性結合。[13]

空中飛人方案（frequent-flyer programs）就是一個很好的例子，它以金錢的誘因來刺激顧客繼續搭乘同一家航空公司。參加活動的顧客在飛行了一定的哩數之後，或是飛行次數達到某個標準之後，就可以賺到一次免費搭乘的飛行機會，或者是一次免費住宿的機會。這種活動就是要鼓勵顧客繼續對某家航空公司保持忠誠度，並以實質的回饋來獎勵他們的行為。

當某個人和醫生、銀行、美髮師、或會計師等行業建立起長期的關係時，前者就會油然生起某種幸福感。這種社會性的結合關係發生在供給者和顧客之間，這其中有私人關係的存在，也有買賣關係的存在。廠商若是想增進這種關係，可以藉由固定的業務代表，記住顧客的姓名，並提供源源不斷的服務來達成這個目標[14]。

聯邦快遞動員計畫（Federal Express' Powership Program）就是一個構

造性結合的良好實例。在這個活動中，聯邦快遞在高用量的顧客辦公室裏，裝設了終端機。其中還包括了自動運送系統和收據開立系統，可節省顧客的時間和金錢，並同時穩住了顧客對聯邦快遞的使用忠誠度。這個系統可依顧客的使用量而進行作業，顧客可免費擁有電子磅秤、微電腦終端機和數據機、條碼掃描器、以及雷射印表機。該系統會算出包裹的正確費用，並根據目的地，以及包裹的重量，提供整體數量的折扣優惠，同時由顧客自己的資料庫中，印出地址標籤。因此，使用者可經由聯邦快遞的追蹤系統，自動地準備自己的收據，分析運輸支出並追蹤自己的貨物。[15]

以顧客為導向的職員

對著重顧客的企業組織來說，員工的態度和行爲也必須以顧客爲導向。某名員工可能就是某位顧客和這家廠商唯一發生接觸的一個界面點，因此，在那位顧客的心目中，這名員工代表的就是這家公司。不管是個人、部門、或者是某個單位，只要其中之一不是以顧客導向爲目標，就可能會削弱了整體企業的正面形象。舉例來說，一名潛在性顧客若是被無禮地對待，他（她）就會認定這名員工的惡劣態度就是代表這家公司的態度。

根據馬理歐國際（Mariott International）公司的總裁J. W.「比爾」馬理歐二世（J. W. "Bill" Marriott, Jr.）的說法：「我們的基本哲學就是要確定我們的同仁（員工）都很快樂，因此他們能夠做得更多，不僅關心顧客，而且樂在其中。」[16]所有的員工都需要經過交叉式的訓練，以期能處理所有的顧客服務問題。許多成功的公司企業，也都在確定自己所屬的員工，是否能夠專注於顧客的需求上。

訓練的重要性

在市場上具有領導地位的廠商，都很清楚員工訓練對顧客服務的重要性。舉例來說，在迪士尼樂園（Disneyland）和華特迪士尼世界（Walt Disney World）工作的新進員工，都必須接受迪士尼大學（Disney University）的訓練課程。他們必須先通過傳統1的課程，這個課程持續一天左右，重點集中在迪士尼哲學觀和一些操作過程。然後才繼續進行特殊的專長訓練。同樣地，麥當勞（McDonald）也有漢堡大學（Hamburger

University）。而在美國運通（American Express）的品質大學（Quality University）裏，服務線上的員工和經理也都得學習如何應對顧客。像迪士尼和麥當勞這類的公司，都有一筆額外的支出費用，專門用來訓練員工對顧客的服務態度。要是員工能讓他們的顧客開心，這些員工也往往可以從工作中獲得極大的滿足。公司擁有令人滿意並在工作上全力以赴的員工，當然就能提供良好的顧客服務，同時，員工的流動率也就會跟著降低了。

充分的授權

除了訓練之外，許多行銷導向的公司也會給予員工一些權力，讓他們能直接在現場就處理掉顧客的問題。這個用來描述權力委託的專有名詞就叫做**充分的授權**（empowerment）。聯邦快遞的顧客服務代表就受過專門訓練，並經公司授權可直接處理顧客的問題。雖然聯邦快遞的每一筆平均交易金額只有十六美元，可是顧客服務代表卻擁有美金一百元的授權額度，供他在處理顧客問題時使用[17]。

充分的授權
權力的委託，以期能儘速處理顧客的問題而這個被授權的人通常是顧客在面臨到問題時，第一個通知到的人。

對滿意保證餐飲公司（Satisfaction Guaranteed Eateries, Inc.,）的員工來說，他們的座右銘就如同公司的名稱一樣，每個員工都被充分授權，以期讓顧客開心。該公司的創始人暨總裁提摩西佛斯多（Timothy Firnstal）就說道：「我建立了一個觀念，就是要員工能夠而且必須去取悅我們的顧客。不管犯了什麼錯，或是耽誤了什麼，任何員工，下至打雜的工人，都可提供酒或點心作爲補償，或者必要的話，爲顧客付帳都可以。」[18]充分的授權可讓顧客感覺到他們的問題有了溝通的對象，也讓員工覺得自己可以用專家的方式來處理掉這些事件。這樣的結果對兩者來說，是皆大歡喜。

團隊合作

許多企業，例如，西南航空（Southwest Airlines）公司和華特迪士尼世界，它們最爲人所知的，就是能傳達出優越的顧客價值感，並提供高度的顧客滿意度。而它們也將員工指派到各個小組之中，教導他們團體信賴的技巧。**團隊合作**（teamwork）指的就是人們爲達成共同的目標，所做的一致性努力。只有在處於同部門或同工作小組的員工一起通力合作，而不是互相競爭的情況下，工作表現、公司表現、產品價值、以及顧客的滿意度，才會有所改善提升。[19]也只有在不同領域負責的員工（例如，生產部和

團隊合作
人們爲達成共同的目標，所做的一致性努力。

團隊合作——不同責任領域下的人們，在通力的合作中，可以增進工作的表現。©David Joel/Tony Stone Images

業務部，或是業務部和服務部），彼此協調合作的情況下，公司方面的各種表現才會有所進步。

公司的商機何在

正如（圖示1.1）所描述的，以銷售為導向的公司將它的生意（或任務）放在商品或勞務的提供上。而以行銷為導向的公司則認為顧客所尋求的利益，就是他們的商機所在。人們花了金錢、時間、和體力，就是要得到某些利益好處，不見得是商品或勞務，這種區別有很大的啓示意義。

正因為銷售導向的公司對商機的定義比較狹隘，所以往往錯失了服務顧客的良機，而這些機會可能只需以產品賣點上的多樣表現就可以滿足顧客了，而不需要用到特定的好幾個商品。舉例來說，1990年大英百科全書（Encyclopedia Britannica）的稅後淨值超過了四千萬美元，結果四年之後，連續有三年的虧損，整個業務能力幾乎垮了下來。這家為人敬仰的公司究竟為何會變得如此落魄？原來是大英百科公司的經理階層眼睜睜看著其它的競爭者都開始爭相使用光碟機（CD-ROM）來儲存大量的資料，卻不去理會這種全新的電腦技術。[20]其實我們並不難看出為什麼父母親會買壓縮在一張小小磁片的百科全書，而捨棄大部頭的書冊。這種CD版的百科全書不是被當作贈品送掉，就是以美金四百元以下的價格販售給大眾。相形之下，一整套的大英百科全書售價高達美金一千五百元，而且重達118磅，所佔的書架位置也必須有四呎半左右的空間。[21]如果當初大英百科公司將自己的商機定義成為大眾提供知識，而不是出版大部頭書籍的話，也許就不會受到如此大的重創了。

若你試著，就顧客尋求的利益點而非以商品或勞務的觀點，回答此一問題：「這家公司的生意商機是什麼？」則至少會有下面三種好處：

◇它可以保證該公司會將重點放在顧客的身上，而不會被產品、勞務、或公司的內部需求所干擾。

◇它可以提醒人們有很多方法可以滿足顧客的欲求，進而鼓勵新的發明和創意。

◇它會刺激我們去瞭解顧客那種不斷改變的欲求和喜好，進而推出能滿足這些欲求或喜好的相關性產品。

這種著重顧客需求的行銷概念或想法，並不表示顧客們總是可以拿到他們一心想要的東西。這是不可能的！比如說，售價只要二十五美元的輪胎，可以跑十萬英哩，還要讓製造出售的廠商有些賺頭，這是完全不可能的。此外，顧客的喜好也需經過專門的判斷深思，瞭解如何傳達他們所尋求的利益好處，才可付諸實現。就像某句格言所說的：「人們不知道自己想要什麼他們只想要自己知道的東西。」（People don't know what they want they only want what they know.）其實，顧客的經驗有限，他們不太可能去要求一些超出自己經驗以外的東西。舉例來說，在汽車出現以前，人們只知道他們想要更快速更便利的運輸工具，可是並沒有表達出他們想要一部車的需求。

產品要賣給誰

以銷售為導向的企業將其產品的銷售對象瞄準在「每一個人」或「一般顧客」的身上。而以行銷為導向的企業組織則是對準了人群中的特定族群（請參看圖示1.1）。前者那種將產品瞄準一般使用者的錯誤觀念，在於所謂一般使用者根本就是寥寥無幾。因為典型來說，人口結構是很多樣化的。所謂「一般」指的只是某些特徵的中間點而已。同時，大多數的潛在顧客也不只是「一般人」而已，他們對那些賣給一般顧客的一般商品，往往沒什麼興趣。

以洗髮精的市場爲例，在這個市場的產品分成了油性髮質專用、乾性髮質專用、以及抗頭皮屑專用的洗髮精；還有些洗髮精可以洗去染料；另外，也有些洗髮精是專門針對嬰兒或老人所出售的；當然，也有以一般髮質或正常髮質爲主的洗髮精，可是這種洗髮精在市場佔有率上卻是相當的小。以行銷爲導向的公司可辨識出不同的顧客族群，以及這些族群之間互異的需求。因此，可能必須發展出不同的產品、勞務、或促銷活動，以期吸引不同的顧客族群。以行銷爲導向的公司會仔細地分析市場，將市場中的消費者分成幾個族群，而相同族群裏的人都有一些相同的特性。然後該公司再發展出一些行銷計畫，從計畫中去滿足一或多個族群的需求交易。請看下面這個例子：

其實將注意力放在顧客的身上，並不是什麼新鮮的點子。早在1920年代的時候，通用汽車公司（General Motors Corporation）就寫了一本有關顧客滿意度的書，書中就每一種不同的個人風格設計了不同的車款。這在當時來說，算是一個創舉。因爲在當時，這個產業自從亨利福特（Henry Ford）宣佈只能生產黑色汽車之後，就一向是以生產需求爲導向的。我們將會於第八章，專門探討市場分析以及如何選擇一個對公司有利的市場等這類的主題。

公司的首要目標

正如（圖示1.1）所描述的，以銷售爲導向的公司是從最大銷售額中，獲取最大的利潤，因此，他們會竭盡所能說服潛在顧客購買他們的產品，即便他們自己知道產品和顧客之間根本是風馬牛不相及。這種以銷售爲導向的公司會以高額的酬佣方式促使生意的成交，而不是和顧客培養長期性的關係。相反地，多數以行銷爲導向的公司，其最終目標就是要創造出顧客的認知價值、滿足顧客並和顧客建立起長期的友好關係，進而達成利潤的獲取。

企業組織用來完成目標的工具是什麼

以銷售爲導向的企業組織會藉由密集的促銷活動（主要是以個人銷售和廣告爲主），來達到銷售量的完成目標。相反地，以行銷爲導向的企業組織則認爲促銷活動只是四個基本行銷決策的其中之一而已：產品決策、地域（或稱配銷鋪貨）決策、促銷決策、以及定價決策。在第十章到第十九章，我們會專門來討論這些主題。總而言之，以行銷爲導向的公司瞭解以上四個成因都是很重要的，而以銷售爲導向的公司則認爲促銷活動才是能幫助他們達成目標的首要辦法。

警語

比較銷售導向和行銷導向，其目的並不是要貶低行銷組合中的促銷這個角色，特別是個人銷售的部分。其實促銷活動也是一種手段，可以讓企業組織和現有及潛在顧客進行有關公司或產品價值及特性的溝通。有效的促銷活動也是有效的行銷活動之一。在行銷導向公司做事的銷售人員，往往被顧客認定爲解決問題的高手，並且可供應一些新資源和新產品的資訊。在第十八章，我們會對個人銷售這個議題做更詳盡的說明。

4 解說廠商是如何執行行銷概念

行銷概念的執行

就一家老字號的企業組織來說，要它改變成以顧客爲導向的企業文化，就必須要用漸進的方式才行。此外，不能單靠中層主管就想改變整個企業的文化，他們必須有來自最高總裁以及其它高層主管的全力支持，才能讓這種文化得以落地生根。凱悅飯店（Hyatt Hotels）的董事長湯瑪斯J.皮茲克（Thomas J. Pritzker）即認爲顧客導向的文化是可以一蹴可及的這種想法是完全錯誤的，他說：「管理階層必須以身作則，營造出一種氛圍，然後再不斷地鼓吹、鼓吹、再鼓吹！」。[22]

諾斯壯（Nordstrom）是一家以西雅圖爲根據地的零售商，它的成功證明了管理階層若是強力支持這種以顧客導向的服務，會有什麼樣的好結果。這家公司的員工幾乎可以作任何事情來取悅購物者。其中有個故事是該公司也承認的，那就是某個顧客把輪胎退回來換錢，該公司竟然接受了，好笑的是，諾斯壯原本就不賣輪胎的。在1993年的時候，在一場針對全美七十家零售和百貨連鎖店的研究調查中，其中涵蓋了價格、便利性、和品質提供等各項衡量標準，諾斯壯從二千名接受訪問的購物者樣本上，奪得了整體顧客滿意度的榜首。[23]

權威和責任的改變

要想從生產導向或銷售導向轉變成爲行銷導向，往往需要公司內部裏的各種關係也作一些重大的改變。以往常常作出行銷決策的非行銷人員，如生產部經理等，可能會覺得自己的權威一下子就不見了。而在行銷研究這類領域做事的員工，則可能發現他們忽然被人重視了起來。其實，要行銷概念廣爲大家所接受，就是要讓所有爲這種轉變影響波及的人，都參與整個規劃的過程。千萬要記住，無論如何，在轉變的過程中，人事關係的問題是絕對無法避免的。漸進式地將行銷概念落地執行，一定比改革式的方法要平順多了。

若是某個人或某家公司從事某種方法已經很多年，那麼要作改變可能就不是那麼簡單了。舉例來說，全錄公司（Xerox Corporation）的管理高層在1970年代建立起層層的官僚制度，花了數百萬的美金，發展一些永遠賣不到市場上的產品。全錄公司花了十年的時間才瞭解他們那種投注大量人力在問題上面，並視成本反映而提高售價的老舊策略，終究是行不通的。一直到1980年代，全錄才總算認清楚他們的日本對手有多麼的行，而相對地，自己對顧客需求的瞭解又是多麼地貧乏。[24]也就是從那一刻開始，該公司開始進行整體的轉變，終於讓自己走出了陰霾。

管理階層的前線作戰經驗

底特律迪瑟公司（Detroit Diesel Corporation）要求所有的經理和經銷商，一天之中必須對四位顧客進行拜訪或致電。在全錄公司裏，執行主管也必須每個月抽出一天的時間，處理顧客對機器、帳單或服務方面的抱怨。而在凱悅飯店裏，資深執行主管，包括總經理本身，都必須花點時間從事侍者的工作。[25]馬理歐國際公司的總裁一年平均旅行二十萬英哩，去拜訪該公司旗下的各家旅館，進行審查，並聽取分佈在各個階層的員工意

西南航空公司的總裁 Herb Kelleher，每一季至少花一天的時間，做做其它的工作。
©Nation's Business/T. Michael Keza

見。比爾馬理歐的說法是：「總裁們聽得就是不夠多，而幫他們做事的那些員工在其自身的崗位上，懂得卻比那些首席執行主管還要多。」[26]華特迪士尼世界的經理們每一年都要參加「前線作戰的活動」他們稱之爲「交叉運用」(cross utilization)。這個活動大約持續一週左右，這些主管必須要親身下海賣門票或賣爆米花、挖冰淇淋或串熱狗、載運顧客、泊車、駕駛單軌火車、或者是上百種檯面上的任何一項工作，而這些工作就是要爲整個樂園注入無窮的活力。

5 說出行銷的過程

行銷過程

行銷經理必須負責所有活動的整合，在這樣的整合下，就是代表了行銷過程的進行，其中包括了：

◇瞭解該企業組織的任務何在，以及行銷在此任務中的角色扮演是什麼。

◇設定行銷目標。

◇對企業機構的資訊進行收集、分析、和詮釋，其中應涵蓋優缺點兩面，以及周遭局勢的機會點和威脅點在哪裏。在本章「放眼全球」的方塊文章中，我們會爲你描述局勢分析的重要性。

◇確實決定該企業組織究竟要滿足什麼樣的需求以及誰的需求，進而發展出一份行銷策略。同時也要發展各種適當的行銷活動（行銷組合），來滿足既定目標市場的需求。行銷組合涵蓋了產品、配銷、促銷、以及定價等策略，如此一來，才能創造交易，同時滿足個人和企業組織的目標。

◇執行行銷策略。

◇訂定表現成績的衡量辦法。

◇定期評估行銷上的努力成果，並視需要作一些修正。

這些活動以及彼此之間的關係，就構成了本書其它內文的主要基礎。開頭的目錄顯示了本書說明這些活動的前後順序。在第二章的（圖示2.1）中，我們會爲你描繪出它們彼此之間的關係。

爲什麼要研究行銷呢？

6 說出研究行銷的理由是什麼

既然你已經瞭解了行銷的眞正意義、採用行銷導向的原因以及企業組織如何執行這個哲學的方法等，你也許會問：「這裏頭的東西能帶給我什麼好處？」或者「我究竟爲什麼要研究行銷呢？」不管你是不是主修非關行銷的商業科目（比如說會計、財政、管理資訊系統）或者是非商業類的其它科目（像新聞、經濟、或農業），上述兩個問題都是很重要的。其實，研究行銷的重要原因有很多，其中包括了：行銷在社會中扮演了一個重要的角色；行銷對商業生機來說非常的重要；行銷可提供你卓越的生涯契機；以及行銷每一天都在影響你的生活。

行銷在社會中扮演了一個重要的角色

「美國普查局」（The U.S. Bureau of the Census）預估，美國的總人口

放眼全球

中國大陸：總值達3000億美金的消費市場

中國正開始扭轉它在幾年前給人的誇張印象：這是一個可以建構或毀掉跨國企業的地方。一直到最近，化妝品、飲料、洗髮精、香皂、以及其它日常用品的製造廠商都認為中國大陸是個有待開發的邊陲前哨。在這個地方可以利用小型聯合企業和有限的配銷制度來進行沿海地帶的試銷狀況。現在，美國的寶鹼（P&G）公司、莊臣（S. C. Johnson & Sons）公司、以及嬌生（Johnson and Johnson）公司；再加上英國的聯合利華（Unilever Group of Britain）公司；德國的尼德蘭（Netherlands）公司、漢凱爾（Henkel KGAA）公司、和威娜（Wella AG）公司以及日本的花王企業（Kao Corp）；和瑞士的雀巢（Nestle SA）公司等各家企業組織，全都漫無節制地投注大把資金，認定他們的銷售絕對不會失敗。

而且這還只是開始而已。1994年，每年3000億美金的消費品支出，就讓中國比起其它已開發國家的消費市場要來得成長快速。寶鹼的銷售額，一年就成長了50%，以下就是寶鹼公司首席執行主管暨中國策略的主要建構者約翰沛坡（John Pepper）的說法：

> 如果在西元2000年以前，一般中國百姓花在洗潔精上的支出增加一倍的話，寶鹼就可預估該公司光是在這類商品的銷售上，就可達到5億美金的營業額，即使假定寶鹼只是維持住目前20%的市場佔有率，也會有相同的結果。「對我們來說，中國的潛力相當地大，」沛坡先生如是說，「全世界中，每五個人就有一個人住在這裏，而我們所擁有的產品，卻是他們每一天都用得到的。」[27]

為什麼歐洲和美國廠商在中國市場上的行銷進展如此緩慢？還有哪些其它的消費性產品公司應該把握這個市場的良機？你認為中國政府為什麼會讓西方國家的公司這麼輕易地就進入了他們的消費市場？

數在90年代末期，會達到兩億六千八百萬人。想想看在這麼龐大的人口中，一天內會需要多少的交易行爲，來滿足這些人的食衣住行呢？這個交易數量是很驚人的，可是卻分工合作得相當好，部分原因是因爲美國的經濟體系發展得相當完整，可以迅速有效地將農產品或各種製造商品配銷到各地去。舉例來說，一個典型的美國家庭，一年要消耗2.5噸的食物。行銷讓我們在需要食物的時候，隨處都可以買得到我們想要的份量，並且以衛生方便的包裝或形式（例如，速食或冷凍食品）來出售。

行銷對商業契機來說非常重要

對多數商家來說，其基本目的就是要生存、獲利以及成長。而行銷正可以直接達成這些目標，它包括了下面幾個活動，而這些活動對做生意的企業組織來說，無疑是活力的源頭：評估現有和潛在顧客的需求和滿意

行銷讓我們在需要食物的時候，隨處都可以買得到我們想要的份量，並且以衛生方便的包裝或形式（例如，速食或冷凍食品）來出售。
©1994 Ted Horowitz/The Stock Market

度；設計並經營產品的賣點；決定售價和制定價格政策；發展配銷策略；並與現有和潛在顧客進行溝通。

所有的生意人，不管是專業制或是責任制，都必須對會計、財務、經營管理、以及行銷等專門術語和其本原理有所認識。而在各行各業從事商業活動的人們也必須要能夠和其他領域中的專家進行溝通才行。此外，行銷這份工作並不是由行銷部門的人來做就可以，它是企業體中，每個人工作的一部分。正如惠普（Hewlett Parkard）公司的大衛派克（David Parkard）所說的：「行銷實在太重要了，所以不能只留給行銷部門來進行。」[28]因此，對所有從商人士來說，認識行銷是很重要的。

行銷可提供卓越的事業契機

美國境內整體勞動力的四分之一到三分之一左右，都投身在行銷活動之中。因此，行銷在這類領域中提供了絕佳的事業契機，其中的工作包括了專業銷售、行銷研究、廣告、零售採買、經銷管理、產品經理、產品發展、以及批發買賣等。而在多種非商業性的機構中，也存在著一些行銷性的工作機會，它們分別是醫院、博物館、大學院校、軍隊、政府單位、以

在這個龐大且快速成長的連鎖加盟業中，郵件箱Etc.只是幾千種加盟授權商的其中之一而已。
©Courtesy Mail Boxes Etc., USA, Inc.

及社會服務代理商等。（請參看第十二章）

就在全球市場愈趨競爭的同時，大大小小的美國公司也逐漸變得愈來愈精明能幹。在本章所提供的「行銷和小型企業」方塊文章中，列出了幾個小小秘訣，以供那些想自己經營連鎖加盟店的人來參考。美國行銷協會（American Marketing Association）也出版了一本書，書名是《行銷事業和

行銷和小型企業

選擇加盟授權商

你曾考慮過擁有一家小型企業，並自己經營它嗎？如果答案是肯定的話，你有沒有想過成為某個連鎖企業的旗下一份子，例如，麥當勞、必勝客（Pizza Hut）、重量監視者（Weight Watchers）、21世紀（Century 21）、或H&R布拉克（H&R Block）等。

連鎖加盟業（我們會在第十五章，對連鎖加盟業有更詳細的分析說明）是個龐大且快速成長的行業，其中包括了3,000種加盟授權商以及550,000家連鎖加盟店。《商業週刊》（*Business Week*）提供了以下幾個小秘訣，作為你選擇加盟商的參考：

- 選擇的公司，其商標必須廣為大衆所接受。
- 和最近加盟的連鎖店談一談，也和最近解約的店家談一談。加盟授權商必須有法律的根據，才能提供店名使用。
- 詢問加盟授權商對公司訴訟方面的問題，並進一步地探索這件事。
- 評估一下加盟授權商的生意和行銷計畫。確定對方會有廣告支出作為加盟市場的後盾。
- 把談話內容記錄下來，包括，日期、和你談話的對象、以及對方所作的承諾等。還有一些有待考慮的議題，例如，該加盟授權商對另一個加盟店的安置地點到底離自己的店有多近？連鎖加盟店都必須接受強制性的仲裁嗎？
- 還要將加盟授權店所作的承諾，以書面合約記錄下來，否則就沒有法律效力。
- 找一名對連鎖加盟糾紛有實際經驗的律師和一名深諳連鎖加盟業的財務顧問，一起共商大事。[29]

就業利器》（*Careers in Marketing and Employment Kit*），書中提供了很多資訊，是有關行銷方面的事業契機。

行銷影響你每一天的生活

行銷在你每一天的生活中都扮演了一個重要的角色。身爲一名商品和勞務的消費者，你會不由自主地介入了行銷的過程。你花的每一塊錢，約有一半都是付在行銷支出的成本上，例如，行銷研究、產品研發、包裝、運輸、倉儲、廣告、以及業務支出等。因此，若是能瞭解行銷，你就能成爲一位見聞廣博的消費者。你會更瞭解購買的過程，也會更有本錢和賣方進行有效的交涉。在面對你所購買的產品或勞務不符合你的滿意需求，也不符廠商所承諾的標準時，你將可以依據自己對行銷的瞭解，加以據理力爭。

展望未來

本書分成了二十一個章節，由六大部分所組成。而章節中的內文是以行銷經理的觀點所寫成的。每一章一開始都會列出幾個學習目標，後面再接上一篇短文，是有關某家廠商或某個產業所面臨到的行銷狀況。在每篇開場短文的結尾處，我們會提出幾個發人深思的問題，這些問題會巧妙呈現出該短文和該章節主題之間的關聯性。你的老師可能會要求班上同學談談他們對這些問題的看法是什麼，以期展開章節內文的討論。

在多數章節裏都會找到的「放眼全球」方塊文章中，將會幫助你更瞭解發生在全球各地不同國家，買方和賣方之間的行銷案例。而這些案例的最終目的就是要協助讀者，使其行銷觀點具備全球性的視野。

另外，對於廠商如何增進顧客認知價值和品質的一些努力，本書也會提出一些例子。

每一章都會提供一篇有關小型企業的運用實例。這樣的內容可告訴你，如何將本書所討論的原則和概念運用到創業和小型企業的身上。

而每章在即將結尾之際，還會再提供一些教材，其中包括了：對開場短文的評論（「回顧」一文中）；幾個主要標題的摘要；該章出現過的幾個主要專有名詞；以及對問題的探討及申論等。同時，在問題的探討及申論單元中，也會有一些國際網路和小組活動的議題出現。

第一篇的其它章節所介紹的相關活動包括了行銷計畫的發展；必須作出行銷決策的競爭動態環境；以及全球性的行銷等。而第二篇則涵蓋了消費者的決定過程和購買者的行為；企業對企業的行銷；選擇位置、市場區隔和目標市場的概念；以及行銷研究和決策支援制度的本質和運用等。第三篇到第六篇談的則是行銷組合裏的幾個成份：商品、配銷、促銷、以及定價等。最後還有附錄會詳細地描述各式各樣的行銷事業。

回顧

讓我們回顧本章一開始就介紹的Staples辦公用品供應商。你現在應該發現那篇短文後面的問題是多麼地簡單和直接了。所有的證據都顯示出Staples是個以顧客為導向的公司，對顧客的滿意度和認知價值作出了承諾。同時，它也承諾要和顧客建立起長期性的關係。這就是一個付諸行動的行銷概念。

1996年的9月，Staples和一家更大型的競爭對手合併了，它就是辦公室補給站（Office Depot, Inc.）。這樣的合併創造了一個全新的公司：Staples/Office Depot，共同擁有的店數高達一千家，收入則達一百億美金。這個合併後的商店，現在稱之為「Staples，辦公室的補給站」（Staples, The Office Depot），掌控了全美國辦公用品零售生意的10%，其市場佔有率是最大競爭對手，辦公室馬克士（Office Max, Inc.）的三倍。而前述的這些競爭對手也都有著相同的經營哲學：特價優惠和超值的顧客服務。

總結

1.為行銷下定義。所有行銷活動的最終目的就是要滿足雙方關係人之間的交易。而行銷上的這些活動包括了概念形成、定價、促銷、以及構想、貨品、和勞務的配銷等。

2.說明四種行銷經營哲學。企業組織裏的行銷角色以及行銷活動等，都會受到公司哲學和公司導向的影響。以生產爲導向的公司，著重的是公司的內部能力，而不是市場上的需求和欲求；以銷售爲導向的公司所根據的理念卻是，如果使用積極有力的銷售技巧，人們就會購買更多的商品和勞務，銷售利潤也就會更加地可觀；以行銷爲導向的公司，強調的是顧客的欲求和需求，同時也兼顧企業目標的達成；而以社會性行銷爲導向的公司，則超越了行銷導向，將個人和社會的長期最佳利益都列入了目標之中。

3.討論銷售導向和行銷導向兩者之間的差異性。首先，銷售導向的公司著重的是自己的需求；而行銷導向公司則是強調顧客的需求和喜好。第二點，銷售導向的公司認爲自己是商品或勞務的傳遞者；而行銷導向的公司則認爲自己是顧客的滿足者。第三點，銷售導向的公司，其商品的販售對象是每一個人；而行銷導向的公司則是瞄準人口中的某些特定族群。第四點，雖然這兩種類型的公司，其最終的目標都是在利潤的獲取上，可是以銷售爲導向的公司認爲他們可以經由密集的促銷來達成最大的營業額目標；而以行銷爲導向的公司卻是調整各種行銷活動，以期滿足他們的顧客。

4.解說廠商是如何執行行銷概念。爲了成功地執行行銷概念，管理階層必須要熱誠地接納這個概念，並在企業組織裏極力地鼓吹。要想從生產導向或銷售導向轉換成行銷導向，往往需要進行權力和責任的移轉，並且也需要管理階層放下身段，從事一些前線作戰的實戰經驗。

5.說明行銷的過程。行銷過程包括了瞭解該企業組織的任務何在，以及行銷在此任務中扮演何種角色；設定行銷目標；縱覽整個局勢環境；選擇目標市場策略，以期發展出行銷策略；發展並執行行銷組合；執行行銷策略；訂定表現成績的衡量辦法；定期評估行銷上的努力成果，並視需要作一些修正。整個行銷組合結合了商品、配銷（地點）、促銷、和定價等策略，如此一來，才能創造交易，同時滿足個人和企業組織的目標。

6.說明研究行銷的理由。首先，行銷會影響商品和勞務的分配，進而影響到整個國家的經濟和生活水準。第二點，要瞭解大多數的商業活動，就不能不先瞭解行銷。第三點，有關行銷方面的事業契機種類繁多，不僅獲利可觀，也被預期是1990年代成長最快速的行業。第四點，瞭解行銷，可讓消費者更博學多聞。

對問題的探討及申論

1.你公司的董事長決定要重組整個企業組織的架構，讓整個公司更能以行銷為導向。她決定要在即將召開的會議上宣佈這個重大的轉變。因此她要求你準備一份簡短的演講稿，其中概述公司之所以要展現全新架構的理由是什麼。

2.福特汽車公司的董事會主席唐納E.彼德森（Donald E. Petersen）曾經說過：「如果我們不能以顧客為導向，我們的車子也不能。」（If we aren't customer driven, our cars won't be either.）請解釋這句話反應在行銷概念上的含意是什麼。

3.你的一位朋友同意這句格言：「人們不知道自己想要什麼，他們只想要自己知道的東西。」（People don't know what they want-they only want what they know.）寫一封信給你的這位朋友，告訴他你認為生意人是如何塑造顧客需求的。

4.當地的一家超級市場，它的廣告口號是「它是你的商店！」但是，當你要求其中一名倉儲人員幫你找一包薯條的時候，他卻告訴你，這不是他的工作，你應該自己再仔細找找看。在你步出商店的同時，你注意到一個標誌，上面寫著可供顧客申訴的地址。請你草擬一封信，說明這家超級市場的口號為什麼永遠都無法落實，除非它的員工身體力行才算數。

5.舉例說明一間公司根據產品特性可能成功的例子，以及為何在這個產業中能以這樣的特性成功。

6.以三到四個人為一小組，假設你和你的組員正在為一家即將上市開幕的行家咖啡公司做事，這家公司有幾個店面，分佈在全美各大城市。你這個小組被指派進行評估的任務，看看這家公司是否需要在國際網路上展開行銷的活動。每一個組員都必須拜訪三到四個網站，尋找構想。其中的網站可能包括了：

Toys R Us（美國玩具反斗城）
http://www.toysrus.com

Walmart（渥爾商場）

http://www.wal-mart.com

Godiva chocolates（佳蒂亞巧克力）
http://www.godiva.com

Levi Strauss（雷威史壯斯）
http://www.levi.com

運用你的想像力，找找看其它的網站。正如你所看到的，很多公司都很容易就可以在網站上找到，只要你能拼出它們的名稱。典型的用法如下所示：

http://www.公司的英文名稱.com

你所拜訪的那些網站，它們的國際網路行銷幫得上公司的忙嗎？如果答案是肯定的話，說說看它們發揮哪種功用？在你的公司正式加入國際網路活動之前，請說說看你的公司應該先考慮哪些因素？請準備一份三到五分鐘的提案說明，在課堂上提出。

7.什麼是AMA？它是做什麼的？它的服務對生意人有什麼好處？
http://www.ama.org/

8.什麼是ExciteSeeing Tour？這個網站能提供什麼樣的商業之旅？
http://tours.excite.com/

學習目標

在讀完本章之後，各位應當能夠做到下列各項：

1. 瞭解策略性行銷和擬定行銷企劃的重要性。
2. 定義適當的經營宗旨。
3. 瞭解好的行銷目標標準為何。
4. 解說狀況分析的要素有哪些。
5. 能確認策略性選擇方案，並描述用來協助選擇性方案的工具是什麼。
6. 討論目標市場的各種策略。
7. 描述行銷組合的幾個要素。
8. 瞭解為什麼行銷計畫的執行、評估和控制，都是很必要的。
9. 知道如何建構一份基本的行銷企劃案。
10. 確認出幾種可讓策略性企劃更加有效的技巧。

第2章

策略性規劃：行銷企劃書的發展與執行

在1992年，商業噴射機的生意降到了最低點，可是自那時起，情況又開始好轉，每一年市場都有成長的跡象。賽斯納飛機公司（Cessna Aircraft Corporation Inc.）和灣流飛機公司（Gulfstream Aircraft Inc.）都在1996年的時候，推出了新的商業機型。賽斯納「彰顯X」（Cessna Citation X）和「灣流V」（Gulfstream V）這兩種新機型，各自擁有不同的產品利益點，使它們之間並不會產生任何直接的競爭衝突。

「彰顯X」，每小時可飛行600英哩，是最快速的平民飛機（除了「康果」（Concorde）機型以外）。賽斯納公司宣稱，它的飛機可以讓行政主管從紐約飛到加州用早餐，再飛回東岸，恰好趕上晚餐的時間。和那些飛行速度較慢的飛機比起來，「彰顯X」一年之中可以為行政主管省下190個小時。這種速度能力表示落地時間可以比較長，如此一來，就不會違反飛行員疲乏症的規定法則了。這種飛機可搭乘12名乘客和兩名飛行員，售價約在一千八百萬美元左右。

「灣流V」的售價定在三千五百萬美元左右，這架飛機宣稱它的優點是：飛行哩數一次可達7,500哩，中間不需補給油料，因此算得上是最長程的商業噴射機。它的賣點不在於飛行速度，而在於它空間的大小，可容納18名乘客。除此之外，公司發言人還辯解道，因為補給油料的次數減少，落地時間也就跟著降低，所以，即使飛行速度不是最快，飛行時間還是可以減少。此外，「灣流V」可飛行在51,000英呎的高空，超越了其它商業客機的高度，也超越了逆風的高度極限。這表示這種飛機可以在兩點之間，取得最短的飛行距離，而不用飛行在擁擠的天空或難以預測的天氣裏。

在這個成長的市場裏，還有其它的競爭品牌投身其中，擁有「全球快捷」（Global Express）的加拿大砲彈手公司（Bombardier Inc.），製造了「李爾噴射機」（Learjets），其飛行程數範圍和空間大小與「灣流V」相似，可是售價卻少了五萬美元。法國和以色列也都擁有售價約一千五百萬美元的中型噴射機，可是速度卻比不上「彰顯X」。[1]放眼望去，其實最不尋常的競爭對手應該是「馬車夫直升機」（CarterCopter），這是一種飛機和直升機的混合機種，可以每小時400英哩的速度（約六個半小時的飛行時間），從紐約直飛到洛杉磯，中間不需有任何的降落停靠。傳統的直升機，速度無法超過每小時250英哩。而

「馬車夫直升機」卻配備了造價並不昂貴的六汽缸（V-6）賽車引擎，可搭載5名乘客。[2]

這些新產品的製造廠商們要如何將他們的賣點推銷到市場上呢？在這樣的競爭環境下，「彰顯X」、「灣流V」、和「馬車夫直升機」要怎樣才能成功地行銷上市呢？

1 瞭解策略性行銷和行銷計畫寫作的重要性

策略性規劃的本質

策略性規劃

一種經營管理的過程，在這個過程中，必須要從企業組織的目標和資源以及不斷演變的市場機會之間，創造出一個平衡適中點，並持續下去。

策略性規劃（strategic planning）就是一種經營管理的過程，在這個過程中，必須要從企業組織的目標和資源以及不斷演變的市場機會之間，創造出一個平衡適中點，並持續下去。策略性規劃的最終目標，就是要有長程性的獲利能力和成長。因此，策略性的決策也必須要有資源上的長期承諾。

一個策略性的錯誤會威脅到公司的生存。從另一方面來說，一個好的策略計畫卻可以讓公司的資源免於競爭上的各種突擊。[3]舉例來說，如果當初戴姆斯之新銳軍（March of Dimes）這家公司決定全面防治小兒麻痺症的話，公司可能早就不存在了。現在大多數的人都認為小兒麻痺是一種可克服的疾病。戴姆斯之新銳軍這家公司之所以生存了下來，是因為他們作出了策略上的決定，將整個重心轉移到先天性疾病的對抗上。

策略性行銷管理階層通常會提出兩個問題：在某個特定時候，該組織企業的主要活動是什麼？要如何才能達成它的目標？以下就是一些策略性決策的例子：

◇布雷戴克（Black & Decker）公司決定買下奇異電氣（General Electric）公司旗下的小型消費者電器產品。（策略上的成功案例）

◇西爾思（Sears）和IBM共同合資努力，創造了柏第基線上電腦服務（Prodigy on-line computer service），投資金額共達十億美元。（策略上的失敗案例）

◇寶鹼（Procter & Gamble）公司作成決策，將戰場轉移到每日低價的策略上。（策略上的成功案例）

◇康柏電腦公司（Compaq Computer Corporation）決定要擴大產品

廣告標題

對一個三機一體，同時可以傳眞的立體音響、可以對談的CD唱機、以及可以觀賞電影的高速數據機，除了「酷」之外，你還能說什麼呢？

這個廣告反映出康柏公司的決策，將他們的目標市場轉移到會買個人電腦的顧客身上。這樣的策略被證明是十分成功的。

©Courtesy compaq Computer Corporation

線，從領導邊緣地位的高性能個人電腦產品，跨足到品質價格兼顧的桌上型手提式個人電腦，販售對象涵蓋了所有的顧客。（策略上的成功案例）

所有這些決策都已經影響或將會影響到每個企業組織的長程方針、資源分配、以及最後在財務上的成功與否。相反地，一個操作運轉上的改變，例如，波斯特玉米片（Post's cornflakes）在包裝設計上的改變；或是七海沙拉醬（Seven Seas salad dressing）在甜味上的改進等，對這些公司的長程獲利能力，可能就沒有什麼太大的影響。

公司方面究竟要如何進行策略性的行銷規劃呢？員工們又如何知道怎樣去執行公司的長程目標呢？答案就在行銷企劃裏。

什麼是行銷企劃？

規劃
爲了達成企業的未來目標，而進行事件預測和策略決定的一個過程。

行銷規劃
指的是活動的設計，這些活動和行銷目標以及不斷變化中的行銷環境有著極爲密切的關係。

行銷企劃書
是一份書面的文件，它對所有的行銷經理來說，就像一本記載著所有行銷活動的指南書一樣。

所謂**規劃**（planning），就是爲了達成企業的未來目標，而進行事件預測和策略決定的一個過程。而所謂**行銷規劃**（marketing planning），則涵蓋了一些活動的設計，這些活動和行銷目標以及不斷變化中的行銷環境有著極爲密切的關係。行銷規劃是所有行銷策略和決策的基礎。而有關產品線、配銷管道、行銷傳播以及定價等議題，則全部會在**行銷企劃書**（marketing plan）上詳加描述。行銷企劃是一份書面的文件，它對所有的行銷經理來說，就像一本記載著所有行銷活動的指南書一樣。在本章裏，你會學習到行銷企劃寫作的重要性，以及行銷企劃究竟該涵蓋哪些資料類型。

爲什麼要作行銷企劃？

在明訂出目標和所需行動之後，行銷企劃就可作爲一個基礎，用來比較實際成果和預期表現之間的差距。行銷可能是最昂貴也最繁複的商業組成因素之一，但是卻也是最重要的商業活動之一。書面的行銷企劃可對各種活動交待清楚，幫助員工的瞭解，以期攜手共同向目標邁進。

在寫一份行銷企劃的同時，你就可以順便檢視一下整個行銷環境和這筆生意內部工作之間的結合情況如何。行銷企劃一旦完成，它就可以作爲未來活動成功與否的參考指標。最後，行銷企劃也可以讓行銷經理在進入市場之際，預知可能發生的問題在哪裏。

行銷企劃的要素

行銷企劃可以用各種不同的方法來呈現。但大多數的企業組織還是需要一份書面式的行銷企劃，因爲行銷企劃的範圍牽涉很廣也很複雜，若是以口頭溝通的方式進行，一些任務和活動指派上的細節可能會疏漏。其實不管行銷企劃的呈現方式是如何，所有的行銷企劃都有一些共通的要素。這些要素包括了爲經營宗旨下定義、爲狀況局勢作分析、目標市場的描述以及確立行銷組合中的各種成份。另外企劃中還可能包括了其它的要素，

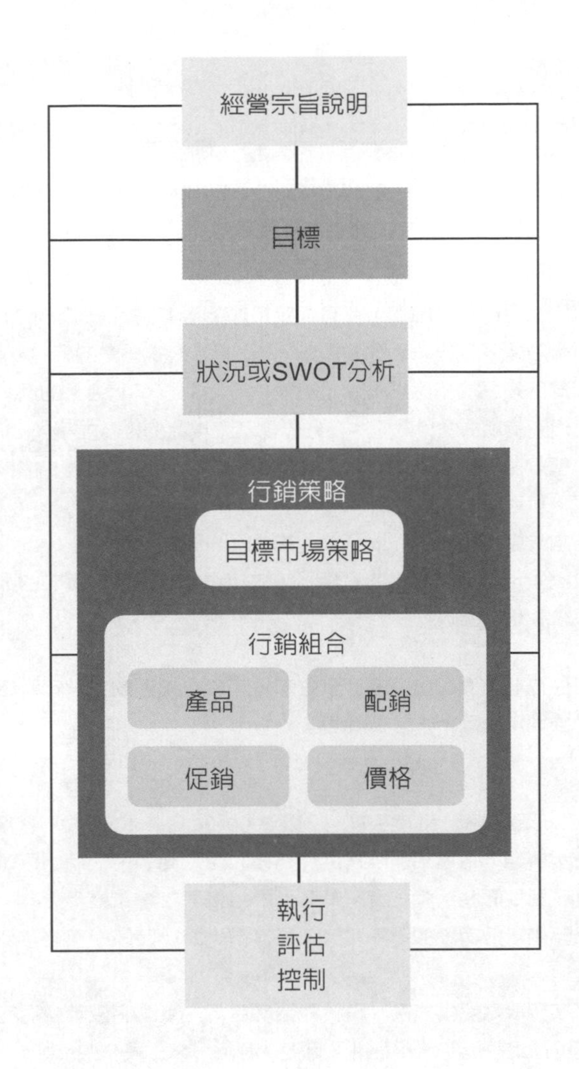

圖示2.1
行銷過程

如預算、執行的時間表、必要的行銷研究或進階性的策略規劃要素等。（圖示2.1）就將這些要素依順序排列了出來。另外在（圖示2.2）中，也有一份簡短的行銷企劃書，作爲參考。

2 爲經營宗旨說明作出適當的定義

爲經營宗旨下定義

宗旨說明
指的是公司的長程目標，乃是分析現有和潛在顧客所尋求的利益點，再加上對環境狀況的現有和預期分析，所綜合得到的結論根據。

任何行銷企劃的建立都需要先回答一個問題：「我們究竟在做什麼樣的生意？未來該朝何種方向前進？」答案就在宗旨說明（mission statement）

圖示2.2
行銷企劃摘要樣本

經營宗旨：	超格（Ultracel）的經營宗旨在於為行動電話的使用者，提供更先進更便利的通信技術。
行銷目標：	1998年年底以前，在個人通信服務（簡稱PCS）分區電話市場中，達成20%的市場佔有率（以美元總額為計量單位）。
狀況分析：	
優點：	基礎穩固的企業組織；擁有高度技術的勞動力及很低的員工流動率；和供應商的關係良好；產品極具差異性；具備競爭優勢的專利彩色螢幕。
缺點：	公司的知名度不夠高；公司規模小，因此沒有製造上的成本優勢；和經銷商沒有長期的合約關係；在分區電話市場上的經驗並不多。
機會點：	分區電話使用者呈現爆炸性的成長速度；全世界普遍都能接受這種分區技術；新近可得的數位網路。
威脅點：	來自於摩托羅拉（Motorola）、新力（Sony）、諾其亞（Nokia）等公司的高度競爭；該技術和目前的類比系統無法相容；並非所有的人都能供應這些系統；潛在的政府法令。
目標市場的選擇：	居住在北美洲和歐洲的行政主管，年輕具備活動力，年薪超過20萬美元，必須經常旅行，非常依賴電腦。
行銷組合：	
產品：	PCS分區電話。品牌名稱：超格-2000（Ultracel-2000）。特性：語音／資料同步傳輸；可連結國際網路；高樓大廈之間也能使用；可連結資料查閱和電子郵件服務；電腦資料儲存；彩色螢幕；重量輕巧；48小時充電電池；三年內無限次數的零件和技術員提供；24小時技術支援；皮質或鈦質的手提箱。
地點：	可在分區電話零售商、高級電腦零售商、或郵購直銷公司等各處買到。產品的運送需以空運和可提供溫度控制的汽車工具來進行。
促銷：	50名廠商代表會加入業務主力中，並提供25%的銷售佣金。廣告將以平面媒體、有線電視、和戶外看板的方式進行。促銷活動將在初期採取產品折扣的方式進行，並參加技術商展的活動。同時利用公關活動打入新聞媒體，並贊助世界冠軍賽的比賽活動。
價格：	零售價1,250美元（松下的售價是2,000美元；摩托羅拉是1,500美元；新力則是500美元）。預計未來在市場上可能發生價格戰，而大眾對適中的價位通常比較敏感。
執行：	第一季：完成價格上的行銷研究；設計促銷活動；和廠商代表簽訂合約。第二季：公關活動開始；在商展中進行產品介紹；開始推出廣告。第三季：試銷國際市場。

圖示2.3
可口可樂的宗旨說明

我們之所以存在，是要為我們的股東在一個長程性的基礎上創造價值，而這個價值來自於可口可樂公司商標的發揚宏大，進而促成整個事業的建立。這也是我們最終的努力。

身為全球最大型的飲料公司，我們要讓全世界都有清涼的感受。為了達到這個目的，我們的辦法是研發上好的飲料（其中有碳酸類，也有非碳酸類）；以及可獲利的非酒精性飲料系列，進而為我們的公司、我們的瓶裝廠商、以及我們的顧客，創造出更多的價值。

在創造價值的同時，我們的成功或失敗，完全取決於我們對下列資產的表現能力如何：

- 可口可樂是全球最舉足輕重的商標，也是最具價值的商標。
- 它擁有全世界最有效最普遍的配銷通路系統。
- 我們擁有滿意的顧客，因為他們賣我們的產品，而獲利良多。
- 我們員工的最終責任就是要這個企業的建立盡一份心。
- 我們的資源豐富，因此在分配上必須用點智慧。
- 在飲料業以及一般性的商業世界裏，我們都佔有強勢的全球性領導地位。

中。經營宗旨的定義會明顯影響到長程性的資源分配、獲利能力和最後的生存。宗旨說明就是分析現有和潛在顧客所尋求的利益點，再加上對環境狀況的現有和預期分析，所綜合得到的結論。根據該公司的長程眼光，配合上宗旨說明，就可以爲所有後續的決策、目標、以及策略等，訂定界線範圍。（圖示2.3）所呈現的內容就是可口可樂（Coca-Cola）的宗旨說明。

宗旨說明著重的是市場本身以及該企業所要投入的市場，而不是商品或勞務而已。否則，一項新的技術一出現，原來的商品或勞務馬上就變得過時了，而原來的經營宗旨和公司所提供的東西也就風馬牛不相及了。經營宗旨說明的定義若是過於狹隘，就會造成**行銷短視**（marketing myopia）的情況發生。所謂行銷短視，就是將商機定義在商品和勞務上，而不是以顧客所尋求的利益點來下定義。[4]因此，短視指的是狹隘、短期性的思考模式。舉例來說，福利多——雷（Frito-Lay）公司將它的經營宗旨定義爲點心食品的生意，而不只是玉米片的生意。運動團體的宗旨並不只是比賽而已，還要滿足運動迷的興趣才行。AT&T不只是販售電話或長途電話的服務而已，它推銷的是通信技術。

行銷短視
將生意商機定義在商品以及勞務上，而不是以顧客所尋求的利益點來下定義。

相對地，經營宗旨也可能被定義得太過廣泛，而「成爲消費產品製造商中的領導者」，這種描述對任何一家公司的宗旨說明來說，都可能太過廣泛了，除了寶鹼公司以外。其實，在擬定公司所從事的經營宗旨時，一定要小心謹愼。釷星企業（Saturn Corporation）是通用汽車（General Motors）

運動團體的宗旨並不只是比賽而已，還要滿足運動迷的興趣才可以。
©Corbis-Bettmann

的子公司，它的經營宗旨就是「設計、製造、並行銷世界水準級的交通工具，同時重振美國汽車品質標準的往日雄風。」[5]就顧客尋求的利益點，正確地描述出經營宗旨，行銷企劃的根本就可以大致底定了。許多公司一直專注在宗旨說明的設計上，因爲這些說明常常會刊登在全球網路（the World Wide Web）的上頭。

策略性事業單位
某個單獨事業體系中的子單位，或是某大型企業組織下的相關事業集合體。

另外，企業組織可能需要爲**策略性事業單位**（strategic business unit，簡稱SBU）定義其宗旨說明和目標。因爲這個單位是某個單獨事業體系中的子單位，或是某大型企業組織下的相關事業集合體。一個界線清楚的SBU，往往有很明確的宗旨和特定的目標市場，能夠掌控自己的資源，有自己的競爭對手，並且所擬定的企劃內容也有別於該組織底下其它SBU的企劃內容。所以，類似像Kraft General Foods這樣的大型企業，旗下隸屬的每一個SBU就可能都需要有自己的行銷企劃，其中包括了，早餐食品、點心、寵物食品、和飲料等各單位。

3 瞭解好的行銷目標標準是什麼

設定行銷企劃的目標

在我們發展行銷企劃的細節之前，必須先設定該企劃的目標和方針。

沒有目標，就沒有標準來衡量行銷企劃的活動是否算得上成功。舉例來說，1996年的中期，微軟（Microsoft）公司在網路瀏覽器的軟體市場上，擁有10%的市場佔有率，這個數字究竟理不理想呢？要是沒有前述所說的目標設定，我們永遠都不可能知道。事實上，微軟公司的市場佔有率目標，設定在30%，所以說，它的目標並沒有達成。[6]

行銷目標（marketing objective）所聲明的，就是在經過行銷活動後，會達成什麼樣的結果。爲了發揮它的效益，目標的設定必須符合幾個標準。第一，目標必須實際、可測量、並且要明確定下期限。類似像「成爲雪貂飼料業中的佼佼者」這類的目標似乎很誘惑人，但是也許對某家公司來說，每年能售出一百萬磅的雪貂飼料就算是「佼佼者」了，可是對另外一家公司來說，「佼佼者」意味著必須在市場佔有率上取得領先的地位。同時，對一家新成立的公司或新上市的產品來說，在其它競爭對手的環伺下，一開始就想取得市場佔有率的領先地位，也是很不實際的。最後要注意的是，什麼時間以前可以完成目標？一個比較切合實際的目標應該是「自產品上市的十二個月以內，在專業寵物飼料市場上，取得10%的市場佔有率」（以金額爲計量單位）。

行銷目標
聲明在經過行銷活動後，會達成什麼樣的結果。

第二點，各個目標必須有一致性，並且能呼應企業組織的優先順序。應特別注意的是，目標流向必須自營業宗旨說明順序進行到行銷企劃的其它部分。（圖示2.4）就同時示範了幾個不錯和不太理想的目標說明。請注

圖示2.4
行銷目標的例子

不盡理想的目標說明	理想的目標說明
我們的目標是在新產品的發展上，成為該產業中的領導者。	我們的目標是在1997年到1998年之間，支出12%的營業收入在產品的研發上，預期在1999年的時候，至少推出5項全新的產品。
我們的目標是儘可能增加利潤。	我們的目標是在1997年的時候，達成10%的投資回收，並在四年之內，完成新投資的還本。
我們的目標是要更完善地服務顧客。	我們的目標是要在1997年的年度顧客滿意度調查中，獲得至少90%的顧客滿意度評估：並對那些1997年的顧客在成為1998年的重複購買者之後，我們至少還能獲得85%的滿意度。
我們的目標是儘可能地成為佼佼者。	我們的目標是藉著提高14%的促銷費用，來達成1998年間的市場佔有率成長（從30%提升到40%）。

意它們究竟符不符合前述的那些標準？

明確的目標可提供幾種功能：第一，可傳達出行銷管理的哲學，並爲基層的行銷經理提供明確的方向，如此一來，所有行銷上的努力才得以整合，起跑方向才能保持一致。再者，目標也可以是一種刺激誘因，讓旗下的員工有努力打拼的方向。若是這些目標是可以達成的，並極具挑戰性，就可以激勵那些身負重責大任的人，盡力去完成這樣的使命。除此之外，在執行主管寫作目標的過程中，他們的思緒才得以清澄明朗化。最後，目標可以作爲事件掌控的根據：一份企劃的有效與否，全憑目標說明的評估論斷。

4 解說狀況分析的要素有哪些

狀況分析

SWOT分析
找出公司內部的優點（S）和缺點（W），並明察外在的機會點（O）和威脅點（T）在哪裏。

在定下明確的行銷活動之前，還需要先瞭解產品和勞務在進入市場時的目前環境和潛在環境是如何。有一種狀況分析被稱之爲**SWOT分析**（SWOT analysis），意思就是說該公司應該找出它內部的優點（strengths）（S）和缺點（weaknesses）（W），並明察外在的機會點（opportunities）（O）和威脅點（threats）（T）在哪裏。

在檢查內部的優點和缺點的同時，行銷經理應該要專注在組織企業的資源上，例如，生產成本、行銷手法、財務資源、公司或品牌形象、員工能力、以及可資利用的技術等。舉例來說，價值噴射航空（Valujet Airlines）公司的潛在性缺點是它的飛機本身都相當老舊了，這表示可能會有不安全和低品質的形象出現。可是它的潛在性優點卻是營運成本很低。對行銷企劃來說，要考慮的另一個重點就是該公司的歷史背景，例如，它的營業量和獲利等相關歷史。

環境掃瞄
對外在環境的實力、事件和關係狀態等，進行資訊上的收集和詮釋，因爲它們可能影響到公司的未來或行銷企劃的執行。

而在檢視外在的機會點和威脅點的時候，行銷經理應該要分析行銷環境下的各種局面，這個過程就叫做**環境掃瞄**（environmental scanning）。所謂環境掃瞄就是對外在環境的影響力、事件和關係狀態等，進行資料上的蒐集和詮釋，因爲它們可能會影響到公司的未來或行銷企劃的執行。環境掃瞄有助於市場機會點和威脅點的確定，並可爲行銷策略的設計提供指導的方向。其中最常被研究的六個大環境影響力分別是：社會的、人口的、

放眼全球

汽車製造商的大塞車

隨著每年25%的購買成長率，印度將會成為21世紀的汽車主要市場。該市場的潛力非常龐大：印度市場對汽車的需求，每一年可達200萬部。最近的統計指出，在印度的汽車擁有率是每1,000人約有3.6部，這對全球各地的汽車市場來說，是很低的數字。（在美國是每一千人就有560部的汽車。）因此，這中間存在著極大的發展空間。特別是在1991年的時候，取消了該產業的管制條例，所以，這個急待填補的空白數字，吸引了很多汽車製造商的覬覦，其中包括了通用汽車、福特（Ford）、飛雅特（Fiat）、大宇汽車（Daewoo Motor）、朋馳（Mercedez-Benz）、現代汽車（Hyundai）、標緻（Peugot）、三菱（Mitsubishi）、和鈴木（Suzuki）等。

但是，在貿然投入這個國際性的市場之前，必須要對整個行銷環境有所瞭解才是。可是卻惑於印度市場的這種成長潛力，有些汽車製造商早就貿然踏上這條崎嶇不平的道路了。激烈的競爭、行銷上的錯誤、勞工的問題、合夥關係的缺乏、高稅率、以及公用基本設施的問題等，都只是問題的冰山一角而已。

雖然印度汽車銷售市場的70%都是一般大眾市場，可是通用汽車、朋馳汽車、以及飛雅特汽車卻都選擇進入高價市場中。遺憾的是，這些車種的高價相當於印度消費者16到34個月的薪水荷包（相對於美國人的六個月薪資）。所以對大多數的印度消費者來說，這些車子的價位實在太高了。另一些影響成本和價格的因素還包括了零件的進口稅（驚人的110%）、高稅率（幾乎是車子零售價的50%）、以及昂貴的燃料（是全球幾個燃料賣得最昂貴的地區之一）。

從另一方面來看，大眾市場早就被單一的車種給牢牢佔據了。售價7,000美元的馬拉提800（Maruti 800）（由鈴木生產製造）就佔領了整個汽車市場銷售量的65%。而隨著福斯汽車（Volkswagen）、BMW、和豐田汽車（Toyota）的企劃投入，各廠商若想強行進入這個競爭市場，勢必將有一場硬戰要打。

對廠商來說，印度最具吸引力的其中之一就是它的勞工人口眾多，並且便宜。可是勞動力卻是另一個問題。勞工問題往往造成罷工、管理階層和工人之間的冷淡關係、以及提振無力的生產量等。印度工人每個人的年平均製造量只有5部車，和全球性的製造量標準（每個人的年平均製造量是40部車以上）比起來，簡直有天壤之別。

而在印度的街道，也是支離破碎。總計長150萬英哩的道路，只有20%可以供車輛行走。同時若想維持一定的品質水準，要找一名當地的零件供應商也是靠不住的。而零件的進口也表示你可能為了要用一顆螺絲釘，就得等上一個月左右的時間。更別提語言和文化上的障礙，是多麼地讓這些全球性的競爭廠商感到棘手了。[7]

究竟有誰會從這個有潛在獲利能力卻問題重重的市場中存活下來呢？在為印度這個市場定義行銷企劃的同時，還有哪些環境因素應列入考量呢？

經濟的、技術的、政治的、法律的、以及競爭對手的影響力。這些影響力會在第三章有更詳細的說明。舉例來說，H&R布拉克是一家稅務服務公司，由於稅制法規的複雜多變，使它在這門生意上獲利良多，因爲一般市民都會將報稅的準備工作委託專家來做。相對地，簡單的稅制或統一稅率就可能會導致民眾自行準備這些報稅的工作。

企業文化（corporate culture）則是指某企業所能接受的基本假設模式，並在這個模式下處理公司的內部環境和不斷變遷中的外在環境。就內部而言，企業文化關心的是員工的忠誠度、決策的制定應採集權或分權的

位在新罕布夏州曼徹斯特市的Shirley D's café裏，顧客可讀到有關統一稅率的提議方案，這種方案可簡化所得稅的準備工作。
©Mark Peterson/SABA

方式、促銷活動的準則以及問題解決的技巧等。而在面對外在環境時，企業文化所透露的卻是該公司面對問題和機會時的反應方式。而這種企業組織對外在環境所作出的反應方式，可被分成四種類型：

◇探勘者（prospector）：這種公司集中注意力在可能浮現的市場機會點上，並在上頭投注大量的資金，因此它所強調的是對市場的研究和溝通。也因爲它的外在導向作風，往往需要自備完善的資訊系統和產品發展計畫。有前瞻性的公司通常喜歡備有幾個策略性選擇方案（strategic alternatives），以供開發新的市場或者發展新的產品和勞務之用。羅斯登（Ralston Purina）公司和毛理斯煙草公司（Philip Morris）就具備了前瞻性的文化作風，它們都是市場中的領導者，不斷地將新產品行銷到市場上。美國外科公司（U.S. Surgical）也算得上是一個探勘者，因爲今天銷售最快速的外科工具就是微小切口手術專用的外科腹腔顯微鏡。而美國外科公司在總計三十億美元的腹腔顯微鏡市場中，擁有85%的佔有率。它的一半生意都是來自於最近五年內所推出上市的外科工具。

◇反應者（reactor）：與探勘者的相反，它不主動尋求機會，只有在不得已的時候，才會對環境上的壓力作出反應。反應型的公司不是領導者，而是跟隨者，缺乏策略性的重點。它強調的是維持住目前的市場地位，無視於環境的變遷如何。反應者對策略性選擇方案能省則省，因爲它擔心這些方案只是一些大膽冒險的行動，可能會毀了它原來在市場上的安身之處。這些反應者包括了，渥爾沃斯（Woolworth's）公司、箭牌口香糖（Wrigley's）、以及雷夫可藥品（Revco Drug）。

◇防禦者（defender）：它在市場上佔有其一定的地盤，不會向外尋求新的機會發展。但是它會設法抵禦那些想要侵犯自己地盤的競爭者。防禦型的公司喜歡拿一些策略性選擇方案來降低營運成本，但風險在於市場的變化往往是神不知鬼不覺的，即使防禦型的公司嗅出了它的變化，也很難立即調整自己營業上的習慣做法，以資因應。美國家用產品公司（American Home Products）就是防禦者的典型例子，它對自己的未來可能還未作下任何決定。該公司的企業文化多年來強調的就是嚴格的成本控制，一直到最近，公司內部的經理級人士若是想支出五百美元以上的預算，還得經過管理核心的認可才行，因此新產品的研發根本無從著手。

◇分析者（analyzer）：這種公司既保守又積極，至少擁有一個穩定的市場，並在那個市場上抵禦任何想要侵犯地盤的競爭者。另一方面，分析型的公司也不忘在其它市場上，尋找可能機會的浮現。但是它並不像探勘者，願意冒一些風險。通常它在新產品市場中，採取的是「當老二」（second in）作法，靜觀其它公司在新產品上所遇到的問題，並從中學習經驗。達美航空（Delta Airlines）、伯利恆鋼鐵（Bethlehem Steel）、安泰人壽（Aetna Insurance）、和安鳩公司（Alberto-Culver）就是分析者的典型例子。

策略窗口

有一個方法可以將機會點找出來，那就是尋找**策略窗口**（Strategic Windows）。所謂策略窗口就是在一定的有限期間內，市場上的主要需求正好和某家廠商的特殊能力不謀而合。舉例來說，在1994年的時候，網路觸角（Netscape）公司爲了要因應國際網路和全球網路的日益普及和流行，於是伺機發展推出精心設計、條理分明的網路瀏覽器，結果在1996年以

策略窗口
在一定的有限期間內，市場上的主要需求正好和某家廠商的特殊能力不謀而合。

網路觸角公司在1994年的時候，發現了它的策略窗口。今天，這家公司擁有90%的市場佔有率，全拜它比微軟公司早進入這個市場之賜。
©1995 Ed Kashi

前，就奪取了將近90%的市場，絕大部分原因是因爲它的產品推出時間比微軟公司快了一步。[8]另一個以時間取勝的例子是墨西哥長途電話市場在1997年的管制開放，使得像MCI和GTE等這類公司，都在這個快速成長的市場上獲利良多。[9]

其實，策略窗口的概念並不侷限於大型企業才適用：小型企業也必須知道什麼時候該利用自己的策略窗口。在「市場行銷和小型企業」的方塊文章中，就會提出如何善加利用機會的案例描述。

5 能確認策略性選擇方案，並描述用來協助選擇性方案的工具是什麼

策略性選擇方案

爲了要找到市場機會點或策略窗口，管理階層必須知道該如何地確認出一些選擇性方案。有一個辦法可以用來發展選擇性方案，那就是策略機會矩陣（strategic opportunity matrix）（請參看圖示2.5），在這個矩陣中，可將產品和市場作配對，然後，再探索這四種不同的選擇：

市場滲入
這種行銷策略會試著在現有的顧客群中增加市場的佔有率。

◇市場滲入（market penetration）：使用**市場滲入**（market penetration）的廠商會試著在現有的顧客群中增加市場的佔有率。如果卡夫通用食品（Kraft General Foods）針對麥斯威爾咖啡（Maxwell House coffee）的既有顧客，以大量廣告和折價券的促銷方式展開活動，它

市場行銷和小型企業

醃黃瓜皇后跳過了策略窗口

在堪薩斯州的西部，Shirley Stimpert把自己醃漬的黃瓜賣給鄰近自家農場的零售店中販售，生意還算不錯，在那裏，這種自家裝罐的產品並沒有什麼大不了。可是有一天，她將一罐產品樣本寄給了位在紐約的Bloomingdale's公司，事情就開始有了轉機，她收到了一份總値2萬美元的訂單。「Barry光是削皮就搞得人仰馬翻了。」她指著她的丈夫說道。

四年後Shirley的醃黃瓜只能在全國各地的美食店裏才能買得到，售價則是一罐（64盎斯）25美元。而她那160英畝的農場在幾年前的生產收入，還不夠維持一家大小的糊口，現在則供得起22名員工的薪水支付了。「這種事情根本就是天上掉下來的。」47年前誕生在這個農場上的Shirley如是說道。

多年來，種植作物一直是個很艱困的行業，可是對那些願意包裝自家產品，並進行促銷的農家來說，機會開始多了起來。像是位在華盛頓特區和紐約的Dean & Deluca美食零售店及分店遍佈南加州和德州的Whole Foods Market公司，就很需要新的產品來填補他們的貨架。Old Farmer's Almanac General Stores也是新近成立的零售分店，它什麼東西都賣，包括花園用的工具、Shirley的醃黃瓜以及其它各種商品。

似乎那些都市佬都願意付出高價購買一些具有原始風味的產品，或者是至少可讓人懷念有關美國農村時代的一些產品。隨著芝加哥、達拉斯、和明尼波理斯（Minneapolis）等各地分店的開幕，Old Farmer's Almanac General商店販售起售價達3.95美元的全系列瓶裝產品：蘋果醬、桃子醬、和南瓜醬，它們都是由阿肯色州的一戶農家所製造生產的。「只要和美國鄉村生活沾上邊的產品，現在都變得非常熱門」。Barry Parker如是說道，他是County Seat服裝零售公司的首席執行主管，Old Farmer's商店就是由這家公司和某日曆出版商合資開設的。

其實有少數生意人比Shirley更優秀，雖然她一直把自己的成功歸之於她的食譜祕方，可是老實說，她的醃黃瓜可從沒得過什麼農產市集彩帶獎。即使身為Shirley產品的愛用者，也都說真正出色的不是這個產品的口味，而是其中的推銷術。她的醃黃瓜是以醃黃瓜的農舍標籤來販售的，商品裝在金屬螺蓋的玻璃瓶中，上頭的標籤寫著：從我們的農舍來到你們的手中。

現在Shirley的醃黃瓜正呈現供不應求的局面，所以他們只好向其它農家購入黃瓜和蔬菜來醃漬。當然，這個醃黃瓜農舍的牌子，還是有著老爸爸和老媽媽的風味品質。Shirley這一家並沒有使用電腦，且標籤上的「蛋白質」(protein)這個英文單字還常常被拼錯。[10]

	現有的產品	新產品
現有的市場	市場滲入： 克萊夫通用食品以增加的預算為麥斯威爾咖啡進行促銷活動。	產品發展： 康果（ConAgra）公司創造了健康選擇牌的冷凍晚餐（Healthy Choice frozen dinners）。
新市場	市場發展： 麥當勞在莫斯科的開張。	多樣化： LTV為達拉斯要塞機場（Dallas-Fort Worth airport）發展單軌鐵道。

圖示2.5
策略機會矩陣

所採用的就是滲入性的策略。而第九章所討論的顧客資料庫，就可幫助行銷經理執行這樣的策略。

市場發展
吸引新的顧客群來購買現有的產品。

◇市場發展（market development）：市場發展（market development）指的是爲現有的產品吸引新的顧客群來購買。理想上來說，老產品的新使用應該可以在現有的顧客身上刺激一些額外的銷售買氣，同時，也可帶進新的顧客。例如，麥當勞（McDonald）在蘇俄、中國、和義大利等各地都開了新的分店，並積極打算在東歐國家各地也廣開分店。就非營利的角度來看，麥當勞利用企業所屬大學，堅持員工和主管應進行持續的教育和發展，也算是一種市場發展型的策略。

◇產品發展（product development）：產品發展型的策略會負起爲現有市場創造出新產品的使命。舉例來說，啤酒產業就正掀起一股「手藝釀酒」（craft brews）的風潮，顧名思義，這是一種在小型酒廠釀製的特級上好啤酒。但是，事實往往並非如此。毛依啤酒公司（Maui Beer Company）的阿囉哈啤酒（Aloha Lager）在標籤上用一名跳著草裙舞的女郎，來傳達它的夏威夷形象，而實際上，這個牌

在中國、蘇俄、和義大利，麥當勞的知名商品吸引了大批新顧客的上門。同時，它也正積極地將自己的市場發展觸角伸向東歐國家。
©Jeff Greenberg

子的啤酒卻是由位在奧勒岡州波特蘭市的海樂門大型釀酒公司（G. Heileman Brewing Company）所統一製造生產的。披第啤酒（Pete's Wicked Ale）是全國最熱賣的啤酒之一，而貼在瓶身上頭的古老標籤自誇道，這種上好啤酒是「小心翼翼地以一次只釀造一組的方法」所釀製出來的。它說的應該沒錯，可是一組卻有四百桶，而且釀製的酒廠是生產老米沃奇啤酒（Old Milwaukee beer）的史杜弗釀酒公司（Stroh Brewery Company）。冰屋啤酒（Icehouse）和紅狗啤酒（Red Dog）的標籤上都寫明是板路酒廠（Plank Road Brewery）所製造的，可是實際上，眞正的釀酒商卻是市場排名第二的重量級酒商美樂（Miller）公司所製造的，它也是毛理斯公司旗下的子單位，該公司利用了板路公司的名稱，意圖在手藝釀酒級的啤酒市場裏，佔有一席之地。[11]

◇多樣化（diversification）：多樣化（diversification）的策略是在新市場上介紹新產品，以期增加銷售量。舉例來說，LTV公司（LTV Corporation）是一家鋼鐵製造商，它將觸角伸向單軌鐵道的生意中。新力（Sony）公司在併購了哥倫比亞電影（Columbia Pictures）的同時，也就執行了多樣化的策略方法。雖然電影在市場上來說，並非是新的產品，但是對新力公司來說，卻是一項新商品。可口可樂公司製造推出了醫療用水和調節水的設備，對傳統的軟性飲料公司來說，算得上是一個很大的挑戰。若是某家公司進入了一個完全不熟悉的市場，這種多樣化的策略就可能變得很冒險。但是從另一個角度來看，若是該市場的競爭對手很少或完全沒有競爭對手，就會變得非常有利可圖。

多樣化
這個策略是在新市場上介紹新產品，以期增加銷售量。

選定一個策略性選擇方案

究竟該選定哪一個選擇性方案呢？這完全取決於整體的公司哲學和文化。同時，這個選擇也端視用以做決策的工具而定。對公司來說，在它們期待利潤的同時，一般會採用兩種哲學的其中之一：若不是追求立即的利潤收益；就是先追求市場佔有率的成長，然後再追求利潤。就長期眼光來看，市場佔有率和獲利能力是可以相容的兩個目標。而許多公司都是以下面這樣的模式來進行：先建立市場佔有率，利潤收益自然而然就會跟著來了。米其林（Michelin）公司是一家輪胎製造商，它一向以犧牲短期利潤的方式來換取市場佔有率的目標。但對IBM的總裁羅哥茲納（Lou Gerstner）來說，自他上任以來，就一直強調獲利能力甚於市場佔有率、品質、和顧客服務等。正如你所看到的，相同的策略性選擇方案，對不同的公司文化而言，就會有不同的觀點看法。[12]某家企業重視的選擇性方案，在另一家企業的眼中可能毫不起眼。

現在有一些工具可以協助管理階層進行策略性選擇方案的選定工作，這些工具的共通點就是以矩陣的方式來進行，以下就是兩種矩陣工具的詳細描述。

產品組合矩陣

還記得進行策略性規劃的大型組織企業都會組成一些策略性企業單位（簡稱SBU）嗎？每一個SBU都在投資上、成長潛力上、以及相關風險上，各有其自己的回收成本率。管理階層必須在這些促使企業整體利潤成長，同時也必須承擔必要風險的各個SBU之間，尋求一個平衡點。有些SBU所創造出來的現金收益遠遠超過必要的營運支出和行銷、生產、或存貨所需的支出費用。而其它的SBU則可能需要現金的投入來促進銷售的成長。這之間的挑戰就在於如何以長程的眼光，在達到最佳表現成績的前提下，來平衡企業組織中這些SBU的「產品組合」。

產品組合矩陣
一種工具，可根據相對性市場佔有率和市場成長率，來進行各產品或各策略性事業單位之間的資源分配。

爲了要決定每一個SBU對現金上的未來貢獻或索求，管理階層可以使用波士頓顧問群（Boston Consulting Group）所發展出來的**產品組合矩陣**（portfolio matrix）辦法來進行。這個矩陣是個自給自足獨立式的架構，可在其中發展出一些東西。它是根據每一個SBU的現有和預測成長以及市場佔有率等，來進行分類。而其中的假設基礎是市場佔有率和獲利能力兩者及緊密相關。在產品組合矩陣中所用的市場佔有率衡量辦法是採相對性市場佔有率（relative market share）的作法，也就是該公司市場佔有率和最大競爭對手市場佔有率這兩者之間的比例關係。舉例來說，如果A廠商擁有50%的佔有率，而最大競爭廠商的佔有率只有10%，它們之間的相對性比例就是10比1。若是A廠商的市場佔有率是10%，而最大競爭對手的佔有率卻是20%，則相對性比例就是0.5比1。

（圖示2.6）是爲某大型電腦公司所作的假設性產品組合矩陣。在矩陣

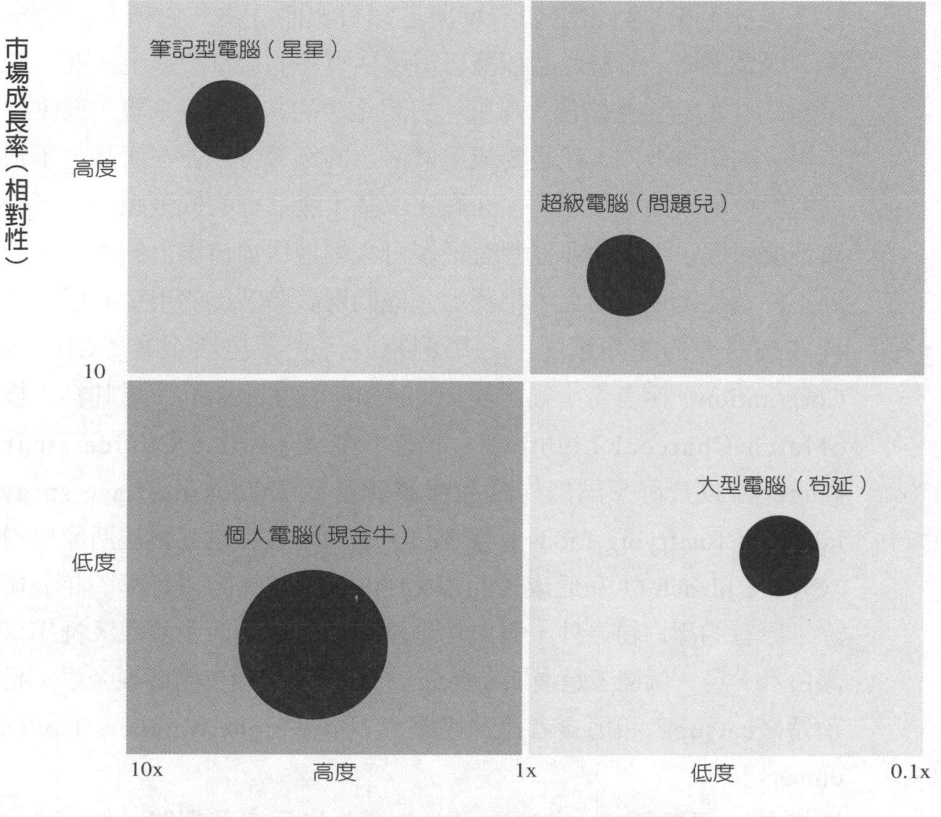

圖示2.6
某大型電腦製造商的產品組合矩陣

注解：在矩陣中每一個單位的圓形大小，代表的是該SBU相對於其它SBU的銷售金額。舉例來說，10×表示該銷售金額是最大競爭對手銷售金額的十倍。

中每一個單位的圓形大小，代表的是該SBU相對於其它SBU的銷售金額。以下就是矩陣中所用的各種分類：

◇星星：星星（star）通常是市場中的領導者，成長非常快速。舉例來說，電腦製造廠商已確認筆記型電腦將是市場上的明日之星。星星級的SBU通常獲利很高，可是也需要大量的現金來供應它的快速成長。其實對它們來說，最好的行銷戰略就是將所賺取的利潤重新投資在產品改進、配銷通路、促銷活動、以及生產效率上，以期能保護現有的市場。經理階層在進入這個市場的同時，也必須努力去獲取更多的新客戶才行。

◇現金牛：所謂現金牛（cash cow）是指這個SBU所獲取的現金收益往

星星
在產品組合矩陣中，這個事業單位是個成長快速的市場領導者。

現金牛
在產品組合矩陣中，該事業單位所獲取的現金收益往往多過於用來維持市場佔有率所必須付出的支出。

往多過於用來維持市場佔有率所必須付出的支出。它所身處的市場，成長很慢，可是產品卻穩居市場佔有率的冠軍寶座上。在（圖示2.6）中的現金牛是個人電腦。對現金牛的基本策略來說，要維持市場上的領導地位，就是要成爲價格上的領導者，並在產品上不斷地進行技術改良。經理們在面對要求基本產品線的擴張壓力下，千萬不要屈服，因爲除非他們有把握可大幅地增加市場上的需求，否則不應貿然挺進。而且，相反地，他們應該將多出的現金分配到最具成長潛力的產品類別上。舉例來說，克羅拉斯企業（Clorox Corporation）擁有奇士福木炭（Kingsford Charcoal）、馬其打火機（Match Charcoal Lighter）、上選牛排醬（Prime Choice steak sauce）、以及好烹調煎炸食品噴灑潤滑油（Cooking Ease spray lubricant for frying foods）等產品。它的現金牛是克羅拉斯漂白粉（Clorox bleach），在低成長的市場中，擁有60%的佔有率。該公司除了原有的漂白粉之外，還成功地擴張了克羅拉斯產品線，推出了漂白水。另一個例子是漢斯（Heinz）公司，它擁有兩個現金牛：番茄醬（catsup）和節食者冷凍晚餐食品（Weight Watchers frozen dinners）。

問題兒（問號）

在產品組合矩陣中，這個事業單位的產品成長快速，但利潤卻很低。

◇問題兒：**問題兒**（problem children）也稱之爲**問號**（question mark）。它的成長快速，但利潤卻很低。它在高度成長的產業中，只有很低的市場佔有率。問題兒通常需要大筆的現金投入，要是沒有現金上的支援，最後就會落到苟延的地步。針對這種情況的策略運用，就是投資更多的金錢，以獲得市場佔有率；或者併購其它的競爭品牌，以便獲取必要的市場佔有率；再不然就是乾脆撤掉這個企業單位。有時候，還是可以把問題兒重新定位，將它推上星星級的類別之中。

苟延

在產品組合矩陣中，該事業單位產品的成長潛力小，市場佔有率也小。

◇苟延：**苟延**（dogs）狀況就是成長潛力小，市場佔有率也小。大多數的苟延商品最後都在市場上消失了。就電腦製造商的例子來看，大型電腦已經是在苟延殘喘的狀況下了。其它例子還包括盒裝傑克牌的鮮蝦晚餐（Jack-in-the-Box shrimp dinners）、華納藍伯（Warner-Lambert）的李夫牌漱口水（Reef mouthwash）、以及坎貝爾（Campbell）的紅鍋牌濃湯（Red Kettle soups）。福利多公司也有好幾個苟延產品，包括了史塔夫牌起司餡點心（Stuffers cheesefilled snacks)、輪包牌巧克力塊(Rumbles granola nuggets)、和塔波牌起司層餅乾——它有三層不雅的餡料稱呼:結巴(Stumbles)、翻跟斗(Tumbles)、和半價優待(Twofers)。對付苟延情況的策略就是收割(harvest)或撤資(divest)。

將公司裏的所有SBU在矩陣中分類之後,下一步就是爲每一個SBU分配未來的資源。這其中有四個基本的策略:

◇創建(build):如果某家企業組織擁有一個相信自己會成爲明日之星的SBU(也許目前還只是在問題兒的階段上),「創建」的策略就可能是個適當的目標。該企業也許會決定放棄短期間的獲利,運用財務資源來達成這個目標。寶鹼公司的平哥牌(Pringles)在1990年代中期,就是從虧損的狀況下一躍而起,成了利潤創造的賺錢品牌。

◇維持(hold):如果某個事業單位是成功的現金牛,它的主要目標就應該是掌握目前的市場佔有率,以便讓該企業組織有充裕的現金流量可以運用。比斯奇品牌(Bisquick) 就當了通用米爾公司(General Mills)二十年的現金牛。

◇收割(harvest):這個策略對所有的SBU都很管用,除了星星級的SBU以外。它的基本目標就是增加短期的現金回收,不用去管長期影響是什麼。特別是在公司需要從某個現金牛身上獲取更多的現金,以便去投資幾個目前市場成長率過低,且表現不甚良好的長期潛力性產品。舉例來說,利華兄弟公司(Lever Brothers)就曾在救生圈牌(Lifebuoy)肥皂上,支援過數年的促銷活動,進而得到了豐碩的收割成果。

◇撤資(divest):裁撤掉幾個市場成長率低且市場佔有率也低的SBU,通常是個好辦法。問題兒和苟延狀況的產品最適合用這個策略。寶鹼公司將辛卡普林(Cincaprin)(一種膠囊狀的阿斯匹靈)給裁撤掉,就是因爲其成長潛力過低。

市場吸引力/公司優勢矩陣

第二個用來選定策略選擇性方案的辦法是市場吸引力/公司優勢量矩陣

市場吸引力/公司優勢量矩陣
一種工具,可根據市場吸引力的程度以及該公司在利用市場機會點時的勝算地位,來進行事業單位之間的資源分配。

圖示2.7
市場吸引力／企業力量矩陣

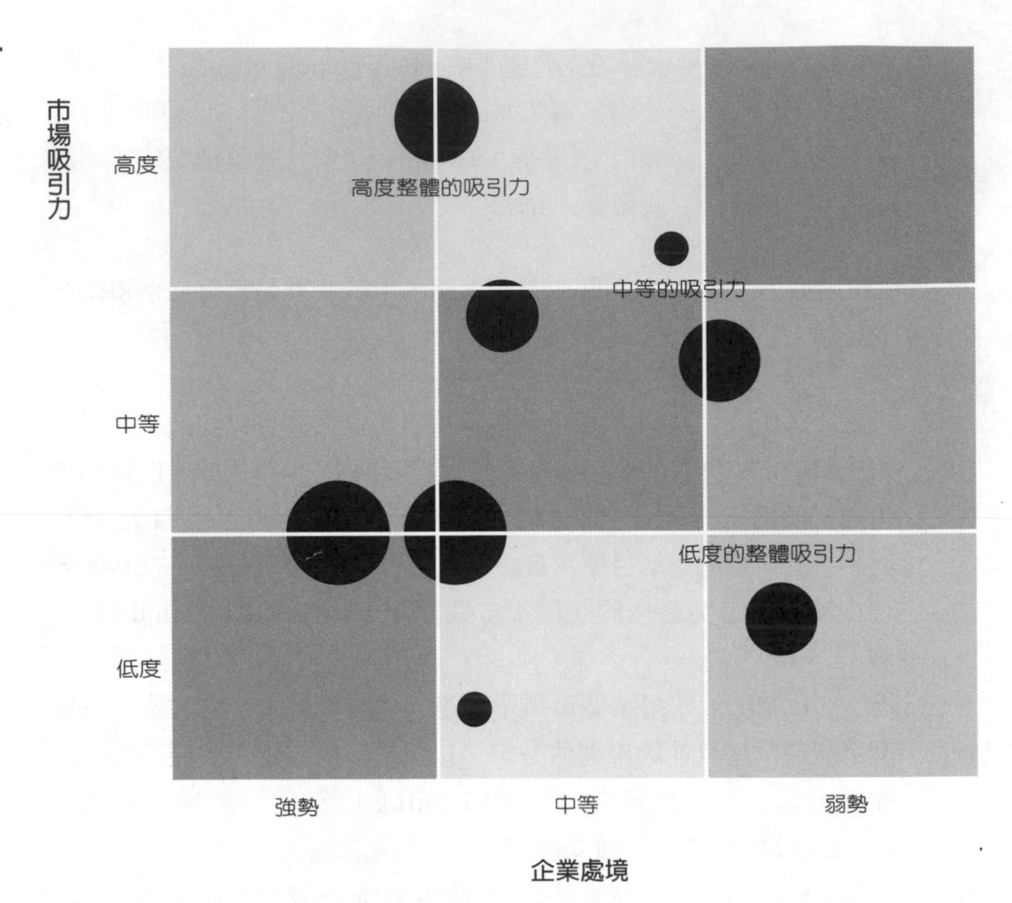

注解：在矩陣中，圓圈的大小代表的是相對於其它SBU的銷售金額量。

（Market Attractiveness/Company Strenght Matrix），這是由奇異電器所發展出來的。在這個矩陣裏所運用到的範圍——市場吸引力／公司優勢——都比先前產品組合矩陣中所用到的內容，要來得更豐富更完整，但是在量化上也比較困難。

（圖示2.7）就是一個市場吸引力／公司優勢矩陣。水平軸代表的是企業處境，意味著若想利用市場機會點，該企業組織的所處勝算地位究竟如何？該公司有足夠的技術的能力有效地滲入市場嗎？它的財務資源足夠嗎？製造成本可以比其它競爭廠商來得低嗎？有和供應商議價的能力嗎？該公司可以應付一些改變嗎？垂直軸則代表對市場吸引力的衡量，它是以量化和質化的方式來表示。有些市場之所以具吸引力是因爲它有很高的獲利能力、快速的成長率、沒有來自政府方面的管制條例、消費者對提高的價格不是很敏感、沒有競爭對手、以及在技術上方便取得。這個方格被分成了三種吸引力區段：分別是高度、中度、和低度。

如果某個SBU所處的市場正是低度吸引力的市場，而該企業也還沒開始正式投入，那麼最好就此打住。如果該公司已經處身在這些市場中了，可行的辦法就只有採用收割的策略，不然就是直接裁撤掉這些SBU。一般的企業組織可以選擇性地維持一些中等吸引力的市場。如果該市場的吸引力開始滑落的話，該組織就應該當機立斷，撤出這個市場。

最具吸引力的狀況就是一個有吸引力的市場再加上強勢的企業處境──這對投資而言，是最棒的選擇組合。舉例來說，布雷戴克公司利用行銷研究，找到了一個「動手自己作」（serious do-it-yourselfer）的市場，在這個市場中的消費者情願付出高一點的價錢來購買高品質的家用工具。例如，在研究中就發現，他們想要一個在工作完成之前，電力不會耗盡的充電式電鑽。於是布雷戴克公司就推出了新的產品線，叫做定量電鑽（Quantum）。

特異優點

爲了要有成功的行銷企劃，就必須檢視內部的優勢和外在市場的機會點，從中找出可超越競爭對手的特異優點才行。所謂**特異優點**（Differential Advantage）就是某個組織企業中的一到多個優異特質，可讓目標消費者捨棄其它競爭品牌，只惠顧該公司的產品。這種特異優點可能只存在於公司的形象之中。例如，IBM就在它的名聲和整套系統的解決能力上，擁有差異化利益點。特異優點也可能發生在行銷組合中的任何一個環節上。像惠普公司（Hewlett-Parkard）的雷射印表機，其卓越的產品品質就深深印在顧客的認知價值中，因此它的特異優點就超越了其它的雷射印表機廠商。渥爾商場（Wal-Mart）在價位低廉和迅速的配銷系統上，超越了凱馬特商場（Kmart），但是後者在商場地點的選擇上，卻勝於前者。英代爾公司製作了一個卓越的廣告，使得英代爾奔騰電腦（Intel Pentium Computer）晶片成了家喻互曉的名詞。而絲威（Suave）美髮用品則是以低廉的價格來和同業競爭。

特異優點
某個組織企業中的一到多個優異特質，可讓目標消費者捨棄其它競爭品牌，只惠顧該公司的產品。

特異優點的兩個基本來源分別是卓越的手法（superior skills）和佔優勢的資源（superior resources）。所謂卓越的手法就是指經理和員工的獨特

廣告標題

猜猜看！是誰讓奔騰處理機變得更有趣？

英代爾公司的形象就是一個差異化利益點，它卓越的廣告已讓英代爾的奔騰電腦晶片成了家喻户曉的名詞了。
Courtesy Intel Corporation

能力，這種能力有別於其它競爭廠商期下員工所表現出來的能力。舉例來說，微軟公司就受益於總裁比爾蓋茲（Bill Gates）的獨到眼光和專業技術能力。而都彭（DuPont）公司的技師們，創造出一種全新的製造過程，爲公司省了20%的成本。另外，諾斯壯公司運用了卓越的顧客服務手法，使得這家百貨連鎖店具備了特異優點。

佔優勢的資源則是特異優點中比較具體的一種形式。舉例來說，像可口可樂、耐吉（Nike）、或泰瑟可（Texaco）等深受歡迎的品牌名稱都是無價之寶。而新力公司所擁有的大型、高科技能力，也是無法輕易複製的。對福好紙業公司（Fort Howard Paper）來說，其特異優點就在於它節省成本的製造過程。蕭波拉鋼鐵（Chapparal Steel）公司在它的鋼鐵製造和鑄造過程上，一向頗有效率，因此它是唯一能打進日本市場的美國鋼鐵製造商。

可持續競爭性利益點

一個極具競爭力的利益點，無法被競爭對手所複製。

擁有特異優點的主要關鍵就在於對這個優點的維持能力。**可持續競爭性利益點**（sustainable competitive advantage）就是指一個極具競爭力的優點，無法被競爭對手所複製。頂端（Top-Flite）公司最近推出了全新的史崔塔（Strata）高爾夫球，每一個售價高達三塊美元，可是還是供不應求。史崔塔球擁有專利保證，球身多了三層結構，可改善握力並加長飛越的距離。這樣的專利權成了一個可持續競爭性優點，使它超越了最大的競爭對手泰斗（Titleist）公司。[13]坦特律爾（Datril）這個商品進入止痛藥市場時，其賣點完全和泰力隆（Tylenol）止痛藥一樣，只是更便宜而已。結果，泰力隆降低售價，就摧毀了坦特律爾的特異優點，保住自己在市場上的江山。從這個例子來看，低售價並不能算是一個可持續競爭性優點。要是沒有了特異優點，顧客是不會捨其它競爭品牌而來惠顧你的。

頂端公司
Top-Flite頂端公司的首頁在爲哪些新產品作廣告？這些新產品都有極具競爭力的利益點嗎？你看到了什麼樣的利益點？
http://www.topflite.com/

行銷策略的說明

6 討論目標市場的各種策略

行銷策略（marketing strategy）所涵蓋的活動範圍包括一到多個目標市場的選定和說明，以及發展和維繫一個能和目標市場達成滿意交易的行銷組合。

行銷策略
涵蓋的活動範圍包括了一到多個目標市場的選定和說明，以及發展和維繫一個能和目標市場達成滿意交易的行銷組合。

目標市場策略

所謂市場區隔（market segment）就是指一群人或一群組織，他們擁有一些相同的特質。因此，他們對產品的需求也近乎相似。舉例來說，擁有新生兒的父母都需要某些產品，如，奶粉、紙尿布和特殊食品等。目標市場策略就是要確認出哪一個市場區隔或哪些市場區隔是我們應該要專注的所在。這樣的過程需以**市場機會點分析**（market opportunity analysis，或稱之爲MOA）爲開端。市場機會點分析就是針對那些廠商有興趣的市場區隔，說明和評估其中的市場和銷售潛力，同時也衡量同在該市場區隔中的主要競爭對手。在完成市場區隔的說明之後，該廠商就可瞄準一或多個目標市場。一般來說，有三種策略可選定目標市場：以單一行銷組合來吸引所有的市場；只著重在單一的市場區隔上；以及使用多重的行銷組合來吸引多重差異的市場區隔。以上每一種策略選擇的特性、優點和缺點都會在第八章加以詳述。目標市場可能是在乎自己牙齒是否潔白的吸煙者「塔白牌牙膏」（Topol toothpaste）的目標群；很在乎飲料中糖份和卡洛里的消費者「健怡可樂」（Diet Coke）；或者是一群大學生，他們需要一種索價不高，可來往校園、城鎮之間的交通工具「三葉瑞茲機車」（Yamaha Razz Scooter）。

市場機會點分析
針對那些廠商有興趣的市場區隔，說明和評估其中的市場量和銷售潛力，同時也衡量同在該市場區隔中的主要競爭對手。

任何一個被瞄準的市場區隔都要被詳加地評述才行。人口統計、心理層次、以及購買行為等都該被慎重地評估一番。其中購買者的行為會在第六章和第七章的時候，加以探討。如果這些區隔還有種族上的差異問題，那麼就該檢視一下行銷組合中的多重文化觀點。假如目標市場是國際性的，那麼有關文化、經濟和技術發展、以及政治結構等足以影響行銷企劃的各種差異性議題，也都得拿出來詳加評述探討。在第四章中，我們會對全球性行銷有更詳盡的介紹。

7 描述行銷組合的幾個要素

行銷組合
商品、配銷通路、促銷、和定價等策略的獨特組合，這樣的設計組合是為了和目標市場完成彼此滿意的交易。

4P
意指product、place、promotion和price這四種要素，結合成為行銷組合。

行銷組合

行銷組合（marketing mix）這個專有名詞指的是商品（product）、配銷通路（distribution）、促銷（promotion）、以及定價（pricing）等策略的獨特組合，這樣的設計組合是為了和目標市場完成彼此滿意的交易。配銷通路有時候也稱之為地點（place），所以我們就將行銷組合稱之為4P（four Ps），亦即：product、place、promotion和price。行銷經理可以控制行銷組合中的每一個要素，可是有關這四個要素的策略卻必須加以整合，以便達成最好的效果。其實，任何一個行銷組合的表現會和其中最弱的要素一樣有相同的結果。舉例來說，市面上第一個按取式牙膏的配銷通路是採用化

Rumi Miyamoto是日本少數女性汽車推銷員之一，她正告訴一位可能買主，擁有一部福特車的好處是什麼。這名買主想要找一部擁有德國的可靠性、日本的高科技、以及具備美國風味的好車。這部福特野馬車（Mustang）會雀屏中選嗎？
©Tom Wagner/SABA

妝品櫃臺上的販售方式，結果鎩羽而歸。一直到這種按取式牙膏採用和擠壓式牙膏一樣的配銷通路，方才得以成功。最棒的促銷活動再加上最低廉的價格，也挽救不了一個品質低劣的商品。相同地，卓越的商品卻沒有很好的配銷通路、價格、或促銷活動等，也是一樣會慘遭滑鐵盧的。

成功的行銷組合都經過精心的設計，以便滿足目標市場的需求。我們對麥當勞（McDonald）和溫蒂（Wendy）這兩家速食店的第一眼印象往往很類似，覺得它們好像擁有相同的行銷組合，因爲它們都是漢堡速食店。但是麥當勞瞄準的卻是帶著年輕孩子前來用餐的父母親們，並在此策略上獲得了極大的成功。而溫蒂漢堡瞄準的卻是用餐的成年人。在麥當勞的店裏，有兒童的遊戲區、還有麥當勞叔叔這個小丑、以及爲孩子們特別設計的快樂兒童餐；溫蒂漢堡則有沙拉吧和鋪著地毯的室內裝潢，卻沒有兒童的遊戲區。

行銷組合中的變化並不是偶然才會發生的。反應靈敏的行銷經理會設計出一些行銷策略來獲取競爭上的優勢，同時也能兼顧對某個特定目標市場的需求滿足。藉著操控行銷組合中的各種要素，行銷經理可以隨時調整一些賣點，以達成競爭上的優勢地位。

商品策略

典型來說，行銷組合一開始出現的就是商品（P）。而行銷組合中的重要核心，亦即一切活動的開端，就是商品賣點和商品策略。要是不知道行銷的商品是什麼？就很難設計出配銷策略、促銷活動或者是訂定價格。

其實，商品本身並不只是物質上的單位而已，也包括了它的包裝、保證、售後服務、品牌名稱、公司形象、認知價值以及其它許多因素。一顆哥第凡（Godiva）巧克力就具備了很多的商品因素：巧克力本身、上有商標的金黃色禮盒包裝、顧客滿意的品質保證、以及哥第凡本身這個聲譽卓越的品牌名稱。我們購買這些產品，不只是爲了它們能有什麼實質的貢獻（好處），也爲了它們所代表的意義（地位、品質、和聲望）。

商品可能是很具體的產品，如電腦；或者是顧問所提出的一些點子；抑或者是醫療方面的服務。不管如何，商品也必須要能提出顧客的認知價值才行。我們會在第十章和第十一章，討論有關商品決定的議題；服務業的行銷則被涵蓋在第十二章裏；第十三章討論的則是顧客的認知價值和認

廣告標題

你想讓你的巧克力也擁有一些克拉數嗎？

一顆哥第凡巧克力就具備了很多的商品因素：巧克力本身、炫目的金黃色包裝、顧客滿意的品質保證、以及哥第凡本身這個聲譽卓越的品牌名稱。
Courtesy Godiva Chocolatier, Inc.

知品質。

配銷（地點）策略

配銷策略考慮的是如何讓顧客在想要擁有該產品的時候，隨時隨地都可以購買得到。你願意在走幾步路就到的24小時便利商店裏買到奇異果？還是情願搭著飛機，專程跑一趟澳洲，去買奇異果？就這個地點（P）的英文字面意義來說，它是屬於實質意義上的配銷，亦即涵蓋了所有商業活動，如倉儲、原料運輸和成品運輸等。配銷的目的就是要確定在有需要的時候，將商品於使用期限內送抵預定的各個地點。第十四章和第十五章會專門來討論配銷策略。

促銷策略

促銷策略包括了人員推銷、廣告、促銷活動、和公共關係等。在行銷組合中的促銷角色就是要告知、教育、說服、以及提醒目標市場中的消費者，某企業組織或某商品的好處是什麼，進而促成彼此滿意的交易行為。一個好的促銷策略，例如微軟公司為視窗95（Window 95）軟體所進行的促銷，就可以大大地提高銷售量。而促銷中的每一個要素也必須要互相協調合作，才能創造出良好的促銷組合。我們將在第十六、十七、十八章的時候，加以討論這些整合下的行銷傳播活動。

價格策略

價格是購買者為了要獲得某項商品，而必須放棄的東西。通常它也是四個行銷組合要素中最具備彈性的，因為它可以在最短的時間內被改變。行銷人員提高或降低商品的售價，遠比改變其它的行銷組合變數要來得容易，並快得多了。價格是個非常重要的競爭利器，對企業組織整體來說，也很重要，因為單位價格在經過銷售數量的倍乘之下，就相當於該公司的總收入了。我們會在第二十和二十一章中，討論價格決策這個議題。

行銷企劃的執行、評估和控制

8 瞭解為何行銷企劃的執行、評估和控制是必要的

執行（implementation）是一個過程，可將行銷企劃轉化成行動任務，並確保這些任務作業會在企劃目標的達成前提下來進行。執行活動可能包括了詳細的工作指派、活動說明、時間流程、預算、以及無數次的溝通協調。雖然執行的最基本意義就是「把你說過要做的事情實現出來」，很多公司還是不斷地在策略執行上嘗到失敗的經驗。書面的行銷企劃可能會、也可能不會將這些詳盡的溝通內容含括在其中。但是，如果它們不是這份企劃中的一部分，一旦企劃開始進行溝通的時候，就應該在別處將它們另行詳載。

執行
是一個過程，可將行銷企劃轉化成行動任務，並確保這些任務作業會在企劃目標的達成前提下來進行。

在行銷企劃執行之後，就應該接受評估。**評估**（evaluation）可精確地計量出在某個特定期間內，所達成的行銷目標範圍程度有多少。一般來

評估
可精確地計量出在某個特定期間內，行銷目標被達成的範圍程度有多少。

說，行銷目標無法被達成，往往有四種可能原因：不切實際的行銷目標；企劃中不當的行銷策略；不當的執行；以及在目標明定和策略執行之後，大環境卻起了變化。

一旦選定了企劃，並開始執行之後，就該時時監測該企劃的有效度。**控制**（control）就可提供某種結構技巧，它可依據企劃下的目標來評估行銷的結果如何，並對那些無法讓企業組織在預算之內達成目標的行動方法進行修正。任何公司都需要建立一些正式和非正式的控制方法，以便讓整體營運更具效率。

控制
可提供某種結構技巧，依據該企劃目標來評估行銷結果，並對那些無法幫助企業組織在預算之內達成目標的行動方法進行修正。

也許對行銷經理來說，最主要的控制方法就是行銷稽核。**行銷稽核**（marketing audit）是一個完整、徹底、有系統的定期評估方式，專門針對行銷組織的目標、策略、架構、和表現等所作的。行銷稽核可幫助管理階層有效地分配行銷資源，它具有四個特點，分別描述如下：

行銷稽核
是一個完整徹底、有系統的定期評估方式，專門針對行銷組織的目標、策略、架構和表現等所作的。

◇全面綜合性的（comprehensive）：行銷稽核可涵蓋組織企業體所面臨到的所有主要行銷議題，而不是只著重在問題點上。

◇系統化的（systematic）：行銷稽核是以順序條理的方式來進行，涵蓋了該組織的行銷環境、內部行銷制度、以及特定的行銷活動等。緊跟在這個診斷之後，隨之而來的就是一份行動企劃書，其中含括了長程和短程的提案作法，其目的是爲了要改善整體的行銷效能。

◇獨立的（independent）：行銷稽核通常是由內部或外面的獨立團體所執行，它的獨立性和客觀性足以獲得高層管理的信賴。

◇定期性的（periodic）：行銷稽核必須根據定期的時間表來進行，而不能只在危機出現時才實施。不管稽核結果顯示出某行銷企劃是成功的，還是處於困境之中，該企業組織都可從這類的稽核行動中獲益良多。

儘管行銷稽核的主要目的是要完整地縱剖分析該企業組織在行銷上所作的努力，並爲行銷企劃的發展和修正，提供一個基礎根據。但它也不失爲是一個改善溝通、提升企業內部行銷意識的好辦法。也就是說，它是一個很管用的媒介工具，可將策略性行銷的技巧和哲學推廣給公司中的其他成員。

擬定一份行銷企劃案

9 知道如何建構一份基本的行銷企劃案

一份完整行銷企劃案的創作和執行，可讓該企業達成行銷目標，進而成功立足於市場之中。但是一份行銷企劃的好壞與否，其實和它所涵蓋的資訊內容以及其中所投入的努力、創意、和思考等有著密切的關係。同時，若想對狀況分析有完整徹底且精確的瞭解，良好的行銷資訊系統就是不可或缺的一環（第九章將會詳論）。而經理人的直覺，對行銷策略的創作和選擇上，也扮演著一個重要的角色。經理們在作行銷決策時，若是獲得任何有違他們原先判斷的資訊時，都必須要小心衡量該資訊的精確性如何。

請注意行銷企劃（圖示2.1）的整體架構不應只是連續性的規劃步驟而已，因爲行銷企劃中的某些要素都是在同時間內決定的，彼此之間密切相關。同樣地，在（圖示2.2）中所出現的行銷企劃樣本摘要，在一開始的時候，並沒有將整個行銷企劃的錯綜細節涵蓋於內。此外，每一份行銷企劃的內容也不相同，完全取決於該企業組織體的宗旨、目標、消費對象、以及行銷組合要素等。想像一下（圖示2.2）裏的行銷企劃，若只是從事分區通信連結服務的銷售（而不是實質的商品），該企劃內容會有什麼不同呢？如果目標市場對準的是挾帶著雄厚銷售實力的財星500大公司，而不是原先的行政主管，又會有什麼不同呢？

（圖示2.8）的概要內容是一組各式問題的延伸，可以作爲行銷企劃的指導格式。但是，不應該被拿來當作是行銷企劃的唯一範本格式。因爲許多企業組織都有屬於它們自己這類企劃製作的特殊格式或術語。對該公司來說，每一份行銷企劃在創作時，都是獨一無二的。請記住，雖然在提案說明的時候，其格式和順序可以有彈性，但任何行銷企劃還是應該要涵蓋相同類型的問題和主題範圍。

正如你在（圖示2.8）所看到的行銷企劃概要範圍一樣，一份完整的行銷企劃，它的創作並不是那麼簡單容易的。但是卻可以先製作一份如同（圖示2.2）所呈現的行銷企劃摘要，如此一來，你就可對該公司的完整行銷企劃有一個大致上的概念。

圖示2.8
行銷企劃概要

I 企業經營宗旨

- 該公司的宗旨是什麼？它的經營內容是什麼？該組織的內部上下對經營宗旨的認識有多少？五年後，該公司希望能跨足於哪些經營項目？
- 該公司是針對顧客的需求還是針對產品和勞務，來進行企業經營的定義？

II.目標

- 在提到公司目標時，該公司的宗旨說明可以被詮釋成營運上的用語嗎？
- 什麼是該組織的明確目標？它們都有正式的書面文件嗎？它們是否按照邏輯，進而引出明定的行銷目標？這些目標的依據是銷售量？收益利潤？還是顧客？
- 該組織的行銷目標，其說明是否層次分明？它們是否夠明確，因而能夠衡量其中的完成進度？就公司的資源來看，這些目標是否合理？這些目標很不明確嗎？該目標是否詳細說明了時間進度上的架構？
- 該公司的主要目標是儘可能地增加顧客的滿意度？抑或是儘可能地獲取更多顧客？

III.狀況分析（SWOT分析）

- 有什麼策略窗口是必須列入考慮的？
- 在SWOT分析中，確定了哪些特異優點？
- 這些優點在競爭環境下，是可持續的嗎？

A.內部優點和缺點

- 該公司的歷史是什麼？其中包括，銷售量、利潤收益以及企業組織的哲學等。
- 該公司的本質和現況是什麼？
- 該公司有什麼樣的資源？（財務、人力、時間、經驗、資產、技術等）
- 就組織、資源分配、營運、工資、訓練等各方面來看，有什麼政策阻止了該公司的目標完成？

B.外在的機會點和威脅點

- 社會上的：有什麼主要的社會潮流或風格潮流，將會對公司造成影響？該公司已經採取了什麼行動來因應這些潮流趨勢？
- 人口上的：有關人口數量、年齡、剖析、分佈等趨勢的預估，會對該公司造成什麼樣的影響？家庭本質的改變、女性就業人口的增加、人口中種族組成比例的變化，這些改變對該公司的影響程度如何？該公司已採取了哪些行動來因應這些演變和潮流？該公司曾否重新評估過它的傳統商品，並為了因應這些潮流趨勢，擴張商品的賣點範疇？
- 經濟上的：就課稅和收入來源來說，有哪些主要趨勢會影響到公司？該公司已採取了什麼行動來因應這些趨勢潮流？
- 政治上、法律上、和財務上的：目前有哪些國際法、聯邦法、州法、或當地法規已被提出定案，因而可能影響到行銷策略和行動？有哪些法規條例或法院裁定在最近有了改變，因而影響到該公司？就每一個政府層級而言，目前有什麼政治上的改變？該公司已採取了什麼行動來因應這些法律上和政治上的變化？
- 競爭力：有哪些企業是用相似的商品來和該公司進行直接的對抗？有哪些企業是以主要顧客的時間、金錢、精力、或承諾等保證方式，來和該公司進行非直接的對抗競爭？有什麼新的競爭趨勢即將要浮現出來？這種競爭的實際效度如何？競爭對手提供了哪些好處是該公司所沒有提供的？若是該公司投入競爭之中，是否恰當？

- 技術上的：有哪些技術上的改變會影響到該公司？
- 生態上的：就該公司所需要的自然資源、能源成本及其可用性來看，可以有什麼樣的展望？該公司的商品、勞務、和營運等，有環保的概念存在嗎？

IV.行銷策略

A.目標市場策略

- 就地理、社會人口和行為特徵探討每一個市場中的組成份子是同質性或異質性的？
- 就該組織的每個市場區隔來看，其中的市場大小、成長率、以及國家和地區性的趨勢是什麼？
- 每一個市場區隔的市場大小是否夠大或夠重要，足以證明行銷組合的投入是值得的。
- 這些市場區隔可以被估測嗎？可用以獲知配銷和傳播上的努力嗎？
- 哪一些市場區隔有著很高的機會點？又有哪些市場區隔只有很低的機會點？
- 這些目標市場尋找的是什麼樣的變化需求和滿意度？
- 就每個區隔來說，該組織能提供什麼樣的好處？這些好處和其它競爭對手所提供的好處比起來，結果如何？
- 該公司是否將自己定位成一個獨特的商品？這個商品是被人所需要的嗎？
- 該公司的生意有多少比例是和新的生意重疊的？可被歸類為非使用者、少量使用者和大量使用者的大衆比例各是多少？
- 現有的目標市場為該公司以及競爭對手，在名聲、品質、和價格上的分數評定是如何？該公司對某些特定市場區隔來說，它的形象是什麼？
- 該公司想將它的商品賣給某些特定族群？抑或是每一個人？
- 誰會買該公司的商品？一名潛在顧客要用什麼方法才能發現該企業組織？要用什麼辦法以及要到什麼時候才能把某個人變成顧客？
- 潛在顧客有哪些反對意見，使他們不想買該公司的商品？
- 顧客們要如何發現和決定該購買什麼？何時購買？以及到何處購買？
- 該公司應該對它所選定的目標市場進行擴張、縮減或改變嗎？如果是的話，要在哪一個目標市場上進行？程度應該如何？
- 該公司可從某些已擁有其它供應廠商的市場領域中撤出，並將它的資源運用在新顧客的服務上嗎？
- 除了目標市場之外，還有哪些社會大衆（財務的、媒體的、政府的、市民的、當地的、一般的、和內部的）代表了該公司的機會點或問題點？

B行銷組合

- 該公司是否藉著行銷活動的協調運用（商品、配銷、促銷、價格）來達成它的目標？抑或是經由密集的促銷活動來完成？
- 該行銷組合中每個要素的目標和角色是否明確？

1.商品

- 該公司的主要商品／勞務賣點是什麼？它們之間是否互相截長補短？抑或是不必要的重疊而已。

- 每一個商品賣點的特徵和好處是什麼？
- 該公司和每個主要商品的生命週期在哪裏？
- 對不同的目標市場而言，商品範圍和商品品質所作的增加或減少，會有什麼樣的壓力？
- 每一個商品領域的主要弱點是什麼？主要的抱怨是什麼？最常出錯的地方在哪裏？
- 該商品的品牌名稱好唸？好拼？好記嗎？它的品牌名是敘述性的？還是可傳達該商品賣點的好處呢？這個名字可以區隔該公司或該商品和其它競爭對手的不同嗎？
- 該商品可提供什麼樣的保證？還有其它方法可以確保顧客的滿意度嗎？
- 該商品能提供好的顧客認知價值嗎？
- 如何處理顧客服務的問題？服務品質該如何來評估？

2.地點／配銷

- 該公司應該試著直接將自己的商品送達到顧客的手中？抑或是經由其它組織的運作，將選定的商品運送出去？在商品的配銷上，可利用哪些管道？
- 應該運用哪些實質上的配銷設備？可以在哪裏設置？它們的主要特點是什麼？
- 目標市場中的成員為了買到該商品，願意並能夠克服一些距離上的問題嗎？
- 該設備的通路如何？該通路可以有所改進嗎？在這些區域中，有哪些設備需要優先的注意？
- 設備的地點該如何選擇？該位置可接觸到目標市場嗎？它在目標市場的目光範圍之內嗎？
- 零售營業所的氣氛和位置如何？這些零售商可以滿足顧客嗎？
- 什麼時候使用者才可以買到這些商品？（一年中的哪一個季節？星期幾？一天之中的什麼時刻？）這些時機是最適當的嗎？

3.促銷

- 一名典型的顧客要如何才能發現到該公司的商品？
- 該公司所傳達的訊息獲得目標群衆的注意了嗎？它傳達出目標市場的欲求和需求了嗎？它是否提出了某些嘉惠方法來滿足這些需求？這樣的訊息被適當地定位了嗎？
- 這些促銷上的努力，是否有效地告知、說服、教育、和提醒顧客，有關該公司的產品？
- 該公司是否確定了預算，並可衡量這些促銷努力的有效度？

a.廣告

- 目前正使用哪一種媒體？該公司是否已選定了某種媒體，可以接觸涵蓋到目標市場中的最大面積？
- 所使用的這些媒體是最符合成本效益的嗎？它們對公司的形象有正面的助益嗎？
- 廣告出現的日期和時間是最適當的嗎？該公司是否已準備了多個廣告版本？
- 該組織企業使用的是外頭的廣告代理商嗎？這家廣告代理商可以為該組織企業提供什麼樣的功能？
- 因廣告和促銷的結果，而導致顧客的疑問時，應採用什麼樣的制度來處理這樣的狀況？有哪些後續動作必須進行？

b.公共關係

●是否有構思良好的公關和宣傳企劃？該企劃能回應不好的宣傳？

●該公司該如何正常地運作公共關係？由誰來運作？這些人和媒體管道有良好的共事關係嗎？

●該公司是否正在利用所有可能的公關管道？且是否致力於每個宣傳管道需求的瞭解，以及為該宣傳管道提供能以有效的形式吸引到它的觀衆群的情節呢？

●該年度報告對該公司和商品的說法是什麼？有哪些人被這樣的媒介有效地接觸到？發行刊物的好處可以遠蓋過成本的支出嗎？

c.上門推銷

●和維持與服務既有的顧客作比較，一名典型的業務人員在對新顧客的說服上，要花去自己多少時間？

●如何決定該拜訪哪一位潛在顧客？由誰來決定？要如何決定聯絡的頻率？

●該如何報酬業務人員？有什麼誘因可以鼓勵更多的生意成交？

●業務人員該如何組織和管理？

●業務人員已針對每一個可能顧客準備好辦法了嗎？

●該公司是否根據目標市場的特性來進行業務人員的安排，使雙方具備相似的特質。

●在作了初步的上門推銷努力之後，是否有適當的後續動作跟進？顧客是否覺得很感激？

●資料庫或直銷的作法，是否能取代或輔助業務人員？

d.業務促銷

●每一個業務促銷活動的特定目的是什麼？為什麼要作這樣的提供？它想要達成什麼？

●有哪些業務促銷的類別正在被使用？這些業務促銷是針對經銷商？最終消費者？抑或是雙方皆有？

●該促銷努力是針對該公司的主要大衆群？抑或是只針對潛在顧客？

4.價格

●應該訂定什麼價位和某些特定的價格？

●該公司應該利用什麼手法來確保定出的價格會被顧客所接受？

●顧客對價格的敏感程度如何？

●若是某個價格有了實質的變動，會對多少顧客造成影響？總收益會增加還是減少？

●價格的訂定是依據哪一種方法？流行水準定價法？需求導向定價法？抑或是成本反應法？

●可提供什麼樣的折扣？有什麼理由？

●該公司考慮過價格上的心理層面嗎？

●價格是否隨著成本上揚、通貨膨脹、和競爭品牌的價格而調整？

●價格促銷的使用情況如何？

●有興趣的顧客是否有機會能以初步價格試用該商品？

●可以接受什麼樣的付款方式？這些不同的付款方式對公司來說有好處嗎？

V.執行、評估、和控制

●該行銷組織的架構是否良好，而足以執行行銷企劃？
●必須進行哪些特定的活動？誰該為這些活動負責？
●執行時間表是什麼？
●有哪些其他必要的行銷研究？
●該企劃對年度損益表的財務影響是什麼？如果該企劃沒有執行的話，企劃所得和預計收益之間的比較情況會如何？
●表現成績的標準是什麼？
●會使用什麼樣的監控過程（稽核）？什麼時候進行？
●看起來該公司似乎做得太多？還是做得不夠多？
●這些為完成目標的核心行銷策略，是否恰當？能符合這些目標的需求嗎？這些目標適當嗎？
●編列了足夠的資源（或者太多的資源）來完成這些行銷目標嗎？

10 確認出幾種可讓策略規劃更加有效的技巧

有效的策略規劃

有效的策略規劃需要有持續的注意力和創作力，同時也要有來自管理階層的承諾才行：

◇策略規劃不是一年一度才要做的功課，有些經理們按照步驟完成所有程序，然後就拋諸於腦後，一直到隔年才又把它拿出來。其實，策略規劃應該是一個不間斷的過程，因為大環境不斷改變，而公司的資源和能力也在持續變化中。

◇好的規劃是有創意的，經理們應該挑戰那些有關公司和大環境的預設立場，建立全新的策略才是。舉例來說，在汽車需求量增加以及需要更多精細服務的時代來臨時，幾家主要的石油公司就在發展加油服務站的概念了。可是它們一直執著在全面服務的概念辦法中，直到幾家獨立型的公司為因應實際面，而轉向成本較低的自助式便利加油站營運時，這些大老級的石油公司才趕緊跟上腳步。

◇也許對成功的策略規劃來說，最具關鍵性的要素就在於管理高層的支持和參與。舉例來說，康柏電腦在1991年的秋季，公佈了它在第一季的虧損情形，然後撤換了公司的創始人，任命艾察菲佛（Echard Pfeiffer）為該公司的新總裁。53歲的菲佛先生說他不斷地勸誡公司的員工要爲個人電腦「進行全方位的市場佔有率競爭」，而不是只著重在高價位的電腦上。「這只是一個簡單的改變而已，」他回憶道，可是這樣的策略性轉變卻非常的徹底，以至於「你必須不斷地溝通，起碼一百遍以上，剛開始的時候，這些話是不被接受的。」[14]

在他擔任康柏電腦首席職務的一年之間，菲佛先生不僅開創了特價機型的新戰線，也展開對小型企業和家用電腦市場的突襲。除此之外，他還徹底檢視了製造過程，並將觸角伸及到國外市場。

回顧

讓我們回顧一下最初的商業噴射機競爭市場，每一個市場競爭者都已找到自己的特異優點，例如，「彰顯X」的速度、「灣流V」的長程性、「馬車夫直升機」的低成本。每一個競爭者都在使用行銷企劃，其中載明經營宗旨、目標、狀況分析、目標市場定義、以及行銷組合要素（商品、地點、促銷、和價格）的說明等。這個內容說明了商品賣點和價格等之間的不同差異，以及促銷和配銷的不同。雖然所有這些商業運輸的形式都瞄準商業旅行市場，可是運輸市場中還是有其它不同的市場區隔，他們所尋求的是不同的好處，並且在運輸搭乘的能力上，也具備了不同的條件。而一份好的行銷企劃應該可幫助公司在市場上獲得最後的成功。

總結

1.瞭解策略性行銷和行銷企劃擬定的重要性。策略性行銷規劃是所有行銷策略和決策的基礎根據。行銷企劃是一份書面的文件，它對所有的行銷經理來說，就像一本記載著所有行銷活動的指南書一樣。在明定出目標和所需行動之後，行銷企劃就可作爲一個基礎，用來比較實際成果和預期表現之間的差距。

2.爲經營宗旨說明作出適當的定義。宗旨說明就是分析現有和潛在顧客所尋求的利益點，再加上對環境狀況的現有和預期分析，所綜合得到的結論根據。該公司的長程眼光，配合上宗旨說明，就可以爲所有後續的決策、目標、以及策略等，訂定界線範圍。宗旨說明著重的是市場本身以及該企業所要投身的市場，而不是商品或勞務而已。

3.知道好的行銷目標，其標準是什麼。目標必須實際、可被測量、並且要明確定下期限。各個目標必須有一致性，並且能呼應企業組織的優先順序。

4.解說狀況分析的要素有哪些。在狀況（SWOT）分析中，該公司應該找出它內部的優點（strengths）（S）和缺點（weakness）（W），並明察外在的機會點（opportunities）（O）和威脅點（threats）（T）在哪裏。而在檢視外在的機會點和威脅點的時候，行銷經理應該要分析行銷環境下的各種局面，這個過程就叫做環境掃瞄。其中最常被研究的六個大環境影響力分別是：社會的、人口的、經濟的、技術的、政治的、法律的以及競爭對手的影響力。在狀況分析的同時，行銷人員也應該試著找出任何可能的策略窗口。除此之外，確認出特異利益點，並將它建立成爲可持續競爭性利益點，也是一個很重要的關鍵。

5.能確認策略選擇性方案，並描述用來協助選擇性方案的工具是什麼。策略機會矩陣可用來幫助管理階層發展策略性選擇方案，這四種選擇分別是市場滲入、產品發展、市場發展、和多樣化。產品組合矩陣則是另一個方法，可將該公司旗下的各個SBU分類成星星、現金牛、問題兒、或苟延等四種狀況，從而決定每個SBU的利潤潛力和投資需求，然後再爲每個SBU進行適當的資源分配。對產品組合矩陣來說，另一種更詳盡的選擇是市場吸引力／公司優勢矩陣，這個矩陣可測出公司和市場的生存能力。

6.討論目標市場的各種策略。目標市場策略就是要確認出哪一個市場區隔或哪些市場區隔是我們應該要專注的所在。這樣的過程需以市場機會點分析（或稱之爲MOA）爲開端，亦即針對那些廠商有興趣的市場區隔，說明和評估其中的市場量和銷售潛力，除此之外，也要衡量同在該市場區隔中的主要競爭對手。在完成市場區隔的描述之後，該廠商就可瞄準一或多個目標市場。一般來說，有三種策略可選定目標市場：以單一行銷組合來吸引所有的市場；只著重在單一的市場區隔上；以及使用多重的行銷組合來吸引多重差異的市場區隔。

7.說明行銷組合的幾個要素。行銷組合（或稱之為「4P」）指的是商品、配銷通路、促銷、以及定價等策略的獨特組合，這樣的設計組合是為了和目標市場完成彼此滿意的交易。而行銷組合中的一切開端，就是商品賣點。商品可能是具體的產品、構想、抑或是服務。配銷策略考慮的是如何讓顧客在想要擁有該產品的時候，隨時隨地都可以購買得到。促銷策略包括了人員推銷、廣告、促銷活動、和公共關係等。價格是購買者為了要獲得某項商品，而必須放棄的東西，也往往是四個行銷組合要素中最容易更改的。

8.瞭解行銷企劃的執行、評估、和控制等，都是必要的項目。在行銷企劃發揮它的功能之前，當然必須先執行它才行。也就是說，人們必須展開行動。而企劃也應該接受評估，以便瞭解其目標是否達成。拙劣的執行技巧可能是造成企劃失敗的主要因素。而企劃的控制則可提供某種結構技巧，它可依據企劃下的目標來評估行銷的結果如何，並對那些無法讓企業組織在預算之內達成目標的行動方法進行修正。

9.知道如何建構一份基本的行銷企劃。雖然行銷企劃並沒有既定的公式，也沒有單一的正確概要方法，可是一些基本因素還是不可或缺的：經營宗旨、目標設定、對外在和內部環境的狀況分析、選定一到多個目標市場、描述行銷組合（商品、地點、促銷、和價格）、以及建立一些方法來執行、評估和控制該企劃。

10.確認出幾種可讓策略規劃更加有效的技巧。首先，管理階層要瞭解，策略規劃應該是一個不間斷的過程，而不是一年一度才要做的功課。第二，好的策略規劃是有高度創意的。最後，還需要有來自管理高層的支持與合作。

對問題的探討及申論

1.你的表兄弟們想要自己作生意，而且他們很急切。他們決定不寫行銷企劃，因為他們老早就從你的叔叔那邊，爭取到了一筆基金，因此，並不需要一份正式的提案說明。況且，寫一份書面文件實在太耗時間了。請向他們解釋為什麼一定要寫一份企劃，這份企劃為什麼這麼重要？

2.一家新公司該如何定義它的經營宗旨說明呢？你能從國際網路上，找到幾個例子來代表好的宗旨說明和不佳的宗旨說明嗎？你要如何來改進這些宗旨說明？

3.新的行銷經理向公司提出一份行銷目標，就是要儘可能地滿足顧客的需求和欲求。請解釋一下，雖然這個目標很值得讚賞，可是卻不符合好目標的標準。該標準究竟是什麼？請舉出一個明確的例子，來闡釋什麼叫做好的目標？

4.請分成幾個小組，並就你們最近所購得的幾個商品進行個案討論（每個人至少要提出兩個個案）。這些商品用了什麼特定的策略來達成它們各別具有的特異優點？這些特異優點可在競爭市場上繼續保持下去嗎？

5.請就本章開頭故事中所描述的「馬車夫直升機」，進行迷你式的狀況分析，請提出一個優點、一個缺點、一個機會點、和一個威脅點。根據你的評估，「馬車夫直升機」有哪些策略性成長選擇方案可資利用？就本文中所討論的兩個策略性矩陣而言，「馬車夫直升機」其中的位置落點在哪裏？

6.你必須為某家運輸服務公司的行銷策略作出決策。如果目標市場有了下面的變化，行銷組合的要素該如何跟著作改變呢？（a）跨國企業的商務旅行者；（b）沒有個人交通工具的低收入工人；或者是（c）各公司行號有緊急文件或易腐壞的原料必須立即送達到顧客的手中。

7.為你所就讀的學校，創作一份行銷企劃，以增加貴校的入學率。請寫下每一個步驟，並說明要如何控制該企劃的執行。

8.新力公司如何將有關環境保護的行動企劃融入它的行銷企劃中？
http://www.sony.co.jp/CorporateCruise/

9.比較以下的全球網站，其結果如何？這些網站位址如何和各公司的行銷企劃互相搭配？
http://www.mcdonalds.com/
http://www.wendys.com/

學習目標

在讀完本章之後，各位應當能夠做到下列各項：

1. 討論行銷中的外在環境，並解釋它對公司的影響。
2. 說出能影響行銷的幾個社會因素。
3. 向行銷經理解說目前人口趨勢的重要性。
4. 向行銷經理解說多元文化主義和日益成長的種族市場，這兩者的重要性。
5. 確認消費者和行銷人員對經濟狀況的反應。
6. 確認工業技術對公司的影響。
7. 討論行銷中的政治和法律環境。
8. 解釋國外和國內競爭市場的基礎根本。

第3章

行銷環境

現在最熱門的玩具是什麼？郝士伯（Hasbro）公司的主要魅力在於它所推出的星際大戰機器玩偶，這些玩偶都是取材自20年以前的電影系列。例如，早在1956年就上市的培樂多（Play-Doh）玩具，及其特價商品普樂多玩具（Pro-Doh）。另外奧比斯方塊（Orbix Cube）在1981年的時候，是以盧比克魔術方塊（Rubik's Cube）之名上市的。至於美泰兒（Mattel）這家排名第一的玩具製造商，它的大部分精力都花在芭比娃娃（Barbie）的重新包裝上，現在，這種洋娃娃已維持了37年的歷史。在今天的市場上，前15名銷售最熱門的玩具和遊戲，其中只有三項是由頂尖的玩具公司在1995年以後才發明的。

《玩具》（*Playthings*）雜誌的編輯法蘭克雷森（Frank Reysen）補充道：「有人不禁要懷疑，玩具製造商是不是把點子都用完了。」

玩具製造商則否認這一點。「我認爲玩具公司都提供了巨額的獎金，想要發掘出眞正好的創意。」郝士伯公司的主要營業員阿佛烈德（Alfred Verrecchia）如是說道，他還指出該公司每一年都會將原產品系列中的25%，全面地翻新。他說儘管郝士伯將重點放在延長玩具的生命週期，拉長它的認知價值上，但該公司還是像以前一樣非常有創意。

儘管話說如此，郝士伯花在玩具研發（R&D）上的經費只有行銷預算的三分之一。而美泰兒公司的行銷費用也是產品開發和設計經費的五倍。其中部分原因是因爲這些玩具製造商的點子來源，多是外包給自由獨立的玩具創作者所提供的，而不是由自己公司的研發部門在進行。雖然如此，美泰兒的發言人葛雷柏察（Glenn Bozarth）還是這麼說：「在玩具製造業裏，行銷就是這個遊戲的代名詞。」

柏察又說，美泰兒公司之所以有這樣的策略，部分原因是因爲看過太多的投機性熱賣商品，如流星一般在天空一閃即逝。另一方面，該產業也看到一些熱賣商品店，如，推出包心菜寶寶（Cabbage Patch Kids）的可雷可公司（Coleco Industries, Inc.），和製造泰迪熊（Teddy Ruxpin）以及雷射標籤（Laser Tag）的奇妙世界公司（Worlds of Wonder, Inc.）等，都在1980年代相繼地關門大吉，因此震撼了業界。「美泰兒的觀點是，玩具製造商必須是個品牌創立者，如此才能生存下去。」伯察是這麼說的。

可是如果品牌的創立必須犧牲掉發明的話，這些玩具製造商就是在冒另一個不同的風險——漏失掉一些極具爆炸震撼力的玩具類別。這種事就發生在卡帶遊戲上。這些主要的美國玩具製造商，因爲放棄了卡帶入侵市場的早期階段，而眼睜睜地看著日本公司，如，瑟加企業（Sega Enterprises, Inc.）和任天堂公司（Nintendo Co.）等，將這個市場由零的狀況炒作到目前年度銷售額高達60億美元的局面。在此同時，傳統玩具的銷售量卻因爲沒有爆發力十足的產品推出，而呈現了遲緩的狀態。

凱納公司（Kenner's Inc.）「好烘焙烤箱」（Easy Bake oven）和「史賓羅畫圖玩具」（Spirograf drawing toy）的製造商創始人的兒子羅伯史坦納（Robert Steiner）就是跨足在這些新舊之間。他說：「玩具產業曾經是個『引人入甕』的生意。」因爲截至1970年代以前，玩具產品都是製造來吸引父母親的，玩具廠商可以設計一些精細複雜的玩具，因爲他們可以靠百貨公司的店員來爲顧客示範這些新玩具，而百貨公司在當時那個年代，是販售玩具的主要場所。

根據史坦納先生的說法，到了1970年代晚期和1980年代的時候，當凱馬特商場（Kmart）和渥爾商場（Wal-Mart）等之類的折扣賣場出現在玩具零售業時，他們並不會雇用銷售人員來示範或解說玩具，反而是將產品的促銷責任推回到製造廠商的身上，而製造廠商就不得不拿電視廣告來當它的救生繩了。1960年代早期，在電視上的玩具廣告一年只有9百萬美元，到了1990年代中期，卻衝到了一年10億美元。而第一個在市場上威力十足的電影玩具就是1977年上市的星際大戰系列產品。

到了今天，玩具公司發展部門裏最具價值的員工，「不是那些發明點子的人，而是會畫圖的人。」布魯斯懷希爾（Bruce Whitehill）這樣說道，他是一名遊戲創作者，曾經服務過美泰兒、郝士伯的米爾頓布雷利單位（Milton Bradley unit）、以及其它玩具公司。他解釋說，這些繪圖員的價值在於他們能爲舊的玩具角色，如，芭比娃娃或蝙蝠俠，畫出更新款式的原型。就在懷希爾向米爾頓布雷利報到的那一天，他就被告知了兩件事情：第一，請記住，你所發明的玩具，它的買主是美國玩具反斗城（Toys R Us），而不是消費者；第二，創造出來的遊戲，一定要能在30秒的電視廣告中交待清楚。換言之，眞正的目標顧客群是那些擁有主要連鎖店的玩具買主，而不是兒童或父母。[1]

消費者的愛好和認知價值不斷改變；國內和國際市場的競爭日趨激烈；再加上日新月異的工業技術運用（亦即可經由電視來促銷玩具），這些因素都對玩具產業造成了很大的影響。而技術、競爭、和消費者的偏好等，在行銷市場上都是不可控制的因素。這些外在的環境因素會影響大多數公司的行銷組合嗎？外在環境中還有哪些不可控制的其它因素，會影響到玩具產業呢？對那些忽視外在環境的公司來說，它們會有什麼樣的結果呢？

郝士伯公司

美泰兒公司

郝士伯如何利用它的WWW網站位址來建立其品牌識別？請比較美泰兒和郝士伯這兩個網站，哪一個公司建立的品牌識別度比較有效？為什麼？

http://www.hasbro.com/

外在的行銷環境

1 討論行銷中的外在環境，並解釋它對公司的影響如何

正如你在第一、二章所學到的，行銷經理可以運用獨特的方法來結合商品、配銷、促銷、和價格等策略，進而創造出行銷組合。當然，這個行銷組合是在公司的控制底下，目的是要吸引一群特定的潛在購買者。而目標市場（target market）就是一個被明確定義的族群，而這個族群是行銷經理認爲最有可能購買該公司產品的人。

目標市場

一個被明確定義的族群，而這個族群是行銷經理認爲最有可能購買該公司產品的人。

經過一段時間之後，經理們就必須要調整一下行銷組合，因爲消費者所居住、工作、和作出購買決定的環境是不斷改變的。舉例來說，截至1970年代以前，玩具的設計主要是針對父母親，現在的設計則是用來吸引大型連鎖商店買主的注意，如美國玩具反斗城等。這表示玩具的配銷通路已從「爸爸媽媽」的玩具店大幅轉移到連鎖折扣商店中了。同時，市場一旦成熟之後，有些新的顧客就會進入目標市場，其它舊的顧客就會退出。而那些仍留在目標市場中的人，則可能會具備不同於原來目標消費群的愛好、需求、收入、生活型態、和購買習慣等。

雖然行銷經理可以控制行銷組合，但是卻不能控制那些一再爲目標市場進行塑型、改造的外在環境因素。圖示3.1就顯示出了由消費者或商家買主所組成的目標市場，以及影響該目標市場的可控制變數和不可控制變數。在圖表中央的不可控制因素會不斷地演化，進而對目標市場造成改變。從另一方面來看，畫在圖表左側的行銷經理卻可以制定行銷組合或爲行銷組合重新定型，進而影響該目標市場。

圖示3.1
外在環境中，不可控制因素對行銷組合的影響

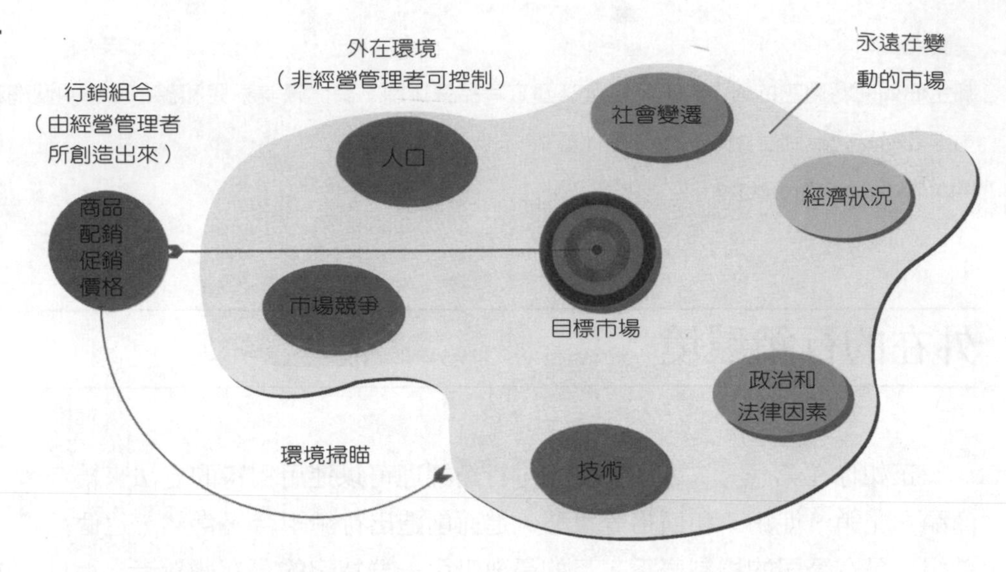

瞭解外在的環境

除非行銷經理能夠對外在環境瞭若指掌，否則該公司就無法明智地計畫未來。因此，許多企業組織都具備了一批專家，持續性地蒐集並衡量有關外在環境的資訊，這個過程就叫做環境掃瞄。其目的就是要收集外在環境的資料，以便確認未來市場的機會點和威脅點在哪裏。

舉例來說，正在工業技術的發展不斷地模糊了個人電腦和光碟唱機之間的界線時，像新力（Sony）這類的公司可能會發現，它的競爭對手已逐漸含括到康柏（Compaq）之類的電腦公司身上了。同時，從研究顯示出，兒童都希望電腦軟體擁有愈多電玩遊戲愈好，而成年人則希望他的電腦軟體，具備了不同的文字處理和商業相關的功能。[2]這樣的資訊對康柏電腦公司的行銷經理來說，代表的是機會點？抑或是威脅點？

請注意下面這兩家公司是如何因應環境潮流的：

◇凱迪拉克（Cadillac）公司某些車款的傳統目標市場，其平均年齡是將近70歲左右的銀髮族。對該公司來說，老化的目標市場將是個大問題。在這個大約有著120萬部的豪華汽車市場中，凱迪拉克的市場佔有率已從1989年的24%滑落到現在的15%。為了彌補這個趨勢，

爲了吸引那些剛晉升爲豪華汽車買主的顧客們，凱迪拉克推出了凱特拉車款。該公司希望以新的車款來吸引較年輕的買主，以便彌補目標市場逐漸老化的問題。
©Micheal L. Abramson

凱迪拉克推出了凱特拉（Catera）車款，該車種的目標市場是瞄準那些剛晉升爲豪華汽車買主的顧客們，亦即BMW（BMW 3-series）或雷瑟斯（Lexus ES300）的購買者。無奈凱特拉車種雖然得到了汽車雜誌的普遍讚賞，但是對它的風格卻沒有太大的迴響反應。[3]

◇崇尚休閒風的社會潮流終於吹到了辦公室裏。現在有許多公司都將星期五訂爲「非正式穿著」日（“dress-down” day），在這一天，大家不用穿西裝打領帶就可以來上班。當史瓦柏（Schwab）證券經紀公司考慮也要實施「非正式穿著」日時，便撥了一通電話給公司在舊金山的鄰居，李維史壯斯公司（Levi Strauss and Company），希望它給點流行界的意見，後者是牛仔褲和休閒服的製造廠商。結果，這通電話得到的可不只是一點建議而已：這家全世界最大的知名品牌成衣製造商寄出了一堆冊子，冊子裏詳細介紹了如何讓穿著休閒化，而不是邋遢化。它也舉出了其它幾家公司的例子，因爲它們都成功地擺脫了正式西裝的束縛；另外還有一些研究報告，其中說明上班服裝的改變會如何地增進員工的生產力和提振士氣。同時，李維公司也快遞了一份卡帶，裏頭的內容主要是在介紹休閒上班服的打扮，史瓦柏公司就將這捲帶子放在公司內部的自助餐廳和會議室裏播放。「人們總是在問，我們是不是在推銷李維公司的產品？」人力資源總監茱莉絲詹姆斯（Julius James）回憶道[4]。這樣的活動已花了李維公司5百萬美元，其中包括了以服裝秀展現公司所製造的流行成衣；爲那些對休閒上班服有疑問的雇主們，提供免費的服務專線電話；以及爲各公司的人力資源總監舉辦討論會。我們可以看得出來，李維公司改變了它的促銷策略和商品策略，以因應這股變遷中的服裝風潮（社會／文化趨勢）。

不斷變遷的生活型態、不斷改變的生活態度、以及逐步浮現的工業技術等，所有這些都是公司廠商無法直接控制的外在因素，因而促使美泰兒公司必須發展各種不同的玩具；李維公司改變了它的促銷策略；凱迪拉克公司也爲新的目標市場推出全新的車種。有時候，改變中的環境也會丟出一個難題，這時，就要靠行銷經理發揮他向難題挑戰的精神，將這個威脅點轉化成爲機會點。請看下面的例子：

> 如果你是專門作日光浴產品生意的，而美國人卻決定從此不再和太陽瞎攪和時，你該怎麼辦？正當防曬乳液的銷售量愈攀愈高之際，古銅色公司（Coppertone）卻受挫於無法在這個新興市場中打開一條生路。「古銅色這個牌子是用來作日光浴，讓皮膚曬黑的，不是為了防曬用的。」消費者似乎都這麼說。
>
> 所以該公司決定回到原點：一個可愛的小女孩帶著一條狗，狗的嘴裏叼著的是小女孩的泳衣，標題上寫著：「曬黑！但是不要曬傷！」在陽光下，你最想保護誰，不讓太陽曬傷？是孩子們。對孩子專用的防曬乳來說，什麼特殊品質是最重要的？必須要防水。

古銅色公司將它的新防曬乳液定名爲「水娃兒」（Water Babies），並在它的包裝上將小女孩和狗以及品牌名稱放在一起，古銅色公司的名稱雖然看得見，可是卻縮小了許多。想當然耳，水娃兒在市面上一舉成功，不僅該產品獲益甚豐，也幫助古銅色公司跟上了護膚產品的時代潮流。[5]

環境管理

沒有一家公司的規模大到或有能力到足以去創造外在環境中的主要變

化。因此，行銷經理基本上只能做環境變化下的改編者，而不是代理者。舉例來說，大型公司如，通用汽車、福特、以及克萊斯勒（Chrysler）等，它們直到最近才有能力去防堵日本廠商對美國汽車市場的攻掠占領。所以，競爭對手也是外在環境中不可控制的因素之一。

但是，一家公司也不總是完全任由外在環境予取予求的。有時候，公司還是可以影響外在的一些事件。舉例來說，聯邦快遞（Federal Express）就透過了大量的遊說，終於獲得了它夢寐以求的所有日本航線。日本在一開始的時候，是堅決反對爲聯邦快遞開設新貨運航線的，結果這個最後的決定卻是聯邦快遞花了數個月的時間，遊說白宮、代理商、以及國會等，才終於克服了來自日本方面的頑強抵抗。[6]若是某公司執行一些策略，想要爲外在環境定型，以方便它在其中運作的話，這就叫做**環境管理**（environmental management）。

環境管理

某公司執行一些策略，想要爲外在環境定型，以方便它在其中的運作。

對行銷經理來說，外在環境中的幾個重要因素可被歸納爲：社會的、人口的、經濟的、技術的、政治和法律的、以及競爭市場等這五大類。

社會因素

2 說出能影響行銷的幾個社會因素

對行銷經理來說，社會變遷可能是最難被行銷計畫預估、影響、或整合的外在變數。社會因素包括了我們的生活態度、價值觀、和生活型態等。它可能影響人們所購買的商品、願意爲商品付出的價錢、特定促銷活動的有效與否、以及人們預期在何時、何地、及如何地購買這些商品。

1990年代的行銷導向價值觀

當今的顧客要求很高、很愛打聽、也很有辨別能力。他們不再願意忍受壞的商品，堅持要高品質的產品，可省時間、省力氣、甚至還少了卡洛里。美國消費者將商品品質的特性作了排名，分別是：（1）可靠性；（2）耐久性；（3）好維修；（4）好使用；（5）值得信賴的品牌；以及（6）低價格。購物者也很關心其中的營養問題，總想要知道他所買的食品中有哪些成份。在1980年代晚期，只有不到三分之一的雜貨購買者會閱讀食品上的標籤，現在則幾乎一半的人都詳讀標籤上的說明。[7]

現在的購物者也自許爲環保人士（environmentalists）。十個美國消費者中，就有八個消費者認爲自己是環保人士，其中有一半則認爲自己是很落實的環保人士。[8]而每五個購物者就有四個購物者願意多付出5%的商品價格，來購買可回收或可進行生物分解的包裝產品。許多行銷人員都預估，到了西元2000年的時候，沒有環保意識的商品將很難賣得出去。

在1990年代裏，很少有消費者會說，售價昂貴的車子、設計師的服飾、充滿樂趣的旅行、和信用「金」卡等，都是幸福生活的必要構成因子。相反地，他們會把價值放在非物質取向的成就感上，例如，能掌握自己的生活，並在他們想要的時候，就能放自己一天假。[9]雙薪家庭一般都處在**時間匱乏**（poverty of time）的狀況下，他們只有一點點的時間可以利用，因此只能工作、上下班通勤、處理家務、做家事、購物、睡覺和吃飯等。針對那些說自己時間不夠用的受訪者當中，只有33% 的人會說，他們對自己的生活感到很開心。[10]

時間匱乏
缺乏時間來做其它的事，只能工作、上下班通勤、處理家務、做家事、購物、睡覺和吃飯等。

昔日那種日常的悠哉形態已快速地消逝了：週日的四人組高爾夫球賽、橋牌和菜園、三杯馬丁尼酒的午餐約會、隔著籬笆話家常、以及那些純眞開懷的大笑等；工作消耗了美國人大半的時間，他們的生產壓力也因雙薪家庭戶數的爆增，而更顯惡化：因爲隨著逐漸老化的父母和孩子的快速成長，即便它是個日益複雜的單位，家中也沒有主事的人管得了這麼多。同時，在「虛擬辦公室」（virtual office）的時代裏（家中具備電腦和數據機，可直接在家工作），專業人士也愈來愈難區分他們的時間究竟是花在工作上還是休閒上。

構成式生活形態的成長

今天生活在美國的人們，其生活形態都是**構成式生活形態**（component lifestyles）。所謂生活形態就是生活的一種模式，人們決定要如何過他們的生活。換言之，構成式生活形態就是指，人們是根據自己不同的需求和興趣來選擇商品和勞務，而不是遵照傳統的原型生活方式。

構成式生活形態
人們是根據自己不同的需求和興趣來選擇商品和勞務，而不是遵照單一的傳統原型生活方式。

在過去的年代裏，一個人的職業，比如說銀行家，就可以定義出他或她的生活形態。但是就今天而言，若是某個人是個銀行家，那麼他也可能是個美食家、健身主義者、單親父母和天然資源保護者。而這每一種生活形態都可能和不同的勞務或商品產生關聯，也代表了一個目標接收者。舉例來說，針對美食家，行銷人員會利用如《老饕》（*Gourmet*）和《佳餚》（*Bon Appetit*）等這類的雜誌，來傳達烹飪器皿、美酒、和具有外國風味的食品等訊息。而健身主義者會去買愛迪達（Adidas）的運動設備和一些特殊慢跑裝備，也會閱讀《跑者》（*Runner*）雜誌。構成式生活形態增加了消費者購買習慣的複雜性。這個銀行家可能擁有一部BMW，可是換機油的工作卻是由自己來做。他或她可能會買速食店的食物當午餐，但是在晚餐的時候，卻會用法國美酒來佐餐；他或她也許擁有很精密的攝影設備，可是家用音響卻是便宜貨；他或她會到凱馬特商場或渥爾商場購買襪子，可是套裝或洋裝卻一定要在布魯克兄弟（Brooks Brothers）商店裏購買。

改變中的家庭角色和職業婦女角色

因爲消費者可以從不斷增長的產品數量和勞務數量中選擇他們所要的東西，所以構成式生活形態也一直在演進中，而且大多數的消費者也有足夠的金錢去實踐他們的選擇。雙薪家庭的成長造就了購買力的提升。就目前而言，16歲到65歲之間的女性，其中有58%都在職場中工作。預計到西元2005年以前，這個數字會成長到63%。[11]1990年代中期以前，美國境內有超過七百七十萬種事業是由女性所擁有的，總收入達1.4兆美元。[12]因此，和其它社會變遷比起來，職業婦女的充斥現象可能有比較大的影響。

一旦婦女的收入增加，她們的專業、經驗、以及權威等角色層次也就跟著提升了。正處於工作年齡層的婦女們，她們和30年前被瞄準的那群職業婦女完全不同。現在的她們在生活中要求不同的東西，她們不僅從工作中、從配偶身上、也從商品和勞務上要求不同的東西。

汽車業者最後終於瞭解了在汽車購買決定上，女性是多麼不可忽視的一股力量。就美國境內所有售出的汽車和卡車市場來看，女性佔了主要買主比例中的45%。[13]釷星（Saturn）汽車的廣告就是專門衝著女性顧客而來的，爲的是要迎取她們的歡心。其實，在這個產業中，女性業務員的人數本來就少得可憐，但是推銷釷星汽車的業務員中，有16%是女性，和整個產業7%的女性業務員比起來，算是高得多了。當然，這個數字對釷星汽車銷售結果的影響也是看得出來的。因爲儘管在汽車市場上，一半以上的汽車購買是由女性來作決定，但對釷星汽車來說，64%的汽車購買決定都是來自於女性。[14]

廣告標題

就是想聽到有人說，買一部釷星汽車還眞的不錯。

釷星汽車的廣告不只是爲了吸引女性購買者，也想吸引女性汽車推銷員的注意。因爲釷星汽車的女性推銷員比例高達16%，而該車種的女性購買者也高達64%。

女性也會買較「典型男性化」的商品。《雪茄迷》（*Cigar Aficionado*）這本雜誌就刊出了一篇以女性和雪茄爲主題的文章。而另外一期的雜誌封面採用的則是超級名模琳達伊凡吉莉絲坦（Linda Evangelista）叼著一根雪茄的照片。羅得戴堡（Fort Lauderdale）的雪茄製造商統一雪茄企業（Consolidated Cigar Corporation）就計畫要推出專爲女性設計的兩種特別款式雪茄，品牌名爲唐迪可（Don Diego）。這種新款的雪茄煙體積大到足以容納完整的煙草風味，但是底端的設計卻呈尖細狀，以方便女性輕鬆地點燃雪茄，並符合女性纖纖玉手的夾取。

對每年高達一百五十億美元的高爾夫設備、商品、和會費市場來說，女性就佔了20%。「就今日而言，成長最大的市場是18歲以下的少女，以及25歲到39歲之間的婦女們。」LPGA的行銷服務部經理保羅阿賓迪塞諾

現在，職業婦女可以用電話來訂購她們所要買的商品雜貨，然後再等廠商將東西送上門來。
©John Abbott

（Paul Oppedisano）說道，「高爾夫球的女性玩家，約有一半的年齡都在40歲以下。」[15]

所有製造廠商都在注意著這樣的趨勢。「雖然伊諾（Izod）在成衣業中是男性和女性成衣的最大廠商，」阿賓迪塞諾說道，「但是，李茲公司（Liz Claiborne）卻已發展出全套的高爾夫球裝。」另一方面，在去年的時候，泰理斯特（Titleist）公司推出了頂尖牌（Pinnacle）女性專用高爾夫球，並和蘇珊乳癌基金會（Susan G. Komen Breast Cancer Foundation）結合。這個品牌的高爾夫球在球身上都會印著全球公認的基金會識別標幟，作為推廣知名度之用。

職業婦女數量的增加，也意味著雙薪家庭戶數的增加。雖然雙薪家庭的收入往往比較高，可是在家庭活動上所花的時間卻少得可憐（時間匱乏）。而家庭中的購買角色（也就是指傳統上由男性或女性所購買的特有商品項目）和購買形態也在改變中。因此，新的機會點也就跟著應運而生了。舉例來說，為了迎合雙薪家庭的需求，小型商家每天都提供特定的商品和服務。冰淇淋和優格專賣店、咖啡店、以及運動鞋專賣店，全都愈來愈多樣化。隨著全職婦女人口的成長，還有一些針對家庭特殊需求的服務也應運而生，舊金山雜貨快遞（San Francisco Grocery Express）就是採用倉庫式的營運方式，它使用電腦來接受顧客的電話訂單。顧客可參考一份詳列了各種商品雜貨的目錄和價格表，進行電話訂購，隨後，貨車就將你所指定的食品送到你的門前。

這是新的趨勢？還是只是一時的流行而已？

廠商若是能在早期階段就區分出新的趨勢或只是一時的流行，就可創造出無限的商業生機，並可避免將大筆的金錢投注在錯誤的商品上。針對新趨勢，率先展開行動，就可贏得競爭市場上的立足先機。對史塔巴克咖啡（Starbucks coffee）來說，事實就是如此，因爲它的順勢推出，是利用了新顧客對咖啡商品高品質和多樣口味的需求。史耐克威爾（Snackwell's）甜餅和餅乾也是如此，因爲它結合了好吃的口味和低脂的健康訴求。而對泰克貝爾（Taco Bell）公司來說，當它體認到以認知價值來定價的力量時，也立刻讓它得到了有力的市場先機。

從另一方面來說，跟不上趨勢潮流的公司，就只能將它們的時間花在對競爭市場的追趕上了。美國汽車產業就因爲忽略了消費者對高品質省油小汽車的需求，而付出了數十年的成本代價。

找出什麼是一時的流行，絕對有很大的好處。積極的行銷人員可在短時間內利用一時的流行而賺取大筆的收益，然後再趁這個流行退燒之前，收手結束。很多保守型的公司都不會將力量放在這些只有短期生命週期的流行商品上，反而會著重在有著長期發展潛力的機會商品上。（圖示3.2）就提供了一份簡要的核對表，可幫助行銷人員評斷何者爲新趨勢？何者爲一時流行而已？

3 向行銷經理解說，目前人口趨勢的重要性

人口上的因素

人口學
這是對生生不息的人口進行統計資料上的研究，其中包括了年齡、人種和種族關係以及分佈地點等。

人口上的因素是另一個外在環境中不可控制的變數對行銷經理來說，也是非常的重要。人口學（demography）是對生生不息的人口進行統計資料上的研究，其中包括了，年齡、人種和種族關係、以及分佈地點等。人口學之所以這麼重要，是因爲任何市場都是由人所組成的。人口上的特徵和市場上的消費者購買行爲，絕對有著極爲重要的關聯，而且它也可以用

圖示3.2
這是趨勢？或是一時的流行？

1.它符合基本的生活形態改變嗎？

離婚率的增加、生育年齡的提高、職業婦女人口的增長、以及工作者的流動性等，這些對商品和勞務都有極為重要的啓示意義。其中關鍵問題是，一個全新的演變發展究竟和上述這些重要的生活形態以及變遷的價值觀，是否能同步進行？哪一些新發展可以支持上述的變化？哪一些則是和上述變化互有矛盾衝突的？如果某個全新的發展演變可以補充以上所說的那些重要變化，它就極有可能是個趨勢。但若是和上述的基本生活形態互相矛盾，就只能算是個流行罷了。

當市面上推出一個新的風格或商品時，問問你自己，它是不是能和這些趨勢潮流同步進行。舉例來說，我們可能會注意到一些流行模特兒頂著最新款式的髮型，看起來很吸引人，可是卻要花很多時間來梳理。所以這種新髮型可能並不適合必須進行大量體力活動的女性們，比如說一個有慢跑習慣的女性。

2.好處是什麼？

消費者可以從新商品或勞務中獲得什麼樣的好處？它究竟有多少好處？程度如何？消費者在買這些新商品的時候，感覺很好嗎？還是很不情願地被迫改變？姑且不論我們對牛肉的偏愛有多深，魚類和家禽類的消耗量卻一直呈現長期性的成長現象。因為和牛肉比起來，後者比較健康、含脂量和卡洛里也比較低，而且比較能被社會大衆所接受。同時，若是烹調出這類的食物也可表示你對家人的關心。豆腐也是便宜的食品，並且其卡洛里比雞肉的某些部位還要低，可是它對多數的老美來說，嚐起來就是像圖書館裏的漿糊一樣。

3.它可以被個人化嗎？

個人化的需求以及可自我表現的各種不同方法，儼然已成為最近這幾年來價值觀改變的其中之一了，尤其對出生在嬰兒潮那一代的人來說，更是如此。只要適應性愈強，就愈有可能成為新的趨勢潮流。舉例來說，對那些想要擁有健康幸福的消費者來說，不同的人可以用不同的方法來表達這種理念：食物上的改變、運動、不抽煙、和減輕壓力等，隨便提出幾個都行。這就是為什麼健康生活會成為一種趨勢潮流的主要原因了。

4.它是一個潮流？或是一個副作用而已？

我們應該要能區分出基本潮流和該潮流中某些特定表現方式的不同之處。正當潮流趨勢持續地成長進行時，在某個基本主題下，某個表現方式可能會浮現，但是也可能會被其它的表現方式所取代，其中一個例子就是運動。運動有很多種，比如說慢跑、打網球、手球、散步、溜冰、以及有氧舞蹈等，這些項目都是為了達到體能健身的目的需求，所表現出來的不同方法。而這些個別特定的活動都可能只是一時的風潮流行而已，隨著大衆的喜好而起起落落，但是對基本的趨勢，也就是對健康、幸福的追求來說，卻是永不衰退的。

5.還有哪些改變會發生？

這樣的新發展也受到其它領域發展的支持嗎？如果它只是孤軍奮鬥，那麼就有可能只是一時的流行而已。當1960年代，迷你裙被大衆所接受的時候，它立刻帶動了織品市場的主要改變。短短兩年之間，褲襪和緊身衣就在女性織品市場中，從原先的10%跳到80%。不幸的是，這個市場終究還是慢慢地萎縮了下來，因為非正式穿著的風潮正方興未艾，其中包括了每週五的「非正式穿著日」，以及愈來愈多的人選擇在家上班等，這種種因素都造成了褲襪市場的萎縮。

6.誰在接受這些改變？

找出哪些消費者已經改變了他們的行為，這是非常重要的。在決定某個新發展究竟會不會成為一種趨勢潮流時，其中有兩個非常具價值性的判斷方式：來自非預期來源的支持度：以及主要族群的支持程度。當職業婦女的數量自1950年代開始激增以來，大多數的新進女性員工都是學齡兒童或更大孩子的母親。這些女性出來工作的原因都是為了能多添購一些東西，或是資助大學教育的學費，所以看不出來有什麼證據可以支持這些女性在工作上繼續做下去。但是對那些有著年幼孩子就出來工作的女性們來說，事情就大不相同了。而這樣的發展也反映出社會價值觀的基本改變，以及非預期來源的支持度。

對某個新發展的長期潛力來說，有兩個消費族群格外地重要。他們分別是職業婦女，特別是那些有著專業能力的職業婦女，以及在嬰兒潮出生的那一代。如果新發展被這兩個族群所反對，就不太可能會成為新的趨勢潮流。

資料來源：《美國人口》（*American Demographics*）雜誌1994年12月號，由Martin G. Letcher所著之〈如何從潮流趨勢中區分出短暫的流行？〉（How to Tell Fads From Trends？）一文。

來預估目標市場對某個特定行銷組合的反應會如何。這個單元將會描述一些和年齡以及分佈地點有關的行銷趨勢，我們會從主要年齡層的族群開始談起。

現今10歲以下的兒童：擁有購物的本能

可自由支配的收入
亦即不用拿來購買必需品或付稅的金錢。

就某些衡量的角度來說，十歲以下的兒童比大學生所擁有**可自由支配的收入**（discretionary income）（亦即不用拿來購買必需品或付稅的金錢）要多得多了。一年之中，父母親因應10歲以下兒童所要求的購物金額就高達了144億美元，而十歲以下的孩子對家庭購買的影響也超過了一年1,320億美元。[16]可想而知的是，現代的父母正造就出一批揮金如土的新世代。

這種花錢的行爲究竟是如何開始的？孩子們什麼時候才開始作出消費決定，進而影響到他們父母親的購物決定？基本上在成爲購物者之前，是會經過這下列五個階段過程：

◇階段1：觀察的階段，這是由孩子們和市場互動之間的關係所組成。孩子學會的第一件事就是他們通常從父母那裏所得到的滿意事物，都是有商業來源的。在這個階段裏，孩子們和市場有了感官上的接

麥當勞叔叔就是孩子們所發展出來第一個市場上的心智形象。©REUTERS/Carl Ho/Archive Photos

觸，並對市場上的物件和象徵人物建立起第一個心智形象，麥當勞叔叔即爲一例。

◇階段2：請求。這種行爲都發生在必須完全依靠父母親的小娃娃身上。藉著用手指、手勢、以及語調上的變化，這些非常年幼的孩子就可以向他們的父母親傳達，他們看見了自己想要的某些東西。

◇購買行爲實際發生在階段3的時候：作決定。選擇某樣東西是作爲一個獨立消費者所採取的第一步行動，而且這個行爲發生在孩子剛學會走路的時候。一旦孩子提出請求，而父母親也滿足了他們的要求，孩子就會將某些商品坐落在店裏的位置記在腦海裏。孩子們也會藉著找出商品的貨架位置和取下自己喜愛的商品，來表達他們想要獨立的需求。也因爲父母的允許，孩子們開始離開父母，穿梭在那如迷宮般的商場之中。

◇階段4：有協助的購買。孩子們開始在父母的監督下，拿著錢去換商品。在這個階段的孩子會要求並得到允許，從其他人那裏拿到東西，而不再是從父母那裏拿到自己想要的東西。根據自己需求和欲求花錢買東西的小孩子，終於成了剛起步的消費者。一般來說，這個階段大約發生在5歲半的時候。[17]

◇最後一個階段是階段5：獨立的購買。有些孩子早在4歲的時候，就不需要父母的監督，自己購買東西了，但是對這個階段的孩子來說，一般的平均年齡是8歲。階段4和階段5這兩個階段之間，是距離最長的一段時間。它反映出學會複雜的交易制度是多麼的困難，以及許多父母是多麼地不願鬆手，讓孩子自己到店裏去買東西。

許多行銷人員都體認出，愈早接觸兒童的市場愈好。柯達（Kodak）公司不只捐獻了照相機和底片，作爲「課堂留念活動」（Using Cameras in the Curriculum program）中的使用素材（對象涵蓋幼稚園到小學六年級的兒童），也和沖印店結合一氣，請沖印店爲這個活動沖洗相片。該公司將環境主題融入了這項活動之中。它希望能在這個活動裏，獵取6到11歲的兒童市場。因此，柯達公司不僅在用完即丟的相機身上印製了熱門電影《阿拉丁》（*Aladdin*）的人物造型；對那些「年齡太大」不適合使用用完即丟相機的孩子們，推出了售價39.95美元的35釐米照相機（Photo fX 35mm camera），這是一台「眞實」的相機，看起來就像是爸爸和媽媽的相機一樣。[18]

十幾來歲的青少年：大筆的錢和強烈的自我主張

青少年一年大約可花上1,000億美元左右，其中630億是他們自己掙來的錢，其它則是家裏給他們的錢。整體來說，這些青少年所支出的錢，大約相當於美國國防預算的一半。就當今而言，青少年可能是家中成員唯一最有時間可以站在雜貨店裏，排隊等待結帳的人了。因此，超過一半以上的女孩以及約有三分之一左右的男孩，每個禮拜都會幫家人採買食品。

青少年會以四種熟悉的手法來影響家庭方面的支出。首先，當青少年或兒童陪著父母親來到店裏的時候，這些父母往往會讓他們在推車裏添些自己想要的東西；第二，即使青少年不和父母親一起購物，他們也能影響到後者，因爲他們會鼓吹父母買某個他或她所偏好的品牌，他們也許會直接指定品牌名稱，再不然，作父母的也知道，如果不照他們的要求購買，這些東西買回去也是乏人問津；第三，當父母積極地詢問他們的意見時，青少年也會影響父母親的購買決定，因爲青少年通常比他們的父母更知道一些品牌，例如，電腦、音響、和設計師的牛仔褲等都是。最後，當青少年要求禮物的時候，也會影響到父母的購買決定，因爲這些青少年鮮少會羞於讓父母親知道，他們想要什麼樣的生日禮物或其它假日的禮物。[19]

對青少年來說，當他們衡量品牌的時候，「酷」（cool）的標準是首要評估的地方。品質和其產品本身可能不見得能將該商品推銷到青少年的手上，但是該商品究竟是否稱得上是個很酷的品牌，對他們來說卻很重要。他們認爲最酷的幾個品牌包括了，耐吉（Nike）、蓋斯（Guess）、李（Levi's）、和瑟加（Sega）等。除了品質之外，酷的標準就是它是「我這個年紀的人所專用的」。青少年似乎很喜歡那些特別爲他們設計專用的東西，不管是語言、流行、廣告、或品牌等，皆同。

X世代：機智和懷疑的

1997年，約有4,700萬左右的消費者是處於18歲到29歲的這個年齡層，這個族群就被稱之爲X世代（generation X）。他們是鑰匙兒的第一代——亦即雙薪家庭下的產物，或是概略地估算，約有一半的個案，其父母不是離婚、就是分居。X世代開始進入工作職場的時候，剛好逢上規模縮小和衰退的時代，所以這些青年比起上一代的人來說，更容易失業、學非所用、或是仍住在父母親的家裏。從另一方面來看，其中有1,000萬左右的人是專職的大學生，另外有1,500萬的人，則已經結婚，不住在老家了。[20]然而，也因爲這個世代的人還在搖籃酣睡的時候，就開始遭受到大量媒體的轟炸，所以促使他們成了一群很機智，也很容易起疑心的消費者。

X世代
目前年齡在18到29歲之間的人們。

X世代的成員並不介意放縱自己。對那些X世代的年輕女性來說，其中有38%在既定的月份裏都會去看幾部電影，比起那些目前年齡在30幾到40幾歲之間的女性來說，看電影的比例只有19%，顯然高出了一倍左右。X世代的成員，其平均支出金額的一半以上是花在餐廳用餐、酒精飲料、衣著、和電器方面的設備上（如電視和音響等）。[21]有個調查發現到，X世代的成員都想要一個屬於他或她自己的家（87%）、很多的錢（42%）、游泳池（42%）、和一個渡假小屋（41%）。[22]他們比上一代的人更物質主義化，可是對理想目標的完成卻不抱持著太大的希望。

也許就是這種理想高、期待小的心理組合模式，使得X世代成爲行銷人員的一個挑戰。「這個世代的消費者很討厭被市場盯上。」《每週娛樂》

（*Entertainment Weekly*）新聞媒體和廣播電台的副總裁史考特考夫曼（Scott Kauffman）如是說道，「你所面對的這群美國青年，他們讀的書，其中有一章是〈我不是你的目標市場〉。」[23]

數十年來，福特汽車一向將其輕型貨車塑造成粗獷、堅韌的形象，廣告中的小貨車會翻越山頭，或是四輪陷在泥地中賣力前進。可是最後，福特終於瞭解到這樣的廣告訴求對X世代來說是行不通的。

於是福特選擇了用新的商品來導入這個市場。該公司從極受歡迎的騎兵小貨車（Ranger pickup）車款中，創造出一個全新的車種，它在車身護欄上塗上螢光，並有爵士樂的圖形相襯，同時還取了一個年輕化的名字，叫做飛濺（Splash）。該促銷活動嘗試想注入一些個性到這個車種身上，於是將這部貨車和一些略具冒險性的運動結合在一起。比如說其中一個廣告就刻畫出一名年輕的衝浪板運動家躺在「飛濺」車的車頂上，拍攝那一大片隨風搖擺的小麥田，而「飛濺」車就停在那片小麥田的正中央，然後是一行極短的文案，其中只介紹五項特點和一個全新的廣告標幟。[24]

嬰兒潮：美國的大宗市場

嬰兒潮

誕生在1946年到1964年之間的人。

在美國，幾乎有7,800萬的人是誕生在1946年到1964年之間，於是形成了一個最大宗的市場。[25]年紀較大的**嬰兒潮**（Baby Boomers）成員現在都已年過50歲了，可是他們還是堅守年輕的崗位，不願輕言撤退。有一個研究報告就指出，這些嬰兒潮的成員即使在跨過50歲的年齡門之後，仍然認為自己是有活力而積極的。一直要等他們過了60歲（39%）或70歲（42%）以後，才有可能認為自己是老年人。[26]

這個族群的人非常堅持便利性，因而造就了許多商品都開始提供送到家的服務，如電器、傢俱、和雜貨等。除此之外，這種便利文化的擴張，也說明了為何外食食品、錄影機、和手提電話等這類產品，會造成如此龐大的市場吸引力。

嬰兒潮成員的父母在撫育他們的時候，都是以他們的著想為出發點。有關 「教養孩子」的一項研究指出，1950年代和1960年代的父母，一向是把「為他們自己著想」的這個觀念，放在第一順位。[27]因為戰後的富裕生活開始能讓這些父母寵愛自己的孩子，他們送孩子上大學，在孩子的才能上作投資。他們鼓勵孩子在有競爭力的工作市場上成功立足，而不是那些講

市場行銷和小型企業

瓊斯太太「把它升到旗竿上」

對一個十分堅守著傳統的城市來說，第一家泰國餐廳竟然以南北戰爭時的南部邦聯比利卡德將軍（Confederate Lt. Gen. P.G.T. Beauregard）來命名，便因此可以看得出來，理奇蒙市對現代流行的歡迎程度就像對當地的流行感冒一樣，他們是巴不得趕快消退的。

可是若是提到了旗幟，那又另當別論了。旗上的圖案可不是象徵著舊有榮耀或星條旗的樣子，而是象徵著歡樂的旗面，上頭不是馴鹿、玫瑰、就是南瓜或捲毛狗。

你可以把這件事怪到米莉瓊斯（Millie Jones）的頭上。幾年前，瓊斯太太用碎布縫縫補補出裝飾用的斯堪地那維亞旗面，並將它掛在自己居所的窗戶外，而她的居所正位於理奇蒙市歷史上有名的狂熱區（Fan District）中。迷惑的鄰居們無以言對地表達了他們的懷疑，不知道這面旗幟會不會是越共的旗子？一名當地的記者打電話給她，詢問她為什麼要將這塊「枕頭套」式的東西掛在自己家的外面？後來，為了向大衆宣告她兒子的誕生，瓊斯太太又縫製出了一個火車的圖型，從火車煙囪裏冒出的白煙上頭，還繡著「生了一個男孩」的字樣，然後把這面旗幟升到了旗竿的頂端。不久，她就收到了大批的請求信函，不外乎是請她製作大衣的衣袖和其它的旗幟。就連理奇蒙市以外的訂單，也如雪片般地紛紛來到。

到了1990年，瓊斯太太已被人稱之為新一代的貝絲羅斯（the new Betsy Ross），這是她很樂於接受的一個暱稱。信封上只要寫著「維吉尼亞州理奇蒙市的旗幟夫人」，就可以被郵差送抵到她家的信箱。知名演員如詹姆斯加納（James Garner）和傑克李蒙（Jack Lemmon）也都是她的顧客。今天，全國各地的旗幟迷都將理奇蒙市視為朝聖的所在地想要求得一面手工縫製的米莉瓊斯旗幟。瓊斯太太嘉年華旗幟公司（Mrs. Jones's Festival Flags Unlimited, Inc.）每年預期生產一萬面旗幟，其中三分之一都是以每面75美元的價格在理奇蒙市售出。其它廠商現在也開始在全國各地販售裝飾用的旗幟，也許這門生意不僅僅是一時之間的流行而已。[28]

瓊斯太太的旗幟就今天來說，只是一時的流行嗎？或者這些旗幟代表的是一種潮流？請複習（圖示3.2），找出你自己的答案。

究團體精神的普通工作市場，同時，他們也鼓勵孩子應有獨特傲人的一技之長，而不是只會團體合作而已。

隨之而來的是，這個世代的成員都很鼓勵企業組織展現出嬰兒潮成員的個人特性。即使在20年以前，較老的嬰兒潮成員早就開始自己掙錢了，可是精明的商人還是看出了他們可以從數以百萬的年輕人身上，藉著滿足他們的需求而從中穫利。於是廠商開始爲個人化的嬰兒潮成員提供一系列量身定作的商品和服務——房子、汽車、傢俱、電器、衣服、渡假、工作、休閒時間甚至信仰等。其中有項商品是嬰兒潮成員採納用來表達他們的興趣和個人主義的，那就是裝飾旗幟（decorative flags）。這個潮流始於維吉尼亞州的理奇蒙市（Richmond, Virginia），見「市場行銷和小型企業」方塊文章。

個人化經濟
依據商品價值以及需求，來送達商品和勞務。

嬰兒潮成員所崇尚的個人主義造成了**個人化經濟**（personalized economy）的存在。在個人化經濟體系中成功的企業，都能在消費者想要的時候，給他們想要的東西。爲了做到這樣的地步，廠商必須非常瞭解他們的顧客才行。事實上，製造廠商和消費者之間的親密度，正是造就出個人化經濟的主要原因。

在個人化經濟體系下，成功的商品往往有下列三個特徵：

◇量身定製化（customization）：商品是專門定製設計的，並將該商品行銷到很小的目標市場中。舉例來說，就今天而言，有數百個以上的有線電台可供觀眾選擇。而在1950年代，雜貨店裏平均陳列4,000種的商品項目，現在則高達16,000種，這是因爲廠商所瞄準的是各種不同特定需求的市場。[29]

◇立即性（immediacy）：成功的生意是依消費者的方便來送達商品和勞務，而不是顧慮到廠商的方便性。例如，邦可萬（Banc One），它的位置地點分佈在美國東部和南部各地，部分分店在星期六和星期天也持續開放中。而它的24小時熱線電話，是由眞人提供電話服務，爲顧客解決所有的問題。而個人化經濟所產生的這種立即性，也解釋了爲什麼一小時的照片沖印店、數步可及的藥房、和30分鐘即刻送到的披薩店，是這麼地大受歡迎。

◇價值（value）：企業廠商對商品的定價必須要有競爭力，或者必須推出創新的商品，如此才能以高價位的身分陳列在市場上。但是，在這個競爭腳步快速的個人化經濟體系下，多數創新的商品沒多久就會淪落成爲一般商品而已。蘋果（Apple）電腦就是陷入到這種危機之中：它那曾經名噪一時的創新機種，麥金塔電腦（Macintosh），就必須和一些價位較低，功能相近的其它電腦在市場上競爭。

正當今日一般的消費者正逐漸邁向他們的40歲大關時，其消費形態也在改變中。40出頭的人往往比較重視家人和財務。一旦這類族群數量增加，其中的成員就會向懶男孩（Lazy Boy）、美國馬丁代爾（American Martindale）、貝克（Baker）以及德瑞瑟爾（Drexel-Heritage）等這類廠商，購買更多的傢俱，以替換那些他們早年結婚時所購買的傢俱。同時，他們對家庭顧問和安家計畫的需求也會增加。除此之外，投資經紀商，如查理斯史瓦柏（Charles Schwab），和一些共同基金，如忠實（Fidelity）基金和德瑞菲斯（Dreyfus）基金等，也都因此而獲益良多。但是嬰兒潮的成員也比其他年齡層的族群，對銀行和證券經紀商抱持著比較大的反感態度。[30]這可能反映了他們對權威的不信賴感。因爲中年消費者比其他年齡族群的人，在資料的閱讀上要來得更充實。而對整個1990年代來說，書籍雜誌的市場依舊是蓬勃地發展著。在書報攤上購買書報的人往往較年輕，所以只要訂閱數量一起飛，書報攤上的生意就會掉下來。

現在，嬰兒潮的成員關心的是他們的孩子和他們的工作。當然這些顧慮也會隨著孩子的長大離家以及他們的退休而漸漸地消退。可是有些事情是永遠不會改變的。這批在嬰兒潮誕生的成員，也許對自己的的休閒時間有些自私的想法；也許對自己花錢的方式不太在意；也可能對地位的象徵保持著懷疑的態度，可是他們對搖滾樂的熱愛卻是始終不變的。

老年消費者：不只是祖父母而已

正如前面所提到的，年紀較大的嬰兒潮成員都已跨過50歲的大關了，也就是人口學家稱之爲「成熟市場」的領域所在。然而，今天的成熟消費者卻比更早一代的人要來得健康、有錢、教育程度也較高。[31]雖然他們只佔了人口中的26%，可是這群50歲以上的人卻在國內汽車市場、銀器市場、以及家庭重新裝修的市場上，各佔了一半左右的消費量。[32]聰明的行銷人員早就在瞄準這群成長中的區隔市場了。預估到西元2020年的時候，大約會有三分之一以上的人口是由50歲以上的老人所組成的。

許多行銷人員迄今才要全力發展這個老年人市場的龐大潛力，因爲長久以來，有鑑於刻板印象的緣故，一般人往往對成熟期的成年人有著普遍的錯誤觀念，以下就是幾個例子：

◇刻板印象：老年消費者不是生病就是身體不太舒服。

眞相：據報導85%的老年人，其健康狀況都是很好的。超過三分之二以上的老人沒有長期性的健康問題。[33]像米克傑哥（Mick Jagger）這類的人，也正逐步邁向55歲的大關，[34]而這些人都是又健康、身材又好的。

◇刻板印象：老年消費者都不太愛動。

眞相：美國境內的旅遊支出80%由50歲以上的人所支付。

◇刻板印象：老年消費者的記憶力都不太好。

眞相：資深市民大都是很忠實的書本閱讀者，比起年輕消費者而言，他們受電視的影響比較小。[35]他們不只記住了書中的內容，也比其他年輕人更願意去讀較多的文案內容。

◇刻板印象：老年消費者對價格較在意，且不能忍受太大的變化。

眞相：雖然老年人就像其他人一樣，對價格很在意，可是他們更重視的是商品的價值。而且這個世代的人，他們所經歷的人生，剛好逢上這一世紀最精采的部分，其中工業技術的變化之大比起其它歷史所能看到的改變都有過之而無不及，所以，這個世代的人怎麼可能會抗拒改變的潮流呢？[36]

但是願意接受改變並不表示他們就缺乏品牌忠誠度。舉例來說，決定車主忠誠度的關鍵要素，通常都在年齡上頭。最老的消費群（年齡在65歲以上）對汽車製造商的忠誠度是年輕消費群的兩倍左右。[37]對年紀較大的美國人來說，最受歡迎的車種不外是林肯（Lincoln）、凱迪拉克（Cadillac）和別克（Buick）。

想要積極追求這個成熟市場的行銷人員就必須要瞭解，年紀漸長的消費者的確創造出了幾個顯著的商業生機。JC潘尼（JCPenny's Easy Dressing）服飾公司爲那些苦於關節炎或其它疾病的婦女們，推出了凡克隆固定（Velcro-fastened）衣飾，解除了她們必須拉拉鍊和扣扣子的吃力繁瑣動作。而這家公司的第一批銷售量就超過了預期銷售量的三倍以上。[38]以芝加哥爲基地的卡塔可（Cadaco）公司，提供了一系列的盤面遊戲，他們將遊戲中的印刷字體放大，也將遊戲中的配件尺寸都加大了。這些系列遊戲主要以懷舊爲主，其中包括了：「Michigan rummy」、「hearts」、「Poker」、和「Bingo」等。「Trivia buffs」比起「Guns "n" Roses」這個遊戲來說，更類似「Mitch Miller」遊戲，所以可以玩派克兄弟（Parker Brother）「Trivial Pursuit」問答遊戲的「The Vintage Years」版本。這個遊戲的年齡層鎖定在50歲以上的目標市場，遊戲中所提出的問題，涵蓋了查理斯林柏（Charles Lindbergh）以及美國海軍核能航空母艦（Dwight D. Eisenhower）的時代。另外，讓我們看看一些例子，瞭解其他聰明的行銷人員是如何瞄

行銷人員必須要克服他們對中老年人的刻板印象，才能將他們納爲消費群的目標市場中。中老年人身材健壯，身體健康，對他們所讀過的書籍內容牢記不忘，而且也很在乎商品的價值。

準這些成熟市場的：

◇爲了要讓年紀稍長的消費者，能克服滑動不牢靠的抓握力，寶鹼公司（Procter & Gamble）將它的汰漬（Tide）洗衣精以扣取式的蓋子，取代了原先一般旋轉式的開口方式。

◇惠特醫藥技術公司（Wheaten Medical Technologies）在市面上推廣一種專門裝藥丸的瓶子，其中裝設了一個以電池爲動力的微小鬧鐘，它會將該容器上次被開啓服藥的時間記錄下來。

◇F.A.O.史瓦茲公司（F.A.O. Schwartz）在知道了玩具市場中25%的銷售量都是來自於祖父母的付出時（大約每一年花在孫子身上的金額是819美元），它就在兩大分店裏，各增設了一家老祖母的店（Grandma's Shop），並雇用年紀較長的售貨員來進行販售。

◇美泰兒企業（Mattel, Inc.）邀請《摩登成熟人士》（*Modern Maturity*）的讀者參加它的祖父母俱樂部。只要付上美金10元的費用，就可以收到一本折價券，同時，美泰兒也因此而獲得了一份用錢買不到的顧客郵寄名單。[39]

圖示3.3
年輕人、老年人、以及嬰兒潮人士等各種消費者的健康生活形態。

年輕人：18到34歲

- 42%的人會服用維他命或營養補品，或者嘗試食用多數的有機食物。
- 59%的人幾乎經常閱讀標籤上的內容，想要知道食品中含有什麼成份。
- 47%的人工作上有壓力，或者經常感受到很大的壓力。
- 36%的人會限制自己所攝取的紅肉份量。
- 71%的人曾經在去年檢查過血壓和膽固醇的指數。
- 70%的人可以輕鬆地慢跑或慢走一英哩。
- 78%的人擁有一名家庭醫生。
- 15%的人一天的咖啡量超過三杯以上。
- 24%的人經常作瑜伽、冥想、或其它減輕壓力的運動。
- 9%的人幾乎每天都會喝一杯酒精飲料。
- 17%的人一天會抽半包以上的香煙。
- 8%的人有慢性病，或者身體狀況需要經常性的照顧治療。

嬰兒潮人士：35到54歲

- 21%的人一天會抽半包以上的香煙。
- 20%的人有慢性病，或者身體狀況需要經常性的照顧治療。
- 51%的人會服用維他命或營養補品，或者嘗試食用多數的有機食物。
- 63%的人幾乎經常閱讀標籤上的內容，想要知道食品中含有什麼成份。
- 57%的人工作上有壓力，或者經常感受到很大的壓力。
- 49%的人會限制自己所攝取的紅肉份量。
- 78%的人曾經在去年檢查過血壓和膽固醇的指數。
- 46%的人可以輕鬆地慢跑或慢走一英哩。
- 87%的人擁有一名家庭醫生。
- 32%的人一天的咖啡量超過三杯以上。
- 25%的人經常作瑜伽、冥想、或其它減輕壓力的運動。
- 11%的人幾乎每天都會喝一杯酒精飲料。

年長者：55歲以上

- 14%的人一天會抽半包以上的香煙。
- 49%的人有慢性病，或者身體狀況需要經常性的照顧治療。
- 60%的人會服用維他命或營養補品，或者嘗試食用多數的有機食物。
- 64%的人幾乎經常閱讀標籤上的內容，想要知道食品中含有什麼成份。
- 20%的人工作上有壓力，或者經常感受到很大的壓力。
- 51%的人會限制自己所攝取的紅肉份量。
- 94%的人曾經在去年檢查過血壓和膽固醇的指數。
- 22%的人可以輕鬆地慢跑或慢走一英哩。
- 91%的人擁有一名家庭醫生。
- 30%的人一天的咖啡量超過三杯以上。
- 20%的人經常作瑜伽、冥想、或其它減輕壓力的運動。
- 14%的人幾乎每天都會喝一杯酒精飲料。

資料來源：1996年6月28日的《華爾街日報》(*Wall Street Journal*)，p. R4，其中所刊之〈年輕人、老年人，以及中年人之生活形態〉(Lifestyles of the Young, Old and In-Between)。

當人們在經歷自己的人生時，他們的習慣無可避免地也會慢慢地改變，其中最顯著的例子就是健康生活形態的改變。(圖示3.3)就是要告訴你，年輕人並不在乎自己是否有吃維他命；而年紀較大的消費者就比較注意他們的膽固醇和血壓；而那些處於中年的人，對工作的壓力則感受特別深，這也是爲什麼這個年齡層的人，佔了抽煙族的大部分。一旦生活形態改變了，對某些特定商品和服務的需求，也會跟著改變。

移動中的美國人

美國公民平均每六年搬一次家。[40]這個傾向對行銷人員來說，也象徵著某種意義。對某地區而言，新人口的流入就代表了各種不同的生意都有了全新的市場行銷契機。請記住，所有行銷活動，其主要根本基礎還是在人的身上。因此，若是某城鎮的外流人口過多，就可能會造成其中許多企業體系的關門倒閉或搬家。其實，美國這個國家不僅接受了來自其它國家人民的移入，也經歷了本國人民在美國境內的到處遷移。

4 向行銷經理解說多重文化主義和急速成長的多種族市場，這兩者的重要性

成長中的多種族市場

美國正在進行一種全新的人口轉型變化，因爲它正向多重性文化的社會邁進中。1990年的人口普查發現到，美國境內10個人中有8個人是白種人，低於1960年代的每10個人就有9個人是白種人的統計結果。在1990年代的最後這幾年，美國將會從白人統治和西方文化爲根基的社會中，慢慢轉變成爲帶著另外三大種族色彩的另一種社會，這些種族分別是非裔美國人、拉丁裔美人、和亞裔美國人。所有這些少數民族都會在人口量和人口佔有率上，呈現穩定的成長；而佔有多數優勢的白種人反而會在總人口的百分比上，稍稍地滑落。而美國原住民、以及那些根在澳州、中東、前蘇聯、以及世界其它各地的人種，也會爲美國這個大熔爐社會，再多添一些異國色彩。

過去由白人男性所支配的勞動力市場，也開始呈現退休的狀態。就今天來看，資深的工作者是男女各佔一半，但是白種人仍然佔盡了優勢。可是對1998年的基層工作來說，多重文化的勞動力正開始蓄勢待發。而非拉丁裔的白種勞工比例，應該會自1997年的77%降到2005年的74%。

正因爲有許多的白人正要退休，所以非拉丁裔的白種勞動力在1994年到2005年之間，只能成長8%。而拉丁裔的勞工卻會成長36%，其原因不外乎該種族不斷有年輕的成年人從境外移入，再加上生育率高以及退休人口並不多等。同樣的因素也會導致亞裔勞工人口的成長高達39%。而黑人勞工數量的成長也有15%，這個比例稍稍低於黑人的總人口成長率（16.5%）。[41]

多元文化主義

當某個地區（如城市、行政區或人口普查區城等）聚集了許多不同的種族族群，而他們之間的分佈呈現出近乎相當時，就會形成多元文化主義。

種族和文化的多樣化

若是某個地區（如城市、行政區、或人口普查區域等）聚集了許多不同的種族族群，而他們之間的分佈呈現出近乎相當時，這時就會產生了多元文化主義（multiculturalism）。

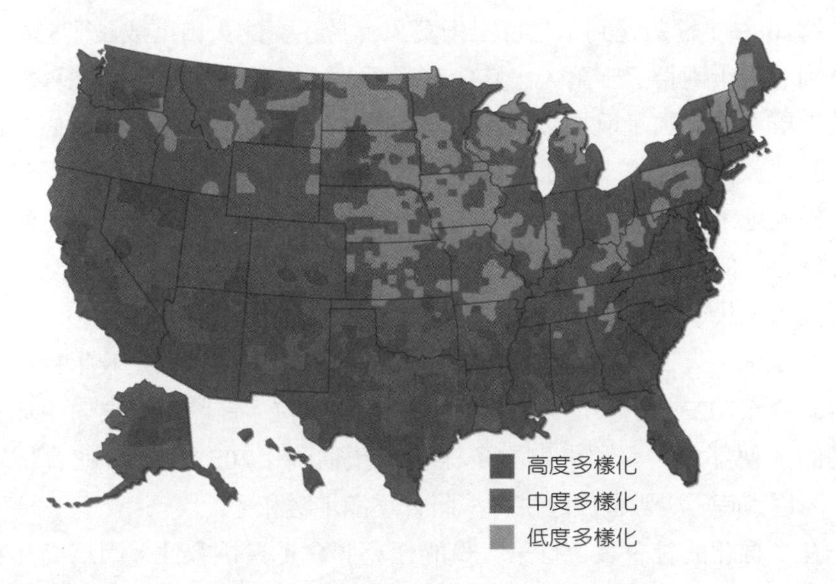

圖示3.4
全美各地的種族多樣化程度（依行政區而言）

資料來源：James Allen與Eugene Turner所著之〈多樣化在何處盛行〉(Where Diversity Reigns)，取材自1990年8月號的《美國人口學》(American Demographics) 一書，第37頁。版權所有©《美國人口學》。

（圖示3.4）就根據了全美各個行政區，描繪了多元文化主義分佈的不同程度。而紐約市的五個區段中，就有四個列在種族最具多樣化的全國前十名行政區中。[42]其中，舊金山行政區是全國最具種族多樣化的地方，比起其它地區來說，這個地方的幾個主要種族，其比例呈現狀況幾乎是相當的。而該地區長久以來也一直吸引著有著不同祖先歷史的種族人民，前來居住。另一方面，最不具種族多樣化的地區，則從新英格蘭北部一直延伸到中西部，直至蒙大拿州（Montana）爲止。這些行政區放眼望去幾乎全是白人。而多樣化程度最低的行政區則是農業聚集的中心地帶，亦即內布拉斯加州（Nebraska）和愛荷華州（Iowa）。

多元文化主義下的市場行銷啓示

對行銷人員來說，人口的轉變和多元文化主義的成長，都會創造出新的挑戰和商業契機。美國人口從1980年的兩億兩千六百萬人，一直成長到1998年的兩億六千萬人，而在這些成長當中，有許多是來自於少數種族人口的成長。亞洲人是該國人口中成長最快速的少數族群，1980年代的成長率高達108%，總數達到了七百三十萬人。拉丁裔的人口則成長了53%，總數達到了兩千兩百三十萬人，其中有七百七十萬的新人口，因此算得上是少數族群中人口數量增加最多的一支種族。而非裔美人仍是比例佔有最大的少數種族，在過去十年來，他們的人口數量增加了13%，達到了三千萬人。相反地，非拉丁裔的白種人口卻只成長了4.4%。在1994年的時候，約有四分之一的美國人口都是少數種族的天下。最近一次的人口普查確認了美國境內，共聚集了110個不同種族的族群。[43]

在未來，人口上的轉變將會更趨明顯。（圖示3.5）就比較了1997年的人口組合和2023年的預估人口組合。請注意，拉丁裔將是總人口中成長最快速的一個部分。美國人口的多樣化，預估到了2023年左右就會穩定下來，因為到時，少數種族的生育率將會逐漸地緩和。

在多樣化的社會裏，行銷人員的任務將會更具挑戰性，因為商品和勞務的需求與教育，都會有不同的差異。更糟的是，這些種族市場幾乎沒有同質性。因此，再也不會像白人市場一樣，出現所謂的非裔美人市場、或拉丁裔市場。取而代之的是利用微觀行銷策略（micromarketing strategy），在這些種族市場之間找尋利基（niche）。舉例來說，非洲之眼（African Eye）便為女性消費者提供了一些出自非洲設計師之手的流行服飾，這個品牌吸

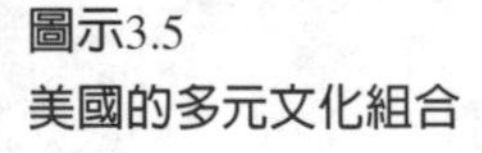
圖示3.5
美國的多元文化組合

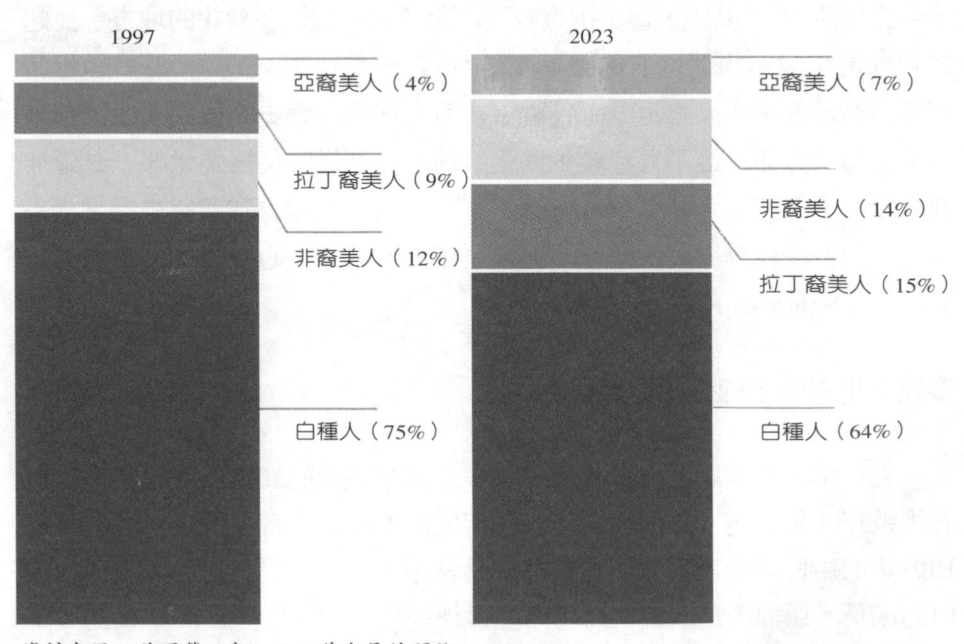

資料來源：美國勞工部，人口普查局的預估。

引了上千的婦女前往華盛頓特區附近的喬治王子購物中心（Prince Georges Plaza），參加由該中心所舉辦的服裝秀。那場服裝秀展示了奈及利亞設計師阿法迪（Alfadi）的最新作品，該設計師也是服裝秀中的主辦人。非洲之眼的服飾和配件同時融和了非洲和西方文化的影響，售價在50美元到600美元之間。該品牌的創始人暨總裁摩傑拉（Mozella Perry Ademiluyi）說道：「我們的顧客都是30歲到65歲的專業人士，年收入在美金30,000元以上。而且經常旅行各地。她們不只喜歡有非洲風味的服飾，也希望自己的衣著剪裁合身、獨特而且有創意。」[44]

利基策略（niche strategy）中的一個選擇就是，你可以在維持品牌的核心識別之際，也以各種不同的促銷活動，同時跨足於不同語言、不同文化、不同年齡、甚至不同收入的市場之中。舉例來說，李維史壯斯（Levi Strauss）公司就針對14到24歲之間的目標市場，出版了一本《501鈕扣——飛行報告書》（*501 Button-Fly Report*），其中由史派克李（Spike Lee）訪問了各種不同行業，穿著牛仔褲作事的人，有探勘洞穴者、公路檢查員、墓地之旅的嚮導等等。而針對25歲以上的消費者，李牛仔褲則在運動節目和運動雜誌上，發出個別獨立的廣告，顯示出成年人追逐觸身美式足球以及和孩子一同郊遊的不同風情。其中還有爲拉丁裔所準備的促銷活動，分別在電視和戶外廣告上播放，內容是敘述兩個男人在上班了一天之後，來到某個地方教孩童們打軟式棒球。Levi's siempre quedan bien意思就是「李牛仔褲就是這麼善盡本份」，這就是該廣告的主題。[45]

多元文化市場行銷的第三個策略就是在這些種族族群中，尋找共通的興趣、動機、或需求。這種策略有時候也稱之爲**拼湊式利基**（stitching niches），也就是說根據某些共通點，結合不同種族、年齡、收入和生活形態的市場，進而形成一個較大的目標市場。這個結果可能會產生一個能超越文化界線的商品，例如披薩口味的冷凍蛋捲。或者它也可能是某個可以同時滿足不同種族市場的商品。律葛林兄弟馬戲團（Ringling Brothers and Barnum and Bailey Circus）就對許多種族族群造成相當的魅力吸引。它甚至將這樣的吸引力擴大到亞裔美人的身上，因爲它在其中還加入了「以頭髮來懸吊的神秘東方技藝」。瑪格麗特蜜雪兒（Marguerite Michelle）就是著名的「銷魂的羅帕珊爾」（ravishing Rapunzel），她在空中以一根金屬線繫住她那長及腰部的頭髮。當馬戲團來到城裏的時候，墨西哥出生的蜜雪兒也參加了以西班牙發音的電台廣播節目，爲律葛林進行的活動造勢，以

拼湊式利基
根據某些共通點，結合不同種族、年齡、收入和生活形態的市場，進而形成一個較大的目標市場。

期在拉丁裔的市場中建立馬戲團的知名度。這個馬戲團就是以El Espectáculo Más Grande del Mundo來進行促銷的。[46]

5 確認出消費者和行銷人員對經濟狀況的反應行爲

經濟上的因素

除了社會和人口因素之外，行銷經理還必須對經濟環境有所瞭解和因應。對多數行銷人員來說，最值得關心的三大經濟議題就是消費者的收入、通貨膨脹和經濟衰退等分佈問題。

收入提高

一旦可支配所得（或稱稅後所得）提高了之後，愈來愈多的家庭和個人就可以有錢（好過一點的生活）了。幸運的是，美國人的收入也持續增加中。在通貨膨脹調整之後，美國境內的中產階級收入在1980年到1996年之間，提升了4%。

今天，全美國約有三分之二的家庭，都可達到（中產階級）的收入標準。中產階級年收入的下限約估在18,000美元，這個數字比貧民的收入標準略勝一籌；而上限則是75,000美元，只差一點就可晉升到有錢人的階級了。在1997年的時候，幾乎一半左右的家庭年收入都在18,000美元到75,000美元的上限附近，和1980年只有四分之一的家庭有此收入成績比起來，顯然進步多了。現在擁有年收入75,000美元以上的家庭戶數，已經超過了8%。[47]因此，整個結果造成了美國人比以往更能購買更多的商品和勞務。舉例來說，就1997年而言，要把一個孩子養到17歲，一個中產家庭就得付出124,000美元的代價。這種富裕的程度並不侷限於某個年齡層或某個教育程度的專業人士或個人所組成的家庭，而是包含了所有的家庭形態，因此，也不再是商場上傳統認定可以爲高單價商品和服務付出金錢的市場而已。其實，這種不斷上升的富裕景況，大多是來自於雙薪家庭的成長貢獻。

1990年代的最後這幾年，許多行銷經理將會把重點放在年收入達35,000美元以上的家庭身上，因爲這種家庭將會有更多可支配的收入。其實，每一年平均美國家庭的可支配收入一向超過12,000美元，行銷人員因而更專注於提供高品質、高價位的商品和服務。而雷克斯（Lexus）汽車和美國航空（American Airlines）公司爲橫跨大陸航線的商業客艙，所提供的（國際級）服務，就是這個潮流下的典型例子。

通貨膨脹

通貨膨脹
市場貨物的價格普遍提高，可是工資卻沒有相對地提升，因而造成了購買力的削弱。

通貨膨脹（inflation）指的是市場貨物的價格普遍提高，可是工資卻沒有相對地提升，因而造成了購買力的削弱。幸運的是，十幾年來，美國的通貨膨脹率一直維持在很低的情況下。1990年代中期，通貨膨脹率甚至沒有超過4%。這樣的經濟狀況對行銷人員來說，極爲有利。因爲當通貨膨脹保持低調的時候，也正是實際薪資以及購買力上揚的時刻。從另一方面來說，通貨膨脹的上揚正是造成實際薪資以及購買能力萎縮的主要原兇。

在低通貨膨脹的時候，廠商們若想要增加自己的利潤邊際，就可以採用增進效率的方法來達到上述的目的。因爲如果他們提高了商品的售價，就可能會變得乏人問津。

若是通貨膨脹率比較高的話，行銷人員也可以用很多種的價格策略來因應。（請參考第二十一章，瞭解其中所述的這些策略）但是一般而言，行銷人員必須要知道，通貨膨脹可能造成消費者的兩種行爲：（1）品牌忠誠度的建立；抑或是（2）品牌忠誠度的喪失。在某個調查討論會中，其中一位出席者這樣說道：「我曾經只使用蓓蒂可拉克組合（Betty Crocker mixes），可是現在我卻認爲蓓蒂可拉克或唐肯漢斯（Duncan Hines）都是一樣的，只要是哪個品牌在拍賣，我就買它！」另一名與會者則說：「現在是錙銖必較的時候，所以我會在整個貨架上好好搜尋一番，我會讀那些標籤上的成份，其實，我並不是很懂，可是我可以看得出來究竟是不是一樣，所以我會選擇那些售價比較便宜的商品。老實說，效果是一樣的。」通貨膨脹的壓力會讓消費者作出更經濟划算的購買選擇。但是，大多數消費者還是竭儘全力想維持住他們的生活水準。

爲因應通貨膨脹而作出行銷策略時，行銷經理必須知道，不管賣方的成本變得如何，買方對該商品都有主觀的認定價值，因此他們是不可能用超過該認定價值的價格，去購買該商品的。且不管價格的調漲是不是只維持在10%，行銷人員應該要常常檢視價格調漲對需求的影響究竟是如何。其實有許多行銷人員，一直試著想要儘可能地維持住原先的價格。

經濟衰退

經濟衰退
在某段時間內的經濟活動，包括了收入、生產和就業等，全都處於滑落狀態，而這些變化就會造成對產品和勞務需求的降低。

經濟衰退（recession）就是指在某段時間內的經濟活動，包括了收入、生產、和就業等，全都處於滑落狀態，而這些變化就會造成對產品和勞務需求的降低。通貨膨脹和經濟衰退的問題一向是攜手並進的，因此，經濟衰退也需要有不同的行銷策略來因應：

◇改進現有的商品，並推出新的商品：其目標是要減低生產時數、廢料數量和原料的成本。經濟衰退造就了對經濟性和效率性商品與勞務的需求；提供價值；幫助企業簡便操作流程；並改善了顧客服務。

◇維持和擴大顧客服務：在經濟衰退期的時候，許多廠商都會延遲購買新的設備和原料。因此，零件替換的銷售和其它服務可能會成爲重要的收入來源。

◇強調具有領先地位的商品，並提升商品價值：由於顧客能花的錢變少了，所以他們所尋找的商品，必須具備品質證明、耐用性、高滿意度、以及省時、省錢的包容性能。高價位、高價值的商品項目，往往在經濟衰退的階段，就和市場從此告別了。

6 確認工業技術對公司的影響

技術上和來源上的因素

有時候，新的技術可作爲對付通貨膨脹和經濟衰退的有效武器。一部可降低生產成本的機器，對公司來說，就是其中一項有價資產。平均每18個月，個人電腦微晶片的功能就可擴張一倍。[48]就一個國家而言，維持並建立整個社會的富裕繁榮能力就在於我們發明機器和使用機器的速度與效率，是否能提升整個國家的生產力。舉例來說，煤礦業一向被人認爲是不需要技術、且非常辛苦的行業。可是在拜訪過塞浦路斯煤礦公司（Cyprus Amax Mineral Company）位在科羅拉多州靠近橡灣（Oak Creek）的20哩煤礦（Twenty-mile Mine）之後，你就會完全改觀。因爲走在這些機器身旁的工人們，擁有一套按鈕控制裝置，只要一按鈕就可以讓這些機器從850呎深的煤礦牆上，刮下30吋的煤片。而膝上型電腦也可幫助煤礦工人，探測設備故障和水質的問題。

對美國公司來說，要它們將研發結果（R&D）轉換成產品和服務，一向有些困難。但對日本公司來說，它們就很精通。舉例來說，錄影機、平面面板顯示、和光碟機等這些產品，全都是根據來自於美國的研究，而這些研究在美國並沒有被擴伸套用到家用產品的身上。美國在基礎研究上或稱「純研究」（pure research）一向領先其它國，所謂**基礎研究**（basic research）就是嘗試擴張知識上的極限領域，而不是針對某個特定實際的問題來作研究。基礎研究其目的在於證實某個現有存在的理論，或者是對某個概念或現象進行更多的瞭解。舉例來說，基礎研究可能會把重點擺在高能物理（high-energy physics）上。相反地，**實用性研究**（applied research）就會試著發展新的產品或改良現有的產品。儘管許多美國公司都在進行實用性研究，可是有時候，它還是不免成爲美國的弱點之一。舉例來說，摩托羅拉（Motorola）公司正在運用實用性研究，創造出以66個人造衛星爲一組的艾律定姆（Iridium）衛星組，該衛星組所提供的電話服務可涵蓋全球的各個角落。[49]預估這種商業服務要到1998年才能正式上市。

基礎研究
嘗試擴張知識上的極限領域，而不是針對某個特定實際的問題來做研究。

實用性研究
試著發展新的產品或改良現有的產品。

美國政府一年花在R&D上的金額是760億美元；而私人產業也花了850億美元在這上頭。就1990年代而言，和日本、德國、法國、英國比起來，美國的總支出已遠超過上述國家合併支出的16%。但是若不含國防支出的話，這四個國家在R&D的合併總支出，則比美國多出了12%。[50]

但是，R&D的支出多寡也並不是用來衡量美國在發明成就上的單一標準。讓我們看看R&D的管理運作過程，就可以有更多瞭解了。美國的經理人士往往比較著迷於短期的收益效果（一到三年）和最小的風險，因而造成了只是執著在現有商品的些微變化而已。這樣子的作法往往有利可圖，可是卻缺乏眞正的創新。老實說，發展像甜心核桃奇麗歐（Honey Nut Cheerios）和健怡櫻桃可樂（Diet Cherry Coke）等這類新產品，並不能幫助美國取得世界經濟上的領導地位。

爲了要重新取回世界上的領導地位，美國就該極力推廣創造發明。其中一個辦法就是降低資本利得（capital gains）的徵稅，因爲這筆稅捐會對成功發明的獎勵造成反效果削減。和其它國家比起來，美國的資本利得稅捐一向比較高。在美國，若是某家公司在最近十年內的身價提升一倍之後，就會在每年扣除了通貨膨脹率和資本利得稅捐之後，提撥利潤的1%給投資者。但是在這些層層規章底下，許多經理人士也不禁要問：「幹嘛這麼麻煩呢？」從另一方面來說，各公司企業也該學會如何去發明，而且R&D的預算也不是唯一的解決之道。通用汽車是美國境內在R&D上花費最大的公司之一，可是不管從任何標準來看，這家公司都算不上是具領導地位的創新者。但是從另一方面來說，康寧（Corning）公司的R&D預算雖然不高，可是卻是世界上排名前五大最具創新力的公司。這中間的差別就在於管理運作和企業文化上。

我們再從日本人的身上找找看，也許可以發現到一些線索。在日本，有一種小組是由工程師、科學家、行銷人員、和製造商一起組成共事的，他們同時進行著三種程度上的創新。在最低的創新層次上，他們會就某個現有的產品，尋求小小的改進之處。到了第二個層級的時候，他們就會試著作些有意義的產品提升，例如，新力公司將超小型匣式錄音機提升成為隨身聽（Walkman）。第三步則是眞正的發明，創作出一個全新的產品。他們的觀念就是要以相同的時間投資和金錢投資，來製造出三個全新的產品，以取代目前的這個商品。而這三個新產品的其中之一，將會成爲新的市場領導者，爲改革者賺取大筆的利潤。

各公司企業也該學會對創作發明進行培育和鼓勵。盧本梅（Rubbermaid）公司就教它的員工如何讓點子從所謂的核心能力（core competencies）中釋放出來，因爲它能讓事情達到最好的效果。巴德海曼（Bud Hellman）曾經營過盧本梅的子公司，他在1980年代末期的時候，正在拜訪該公司旗下的幾家製造野餐專用冷卻器的工廠，那次的巡迴拜訪讓他福至心靈地想到，可以利用該公司的塑膠吹氣鑄造技術（plastic blow-molding technique），來製造一組耐用性高、造價低廉的輕巧型辦公傢俱。這個想法造就了「工作經理設備」（Work Manager System）這樣的產品，而現在這個產品佔了盧本梅公司傢俱部門總銷售量的60%。圖洛（Toro）公司是明尼蘇達州的一家割草機製造商，它用來鼓勵創新發明的辦法，是讓所有的員工知道，即使他們所提出的點子行不通，也不會遭受到公司的處分。貝爾亞特蘭大（Bell Atlantic）公司則開始進行所謂的「冠軍活動」（Champion program），任何員工只要有好的點子，就可以離開自己的工作崗位一陣子，但是薪水照付、紅利照分，該員工還可接受專門的訓練，學會如何寫一份企業計畫書，以及組織一份發展進度表，該發明者也可以在這個點子上投資金錢。因此，這名員工將因爲這種強烈的誘因將產品開發成功，而成爲點子冠軍王。該名員工可將自己薪資的10%投資在這個計畫上，但是必須放棄年終紅利，因爲該商品上市後，就會有5%的利潤報酬送給他。自從這家公司在1989年展開這項活動以來，冠軍點子就促成了兩個專利，另外還有11個正待處理中。

其實不管問題是什麼，創作發明永遠是美好且欣欣向榮的。許多科學家相信，1995年至2005年之間，世界上將會有更多的創新發明，其數量之多超過我們在過去這幾百年來所看到過的。而電腦科技也會在這個發明過程中扮演著一個更爲重要的角色。舉例來說，有一種新的軟體程式叫做「發明機器實驗室」（Invention Machine Lab），它可以啓發創作的靈感，並加快發明的速度。這個軟體會強迫商品開發者去面對幾個設計目標之間彼此的矛盾，而這些矛盾也多是設計上的核心問題所在。爲了要解決這類的矛盾，這個軟體從250萬個專利發明中，找出了95項的發明原理（inventive principles）例如「顏色的改變」或是「區隔化」。另外，它也會驅使創作者從物理學、化學、和幾何學等角度，找出一些可資利用的地方，同時它還會建議如何對該創作進行演化發展。

一名商品開發者在進行吸塵器的改良設計時，就用到該軟體的（原理）標準，來解決「強度」（intensity）和「能源利用」（use of energy） 這兩者之間的矛盾問題。該軟體建議採用「震動」（pulsation） 的方式。因此，設計者就利用這個線索，發明了快速不斷的吸力循環，以致於吸塵器在間歇狀態時，也能被推動。而「效能」（Effect）的智囊團也建議了幾個不同方法可去除一些東西，就這個例子來說，就是灰塵。還有一個使用超頻率音波（ultrasound）的辦法，似乎能有效地把塵埃從地毯上震離出來。

政治上和法律上的因素

7 討論行銷中的政治和法律環境

公司企業需要政府制定規章來保護新技術下的發明創造、一般性的社會權益、個別公司的存在競爭以及消費者等。相對地，政府也需要廠商企業的存在，因爲有了市場，才會有稅捐來源，進而資助公用事業上的開銷：教育年輕孩子、保衛國土、以及其它等等。另外就私人來說，企業組織也可作爲政府機構的平衡籌碼。因爲私人企業制度下與生俱來的力量劃分方式，可補足政府為了民主制度的生存而受到的約束規範。

行銷組合中的每一個層面也都與法律和條例限制有著密切的關係。因此，這是行銷經理的責任，也或者是公司法律顧問的責任，必須去瞭解這些法律條文，並確定所有作業都能符合這些條文的規定。因為只要不配合這些條文規章，就可能會為公司帶來很大的麻煩。有時候，只要在政府機構採取正式行動之前，預知整個趨勢變化，並盡快進行改正，就可以躲過整個法律規章上的刁難和麻煩了。

但是，挑戰也不是那麼簡單，只要讓行銷部門避開麻煩就可以了。眞正的挑戰應該是要幫助行銷部門執行有創意的新計畫，進而完成行銷上的目標。老實說，對行銷經理或律師來說，只要有任何行銷上的創新發明可能因違背法律條文，而帶來一些風險時，舉手反對實在是非常輕而易舉的一件事。舉例來說，一名過度謹愼小心的律師，就可能會不贊成推出某項新商品，只因為該商品的包裝設計可能會引起版權上的侵犯訴訟。因此，透澈地瞭解聯邦政府、州政府、以及取締機構所制定的各種法律條例，以便有效地控制行銷方面的相關議題，這是非常重要的。

聯邦法

對市場行銷有影響的聯邦法可分成以下幾種類別：首先是休曼法案（Sherman Act）、克萊登法案（Clayton Act）、聯邦交易委員會法案（Federal Trade Commission Act）、賽勒反合併法案（Celler-Kefauver Antimerger Act）、以及哈特法案（Hart-Scott-Rodino Act），這些法案都是用來取締約束競爭環境的。第二種是羅賓森法案（Robinson-Patman Act），是用來規範價格上的實際運作。第三則是惠勒法案（Wheeler-Lea Act），它的作用是為了約束錯誤不實的廣告。這些立法條文的主要片段內容會在（圖示3.6）中加以摘要說明。

州法

對市場行銷造成影響的各州律法也不盡相同。舉例來說，俄勒岡州（Oregon）就限制效益廣告的支出只能佔該公司淨收益的0.5%。加州則強迫產業界必須改善消費商品，並已立法要求廠商降低電冰箱、製冰機、和冷氣機等能源的消耗量。還有許多州，包括了新墨西哥州和堪薩斯州等，都

法律	對市場行銷的影響
1890年的休曼法案	認定托辣斯和秘密合謀等都是不法的商業行為：不得獨占壟斷，也不得嘗試獨占壟斷，否則視同違法。
1914年的克萊登法案	不得因不同的買主而提供不同差別的售價，否則視同違法：禁止束縛性契約（亦即購買某一商品的顧客，也必須同時購買商品線上的其它項目）：兩家或多家以上互相競爭的公司企業，不得將各自的股份所有權共同聯營使用，否則視同違法。
1914年的聯邦交易委員會法案（簡稱FTC）	聯邦交易委員會法案的創立是為了要處理反托辣斯的相關事宜：視不公平的競爭辦法為違法的行為。
1936年的羅賓森法案	禁止因不同的買主而以不同的價格售出，同樣等級和數量的商品：要求賣方為所有的購買者在比例平均的基礎上，提供額外服務或折讓。
針對1938年FTC法案所修正的惠勒法案	擴大聯邦交易委員會的權力，在不影響競爭的情況下，禁止任何可能危害到公衆的實際作法。
1946年的連漢法案（Lanham Act）	建立對商標的保護。
1950年的賽勒反合併法案	加強克萊登法案，以防止企業之間為了減少競爭，所作的企業併購。
1976年的哈特法案	要求大型公司若是有合併企圖，必須先知會政府單位。

圖示3.6
影響市場行銷的幾個重要美國律法

考慮要對州內所有的商業廣告進行徵稅的工作。

取締機關

儘管某些州立的取締單位非常積極地想要找出市場行銷中的違法行爲，可是來自聯邦方面的立法標準卻可能更管用。消費品安全委員會、聯邦貿易委員會和食品藥物管理局，就是可直接積極參與市場行銷事務的三個主要聯邦機構。我們會在本書中對這些機構和其它單位進行詳細的討論，因此在這裏，我們先作一些簡介。

消費品安全委員會（Consumer Product Safety Commission, CPSC）的唯一目標就是要保護消費者在家與居家附近的健康和安全。CPSC擁有絕對權力可以針對消費者所使用的一切商品（共計15,000項）設定強制性的安全

消費品安全委員會
該聯邦機構的設立是爲了要保護消費者在家與居家附近的健康和安全。

標準。CPSC是由一個五人成員的委員會和大約1,100名的職員所共同組成。其中包括了技術專家、律師、和行政管理等協助。該委員會可以裁定違法廠商繳納高達50萬美金的罰鍰，並判定該公司的高級職員接受最高長達一年的拘役。同時，該委員會也可以禁止市場販售危險的商品。

聯邦貿易委員會
該聯邦機構被授權來禁止個人或企業組織在商業競爭上使用不當的手法。

聯邦貿易委員會（Federal Trade Commission， 簡稱FTC）也是由五人成員所組成，每個委員以七年爲一任，輪流執掌該會的所有事務。該委員會被立法授權可禁止個人或企業組織在商業競爭上使用不當的手法。同時，它也有權來調查商業結合上的實際運作，並可針對反托辣斯事件和不實廣告等，進行訴訟調查。FTC擁有很大的管制約束力量（請參看圖示3.7），但是，它也並不是永遠所向無敵的。舉例來說，FTC曾經計畫提議要禁止所有廠商對8歲以下的兒童作廣告；也要禁止所有糖類商品的廣告播放，因爲這些廣告很有可能造成12歲以下兒童在牙齒方面的疾病；同時也要求這些產業應支付有關牙齒保健和營養訴求的公益廣告費用。而來自企業界的反擊，也是不容忽視的，他們以遊說行動來削弱FTC的權力。這項爲期兩年的遊說努力，終於導致了1980年FTC修正法案（FTC Improvement Act）的通過。該法案的主要條款如下所示：

圖示3.7
聯邦貿易委員會的權力

對策	程序
終止和停止通知	發出最後通知，命令該企業終止違法的運作—— 可惜往往會在法庭上遭受到對方的砲轟。
同意令	某企業在不承認違法的情況下，同意先停止被質疑的運作部分。
證明的揭示	廣告主被要求提出有關廣告中商品的其它額外資訊。
糾正廣告	廣告主被要求對過去不實廣告中的影響效果進行糾正。（舉例來說，該廠商媒體預算的25%，必須花在FTC所核准的廣告上面，或者是由FTC所指定的廣告上面。
歸還	要求必須退款給那些被不實廣告所誤導的消費者。根據1975年上訴法庭的判決，這項補救措施只有在終止和停止通知發佈之後（仍在訴訟中），方可執行。
反向廣告	FTC提議由聯邦傳播委員會（Federal Communication Commission）核准廣告在媒體上播放，以抵制消除不實廣告的訊息（同時在某些情況下，提供免費的廣告時段）。

FDA正針對煙草商品予以重擊。圖片裏的人是美國幾家最大煙草商的幾位頭頭，他們正在國會委員會議面前，進行宣誓的儀式。
©John Duricka/AP Wide World Photos

◇禁止以使用不當爲理由，作爲抵制產業廣告的標準。因此，有關兒童廣告的提案建議必須暫時中止，因爲這些提議幾乎都是根據使用不當的標準而來。

◇必須每六個月對FTC進行監督聽訟。這種來自國會的監查，是爲了確保該委員會能負起責任。此外，也讓國會對它一手創辦的取締機關有更深入的瞭解，以便負起應有的監督責任。

老實說，公司企業之間也很少會聯合起來，像過去它們催生FTC修正法案一般，同心協力主動促使法律條文上的改變。一般而言，行銷經理往往只能對現行的法律、限制、和勒令進行被動因應而已。因爲配合現有的法律條文，比起和整個大環境對抗，在成本上當然是節省多了。其實，如果這些企業不要對兒童這麼大張旗鼓地大作廣告，而是適可而止的話，也許就可以免去FTC的總清算了。另外，**食品藥物管理局**（Food and Drug Administration，簡稱FDA）則是另一個很有權威的機關單位。它的管轄範圍就是貫徹法令，禁止販售和配銷所有品質低劣、貼有不實標籤或危害大眾的食品和藥品。最近，它才對煙草商品予以痛擊。

食品藥物管理局
該聯邦機構的管轄範圍就是貫徹法令，禁止販售和配銷所有品質低劣、貼有不實標籤、或危害大眾的食品和藥品。

8 解釋國外和國內競爭市場的基礎根本

競爭上的因素

競爭環境包括了該廠商所必須面對的競爭者數量、這些競爭者的相對實力大小、以及它們在這個產業中彼此依賴的程度。老實說，管理階層對眼前的競爭環境，所能作的控制實在很有限。

而就行銷組合來說，特別是定價方面，也必須取決於競爭的形態和數量才行。

經濟上的競爭

經濟學家確認出四種基本的競爭模式，主要是根據競爭者的數量和商品的本質種類而定。（圖示3.8）就將四個基本模式的眾多特性摘錄下來，並說明行銷經理在每個競爭狀況下，所能做的關鍵任務是什麼？這些競爭的不同形態對價格策略以及該公司對目標價格的設定能力等，都有很重要的影響。我們將會在第二十、二十一章的時候，詳加討論有關定價方面的事宜。

獨占
市場上只有一家公司控制了某個商品的所有出產和價格，而且市面上也沒有相似的替代商品。

經濟競爭中的一個極端現象就是**獨占**（monopoly），也就是市場上只有一家公司控制了某個商品的所有出產和價格，而且市面上也沒有相似的替代商品，所以該公司就相當於該產業，市場上沒有直接的競爭者。在美國，公用事業單位往往是以獨占的形態出現。除此之外，專利權也可賜予某家公司好一陣子獨占的權利。舉例來說，全錄（Xerox）公司就擁有乾式紙張影印方法（dry-paper copying process）的專利權，一直要到專利期終止，其它競爭者進入市場以後，乾式紙張影印機的價格才會有下降的可能。

完全競爭市場
市場中有數量龐大的賣方提供標準化的制式商品給一群對市場瞭若指掌的購買者。

競爭狀態下的另一個極端則是完全競爭。**完全競爭市場**（purely competitive market），其特徵就是市場中有數量龐大的賣方提供標準化的制式商品給一群對市場瞭若指掌的購買者。新的競爭者可以很容易地進入這個市場，並以廣受歡迎的市場定價出售它的商品。在完全競爭的市場中，要某個廠商提高商品的售價，那是完全沒有道理的，因為買方可能掉頭就走，並且還是能以市場上的一般價格買到相同貨色的商品。同樣地，也沒有什麼理由要作廣告，因為完全競爭者可以在不需要廣告的情況下，以市

競爭形態	公司數量	商品形態	進入市場的可行性	價格控制	促銷的重要性	關鍵性的行銷任務
獨占	一家	獨特的（沒有替代品）	被堵住了	完全的控制	些微重要或並不重要	藉由公共關係、龐大的廣告支出、或其它方法，防固市場不被侵入。
獨占性競爭	很多家	相類似	障礙很小	可作某些控制	非常重要	維持商品的差異性
寡占	很少家	相類似	有很大的障礙	可小心地作某種控制	重要	瞭解競爭環境，並適時作出反應：以商品上的非價格利益點為賣點。
完全競爭	很多家	同質化	沒有障礙	無	無	試著去降低商品和配銷的成本。

圖示3.8
經濟競爭的形態

場上的一般售價將所有的商品賣出。其實，在眞實世界中並沒有完全競爭市場的存在。但是，某些產業幾乎可以反映出這樣的模式——最著名的就是如小麥、棉花、大豆、和玉米等農業市場。

若是只有少許廠商在市場中，主控了某種產品或勞務，這個產業就叫做寡占（oligopoly）。汽車、飛機、超級電腦、以及輪胎橡膠等商品，就是在寡占性的市場上進行競爭。寡占也可能存在於某些較低的競爭層級上。如果位在亞利桑那沙漠上的某個小鎮，只有四、五家加油服務站，它們就可能爲寡占的地位而競爭。因爲只有少量的競爭者，所以其中一家廠商的動作就會對其它家廠商造成直接的影響。寡占的市場就是有這種互相牽動

寡占
在該產業中，只有少許廠商主控了市場中的某種產品或勞務。

依賴的特徵。這種廠商之間的密切關係往往造成這些廠商的共謀串通和價格規定，就聯邦法和州法的立場來看，這是不合法的行爲。因此，某些產業並不採取價格規定的方式，而是跟隨價格領導者而起舞。通常這類領導者就資產、市場佔有率、或地理範圍各方面來說，都是最具支配力的廠商。在寡占市場中，行銷經理在價格上並沒有太大的彈性空間可以利用。他們必須對價格變動時時保持警覺，並立即對價格的滑落作出因應的措施，否則極有可能拖垮了自己的市場佔有率。爲了更進一步保有自己在市場上的地位，行銷經理應該在服務、商品品質、和其它非價格性的競爭形態上多下功夫才行。

獨占性競爭

這個情況是指有很多家廠商提供相似，但並非完全相同的商品。

獨占性競爭（monopolistic competition）則是指有很多家廠商提供相似，但並非完全相同的商品。其中例子包括了洗衣店、髮型設計師、阿斯匹靈製造商、石油廠商、律師、和航空公司。每一家廠商在市場上的佔有率都只有一點點，所以對市場價格的控制也很有限。因此，各廠商就試著藉由品牌名稱、商標、包裝、廣告、和服務等，來區隔自己的不同賣點。在獨占性競爭的環境下，消費者往往會偏愛某些特定廠商的商品，而且在有限度的情況下，願意付出比較高的金額。換句話說，他們可能會想：「我很喜歡飛柔（Prell shampoo）洗髮精，因爲它有一點不一樣，可是如果它的價錢抬得太高的話，我想我會認爲飛柔也沒什麼大不了的地方，所以我會買別的品牌試試看。」因此，賣方在價格上還是能作一些控制，只要不超過買方的容忍範圍就可以了。因爲如果行銷經理把價格抬得太高，該公司就可要把將整個市場拱手讓人了。

市場佔有率的競爭

一旦美國人口成長率平緩下來、成本提高、以及可資利用的資源供應緊縮，許多廠商就會發現，不管競爭市場的形式如何，它們都必須更賣力地工作，才能維持利潤收益和市場佔有率。我們拿鹹味點心市場作爲例子，最近，安修瑟（Anheuser-Bush）公司宣稱，它正要賣掉老鷹（Eagle）點心事業，因爲它根本就打不過福利多——雷（Frito-Lay）公司的生意。有一名顧問這樣說道：「福利多公司就像個要塞堡壘一樣，我會奉勸那些想要進攻鹹味點心市場的人，千萬不要侵犯福利多的領域，否則你會輸得很慘。」[51]老鷹食品只是最近一個例子而已。柏頓企業（Borden, Inc.）就在

1994年出售了許多地區性的子公司，作爲龐大事業體重建的一部分。業者主管說道，大約數十家左右的地區性公司在福利多的重兵壓境之下，在這一兩年內完全地潰敗下來。

一直以來，福利多——雷公司都是用全新的商品在供養自己的市場成長。這家公司的辦法一向是以雙叉式的方向在進擴張其核心產品線，如福利多斯（Fritos）、朵利多斯（Doritos）、羅德黃金脆餅（Rold Gold Pretzels）、和雷斯馬鈴薯片（Lays potato chips）；同時，還另外延伸出全新的商品，以「更好的選擇」（better for you）作爲號召，推出烘焙雷斯（Baked Lays）、烘焙朵利多斯（Baked Tostitos）和不含油脂的羅德黃金脆餅（Rold Gold Fat Free Pretzels）。它的起司朵利多斯（cheesier Doritos）則將原本沉睡已久的馬鈴薯片，炒成了10億美元的熱門商品；而更辣的口味，也讓雷斯馬鈴薯片成爲市場第一的領導品牌。

福利多——雷也利用它的配銷管道，將競爭者殺得片甲不留。該公司的歷史超過了35年，因而建立了一個遍及42家工廠、12,800個送貨工人、和900輛拖曳貨車的廣大網路，就好比是一座專事零售運送的大型發電廠一樣。這家公司也是第一個讓送貨司機配備有掌上型電腦的公司，如此一來，司機就可以把確實的銷售量傳送回總部。同時，福利多-雷也正在對該公司的配銷運作，進行另一次的翻修檢查，以期能夠爲不斷擴大的零售顧客提供更好的服務，也就是從藥房、大型折扣賣場，一直到雜貨店、便利商場等，進行徹底的檢查。

小型企業通常也可以在高度競爭的市場上生存下來，只要它們的商品品質異於別家，或者是其商品賣點和勞務可以滿足某種獨特的需求，它們就能在市場上生存下去。例如史帖克牽引機公司（Steiger Tractor Company）就是一個在新、舊市場之中，存活下來的競爭者。該公司製造了一種關節相連式的大型牽引機，其中央處可以彎曲，使得在做轉彎動作時更加輕鬆。而它的四輪牽引方式，則讓它可以拉動更大的重量承載。這樣的牽引機可節省農夫的每英畝勞動成本，約在33%左右。

史帖克牽引機的例子說明了，只要有好的行銷組合，小公司照樣能和大巨人一決高下。且不管公司的大小如何，行銷組合中的商品、配銷、促銷、和價格等都是管理階層用來競爭的利器。爲了要競爭，史帖克公司開發了一種獨特的商品。而雷克斯汽車、美國電話電報公司（AT&T）、和康柏電腦（Compaq computers）就是利用商品的品質來獲取和掌握市場的佔

可口可樂利用配銷通路在美國和國際市場上，獲取競爭上的優勢先機。
©paul Chesley/Tony Stone Images

有率。可口可樂和7-Eleven商店則是利用配銷通路來獲取市場上的競爭先機。而像渥爾商場（Wal-Mart）、美國玩具反斗城、思威迪租車公司（Thrifty Car Rental）等，則是利用價格作爲競爭的方法。有些公司，如卡夫通用食品（Kraft General Foods）和寶鹼公司（Procter & Gamble）就是使用行銷組合的個中高手。它們擁有卓越的研發人員，可以不斷開發出最好的商品；還有極具效率的配銷系統，其中涵蓋了幾千家的商店和設置點；再加上極具企圖心的價位；和龐大的促銷預算。舉例來說，卡夫通用食品爲麥斯威爾咖啡（Maxwell House coffee）所投下的一年廣告費，就高達一億美元，而寶鹼公司也爲佛傑斯（Folgers）咖啡投下了相等金額的廣告費用。

全球性的競爭

卡夫通用食品和寶鹼公司在國際上也都是很精明的競爭者，它們的事業遍佈在全球一百個國家以上。許多國外公司也認定美國是個成熟的目標市場，因此，美國本土的行銷經理不再只要擔心國內的競爭對手而已，也要爲國外來的競爭強手多操一份心。在汽車業、紡織業、手錶業、電視業、鋼鐵業、和其它許多產業中，國外的競爭力一向是屬一屬二的。我們會在第四章的時候，對全球性的競爭做更詳盡的說明。

在以前，國外廠商只要鎖定價格就可以滲入美國的市場。可是到了今天，重點卻轉移到了商品品質的身上。雀巢（Nestlé）、新力（Sony）、羅斯羅依斯（Rolls Royce）、和山多斯製藥公司（Sandoz Pharmaceuticals）等，都是以品質而非價格聞名於世的。

隨著全球行銷的版圖擴張，美國各家公司通常得在國際市場上彼此廝殺，正如它們在國內市場中所做的一樣。讓我們來看看「放眼全球」方塊文章中的百事可樂個案。

回顧

再回頭看看玩具業的那篇故事，現在你該明瞭外在環境的確會影響到所有的公司和它們的行銷組合。在開頭的短文中，我們描述了競爭環境、工業技術、和不斷改變的消費者品味，是如何地影響這個玩具產業。另外還有一些不可控制的因素也對郝斯伯（Hasbro）、美泰兒（Mattel）、和凱納（Kenner）等公司，造成了極為重要的影響。而演變中的人口（主要目標市場的兒童數量愈來愈少）、有關商品安全的法律條文、以及不斷改變中的經濟狀況，這些因素也都會影響到玩具公司的生意手法。此外，環境的因素也會互相影響。舉例來說，法律環境的改變在玩具業中所造成的影響（例如，不准美國兩大玩具商進行合併），就升高了競爭市場中的緊張情勢。其實，任何產業只要忽略了外在的環境，就注定會在未來被判出局。

總結

1.討論行銷中的外在環境，並解釋它對公司的影響為何。外在行銷環境是由社會、人口、經濟、技術、政治法律、以及競爭等變數所組成的。一般來說，行銷人員無法控制這些外在環境的因素。他們只能就外在環境的改變程度，以及這些變化對目標市場的影響是什麼，進行瞭解。然後，行銷經理才能創造出一個行銷組合，以便有

放眼全球

為因應全球性愈趨激烈的競爭，百事可樂重新整裝待發

對美國的非酒精飲料製造商來說，國外市場愈來愈重要了，可是百事可樂的訊息似乎少了什麼。儘管可口可樂和百事可樂在國外的銷售量成長每年都達7%到10%左右，可口可樂在國外的銷售總額還是以3比1的態勢，領先百事可樂。而且可口可樂在國外的利潤也達到了80%，而百事可樂卻只有30%。

在海外，有些百事可樂的廣告看板已經有20年以上的歷史了，而且這種老舊形象也遍佈在地圖上的各個角落：在德國漢堡市的某家雜貨店裏，使用的還是紅條紋的標記；而在瓜地馬拉的一間酒館裏，使用的則是70年代的字體；另外在上海市的某家餐廳裏，掛了一幅以白色為主色的百事可樂招牌。還有一個大雜燴式的廣告片，裏頭有各種不同的代言人，從卡通、小嬰兒，一直到走路搖搖擺擺的男僕人。更糟的是，消費者認為不同國家所賣的百事可樂，其口味也各不相同。

因此，百事可樂公司（PepsiCo Inc.）決定要展開一個徹底但可能也是很冒險的復員行動，代碼就叫做「藍色計畫」（Project Blue）。這個計畫預估要花掉5億美元。它要求全面翻新製造和配銷的過程，以期全球各地都能嚐到一致性的可樂口味；同時，也要對市場行銷和廣告進行一次全面性的整頓。

百事可樂甚至捨棄了它原有的紅——白——藍顏色記號，改以閃亮如電的藍色作為主要標準色。這個行動於1996年，同時在20幾個國家的市場上展開行動。全新的標準藍被貼在所有的貨車、冷卻器、罐身和瓶身上，這種改頭換面的行動預計到西元2000年的時候，就會在美國本土全面完成。藍色計畫還包括了設定新的清涼標準和品質控制。該公司甚至訓練了一批試飲員，專門在全球各地抽樣試飲商品的口味。

然而，藍色計畫還是挾帶著很大的風險，尤其從過去可口可樂公司嘗試要重組可口可樂的傳統配方，而慘遭失敗的例子中，就可得知。另外，百事可樂將近40多年沒有在商品標幟上作過任何的改變。因此，隨著該計畫的高成本投入，自然而然就會有高期待的心理出現。所以百事可樂就只能全力依賴業績的好轉來證明他們的行動成果。

百事可樂的裝瓶廠商也很緊張。許多在海外製造和販售百事可樂的獨立公司都必須捨棄或重作他們的紅——白——藍招牌和自動販賣機，再加上30,000部以上的貨車和100億個以上的罐身和瓶身。雖然百事可樂會負擔部分的成本費用，可是例如它在英國的裝瓶廠商，就得將原來的行銷費用從30%提升到40%，以便支援這個藍色計畫。

另一個顧慮則是這樣的重新包裝究竟會不會增加百事可樂在海外的識別危機。因為可口可樂的紅色商標已經成為飲料的全世界標準，許多行銷專家也都說，百事可樂一心以藍色來對抗傳統標幟的這種行動，顯然還有一場硬戰要打。

百事可樂帶著強烈的使命，想要在全球市場上展現競爭的實力。還有哪些事可讓百事可樂確保藍色計畫的成功？你認為百事可樂應於全球活動開始之前，先在美國本土進行藍色計畫嗎？

資料來源：1996年4月2日的《華爾街日報》（*Wall Street Journal*）所刊之〈眼看著國外處處紅，不干示弱的百事可樂也展現了全新的藍色罐身〉（Seeing Red Abroad, Pepsi Rolls Out a New Blue Can,）此翻印已經《華爾街日報》應允。

效地符合目標顧客群的需求。

2.說出能影響行銷的幾個社會因素。就外在環境而言，社會因素可能是行銷人員最難參與其中的一個因素。有許多主要的社會性潮流會

逐步地形成行銷策略。首先，各年齡層的人都有其廣泛的興趣，這種趨勢挑戰了傳統消費者的特性。第二，改變中的性別角色也讓更多的婦女開始投入職場，因而造成了男性購物者數量上的增加。第三，雙薪家庭的大量增長，則造成了時間匱乏，以及對省時商品和勞務的需求。

3.向行銷經理解說，目前人口趨勢的重要性。就今天而言，有幾個基本的人口形態會影響到行銷組合。因為美國的人口成長率正逐步緩和下來，行銷人員不再只能靠擴張市場來求取利潤。另外，行銷人員也要面對一群與日俱增的年輕世代，他們都是經驗老到的消費者，其中有許多人甚至會抗拒傳統性的行銷組合。也因為人口老化愈來愈嚴重，行銷人員必須處心積慮，提供更多能吸引中年人和老年人市場的商品。

4.向行銷經理解說多元文化主義和急速成長的不同種族市場，這兩者的重要性。若是某個地區聚集了許多不同的種族族群，而他們之間的分佈呈現出近乎相當的情況，這時就會產生多元文化主義。成長中的多元文化主義使得行銷人員的任務更具挑戰性。各種族市場中所存在的利基，就需要用到微現行銷策略。而利基策略的另一個選擇就是在維持核心品牌的識別之際，也以各種不同的促銷活動，同時跨足於不同語言、不同文化、不同年齡、甚至不同收入的市場之中。第三種策略則是在這些種族族群中，尋找共通的興趣、動機、或需求。

5.確認出消費者和行銷人員對經濟狀況的反應行為。行銷人員提供高品質、高價位的商品和勞務，將目前的目標瞄準在那些數量與日俱增，有著更多可支配收入的消費者身上。但是在通貨膨脹的時期，行銷人員一般都會試著維持物價，以防止流失顧客的品牌忠誠度。而在經濟衰退的時候，許多行銷人員則會維持或降低價格，以便對抗需求降低的效應；同時，他們也會專心於生產效率的提升和顧客服務的改進等。

6.確認工業技術對公司的影響。就今天的行銷環境來說，時時注意新的工業技術才能和競爭對手並駕齊驅，這一點是非常重要的。舉例來說，在工業技術十分先進的美國，許多公司都逐漸在與日本對手的競爭中敗北，而這些日本公司之所以這麼興盛，全是因為它們努力於最新技術發明上的實際運用，進而開發出可行銷市場的全新商品。在美國，許多R&D的費用都花在現行商品的改進上，因此，美國公司必須學會如何培育和鼓勵發明創新。沒有了發明創新，美國公司就不可能在全球市場上與人競爭。

7.討論行銷中的政治和法律環境。所有的行銷活動都受制於州法和聯邦法，以及各個取締立法機關的管轄。因此，行銷人員有責任要通曉並遵守這些法令規章。影響市場行銷的幾個主要聯邦法，分別是休曼法案（Sherman Act）、克萊登法案（Clayton Act）、聯邦貿易委員會法案（Federal Trade Commission Act）、羅賓森法案（Robinson-Patman Act）、針對FTC法案所修正的的惠勒法案（Wheeler-Lea Amendment to the FTC Act）、連漢法案（Lanham Act）、賽勒反合併法案（Celler-Kefauver Antimerger Act）、以及哈特法案（Hart-Scott-Rodino Act）。而消費品安全委員會（the Consumer Product Safety Commission）、聯邦交易委員會（the Federate Trade Commission）和食品藥物管理局（the Food and Drug Administration），則是管制市場行銷活動的三個主要聯邦機構。

8.解釋國外和國內競爭市場的基礎根本。四種競爭上的經濟模式分別是獨占（monopoly）、完全競爭（pure competition）、寡占（Oligopoly）、以及獨占性競爭（monopolistic competition）。人口成長率的下降、成本的提高、資源的短缺，都可能會提高國內市場的競爭態勢。然而，只要擁有有效的行銷組合，小型企業還是能和市場中的大巨人一決高下的。同時，逐漸縮小的國際障礙，也讓更多的國外競爭對手跨海而來，另一方面，也提供了美國公司跨足海外的前進契機。

對問題的探討及申論

1.環境掃瞄的目的是什麼？請舉出一個實例。

2.每個國家都有自己的核心價值和信念，而在同一個國家中，這些價值觀也可能因地區的不同而互有差異。請就你所身處的地區，確認出五種核心價值觀。把雜誌中最能反映這些價值觀的平面廣告剪下來，帶到課堂裏討論。

3.美國嬰兒潮的成員在年齡上正逐漸老化中，請就這個現象會對下列的行銷組合所造成的影響，作一描述：

a.貝利健康俱樂部（Bally's Health Clubs）

b.麥當勞（McDonald's）

c. 惠而浦企業（Whirlpool Corporation）

d.佛羅里達州（the State of Florida）

e.JC潘尼公司（JCPenney）

4.你被要求對當地的某商會進行一份演說，主題是有關成長中的單身市場。請爲你的演講準備一份大綱內容。

5.請找出兩種代表潮流的商品以及兩種代表流行的商品。請利用本章所討論的標準來解釋爲什麼這些商品是潮流或流行的代表。

6.遇到通貨膨脹的時候，各公司都需要改變它的行銷組合。最近一份經濟預估報告指出，在未來的18個月內，通貨膨脹率將高達10%。你的公司專門生產居家園丁所使用的手用工具，請寫一份備忘錄給貴公司的總經理，向他解釋公司應如何改變行銷組合。

7.請舉出三個有關工業技術嘉惠於行銷人員的實例。同時，也舉出幾個例子，是有關某些公司因爲沒跟上新技術的改變，而慘遭傷害的事實。

8.組成六個小組，每一組都要負責行銷環境中的其中一個不可控制因素。你的老板，也就是公司的總經理，要求每一組都必須對該公司即將面臨到的各種主要潮流，分別進行1年和5年的預估。貴公司只是電傳通訊設備（telecommunications equipment）產業中的一員，目前還沒有打算成爲電傳通訊服務（telecommunications service）的供應商，如MCI和AT&T等。每一組都應利用圖書館、國際網路、和其它資料來源等，進行預估的工作。每組的每個成員最少應負責一項資料來源。然後再集合所有的資料，作成建議。最後，每一組應推出一個代表，在班上提出該組的成果。

9.你認爲起訴對摩理斯（Phillip Morris）公司的行銷環境會造成什麼影響？請從下列的全球網站中找出兩個訴訟報告，來描述你的答案。

http://www.businesswire.com/cnn/mo.htm

10.爲什麼電子現金（electronic cash）被認爲是國際網路商業交易中的必要因素？

http://www.digicash.com/

學習目標

在讀完本章之後，各位應當能夠做到下列各項：

1. 討論全球行銷的重要性。
2. 討論跨國公司對世界經濟所造成的影響。
3. 描述從事全球行銷的公司所要面臨的外在環境。
4. 確認進軍全球市場的幾個不同途徑。
5. 列出用來發展全球行銷組合的基本因素。

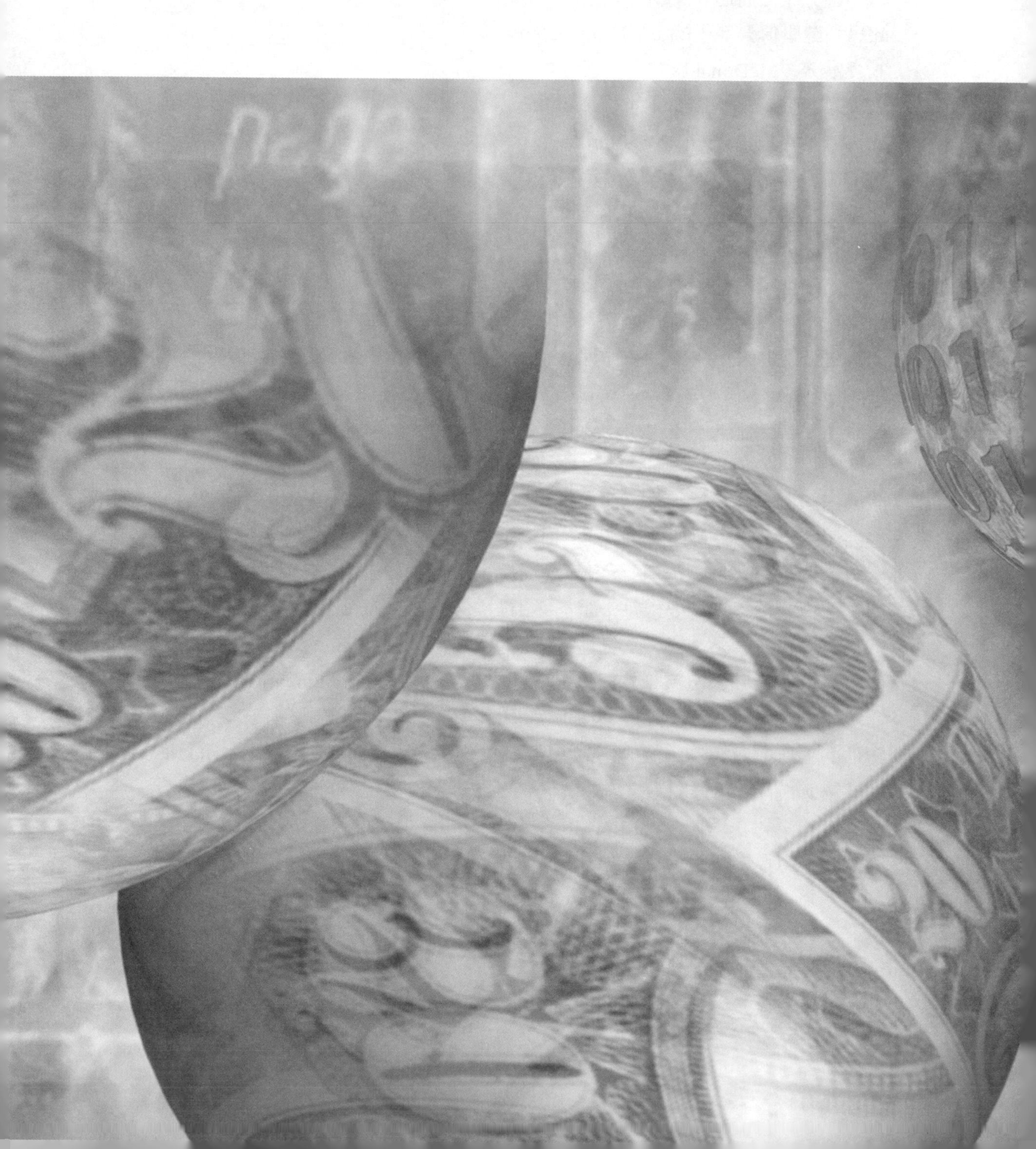

第4章

發展世界觀

當美國的新世代飲料，史奈波（Snapple），於1994年登陸日本市場以來，數以千計的商店都擺滿了這種桃子口味的清涼飲料、粉紅色的檸檬水、以及其它種類的史奈波飲料。廣告上宣稱「史奈波現象已經登陸了」（The Snapple Phenomenon Has Landed.）。可是這個「現象」卻悄無聲息地撤退，留下的只是一門活生生的教訓，告訴大家在這個對進口商品日益索求的日本市場中，別輕易推出消費性產品。

史奈波的銷售量從1994年的每月240萬瓶，一下子掉到每個月只有12萬瓶。不久，整個銷售行動就停止了：在1994年購得史奈波飲料企業（Snapple Beverages Corp.）的桂格燕麥公司（Quaker Oats Co.），自1997年一月起，就停止了史奈波飲料的輸入了。

到底出了什麼差錯？到了1997年，整個情況才明朗了起來，原來是日本消費者根本就不喜歡史奈波當初在美國廣受歡迎的那些特點（至少曾受過歡迎），包括了茶類飲料宛若雲狀的外觀、甜果汁的風味、還有那些浮在瓶身裏的小東西。可是桂格公司卻不肯作任何改變來迎合當地的口味，一名東京的行銷顧問，Hisao Takeda，也是史奈波的駐日代表這樣說道。他還說，更糟的是桂格公司在行銷上做得很草率。「他們處理史奈波上市的作法，恰好符合了短視的美國公司給人的刻板印象，就是一心只想趕快有效果出現。」

桂格公司也知道史奈波在日本的表現很差，可是卻沒打算承擔所有的錯誤。隆納巴特律爾（Ronald Bottrell）是桂格公司的發言人，他說，該公司相信史奈波飲料在日本市場「令人失望的上市表現」，一部分是因爲桂格公司「沒能作好充份的配銷管理」，另一部分則是因爲該公司將重點從國際性的擴張策略轉移到史奈波在美國本土的收益性上。但是這一波重建美國市場佔有率的嘗試行動也在1997年的三月就宣告終止了，因爲桂格公司把史奈波以3億美元的代價賣給了TRIARC。爲了史奈波這條商品線，桂格公司在1994年就付出了170億元的美金。

當美國抱怨日本的閉塞市場時，日本的貿易官員卻常常老調重彈並似是而非地說道：美國商品並不適合日本的消費者。有些時候，還眞的讓他們說中了。但是話又說回來，日本購買美國食品的數量卻是前所未有的多。從美國運來的加工食品，在去年就達到了44億美元，五年來的成長率共上升了96%。有些進口品甚至和美國本土所販售的產品一模一樣。例如不曾改變口味的士力架（Snickers）巧克力棒和M&M's巧克力，都在日本市場上賣得很好。

但是正如某些美國出口商所發現到的，人的味蕾一向是沒有什麼標準的。舉例來說，福利多——雷公司（Frito-Lay, Inc.）就曾眼睜睜地看著幾個點心食品垮在日本市場上。從去年起，它就不再販售波樂洋芋片（Ruffles）到日本市場了，而這個產品在日本上市的時間卻只有一年（根據福利多——雷的說法：這個產品對日本人來說，口味太鹹了）。同時，它的芝多司（Cheetos）銷售量也自去年的九月起，就呈垂直滑落的趨勢（起司味太濃了，而且日本人不喜歡手指頭沾成橘黃色的樣子）。

「儘管大家都在說這裏的生活形態是如何地日漸美國化，日本人的味蕾還是很傳統的。」他們喜歡的是精緻的口味和質感，一名行銷顧問，Tamao Yanauchi這樣說道。

有可能在全球各地都販售完全相同的商品嗎？如果不能的話，要在什麼時候國內的行銷組合和全球性的行銷組合才會有一些明顯的不同？國際性市場對美國公司來說（如桂格燕麥公司之類），會變得日益重要嗎？對國際行銷來說，這種全球化的舉動是未來的一股潮流嗎？

資料來源：1996年4月15日的《華爾街日報》（*Wall Street Journal*）所刊之〈在日本的史奈波：這片水花到底是如何乾掉的〉（Snapple in Japan, How a Splash Dried Up），此翻印已經《華爾街日報》應允。

史奈波飲料企業

史奈波的全球網站，是否給了自己在全球市場上一個很好的定位？好與不好，都請說出你的理由。

http://www.snapple.com/

1 討論全球行銷的重要性

全球行銷的報酬

今天，我們生活周遭的各個層面都起了全球性的革命：管理經營、政治、通訊、工業技術等。「全球性」（global）這個字眼被賦予了全新的涵義，它指的是在社會、商業、和人類智慧的這三個舞臺上，所存在的一種永無休止的變動和競爭。它不再讓你有選擇的權利，因為**全球行銷**（global marketing）（將目標對準全世界市場的行銷）已經成了商業界中不可或缺的一環了。

全球行銷
將目標對準全世界市場的行銷。

美國經理人士必須發展出世界觀，這不只是爲了認識和因應國際行銷上的商業契機，也是爲了保持國內事業的競爭力。通常，美國公司在國內所遇到的最強競爭對手，往往來自於國外。此外，世界觀可以讓經理人士瞭解到顧客和配銷網路的運作是遍及全球的，它可打破地理上和政治上的界線分野，使得這些界線愈來愈無法影響到一些商業決策。總而言之，具備**世界觀**（global vision），即表示你可以找出國際行銷上的商業契機，並作出因應之道；瞭解在各產業市場中，來自於國外競爭者的威脅是什麼；以及有效地運用國際配銷網路。

世界觀

找出國際行銷上的商業契機，並做出因應之道；瞭解在各產業市場中，來自於國外競爭者的威脅是什麼；以及有效地運用國際配銷網路。

過去這20年來，世界貿易從一年2,000億美元攀升到一年7兆億美元。過去在全球市場行銷中不被認爲是主流玩家的國家和公司，現在都變得重要了起來，其中幾個表現更是極爲卓越。

今天，行銷人員在執行一般性的運作時，往往面臨到更多的挑戰。產品開發成本的提高、商品生命週期的縮短、以及全新技術在世界上的席捲速度更甚以往等種種現象。儘管如此，行銷界的勝利軍卻毫不畏懼，反而極爲喜歡這種千變萬化的步調。

惠而浦企業（Whirlpool Corporation）就是一個好例子，它是一家很有世界觀的公司，其總部就位在密西根州的班頓港（Benton Harbor, Michigan）。惠而浦最近買下了它和飛利浦公司主要電器部門（Major Appliance Division of Philips）在合資事業中的剩股權，後者的總部位在荷蘭的愛因荷文（Eindhoven, Holland），而歐洲惠而浦的行政辦公室則位在義大利的卡米里歐（Comerio, Italy）。在這個由12人組成的管理委員會上，有來自瑞典、荷蘭、義大利、美國、印度、南非、和比利時等各國的經理人士。這些擁有不同文化背景的經理人材，同心協力幫助公司發展出世界觀。到了今天，惠而浦在12個國家都有製造生產電氣用品，並行銷到140個國家，該公司的營業總額有38%都是來自於海外。[1]

惠而浦企業

在惠而浦的網站中，你發現到哪些可以證明這家公司的確具有世界觀的證據？惠而浦如何就公司的角度來描述自己？

http://www.whirlpool.com/

對一家公司來說，採取世界觀未嘗不是一件好事。舉例來說，吉列公司（Gillette）收入的三分之二，就來自於它的國際部門。通用汽車的收益，大約有70%都是來自於美國以外的市場。儘管芝多司（Cheetos）和波樂洋芋片（Ruffles）在日本市場並不成功，可是洋芋片一向廣受世界各地的歡迎。百事可樂公司 （PepsiCo）「福利多——雷公司（Frito-Lay）的所有者」的海外點心事業，一年就賺進32億5千萬的美金。[2]

全球行銷並不是一條單行道，只有美國公司將它們的貨品和服務賣到全球各地去而已。在美國國內市場的國外公司原本只是寥寥可數，可是現在卻在每個產業中，都找得到它們的影子。事實上，美國境內的每一個產業都被進口商品奪去了相當比例的市場佔有率。最近這10年來，從其它國家進口的機器工具比例就從23%攀升到46%。[3]而在電器、照相機、汽車、精緻陶磁器、牽引機、皮製產品、以及一大堆消費商品和工業產品上，美國公司就不斷嘗試著守衛自己的家園，不願讓那些國外來的競爭者奪去了它們的市場佔有率。

過去這20來，美國公司在面對國外來的敵手時，往往顯得招架不住。但是今天，美國全新的生產力已然展開。在1990年代，非農產品的生產力每一年都以2.2%的比例上升中，比起前20年來說，在比例上就多出了兩倍。[4]在所有的工業化國家中，美國的生產力高居第一名。舉例來說，在美國境內，每100個雇員，就擁有63部個人電腦；相對於日本的17部電腦先進許多。[5]因爲單位勞動成本的升高速度低於日本和德國，所以，美國也是所有工業化國家中，擁有最低成本的製造商。美國廠商的生產力比德國和日本的廠商要多出10%到20%。而美國的服務業在生產力上，也比這些國家高出了30%。所以我們可以說，美國的企業已經整裝待發，準備在這個全球性的市場中，與他國一較高下。

全球行銷對美國的重要性

許多國家都比美國更依賴國際性的商業活動。例如，法國、英國、和德國，這些國家的國內生產毛額有19%都源自於世界貿易，而美國卻只有12%。[6]儘管如此，國際商業活動對美國經濟的影響也是令人印象深刻的。

◇美國的工業產品和農產品各有五分之一和三分之一，都是出口外銷的。[7]

◇在美國境內，16個工作中就有一個工作，和出口外銷有直接或間接的關係。

◇美國企業每一年都要出口價值5,000億美元的產品到國外去。美國整體收益近三分之一，都是來自於國際貿易和國外的投資。[8]

◇在1996年，就美國經濟活動的成長來看，出口就佔了其中的20%。[9]

◇美國是全世界最大的穀物輸出國，每一年都要賣出120億美元以上的

美國企業每一年都要出口價值5,000億美元的產品到國外去。化學用品、機器和電腦、汽車、飛機、以及電氣和工業機械等，這些產品則佔了所有非農產出口量的50%。

©1996 PhotoDisc, Inc.

穀物到其它國家，約佔了所有農業出口量的三分之一。[10]

◇化學用品、機器和電腦、汽車、飛機以及電氣和工業機械等，這些產品則佔了所有非農產出口量的50%。

這些統計數字看起來似乎暗示著，美國境內的每一個企業都把自己的貨品販售到全球各地去，其實事實並不然。美國所有出口貨物中的85%，都是由250家公司負責輸出，而這250家公司只佔了所有製造商不到10%的比例而已，所以說，約有25,000家公司，是只做進口生意的。[11]多數的小型和中型企業，基本上都沒有參與全球貿易和行銷的活動。只有那些非常大型的跨國公司，才會認眞試著在全球各地從事競爭性的商業活動。可喜的是，現在有愈來愈多的小型公司，也開始積極在國際市場上一顯身手了。

跨國公司

2 討論跨國公司對世界經濟所造成的影響

跨國企業

某家公司在國際貿易上的參與程度相當深厚，已超越出口和進口範圍，這種公司就稱之爲跨國企業。

美國擁有很多家從事全球行銷的大型公司，其中有許多家是非常成功的。若是某家公司在國際貿易上的參與程度相當深厚，已超越了出口和進口的範圍，我們就稱這種公司爲**跨國企業**（multinational corporation）。跨國企業不管其總部坐落在哪個國家，都是以跨越國界的手法，充份利用各地的資源、貨物、服務和技術等。（圖示4.1）就列出了幾個位居全球領導地位的跨國企業。

跨國企業正如下面文字所描述的，並不只是一個商業上的實體而已：

> 在其它所有事情當中，跨國企業算得上是一個私人性質的「政府」，比起一些也從事著某些商業活動的國家政府或州政府來說，在資產上更顯得富有，也較受股東和員工的歡迎。同時，它也身兼幾個國家政府和州政府的「公民」身分，必須遵守這些政府單位的律法、按時繳稅；但是也擁有自己的目標，必須對位在國外的管理階層負起責任。有點令人驚訝的是，有些評論家認為它是私人經濟力量下一種不負責任的工具手段，也或者是其母國所延伸而出的經濟「帝國主義」，所呈現出來的工具手段。其他的評論家則認為它就像是一艘國際航空母鑑，裝載著最先進的管理科學和工業技術，也像是一個能將各種文化作全球性傳輸的代理商，把一些能結合所有人類的共通觀念和想法聚合在一起。[12]

許多跨國企業都很龐大。舉例來說，艾克瑟（Exxon）和通用汽車（General Motors）這兩者的銷售量就比世界上22個國家的國內生產毛額還要來得高。一家跨國公司可能在全球各地都有總部，完全視它的市場或技術而定。英國的APV是一家專門製造食品加工設備的廠商，它在全世界各地的生意都擁有不同的總部辦公室。惠普（Hewlett-Packard）公司將它個人電腦事業的總部從美國移到法國的格瑞蘭堡（Grenoble, France）。ABB（Asea Brown Boveri）是歐洲電氣工程業中的巨人，總部就坐落在瑞士的蘇黎世（Zurich, Switzerland），它將旗下數以千計的商品和勞務分成了50多組的事業單位，每一個事業單位都由一個指揮小組專責進行全球性的商業策略規劃，這個小組會決定商品開發的優先順序，以及由何處製造該商品。這些小組的決策並不需要經過蘇黎世總部的同意，它們分散在世界各地。其中功率變壓器的指揮小組位在德國；電力驅動的小組位在芬蘭；而自動處理器的小組則位在美國。[13]

圖示4.1
世界上最大型的多國公司

排名	公司	國家	收入（$百萬元）	資產（$百萬元）
1	三菱（Mitsubishi）	日本	184,365.2	91,920.6
2	米蘇（Mitsui）	日本	181,518.7	68,770.9
3	伊大丘（Itochu）	日本	169,164.6	65,708.9
4	通用汽車（General Motors）	美國	168,828.6	217,123.4
5	蘇密托摩（Sumitomo）	日本	167,530.7	50,268.9
6	馬貝尼（Marubeni）	日本	161,057.4	71,439.3
7	福特汽車（Ford Motor）	美國	137,137.0	243,283.0
8	豐田汽車（Toyota Motor）	日本	111,052.0	106,004.3
9	艾克瑟（Exxon）	美國	110,009.0	91,296.0
10	皇家荷蘭／蜆殼集團（Royal Dutch/Shell Group）	英國／荷蘭	109,833.7	118,011.6
11	尼雄愛華（Nissho Iwai）	日本	97,886.4	46,753.8
12	渥爾商場連鎖店（Wal-Mart Stores）	美國	93,627.0	37,871.0
13	日立（Hitachi）	日本	84,167.1	91,620.9
14	日本人壽保險（Nippon Life Insurance）	日本	83,206.7	364,762.5
15	日本電報電話（Nippon Telegraph & Telephone）	日本	81,937.2	127,077.3
16	美國電報電話（AT&T）	美國	79,609.0	88,884.0
17	戴爾蒙-朋馳（Daimler-Benz）	德國	72,256.1	63,813.2
18	英代爾商業機器（Intl. Business Machines）	美國	71,940.0	80,292.0
19	馬蘇西塔電氣工業（Matsushita Electric Industrial）	日本	70,398.4	74,876.9
20	奇異電器（General Electirec）	美國	70,028.0	228,035.0
21	圖曼（Tomen）	日本	67,755.8	22,365.6
22	美孚（Mobil）	美國	66,724.0	42,138.0
23	日產汽車（Nissan Motor）	日本	62,568.5	66,276.6
24	福斯（Volkswagon）	德國	61,489.1	58,610.7
25	西門子（Siemens）	德國	60,673.6	57,346.6

●此排名係根據1995年的營業總額

資料來源：取自1996年8月5日出刊的《財星》（*Fortune*）雜誌，第F1之〈全球財星500大〉一文。

跨國性的好處

大型的跨國公司，和其它公司比較起來，所得到的好處多許多。舉例來說，跨國公司通常可以克服貿易上的問題。台灣和南韓長久以來就爲了保護國內的汽車製造業以及政治上的因素，而對日本汽車採取禁止貿易輸入的政策。可是美國的本田（Honda USA）公司，則是一家由日本人所擁有，但總部卻位在美國的汽車公司，它將雅哥汽車（Accord）由美國直接輸往上述的這兩個市場。另一個例子則是德國的BASF，這是一家化學品和藥品的製造商，它在本國所進行的生物技術研究，遭到當地綠色環保運動的挑戰，因此，BASF不得不把它在癌症和免疫系統上所作的研究工程，轉移到美國麻州的劍橋（Cambridge, Massachusetts）去。

多國公司的另一個好處就是它們有能力可以規避一些法律限制上的問題。美國的製藥廠商史密斯克萊（SmithKline）和英國的必卻公司（Beecham），就決定要進行部分的合併動作，如此一來，才能避免掉在幾個最大市場中所遭遇到的許可和取締方面的爭論。合併後的公司可在歐洲和美國這兩個市場，都宣稱自己是自家人。「當我們到布魯塞爾（Brussels）的時候，我們就是歐洲聯盟（the European Union）的其中一員。」一名經理主管這樣解釋道，「當我們去華盛頓的時候，我們又成了一家美國公司。」[14]

一旦市場狀況起了變化，跨國公司可立即將某地的生產線轉移到其它地方的生產線上。當歐洲人對某種溶劑的需求降低時，多爾化學公司（Dow Chemical）就通知它的德國工廠轉型製造另一種化學品，而這種化學品向來是由路易斯安納州和德州所生產輸入的。電腦模式可幫助多爾公司作出類似上述的決定，如此一來它才能讓工廠的運作更有效率，並且降低成本的負擔。

跨國公司也可源源不斷地接收來自世界各地各種新的技術。全錄公司（Xerox）就曾在美國上市過80種不同的辦公室影印機，而這些影印機都是由全錄公司和一家日本公司所合資成立的富士全錄（Fuji Xerox）公司，所設計生產出來的。寶鹼公司在日本市場爲了因應競爭對手的新商品，而首度製造推出了一種超濃縮洗衣精。這個新產品現在開始也在歐洲市場上以愛瑞兒（Ariel）的品牌名稱展開銷售。同時，也以奇爾（Cheer）和汰漬（Tide）這兩個商標名稱，在美國市場進行測試。另外還有歐提斯電梯公司

（Otis Elevator）在艾樂凡尼411（Elevonic 411）這個產品上所做的開發研究。艾樂凡尼411是一種新型設計的電梯機種，可以在需求量高的時候，承載更多部的汽車到地面上。它是由五個國家的六個研究中心所共同開發出來的機種。歐提斯公司位在康乃迪克州法明頓（Farmington, Connecticut）的研究小組，他們負責的是系統整合；位在日本的小組則負責特殊馬達驅動的設計，以期讓電梯的上下動作更加平穩；法國的小組則負責電梯門系統上的改善工作；德國小組處理的是電子工學；西班牙小組負責的則是小型傳動裝置的各種零件。歐提斯公司宣稱，這種多國性的努力合作，在設計成本上至少節省了1,000萬美元，並且將整個過程從四年的時間，縮短到兩年就完成了。

最後，跨國公司往往可以在勞工成本上省下大筆的錢，即使在高度工會化的國家也是如此。舉例來說，全錄公司（Xerox）打算將影印機重新裝配的工作移到墨西哥去，因為那裏的勞工比較便宜。可是位在紐約州羅徹斯特（Rochester）的工會卻大力反對，因為它看得出這樣的舉動威脅到工會成員的工作生存機會。最後，工會同意改變工作的形態以及改善自己的生產力，以便保有家鄉中的這份工作。

為了在全球市場中力戰群雄，即使是超大型的跨國企業也不免手忙腳亂。有時候，某些政府甚至會為了支持國內的廠商，而出面從事一些攻擊性的行為。

全球行銷標準化

傳統上來說，以行銷為導向的跨國企業，它們在每個國家的作法上各有不同。它們通常都會使用一套策略，上頭記載著不同的商品特點、包裝、廣告、以及其它等等。但是一名哈佛大學的教授泰德萊維（Ted Levitt）卻以稍微不同的意涵，描述了他所謂全球行銷的一種趨勢。[15]他認為通訊和工業技術已讓這個世界變得愈來愈小，所以位在任何一個地方的任何一個人，都有可能得到他們曾經聽過、看過、或經歷過的東西。因此，他預見到全球市場將會大量出現標準化的消費商品，而不是以不同的商品來區隔不同的國外市場。在本書中，我們對全球行銷所下的定義是，個人或機構跨越國與國之間的界線，以國際觀來有效地販售商品和勞務。為了有所區別，我們可以稱萊維所下的定義是**全球行銷標準化**（global marketing

全球行銷標準化
生產制式化的商品，以相同的方法銷售到全球各地去。

通訊和工業技術已讓這個世界變得愈來愈小，所以位在任何一個地方的任何一個人，都有可能要得到他們曾經聽過、看過、或經歷過的事物。因此，全球市場將會大量出現標準化的消費商品。
©Jeff Greenberg

standarization)。

全球行銷標準化假設世界各地的市場愈來愈類似，因此，採用全球行銷標準化的公司生產的是「全球制式化的商品」，以相同的方法銷售到全球各地去。制式化的生產可以讓公司降低生產和行銷成本，增加收益。但是，研究調查卻顯示，全球標準化的方式並不能爲公司帶來極爲卓著的銷售和收益表現。[16]萊維就舉出可口可樂（Coca-Cola）、高露潔（Colgate-Palmolive）、和麥當勞（McDonald's）等，作爲全球行銷標準化的成功例子。可是，批評家卻指出這些公司之所以成功，就在於它們所提供的變化性，而不是在各地都提供相同的商品。舉例來說，麥當勞爲了法國人的口味，改變了其中沙拉醬的配料，並在當地的餐廳裏販售啤酒和礦泉水。在德國（販賣啤酒）和日本（販賣清酒）也都爲了適應當地的口味，而提供不同的商品。此外，可口可樂和高露潔雖然在全球160個國家都行銷它們的

可口可樂
可口可樂的宗旨說明如何反映出它對全球行銷的承諾？就整體而言，這個網站反映出它的承諾了嗎？
http://www.cocacola.com/

高露潔公司
請比較高露潔的網站和可口可樂的網站，哪一個比較能強烈地表達出其全球性的形象？
http://www.colgate.com/

產品，可是並不表示這些產品全都是採高度標準化的方式。其中，只有三個可口可樂的品牌是標準化的，但在日本的雪碧（Sprite）卻採用不同的成份配方。有些高露潔的商品只在幾個國家裏上市。舉例來說，愛新洗碗膏（Axion paste dish-washing detergent）就是爲了幾個開發中國家而調製的；但拉克萊辛強效洗潔精（La Croix Plus deternget）則是爲了法國市場而專門製造的。儘管高露潔的先進膠質保護配方（advanced Gum Protection Formula）只在27個國家使用，但高露潔牙膏卻是以相同的方法在全球各地行銷。

雖說如此，某些跨國企業的確正朝向某種程度的全球行銷標準化目標邁進。例如，耐吉（Nike）公司就爲了它的氣墊鞋180（Air 180 shoes）設計了一個制式化的全球行銷計畫，這種先進的鞋墊材料可以從透明的鞋底中間看得到。爲了可以有更大的適應性，該鞋種的電視廣告完全沒有旁白，相反地，只有標題卡，上頭的文字被譯成了各種不同的語言，以便標示出耐吉這個品牌，並爲全球各地上市的氣墊鞋180進行促銷，而廣告上也只使用了公司的主題口號「Just do it」。同樣地，伊士曼柯達公司（Eastman Kodak）曾以全球統一的品牌名稱，發售過錄放影機所使用的空白錄影帶。寶鹼公司（Procter & Gamble，簡稱P&G）則稱呼自己的新哲學爲「全球性規劃」（global planning），其中的觀念就是先決定有哪些產品需要因各國的需求不同而作調整，同時，也儘量試著降低這些調整的幅度。P&G在多數國家至少擁有四種商品是以相同的方式在市場中推行：佳美香皂（Camay soap）、克瑞斯牙膏（Crest toothpaste）、海倫仙度絲洗髮精（Head and Shoulders Shampoo）、和幫寶適免洗尿褲（Pampers diapers）。但是佳美的香味、克瑞斯的口味、和海倫仙度絲的成份、以及其廣告等，在各國之間也都是互有差異的。

全球行銷人員所面對的外在環境

3 描述從事全球行銷的公司所要面臨的外在環境

專作全球行銷的人員或公司在考慮全球行銷的時候，往往會面臨到一些問題，而這些問題也多是由外在環境所引起的，正如同國內市場中所遇到的環境因素一樣，同樣的問題也存在於國際之間。其中包括了文化、經濟和技術發展、政治架構、人口組成以及天然資源等。

文化

對任何一個社會而言，其核心就在於它的公民所共有的一般價值觀，而這些價值觀也決定了什麼事物可以被社會大眾所接受。文化構成了家庭、教育制度、宗教以及社會階級等各種體制的基礎。社會組織的層層網路釀成了許多重疊的角色和地位。這些價值觀和角色對人們的喜好，甚至行銷人員的選擇方案等，都造成了極大的影響。印卡可樂（Inca Kola）是一種黃綠色的水果碳酸飲料，它是全秘魯銷售量最好的一種飲料。且不管它是不是被人拿來和「液態狀的泡泡糖」相提並論，這個飲料已儼然成爲該國榮耀和傳統的象徵。該飲料是在秘魯發明的，只含有該國土產的水果成份。一名每天要喝掉六盒的當地消費者這樣說道：「我愛喝印卡可樂是因爲它讓我覺得像個秘魯人。」他告訴他年輕的女兒：「這是我們的飲料，不是在國外發明的東西。它是依你的祖先而命名的，也就是偉大的印卡戰士。」[17]

語言則是文化上的另一個重要因素。行銷人員必須小心地翻譯商品名、廣告標語、和一些促銷訊息，才不會傳達出錯誤的意義。舉例來說，三菱汽車（Mitsubishi Motors）就必須在西語市場中，重新命名它的班鳩若（Pajero）車款，因爲這個名稱對他們來說，有性活動的暗示。豐田汽車（Toyota Motors）的MR2車型在法國市場上也掉到了第二名，因爲這幾個字的組合聽起來像是某種法語的詛咒。[18]而可口可樂（Coca-Cola）的中文直接音譯是「可啃蝌蠟」，意思就像是「咬一口蠟製的蝌蚪」一樣。行銷人員在將這些促銷活動、商品標示、和其它素材，從一種語言翻譯到另一種語言時，一定要格外的小心。請參考（**圖示4.2**），其中舉的例子是位在中國西部雷山（Leshan）的齋茲亳飯店（Jiazhou Hotel），它在客房部所公佈的告示牌（該印刷排版也是他們所作的）。

每一個國家都有其本身的風俗和傳統，會影響到其中的商業運作以及和外國顧客的溝通協調。就許多國家而言，個人的人際關係比財務上的考量要來得重要多了。舉例來說，在墨西哥若是不理會社會習俗，就可能會丟了生意。而在和日本人的協調溝通中，則包括了耗時甚久的晚餐時間、喝酒和娛樂等。只有在建立起親密的個人關係之後，商業協調談判才算眞

圖示4.2
中國雷山的齋茲毫飯店，對顧客所發佈的公告

根據〈中國人民共和國的火災管制條例〉、〈高樓大廈火災控制管理條例〉、〈飯店公共安全評定辦法 和公共安全的要求〉等，所有客人都必須遵照以下規定：

1.酗酒（Wild drinking）、騷動、聚賭、嗑藥、色情行為、召妓、淫穢和迷信的圖畫、墨寶、和錄影等散播（disseminating）、設計（projecting）等，都被嚴格地禁止。
2.槍枝、子彈、爆裂物、有毒及幅射物品（包括易燃的化學品）都被嚴格地禁止攜入飯店內。
3.飯店內請勿喧嘩。
4.不可在房內留宿未曾接受過登記的客人，或者是分租該房間／床鋪給其他的人。
5.不准使用電爐、電熨斗、電烤箱、以及其它電氣設備等。在沒有准許的情況下，不得裝設影印機、電傳機、和其它辦公室器材。
6.此建築物不准燃燒物質、燃放爆竹、堆積易燃物品以及含有易燃液體的洗滌物品。吸煙者必須小心火燭（fire control），不要在床上吸煙。
7.房間內不准養鳥、家禽、和牲畜。

我們只有在你的協助下，才能提供愉悅安靜的環境。本飯店的管理階層有權處理火災責任歸屬（impose a fire）或拒絕受理任何一名違反上述條例的人。若是有人違反了上述條例，因而造成嚴重的災害時，政府公共安全部門將可採取必要的行動。
謝謝你的合作！

資料來源：1995年9月19日《華爾街日報》（*Wall Street Journal*）所刊之〈還有一件事，不要在飯店房間裏，爲你的車子換機油〉（One More Thing, Don't Give an Oil Change in the Hotel Room）。©1995 Dow Jones & Company, Inc. 版權所有，翻印必究。

正地開始。日本人在交換名片時，必須經過一大串的繁文縟節。若是一名美國職業婦女完全不懂這些規矩，直接加入會議中，在一群目瞪口呆的日本主管面前，發出她的名片，保證在這群日本人當中，一定會有人把背轉過去，然後走出那間會議室。當然，這筆生意也就永遠不可能成交了。[19]

在美國，我們通常喜歡書面的合約。假使其中之一方違反了合約中的條件，另一方就可以採取法律上的行動。但是在中國的商場交易上，互信是很重要的，口頭上的同意可能更有保障，而書面的合約只算是協調過程的開始而已，因此，還是有未來變動的可能。

即使在協調中，使用的語言是英文，難免還是會發生一些溝通上的問題。舉例來說，日本人可能爲了避免讓外國夥伴沒有面子或覺得尷尬，所以在說好的同時，眞正的意義卻是不好。當一名台灣人前後擺動他們的頭時，他們的意思是「對」，而非「不對」。

（圖示4.3）節錄了幾點重要的文化考量，有些額外的例子會在本章的

圖示4.3
國際行銷中的幾個重要文化考量

這些文化因素之間的差異……	……影響到下列有關的價值觀和習慣
假設和態度	時間 在人生中，個人的正確目標 未來 這一生和下輩子 義務和責任
個人的信念和抱負	對或錯 驕傲的來源 恐懼和顧慮的來源 個人希望的範圍 個人V.S社會
人際關係	權威的來源 對他人的關心或同理心 家庭義務的重要性 忠誠的對象 對個人差異的容忍度
社會架構	階級之間的可變動性 階級或特權體制 城市——村落——農場的出身 政府的決定因素

行銷組合單元中，詳加討論。成功的跨國公司瞭解旗下的員工必須學會欣賞某些文化之間的差異。舉例來說，摩托羅拉（Motorola）公司就在伊利諾州的史康堡（Schaumburg）總部，開了一門文化訓練的特殊課程。還有許多公司也都聘請了「文化顧問」，對旗下的員工進行開講。例如荷蘭海牙公司（The Hague, Netherlands）的伯威斯菲茲（Bob Waisfisz），他的演說常常有幽默的表現方式，例如他說：「在德國，每一件事都不能做，除非它規定可以做；在英國，每一件事都可以做，除非它規定不能做；但在法國，每一件事都可以做，即使它規定不能做。」[20]

幸運的是，有些習慣和風俗在全世界的大部分地區都是相同的。最近一份研究是針對40個不同國家的37,743名消費者所作的，結果發現到95%的受訪者每天都要刷牙。[21]另外，世界多數地區的其它活動還包括了看報紙、聽廣播、沖澡、和洗頭等。

圖示4.4
這世界賺了多少

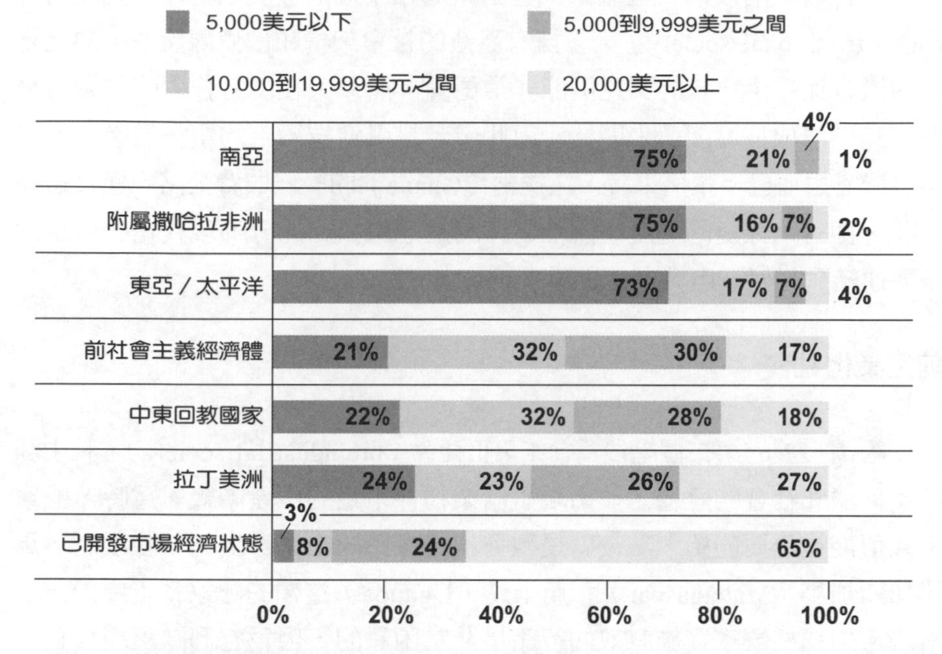

請注意：根據購買力同率所列出的消費金額是以美元為單位。其百分比可能因四捨五入而超過100%。

資料來源：世界銀行和全球商業機會（World Bank and Global Business Opportunities）。

經濟和技術發展

在面臨外在環境時，全球行銷人員所碰到的第二個重要因素，就是當地國的經濟程度如何。一般而言，已開發的國家大多擁有比較複雜精密的產業型態；而開發尚未完整的國家，則多半從事於基礎型的產業。和未開發完全的國家比起來，已開發的國家，其平均家庭收入也比較高。收入愈高，就表示購買力愈強；同時也表示這個市場不只有消費商品和勞務上的需求，也需要機器和勞工來從事商品的製造生產。（圖示4.4）大略描繪了世界各國的家庭收入情形。

爲了認識行銷上的各種機會（或者是完全沒有機會），就必須先瞭解經濟成長和技術發展的五個階段：傳統社會、前工業化社會、起飛中經濟、工業化社會、和完全工業化社會。

傳統社會

傳統社會
處在經濟發展中最早期狀態的一個社會，大多擁有農業的社會架構和價值觀體系，向上變動的機會比較小。

處在傳統階段的一些國家，也正是處在早期的發展狀態中。所謂**傳統社會**（traditional society）大多擁有農業的社會架構和價值觀體系，向上變動的機會比較小。它的文化可能非常穩固，所以，在沒有強大的分裂力量下，其經濟成長可能還未開始。因此，若是引進技術上的單一個體，也只是白費心思而已。舉例來說，在迦納（Ghana）的一條收費公路，僅長達16英哩，卻有六線道的寬度，雖然其目的是想讓公路的分佈現代化，可是卻沒能連結到任何一座城市、村落、或其它道路。

前工業化社會

前工業化社會
經濟發展的第二個階段，其中涵蓋了經濟和社會的變遷，並出現了創業精神十足的中產階級。

經濟發展的第二個階段爲**前工業化社會**（preindustrial society），其中涵蓋了經濟和社會的變遷，並出現了創業精神十足的中產階級。這時，國家主義可能也正要開始，然後就是種種加諸在跨國企業身上的一些限制。馬達加斯加島（Madagascar）和烏干達（Uganda）這類的國家就正處於這個階段。對這些國家實施有效的行銷是非常困難的，因爲它們缺乏現代化的配銷管道和通訊系統，而這些設備對美國的行銷人員來說，都是理所當然應有的設備。舉例來說，秘魯（Peru）一直到了1975年，才將電視網路全部設立完成。

起飛中經濟

起飛中經濟
經濟發展的第三個階段，從開發中國家晉升到已開發國家的一個轉型時期。

起飛中經濟（takeoff economy）是從開發中國家晉升到已開發國家的一個轉型時期。這時，新的產業興起，健康的社會和政治氣候也出現了。泰國（Thailand）、馬來西亞（Malaysia）、和越南（Vietnam）等國家，就是進入了起飛的階段。舉例來說，最近幾年來，泰國已成爲全世界經濟成長率最快速的國家之一。來自日本、台灣、和美國的投資者將資本和技術不斷地投入泰國市場中。另一方面，爲了努力開發自己的經濟，越南也以稅捐上的優惠辦法獎勵那些在本地提供工作機會的國外投資者。總部位在台灣的金獎鞋襪用品公司（Gold Medal Footware），就在丹拿（Danang）雇用了500名的年輕工人，並希望能增加工人數量達到2,500個。[22]

工業化社會

經濟發展的第四個階段爲工業化社會（industrializing society）。在這個時期中，工業技術橫掃所有的經濟面，使得起飛的經濟遍及這個國家的所有地方。墨西哥、中國、印度、和巴西就是這個發展階段的代表國家。

工業化社會
經濟發展的第四個階段，這時，工業技術橫掃所有的經濟面，使得起飛的經濟遍及這個國家的所有地方。

在工業化階段裡的國家，開始會生產資本財貨和消費耐用品，而這些產業也直接助長了經濟上的成長。結果造成了中產階級的大量出現，同時，對奢侈品和勞務的需求也增加了。

今天，全世界成長最快速的經濟體之一（大約每年有10%的成長率）就是中國大陸。這個國家擁有12億人口，每年的國內生產毛額超過1.2兆美元。這個新的產業巨人將會是全世界最大的生產製造地帶，也將是電傳通訊和航空事業等主要工業的最大市場，以及最大的資金使用者之一。

完全工業化社會

完全工業化社會（fully industrialized society）是經濟發展的第五個階段，也是製造商品的輸出者，其中許多商品都必須有先進的工業技術才能完成。這些商品包括了汽車、電腦、飛機、石油探勘設備、和電傳通訊裝置等。英國、日本、德國、加拿大、和美國等，即歸入此類別中。

完全工業化社會
經濟發展的第五個階段，也是製造商品的輸出者，其中許多商品都必須有先進的工業技術才能完成。

先進工業化國家的財富，爲市場創造了無比的潛力，因此，這些國家的貿易範圍極爲廣大。此外，這些國家常常將製成品運往發展中的國家銷售，以換取當地的原料，如石油、珍貴的寶石、和鋁礦砂等。

政治架構

政治架構是面臨全球行銷時的第三個重要變數。政府政策的管轄範圍變動極大，從不准擁有私人所有權和最小的個人自由，一直到中央政府的權力縮小和放任個人極大的自由等，都有可能。一旦私人財產增加，政府擁有的產業和中央極權規劃等，就會相對地縮減。但是鮮少有這種處在兩個極端狀況下的政治環境。舉例來說，印度就是一個共和國，其政治意識形態融合了社會主義、獨占資本主義和競爭性資本主義。

許多國家都由中央規劃的經濟體系，逐漸轉移爲市場導向的經濟體。東德因爲它的主要另一半西德，早就等在那裡，所以轉型的速度非常快。

東歐國家如匈牙利和波蘭，也都在市場改革上作了快速的改變。其中有許多改革都牽涉到國外貿易和投資的增加。舉例來說，今天的波蘭，可允許外國人在任何一個產業上作投資，其中包括了農業、製造業、和貿易等。波蘭政府甚至提供稅率上的優惠，給那些在某些產業上從事投資的企業。

比起其它東歐國家來說，蘇俄的速度顯然慢得多了，可是它也是朝著市場導向的經濟體系而邁進。現在大約有5,000名的蘇俄籍經理人士在國外深造，有許多都是主修蘇俄境內的市場導向原理。今天，也有25,000家國外公司在蘇俄境內進行投資。但是，在於蘇俄經濟體內，仍然有許多改變需要即刻進行。就目前而言，90%的蘇俄人依舊生活在貧窮的生活水平以下。[23]

逐步邁入市場導向的經濟體系，這種趨勢並不侷限於東歐和蘇俄而已。許多拉丁美洲的國家也嘗試進行市場改革。像巴西、阿根廷、和墨西哥等國家，都在經濟面上的某些地方，降低了政府設限的門檻。同時，它們也將國有企業賣給國外和國內的投資者，並除去了原先用來保護國內市場的種種貿易條例阻礙。巴西現在已取代義大利和墨西哥，成爲全世界第十大汽車製造廠商。[24]印度則打開了它那擁有9億人口的市場，雖然印度的平均國民所得還是相當的低（330美元），可是約有1億以上的印度人口，擁

朝著市場導向經濟而邁進的蘇俄，比起其它東歐國家來說，速度顯然慢得多了。
©Jeff Greenberg

有足夠的收入，可稱得上是中產階級。[25]

另一個政治環境上的趨勢就是瀰漫在人民之中的國家主義情操，他們絕對忠心、奉獻於自己的國家。對跨國企業來說，若是忽略了這種國家主義意識的現象，也往往會遭來嚴重的後果。在1995年的時候，印度境內的印度教徒砸了百事可樂的瓶子、燒毀百事可樂的海報。而位在邦加羅爾（Bangalore）的第一家肯德基炸雞店（Kentucky Fried Chicken），也被抗議者列爲瞄準的目標，誓言抵制西方世界對印度文化所作的任何侵犯。

對那些在國外從商的公司來說，另一個潛在性的危機就是國有化的可能陰影。有些國家爲了在發展中注入更多的資本，而將某些產業或公司收歸國有，例如義大利的航空事業和瑞典的富豪（Volvo）汽車。另外，被收歸國有的產業可讓國內企業以低於成本的售價進行販售。舉例來說，許多年來，法國就不計成本地供應煤炭給國內使用者。

法律上的考量

和政治環境有環環相扣密切關係的，就屬法律上的考量了。法國人的國家主義情操導致了1996年的立法通過，要求所有的熱門音樂電台在播放歌曲時，至少有40%必須是法語音樂（法國青少年非常熱愛美國和英國的搖滾樂）。[26]某個極受歡迎的巴黎電台叫做「天空之石」（Skyrock），它的總裁克莉絲汀貝蘭傑（Christian Bellanger）就說道：「這條法律根本就是極權主義，而且沒有用。因爲主要（法國的）的唱片公司無法生產足夠又好聽的法語音樂來滿足市場的需求。」[27]這個辦法是由政府的看門狗：視聽委員會（the Conseil Superieur de l'Audovisuel）來執行監控。靠著電腦的輔助，官方的耳朵可以同時監聽1,300家電台，如果它們敢違反規定，就可能丟了那張廣播執照。

法律上的架構設計不是用來鼓勵交易，就是用來限制交易。以下就是一些例子：

◇關稅（tariff）：貨物進入國境時，所要課徵的租稅。舉例來說，輸入美國境內的卡車，就需要付出25% 的關稅。因爲關稅往往會造成貿易上的阻礙，所以自1930年代以來，就在逐步降低當中。可是卻有其它的非關稅障礙橫亙其中，如配額、抵制、和其它限制等。

◇配額（quota）：對進入國境之某特定貨物，作數量上的限制。美國對進口的紡織品、糖、和許多乳製品，都有嚴格的配額限制。許多美國公司也將配額視爲可保護自己免於受到國外公司競爭迫害的一種方法。舉例來說，哈利——大衛森（Harley-Davidson）公司就說服了美國政府在大型摩托車的進口上實施配額限制，因爲這些配額可讓該公司有機會改善自己產品的品質，以便和日製摩托車在市場上競爭。

◇抵制（boycott）：排拒從某些國家或某些公司所輸入的商品。有些政府可利用抵制的方法，將那些和它們有政治歧見的公司排除在外。許多阿拉伯國家就抵制可口可樂，因爲它堅持在以色列設置經銷商。

◇外匯管制（exchange control）：法律強制公司從出口中所賺得的外匯，必須全部賣給某個控制機構，通常是中央銀行。若是某家公司想要購買國外的貨物，也必須先從這個控制機構獲得外匯才可以。一般來說，外匯管制會限制奢侈品的輸入。舉例來說，雅芳商品（Avon Products）徹底地減少了在菲律賓的新生產線和商品，因爲外匯管制阻礙了公司將披索轉換爲美金的程序，使得收益很難被匯回到總部辦公室，而披索只能在菲律賓使用而已。中國大陸就對每個中國公司限制了它在出口中所得到的外幣數量，因此，這些中國公司每次要向國外公司購買商品之前，就必須先得到政府同意，釋放一些基金。

◇市場編組（market grouping）：也稱之爲共同貿易聯盟（common trade alliance），這個情況通常發生在幾個國家同意一起合作，組成一個可共通交易的地區，以增進彼此貿易的機會。其中最著名的市場編組就是歐洲共同體（European Community，簡稱EC），會員包括了：比利時、法國、德國、義大利、盧森堡、荷蘭、丹麥、愛爾蘭、西班牙、英國、葡萄牙和希臘。歐洲共同體已經運作了將近40年，一直到最近，許多貿易障礙仍存在於一些會員國之間。

◇貿易協定（trade agreement）：用來刺激國際貿易所作的彼此協定。並非所有的政府，所作的努力都是爲了要抑制國外公司的進口或投資。貿易協商下的烏拉圭回合談判（Uruguay Round），不僅創立了世界貿易組織（World Trade Organization），也爲了大量降低遍及全球

烏拉圭回合談判

爲了大量降低遍及全球各地的關稅額度，所做的協定合約。

各地的關稅額度，而作出了協定合約。這個合約在1994年正式通過，在摩洛哥的馬拉凱須（Marrakesh, Morocco）由117個國家認可簽署。這是有史以來最具全球貿易企圖心的一份合約。這項合約減低了全球近三分之一的關稅，也因此，全球收入在西元2005年以前，每年約可增加2,350億美元。也許，這其中最值得注意的是：大家對全球現實面的眞正體認。這也是第一份合約，創舉性地將勞務、智慧財產權、貿易相關投資尺度，如外匯管制等，全都涵蓋於內。

烏拉圭回合談判爲世界的貿易運作，完成了幾個重要的改變：

◇娛樂、製藥、積體電路和軟體：新的條例會保護專利權、智慧財產和商標權達20年之久。電腦程式可享有50年的保護；而半導體晶片則有10年的保護期。可是，對藥物而言，許多發展中的國家將擁有10年的緩衝期來逐步採用專利權的保護政策。但對法國而言，它原本就限制了美國電影和美國節目的播出次數，這一次仍然拒絕爲美國的娛樂事業開放自由的市場。

◇財務、法律、和會計服務：這是第一次將服務類的商品列在國際貿易的遊戲規則底下，因此爲美國一些極具競爭力的產業製造了更廣大的商業生機。現在，對經理人士和主要人士的承認入境，手續上將更爲簡便。對專業人士執照的審查標準上（例如醫生），也不會再有對外國申請者持差別待遇的情況發生了。也就是說，國外申請者的標準門檻不會再高於本國申請者。

◇農業：歐洲會逐漸減少農業上的補助金，爲美國這類的農產品出口商（如小麥和玉米）打開新的商業契機。日本和南韓也會開始進口稻米。可是美國也會縮減對砂糖、柑橘類水果、和花生等農作物種植者的補助金程度。

◇全新的貿易組織：新的**世界貿易組織**（World Trade Organization，簡稱WTO）取代了舊有的**關貿總協**（General Agreement on Tariffs and Trade，簡稱GATT），後者於1948年創立。舊的GATT協定有許多漏洞，可以讓一些國家避開減低貿易障礙的合約規定。這就好像說遵守法律是可以隨你高興願意的！今天，所有的WTO會員都必須完全遵守在烏拉圭回合談判下所確立的所有協定。WTO也有一個有效的

世界貿易組織
新的貿易組織取代了舊有的關貿總協

關貿總協
該協定有許多漏洞，可以讓一些國家避開減低貿易障礙的合約規定。

糾紛處置過程，其定下嚴格的時間期限，以便儘速地解決紛爭。

在烏拉圭回合談判下的新服務合約中，要求會員國必須對仿冒品和剽竊著作權等行爲加以制裁。也想加入WTO的中國大陸，就對該國猖獗的著作權剽竊問題，在管制上作得不夠徹底。美國的唱片、書籍、電影和軟體等方面的製造商，每年都因中國大陸的剽竊行爲，損失高達25億美元。[28]中國當局已經銷毀了80萬捲的海盜版錄音帶和錄影帶，以及4萬個以上的軟體程式。另外，對9千件的違反商標處分案件，其罰鍰金額也高達了3百萬美元。可是，政府當局還是未能關閉29家著名的海盜版音樂和電腦CD製造工廠，因爲這些工廠的背後都有政治背景的靠山作爲它們的後盾。[29]

其實這種全球化的趨勢早就對某些政治架構和法律考量帶來了一些影響，其中包括了日本的產業集團、北美自由貿易協定、歐洲聯盟。

日本的產業集團

產業集團
keiretsu日本的商業社會體，其中有兩種形態：以銀行爲重心的產業集團，亦即是環繞著某家銀行，以它爲重心的一個巨大產業結合體；也或者是供應型的產業集團，這是指一群公司團體，提供物資原料給某個主要廠商，並接受它的主控支配。

日本國家主義造就出所謂的**產業集團**（keiretsu），也就是一種商業社會體，它有兩種形態：其一是以銀行爲中心的產業集團，這是一個巨大的產業結合體，其中有20到45家核心公司，皆將重心放在某單一銀行上（請看圖示4.5）。

它們能讓所有公司共同分擔商業風險，並提供一個方法，可將投資分配在策略性產業上。供應型的產業集團則是指一群公司團體，提供物資原料給某個主要廠商，並接受它的主控支配。產業集團的存在是受到政府當局的鼓勵使然。在第二次世界大戰結束之後，日本藉著鼓勵合作的方式，對產業界進行協助重整。日本政府也希望這種強大的網絡合作方式，可以將國外公司排除於外。[30]

產業集團的確做到了阻隔美國公司和其它公司前來日本市場駐足的目的。讓我們看看馬蘇西塔（Matsushita）產業集團的例子。馬蘇西塔是全球前20名的製造廠商之一，旗下有國際（Panasonic）、國際（National）、技藝（Technics）、和半球體（Quasar）等品牌。馬蘇西塔在日本也控制了一個擁有25,000家零售店的連鎖網，它在國內的一半銷售業績，都是由這個連鎖系統所創造出來的。從小電池到電冰箱，這些商店絕不販售其它廠牌的商品，或者是只點綴性地販售其它品牌的商品。而且這些商家也同意以該廠

圖示4.5
一個日本的產業集團

資料來源：此改編翻印已經《哈佛商業回顧》（*Harvard Business Review*）的准許，取材自Charles H. Ferguson在《電腦和美國未來》（*Computers and the Coming of the U.S.*）上所著之〈日本產業集團之簡史〉（A Brief History of Japan's Keiritsu）一文（1990年7月——8月）。

商的建議價格出售這些商品。相對地，馬蘇西塔也會確實保障這些店主的生計。日本公平交易委員會（The Japan Fair Trade Commission）曾作過預估，90%的國內商業交易都是在「這些有著深厚關係的商家之中進行的。」[31]

1992年，日本和美國之間的貿易對談一直集中在產業集團的話題上，可是卻沒有什麼成功的進展。美國政府要求產業集團必須對美國公司採取開放的作法，可是日本官員卻不願意承認產業集團有改革的必要，他們認爲產業集團可讓日本的經濟更有效率。[32]

北美自由貿易協定

北美自由貿易協定
這是加拿大、美國和墨西哥三個國家之間的協定，造就出全世界最大的自由貿易地帶。

北美自由貿易協定（North American Free Trade Agreement，簡稱NAFTA）造就出全世界最大的自由貿易地帶。該協定於1993年，由美國國會批准認可。它包括了加拿大、美國、和墨西哥這三個國家，結合了其中3億6千萬的人口以及價值6兆美元的經濟體。[33]

加拿大是美國最大的貿易夥伴，於1988年和美國一起加入自由貿易的協定當中。其實，在NAFTA監督底下，對美國商業界來說，全新長期的商業契機都落在墨西哥這個國家上，而墨西哥也是美國的第三大貿易夥伴。在協約簽定之前，墨西哥的外銷品進入美國本土時的平均關稅只有4%，而且大多數的貨物都是以免稅的方式進入美國本土。因此，NAFTA首先爲美國公司打開了墨西哥的市場。當該協定生效之後，約有一半的商品項目在穿過里約大公市（Rio Grande）時，不再需要付出關稅。這個協定撤去了墨西哥對證照要求、配額、和關稅等層層限制美國商品和服務交易的防衛網。舉個例子來說，這個協定准許美國和加拿大的金融服務公司在墨西哥當地擁有子公司，這是50年來的第一次創舉。但是一直到目前爲止，墨西哥所深受其害的經濟衰退並未解除，這也限制了美國在當地市場的發展機會。最近的調查顯示，70%的美國企業都說，NAFTA對它們的生意沒有什麼影響；而24%則回報有正面的效應結果；另外有6%則認爲成果是負面的。[34]

其實，NAFTA的眞正考驗，應在於這個合約究竟能否帶給里約大公市兩邊的繁榮景象。對墨西哥人而言，NAFTA應該要提供節節升高的工資、較好的收益、讓擁有足夠購買力的中產階級人數擴大開來，使他們買得起

NAFTA撤去了墨西哥對證照要求、配額、和關稅等層層限制美國商品和服務交易的防衛網。但是，墨西哥一直處於經濟衰退之中，使得美國在當地的商業契機大大地降低。
©Jeff Greenberg

美國和加拿大的商品。這樣的情景在未來應該可以期待得到，但並不保證一定會有。至於美國，一旦NAFTA完全落實執行，它的國內生產毛額每年就可成長300億美元。[35]可是對美國人來說，這個貿易合約還需要證明，它在毀了一些工作機會之後，還可以製造出更多的高薪工作。儘管對NAFTA在就業效果上的影響，各方預估說法差異頗大，可是幾乎所有的研究報告都同意，這對就業機會來說應該是有好處的。但是，1996年中期以來，因NAFTA而創造出的美國就業機會並不如預期般地令人滿意。在1996年1月以前，約有55,000名美國勞工丟了工作，另外則有84,000份工作機會的產生，算起來，淨得了29,000份的美國工作機會。[36]

美國政客的眞正企圖是想將NAFTA的效應擴展到南美洲，事實上，是整個拉丁美洲。智利（Chile）是第一個進入該組織的新會員國家。但是到目前爲止，在美國國會內部的爭論，卻阻礙了NAFTA的擴張計畫。美國景氣並未因NAFTA而欣欣向榮；而歸功於NAFTA的工作機會成長，也不如預期，這些因素拖延了美國國會對該協定的擴張同意。結果造成位在美國南部邊境的一些國家，自行組成了屬於它們自己的貿易協定。也就是說，拉丁美洲和南美各國正在製造一些如迷宮般複雜的貿易協定。

南錐共同市場
最大型的貿易新協定，包括的國家有巴西、阿根廷、烏拉圭和巴拉圭。

其中最大型的貿易新協定就是**南錐共同市場**（Mercosur），包括的國家有巴西、阿根廷、烏拉圭、和巴拉圭。這些交易夥伴之間的多數關稅解除之後，使它們在貿易上的收入，每年可超過160億美元。[37]這種因南錐共同市場所造就出來的經濟成長，自然引起其它國家的仿傚，想要作成屬於它們自己地區的貿易協定，或是想要加入南錐共同市場。而下面所要討論的歐洲聯盟（The European Union），則希望在2005年以前，和南錐共同市場一同擁有一個自由貿易的協定。

歐洲聯盟

馬斯區特契約

歐洲共同體下的12個會員國所核准通過的協定，促使了整個歐洲共同體完成經濟、貨幣和政治上的聯盟。

1993年的時候，歐洲共同體的所有12個會員國核准通過了馬斯區特契約（Maastricht Treaty）。這個契約的名稱是依該合約發源所在的荷蘭城市而命名的，它促使了整個歐洲共同體完成經濟、貨幣、和政治上的聯盟。此契約的官方稱呼，就叫做歐洲聯盟（European Union），其中文件概要說明了各會員政府之間的緊密連結計畫，以及創造出單一市場。草擬這個契約的歐洲委員會（the European Commission），預估馬斯區特契約在1999年以前，將會製造出180萬個新的工作機會。同時，在歐洲聯盟下的零售價格至少會掉落6個百分點。[38]

雖然該契約的核心在於如何發展一個眞正統一的歐洲市場，但是它也打算在歐洲聯盟下的這些會員國之間，增加某些領域的融合機會，使得它們能更接近國家主權式的核心位置。這個契約要求經濟上和貨幣上的同等地位，其中包括了在1999年之前，擁有共通的貨幣和獨立的中央銀行。但就目前來看，這個目標可能無法如期達成。而共通的國外政策、安全政策、和國防政策等，也都是其中的目標。另外，還有歐洲的市民身分，也就是說，歐洲聯盟下的任何公民都可以自由地在各會員國中生活、工作、投票、和經營生意。這個契約會將所有的貿易規則加以標準化，同時也協調出有關健康和安全的標準。關稅、通關程序、以及稅捐等，也都將被標準化。因此，若是一名司機駕著貨車，從阿姆斯特丹一路開到里斯本，現在只需要一張文件就可以輕鬆通過四個邊界關卡了。但在馬斯區特契約通過之前，同樣這名司機卻得帶著大約兩磅重的紙張文件，才能越過這四個邊界關卡。因此，就整體目標來看，就是要終結掉每一個國家對某個特殊商品的需求。舉例來說，一個與眾不同的布魯安（Braun）電動刮鬍刀，同時適用於義大利、德國、法國、和其它國家。標示有GEC（亦即歐洲共同體的貨物）的產品，就可自由地在各地交易，不需要在每個國境內，再重新測試一遍。

有些經濟學家稱歐洲聯盟為「歐洲合眾國」（United States of Europe）。這是一個很具吸引力的市場，其中有3億2千萬的消費人口和購買力，幾乎相當於美國的人口和購買力。可是歐洲聯盟可能永遠成為不了一個歐洲合眾國。只要從一件事情裏就可以看得出來：即使在聯合的歐洲體制裏，行銷人員也永遠無法只為通稱性的歐洲消費者生產單一的歐洲商品，因為這其中牽涉到九種不同的語言和個別不同的國家風俗。再怎麼說，歐洲還是比美國要來得複雜多樣化。因此，商品上的差異仍然會繼續存在。舉例來說，在英國人能盡情享用即溶咖啡之後，也需要很久一段時間，才能讓法國人也開始試著飲用即溶咖啡。同樣地，對洗衣機的偏好也各有不同：英國的主婦喜歡前面開啓式的洗衣機；而法國的主婦則喜歡上面開啓式的洗衣機。德國人喜歡有很多配置裝備和高速旋轉力的洗衣機；義大利人則喜歡較慢速的洗衣機。即使是那些自認為自己很懂得歐洲消費者的歐洲公司，在製作所謂「正確的商品」時，也往往會遇到很多的困難：

> 阿泰格（Atag Holding, NV）是個多樣化的荷蘭公司，其主要事業就是廚房器具，而且該公司認為自己應該可以向國外發展。這家公司的工廠坐落在離荷蘭和德國交界的一英哩處，靠近歐洲地理上和人口上的中央地帶。它的產品經理李薇約各（Lidwien Jacobs）說，她很有信心，阿泰格的商品應該可以同時迎合「蕃茄」和「通心麵」這兩個地帶的消費者（這是行銷人員用來形容南北歐消費者不同喜好的用語）。可是，阿泰格公司不久就發現，這種不同的偏好差別比起美國來說，可是大得多了。「在美國的銷售，你只需要準備一或兩款的陶製爐面就可以了，」約各小姐說道，「可是在歐洲，你卻得準備十一種不同的款式。」
>
> 比利時人都是用大鍋子煮東西，所以他們需要超大型的瓦斯爐面。德國人喜歡用橢圓型的鍋具和瓦斯爐面互相配合。義大利人則為了下通心粉，往往要很快地煮開一大鍋水。而法國人則需要小的爐火以及很低的溫度，以便慢燉醬汁和肉湯。這些癖好就足以影響每一個小細節了。德國人喜歡開關鈕放在前面，法國人則喜歡它在上面。即使計

時碼表的位置也各有不同。阿泰格公司必須在市場上測試28種不同的顏色，結果發現歐洲大陸的消費者偏好黑和白色；英國人則要求有不同的顏色選擇，其中包括了桃子色、鴿藍色、和薄荷綠色。

「不管產品是什麼，英國人總是和別人不一樣。」約各小姐嘆息地說道。另一個阻礙則是「國貨牌」(Domestic)，亦即阿泰格公司瓦斯爐基本款式的名稱，這個產品竟然在英國全軍覆沒，原因是這個品牌名稱（domestic）和佣人「servant」的英文是同義字。

阿泰格廚具的國外營業額自1980年代中期以來，就從總營業額的4%上升到現在的25%。可是現在這家公司卻相信，是多樣的設計款式和運送的速度使它能立足於競爭之中，而不是所謂歐洲商品的神奇子彈使然。「我想，人們會為了維持自己的烹調習慣，而情願發動另一場戰爭。」[39]

全球行銷人員所面臨的另一個完全不同形態的問題，就是由歐洲聯盟所發起的保護貿易主義運動，以抗拒外來者的市場入侵。舉例來說，歐洲的汽車製造商就提議控制日本汽車的進口數量，維持在目前10%市場佔有率的數量即可。愛爾蘭人、丹麥人、以及荷蘭人都不製造汽車，所以他們對國內汽車市場並不設限。因此，要是限制日本豐田汽車和大山汽車（Datsuns）進口的話，他們鐵定不會開心的。可是法國卻對日本車有嚴格的配額限制，以期保護他們的國產車雷諾（Renault）和標緻（Peugeot）。如果配額提高的話，這些當地市場一定會受到傷害的。

有趣的是，一些大型的美國公司被認爲比許多歐洲公司更「歐洲化」。可口可樂和家樂氏（Kellogg's）就被認爲是典型的歐洲品牌。福特汽車和通用汽車也在歐洲大陸彼此競爭，想要取得汽車市場上的最高領導地位。IBM和迪吉多（Digital）設備主宰了整個歐洲市場；奇異電器（General Electric）、美國電報電話（AT&T）和西屋（Westinghouse）在全歐洲的表現都很出色，並且在歐洲大陸各地，投下了重資，打算設置新的製造設備。

雖然許多美國公司都準備好要在歐洲市場上有一番作爲，但這之間的戰況可能比世界其它各地的競爭都要來得激烈。就長期而言，歐洲究竟是否有足夠的市場空間去容納8個汽車製造商（包括了福特和通用），這是很值得懷疑的，因爲美國也才只有三個汽車製造商而已。同樣地，一個經過整合的歐洲，可能不需要用到12家航空公司。

人口組合

世界上三大人口最密集的地方，分別是中國、印度、和印尼。可是光是有這個因素，對行銷人員來說，還不夠絕對的管用。他們還需要知道這些人口大多數集中在城市裏？還是在鄉村裏？因爲行銷人員對那些處在窮鄉僻壤中的消費者，往往不太容易接近得到。在比利時，約有90%的人口住在城市中，而在肯亞（Kenya），卻有80%的人口住在鄉下。因此，比較起來，比利時是個較具吸引力的市場。

和人口一樣重要的是個人的收入所得。世界上最富裕的國家包括了日本、美國、瑞士、瑞典、加拿大、德國、和幾個阿拉伯產油國家。相反地，最窮的兩個國家分別是馬利（Mali）和孟加拉（Bangladesh），其每人平均購買力只是美國人的分數位而已。但是，低平均國民所得並不能作爲跳略過這個國家的單一足夠理由。因爲對那些平均國民所得很低的國家來說，財富的分配並不平均，其中也有像其它國家一樣，口袋裏裝滿了錢的高階和中產消費者。在某些個案裏，如印度，這類消費者的數量也是相當驚人的。

最近十年來，最值得注意的全球性經濟新聞，就是全球性中產階級的興起。從中國大陸的沿海城市，一直到墨西哥市，其中還有其它數不清的城市，在這些城市裏，到處是擁擠的交通、熙來攘往的推土機、手握門票，參加各式各樣活動的人群。這些就是中產階級急速成長的所有寫照。在中國，平均國民所得每年上升8.5%；而在東亞地區，平均國民所得的年成長率是6.5%[40]。發展中國家，如東歐和蘇俄等，預計在下一個十年中，其平均國民所得應每年成長5%。

成長中的經濟往往會對專業人士有大量的需求。在亞洲，會計師、證券分析師、銀行家、和中層經理人士等，都出現短缺的現象。財富的上升也造成了消費者對耐久商品（如電冰箱、錄放影機、和汽車）的大量需求。當中歐的中產階級人數大量攀升之際，惠而浦（Whirlpool）公司就預期自己的營業額每年可成長6%。[41]像寶鹼公司（Procter & Gamble）和吉列公司（Gillette）也都趁這些消費者的收入攀升之際，提供不同價位的商品，來吸引和維繫原來的消費購買者。據統計，自1960年以來，居住在已工業化國家的世界人口比例，正逐漸衰退中，因爲已工業化國家的成長漸趨緩和，但開發中國家的成長卻極爲快速。就這十年來看，成長的中的世界人口90%都發生在開發中國家裏，只有10%是出現在已工業化國家中。根據聯合國的報告指出，到了西元2000年，世界人口中的79%將會居住在開發中的國家，例如：幾內亞（Guinea）、玻利維亞（Bolivia）、以及巴基斯坦（Pakistan）。

天然資源

外在環境中的最後一個因素，也是過去十年來愈來愈明顯的危機徵兆，就是天然資源的短缺。舉例來說，石油短缺問題已爲那些產油國家，如，挪威（Norway）、沙烏地阿拉伯（Saudi Arabia）、和阿拉伯聯合大公國（United Arab Emirates）等，賺進了大筆的財富。在這些國家中，消費市場和產業市場如雨後春筍般，不斷地冒出頭來。其它的國家，如，印尼、墨西哥、和委內瑞拉（Venezuela）等，也都因擁有大量的石油貯藏，而能大舉地借到資金，作更快速的發展。另一方面，像日本、美國、和多數的西歐國家，它們在1970年代都經歷了嚴重的通貨膨脹，並把大量財富移轉到石油盛產國家中。可是1980年代的大半時間和整個1990年代，石油價格滑落之後，那些因石油而致富的國家就遭殃了。許多石油盛產國家因石油收益的降低，而無法還清外債。但是，伊拉克（Iraq）在1990年對科威特（Kuwait）的入侵行動，又再度造成石油價格的上揚，並突顯了已工業化國家對石油進口依賴的窘境。在伊拉克的入侵行動失敗之後，石油價格又滑落了下來，可是美國對國外原油的依賴問題，在1990年代後期的這幾年，仍然存在著。

石油並不是影響國際行銷的唯一天然資源。溫暖的氣候和水源的短缺都代表了許多非洲國家仍然必須進口大量的食料。另一方面來說，美國也必須依賴非洲所提供的許多珍貴金屬礦物。而日本卻非常依賴美國所生產的木材和原木。一家明尼蘇達州的公司每年都要製造銷售一百萬雙的免洗筷子到日本市場上。這種供需名單還可以繼續列舉下去，但是其中的重點卻很清楚。那就是因爲每個國家的資源不同，而造成了以下這些情況：國際之間的互相依賴、財富的大筆轉移、通貨膨脹、經濟衰退、擁有豐富天然資源的國家就能擁有出口的機會、甚至刺激了軍事干預行動的產生。

個別公司的全球行銷

4 確認出進軍全球市場的幾個不同途徑

某公司若是想進軍全球市場，只有在該公司的管理階層能明確地掌握住全球環境時，才能起而行之。一些相關問題如「進行海外銷售時，我們有哪些選擇？」、「全球行銷的困難度有多高？」、以及「可能的風險和報酬是什麼？」這些問題若是有明確的答案，對那些還未在海外作過生意的美國公司來說，可能是一種鼓勵，讓它們願意進軍國際市場。因為海外的營業額也可能成為公司收益中的一筆重要來源。

公司之所以決定「進軍全球」，往往有幾個理由，也許其中最誘人的理由就是可賺上一筆額外的利潤。經理人士可能以為在國際上進行銷售，應該會有很高的利潤邊際或者附加收益。第二個刺激因素則可能是該公司擁有某個特殊商品或技術優勢，是別的國際競爭者所不及的。這類的優勢條件也往往能造成該公司在海外的成功拓展。另一個情況則是，管理階層可能對國外顧客、市場據點、或市場狀況，有其獨家的市場資訊，而這個資訊是別的競爭對手所不知道的。但是這種獨家性的資訊雖然可以為其國際行銷提供初步行動的原始動機，但經理人士也該明瞭，競爭對手很有可能在短期之內就會趕上這種資訊上的優勢。最後，還有飽和的國內市場、過剩的市場容量、以及規模經濟（economies of scale）的潛力等，都有可能成為「進軍全球」的刺激要素。規模經濟是指一旦總產值增加，平均每單位生產成本就會降低。

許多公司組成了跨國性的合夥關係，也稱之為策略性聯盟（strategic alliances），以協助自己進軍全球市場。我們會在第七章的時候，詳加介紹這種策略性聯盟。另外五個進軍全球市場的辦法，依風險順序的排列分別是出口、授權、締約製造、共同投資和直接投資。（請參考圖示4.6）

出口

若是某個公司決定要進軍全球市場，出口通常是最不複雜又最不具風險的選擇。所謂出口（exporting）就是將國內生產的商品，賣給國外的買主。舉例來說，某家公司可直接販售給國外的進口商或買主。出口並不侷限於如通用汽車（General Motor）或西屋公司（Westinghouse）等這類的

出口
將國內生產的商品，賣給國外的買主。

圖示 4.6
進軍全球市場的五種方法及其風險程度

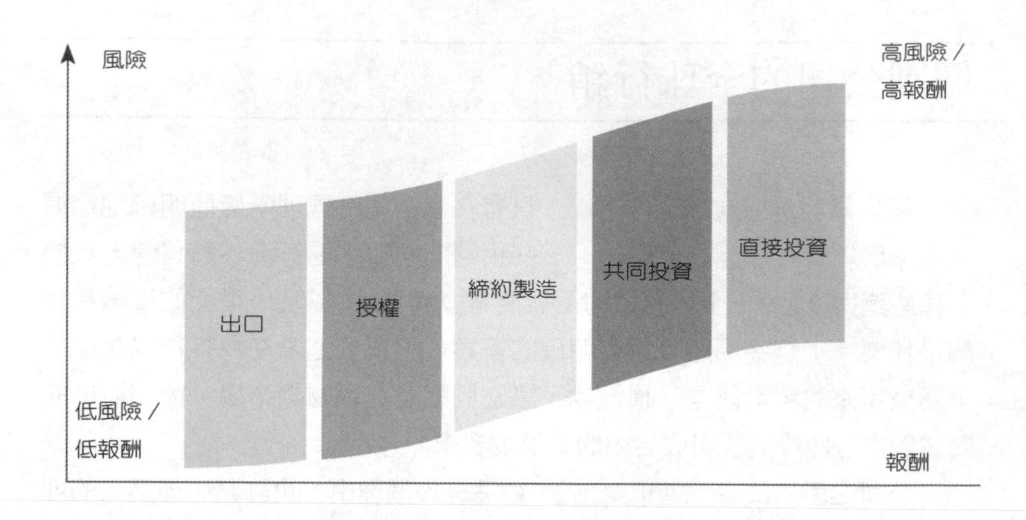

大型公司。事實上，在所有的美國出口商中，有96%都是小型公司，可是它們的出口量只佔了美國總出口量的30%。[42]許多小型企業都宣稱，它們缺乏出口所需要的金錢、時間、以及對國外市場的認識等。美國商業司（The U.S. Department of Commerce）就試著想讓小型企業在進軍出口市場時，能更輕鬆容易些。商業司創辦了一個領航計畫（pilot program），在這個計畫中，它雇用了一家私人公司代表50家以上的小型企業，參加一些特定性的國際貿易商展。舉例來說，在1996年年終之際，FTS（FTS, Incorporated）就被雇用來為這些小型公司代表出席位在義大利的某個國際貿易商展。這家公司在會場上散發各公司的宣傳手冊和其它業務資訊，給那些有興趣和潛力的義大利客戶。此外，在商展結束之後，FTS也給了每一家參與活動的美國公司一份詳細的清單，上頭列著可能進行商品配銷的義大利客戶。每一家美國公司只要付出2,500美元，就可以擁有代表在商展上為它們服務。對那些很有興趣從事出口生意的美國公司來說，美國政府早就好整以暇，準備好各種不同的方法打算幫助它們。（圖示4.7）就列出了一些聯邦資源，可供有志於出口事業的公司利用。

除了將商品直接販售給國外的買主之外，有些公司也可能會決定先將商品賣給位於國內市場的仲介商。最常見的仲介商就是出口貿易商（export merchant），也就是眾人皆知的**外銷採購商**（buyer for export），他們通常被國內製造廠商視為是國內的顧客買主。外銷採購商會承擔所有的風險，並就自己的打算，將該商品賣到國際市場上。這種國內公司的運作範圍只涉及到該商品被國際市場買進的當下，責任就算完成了。

外銷採購商
全球市場上的仲介商，會承擔所有的風險，並就自己的打算，將該商品賣到國際市場上。

圖示4.7
有利於出口公司的各項資源

一般貿易資訊

美國商業司（簡稱DOC）擬定了許多計畫和服務，專門供應那些有志於海外事業的個人和公司來使用：

- 貿易資訊中心傳真回函熱線（The Trade Information Center Fax Retrieval Hotline）是一個24小時的傳真資訊中心。只要從你的音頻式按鍵話機（Touch-Tone™ phone）上，按下（800）USA-TRADE，照著話機內的指示運作，你就可以從傳真機上收到你所要求的資訊了。
- 閃亮的真相（Flash Facts）是DOC的另一個24小時傳真回函服務，特別針對某些國家提供資訊，以下就是幾個主要電話號碼：

東歐商業資訊中心：
（Eastern Europe Business Information Center）：
（202）482-5749

美洲辦公室（墨西哥、加拿大、拉丁美洲、和加勒比海）：
Offices of Americas（Mexico, Canada, Latin America and the Caribbean）
（800）872-8723

亞洲商業中心（東南亞、韓國、越南、中國大陸、台灣、香港、澳洲、和紐西蘭）：
Asia Business Center（Southeast Asia, Korea, Vietnam, China, Taiwan, Hong Kong, Australia and New Zealand）
（202）482-3875

新獨立政府（前蘇聯）之商業資訊服務：
Business Information Service for the Newly Independent（former USSR）States：
（202）482-3145

關貿總協（GATT）之烏拉圭回合談判：
Uruguay Round of the General Agreement on Tariffs and Trade（GATT）：
（800）USA-TRADE

北愛爾蘭之商業資訊中心：
Business Information Center for Northern Ireland：
（202）501-7488

- 全國貿易資料銀行（The National Trade Data Bank，簡稱NTDB）是一個可提供出口促銷活動和國際性貿易資料的第一手資源站，這些資訊都是由17個美國政府單位所收集的。

  也有NTDB的光碟版，可以經由傳真或上網（http://www.stat-usa.gov）來訂閱。若是想知道NTDB所有的服務事項和費用，請撥（202）482-1986。

貿易和計畫性融資

- 美國輸出入銀行（The Export-Import Bank of the United States，簡稱Eximbank）可提供的範圍涵蓋了貸款、擔保和保險等，以便利美國商品和勞務的出口。請撥電話（800）565-3946。

●海外私人投資公司（The Overseas Private Investment Corporation，簡稱OPIC）在130個以上的國家，提供投資服務、融資和政治風險保證等，請電（202）336-8799。

●輸出信用擔保（The Export Credit Guarantee）是農業司的國外農業服務計畫，可為美國出口商提供風險保護，以防國外銀行的不支付行為。請電（202）720-3224。

●美國小型企業行政管理局（The U.S. Small Business Administration）提供24小時的電子佈告欄，內容涵蓋專業的行銷服務、商展資訊、以及其它的海外促銷活動。請電（800）827-5722。

●世界貿易中心聯合會（The World Trade Center Association）總計有全世界共40萬個會員，可提供各種國際貿易資訊，其中包括了貨運承攬業者、報關行、和國際公司等。請電（212）432-2626。

●美國國際商務理事會（The United States Council for International Business）是美國在國際商會（the International Chamber of Commerce）中的正式關係企業。請電（212）354-4480。

商業展覽和博覽會

●註冊合格的商業展覽，係經過美國商業司的背書保證，可提供外銷品的促銷機會。請致電商業展覽證明（202）482-1609。

●貿易代表媒介人（Matchmaker Trade Delegations）是由DOC所招募和計畫的任務，其目的是為海外的代表和經銷商介紹生意。若需進一步資訊，請電（202）482-3119。

●註冊合格的貿易訪問團計畫（The Certified Trade Missions Program）是由美國國際貿易署（the International Trade Administration ，簡稱ITA）所贊助舉辦，可針對海外特定商業事務，提供彈性化的拜訪模式。請電（202）482-4908。

政府刊物

●出口電話廣告簿（The Export Yellow Pages）是一本免費的工商名錄，其中記載了想要尋求海外生意的美國各家製造廠商、銀行、服務機構、和出口貿易公司。請直接電洽你當地所在的DOC分區辦公室。

●尋求夥伴的東歐（Eastern Europe Looks for Partners）是一本由中歐／東歐商業資訊中心所出版的雙月刊，為美國公司提供新市場和新的商業契機。請電（202）482-2645。

●日本終點站：1990年代的商業指南（Destination Japan: A Business Guide for the 90's），由日本出口資訊中心所出版，是一本教授如何和日本人作生意的基本指南。請電（703）487-4650，說明存貨號碼：PB94164787。

●美國商業新聞（Commercial News USA），由ITA出版，採每年十次的出刊方式，是一本目錄型的雜誌，可在海外市場促銷美國的商品和勞務。經由分佈在155個國家的美國大使館和領事館，將此刊物分送給12萬5千位的商界讀者。若想知道付費項目和廣告費等資訊，請電（202）482-4918。

●美國商業（Business Ammerica）由ITA出版，每月出刊一次，其中摘要美國的貿易政策和商展、博覽會、以及討論會等確實日期。請電（202）512-1800。

國際網路上的商機

請以網路上的捷徑，利用瀏覽器或線上服務，進入網際網路的World Wide Web中，然後試試類似雅虎（Yahoo）（http://www.Yahoo.com）之類的搜索網站，找尋相關的國際商業資訊。

以下就是幾個目前列在雅虎網站「國際經濟（International Economy）」目錄中的資源：

US Council for International Business:
（美國國際商務理事會）
http://www.uscib.org

Russian and East European Studies Business and Economic Resources:
（以蘇俄和東歐研究為主題的商業和經濟資源）
http://www.pitt.edu/～cjp/rsecon.html

Berkeley Roundtable on International Economy:
（針對國際經濟的柏克萊圓桌會議討論區）
http://server.berkeley.edu/BRIE

Pacific Region Forum on Business and Management Communication:
（以商業和管理溝通為主題的太平洋地區討論廣場）
gopher://hoshi.cic.sfu.ca/11/dlam/business/forum

資料來源：美國商業司。

第二種仲介商的形態就是**外銷經紀人**（export broker），它扮演了傳統經紀人的角色，將買方和賣方湊在一起。製造商仍可保留自己的權利以及所有的風險。外銷經紀人的主要運作範圍，大多集中在農產品和原料上。

出口代理商（export agent）則是仲介商的第三種形態，它是國外的銷售代理商或經銷商，辦公室就在國外，可是其功能表現就像是國內製造商的代理商一樣，協助有關國際融資、裝運以及其它事項等。美國商業司還有一個代理經銷的服務，一年約可協助5,000家美國公司找到世界上任何一個國家的代理商或經銷商。第二種類型的代理商居住在製造商的國度裏，可是代表的身分卻是國外的買主。這種類型的代理商其運作就像是被雇用的採購代理商，在出口商的所在地市場上爲國外顧客辦事。

外銷經紀人
扮演著傳統經紀人的角色，將買方和賣方湊在一起。

出口代理商
這種仲介商的功能表現就像是製造商的代理商一樣，專辦出口事宜。且該出口代理商的辦公室就在國外。

授權

進軍全球市場還有另一種有效且低風險的辦法，就是將產品製造的授權執照賣給國外的某個人。**授權**（licensing）是合法的過程，也就是指權利提供人核准另一家公司使用它的製造程序、商標、專利權、營業機密、或

授權
乃是合法的過程，也就是指權利提供人核准另一家公司使用它的製造程序、商標、專利權、營業秘密或其它私有資訊等。

其它私有資訊等。相對地，被授權人則要根據雙方當事者的同意事宜，付給權利提供人一份權利金或費用。

因爲這個方式有很多好處，所以許多美國公司都樂於採納這種授權的方法。舉例來說，摩理斯（Philip Morris）公司就授權藍伯釀酒公司（Labatt Brewing Company）在加拿大製造生產美樂啤酒（Miller High Life）。斯柏汀公司（The Spalding Company）每年都從它的運動器材授權合約上，收取超過200萬美元的授權金。水果（Fruit-of-the-Loom）公司完全不自行在國外生產它的商品，只是將它的名字經由授權借給日本市場上的45種消費商品，因此可在被授權人的銷售總額上抽取至少1%的收益。

授權提供人必須確定自己對被授權人有一定的控制權限，以確保商品品質、售價、配銷、和其它事宜的一定水準。但就長期來看，如果被授權

美國目前約有350個授權加盟商，在國外將近32,000家商店中運作，超過一半以上的國際加盟店是作速食生意和商業服務的。
©Jeff Greenberg

人決定要使這份授權合約作廢的話，原先這個授權方法也可能會製造出一個全新的競爭對手。但是有兩個常見的手段可以用來控制被授權人的行爲，第一是只由美國這邊負責運送一項或多項的關鍵性原料成份給當地的被授權人；第二則是在當地市場以美國公司的名義註冊專利和商標，而不是以被授權人的名義。

加盟代理（franchising）也是授權的其中一個辦法，在最近這幾年來，成長頗爲快速。美國目前約有350個授權加盟商（franchisors）在國外將近32,000家商店中運作，其銷售額可達60億美元。超過一半以上的國際加盟店是作速食生意和商業服務的。就像授權的其它形式一樣，對被授權加盟者（franchises）的控制權限也是很重要的。舉例來說，麥當勞就被迫採取法律行動，買回了位在巴黎的速食店，因爲被授權加盟者不能維持品質的水準。麥當勞宣稱這家巴黎的被授權加盟店很髒，而且服務和食物也很糟糕。調查員發現在其中一家店裏，地板上有狗屎，而且他們對顧客的醬料索取還需要額外收費，吸管也藏起來，不讓顧客使用。因爲這些舉動危害到麥當勞的名聲，使得全法國各地只能擁有67家的連鎖店，和英國的270家以及德國的270家比起來，簡直有天壤之別。爲了捲土重來，麥當勞決定眞正反映出法式的風格和水準，於是在麥當勞重新購回它的加盟權之後，第一家店就開在巴黎某林蔭大道上的某棟跨世紀建築物裏。

締約製造

某公司若是不想用授權的方法，也不想太投入於全球行銷中，就可以採用**締約製造**（contract manufacturing）的方法。這個方法是由某國外公司以其私有標籤進行製造。此國外公司根據原來的規格設計，生產一定數量的商品，並以該公司的品牌名稱爲商品命名，且由當地市場的公司負責行銷事宜。因此，原美國公司可以擴大它的全球行銷範圍，卻不用投資海外的工廠和設備。等到基礎扎實以後，再轉換成合資或直接投資的方式。

締約製造
這個方法是由某國外公司以其私有標籤進行製造。

共同投資

共同投資和授權的方法有些類似。在**共同投資**（joint venture）中，國內公司買下某個國外公司的一部分，或者是加入某個國外公司，另行創造一個全新的公司實體。就進軍全球市場來說，共同投資是一個快速且花費

共同投資
國內公司買下某個國外公司的一部分，或者是加入某個國外公司，另行創造一個全新的公司實體。

不大的好方法，可是也有一些風險。許多合資企業都失敗了，其它合資企業則成為併購下的犧牲者，也就是指其中一個合夥人買下另一個合夥人的所有股份。有一項調查是針對150家有合資經驗的公司而作的，結果發現，約有四分之三的下場是被日本的合夥人給併購了。倫敦商業學校的教授蓋利漢梅爾（Gary Hamel）就認為，共同投資就像是「一場學習上的賽跑」（a race to learn）：學得比較快的合夥人，最後就會主控整個局面，進而重開它的條件。[43]因此，共同投資成了另一種新的競爭方式。

有一家美國公司是很堅信合資作法的，那就是惠而浦公司（Whirlpool）。在亞洲，惠而浦擁有六家合資公司，生產範圍從北京（Beijing）的雪花牌（Snowflake）電冰箱一直到上海（Shanghai）的水仙牌（Narcissus）洗衣機等都包括在內。惠而浦的最終目標就是要將它在中國大陸所製造的冷氣機，外銷到亞洲的其它國家去。可是就像中國大陸所製造的其它品牌一樣，惠而浦合資公司在中國大陸深圳所生產製造的雷寶（Raybo）冷氣機，雖然設計的取向是仿自於日本，可是終究在品質上敵不過日本原廠所製造的。

就未來幾年來說，這表示了壓縮機（也就是冷氣機的心臟）的耐久品質還需有所改進。同時，也需對該產品作徹底的翻修檢查。「除非我們可以擁有一個產品，足以作為現代化和高級品的代表象徵，否則我們是不會把惠而浦的名字掛上去的。」惠而浦的總裁兼首席營運主管威廉馬洛（William Marohn）這樣說道。[44]

但就目前的目標來說，也是非常急迫的。首先，惠而浦必須確保在深圳工廠所製造的零件供應足以跟得上它在一天之中製造1,200部冷氣機的速度。同時，中國政府也計畫在1996年年底，宣告終止對工廠精細機械進口的免稅政策，因此，惠而浦的主管必須在這項新規定生效以前，趕緊想出一個因應的辦法。

在成功的合資例子裏，雙方都可從這種聯盟關係中，獲得相當具有價值的技術經驗。舉例來說，通用汽車和日本鈴木（Suzuki）在加拿大所共同投資的公司，對雙方而言，就是各盡其能，也各取需。這個聯盟叫做CAMI汽車公司（CAMI Automotive），是專門為美國市場製造低價的汽車。這家工廠由鈴木公司的管理階層負責經營，專事生產以──高哩數為訴求的最小型通用汽車，名稱就叫做吉亞都會／鈴木雨燕（Geo Metro/Suzuki Swift），這種車款只在北美洲銷售，另外還有一款是吉亞追蹤

／鈴木夥伴運動休閒車（Geo Tracker/Suzuki Sidekick sport utility vehicle）。因爲CAMI的關係，鈴木得以瞭解通用汽車的經銷網，以及各零件配料的擴充市場。而對通用汽車來說，它則省掉了低價位汽車的開發成本，直接獲得了它所想要的車款，爲其低價省油的商品線，重新注入一股活力。CAMI可能是目前北美洲最具生產力的工廠之一。在那裏，通用汽車也學會了日本汽車製造商是如何地運用團體的協調合作；如何靈活調度其生產裝配線；以及如何對品質控制進行管理等。[45]

直接投資

對某家國外公司、海外製造、或行銷運作等，擁有積極主動的所有權，就叫做**直接國外投資**（direct foreign investment）。就1996年而言，世界各地的國外直接投資約達3,500億美元。[46]直接投資者若不是擁有控制性的股權，就是在公司裏，擁有絕大多數的股權。因此，它們的報酬和風險也相對地提高。聯邦快遞（Federal Express）在歐洲想要建立一個屬於自己的中心，結果虧損了12億美元。[47]它建造了一個超大型的設備，可是卻沒有足夠的包裝運送量來支持這個設備的運作成本。爲了有效控制虧損，該公司裁退了6,600名國際員工，並關閉了100家位在歐洲城市裏的辦公室。但從另一方面來看，直接投資也往往會造就成功案例的快速崛起。MTV到了1988年才登陸歐洲市場，結果到1994年的時候，在歐洲的收視觀眾市場卻遠比美國的市場還要來得大。[48]

直接國外投資

對某家國外公司、海外製造或行銷運作等，擁有積極主動的所有權。

有時候，某公司之所以選擇直接投資，是因爲它在當地市場找不到合適的夥伴。同時，直接投資也可避免溝通上的問題和利益之間的衝突，這些是合資關係中最常見到的問題。另外有些公司則是因爲不想和其它公司分享它的技術成果，擔心被對方偷取技術或是被對方利用，最後竟成爲自己的一大競爭敵手。德克薩斯儀器公司（Texas Instruments，簡稱TI）就是後述例子中的絕佳代表。「TI是一家工業技術公司，最不喜歡和別人分享任何技術上的成果。」TI半導體集團的資深副總裁阿奇拉（Akira Ishikawa）這樣說道，「和他人分享或教授他人有關先進半導體的技術成果，根本就不是這家公司的文化作風。這是一項禁忌，如果你提起這件事，可能馬上就會被炒魷魚了。」[49]現在的TI則有了很大的態度轉變，它加入了五項亞洲合資計畫，原因是它想要分散財務上的風險。

進行國外直接投資的公司可能會購買現有某家公司的股權，或是在當地直接建立全新的設備。它之所以這樣做，可能是因爲將資源轉移到國外運作上會碰到一些困難，或是很難在當地直接找到必須用到的資源。其中最重要的資源就是人事上的調配，特別是經理級人士。如果當地勞動力市場素質不錯，該公司就可能買下整個國外公司，並保留其中所有的員工，而不是比其它競爭對手付出更高的薪水成本。

對國外公司來說，美國一向是作直接投資的大好地方。在1996年，美國境內的外商企業，其價值就超過了4,500億美元。

5 列出用來發展全球行銷組合的基本因素

全球行銷組合

爲了要獲得最後的成功，想要進軍國際貿易的公司仍然必須堅守行銷組合的幾個原則。而經由研究調查所獲得的國外市場資訊就是全球行銷策略中的4P基礎：商品、地點（配銷）、促銷和價格。在進軍全球市場前，行銷經理若是能瞭解各種不同方法下的優劣點，以及外在環境對公司行銷組合的影響效果，那麼就會有比較大的勝算機會來達成預定的目標。

創造行銷組合的第一步就是對全球目標市場有完整清楚的認識瞭解。通常這種認識也必須透過一如國內市場所作的行銷調查來獲得（請參考第九章）。但是，全球行銷調查的執行卻是在一個完全不同的國度環境裏運作，尤其是在開發中國家進行調查，往往很困難。因爲當地的電話擁有率很低；郵件的送達效率也不彰。另外，若是想根據人口參數來找出樣本人口也很困難，因爲這種資料非常缺乏。在南美洲、墨西哥、和亞洲的某些城市中，連街道地圖都沒有，有些街名甚至無法辨識，有些房子也沒有門牌號碼。更糟糕的是，行銷人員想要問的問題，在其它文化裏所表達的意思也各不相同。比起美國當地人來說，有些文化中的人民更不願意在調查中回答有關個人隱私的問題。舉例來說，在法國，類似像年齡和收入這類的問題，就被人認爲是很沒有禮貌的。

商品和促銷

有了完整的資訊，才能發展出一個好的行銷組合。其中有個重要的決

寶鹼公司採用全球行銷標準化策略，以相同的海倫仙度絲商品和相同的促銷主題，在中國大陸進行和美國當地市場一樣的行銷活動。
©1993 Mary Beth Camp/Marix

定就是究竟要不要爲全球市場改變原來的商品或促銷辦法。有一項研究指出，標準化的全球行銷策略可能是上上策，至少對位在西方國家的那些行銷努力來說是正確的。[50]其它的選擇則包括了徹底改變商品，或是調整促銷訊息或商品本身，以期適應當地的市場狀況。

單一商品、統一訊息

稍早所談的全球行銷標準化策略，就是指在所有的市場上推出單一的商品，並在全球各地採用相同的促銷手法。舉例來說，寶鹼公司（Procter & Gamble）就用海倫仙度絲（Head & Shoulder）這個商品和相同的促銷主題，在中國大陸進行和美國當地市場一樣的行銷活動。該廣告提醒了中國消費者對個人頭皮屑問題的注意，這對有著黑頭髮的民族來說，無疑是個很大的困擾。現在的海倫仙度絲儘管在中國大陸的售價，比起當地的品牌要貴上三倍，但仍然是洗髮精市場佔有率中的佼佼者。[51]受到海倫仙度絲在中國大陸的市場表現影響，寶鹼公司在該市場又推出了相同的商品和相同的促銷活動——汰漬洗衣粉（Tide detergent）。在1996年的時候，寶鹼公司把在美國當地市場極爲成功的促銷手法，完全移植到中國大陸市場上。它花了50萬美金左右，和當地的洗衣機製造廠商達成協議，也就是每台新出售的洗衣機都附贈一包免費的汰漬洗衣粉。

摩托羅拉（Motorola）公司也是採用和美國市場一樣的商品與促銷主題，因而在日本最近解除管制和成長中的行動電話市場中，奪得了14%的市場佔有率。康柏（Compaq）公司也是以相同的策略在日本的個人電腦市場中達成了佔有率的成長，只是在售價策略上，低於主要競爭對手NEC的價格而已。[52]

全球性媒體，特別是衛星電台和有線電視網的崛起，如有線國際新聞網（Cable News Network International，簡稱CNN）、MTV音樂網（MTV Networks）、和英國天空廣播網（British Sky Broadcasting）等，都使得廣告得以傳播到幾年前尚無法接觸到的觀眾群身上。「巴黎的18歲青少年和他們父母親之間的共通之處，可能還比不上他們和紐約18歲的青少年來得那麼有共通性。」歐洲MTV總監威廉羅依迪（William Roedy）這樣說道。幾乎所有的MTV廣告主在該公司所能傳播得到的28個國家中，都使用統一化且英語發音的廣告。因爲這些觀眾「買的是相同的商品、看的是同一部電影、聽的是同一首音樂、喝的是相同的可樂，所以全球性廣告只是根據這個前提在做事而已。」[53]雖然全世界十幾來歲的孩子都喜歡電影甚過電視節目中的所有其它形式，他們還是被MTV、好笑的鬧劇、以及體育節目等緊緊地跟隨著。[54]

當福特汽車展開了它在歐洲市場對全球性車種蒙帝歐（Mondeo）的行銷造勢時，它也決定要在15個國家同時進行直接郵寄的促銷活動。廣告主題就是「內在力量下的另一種美」（Beauty with inner strength），這個主題對青壯年男性目標市場來說，非常管用。該公司採用經銷商所過濾出的郵寄名單，並從經紀人那裏也購買到一些名單，然後對準這些目標寄出去，其涵蓋面包括了福特使用者和非使用者。每一份郵寄小包內都有當地福特經銷商的名稱和住址。這個活動共寄出了85萬份的郵件，結果造成了16萬人陸續造訪當地的汽車展示間。該活動的成功主因可能是多數的歐洲人很少接觸到直接郵寄的促銷活動。平均來說，比利時人一年只收到78件直接郵件；德國人則是61件；法國人則有55件；而英國人則有42件；但在西班牙卻只有24件；而在愛爾蘭更低達11件，也就是說每個月所收到的直接郵件還不足一件。[55]

耐吉（Nike）和銳跑（Reebok）這兩家公司在美國境外的市場，每年會花上1億美元進行促銷活動。它們都奉行全球行銷標準化的手法，以確保訊息明確清楚，商品令人滿意，而且也都帶起了全球性的籃球狂熱。耐吉派休士頓火箭隊（Houston Rockets）的查理斯巴克理（Charles Barkley）到歐洲和亞洲推銷它的商品。力霸則祭出籃球界的超級巨星山奎拉歐尼爾（Shaquille O' Neal）到海外當它的宣傳大使。其實運動鞋的吸引力之一就是它們的美國風格，因此，電視廣告片愈是美國化，效果就愈好。於是乎，廣告片中的高潮台詞，不管在義大利、德國、日本、或法國也好，全都一個模樣，完全以英語發音：「Just do it」 和「Planet Reebok」。NBA的明星派屈克尤恩（Patrick Ewing）也創造了屬於他自己的全球行銷標準化的計畫，他擁有尤恩運動公司（Ewing Athletic），該公司專門製造有他簽名的鞋襪用品。他的廣告現在在70個海外市場中出現，其中的主要台詞就是「Ew the Man」。[56]

其實即使是單一商品、統一訊息，有時候也需要針對當地的需求，作些改變。比如說商品的衡量單位、包裝的尺寸、和標籤等。舉例來說，貝氏堡（Pillsbury）公司就必須爲它的蛋糕速成食品（cake mixes）進行測量單位的改變，因爲所謂的「幾杯份量」對許多開發中國家的消費者來說，是沒有意義的。另外，在開發中國家裏，包裝往往比較小，這是考量當地消費者的有限收入，希望他們買得起小包裝的商品。舉例來說，香煙、口香糖、和刮鬍刀片這類的商品，就可能是以個別零售的方式來賣，而不是一包一包地賣。

完全不作改變的商品之所以會失敗，可能只是因爲文化上的關係。例如，Trivial Pursuit問答式盤面遊戲就在日本市場慘遭滑鐵盧，因爲對日本人來說，說錯答案是件很沒面子的事。而在德國，儘管它是全球最大的遊戲市場，可是只要任何有關戰爭的遊戲都會賣得不好。在德國最成功的一種遊戲，其細節非常繁複，還有一本厚厚的規則指南需要閱讀。目前爲止，全世界最盛行的盤面遊戲還是Monopoly（大富翁），它似乎克服了所有的文化障礙，有25種語言，其中包括了俄語、克羅埃西亞語、和希伯來語。[57]

商品發明

在全球行銷中，商品發明可能是指爲某個市場創造出全新的商品；或是就現有的商品，進行大幅度的改變。舉日本市場爲例，納比斯可

（Nabisco）公司就必須把歐利爾餅乾（Oreo cookies）中的奶油內餡給拿掉，因爲它的口味對日本孩童來說太甜了。福特汽車認爲它可以在產品的開發成本上省下數十億美元，只要它發展出某個單一的小型車底盤，並能夠將它作適度的修正，以適應不同國家的需要就可以了。[58]坎貝爾濃湯（Campbell Soup）則發明了一種水田芥和鴨胗口味的湯料食品，在中國大陸賣得相當好。同時，它也考慮要發展濃縮蛇湯。[59] 福利多——雷（Frito-Lay）在泰國賣得最好的洋芋片就是鮮蝦口味的洋芋片。多爾門製造公司（Dormont Manufacturing Company）製作了一個簡單的瓦斯軟管，可以接在深底的油炸鍋上和其它類似的電器品上。聽起來應該可以行銷全球吧？！錯了！在歐洲，不同的國家標準以致每個國家都需要不同的軟管。[60]一些小節如樹脂塗料或尾端是如何和軟管的其餘部分作連結；以及如何彼此聯結等問題，都會爲多爾門公司無端生出一堆設計上的問題。

不同國家的消費者使用商品的方式也各不相同。舉例來說，在許多國家中，衣服的洗滌間隔就比美國消費者的洗滌間隔要來得久。所以說，必須生產更具耐久性的紡織品。就秘魯這個市場來說，固特異（Goodyear）公司就發展了一種具有高度天然橡膠成份和較佳輪紋的輪胎。這種輪胎比起其它各地所生產製造的輪胎要好得多，原因是爲了配合秘魯地區崎嶇不平的車行路面。盧本梅（Rubbermaid）公司在美國賣出了數百萬個頂端開口的字紙簍；但歐洲人卻很介意垃圾是否會露出於垃圾箱的蓋子以外，所以要求垃圾蓋必須要能很緊密地扣上才行。[61]

訊息修正

另一種全球行銷策略則是保留原來相同的商品，可是在促銷策略上作些改變。舉例來說，腳踏車在美國是屬於休閒性的交通工具，但是對世界上的其它地區來說，它可能是全家人的主要交通工具。所以若是在這些國家作促銷，就必須強調產品的耐用性和有效性。相反地，在美國的廣告，則須強調腳踏車是一種解悶、製造歡樂的產品。

哈雷——戴維森（Harley-Davidson）公司決定了它的美國式促銷主題：「在這日益緊張的世界中，只有它是永恆不變的。」（One steady constant in an increasingly screwed-up world）。可是這句話卻吸引不了日本人的興趣，於是在日本的廣告就同時結合了美國人和日本人的形象：一名美國騎士經過一名坐在人力車上的日本藝妓，日本人對哈雷機車彼此交頭接耳。現在在日本想要買哈雷機車的顧客名單，已經排到六個月以後了。[62]

不同於哈雷——戴維森公司的結局，歐沛蔓越莓飲料（Ocean Spray Cranberries）就在日本慘遭滑鐵盧。這家公司把品牌名改成了Cranby，使其發音比較好唸，同時也推出清淡的口味，以符合日本人的口味習慣。可是銷售卻不盡理想，因此儘管最近又推出了幾款蔓越莓口味的飲料，該公司還是適時地退出了市場。「我們在一個不熟悉的外國市場中，用他們所不熟悉的水果，推出一款他們不熟悉的品牌。」歐沛公司的總裁兼首席執行主管約翰．S．雷威理（John S. Llewellyn）這樣說道，「又不是在賣蘋果或橘子！」[63]現在這家公司又在澳洲試行上市。在一部充滿自我主張的廣告片中，兩名來自新英格蘭的鄉下人在一場衝浪比賽中，來到了澳洲的海灘上。旁觀者都穿著泳衣，只有這兩個美國人還頭戴棒球帽、身著冬天的夾克，搞不清楚現在是南半球的夏天了。在簡短地談過歐沛飲料和蔓越莓之後，其中一位到訪者承認這種飲料的確有一種「不尋常的風味」，可是他還是認為「你會漸漸愛上它」。

從事全球行銷的人員都發現，在某些國家作促銷，是頂讓人洩氣的。舉例來說，在加拿大的商業電視時間就很隨心所欲；但在德國，卻有嚴格的管制。一直到最近，印尼的行銷人員都只能對著單一電視頻道的少數收視戶進行廣告播放（在這個擁有1億8千萬人口的國家裏，只有12萬人可收視到廣告）。也因為這種有限的電視收視人口，使得一些行銷人員，例如該國的豐田汽車經銷商，就必須發展直接郵件的促銷活動，來接觸自己的目標市場。

有些國家的文化，認為沒什麼價值的產品，才需要作廣告。但在某些國家中，一些以美國標準來說，似乎太過誇張的廣告說詞，在當地卻是司空見慣，平常的很。可是從另一方面來看，德國人就不允許廣告主說自己的產品是「最好的」或是比其它競爭對手「要來得好」。而在美國廣告中非常常見的硬性推銷手法和性暗示等，在許多國家中則被視為禁忌。寶鹼公司在日本為喝采（Cheer）牌洗衣粉所作的廣告，就被當地市場票選為最不受歡迎的廣告，因為其中使用了太多硬性推銷的證明方式。這種負面的反應結果，不得不讓寶鹼公司把喝采牌洗衣粉撤出日本市場。另一方面，在中東，只要平面廣告上有女人的照片，就會被審查員的墨水給塗掉。

語言的障礙、翻譯上的問題、以及文化上的差異等，這些都對從事國際行銷的經理人員，造成了極大的困擾。請看看下面的例子：

◇在東南亞的某些地區，宣稱某牙膏可以讓使用者擁有一口白牙，是一項不智之舉，因為在當地的有錢人家，才吃得起檳榔，並把牙齒塗黑，以示他們尊貴的社會地位。

◇寶鹼公司為佳美香皂（Camay soap）所作的日本廣告，幾乎毀了這個商品。在某廣告片中，有個男人第一次遇見一名女人，就馬上將她的肌膚比擬為陶磁娃娃那般的細緻。雖然這個廣告在亞洲其它地區尚稱叫座，可是在日本，片中的男主角卻被認為是粗魯又無禮的。

◇可口可樂在希臘報紙上刊登了全版的廣告，向希臘民眾表示歉意。因為稍早前，他們所作的廣告把帕德嫩神殿（the Parthenon）的白色大理石柱子，比擬成可樂的瓶身模樣。希臘人對他們的古老神殿非常尊敬，覺得那個廣告大大地褻瀆了神殿。希臘文化部的總祕書長說道：「不管是誰褻瀆了帕德嫩神殿，就等於褻瀆了希臘。」[64]

商品的修正

從事全球行銷的人員，還有另一個選擇，就是稍微改變一下原來的商品，使其符合當地市場的需求狀況。達美樂（Domino's）披薩在日本還有另一款額外的餡料口味，那就是玉米、咖哩、墨魚、加菠菜。當專門製造嬰兒用品（如奶嘴等）的英國路易士公司（Lewis Woolf Griptight）決定登陸美國市場時，它就發現到英國父母和美國父母還是有些微的不同。行銷經理伊莉莎白李（Elizabeth Lee）說明道：「是有一些細微的差距，但有許多父母在乎的問題也還是大同小異的。比如說，會溢奶的奶嘴杯不管在美國、馬達加斯加島、還是英國，都不會受到當地母親的青睞。」她又說道：「我們不需要重新作一套調查，才發現到這裏的人們不喜歡會溢奶的奶嘴杯。我們只要作一些部分的研究調查，找出消費者喜歡什麼顏色和包裝就可以了。」[65]而原來的英國品牌名稱是叫做「Kiddiwinks」，這是用在小孩身上的英國用語，到了美國卻改成「Binky」，因為在調查中發現，這個名字比較受到美國父母的肯定。

符合ISO 9000的各項標準

且不管某個公司是否修正了現有的商品、販售和美國當地一模一樣的商品、或是重新發明一種新商品，這個商品都必須符合ISO 9000的國際品質標準。ISO 9000是一種品質管理上的標準，在歐洲極受歡迎，現在在美國和全球市場上，也受到極大的重視。

ISO 9000
是一種品質管理上的標準，在歐洲極受歡迎，現在在美國和全球市場上，也受到極大的重視。

ISO 9000系列是在1980年代晚期，由國際標準組織（the International Organization for Standardization）所創設的。它涵蓋了五項技術標準，統稱為ISO 9000，是被設計用來作為一種制式統一的辦法，以便確保時下的製造工廠和服務組織，其品質程序是否適當合宜。為了要得到這項合格認證，申請的公司必須接受來自第三者對製造流程和顧客服務等方面的審核，其中包括了商品的設計、製造、和裝配，以及如何檢查、包裝、和行銷這個商品。目前全世界已核發出3萬份以上的合格證書。履帶引擎分公司（Caterpillar's engine division）位在伊利諾州摩斯維拉（Mossville, Illinois）的工廠，是全美第一家獲得這個合格證書的柴油引擎製造工廠，該分公司的副總裁兼總經理察理湯普森（Richard Thommpson）就說道：「今天，擁有ISO 9000的合格認證是一個極具競爭力的市場賣點；可是到了明天，可能就會成為全球撲克牌戲中的某項賭注而已。」[66]

都彭（DuPont）、奇異電器（General Electric）、伊士曼柯達（Eastman Kodak）、英國電信（British Telecom）、和菲利浦（Philips Electronics）等公司，就是其中幾家力勸甚至脅迫供應商去申請ISO 9000的大型公司。舉例來說，奇異電器的塑膠事業部就命令它的340家賣主，必須符合這個標準。該公司全球資源部的總經理約翰葉慈（John Yates）說道：「絕對沒有妥協的餘地，如果你想和我們合作共事，你就得擁有ISO 9000的合格認證。」[67]

定價

一旦行銷經理決定了用來行銷全球的商品和促銷策略之後，接下來就可以選擇行銷組合中其它剩下的要素了。而定價本身就表示了你必須要慎重考慮某些問題。因為出口商不能只顧及到生產成本而已，還要考慮運輸成本、保險費用、稅捐、和關稅等。在作出最後的定價時，行銷人員也必須瞭解顧客究竟願意用什麼樣的價格，來買這樣的商品？同時也要確定國外買主付得起這些費用。因為開發中國家往往缺乏大量購買的能力，所以在賣給他們的時候，也需要在價錢上作出一番審愼的考量。有時候為了要降低售價，是可以在商品上作些簡化的動作。但是，你卻不能因此而認定低收入的國家，就會願意接受低品質的商品。雖然撒哈拉沙漠上的遊牧民族非常的窮，可是他們還是願意買昂貴的紡織品來製作衣服。因為能在那樣艱困的環境和溫差極大的氣溫下生存下來，便免不了需要此類的花費。除此之外，有些昂貴的奢侈品，在全球各地也都賣得出去。

各公司也要注意，千萬不要在進軍某個市場時，過度隨便地擴張信用。康柏（Compaq）公司在中國大陸的營業額急速地上升，其中一部分原因就是它違反初衷，將電腦大量地廉售出去。結果到了最近，中國方面的一家經銷商，無法償付當初康柏公司信用擴張下所賣出的那批電腦費用，金額竟高達3,200萬美元。分析家指出，康柏公司現在被中國的自營商和經銷商，積欠了起碼1,000萬美元以上。[68]

傾銷

傾銷
是指出口商將某個商品以低於本地市場相同商品或類似商品的售價，銷往到另一國的作法。

傾銷（dumping）一般是指出口商將某個商品以低於本地市場相同商品或類似商品的售價，銷往到另一國的作法。這種運作方式通常被視為是一種價格差別上的形式作法，極有可能會對進口所在地的一些競爭產業造成傷害。出口商之所以會採取傾銷的策略作法，往往是因為以下幾個原因：（1）想要增加海外的市場佔有率；（2）暫時性地將商品配銷到海外去，以抵銷本國市場在需求上的蕭條；（3）藉著大規模的生產製造，降低商品的單位成本；以及（4）在匯率波動時期，試圖穩定價格。

從歷史上的角度來看，貨物傾銷就表示國際貿易上有了嚴重的問題。它的結果不僅造成國與國之間的不睦相處，同時也引發了其有害性的分歧論點。有些貿易經濟學家認為只有在牽涉到「惡意」（predatory）傾銷的狀況下，也就是企圖想要在市場上消滅競爭對手，並獲取壟斷地位的情況下，傾銷行為才算是不當有害的行為。他們認為惡意傾銷的情況極少發生，而那些反傾銷的強制作法只是貿易保護主義者的利用工具而已，對消費者以及靠進口維生的產業來說，他們所付出的代價遠遠超過接受貿易保護下的產業所獲得的利益。

烏拉圭回合談判（Uruguay Round）就針對傾銷這個議題，重新改寫了國際法，其協定內容如下所示：

1.有關傾銷的爭議，一概由世界貿易組織來解決。
2.傾銷的定義將被明確地規範。舉例來說，在被認定是傾銷之前，該「傾銷價格」起碼必須低於國內市場售價的5%。
3.至少必須有25%的產業成員支持該政府的案件申請，世界貿易組織才會受理傾銷訴願案件的審理工作。也就是說，如果只有一兩家公司抱怨（除非這個數目達到了該產業成員數目的25%），該政府就不能提出訴願申請。

相對貿易

國際貿易不一定總是牽扯到金錢上的交易。在全球性的商業交易上，相對貿易正急速地成長當中。在**相對貿易**（countertrade）中，貨物或勞務的全部或部分貨款，可以用其它的貨物或勞務來取代。所以說，相對貿易也算是一種實物交易（barter）的形態（以物易物），這種年代久遠的運作方式，可追溯到穴居時代的人們，所採用的交易方式。美國商業司指出，全球貿易中，約有30%是採相對貿易的形態。[69]事實上，印度和中國這兩國政府所作的數十億美元購買交易，多數都是以相對貿易的方式來進行。

相對貿易
貨物或勞務的全部或部分貨款，可以用其它的貨物或勞務來取代。

最常見的相對貿易形態就是直接易貨（straight barter）。舉例來說，百事可樂公司（PepsiCo）將百事可樂的糖漿運送到蘇俄的裝瓶工廠，所得到的報酬就是史塔利奇納亞的伏特加酒（Stolichnaya vodka），這些酒會被運回到西方市場上販售。而另一種相對貿易的形態則是補償協定（the compensation agreement），典型的作法是某個公司爲某開發中國家的某個工廠提供技術和設備上的支援，並同意以該工廠所生產製造的貨品，作爲全部或部分貨款的償付。舉例來說，通用輪胎公司（General Tire Company）就以設備和技術情報（know-how）供應羅馬尼亞的某家卡車輪胎製造工廠。相對地，通用輪胎公司則將該工廠所製造生產的輪胎，以維多利亞（Victoria）的品牌名稱在美國市場上進行販售。皮爾卡登（Pierre Cardin）給中國大陸一些技術上的建議，作爲絲和喀什米爾羊毛的交換條件。在這些例子中，儘管沒有用到現金，雙方也都有受惠。

配銷

解決了促銷、價格、和商品問題之後，並不能保證全球行銷就一定會成功，因爲商品還需要有適當的配銷通路。舉例來說，歐洲人不像美國人那麼地喜歡運動，所以他們不會常常造訪運動器材商店。銳跑（Reebok）公司瞭解到這一點之後，就將旗下的鞋子全都配銷到法國的800家傳統鞋店裏。結果在一年之內，該公司在法國的營業額就成長了一倍。同樣地，哈雷——戴維森（Harley-Davidson）公司在日本就必須開設兩家該公司的自營商店，以便將它的哈雷服飾和配件配銷到市場上。

日本的配銷系統被認爲是世界上最複雜的一種制度。進口商品必須經過層層的代理商、批發商、和零售商，才能到達市場的終點。舉例來說，一瓶96顆裝的阿斯匹靈，售價是20美元，因爲這瓶藥丸必須至少過手6個批發商，每個批發商都會增加一點售價，結果就造成了消費者必須付出極爲昂貴的代價。這種批發管道似乎是來自於傳統和歷史社會形態下的交易模式，即使是日本官員都宣稱，政府很難在這方面提出任何的對策。但是到了今天，因爲來自於日本消費者的壓力，這個制度開始有了一些動搖改變。日本購物者在作購買決定時，已開始會把低價的考量置於品質之上

因爲傳統上的層層配銷系統，日本消費者付出了世界上最高的零售價格。可是現在，日本購物者在作購買決定時，已開始會把低價的考量置於品質之上了。
©Robert Wallis/SABA

了。[70]能砍低配銷成本的零售商，就可以在零售價上反映出來，並達成和消費者之間的交易。舉例來說，可吉瑪（Kojima）是一家日本的電器連鎖超級商店，就像是美國的線路城（Circuit City）或買得好（Best Buy）連鎖商店一樣。它必須跳過奇異電器（GE）在日本的配銷夥伴東芝（Toshiba）公司，再以好的價格直接進口奇異電器的商品。東芝的配銷系統使得電冰箱送達到零售商手上前，必須先經過好幾手。而今，可吉瑪公司直接找上奇異電器的總公司，說服後者將商品直接賣給它。現在，奇異公司的電冰箱，一台只要800美元的零售價，是一般日本冰箱的二分之一價格。[71]

在其它國家的零售機構，也可能和某公司所習慣的國內市場不盡相同。百貨公司（department store）和超級市場（supermarket）這兩個專有名詞所指的零售點形態，就可能和美國當地所認定的零售點形態不盡相同。舉例來說，日本的超級市場是很大型的多層樓建築物，不只販售食品，也販售衣服、傢俱、和家用電器等。百貨公司則是更大型的商店，可是不同於美國的百貨公司，前者強調的是食材，並在地下室裏，經營餐廳。事實上，有很多種因素讓美國形態的零售店無法在開發中國家生存。舉例來說，這些國家的消費者並沒有足夠的空間來儲存好幾天的食物份量。即使有電冰箱，體型也比較小，並不能作大量式的冰凍庫存。此外，若是想建立全新的零售點也是一場不好打的戰役。在德國的路爾谷（Ruhr Valley），歐卡夫折價商店（All Kauf SB-Warenhaus GmbH）就折騰了15年，想要在當地建立屬於自己的商店。可是當地政府還是阻擋了該工程，因為擔心會對本地的零售商造成傷害。[72]

許多開發中國家的配銷管道和實質的基本設施都不盡理想。舉例來說，在中國大陸，大多數的貨物都是靠人力扁擔、或手推車的方式來運送，也或者是用腳踏車（這還算是比較先進的方法）。寶鹼公司曾經利用20萬市民，讓他們攜帶有著228個中國城市的交通地圖，並在上頭標明小雜貨店和大型百貨公司的地點所在。這些「地面部隊」的各分區人員，往往穿著背面印有「常勝軍」字體的白色運動衫，突襲每一個據點，販售和配銷P&G的商品，即使是街頭小販也不放過。

康柏公司和IBM也發現要將電腦送到中國商店中，實在是很麻煩。送貨卡車不准在白天時間進入北京市，因此只能在半夜運送，耽誤了很長一段時間。而且用火車來運送「也不同於世界上其它國家的作法，因為別的國家都是用貨櫃來進行運送作業的，」一名IBM個人電腦部的經理蘭森

（Lamson Ip）這樣說道，「可是在這裏，我卻看過『搬貨的人』把我們裝著電腦的紙箱，一箱箱地丟到火車上。」[73]

這種情況可能會危害到公司的商譽以及商品本身。當一些中國顧客向IBM抱怨他們把舊電腦當成新電腦賣給顧客時，IBM的主管都覺得一頭霧水。最後他們終於發現眞正的罪魁禍首：儘管每個紙箱都包裹了兩層的塑膠紙，灰塵還是滲了進去。所以最後的解決辦法就是再加一層塑膠紙，這才平息了這場風波。「那裏不是IBM，那裏是中國大陸。」駐在深圳的IBM工廠協理詹姆士凡斯（James Vance）這樣說道。[74]

回顧

讓我們回顧在日本銷售不盡理想的史奈波（Snapple）飲料。它可以說是採用了全球行銷標準化的作法，因爲這種策略可以提供經濟上的實質好處。但是，在全球行銷上所碰到的不同文化、語言、經濟發展狀況、和配銷管道等問題，通常都需要有新的商品或適度修正過的商品，才能上市行銷。而價格、促銷、和配銷策略等，也往往需要作些改變。

毫無疑問的，國際行銷對大型的美國公司來說，如桂格燕麥公司等，將會愈來愈重要。同樣地，這些市場對中小型公司也變得愈形重要了起來。因爲全球化將是國際行銷上的未來潮流。

總結

1.討論全球行銷的重要性。能採納全球性作法的生意人，往往比較能夠找出全球性的行銷契機，瞭解全球銷售網路的本質，並在那些市場中參與國外的競爭。

2.討論跨國公司對世界經濟所造成的影響。跨國企業就是能跨越國界，進行運作的國際交易者。因爲跨國企業的組織龐大，擁有財務、技術、和原料等資源，所以對世界的經濟都有一些重要的影響力。它們有能力去克服貿易上的問題，節省勞工成本，供應新的技術。

3.描述從事全球行銷的公司所要面臨的外在環境。從事全球行銷的人員，他們所要面對的外在環境因素，一如他們在國內所遇到的一樣：文化、經濟和技術發展、政治架構、人口、以及天然資源等。有關文化上的考量，包括了社會價值、態度和信念、語言、以及商業慣例上的運作方式等。而一個國家的經濟和技術地位完全取決於它的工業化發展程度究竟如何：傳統社會、前工業化社會、起飛中經濟、工業化社會、或完全工業化社會。而政治架構則是由政治上的意識形態以及一些政策所組成，有關這些政策的例子包括了關稅、配額、抵制、外匯管制、貿易協定、和市場編組等。最後，人口上的變數則包括了人口、收入分配和成長率等。

4.確認進軍全球市場的幾個不同途徑。各公司用來進軍全球市場的策略如下所示，其排列順序是依其風險和收益的大小：直接投資、共同合資、締約製造、授權、和出口。

5.列出用來發展全球行銷組合的基本因素。對公司而言，它的主要考量就是如何來調整4P——商品、促銷、地點（配銷）、和價格——這是針對每一個國家而言。其中，第一種策略是在全世界的市場都採用單一商品和統一訊息的方法；第二個策略則是爲全球市場創造新的商品；第三個策略則是保留原來的商品，但修正促銷的訊息；而第四個策略則是稍微改變商品，以便符合當地市場的狀況。

對問題的探討及申論

1.現在有許多行銷人員都相信，在已開發國家中十幾來歲的孩子正逐漸成爲「全球性的消費者」。也就是說，他們會想要也會想買完全相同的商品和服務。你認爲這是眞的嗎？如果是的話，究竟是什麼原因造成這種現象？

2.在許多已開發國家中，香煙的營業額不是達到巔峰，就是正往下滑落中。但是，開發中的國家卻代表了主要成長的市場。你認爲美國香煙公司應該利用這個機會嗎？

3.雷諾汽車和標緻汽車主控了整個法國市場，可是卻沒有在美國市場上現身。爲什麼你認爲這是眞的？

4.肯達台爾（Candartel）公司是美國一家製造高級燈具和燈罩的廠商，它決定要向全球進軍。管理高層對如何發展這個市場，感到棘手。對這家公司來說，有哪些進軍的選擇呢？

5.盧本梅（Rubbermaid）是美國一家製造廚房用品和家用物品的廠商，它正考慮要使用全球行銷標準化的策略方法。請問這種策略有什麼優缺點嗎？

6.假設你是某消費商品公司的一名行銷經理，正打算第一次向國外市場伸出觸角。請寫一份備忘錄給你的屬下同仁，提醒他們在這場新的商業冒險行動中，異國文化在其中所扮演的角色是什麼？請舉實例。

7.什麼叫做有「國際觀」？它為什麼很重要？

8.假設你的州議員請你為她選民的時事分析欄寫一篇短文，回答有關「『歐洲合眾國』可能產生嗎？」這個話題。請草擬一篇文章，其中內容須包括肯定的理由或否定的理由。

9.請分成六個小組，每一組負責下列各產業的其中之一：娛樂業、製藥業、電腦和軟體業、金融、法律、或會計服務業、農業，和紡織服飾業。請訪問這些行業中的一或多個主管人士，以便瞭解烏拉圭回合談判（Uruguay Round）和北美自由貿易協定（NAFTA）對他們企業的過去影響和未來影響是什麼？如果你無法採訪到該產業中的某家當地公司，請利用圖書館和網際網路上的資料，來準備這份報告。

10.國際貿易上的主要障礙是什麼？請解釋政府對各項政策的使用會如何限制或激發全球行銷的活動？

11.請解釋烏拉圭回合談判的影響。

12.有一個叫做「The Paris Pages」的網站，它如何處理語言和翻譯上的問題？
http://www.paris.org/

13.ProNet的服務包括了哪些網站？請就三個不同的地區，各找出至少一個藝術和娛樂事業的資訊。ProNet究竟如何處理語言和翻譯的問題呢？
http://www.pronett.com/

14.Netzmarkt cyber-mall對那些有興趣進軍德國市場的美國公司，能提供什麼樣的服務？
http://www.netzmarkt.de/neu/hinweise.htm

學習目標

在讀完本章之後，各位應當能夠做到下列各項：

1. 解釋商業道德的意義。
2. 描述道德決策的本質是什麼。
3. 討論目前幾個道德上的兩難局面。
4. 分析和全球行銷有關的道德議題。
5. 討論企業的社會責任。
6. 爲企業組織建議幾個因應道德議題的方法。

第5章

道德觀和社會責任

各式各樣的手槍充斥在美國的大街小巷內。多年來，它一直是罪犯們身上所攜帶的廉價「週末夜特製品」（Saturday Night Specials），尤其對那些住在都市貧民區的年輕人來說，更是如此。最近，手槍產業中最熱門的搶手貨就是火力大、高品質的超小型口袋式手槍，其體型迷你，足以放得進女士的宴會皮包中或男士的口袋裡。擁護槍枝管制的人民和政壇人士，都認爲應該立法限制手槍的銷售。可是生產槍枝的產業，他們的因應之道，卻是創造出另一種更致命的全新口袋式手槍，賣給那些第一次購買槍枝的買主，其中大多數都是女性，因爲他們極需要保護自己，而且也有能力付出高價。這種新款的槍枝，售價大約在200到700美元之間，是那種所謂週末夜特製品售價（低於50美元）的三倍以上。相對於週末夜特製品只有點22和點25兩種口徑，超小型手槍具備了點38的口徑，並且使用的是高級子彈，後座力非常小。在限制不大的情況下，這類小型槍枝的需求量也被31個州給哄抬了起來，因爲這些州在最近幾年都通過了武器藏匿和攜帶的立法條文。這些條文賜予了奉公守法的公民，有攜帶隱藏式武器的權利，因爲你只要接受身家調查、並等候一段時間，有時候，再接受幾堂槍枝使用的訓練課程之後，就可以擁槍自重了。

該產業中最大的兩家競爭廠商，就將他們的槍枝賣給不同區隔的顧客群。葛拉克（Glock）公司瞄準的是市場中的上層階級，商品一律是9釐米手槍和點40口徑的手槍，售價在500美元以上。相反地，史密斯和威森（Smith Wesson）公司的西格瑪（Sigma）點38制式手槍，則是以199美元的售價，在一些商店裡售出，而且不久之後，該公司還會推出另一款售價更低的90手槍。

老實說，對這些槍枝製造商而言，並沒有任何強制性的立法條文可以約束評估他們的市場在哪裡，或者是要求他們應該遵守一些安全上的標準規範。可是有些公司也開始有些失常地在社會責任上做些改變。比如說渥爾商場（Wal-Mart）就不再於店內陳設和販售槍枝，可是從店裡的型錄中仍可買的到。事實上，爲了強調它反對手槍的立場，渥爾商場最近禁止在店裡販售葛萊美獎得主雪莉克勞（Sheryl Crow）的新版CD，因爲歌曲的歌詞，大唱孩子們拿著從渥爾商場買回的手槍，彼此廝殺。同樣地，美國玩具反斗城（Toys R Us）也全面禁止販售某些以假亂眞的玩具手槍，因爲有越來越多的槍擊事件，都牽涉到兒童和青少年。在一些世間例子中，青少年拿著玩具手槍對準警察，而被後者格斃或擊傷的，也是層出不窮。

但並不是所有的人都認爲手槍是個問題。全國來福協會（The National Rifle Association，簡稱NRA）就在一些女性雜誌上刊登了幾則廣告，內容是女性很擔心成爲武裝罪犯手下的犧牲者。一名NRA的發言人說，該廣告的目的並不是要提倡槍枝的擁有權，而是要提供一組800的號碼，以便讓女性讀者可以來電詢問有關自衛的事宜。然後NRS再將這些來電者的資料造冊，作爲直接郵寄活動的基礎名單。[1]

像葛拉克公司與史密斯和威森公司等這類廠商，應該利用消費者對暴力恐懼的心態，來販售這些易於藏匿的新式手槍嗎？詹寧士公司有責任去控制他們的槍枝所衍生出來的暴力問題嗎？渥爾商場拒絕販售雪莉克勞的新版CD，這種舉動算得上是一種檢查的形式嗎？美國玩具反斗城爲了幾樁警察和小孩之間的誤擊事件，就全面禁止販售一些極爲暢銷的玩具手槍嗎？這些公司有盡到他們的社會責任嗎？或者他們只是剝奪了消費者的購買決定權利呢？

史密斯和威森企業（Smith & Wesson Corp.）

在史密斯和威森的網路上，有談到有關手槍的道德觀問題嗎？如果有的話，其內容如何？

http://www.smith-wesson.com/

1 解釋商業道德的意義

商業上的道德行爲

道德觀

主宰個人或團體操守的道德原則或價值觀。

道德觀（ethnics）是指主宰個人或團體操守的道德原則或價值觀。道德觀也可被視爲判定操守的一種行爲標準。某些標準雖然合法，卻不一定有道德；反之亦然。法律則是由法院所強制執行的一些標準和價值觀。道德觀的組成因子包括了個人的道德原則和價值觀，而不是社會上的各種規定。

想要定義道德和法律這兩者之間的界限，是很困難的。在決定某項可能合法的舉動，究竟是不是道德的，往往需要用到一些判斷。舉例來說，對很多州而言，在大學報紙上刊登烈酒、香煙、和X級電影的廣告，都是不合法的。可是這符合道德標準嗎？下列幾個例子中，就道德和合法的界線來說，判斷標準就扮演了一個極爲重要的角色。在你讀完一篇短文之後，請試著將其中的狀況歸類於以下幾個類別之一：有道德且合法的；有道德但不合法的；不道德卻合法的；不道德也不合法的。

◇有很多水果飲料的廠商，所使用的包裝和瓶子都很類似巴特斯（Bartles）和傑尼斯（Jaynes）等烈酒的容器。這些廠商可不是昏了頭，其實他們都知道在MTV的國度裡，有很大的購買力可以造就自己的市場，而這樣的包裝正好可以刺激孩子們的飲用，因此斥資數百萬美元想要達到這個目的。批評家都說他們將無辜的水果飲料裝填在幾乎和烈酒容器一模一樣的瓶身裡，賣給孩子們，而這些孩子會因爲有如烈酒一樣的瓶身外觀和感覺，而愛上這些飲料。此外，他們認爲孩子們之所以大量飲用，是因爲他們可以假裝自己是在喝烈酒；更糟糕的是，它會造成孩子們模仿成人喝酒的行爲。但是水果飲料製造商卻斥之爲無稽之談。[2]

◇摩克公司（Merck & Co.）最近推出了一款可以對抗愛滋病的新藥方，叫做克利斯文（Crixivan）。該公司並沒有採取一般傳統的醫藥配銷通路，反而是透過某單一郵購經銷商來販售這個藥方。這個商品的售價是在成本上再加上37%的收益，但卻激怒了愛滋病病患和一些藥商。另外，各種愛滋病組織則強烈抗議這個極有可能救人一命的藥品，竟然只在有限的通路上出售，而且價位定得這麼高。藥商們也很擔心會流失了原來忠誠的顧客群。但是摩克公司卻相信，他盡到了自己的社會責任，因爲他花費了數百萬美元開發出一個非常卓越有效的商品，並以低於其他競爭商品的成本在市面上賣出。[3]

◇多年以來，零售店的買主都會接受來自於供應商和製造廠商的禮物贈與。這些禮物可能包括了免費餐點、商品樣本、球賽或電影入場券、高爾夫球賽、以及釣魚或打獵等旅遊活動。在這個產業中的許多人都認爲這些禮物只是這份工作上的一些額外津貼，並無傷大雅，是可以接受的。但是，其他公司則不認同這樣的做法。例如渥爾商場（Wal-Mart）就認爲，一些如投標之類的內部消息，會因特殊的待遇而被洩漏給贈與禮物的供應商或廠商知道，因而造成自己成本的上揚高達數百萬美元，進而導致商品的售價也不得不提高。相對地，贊成禮物贈送的支持者則認爲，顧客有採購上的自由，所以零售商並沒有責任。[4]

◇周六早上的電視，總是充斥著一些像兒童進行促銷的高油脂食品廣告。比如必勝客（Pizza Hut）、小凱薩（Little Caesar's）、麥當勞（Mcdonald's）、漢堡王（Burger King）、和溫蒂漢堡（Wendy's）等都在星期六早上的電視中，大量促銷他們的高油脂食物，儘管這些餐廳也有一些較健康的食品，可是還是捨後者而就前者。他們罔顧聯邦政府推薦孩子應攝取低油脂食品的建議，仍然花費大筆的廣告費促銷那些不當的飲食內容。其實，比起三年前有三分之一或更多的卡路里是來自於油脂當中，這些兒童廣告中所標榜的食物，其中的油脂含量足足多了三倍。[5]

◇美國衛生健康司（the U.S. Department of Health）展開了一連串的電台和電視廣告活動，要求性活動頻繁的年輕人，一定要使用樹乳製的保險套。這些廣告的用意是要降低HIV（導致愛滋病的病菌）的擴散。在其中一個廣告中，一對男女正彼此親吻談笑著，並且談到對方是否有帶保險套。結果因爲該男士並未攜帶保險套，這名女人遂開亮了燈，終止了他們之間的做愛舉動。然後是男性和女性的旁白出現，解釋只有使用樹乳製的保險套，才能防止HIV的傳染。可是宗教團體卻相信這些廣告將會激勵性行爲，使得男女之間的雜交行爲更嚴重，而沒有達到禁慾的目的。[6]

◇早起晨走會的成員，走在當地的林蔭道上時，往往會經過一些食品街。這些晨走會的成員多是上了年紀的老年人，希望在氣候適宜的環境裡，尋求較健康的生活形態。而這些坐落在食品街上的餐廳，往往在早上6點鐘就開始營業，以便服務這群剛做完晨走運動的顧客們。其中有很多家店都提供低價的特製早餐及買一送一的特價食品。可是其中多數的早餐項目都是高油脂的食品，如小麵包、巧克力餅乾、鬆餅、和甜甜圈等。一些擁護年長市民的衛道人士認爲，購買這些高油脂的食物完全違背了運動健康的眞正目的，這些商場中的管理階層根本就是在佔這群老年人的便宜。[7]

◇大型的美國嬰兒配方奶粉公司，都會針對那些剛升格做媽媽的消費者們，在她們和新生兒一起出院的時候，致贈一罐免費的奶粉樣品。奶粉公司甚至付了些錢給美國小兒科學會（the American Academy of Pediatrics），相對地，這些學會裡的成員則會幫他們推薦配方奶粉和致贈一些樣品給一些媽媽。事實上，配方奶粉的不當更換往往會造成小嬰兒的不適或生病，因此，只要小嬰兒習慣了某個品牌的配方奶粉，他的母親都不願意再作任何有關品牌上的變動。市場佔有率達51%的阿伯特（Abbott Laboratories）公司就曾利用這些手法來促銷他的西米拉（Similac）配方奶粉。評論家發現到，一罐13盎司裝的西米拉奶粉，在最近這12年當中，售價就漲了三倍。[8]

◇邦尼（Barney）是一隻大型的紫色恐龍玩偶，只出現在PBS（美國公共廣播服務）自己的電視節目「邦尼和它的朋友們」（Barney and Friends）中。可是預備會員活動的廣告一直中斷節目的播出，而使得一些父母感到不滿。這個活動是只要對該電視台有所捐助，就可免費得到邦尼的錄音帶和玩具。聯邦傳播委員會（the Federal Communications Commission）正在調查這個活動是否在兒童的節目裡，違反了兒童廣告法。但是PBS的代表卻認為，這種兒童節目中請託活動是可以接受的，因爲當地的電台和節目都需要靠個人收視戶的捐助才能維持下去。[9]

你可能會注意到，以上極少數的情況是完全符合某個類別；另外則有一些情況是合法的，可是其道德標準卻是見仁見智。雖然有些被裁定是非法的，可是某個案例也可能被認定爲合法且有道德的。

人們對各種行爲形態的道德判斷，究竟是如何發展出來的？其實，在文化價值和準則的演化之下，**道德品行**（morals）就是人們所發展出來的一些守則。文化是一個社會化的力量，可以指出什麼是對？什麼是錯？而道德品行上的標準也許能反映出影響社會和經濟行爲的一些律法和條則。因此，道德品行可被視爲是道德行爲的根本。

道德品行
在文化價值和準則的演化之下，人們所發展出來的一些守則。

道德品行通常被人清楚劃分爲好（good）或壞（bad）。而「好」或「壞」的言外之意，也各不相同，其中包括了「有效的」（effective）和「無效的」（ineffective）。一名好的業務人員會達成或超過他的指定銷售配額。可是如果某個業務員賣了一台全新的音響或電視機給一名很窮的消費者，而前者也知道這個消費者是不可能付得起每個月的分期付款。這個情況下，這個業務員是個好業務員嗎？如果這場生意的成交可以讓這名業務員超過自己的指定配額呢？

另一組有關「好」與「壞」的意思則是「順從的」（conforming）以及

「越份的」(deviant)行爲。一名醫生刊登了一則大型廣告，推銷他在開心手術上的優惠折扣。他的行爲就醫藥業的標準來說，就可能被視爲是壞的或非專業的行爲。「好」與「壞」也常被拿來表示犯罪行爲和手法行爲的不同界定。最後，「好」與「壞」的定義也會因宗教的不同，而有完全相異的說法。一名吃豬肉的回教徒就被認爲是壞的回教徒，就如同一名信奉基督教基本教義的教徒，若是喝了威士忌酒就是壞的教徒。

美德和商業道德

現今的商業道德，事實上是一組自出生以來就學習累積的各種人生價值觀。而商業人士用來做決策的種種價值觀，多是習自於他們的家庭、教育、和宗教所屬機構。

其實，道德價值觀是視情況和時間而定的。雖然如此，每個人還是有其自我的根本道德標準，以便運用在商業社會和個人的生活上。個人在面對道德判斷時，可以用一個辦法來裁定某個行爲的道德結果究竟如何：誰會得到幫助或受到傷害？這樣的結果會持續多久？有什麼樣的舉動可以爲最多數的人謀取最大的好處？而第二個辦法則是強調幾個規則的重要性，而這些規則都是取自於風俗、律法、專業標準、和一般常識等。請看看這些規則的幾個例子：

◇己所不欲，勿施於人。
◇翻製有版權的電腦軟體是違法的。
◇撒謊、賄賂、或剝削等，都是不當的行爲。

最後一個辦法則是強調個人身上的道德角色發展。而這種道德上的發展有三個階段：[10]

◇未成慣例的道德觀(preconventional morality)是最根本的階段，就像小孩子一樣。他是精打細算、以自我爲中心的、甚至是自私的，完全取決於是否會被處罰或獎勵的設想情況下。幸運的是，多數的商業人士都已超越了這種以自我爲中心、並具操縱的道德觀。
◇依循例的道德觀(conventional morality)則是從利己的觀點跳開來，轉移到對社會的期待上。最重要的就是對組織(社會)的忠誠和順從。在習慣性的道德階段上，有關道德方面的行銷決策，其考量往往在於這個決策是否合法？以及其他人對這個決策的看法如何？這類的道德標準就像是某句格言所說的：「入境隨俗（When in Rome, do as the Romans do.）」。

◇後慣例式的道德觀（postconventional morality）代表的則是成熟人士的道德觀，這些人不太在乎別人如何看待他們，反而比較關心自己的看法以及長期下來對自己的判斷是如何？一名行銷決策人員處於後慣例式的道德階段時，可能會問自己：「即使這是合法的，也可以增加公司的利潤，可是就長期來看，這是正確的方向嗎？到了最後，他的害處會多過於益處嗎？」

道德和行銷管理

許多消費者都認爲行銷活動，特別是廣告和推銷這兩項，本質上就是沒有道德，並且有人爲操縱因素在裡面。舉例來說，消費者往往將市場行銷和誤導的廣告、積極推銷的業務員、以及高價位的劣質商品等，畫上等號。事實上，市場行銷中的某些領域，的確很容易就會有不道德的行爲出現：商品管理、零售、廣告、配銷、定價、和個人推銷等。讓我們看看下列的統計數字，就可以知道一般而言，美國人民似乎不太相信商場人士和行銷人員。

◇《商業周刊》（*Business Week*）／哈利斯民意調查（Harris poll）指出，一般人認爲白領階級所犯的罪行是相當普通的（49%的受訪者）；或者是有些普通的（41%的受訪者）。還有46%的受訪者相信商業人士的道德標準僅只是一般程度而已。

◇《時代》（*Time*）雜誌的研究調查指出，76%的一般民衆都認爲企業界的經理人士普遍缺乏商業道德，原因可能是美國道德標準的沉淪。

◇美國八大會計事務所之一的塔奇羅斯（Touche Ross）事務所，在他的調查中指出，一般人即使是商業人士本身也好，都認爲媒體上所描繪的商業道德問題，並不會過分渲染，也不會太誇張。

◇一項蓋洛普的民意調查（Gallup study）顯示，在所有的職業當中，一般人認爲白領階級所犯的罪行是相當常見的，也相信商業人士的道德標準僅只是一般程度而已。
©1988 Brownie Harris/The Stock Market

推銷和廣告被認爲是最接近誠實和道德標準邊緣底線的兩種行業，只有律師這個行業的排名比他們還糟。行銷經理必須時時拿捏企業需求和其他人的需求（例如，顧客、供應商、或社會大眾）之間的平衡點。客觀的行銷考量往往和道德標準有所衝突。舉例來說，業務人員就會發現，他們常常面臨來自顧客需求方面的彼此矛盾：既是高品質又是低價位的商品。他們會覺得有很大的壓力要在商品、顧客、和自己之間，以個人的道德觀來做相互的妥協。嚴格的營業額要求或生產配額、失掉生意的風險、日趨競爭的環境、道德指南的缺乏、以及貪婪的心理等，都有可能促使市場行銷作出一些偏差的不道德行爲。

（圖示5.1）列出了行銷經理所面對的幾個主要道德問題。

●娛樂和禮品贈與	●侵犯顧客的隱私
●不實或誤導的廣告	●性導向的廣告訴求
●對商品、勞務、和公司能力作錯誤的展示介紹	●商品或勞務上的欺騙
●為了要讓生意成交，已謊言欺騙消費者	●不安全的商品或勞務
●人為操縱資料（不實或錯誤引用統計數字或資訊）	●價格上的欺騙
●誤導商品或勞務所作的保證	●價格上的歧異
●對顧客作初步的人為操縱	●對競爭對手作出不當的批評和不實的聲明
●剝削兒童或窮人	●以較少量的商品放在相同尺寸的包裝中
	●以刻板印象的模式來描繪女性、少數人種、以及老人等。

圖示5.1
行銷經理可能必須面臨的各種不道德運作

道德決策

2 描述道德決策的本質是什麼

商業人士究竟如何作出道德方面的決策？其實這並沒有一定的標準答案。可是一些研究卻顯示，以下幾個因素往往會影響道德上的決策和判斷：[11]

◇企業組織內的道德問題尺度：行銷專業人士所身處的企業環境，若是不太有道德上的問題，則往往會比較強烈地反對非道德或有爭議性的商業運作方式。很顯然的，愈是健康、愈是有道德的工作環境，就會讓行銷人員愈有可能反對一些爭議性的商業做法。

◇管理高層對道德議題的表態：管理高層可以藉著鼓勵道德行為和勸阻不道德行為的方式，來影響行銷專業人士的決定。

◇最終結果的潛在威力：對受害者的傷害愈大，行銷專業人士就愈有可能認為這個問題是不道德的。

◇社會輿論：經營界同儕愈是同意這個舉動是有害的，行銷人員就愈是認為這個問題是有道德的。

◇有害結果的或然性：某個行動是有可能造成有害的結果，行銷人員就愈是認為這個問題是不道德的。

圖示5.2
瞭解商業上的道德決策之運作架構

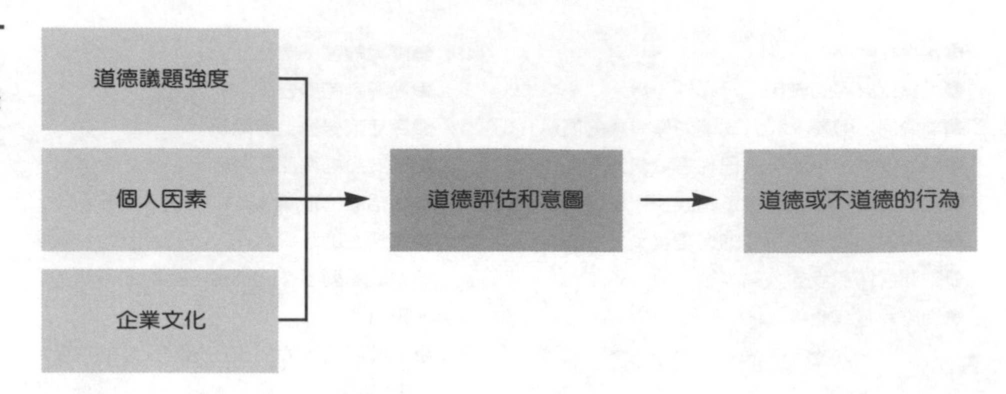

資料來源：摘錄自O. C. Ferrell和John Fraedrich所著的《商業道德》（*Bsuiness Ethics*），波士頓：Houghton Mifflin教科書出版公司，1997年，第94頁。

◇決策和結果爆發之間的時間長短：該行爲和負面結果之間的發生時間愈短，行銷人員就愈有可能認定這是一個不道德的問題。

◇受影響的人數：受到負面結果影響的人數愈多，行銷人員就愈有可能認定這是個不道德的問題。

（圖示5.2）的架構可以協助你瞭解商業上的道德決策過程。該圖指出，個人和企業文化等因素會和道德議題的強度（就個人或工作團體來說，對道德議題所認知的相關性和重要性）產生互動影響，進而在道德評估、意圖、以及最後的道德行爲上，作出決定。

道德方針

許多企業都對道德方面的議題愈來愈有興趣。而表現興趣的方式之一就是有愈來愈多的大型企業都開始有道德風紀主管的編制派任。比起5年前的一個都沒有，到目前25%的企業都有風紀道德主管，這樣的轉變簡直是不可同日而語。除此之外，各大小公司也都發展出一套屬於自己的**道德律**（code of ethics），作爲行銷經理和其他員工行事決定的標準方針。事實上，根據最近一份全國性的調查指出，有60%的企業都擁有自己的道德律；33%的企業則提供道德風紀方面的訓練課程；還有33%的企業，僱用一名道德風紀主管[12]。其中最令人稱道的是波音（Boeing）公司、美國通信公司（GTE）、惠普（Hewlett-Packard）電子科技公司、嬌生公司（Johnson & Johnson）、以及若頓公司（Norton Company）等所具備的道德律。

道德律
行銷經理和其他員工作決策時的標準方針。

道德方針的訂定可以得到幾個好處：

◇它可以協助員工確認什麼樣的商業運作是他們公司所認定接受的。
◇道德規律可由內部有效地控制行爲，這比來自政府方面的外在控制，更來得令人滿意。
◇一份書面的規範可讓員工在面臨某項決策是否道德時，避開混淆兩難的情況。
◇在制定規範的過程中，可激發員工們對於什麼是對，什麼是錯的互相討論，並在最後達成最好的決定。

但是企業界還是應該小心，不要把自己的道德律定得太模糊或太仔細。太模擬兩可的規範對員工在日常活動的指引上，並無太大的幫助。但規範若是太詳細，又會鼓勵員工以規範的標準來替代自己的判斷能力。舉例來說，如果某些員工牽涉到一些爭議性的行爲，他們可能會利用書面規定的漏洞，作爲繼續這種行爲的藉口理由，即使他們的良心告訴自己這是不對的行爲。（圖示5.3）的核對一覽表就是一個簡單但卻很有幫助的道德律。核對一覽表的底下並沒有一定的保證，什麼是眞正「正確」的決定，可是他卻可以不斷改善在道德方面的決定。

雖然許多公司都已制定了有關道德行爲上的政策規範，可是行銷經理卻仍然必須眞正身體力行才是。他們必須說出典型的問題程度是什麼。舉例來說，行銷調查人員往往必須以欺騙的手法，來獲取問卷上的一些正確答案。例如調查人員明知道訪談時間需要耗掉45分鐘，可是卻在事前對受

圖示5.3
道德核對表

- ●這個決策只對某個人或某個團體有利嗎？對其他個人或團體無益且有害嗎？也就是說，我的決策對所有牽涉到的人來說，是公平的嗎？
- ●這些個人或團體，特別是顧客，若是知道了我的決策，會覺得很沮喪嗎？
- ●因為我的決策沒有接受來自其他人或其他團體的建議，是否就忽略掉了一些重要資訊？
- ●我的決策是否擅自假定我的公司在這個產業中的運作是個特例，因而有權打破慣例呢？
- ●我的決策會侵犯到某些合格的工作應徵者，讓他們覺得沮喪嗎？
- ●我的決策會在公司內部的個人或團體之間造成衝突嗎？
- ●我必須用階級或脅迫的方法來執行我的決策嗎？
- ●我是否傾向避免掉該決策下的可能結果？
- ●我是否沒有真實地回答上述問題，只是告訴自己，被抓到的機率很小，而且我應該可以逃得過這種非道德行為的處罰？

訪者說，只要耽誤幾分鐘而已。又如某些調查人員在執行消費者小組討論會（focus groups）的時候，應該告知與會的受訪者，牆上那面大鏡子的背後會有其他的觀察者嗎？要是受訪者知道他們總在被人監看，可能就無法暢所欲言了。還有該客戶有權從市場調查公司裡，獲取記載著受訪者姓名和地址的問卷嗎？這許多顧慮在美國行銷學會（American Marketing Association）的專業標準委員會（Professional Standards Committee）上都有清楚的說明。有關美國行銷學會的道德律，在其www.ama.com的網站中，都有詳細的記載。

儘管最好的道德規範計畫也並不見得總是有效，可是道康寧（Dow Corning）公司仍是第一家正式設定道德規範計畫的企業組織。該公司成立了由主管人士所組成的委員會，使該計畫可以創造出有著高度道德標準的企業文化。這家公司以他的標準來進行審核，並和員工溝通有關道德方面的事宜，其中包括了道德觀規範的訓練課程，並於每兩年審核一次各員工的道德運作情形。可是這個制度似乎失敗了，因為道康寧公司被控欺瞞有關矽膠隆乳的安全性問題，這種矽膠正式由該公司所製造的。從公司內部的文件得知，多年來，道康寧公司早就瞭解了這個產品的安全性問題，可是卻設法不讓社會大眾知道。

目前所面臨的道德兩難局面

3 討論幾個目前道德上的兩難局面

就今天而言，行銷經理正面臨了許多道德上的爭議問題。其中三項最主要的議題就是香煙和酒類的促銷活動、消費者的隱私、以及所謂的綠色行銷（green marketing）問題。因為篇幅有限，所以我們無法針對其它更多的道德兩難問題進行討論：例如針對兒童所作的市場行銷；強化性別角色刻板印象的行銷活動；誤導的廣告和不實的包裝標示、以及對窮人所展開的市場行銷等。

香煙和酒精飲料的促銷活動

香煙和酒精飲料公司從未像1990年代這樣，遭受過這麼大的阻力打擊。其中一個飽受批評的例子就是R.J.R.煙草公司（R. J. Reynolds Tobacco

Company）用了一個卡通吉祥人物：駱駝老喬（Joe Camel），作爲該公司促銷駱駝牌（Camel）香煙的代表人物。其中有些廣告是對準女性消費者的，舉例來說，在一則彩色廣告中，母駱駝在水塘邊抽著香煙，而公駱駝則在一旁巴巴地看著。批評家認爲，這些廣告可能會鼓勵年輕的女性作出抽煙的嘗試舉動。[13]

批評家也認爲，駱駝老喬的廣告活動將目標瞄準在兒童和十幾來歲的孩子身上，想要讓他們成爲吸煙者。有許多研究調查都顯示，這個指控並非空穴來風，的確有其根據。舉例來說，由《美國醫學協會期刊》（*Journal of the American Medical Association*）所出刊的一些研究報告就指出，駱駝香煙廣告的確達到了對孩童的高普及率目標。在一項研究中發現到，6歲左右的兒童對駱駝老喬的熟悉度就像迪士尼頻道的米老鼠商標一樣地熟悉。另一個研究也發現，當消費者被要求去判斷香煙廣告中的模特兒年齡時，有17%的模特兒被認定在25歲以下，這個證據明顯違反了香煙產業自己對廣告道德上的自願性規範。除此之外，描繪年輕男女的香煙廣告

批評家認爲，R.J.R.的駱駝老喬廣告活動將目標瞄準在兒童和十幾來歲的孩子身上。另一項研究則發現，6歲左右的兒童對駱駝老喬的熟悉度就像米老鼠一樣地熟悉。
©Peter A. Harris/AP Wide World Photos

也被大量發現刊登在以年輕人為主要訴求的雜誌刊物上。最後，最近一項調查指出，十來歲孩子的吸煙習慣和香煙品牌的大量廣告曝光，有著密切的關係。疾病防治中心（the Center for Disease Control）就發現，愈是大量廣告的香煙品牌——萬寶路（Marlboro）、紐波（Newport）、和駱駝（Camel）等品牌——就愈有可能成為12到18歲孩子的偏好品牌。事實上，調查中約有86%的青少年經常買這三個品牌的其中之一，相較之下，只有35%的成年人會去買這三個品牌的其中之一。[14]

這些研究調查促使了美國公共衛生局局長，要求全面禁止香煙廣告在雜誌上和零售店裡刊登（香煙廣告早就不准在電台中播放了）。聯邦政府的其他分支機構也在尋求管道，想要控制香煙的廣告。美國最高法院已經裁定，吸煙者可以控告香煙製造商，隱藏或扭曲有關香煙危害身體健康的事實。這像裁定可讓煙草公司確實遵守在包裝上和廣告上明示香煙對身體有害的實情告知。國會也考慮進行某些反制吸煙的立法條文，其中包括各州政府可自行制定香煙廣告的規範條例；禁止讓未成年孩子看到香煙廣告；限制戶外廣告；以及終止香煙商品的免稅額等。聯邦貿易委員會也在壓力下，禁止煙草公司打出任何有關低焦油香煙的廣告，以避免讓吸煙者誤認為，這種香煙是比較可靠安全的。像這類的努力在美國各地都看得到。加州的一條法案就禁止所有的危險商品，特別是香煙，不得在廣告上使用卡通造型來展現。[15]

1996年底，一項來自佛羅里達州的裁定宣判，布朗威廉森煙草公司（Brown and Williamson Tobacco Company）必須付出大筆的裁決金額給某個控告該公司的消費者，這個裁定結果大大鼓勵了那些贊成全面禁止香煙廣告的社會人士。這個案子現在仍然在上訴中，但是如果真的成立的話，就會成為有史以來第一家付款給消費者的煙草公司。

雖然香煙廣告已被全面禁止在電視和電台中出現，積極人士還是宣稱這類廣告會利用機會，偷偷滲入各電波之中。例如當電視攝影機的鏡頭停格在某球場的計分板上，或者這鏡頭變焦接近某外野區的時候，我們都可以看到香煙廣告的大看板。為了因應大眾的反對觀點，現在有幾家大型的運動場不再接受香煙廣告，有些露天的運動場甚至全面禁止吸煙。

其實，這些反制吸煙的積極份子不僅試著禁止香煙廣告而已，他們以會使用現代的行銷手法來「推銷」他們的觀念。舉例來說，在加州，一些精心規劃的反香煙廣告就是利用該州的香煙稅所製成的，內容是要勸阻該州近700萬的吸煙人口，戒掉這個習慣。這項廣告活動的目標對準了年輕女性、青少年以及境外移民人士。預估整個活動結果會讓香煙產業在加州失去大約11億美元的營業額。[16]

爲了因應大眾這種反香煙的情緒表現，R.J.R.煙草公司已經開發出一種新的香煙，稱之爲日全蝕（Eclipse）。據稱這種香煙可以減低近90%的二手煙污染，不會再產生大量的煙灰和煙味。但是日全蝕的一氧化碳和尼古丁含量並沒有減少，而這兩項物質對人體循環系統的疾病以及與吸煙有關的致命死因等，都有著密不可分的關係。因此，公共衛生的主管官員又有了一個新的頭痛問題，就是這個「體貼大眾的香煙」，究竟會採什麼樣的行銷手法呢？官員們擔心它的廣告和促銷會讓始終如一的消費者誤認爲這種新的香煙是比較安全的。因此，美國食品藥物管理局（FDA）必須針對這個新商品究竟該歸類在香煙類或藥品類的問題，作出最後決定。而該決定的結果也會對該商品促銷的條例管制程度造成影響。[17]

另一方面，酒精飲料產業的待遇也好不到哪裡去。在大學籃球冠軍爭奪賽期間，每一小時的電視廣告時間中，啤酒廣告只能播放一分鐘。美國公共衛生局局長也對酒精類的廣告展開了攻擊，控訴它們在廣告中的性暗示和運動形象等，會對那些不足齡的飲用者，造成鼓勵的效應。而低酒精含量，且明確標示酒精成分的飲料也遭到了流彈的波及，因爲批評家認爲這類的包裝會誘惑青少年，使他們之間的濫飲情況更加地嚴重。因此，國會要求所有含酒精飲料都必須在廣告上明確標示它對健康的危害。遺憾的是，這類的標示祇能提醒社會大眾的警覺而已，可是對個人行爲的改變，卻沒有太大的影響。[18]

美國菸酒武器管理局（the Bureau of Alcohol, Tobacco, and Firearms）也開口反對這些含酒精的飲料，認爲這些商品都是將目標對準了市中心的居民。舉例來說，像極爲強烈的啤酒飲料：強人（Power Master），就必須被迫改名，因爲它的名字暗示了很濃的酒精成分。而聖艾迪斯特級啤酒（St. Ides Premium Malt Liquor）的電視廣告則請出像冰塊男孩（Ice Cube and Getto Boys）等這類的說唱樂手來助陣，進而吸引年輕的飲用者。而含有很高酒精成分的克特45（Colt 45），則在廣告中利用了第一代大學畢業生的角色模範，來瞄準市中心的年輕男女。克特45之所以使用這類型的角色模範，就是想要塑造出自己的嬉皮形象，這是1980年代中期以來的一項改變，極爲吸引老一輩的黑人。[19]

1996年年底的時候，有關酒類廣告的爭論達到了最高點。曾自動自發禁止烈酒廣告播放達數十年的廣播界，因爲美國西格欄公司（Seagrams America）在各電視台播放它的加拿大皇冠威士忌酒（Crown Royal Canadian whiskey）廣告，而打破了這項慣例。最初，只有25家電台同意播出，可是產業觀察家卻認爲，這個舉動可能會引起國會對烈酒廣告的反擊，進而造成聯邦政府全面禁止所有酒類廣告的出現。

許多香煙和酒類公司也都屈服於社會積極人士的壓力之下，開始展開新的廣告活動，告知兒童不可抽煙和喝酒。幾家大型的煙草公司及其貿易團體所組成的煙草協會（the Tobacco Institute），就發動了年輕人反吸煙的活動，該活動著重在同儕間對吸煙舉動的否定看法。安豪瑟（Anheuser-Busch）啤酒釀製公司每年都花了數百萬美元在他的「知道何時該道別」（Know When to Say When）的活動上。同樣地，美樂釀酒公司（Miller Brewing）也在「對飲酒行爲負責」的活動上，增加了三倍的花費支出，這個活動大多集中在假日或春假時期。

可是批評家卻質疑香煙和酒類公司對這類反吸煙和反飲酒廣告的誠意有多少。許多人認爲這類廣告只會讓兒童對吸煙和飲酒這種事情，覺得更具挑戰性而已。其他人則相信，這些產業在勸阻青少年吸煙和喝酒這方面所作的努力，已經被廣告上的大量快節奏內容給掩蓋住了。可是仍有一些人認爲這種廣告是該產業所能作的最後努力，以防它們被全面性地封殺。事實上，啤酒公司不只想要勸阻那些條例規範的設定，也想讓它的廣告不會被全面性地禁止。

也因爲對酒類和香煙廣告的禁止，可能會對經濟面造成很大的影響，所以有許多人對這方面也表達了強烈的關切。廣告議題領導評議會（The Leadership Council on Advertising Issues）就估計，如果全面禁止香煙廣告的出現，將會造成7,904份報業工作泡湯，165家雜誌社招攬不到生意。如果啤酒和烈酒廣告不准在電視上播放的話，則另外會有4,232個工作機會被裁撤，而且一堆運動聯播網的節目亦難以支撐下去。若是沒有了烈酒的廣告，84家雜誌社可能會關門大吉，而其中有許多雜誌都是以非裔美人爲訴求的對象。[20]

香煙和酒精類飲料公司也逃不過來自於國外市場的壓力。特別是煙草公司，它們在全球各地都面臨了法律和取締條文的規範限制。歐盟的執行單位就建議全面禁止貿易團體的香煙廣告，這項建議可將香煙廣告杜絕於雜誌刊物、廣告看板、和電影戲院之外，並禁止煙草公司的標誌出現在T恤的印刷上和賽車的車身兩旁。結果造成香煙廣告只能出現在販賣香煙的商店裡。歐盟對香煙電視廣告的全面禁止，於1991年起正式生效。其他國家，如台灣、澳洲、中國大陸、和泰國等，也都在尋求方法，想要抑制香煙廣告，或者是強化取締條款。加拿大這個國家有著全世界最爲嚴苛的香煙反制條例，所有的零售商都不准陳列香煙廣告，煙盒上也必須印上很大的健康警告標示，同時煙盒內必須夾帶吸煙有害的說明紙張。另外加拿大的法律也規定，報紙、雜誌和戶外廣告看板等，都不准刊登香煙廣告。

消費者的隱私

現今的電腦科技技術可以收集分析大量的資料。因此，對公司而言，它們可以很輕鬆自在地針對數以百萬的顧客，進行身家資料上的蒐集整理，其內容從薪水、家庭價值觀到家庭成員的年齡和體重等，應有盡有，全都含括在內。

有時候，收集這些資料的公司，會把這些資訊再賣給直銷公司。很多消費者都很憎恨這種商業交易上的資訊利用行爲。在某個研究調查中指出，10個美國人中就有8個美國人同意，若是獨立宣言可以重寫的話，應該把隱私權也列在基本人權（生命權、自由權、和追求幸福的權利）的其中之一。多數人相信，他們已喪失了有關個人資料的自我掌控權了。[21]

被控濫用消費者隱私權的廠商愈來愈多，美國運通卡（American Express）就曾將持卡人的生活形態和消費者習慣等資料提供給一批參與聯合行銷活動的廠商們。可是在經過新聞的報導爭議之後，暢銷娛樂公司（Blockbuster Entertainment）原本要把顧客的錄影帶租賃習慣等資訊賣給直銷公司，卻不得不因此而放棄這個計畫。伊奎菲克斯（Equifax）公司是超大型的信用紀錄公司，其檔案內容涵蓋了1億2千萬名顧客的名冊，該公司也因爲紐約州首席檢察官威脅要控訴他們，而不敢將這份名冊提供給直銷公司。

即使是醫生和藥劑師，也會依照慣例把他們病人的病例資料提供給一些專事蒐集顧客資料公司，然後這些公司再將這些資料轉賣給那些急欲得知自家產品銷售情況的製藥廠商們。批評家認爲這些病例紀錄的保管人，並沒有權利在不告知病人或獲得病人的同意之前，就將資料和那些不受法

零售商可以透過結帳掃描器所收集到的資訊，將這些消費者依相同的興趣和相近的收入進行分類，作成名冊。
©David Young-Wolff/Tony Stone Images

律條文約束的商業團體共同分享。這種商業運作方式對那些極為重視隱私，並擔心引起效應結果的愛滋病人、精神病患、和其他相關情況的病人等，都是極大的威脅隱憂。

還有許多公司利用隱私權作為一種行銷上的武器。美國電報電話公司（AT&T）的電視廣告就針對MCI（微波通信公司）所進行的「朋友和家人」計畫，展開一連串的攻擊。在一則AT&T的廣告中，一名女士因為電話行銷人員要求她提供一些親友的電話號碼時，而顯得火氣十足。而在另一則廣告裡，一名男士返家之後，打開電話答錄機，卻遭到一堆親友爭相留話指責他，不該將他們的姓名和電話告知給MCI。

工業技術的進步使得電腦能夠根據前述的資料提供，模擬消費者的行為。舉例來說，只要友人撥800或900的號碼，呼叫辨識服務系統就會把他們的電話號碼記錄下來，該公司就可以找到他們的姓名和住址，然後再將這些資料置於郵寄名單上。因此，新的取締條款正被審慎地考慮中，這些條款必須先經過他們的同意才可以。

可是即使只是寄回一張贈品券、填上一份保證卡資料、或是參加某個活動的抽獎，這些消費者都會成為自己送上門來的個人資訊提供者。行銷人員會把這些資料和一些公開可取得的資源（如人口普查資料或網際網路的使用模式）作一整合，然後就可根據行銷上的個別目標，將這些消費者依相同的興趣和相近的收入進行分類。零售商也可以透過結帳掃描器收集到的資訊，將類似的名單編列成冊。批評家認為這類的運作方式，就是侵犯了消費者的隱私權。消費者在不知情的情況下，個個成了身負資訊裝備的行銷個體，使得行銷人員可以經由他們身上的資訊，賣出更多的商品和勞務。[22]

綠色行銷

綠色行銷
比起一般行銷手法來說，這些商品和包裝的行銷比較沒有毒害性、比較耐用、可以重複使用、或者是以循環再生的原料製成。

綠色行銷（green marketing）比起一般行銷手法來說，這些商品和包裝的行銷比較沒有毒害性、比較耐用、可重複使用或是以循環再生的原料製成。亦即這些商品對環境是很友善的（environmentally friendly），他們的廠商則「對環境負責任」（environmentally responsible）。

許多美國人都很擔心環境問題。研究調查也指出，有環境意識的消費者是不能以人口特徵（如年齡或收入）來區分的，相反地，這些消費者來自於不同的區隔市場，可是卻有著相同的信念，就是要以他們的行動來解決環境的問題。大多數的美國人都會責怪企業界所製造出來的環境問題，其中幾個典型的想法如下所示：

◇造成環境問題的主要成因就是來自於產業界的污染。
◇企業界所用來製造生產的商品，對環境造成了極大的傷害。
◇企業界應該為沒有發展出對環境有益的消費商品而感到內疚。
◇速食業和消費商品製造商所使用的免洗餐具或用過即丟的包裝，應該受到限制才是。[23]

另一方面，消費者也責怪自己。因為70%的人都說消費者對便利商品比較有興趣，對環保商品就比較興趣缺缺。超過一半的人承認，他們不願付出額外的錢來買這些對環境比較無害的商品。他們並不在乎筆客公司一年所生產製造的40億隻原子筆、300萬個刮鬍刀、和80萬個塑膠打火機，最後都被掩埋在垃圾場裡。事實上，該公司所製造的兩款可充填式原子筆，只佔了營業額的不到5%，而且這個數量還在減低之中。[24]

雖說如此，仍有許多廠商開始對環保關心了起來。有些公司也發現到「綠色行銷策略」的執行，也算得上是一種競爭的優勢。[25]舉例來說，耐久（Duracell）和永備（Eveready）這兩家電池公司就減低了電池內的水銀含量，終於在最後開發出無水銀成分的電池商品。三洋（Sanyo）也將它的可充電式電池裝在塑膠管內販售，這種電池可以寄回來，該公司便可再重新利用這些塑膠管和鎘電池了。龜蠟（Turtle-Wax）公司所生產製造的洗車用品和洗潔精等，都是可進行生物分解的，並且可以經由廢棄物處理工廠，進行消化分解。這家公司的塑膠容器是由可再生的塑膠材質所製成，而它的噴劑產品也沒有使用破壞地球上空臭氧層表面的推進成分。[26]同樣地，雷格斯（L'eggs）公司也重新設計了它的塑膠蛋型包裝，改以符合環保要求的硬紙板包裝來替代。批評家則爭辯道，這些綠色行銷活動充其量不過是試著利用消費者對環境問題的關心而已。一個調查團體在對35家美國公司進行研究之後，發現到其中許多公司只是利用「綠色行銷」作為煙霧彈而已，以掩飾他們持續對環境污染的既定事實。[27]

許多公司都曾因包裝上或廣告上所作的不實或誤導的環保宣言，而被

市場行銷和小型企業

從事綠色行銷的公司，也可以生意興隆嗎？

環境關懷（Enviro Care）公司是一家「綠色」商店，由一對住在加州的夫妻所共同經營。因為他們的兒子在地球日那天誕生，所以給了他們一個念頭，何不開一家店，專賣有機衣物和其他與環保相關的商品項目呢？環境關懷商店自開店的兩年後，有了第一次的利潤回收。其實，這家店和全美各地200家以上的環保小型企業，沒有什麼不同。《自然接觸》（*Natural Connection*）是一本專為小型環保商店所發行的專業性刊物，該刊物的發行者凱文康那利（Kevin Connelly）就曾見識過這些小型企業的所有者，他們對生態的關心遠超過生意的成功與否，因而導致對生意竅門的學習進展太慢。「有很多人只是因為自己的理念而投入這個市場之中，可是卻完全沒有商業或零售業的背景支持。」

許多有環境意識的企業家認為，消費者一定會很想買他們的商品。其實他們低估了基本商業任務的挑戰，那就是應不斷推出新的商品。類似像綠色商業會議（Green Business Conference）和全國綠色零售協會（the National Green Retailing Association）等，他們成立的目的就是要來幫助這些擁有環保商店的企業家們。這些團體會舉辦討論會和研習會，專門為顧客和專業人士等提供有關的教育訓練，其主題從「在今日狂亂的市場中，保持超然的自我」（Staying Afloat In Today's Turbulent Marketplace）到「網際網路的綠色化：在綠浪中衝浪而行」（The Greening of The Internet ： Surfing The Green Wave）等，全都涵蓋在內。

環保零售商和綠色企業對於如何立足於這個競爭激烈的市場中，的確需要一些幫助。事實上，1996年在洛杉磯所舉辦的綠色商業會議中，其中的某個研討會就是針對有關環保商品的行銷運動是某已達到了巔峰？以及是否仍有空間讓聰明的經營者可以找到新的商業契機進行討論。而結論則是這個市場仍有空間，可是未來的競爭會愈來愈激烈，特別是對那些已綠色行銷為主的策略來說，將會更具挑戰性。[28]

你經常光顧的店，或者是你所購買的商品和勞務，都是因為他們有環保概念嗎？全國綠色零售協會還可以提供哪些其它的計畫，來吸引這些對生態極為關懷的企業主？對這些小型的綠色零售店主來說，他們非常關心環境問題，可是卻沒有商業的背景，你覺得他們會遇到什麼不同的挑戰呢？

處以罰緩。為了因應這個情況，許多州政府和聯邦交易委員會（FTC）就針對進行綠色行銷的公司，發行了一些指導原則。舉例來說，加州的環保眞相廣告法（truth-in-environmental-advertising law）就對廠商在包裝上所使用的「被回收利用」或「可回收利用」等字眼，有嚴格的規定。FTC的指導原則也強烈地要求這些廠商和公司，必須具備能力和可靠的科學證據，來支持這類的環保宣言，不要過分渲染了自己的商品對環保的好處。

其實並不只有美國消費者對環保議題愈來愈敏感。環顧整個世界，所有的消費者和公司組織都在為地球和大氣層的保護問題盡一份心。德國是其中最關心環保議題的國家之一，該國的其中一條法令就要求，60%的包裝必須在法令通過的5年內。完全採用可再生利用的包裝方式。德國的汽車製造商現在也正開始要設立可再生利用汽車零件的工廠。在加拿大，有一個聯邦計畫叫做「環境選擇」（Environmental Choice），該計畫訂定了所謂對環境友善的商品標準。這些標準被34個商品種類拿來運用，目前已有超過600件左右的商品，通過了這個計畫的核准認可。我們可在「放眼全球」方塊文章中談談一些從事國際行銷的公司，他們所面臨到的主要道德問題。

道德觀裡的文化差異

4 分析和全球行銷有關的道德議題

研究調查顯示，各文化之間的道德信念，彼此差異並不太大。但是就某些商業運作來說，例如非法的付款和賄賂等，各地方的接受程度就大不相同。有些國家對這種非法的付款有著完全不同的標準。例如在德國的生意人，通常會把賄賂的款項作為減稅的商業支出。而在蘇俄，對政府官員進行賄賂和關係打點，是做生意的必要條件。一些官僚性的事務，如事業體的註冊登記，若是能賄賂主事的政府官員，包管事情一定進展的又快又順利。通常這種打點需要花上10萬塊左右的盧布（500美元）。我們稱這種賄賂是一種在其他國家做生意的自然法則。可是這類的運作手法是不是建議從事全球行銷的公司，都應該採納這種「入境隨俗」的心理呢？

另一個有關文化差異的例子，就是日本人不願意強制實施反托辣斯

放眼全球

美國道德上的運作慣例：如何以全球市場的標準來衡量

隨著跨國企業數量的增加，各公司和各國家之間已變得愈發彼此依賴，而且他們也必須從中學習如何在共同的利益目標下，互相合作。但是，也因為文化上的差異，這種彼此依賴的加深程度，更突顯了雙方衝突的可能性，而其中衝突的所在，多牽涉到行銷道德的問題。事實上，對開發中國家來說，他們無法對大型多國企業就行銷、環境、和人權等管制條例進行課稅。因此，從事國際行銷的公司往往會面臨到下面幾個道德上的主要議題：[29]

- 傳統上的小小賄賂：一小筆費用的支付（例如，賄款或回扣），通常都是付給國外的官員，以期換得對方在公務上有所通融，加速官方的一般辦公效率。
- 大規模的賄賂行動：相當大筆的費用支出（例如，政治獻金），使得商業行動得以在違反法律的情況下仍然照常運作，或是直接或間接地影響政策。
- 禮物、小惠、和娛樂招待：豐盛的禮物，以公司的支出名目招待個人旅遊；在交易完成之後，收到的酬謝禮物；昂貴的娛樂安排等。
- 定價：不公平的差異性定價；爭議性的發票開立（買主要求開立的發票，上頭所寫的價格和實際付出的價格並不符）；為了擠下當地的競爭對手而設定的價格；以低於國內市場的價格，傾銷產品；在國內不合法，但在地主國卻是合法的價格運作（例如，定價合約）。
- 商品和技術：不准在國內使用的商品和技術，在地主國卻沒有限制（例如含有石綿和DDT的商品）；或者是並不適合地主國人民所用的商品。
- 逃漏稅：專門用來逃稅的運作慣例，例如：轉換售價（調整子公司和母公司之間的付出價款，以便影響整個收益的分配）；「逃稅天堂」（將收益移轉到低稅捐的管轄區域）；在公司內部的貸款上進行利息支出的調整；以及在子公司和母公司之間所負擔的管理費和服務費上進行造假。
- 在地主國所進行的非法或不道德活動：這些運作包括了環境污染；不安全的工作環境；在專利權、商標名、或註冊商標權等還未進行強制保護的地方，模仿別人的商品或技術；已不足的重量進行海外裝運，已收取虛報重量的運費。
- 付給管道成員的爭議性佣金：將一大筆的佣金或費用不合理地付給行銷管道中的成員，例如業務代理商、中間商、顧問、自營商、和進口商等。
- 文化差異：文化之間的差異可能導致對交易過程中的慣例要求產生誤解（舉例來說，某各文化視一些交易手段為賄賂，但在別的文化中，卻可以接受這類的交易），其中包括了禮物、金錢支付、小惠、娛樂、和政治獻金等，這些都不被認為是正常商業運作中的一部分。
- 政治事件的參與：和政治有關的行銷活動，包括跨國企業介入政治的影響力當中；在本國或地主國發生戰爭的時候，從事行銷活動；以及非法的技術轉移等。

請將上述的各種運作，從最容易避免到最難避免的不同等級，進行排名。在無法避免到這些運作的情況下時，該公司是否應該放棄那個國家的市場？

法。在每天的商業運作下，小至零售定價，大到商業上的的架構組成，這些日本人全都無視於交易限制、專賣壟斷、和價格歧異等不符合反托辣斯法的規範條文，照常運作著。無怪乎日本人可以忍受一些醜聞事件，如公然違背反托辣斯法、小惠主義的盛行、價格規定、賄賂、以及其他許多對美國來說不道德的活動。

有鑑於美國企業在國際商業交易上所使用的非法付款和賄賂手法，**國外貪污治罪法案**（Foreign Corrupt Practices Act）於焉產生。這個法案禁止美國企業對外國官員進行非法的收買，以便獲得商業上的權利或加速該企業在這些國家的商業交易。由於這個法案會把許多美國公司的生意置於市場劣勢之中，因而飽受商界的批評。很多人開始爭論，賄賂也許不是個令人愉快的字眼，可是在國際商場上，卻是必要的。

國外貪污治罪法案
禁止美國企業對外國官員進行非法的收買，以便獲得商業上的權利或加速該企業在這些國家的商業交易。

對開發中國家的剝削

對許多公司來說，在國際上尋求成長的好處有很多。比如說，某家公司在國內的市場成長率已呈停滯的局面，就可以採用產品輸出或國外設廠製造的方式，增加營收和擴大經濟的規模。另外，某些公司也可能藉著將這些商業交易擴散遍及到許多國家中，以便分散政治和經濟上的風險。

對跨國企業來說，將事業延伸到開發中國家，往往有幾個好處：廉價勞工和天然資源。但是也有許多跨國企業因為作出對開發中國家的剝削舉動，而飽受批評。雖然這些公司的商業運作可能是合法的，可是許多商業道德人士卻認為他們的運作方法是不道德的。這類問題的複雜性就在於開發中國家想要從事工業開發的競爭心態，因此，一些道德標準往往被這些急欲想擁有工作機會或稅捐收益的國家給忽略了。

舉香煙產業為例，隨著香煙營收在美國和西歐市場上的日趨低落，以及取締條文的日益嚴苛，煙草公司不得不相信，他們的未來生機只有到別處才找得到：中國、亞洲、非洲、東歐、和蘇俄等。即使這些大型的煙草公司知道自己產品對健康的危害，可是仍會向那些健康標示管制和行銷管制較少的市場中邁進。在匈牙利，萬寶路（Marlboro）香煙常常在熱門音樂會中被發送給年輕的樂迷。最近十年來，日本電視上的香煙廣告金額已

中國曾經承諾要重擊那些販售仿冒CD的零售商。於是在一年之內，官方就沒收並銷毀了將近200萬張的仿冒CD。
©AP/Wide World Photos

經從原來的40名爬升到第2名，有時候，甚至在兒童節目的廣告時段中出現。

諷刺的是，就在美國勸阻吸煙行爲的同時，美國的貿易代表卻和中國以及泰國等開發中國家，談判有關降低國外香煙關稅的事項。日本、台灣、和南韓等國，早就投降在這些貿易代表的威嚇之下了。煙草公司和貿易談判代表所堅持的說法是，只有進入這些開發中國家的市場，才能幫助香煙廠商彌補他們在國內市場所遭受到的損失。

環保議題則是另外一個例子。隨著美國環保法令和取締條文的日益嚴苛，許多公司也開始將他們的設備轉移到開發中國家，因爲當地的經營成本比較低。而且這些國家對空氣和廢棄物的取締條例若不是很少，就是付之闕如。舉例來說，愈來愈多的美國公司將製造工廠設置於墨西哥，也就是墨西哥和美國的邊界地帶，這些工廠統稱爲「maquiladoras」（製配工廠）。因爲墨西哥對污染問題的相關律法制定得並不多，所以製配工廠可以毫無節制地污染空氣、水源，並在邊界地帶傾倒危險的廢棄物。許多人都責怪製配工廠「沒有把在當地取出來的東西，好好地放回去」，意指那些不當的下水道和水處理工廠。

也因爲墨西哥一直想要吸引國外雇主的進駐，所以這些製配工廠所付出的稅捐並不高，可是卻能運用在該國基本設施的改善工程上。西達約拿市（Ciudad Juáres）是座人口稠密、污染嚴重的製配工廠都市，就位在艾帕索州（El Paso）和德州的交界邊境上。該城市每天生產的廢棄物可達數百萬加侖，可是卻完全沒有處理廢棄物的系統制度。很多人擔心，北美自由貿易協定（NAFTA）將會在墨西哥當地造成更大的環境污染問題，甚至加拿大和美國等地也逃不過環境污染的摧殘，因爲爲了要讓這個協定通過，各國都不得不在環境議題上作出了很大的妥協讓步。

企業的社會責任

5 討論企業的社會責任

道德和社會責任是彼此息息相關的。除了質疑煙草公司的道德良心之外，也該問問當他們促銷香煙的時候，是否在態度上也盡到了社會的責任。那些製造低價手槍的公司是否因他們的商品被都市中多數的罪犯拿來利用，而感到對社會負有很大的責任呢？**企業的社會責任**（corporate social responsibility）就是指企業方面對社會福利所付出的關心。經理階層不僅在該公司的長程利益上作考量，也顧慮到在這些運作過程中，該公司和社會之間的關係如何，如此一來，才可證明該公司對社會責任的關心程度。

企業的社會責任
企業方面對社會福利所付出的關心。

有一個理論學家認爲企業的整體社會責任有四個組成因子：經濟、法律、道德、和慈善事業。[30]**企業的社會責任金字塔**（pyramid of corporate social responsibility）就如（圖示5.4）一樣，將經濟上的成就表現描繪成其他三種責任的基礎根本。就在企業追逐利潤的同時（經濟責任），它也必須遵守法律的規範（法律責任），處事正當、公平（道德責任），而且作一名優良的企業公民（慈善責任）。這四個因子清楚明確，可是卻結合一起，構成了一個整體的責任。當然，如果該公司沒有任何利潤可圖的話，其他三項責任也是徒具虛名的。

企業的社會責任金字塔
這個模式認爲企業的社會責任有四個組成因子：經濟、法律、道德和慈善事業。而該公司的經濟成就則是整個架構的基礎根本。

有許多公司都已經開始致力於改善我們居住的環境，請參考下面幾個例子：

圖示 5.4
企業的社會責任金字塔

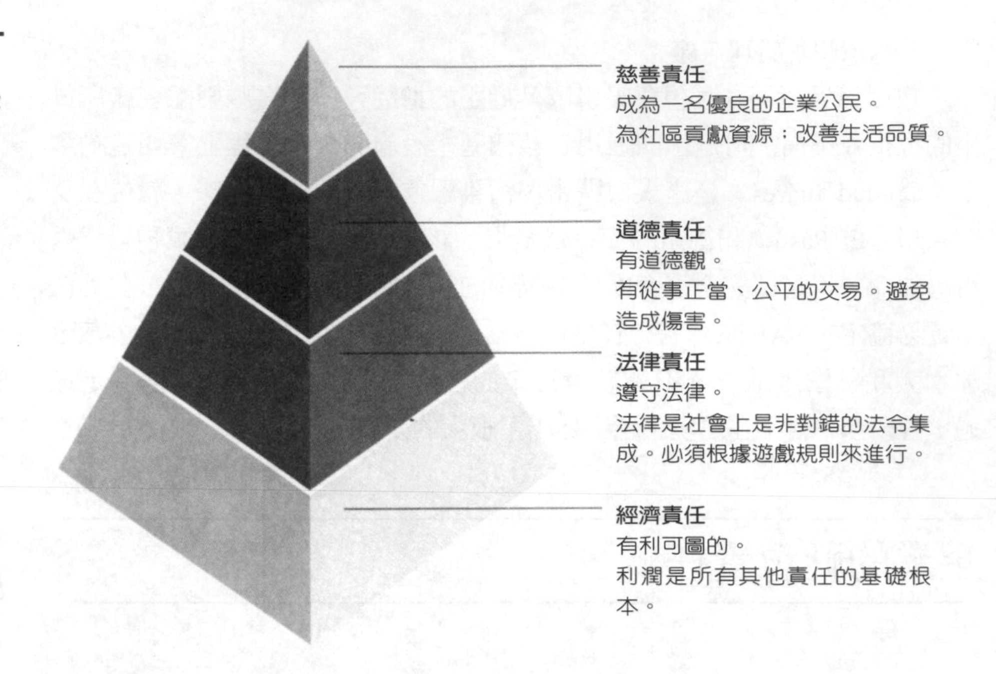

資料來源：摘錄自1991年7-8月號的《商業地平線》(*Business Horizons*)，第39-48頁的〈企業的社會責任金字塔：有關組織利害關係人的道德管理〉(The Pyramid of Corporate Social Responsibility：Toward the Moral Management of Organizational Stakeholders) 一文，Archie B. Carroll著。

◇可比關懷看護公司（Colby Care Nurses, Inc.）是一家位在洛杉磯的健康看護服務公司，該公司正爲一些無人看顧的黑人和西裔社區提供一些健康關懷上的照顧活動。這家公司很引以爲自豪的是它們雇請當地的居民從事照顧的工作，同時也爲當地的年輕人提供了行爲模範。[31]

◇大都會人壽公司（Metropolitan Life）每年捐出100萬美元，而李維史壯斯（Levi Strauss）公司也捐出50萬美元，作爲愛滋病教育和支援服務的經費。[32]

◇班和傑瑞（Ben & Jerry's）公司是頂級的冰淇淋製造商，該公司派遣七名工作者到加拿大和印地安克里族人（Cree Indians）生活在一起，學習他們是如何運用水力發電的。[33]

◇潔森（Jantzen）公司是泳衣製造界的全球性領導廠商，經由它所舉辦的淨水活動，直接以金錢捐助那些對海灘和水路的淨化保持有所貢獻的各種組織。[34]

◇蘋果電腦每年捐助近1,000萬美元給美國各級學校，作爲電腦設備和教學之用。

◇西爾公司（G. D. Searle）展開一項計畫，其中的代表人員會定期打電話給高血壓的病人，提醒它們服藥的時間。[35]

◇理光（Ricoh）公司是一家日本辦公設備的製造商，它開發了一種反面式的影印機，能夠除去色調，再利用一次影印紙。[36]

跨國企業也有很重要的社會責任。在許多個案裡，跨國企業也可以成爲地主國裡，改變社會環境的主力軍。舉例來說，跨國企業就曾在南非，以經濟施壓的手段，扮演了一個瓦解種族隔離政策的主要角色。在那幾年裡，大約有300條左右的種族隔離條例，全是根據人民的膚色而定的。這些條例強制規定黑人只能住在南非境內最不毛之地的所在；黑白種族不准通婚；學校也採取黑白隔離的教學方式。爲了抗議這種政策，許多跨國企業終止了它們在南非的商業活動，有些企業甚至拒絕和南非政府進行貿易活動，這些舉動嚴重地阻礙了南非的經濟發展。一直到1990年代早期，該政府才開始進行重要的社會改革。隨著1990年代種族隔離政策的正式終止，曾參與抵制活動的許多公司，又再度地恢復了它們在南非市場上的商業活動。

對道德問題的回應

6 爲企業組織建議幾個因應道德議題的方法

隨著經理人士和員工必須面臨日益複雜的道德問題，如何針對這些問題作出有效的因應，也成了當務之急。在道德資源中心（Ethics Resource Center）的調查研究下，全國約有三分之一的員工，爲了達成企業目標，而必須從事於一些不當的行爲，因此在心理上遭受到很大壓力。更甚於此的是，將近三分之一的人會發現這種不當的行爲，可是這其中卻只有不到二分之一的人會舉發出來。[37]要是參與不當商業行爲的機率就如同這份調查所指出的這麼高的話，這些公司就不只是牽涉到道德方面的問題了，而且如果員工們不知該如何作出正確的決定時，這些公司就可能會涉及到違法

馬理歐公司其中之一的人力資源計畫，包括了對殘障人士施以訓練，並僱用他們。
©1991 Dennis Brack / Black Star

的事情。所以為了對這些情況作出因應的對策，各組織企業都該發展出自己的道德規範計畫才行。[38]

一份為企業組織所準備的道德遵守計畫，應該可以降低違反道德的或然率，並鼓勵該組織企業提昇自己的知名度，為社會盡一份責任。此外，這類的計畫也可幫助員工更瞭解企業中的價值觀，使他們能配合政策和行為上的規範條例，為企業營造出正當公平的氛圍。（圖示5.5）就提出了道德遵守計畫的幾個基本要求。

圖示5.5
道德遵守計畫的最低要求

1. 能夠合理地偵測和防範不當行為的標準和程序。
2. 由高層級的人事來負責道德遵守計畫。
3. 對有不當行為傾向的個人，不賦予實質的權力。
4. 經由道德訓練計畫，有效地溝通這些標準和程序。
5. 建立起可監督、審核、和舉發不當行為的完整制度。
6. 持續地執行各種標準、規定、和處罰。
7. 對道德遵守計畫的持續改進。

資料來源：摘錄O. C. Ferrell和John Fraedrich所著的《商業道德》(*Bsuiness Ethics*) 第三版，(波士頓：Houghton Mifflin 教科書出版公司，1997) 第172-173頁。

回顧

就你在本章所學習到的內容，再回頭想想開場文章中所提到的槍枝行銷故事，你可能就會同意，這些槍枝製造商應該爲他們的商品行銷負一點社會上的責任。你可能會同意，這些槍枝製造商不應只關心它們生產了多少槍枝和賣掉了多少槍枝，反而應該關心一下這些商品的安全性。最後希望你也同意，所謂商業道德的確是很重要的。

儘管美國境內的確有些公司非常缺乏社會責任感，可是也有很多家公司極力想要盡點社會責任。舉例來說，渥爾商場（Wal-Mart）、修尼公司（Shoney's）、辦公室補給站（Office Depot）、麥當勞（Mcdonald's）、以及其他許多公司等，都發展了一套自己的計畫，專門僱用肢體殘障的人士。此外，許多公司都有計畫，能在選舉期間，爲數以千計的投票者進行登記。

總結

1.解釋商業道德的意義：道德觀（Ethics）是指主宰個人或團體操守的道德原則或價值觀。可是也往往需要判斷才能決定什麼是道德的？什麼是合法的？道德品行（morals）則是人們在文化價值觀和規範的前提下，所發展出來的一些守則和習慣。道德品行可被視爲是所有道德行爲的根本。

2.描述道德決策的本質是什麼：商業道德可被視爲是社會價值觀下的一個整體集合。而商業人士的道德操守，其形成多來自於一些社會因素，其中包括了家庭、教育、宗教、社會環境、以及其他。身爲社會的成員之一，這些商業人士再考慮決策中的道德議題時，有義務作出審慎正當的決定。

道德決策的形成，可以用三種基本方法來達成。第一個辦法是檢視決策下的影響結果；第二個辦法則是根據規則和法律來引導決策；第三個辦法則是根據道德發展理論而來的，在這個理論中，個人或團體會被置於三種演化階段中的其中之一，分別是未成慣例的道德觀（preconventional morality）、依循慣例的道德觀（conventional morality）、以及後慣例式的道德觀（postconventional morality）。

消費者往往認爲行銷活動是缺乏道德，而且受到了很大的人爲操控。行銷人員也可能發現自己的處境兩難，因爲他們夾在商業需求與顧客、供應商、或社會的需求之間，往往感到無所適從。而影響行銷專業人士道德行爲的主要三個因素分別是企業組織內的道德問題尺度、管理高層對道德議題的表態、以及企業組織內的個人角色等。許多公司發展出自己的一套道德律（code of ethics），以協助員工作出道德上的決定。而這套道德律可協助員工確認什麼是可以接受的商業運作模式；可由內部有效地控制行爲；可讓員工在面臨某決策是否道德時，避開混淆兩難的情況；並可激發員工們對於什麼是對，什麼是錯的互相討論，並在最後達成最好的決議。

3.討論目前幾個道德上的兩難局面：行銷經理所面臨到的道德兩難議題，因本章篇幅有限，只能涵蓋香煙和酒類促銷、消費者的隱私權、以及綠色行銷等三大問題。其它沒有在本章討論範圍之內的問題還包括：對兒童所展開的行銷活動、造成性騷擾的行銷活動、廣告誤導和產品的不實標示、以及對窮人所展開的行銷活動等。

4.分析和全球行銷有關的道德議題：行銷經理再進行全球性的商品或勞務販售時，應該明瞭其他國家對不道德行爲的認定標準是什麼。舉例來說，儘管在美國，賄賂被認爲是不合法且不道德的，可是在其他國家，卻被認爲是一種標準的商業運作慣例。從事多國行銷的公司也要小心，千萬不要對那些行銷和環保條例尚未成熟的開發中國家，進行剝削的行爲。

5.討論企業的社會責任：所謂企業責任是指某公司很在乎自己的決定對社會所造成的影響。但有社會責任的爭議有很多，第一個爭議是許多消費者都認爲，企業界應該爲他們在經濟成長下所造成的社會成本負責；第二個觀點則辯稱，各公司在協助改善環境的同時，也必須謀取本身所應得到的最大利益；第三個觀點則是，各公司可藉由對社會的關懷付出，來避開政府的嚴格取締條款。

最後，有些人則認爲，各公司有相當的利用資源可以解決社會上的一些問題，所以他們負有道德上的義務來做這樣的事。相反地，也有一些批評家爭辯反對這種所謂的企業社會責任。其中一種說法是，在這種自由企業的體系下，沒有任何一個方法可以決定哪一種社會公益計畫享有優先權；第二種說法則是從事於社會公益計畫的公司組織，將不能有足夠的利潤來支持該公司的營運活動，也不能有足夠的收益回饋給股東。

不論對企業社會責任的爭辨是什麼，大多數的商業人士都相信他們所追求的不應該只是利潤而已。雖然各公司應先將他們的經濟需求放在第一位，可是也必須在法律規範內運作才行，並且行事內容必須要懷抱道德和良心，期許自己做一名優良的企業公民。

6.爲企業組織建議幾個因應道德議題的方法：各企業組織應該要實行道德遵守計畫。這些計畫包括了各種標準和程序的設定與標示，用來確認和處理一些不道德的行爲。同時，這些制度也應該是得其所地監督各種行爲舉止，並確保該計畫的改進和符合時代潮流。

對問題的探討及申論

1.請列舉幾個未成慣例、依循慣例、和後慣例式道德行爲的行銷範例。

2.請就下述情況，寫出一段文章討論道德上的兩難局面，並找出可能的解決辦法：一名保險代理人忘了要求其中一名購買汽車保險的顧客，在單據上簽名。由於這名顧客已給了該代理人一張簽了名的全額個人支票，所以表示他已經承認了這次的交易。爲了避免尷尬和造成不便，該代理人遂在保單申請書上僞造顧客的簽名，然後就寄給保險公司進行審核。

3.請就下述情況，寫出一段文章討論道德上的兩難局面，並找出可能的解決辦法：吉兒（Jill）是某家公司的職員，這家公司要求內部必須實施藥物抽樣測試。吉兒和她在公司的幾個朋友，偶爾會在週末的時候聚在一起抽一點大麻。有一天，她偷聽到她的老闆談到下一次又要作的藥物抽樣測試，以及受測的人員名單，而吉兒和她的兩個朋友恰好就在受測的名單上。除非他立刻停止吸食行爲，否則到排定藥物測試的時間，殘餘藥效仍未能從她身體系統中完全排除。

4.請就本章末涵蓋的部分，描述某個現代行銷中所面臨的道德兩難局面。這個局面該如何解決？

5.什麼是綠色行銷？它為什麼這麼有爭議性？

6.假設你被要求發展一套論點來支持貴公司的藥物抽樣測試政策，請找出一些理由為這個政策作辯護。

7.請選出其他三名小組成員。回顧一下本章所提到的道德遵守計畫，其中所涵蓋的一些基本要求。你認為這些要求對企業組織來說適當嗎？為什麼適當？又為什麼不適當？你認為還有哪些要求應該涵蓋在內？最後請在組員之中選出兩名代表正方，另外兩名代表反方。

8.下述網站中，有什麼最新的消息？行銷人員可從這類資訊中得到什麼好處？
http://www.ipo.org/

9.在下述網站中，提出了什麼樣的社會責任觀點？該網站在社會責任上作了什麼樣的發揮？
http://www.netcasino.com/

第一篇
批判思考個案

班和傑瑞的冰淇淋（Ben & Jerry's Ice Cream）扭轉了蘇俄市場

班和傑瑞（Ben & Jerry's）公司為了要開拓蘇俄市場而建立了合資公司，並在三年之後將商品的販售網伸展到可雷利亞（Karelia）以外的地區，而可雷利亞正式成為該冰淇淋工廠遙遠位置的所在。

班和傑瑞公司深信，慢條斯理的擴張方式才是在當地長期成功的票房保證。而其中努力的核心就在於配銷通路的改善，這對逐漸浮出檯面的市場來說，無疑是個主要的障礙挑戰。

蘇俄仍然缺乏完善的經銷通路制度，以便將商品在最佳狀況下，持續性地準時送到商店裡。為了確保品質上的要求，班和傑瑞公司以及其他幾家公司自行創立了從頭到尾、無所不包的配銷系統：它們購買卡車；自己訓練店裡的員工。這些作業所費不貲，可是班和傑瑞公司卻希望藉此能保有該公司的商品品質，以期能贏得這群變化無常的蘇俄消費者。

「如果我們降低品質上的要求，當然可以很容易就向外拓展生意。」班和傑瑞公司的蘇俄營銷經理布蘭克萊勒（Bram Kleppner）這樣說道。「可是蘇俄人很清楚什麼是便宜貨？什麼是好東西？而且他們並不想買便宜貨。」

班和傑瑞公司一開始成立的合資公司，就是艾斯文克（Iceverks）公司，而它的成立全是拜於前者的善意所賜，因為班和傑瑞在投標中證明了蘇俄員工也可以製造出高品質的冰淇淋，而且其原料多是取自於當地的食材。在這項合資案中，該公司已投資了50萬美元，其中包括了在可雷利亞省的首都帕絡拉瓦斯克市（Petrozavodsk），建立一座小型工廠。可雷利亞省是位在莫斯科北邊700英哩外的一個人口稀疏的省轄區。艾斯文克公司有70%的股份全由班和傑瑞公司所擁有，前者還在當地經營另外三家「獨家商店」，裡頭到處是母牛的標誌及各種離奇、難以想像的口味名稱，例如「矮胖猴」（Chunky Monkey）和「櫻桃賈西亞」（Cherry Garcia）等。

可想而知，這個合資生產的冰淇淋成了當地的大熱門商品，一直到

1994年爲止，艾斯文克的收益都還不錯。因爲班和傑瑞公司是採當地自製自銷的運作方法，所以一般人都買得起它的冰淇淋。在莫斯科，一杯百事吉（Baskin Robbins）冰淇淋就要4,200元盧布，約合美金1塊錢；而一球班和傑瑞冰淇淋則要3,500元盧布；相同份量的蘇俄冰淇淋則需3,000元盧布。

當班和傑瑞公司聘請了一名新的首席執行主管時，因爲那名主管對國際觸角的延伸極爲感興趣，所以艾斯文克公司就理所當然地向可雷利亞以外的地區進行擴張了。可是班和傑瑞公司卻遇到了將商品運銷到市場上的問題。蘇俄境內的配銷制度一向受到壟斷控制，而這樣的獨占通常和罪犯組織很有關係，也就是說運送是很昂貴的，而且很專制。一些設備如冰櫃貨車和倉庫等，不是供應不足就是品質次等或太過昂貴。

於是班和傑瑞公司的第一步就是找一個可靠的蘇俄合夥人來操縱當地的配銷網路，或者設置新的配銷點。去年秋天，艾斯文克公司選擇了它在莫斯科的經銷商，那是一家小型公司，叫做維斯可（Vessco）。而這兩家公司之所以會搭上線，全是因爲艾斯文克的一名經理和維斯可的某位總監一同在某個學校裡上課的關係。另外艾斯文克還經由這類私人的管道，在最近又找到了一些加盟店。對一個沒有設置商業糾紛仲裁機構的國家來說，這種私人搭線的方式似乎愈發顯得重要了起來。

該公司的投機做法是尋找一些在某個都市已經有過生意經驗的人士，因爲他們比較知道該如何與合法的機構以及一些不太合法的組織交涉。維斯可公司剛開始是做電腦批發生意的，現在它已經把班和傑瑞公司的商品配銷到莫斯科市的十家商店裡，另外還有五家也快有眉目了。另外，在離莫斯科北邊180英里處的耶洛斯雷夫（Yaroslavl），以及位在黑海附近的度假聖地薩奇（Sochi）這兩個地方，也開了艾斯文克公司的三家獨家商店。此外在1996年年底，聖彼得斯堡（St. Petersburg）的另一家店也開張了。

班和傑瑞公司所投資下的設備，可一路把自己的商品從工廠運到市場上去。它帶來了西方世界所用的冰凍貨櫃車。而且只要發現當地某家商店的冰櫃溫度不足以保存幾品脫的冰淇淋時，它就會用租賃、販售、甚至有時候是贈送的方式，爲這些店家換置冰櫃。

維斯可公司的總監瑟奇馬丘雷依夫（Sergei Metchulayev）保證道，一旦冰淇淋被分銷到這些零售店，店主就會維護班和傑瑞的形象品質。他會教導售貨員如何保持冰櫃裡的乾淨整潔；如何對顧客有禮貌，並向他們耐心解釋各種口味；如何正確地舀取冰淇淋。然後他和他的下屬會時常造訪這些店，檢查其成果如何？

馬丘雷依夫先生發現到，在當地教導有關西式的顧客服務技巧，實在算得上是一種挑戰。這些店家只有在所有口味全部賣完的情況下，才會打電話給他。而且他們會在班和傑瑞的冰櫃裡，塞滿其他公司的冰淇淋。然後這些業務人員又會抱怨冰凍過硬的冰淇淋實在很難挖取。

可是也有些蘇俄的創業人士正在學習其中的竅門，在莫斯科市靠近雷尼可索摩汽車工廠（Lenin Komsomol Auto Plant）附近的一家班和傑瑞冰淇淋店裡，只要有任何一名顧客走過來，兩名年輕的售貨員就會立即起身靠近那個擦得發亮的冷凍櫃。他們會很有耐心地解釋各種口味，而且很注重基本的禮儀，儘管這些禮儀在蘇俄仍然十分罕見，例如，說一句：「謝謝你！」

「我們的售貨員不能又髒又令人討厭，」伊各庫尼（Igor Kunin）說道，他也擁有一家專營班和傑瑞冰淇淋櫃檯的公司。「因為這對該品牌來說，是個不良的宣傳。」

問題

1.很多食品都有文化上的暗示意義。班和傑瑞在蘇俄所面臨到的文化問題有哪些？
2.班和傑瑞在美國向來以他的社會自覺性而著名。你認為在蘇俄從事共同投資，光靠「善意」作為著手的方式，是個明智的決定嗎？
3.這個案例描述了該家公司所面臨到的首要問題就是配銷通路。此外，還有哪些行銷組合中的其他要素是這家公司可能會遇上的？
4.班和傑瑞選擇了用共同投資的方法，來打入蘇俄的市場。你認為還有什麼其它方法可以用來進入這個市場？請為你的方法進行辯護。
5.從班和傑瑞在蘇俄獲得成功的例子來看，你認為還有哪些美國商品可以進軍到蘇俄的市場？請為這些商品評估他們可能遇到的機會點和威脅點是什麼？
6.請就美國消費者和典型的蘇俄消費者進行比較。行銷經理在為蘇俄市場安排行銷組合的時候，還須考慮哪些具爭議性的差異呢？

批判思考個案

Hooters公司

只要談到Hooters，似乎每個人都有自己的看法。這家成長快速的餐飲連鎖店，所提供的歡樂氣氛，以及來往穿梭、笑臉迎人，供應平價食物和飲料的女侍們，都深受著一些消費者的喜愛。典型的Hooters餐廳，地板和餐桌是用簡樸的松木所製成的，有辣味雞翅，還有從酒壺裡倒出來的啤酒。電視螢光幕上日夜無歇地播放著體育錄影帶，而襯底的背景音樂則是1960年代的黃金老歌。

但是批評家卻認爲這個連鎖店從它的店名（胸部的俚語），一直到他店中女侍的招搖裝扮（又稱之爲「Hooter女郎」，身上僅穿著單薄且容易春光外洩的制服），都是以他那喧鬧不止的女性歧視主題爲號召。批評家指控這個連鎖店會帶動性騷擾的風氣。「店名應該改掉，因爲這個店名是對人體器官上的一種污辱。」位在維吉尼亞州的非爾非克斯（Fairfax）的一個組織，其領導人這樣說到。這個組織是專爲抗議Hooters餐廳的開張而成立的。

即使在1990年代，還是可以在性別歧視上大作文章來大撈一筆。自Hooters餐廳於1983年於佛羅里達州的清水市（Clearwater）開店以來，它的擴張速度就令人瞠目結舌，現在這個餐廳在37州以及波多黎各都有分店運作，同時還打算將分店數量擴充到全美各地以及國際市場上。典型的Hooters餐廳平均一天可招待500名顧客，另外還有等待用餐的客人在店外排隊哩！

Hooters用盡奇招在他的店名上大作文章，這個連鎖店每年都要賣出價值500萬美元的Hooters T恤、帽子、日曆、和其他商品等。而備受爭議的Hooters女郎身上所穿的制服，則包括了一雙跑鞋、亮橘色的短褲、以及一件被截短的T恤，上頭印有該公司的商標（眼睛圓大如盤的貓頭鷹）和一句俏皮話：「一口試不夠的！（More than a mouthful）（一名主管堅持，這句話是指Hooters的漢堡。）該公司的主管宣稱，這個連鎖店對性的暗示手法，與《運動畫刊》（*Sport Illustated*）雜誌所用的方法並沒有什麼不同。後者這本雜誌每年都會出版「泳裝展」，而該雜誌的讀者「絕不會核對那些女郎大學入學性向測驗（SAT）的分數，」該公司的行銷副總裁這樣說到，另外，他還補充說Hooters「絕不會跨越過多數人所無法接受的那條尺規。」Hooters的支持者都認為，Hooters女郎的穿著和你在購物商場或公園裡所看到的一些女孩打扮是沒什麼兩樣的。

同樣地，就在全國對男性性行為的關切達到最頂點的同時，該連鎖店的「男孩就是男孩」的論調又激怒了女性主義者。全美婦女組織（the National Organization for Woman）的執行副總裁說，Hooters「會營造出一種性騷擾的氣氛。」她甚至認為Hooters根本就不像是鄰近的咖啡廳，反而很像是夜總會或是廉價的裸體酒吧。其實自這家連鎖店快速崛起於它位在陽光地帶的總部以來，有關對Hooters形象的抗議就源源不斷，不曾停歇過。在維吉尼亞州的非爾非克斯的某個團體，其成員包括了市長和市議會的議員，他們共收集了近200個反對Hooters的簽名請願書。除了要求更改店名外，這個團體也認為，該店的員工應該有權穿上「能反映出基本家庭氣氛」的制服。結果整個事件在這一場大肆宣傳的喧鬧下，更吸引了無數的群眾在開幕當天前來捧場，即使只有站位的份也無所謂。

在這場頗受爭議的餐廳事件中，還發生了另一個有趣的花絮：一名男子對Hooters提起了集體訴訟的控告，因為這家餐廳連鎖店不願僱用他作為侍者，所以有性別歧視的嫌疑。代表Hooters的律師聲稱，所謂Hooters女郎是這家餐廳行銷目標中的基本成因之一，所以Hooters 女郎這份工作完全不考慮男性，是相當合法的，因為只有女性才能符合「這份工作上的優良職業資格」。為了要得到大眾的迴響並製造宣傳效果，Hooters還在它的網站上刊登了一份調查（見附表），稱之為「請加入百萬Hooters的行列中！」想要瞭解大眾對男性服務員的看法如何？他要求上網的人對「Hooters應該僱用男性服務員嗎？」這個問題進行投票，而結果當然是一面倒的反對男性從事「Hooters Girls」的工作。這名男性的訴訟於1996年的5月被裁撤，而EEOC也撤銷了對Hooters在工作歧視上的控訴。

最近在廣告上的趨勢，似乎對有關性別歧視的敏感度，又有了反作用的產生。Hooters廣告一直在它們的女性歧視形象上大作文章，這種「政治性的不當」做法似乎還相當地管用，可是問題仍然存在著：「這家餐廳能在這個提議環伺的環境下，不做任何改變地繼續生存下去和成長嗎？」為了要軟化它自己的運作手法，Hooters還設立了一個HOO.C.E.F亦即「Hooters社區捐助基金」（The Hooters Community Endowment Fund），以幫助各社區為當地的慈善團體募集款項。結果當然是有幾百萬的錢被捐了出

附表 請加入百萬Hooters的行列中！

讓大家都聽得到你的聲音！一個邪惡的政府陰謀正在醞釀著，想要威脅我們最神聖不可侵犯的自由權之一：也就是追求幸福快樂的權利！有什麼地方會比待在Hooters裡更快樂？沒有！沒有任何地方比得過Hooters！可是住在華盛頓的下流官僚人士卻打算要求Hooters僱用（喘口氣吧！）男性服務員！Hooters的兄弟們，我們能這樣做嗎？當然不行！請投下你的反對票，在這裡大聲說出你的想法！讓我們集合成為一個有利的聲音，把那些政府的馬屁精趕回國會山莊的暗穴裡！我們會有一批受過高度訓練的Hooters女郎特遣小組，將我們的訊息很快地送達到總統（或是他身邊的官員）的手上！今天就請你自由抒發，藉著投票來慶祝我們偉大的民主制度吧！

是非題：

Hooters應該僱用男性服務員嗎？

○應該　○不應該

你的姓名：

你的電子郵件住址：

請將你的意見寫在下列欄中：

POST

請即刻鍵入"POST"，這一頁就會被載入，而你的看法也會被歸納到其他公民所抒發的意見之中。如果你沒有任何評論，請在你的瀏覽器上按「RELOAD」。願上帝保佑美國，並感謝你的參與！

來，作爲慈善所需。

問題

1. 儘管Hooters被控提倡性騷擾，可是它的生意卻是相當地成功。你認爲爲什麼會這樣呢？
2. Hooters應該僱請男性從事「Hooters Girls」的工作嗎？
3. 你認爲Hooters應該在行銷手法上，更盡到社會上的責任嗎？爲什麼應該？或爲什麼不應該？
4. 如果你是Hooters的行銷副總裁，你會對行銷手法上所遇到的批評，做什麼樣的說明？

行銷企劃活動

行銷的世界

在這個行銷的世界裡，有著各式各樣的商品和勞務，可提供給不同的市場。在本文中，你可爲你自己所選擇的公司，進行撰寫一份行銷企劃。行銷企劃的撰寫可以幫助你深入了解自己的公司、顧客、和行銷組合中的各種因素。你所選擇的公司必須是你很有興趣的，例如是某個你偏好的商品之製造廠商，或者是當地一家你很想進入工作的公司行號，甚至是某個你很想滿足自己一些需求和願望的自營公司。此外，也請你要參考（**圖示2.8**）所記載的各種行銷計畫主題。

1.請描述你所選擇的公司。它成立了多久？什麼時候開始運作的？主要的成員是誰？這家公司很大還是很小？賣的是商品還是勞務？這家公司的優缺點是什麼？該公司的方向和企業文化是什麼？

行銷建立者（Marketing Builder）應練習：

※前20個問題樣本

2.請爲你所選定的公司明定企業宗旨說明（或者就現有的宗旨說明進行評估和修飾）。

3.爲你所選定的公司設定行銷目標。請確定該行銷目標能否符合優良行銷目標的標準。

4.請掃描行銷環境，爲你所選定的公司在技術、經濟、政治和法律、以及競爭市場等層面上，找出機會點和威脅點。你的競爭對手是來自於國內？國際？還是兩者皆有？請根據可能的市場目標，包括了社會因素、人口因素、和多重文化因素等，找出其中的機會點和威脅點。

行銷建立者應練習：

※市場分析樣版中的產業分析部分

※競爭市場分析矩陣的試算紙

※行銷分析樣版中的競爭市場部分

※行銷分析樣版中的競爭摘要部分

※行銷分析樣版中的優缺點、機會點和威脅點等各單元

5.你所選定的公司是否有差異或極具競爭力的利益點？如果沒有的話，就沒有必要進行商品的行銷。你可以使用行銷組合中的手法、資源或因素等，創造出一個可持續競爭的利益點嗎？

6.假設你的公司正要或將要展開全球性的行銷，你的公司該如何進軍全球市場呢？而國際上的事務又會如何影響到你的公司？

7.請找出任何可能影響你公司的道德議題，在處理這些議題時，你的公司應該採取哪些步驟？

8.在你進行SWOT分析時，是否必須用到任何主要因素或假設因素？如果這些主要因素或假設因素都不存在的話，會發生什麼事？

行銷建立者應練習：

※行銷分析樣版中的企業風險部分

※行銷分析樣版中的環境風險部分

※行銷分析樣版中的風險要素表格

第二篇

行銷機會的分析

學習目標

在讀完本章之後，各位應當能夠做到下列各項：

1. 解釋爲什麼行銷經理需要瞭解消費者的行爲。
2. 分析消費者決策過程中的構成因子有哪些。
3. 解釋消費者購買後的評估過程。
4. 確認出消費者購買決策的幾種形態，並討論消費者參與度的重要性。
5. 確認並瞭解能影響消費者購買決策的個人因素是什麼。
6. 確認並瞭解能影響消費者購買決策的社會因素是什麼。

第6章

消費者決策

想像一下這樣的畫面：在一個遙遠的國度裏，一名年輕觀光客風塵僕僕地走進一家滿佈塵埃的小商店裏，櫃台後頭站著一位美麗的東方少女，和她那位嚴厲、警覺心很強的父親。這名觀光客無法說當地的語言，只得設法用手比出一個沙漏狀的瓶身模樣，表達出他想要買什麼東西的意念。可是那名父親卻一點也不覺得好笑。

即使沒有提到商品名或讓商品出現，大多數的消費者都能從這個可憐觀光客的比手劃腳中，立刻明瞭他想要什麼東西：一瓶可口可樂。

近來，可口可樂大量利用它的行銷資源，而這種行銷資源是別的競爭對手所無法擁有的，那就是數十年如一日的專利瓶身，這個瓶身包裝早就成為它優良的文化印記，也是差異化的明顯象徵。這家公司以包裹在獨特包裝下的相同商品，繼續在全球市場大賣特賣。從古典的斯賓塞式字體，一直到作為商品標誌的紅色圓盤圖樣，以及它那一望即知、錯不了的曲線瓶身，在在使得這個高齡110歲的商品，因為傳統而更顯韻味。也因為數百萬名的消費者都和可口可樂有著長期友好的關係，所以這家公司才可以利用這個商品的歷史在這個市場上大作文章、大獲其利。

消費者普遍對這個清涼飲料界的巨人有著相當的好感。1995年可口可樂在全球市場推出了模仿1915年原始曲線瓶身設計的可口可樂塑膠曲線瓶身，使得該公司一舉拿下了50%的可樂市場佔有率。根據可口可樂的消費調查指出，全球各地的人們都喜歡這種曲線瓶身，甚過競爭品牌所提供的那種直筒瓶身，其比例大約維持在5：1的局面。光就瓶身而言，消費者就可以感受出五種不同層級的美學觀點：它的吸引力和其「美麗的形狀」；它和可口可樂所提出之「無限歡暢」這之間的聯想；性感的外觀和感覺；作為「特殊品」的角色象徵；以及代表「社會凝聚力」（四海一家的象徵）的瓶身意義。這些特點對全世界十幾歲的青少年來說，格外真實，儘管他們多數都沒見過原始的玻璃曲線瓶身。事實上，因為可口可樂的曲線瓶身和它文化上的印記是如此地緊緊相連，以致於多數的消費者可以立刻辨識得出來。而可口可樂公司也是第一家受益於英國專利法的公司，這個專利法可保護商品的顏色、氣味、聲音、和形狀等，免於受到其它競爭對手的模仿。

包裝有時候又被稱之為「沉默的售貨員」，可是它們所做的卻是刺激和引誘消費者。

包裝是一種刺激物，可以將一般普通的東西（比如說一瓶可樂）轉換成一種被渴望的目標。它們會影響消費者的感覺認知，使他們渴望某種也許並不需要也不並真的想要的東西。在8秒鐘以內，你必須選出一種清涼飲料，因此各飲料的瓶身或包裝一定得各展其招，或狂叫、或哭訴、或低聲說出它的好口味以及其清涼解渴的本事等，以便抓住購買者的興趣。通常一個商品的個性都會隨著它的外在（也就是它的外觀）而表現出來。而讓消費者寧取這個品牌而捨另一個品牌的原因，往往在於其中被包裹的訊息是什麼。可口可樂獨特的曲線瓶身，再加上紅色的標誌，就成了一個有力的工具，可口可樂全球品牌行銷總監如是說道，因爲「要說出裏面究竟有什麼承諾，實在需要速記的本事才寫得完。」正如哈佛商業學校教授西爾多萊維的理論如是說道：「人們往往用外觀來爲現實下判斷。」[1]

你還可以想到什麼其它的商品是採用特殊的形狀或顏色，來建立自己在消費者之間的知名度？並刺激消費者的渴求欲望呢？除了感覺認知以外，還有哪些因素會影響消費者的購買形態呢？只要你讀完消費者的決策過程，便可以找出這些答案。

1 解釋爲什麼行銷經理需要瞭解消費者的行爲

瞭解消費者行爲的重要性

消費者的行為
消費者如何做出購買決定，以及他們如何使用和處置這些被買回的商品和勞務。

消費者對商品和勞務的偏好，無時無刻不在改變。爲了要追得上這種不斷變動的狀態，並爲定義明確的市場創造出適當的行銷組合，行銷經理就必須對消費者的行爲有通盤的瞭解才行。**消費者的行爲**（consumer behavior）所描述的就是消費者如何作出購買決定，以及他們如何使用和處置這些被買回的商品和勞務。另外對消費者行爲的研究還包括了分析會影響購買決策和商品使用的各種因素。

若能瞭解消費者是如何作出購買決定的，就可以幫助行銷經理處理很多事情，舉例來說，如果一名汽車公司的行銷經理從研究調查中得知，對某些目標市場來說，省油效益是他們最在乎的特質。因此，製造廠商就可以重新設計該商品，以符合前述的標準。如果該廠商無法在短期內改變商品的設計，也可以採用促銷的方法，來改變消費者的決策標準。例如，該廠商可以宣傳告知這個車款享有免費的保養優待，並且擁有時髦的歐洲風格等，來取代原來對省油效益的重視。

消費者的決策過程

2 分析消費者決策過程中的構成因子有哪些

消費者的決策過程
在購買商品或勞務時，消費者所使用的每一個步驟過程。

消費者在購買商品的時候，往往會遵循消費者的決策過程（consumer decision-making process），就如同（圖示6.1）所描繪的一樣：（1）察覺問題；（2）尋求資訊；（3）評估各種選擇；（4）購買；和（5）購買後的行為。這五個步驟代表了消費者對所需商品或勞務的認定，一直到購買的評估這整個過程。這個過程可作為研究消費者如何進行決策的指南。值得注意的是，這個指南並不能假設消費者的決策一定就會遵照這個次序，進行每一個步驟。事實上，消費者隨時都可能終止這個過程。因此，該消費者甚至可能不會購買。有關消費者在這些步驟中的進展程度為什麼各不相同，我們會在本章後面的單元裏，根據消費者購買決策的各種形態，為大家進行解說。但在討論這個議題以前，我們必須先就過程中的每一個步驟，進行詳細的說明。

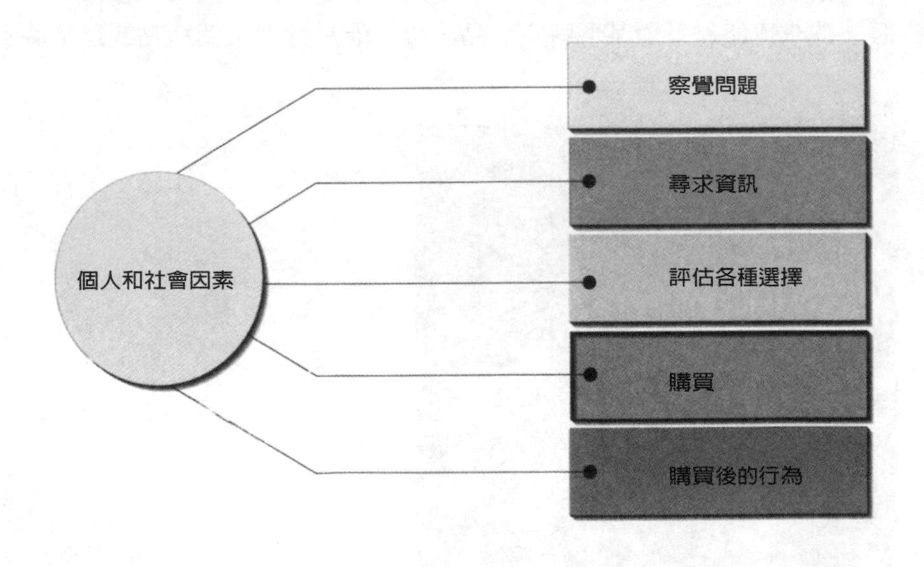

圖示6.1
消費者的決策過程

問題的察覺

問題的察覺
現實狀況和欲求狀況兩者無法平衡的情況下，所產生的結果。

消費者決策過程中的第一個階段就是問題的察覺。問題的察覺（problem recognition）多出現在消費者面對現實狀況和欲求狀況兩者無法平衡的情況之下。舉例來說，你是否常常在激烈的運動過後，覺得口渴？

刺激物
任何能影響五種感官的輸入單位。

你是否曾在電視廣告上看過一部全新的時髦跑車，而很想立刻擁有它？當消費者被暴露在內在或外在的**刺激物**（stimulus）底下時，問題察覺的板機就被扣動了。饑餓和口渴是內在的刺激；而汽車的顏色、包裝的設計、朋友提起的品牌名稱、以及電視上的廣告、或是某個陌生人身上所擦的古龍水，則被視爲是外在的刺激。

行銷經理的目標就是要讓消費者察覺到他們目前的狀況和偏好狀況之間的不平衡。舉例來說，行銷人員正試著創造出消費者對汽車某些附加特點的需求。汽車製造商開發出的汽車座椅，擁有內建式的音響喇叭，座位底下並設有儲物空間，同時還有電子自動控溫裝置，以及更舒適的汽車安全帶。[2]這種種的一切就是要讓消費者感覺到，他們一定要在新車裏，擁有這些設備才行。

欲求
當某個人擁有某種不被滿足的需求，而這個人認定某個特殊的商品或勞務一定可以滿足這個需求。

行銷經理可以從消費者的身上著手，創造出他們的欲求。**欲求**（want）之所以會存在，全是因爲某個人擁有某種不被滿足的需求，而這個人認定某個特殊的商品或勞務一定可以滿足這個需求。小孩子可能想要玩具、電視遊樂器、和棒球器材等；十幾歲的孩子則想要CD、時髦的運動鞋、和披薩。欲求可能是針對某個特定商品，也可能是針對某個特點或是某個商品

欲求可能是針對某個特定商品，也可能是針對某個特點或是某個商品身上的特點。對十幾歲的孩子來說，某個特定廠牌的運動鞋可以滿足他們的欲求，而這種欲求是受到流行所左右，以及同儕朋友所賦予的地位意義。
©John Abbott

身上的特點。舉例來說，較老的消費者所想要的商品或勞務，往往必須擁有便利、舒適、和安全等特質。因此，遙控電器、送貨到家的服務、喇叭擴音機、和電動推車等就是專為舒適和便利等需求而創造出來的。同樣地，有一種發報機可戴在人的身上，一旦配戴者發生緊急事故的話，立刻就可通知救護車或警察，這樣的設備對老年消費者來說，就是一種可滿足安全需求的產品。

消費者以各種不同的方法來察覺出他們未被滿足的欲求。兩種最常見的情況就是某個現有的商品，其表現並不理想；或者是消費者手邊經常在用的東西，快要用完了。另外，消費者也可能因為聽說或看到某個商品的特點，比他目前所使用的商品，更來得優越，而察覺出自己心中那股未被滿足的欲求。而這類的欲求通常需要靠廣告和其它促銷活動來創造。舉例來說，一個十幾歲的孩子可能在看過店裏所陳設的全新瑟加（Sega）電視遊樂器之後，而心生強烈的欲求。

從事全球市場行銷的行銷人員則要特別小心觀察，每個不同地區的消費者，所表現出來的需求和欲求是什麼。通用汽車公司（General Motors）最近就調查了日本新車買主的市場，以便瞭解日本消費者對凱文理爾轎車（Cavalier sedan）的要求是什麼。結果發現到，日本的新車買主，對車子看起來的樣子（內部裝潢和外觀）比駕駛的感覺要來得重視許多。因為日本的典型居家環境都很小，無法放進許多好東西，所以很多日本人就將車子視為地位的象徵。即使是低價位的車款，其標準也是定得相當高。外觀必須完美無瑕，不僅擁有完美制式化的金屬板接縫，烤漆外貌也是光亮如鏡。而內裝的織品用料更是媲美起居室裏的最上等傢俱，豪華地毯也是必備的。也因為狹小的街道關係，使得日本人都偏好可折疊式的側照鏡。除此之外，自我調節式的空調系統、電腦化羅盤、和最高級的音響設備等，都是不可或缺的配備。[3]

資訊的尋求

在察覺出問題之後，消費者就會對不同的選擇進行資訊上的搜尋和瞭解，以便滿足他們的欲求。資訊的搜尋可能是內在的，可能是外在的，也可能兩者兼有。**內在的資訊尋求**（internal information search）是指回想以前所儲存的一些資訊記憶，而這種被儲存的資訊，大多是過去對某個商品的

內在的資訊尋求
回想以前所儲存的一些資訊記憶的過程。

經驗。舉例來說，在購物的時候，你可能會看到某個蛋糕速成食品，是你好久以前就嘗試過的。藉著搜索你腦中的記憶，便可大概想起它的味道好不好？客人是否喜歡？以及究竟容不容易準備？

外在的資訊尋求
在外在的環境裏，尋求資訊。

非行銷控制的資訊來源
商品資訊來源和廣告或促銷完全沾不上邊。

相反地，**外在的資訊尋求**（external information search）則是指在外在的環境裏，尋求資訊。而外在資訊的來源往往有兩種基本形態：非行銷控制的資訊以及行銷控制的資訊。**非行銷控制的資訊來源**（non-marketing-controlled information source）與行銷人員對產品的促銷完全沾不上邊。舉例來說，某個朋友可能會推薦IBM的個人電腦，因爲他或她買了一台，而且蠻滿意的。非行銷所能控制的資訊來源包括了個人的經驗（試過或觀察過某個新商品）、個人的來源（家庭、朋友、熟人、或同事）、以及公開的來源，例如保險業者試驗所（Underwriters Laboratories）、消費者報導（Consumer Reports）以及其它評估組織等。

行銷控制的資訊來源
這些產品資訊都是來自於行銷人員爲了促銷產品所做的報導。

另一方面，**行銷控制的資訊來源**（marketing-controlled information source）則可能對某個特定商品有一些偏差性的看法，因爲這些資訊全是來自於行銷人員爲了促銷產品所作的片面報導。受到行銷控制的資訊來源包括了大眾媒體下的廣告（廣播電台、報紙、電視和雜誌廣告等）、售貨人員、以及商品標示和包裝等。許多消費者都對這些來源下的資訊，保持謹愼的態度。因爲他們認爲多數的行銷活動都只強調產品的特點，而略過了眞正的缺點。這種感覺對那些受過高等教育以及擁有高收入的消費者來說，更是強烈。

至於個人尋求外在資訊的範圍究竟到哪裏，就全在於當事者所感受到的風險程度、認識產品或勞務的程度、以前的經驗、以及對該商品或勞務的興趣程度有多深來決定了。一般來說，購買上的風險程度愈大，消費者就愈會擴大資訊尋求的範圍，並將更多的品牌列入考慮之中。舉例來說，假定你要買一部新車，這個決定可算是相當有風險的，主要還是因爲付出的金錢代價比較高的緣故，所以你會很有動機地尋求一些相關資訊，如車款、各種替代選擇、省油效益、耐用性、乘客容量、以及其它等等。你也許決定要多找幾個車款的資訊來比較看看，雖然很麻煩也很花時間，可是比起買錯了車所必須付出的昂貴代價，前面所作的那些努力就不算什麼了。相反地，若是買一塊香皂，你就不會花這麼多時間來蒐集資訊。因爲即使你買錯了香皂，付出的代價也只是一點點，而且你很快就有機會再進行下次的選擇。有一份調查是針對電腦郵購購物所進行的，以便瞭解消費者的風險認定，會影響資訊搜尋的程度有多少？結果發現，在購買上覺得有高風險的人士，往往會花上很多功夫向外尋求一些資訊；相對地，那些覺得是風險低的購買人士，在資訊尋求上，就作得比較少了。[4]

而消費者對商品或勞務的認識程度也會影響外在資訊尋求的範圍。如果某個消費者對某種購買認識得非常清楚，他或她就比較不會去尋求額外的資訊。除此之外，對商品認識愈是清楚的消費者，在搜尋過程上，就愈是顯得有效率，因此，搜尋的時間往往比較短。而另一個會影響外在資訊尋求範圍的則是消費者對自我決策能力的信心程度。一個有自信的消費者不只對該商品有充份的瞭解，在作決定時，也會覺得信心滿滿。而缺乏自信的人即使對產品有了充份的瞭解，可是卻還是汲汲營營於資料的蒐集上。有了前次相同購買經驗的消費者，較之那些毫無經驗的消費者來說，所感受到的風險程度也比較低。因此，他們不會花太多時間在資訊的尋求上，並會將列入考慮的品牌數目減到最低。

第三個會影響外在資訊尋求範圍的因素，則是對該商品的使用經驗。若是前次使用該商品的經驗相當不錯，消費者就可能會把資訊的尋求範圍侷限在那些曾給過他正面體驗的商品項目上。舉例來說，許多消費者對喜美汽車有著相當的忠誠度，原因是它的維修費很低廉，顧客滿意度也很高，而且有些消費者還不只擁有一部喜美車。最後，資訊的尋求範圍也會因消費者對該商品的興趣多寡而受到影響。也就是說，某個消費者若是對某個商品愈有興趣，在資訊的尋求上，就會花上愈多的時間。舉例來說，你是一個始終如一的慢跑迷，所以會仔細閱讀有關慢跑、健身的雜誌和目錄。因此在尋求一雙新的慢跑鞋時，你會樂於去瞭解所有可能發現到的新品牌，並花上比其它購買者更多的時間，去尋找一雙理想的慢跑鞋。

消費者對資訊的尋求，到了最後就會將一組品牌列入考慮中，有時候就叫做購買者的入圍集組，或稱「列入考慮集組」（consideration set）。**入圍集組**（evoked set）指的就是消費者心目中最偏好的幾個選擇。從這組品牌當中，購買者會更進一步地作出評估，然後再進行最後的選擇。消費者並不會將某個產品類別中的所有品牌都列入考慮之中，他們所考慮的只是其中一小部分而已。舉例來說，單就美國而言，光是洗髮精就有30種以上的品牌；而汽車產業則有超過160個以上不同的車款。可是消費者在作決定的時候，往往只將4種品牌的洗髮精列入考慮範圍；而對汽車而言，也只有5種車款會列入考慮名單中。

入圍集組

資訊尋求後，所產生的一組品牌，消費者會從中挑選一個，進行購買。

選擇的評估與購買

在蒐集了足夠的資訊，並找出入圍集組之後，消費者就準備要作出最後的決定了。消費者可能會利用記憶中所儲存的資訊和外在所蒐集到的資源，來發展出一套決定標準。這些標準可以幫助消費者對眼前的一些選擇進行評估和比較。而其中一個縮小選擇範圍的方法是選定某個商品特質，然後把不具備這個特質的一些入圍商品給剔除掉。舉例來說，假設約翰正考慮要買一台雷射唱機，他對唱機的遙控裝置以及一次可容納多張CD的設備（產品特質），感到很有興趣。所以他就把那些沒有這類裝置的CD唱機給排除於外了。

另一個縮小選擇範圍的方法是截斷（cutoffs），也就是某個選擇必須通過某屬性的上下限範圍後才會被進一步考慮。假設約翰仍然有一大集組設有遙控和複式CD裝置的唱機可供選擇，他就會再找出另一種產品特性：價格，來作進一步的選擇。因爲他所存下來的金額有限，所以決定支出預算不能超過200塊美金。因此，他會將所有超出200元以上的雷射唱機給排除於外。最後一個縮小選擇範圍的方法是將這些商品特質依據重要性的次序來排名，並評估各商品在重要特質上的表現程度是如何。

爲了作出最後的決定，約翰選出最重要的兩個特質：遙控和複式CD的裝置，然後再就這兩點對每一個入選的雷射唱機進行最後的評估。

如果有某個全新的品牌被列爲入圍集組當中，消費者對現有品牌的評估，就會有所改變，進而造成原來入圍集組裏的某些品牌變得炙手可熱了起來。舉例來說，假使約翰看到兩台雷射唱機，定價分別是100塊美金和150塊美金。在當時，他覺得要價150塊美金的雷射唱機太貴了，所以決定捨棄它。可是如果他的候選名單上又增加了一台定價250美元的雷射唱機，他就可能會認爲150元的價格也不是那麼昂貴，所以決定購買那台定價150美元的雷射唱機了。

行銷經理的目標就是要決定最能影響消費者選擇的一些商品特質。許多因素集合在一起，就會影響到消費者對商品的評估。單一特質（例如價格）並不見得能構成消費者心目中的入圍集組。[5]此外，行銷人員可能認爲某個商品特質很重要，可是消費者卻不見得持有相同的看法。舉例來說，一份調查就指出，在消費者購買新車時，汽車保證年限的重要性排名反而屈居在後。[6]

在評估選擇之後，消費者就會決定要買什麼或根本不買什麼。如果他決定要買的話，下一步動作就是購買後對產品的評估了。

購買後行爲

3 解釋消費者的購買後評估過程

在購買商品的時候，消費者都會有期待的心理，希望這次的購買能有所斬獲。而這種期待是否會落空，就決定於消費者是否滿足。請看看下面這個例子：某個人買了一部二手車，所以她對這部車的表現期望並不是很高。可是出乎意料之外的是，這部車竟然是她所開過性能最好的車。因此，這個買主非常滿意，因爲車子的優越性能表現遠遠超過了她那原本不高的期待。從另一方面來看，某個消費者買了一部全新的車子，因此她對這部新車抱有很高的期待心理，覺得它的性能表現應該相當好。可是沒想到這部車是個瑕疵品，她的期待落了空，當然就無法滿足。高價格往往會塑造出很高的期待心理。某個調查發現到，愈是需要昂貴付費的有線電視台，就愈是被訂戶期待其中有較好的服務出現，可是在經過一段時間之後，訂戶往往會放棄這些高價的有線電視台，因爲他們的期待落了空。[7]

對行銷經理來說，購買後評估的一個重點就是去消除所有可能對商品好處產生質疑的地方。當人們對自己的意見或價值觀和自己的行爲有不一致的認定時，他們就會覺得有一股內在的壓力自心中升起，我們稱之爲**認知失調**（cognitive dissonance）。舉例來說，假設某個消費者花了半個月的薪水買了一台全新的音響設備，如果他開始想自己爲了這台音響花了多少錢之類的事，他可能就會覺得有些認知失調。認知失調的發生往往是因爲當事者知道這個被購買的商品，有其好處也有其壞處。就這個音響的例子來看，價格上的不利點正在和性能卓越的有利點互相交戰著。

認知失調
當人們對自己的意見或價值觀和自己的行爲有不一致的認定時，他們就會覺得有一股內在的壓力自心中升起。

消費者會爲自己的決定進行辯護，來設法降低這種認知失調。因此，他們可能會尋求新的資訊，以便再次強調這次購買的正面意義，並極力避開那些對他們當初決定有所質疑的資訊來源，甚至也可能乾脆將商品退回，將原來的購買決定作廢。對那些剛買了新車的人來說，他們往往會閱讀很多有關這部新車的宣傳廣告，以降低自己的認知失調。在某些例子裏，人們會故意去找一些相反的資訊，以便自己可以駁斥它們的論點，降

前標題

解決之道

主標題

我們已經被選上兩次了，所以，你只要選擇一次就可以了。

副標題

榮登1995-1996年，最卓越影印機商品系列獎。

除了展示商品的優越性能之外，這則夏普（Sharp）廣告還對該品牌影印機的購買者保證，他們已作了正確的決定。
Courtesy Sharp Electronics Corporation

低自己的認知失調。不滿意的顧客則可能藉由口中的牢騷來降低自己的認知失調，他們會讓親朋好友知道，自己在這次的購買上有多麼地不悅。

行銷經理可以和購買者進行有效的溝通，來協助降低這種認知失調的感覺。舉例來說，一名顧客服務部的經理可以在產品包裝內夾帶一張字條，恭賀買主作了一次明智的選擇。另外，由廠商所寄出的致賀信件，以及在操作手冊上所記載的聲明等，也都可以幫助消費者對這次的購買產生輕鬆自在的感覺。而一篇展示商品優越性能凌駕其它競爭品牌的廣告，也會幫助解除某個購買者心中的那份認知失調。舉例來說，最近，伊飛尼提車款（Infiniti）的自營商就對新車主提出了退款的方案，如果在購車後的三天以內，覺得很不滿意，就可以原款退回。這些自營商還推出了價格保護計畫：若是全新的伊飛尼提車降價的話，任何人只要曾付出比新價還要高的價款，就可以在新價推出的30天內，退還新舊價之間的差額。[8]

	慣常式	有限性	廣泛參與的
參與度	低參與度	低至中度	高參與度
時間	短時間	短至適度的時間	長時間
代價	低代價	低至中度代價	高代價
資訊尋求	只進行內在的資訊尋求	大多是內在的資訊尋求	內外兼有
列入選擇的數量	一個選擇	數個選擇	很多個選擇

圖示6.2
消費者購買決策的閉聯集

消費者購買決策的各種形態與消費者參與度

4 確認出消費者購買決策的幾種形態，並討論消費者參與度的重要性

所有消費者的購買決策都會落入以下三種類別當中：慣常反應行爲（routine response behavior）；有限的決策（limited decision making；以及廣泛參與的決策（extensive decision making）（請參看圖示6.2）。而處於這三種類別中的商品和勞務也可以就以下五種因素來進行描述：消費者的參與程度、做決策的時間長短、商品或勞務的代價、資訊尋求的程度、以及列入選擇考慮的數量等。而消費者的參與程度可能是購買決策分類中的最重要因素。所謂**參與度**（involvement）就是指購買者在搜尋、評估、以及消費者行爲的決策過程上，所投下的時間多寡和努力程度。

參與度
就是指購買者在搜尋、評估以及消費者行爲的決策過程上，所投下的時間多寡和努力程度。

經常被購買的低價商品和勞務往往被視爲是**慣常反應行爲**（routine response behavior）。這類商品和勞務也可被稱之爲低參與度的商品，因爲消費者在進行購買前，花在搜尋和決定的時間並不多。一般來說，購買者很熟悉同一個產品類別下的數個品牌，可是在購買上卻只忠於其中一個品牌。作出慣常反應行爲的消費者通常只有在看到廣告宣傳或看到展示在貨架上的商品時，才會經歷到問題察覺的階段。消費者會先有購買行爲，然後再進行評估。但對廣泛參與的決策來說，則是剛好相反。舉例來說，父母親絕不會站在貨架面前長達20分鐘，只爲了決定該爲孩子買哪一個品牌的穀類食品。他們一定是走到貨架前，拾起家裏經常在用的品牌，隨手放進手推車裏了。

慣常反應行為
消費者所表現出來的一種購買決策形態，通常所購買的項目多是經常在買的商品和勞務，而且價格低廉，因此消費者花在搜尋和決定上的時間並不多。

定期購買的商品和勞務，價格並不昂貴，卻往往被視爲是一種**有限性決策**（limited decision making）。這類購買的參與度也不太高（雖然比慣常

有限性決策
消費者所表現出來的一種購買決策形態，通常所購買的項目多是定期在買的商品和勞務，而且價格並不昂貴，消費者花在搜尋和決定上的時間僅止於適度而已。

決策要高一點），可是消費者會花一點時間搜尋一些資訊，並將各種選擇列入考慮之中。假設小孩常用的家樂氏玉米片（Kellogg's Corn Flakes）在商店裏賣完了，而家裏也沒有存貨了，這時，父母親就必須選擇其它的品牌。而在作最後的決定之前，他或她可能會從貨架上找出幾個和家樂氏玉米片很類似的品牌，例如玉米卻思（Corn Chex）和奇理歐斯（Cheerios），比較它們之間的營養價值和卡洛里含量，最後再決定孩子是不是會喜歡這種新的穀類食品。

深度參與的決策
消費者所表現出來一種最複雜的購買決策形態，通常所購買的項目不太熟悉但很昂貴，而且並不常買。需要使用各種不同的標準來評估一些選擇，並且花很多的時間搜尋資訊。

當消費者購買某個不太熟悉但很昂貴，而且不常買的商品時，就會採用**深度參與的決策**（extensive decision making）方式。這種方式是消費者購買決策中最複雜的一種類型，就消費者而言，必須有高度的參與度才行，而且這個過程很類似（**圖示**6.1）所描繪的那個模式。因爲消費者想要作出正確的決定，所以必須知道愈多有關商品類別和各種品牌的資訊消息愈好。也只有在購買高參與度的商品時，人們才會經歷所謂的認知失調。購買者會使用各種不同的標準來評估一些選擇，並且花很多的時間搜尋資訊。例如，買房子和買車子，就需要用到深度參與的決策。

消費者購買時所採用的決策類型並非永遠一成不變。舉例來說，如果某個例行式購買的商品不再能滿足當事者，他就可能會採用有限性決策或深度參與的決策方式，轉移到別的品牌上。而在第一次採用深度參與決策來購買某商品的消費者，在他未來的購買上，也可能只用到有限性決策或慣常行爲而已。舉例來說，一個剛當了媽媽的消費者，可能會採用深度參與的決策方式來評估各種不同廠牌的免洗尿片，等到選定之後，以後的購買模式就是例行式行爲了。

決定消費者參與程度的各種因素

在購買上所表現出來的參與程度和以下五種因素有著密切的關係：前次經驗（previous experience）、興趣（interest）、已察覺的風險（perceived risk）、環境（situation）和社會能見度（social visibility）。

◇前次經驗：若是消費者在上次經驗中，使用某個商品或勞務的成效頗佳，參與程度就會明顯地降低。在重複試過商品之後，消費者就能學會如何作出很快的選擇，因爲他們很熟悉這個商品，並且知道是否能滿足他的需求，因此在購買上的參與度就會比較低。舉例來說，對花粉過敏的消費者，往往會買鼻竇藥丸（the sinus medicine）來解除他們的過敏癥狀。

◇興趣：參與度和消費者的興趣有直接的連帶關係，比如說汽車、音樂、電影、自行車或電器用品等。一般來說，這些興趣的範圍因人而異。雖然一般人對居家看護的用品不太有興趣，可是家裏若有健康不佳的年長父母，這些產品就會引起當事者的興趣了。

◇覺察到可能產生負面結果的風險：在購買商品時，一旦發覺風險可能提高，消費者的參與度也就會跟著提高。而這些攸關消費者利害的風險包括了財務風險、社會性風險、和心理上的風險。首先要提的是財務上的風險，亦即財產上的損失或購買能力的損失。因爲高風險往往會和高價商品的購買聯想在一起，所以消費者就會傾向於採取高度參與的態度。因此我們可以結論道：價格和參與度是有直接連帶關係的：價格愈高；參與度也愈高。舉例來說，想買房子的人，會花上很久的時間，努力來找出一處最合適的居所。第二個風

廣告標題

讓你的孩子穿上世界盡頭牌（Lands', End）睡衣，這樣子，你也會睡得比較安穩。

世界盡頭牌睡衣的廣告向消費者告知該商品的好處和利益點，以便協助消費者作出購買決策。
Courtesy Lands', End Inc.

險則是社會性風險，亦即消費者所購買的一些商品，會影響他人對自己的社會性看法（例如：開著一部老爺車；或是穿著一件過時的衣服）。第三個風險，則是消費者認爲如果他做錯了決定，就得承擔心理上的風險，而這種心理上的風險會造成某種焦慮的心態。舉例來說，一對雙薪父母究竟應該雇用保姆比較好？還是將孩子送到日間托兒所比較好？

◇環境：購買時的當時環境也可能暫時性地將低參與度的決策轉換成高參與度的決策。高參與度往往發生在消費者認定在某些特定情況下，會有一些風險出現。舉例來說，某個消費者例行性地會買一些低價位的酒，可是當他的上司要來造訪之際，這名消費者就會作出高度參與的決策，買一些品牌比較昂貴的酒類。

◇社會能見度：若是某商品的社會能見度提高的話，消費者的參與度也會跟著提高。和社會能見度有關係的商品包括了衣服（特別是設計師的品牌）、珠寶、汽車、和傢俱等。所有這些項目都會表達出購買者的身分地位，所以就會有社會性的風險存在。

若想更瞭解有關各種不同因素如何影響消費者的參與度，請參考最近一份對消費者參與度結果和前例的評估報告。[9]

參與度對市場行銷的啓示

行銷策略因各商品所產生的參與程度不同而有不同的因應手法。對高參與度的商品購買來說，行銷經理可以有不同的方法運用。最常見的是採用深遠且具資訊性的促銷手法，來瞄準目標市場。一則好的廣告可以帶給消費者所需要的資訊，以方便他作出購買上的決策，並明確說出商品的好處以及該商品的獨特利益點是什麼。舉例來說，捷豹（Jaguar）汽車所登的廣告就有很長的文案，以便將該車款技術上的資訊細節告知消費者。

就低參與度的商品購買來說，通常必須等到消費者來到店裏的時候，才會體會出自己的欲求是什麼。因此在促銷低度參與的商品時，店內的促銷活動就成了很重要的工具。行銷經理必須著重商品的包裝設計，以期使這些商品在店內貨架上的陳列不僅搶眼，而且易於辨識。採用這類手法的商品例子有坎貝爾湯料食品（Campbell's soups）、汰漬洗衣粉（Tide detergent)、維味塔起司(Velveeta cheese)、和漢茲肉醬(Heinz catsup)。店內的陳設手法也可以促使低參與度商品的銷售流通。好的陳列手法可以解釋商品的目的，並激起消費者對該商品的欲求。在超級市場中所陳列的健康食品和美容用品，向來以能刺激消費者的購買慾而著名，它們在超級市場裏的流通速度就高於一般商店裏的許多倍。舉凡折價券、去掉零頭的交易手法及買一送一等，都是有效促銷低參與度商品的好方法。

將商品和高參與度的議題連結在一起，對行銷經理來說，則是另一種高明的手法，因爲這種方法可以促進低參與度商品的銷售流通。舉例來說，許多食品都不再只是著重營養成份而已，它們也開始強調低油脂和低膽固醇。雖然包裝式的食品一向屬於低參與度的商品，可是只要沾上健康流行的邊，就搖身一變，立即提昇了消費者的參與程度。特級K穀類食品(Special K cereal)在市面上已有數十年歷史，現在爲了利用流行的健康和低脂食物的話題，所採用的廣告都是在宣傳自己的穀類食品完全不含油脂。同樣地，脆米穀類食品(Rice Krispies)也是促銷自己的低糖成份；而奇里歐斯(Cheerios)則在廣告上宣傳它是燕麥麩的最佳攝取來源。

影響消費者購買決策的各種個人因素

5 確認並瞭解能影響消費者購買決策的個人因素是什麼

消費者的決策過程並不是在眞空狀態下自行形成的。相反地，有很多個人和社會因素都會影響到這個決策過程。(圖示6.3)就將這些影響力摘要了下來。從消費者察覺到某個刺激，一直到購買後的行爲，都逃不過這些因素的影響。而影響消費者行爲的個人因素也是因人而異的，這些因素包括了感覺認知、誘因、學習、價值觀、信念、態度、以及人格特性、自我概念、和生活形態等。

感覺認知

感覺認知
我們將一些刺激物加以選擇、組織並詮釋，成爲一個深具意義且有一致性的想像畫面，這個過程就叫做感覺認知。

這個世界充滿了各種刺激，所謂刺激就是指會影響五種感官的任何一個輸入單位，這五種感官分別是視覺、嗅覺、味覺、觸覺、和聽覺。我們會將一些刺激物加以選擇、組織、並詮釋，成爲一個深具意義且有一致性的想像畫面，這個過程就叫做**感覺認知**(perception)。基本上，感覺認知就

圖示6.3
影響消費者決策過程的各種個人和社會因素

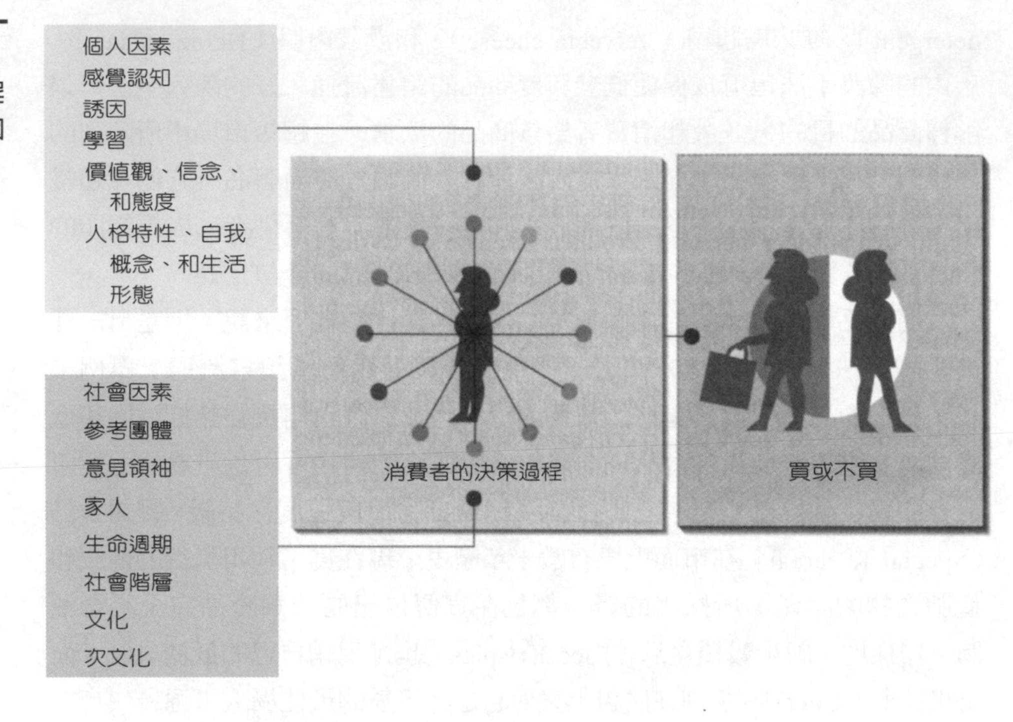

是指我們如何看待周遭世界，以及我們如何認定消費上的問題。

選擇性接觸
消費者注意某些刺激物以及忽略某些刺激物的過程。

人們並無法感覺到周遭環境中的所有刺激物，因爲他們使用的是**選擇性接觸**（selective exposure）的方法，來決定該注意哪些刺激物或忽略哪些刺激物？典型的消費者一天會接觸150個廣告訊息，可是卻只注意到其中11到20個廣告。

對物品、對比、動作、強度（例如增加廣告量等）、和氣味等的熟悉度，也會成爲影響感覺認知的線索。消費者會利用這些線索來辨識和確認各種商品和廠牌。商品包裝的形狀，例如可口可樂的曲線瓶，就會影響到消費者的感覺認知。而顏色則是另一個線索，它在消費者的感覺認知上，扮演了一個極爲重要的角色。某個研究調查爲大學生準備了三種不同「風味」的巧克力布丁，可是實際上，只是香草布丁加上不同深淺程度的食用色素罷了。然而結果卻顯示，所有的學生都認爲深棕色布丁的巧克力口味最濃，而其它兩個淺色布丁則較有奶味。其中沒有任何一個學生能夠指出，他或她所品嚐的布丁根本就不是巧克力布丁。由此我們可以結論道，對巧克力布丁來說，顏色是個極具關鍵性的線索，事實上，你也可以說，布丁的顏色比口味要來得重要多了。[10]

而刺激物的生動與否或驚人效果，也會影響到消費者。有關商品使用上的繪圖警告方式，就比那些不生動的警告或僅以文字書寫的警告方法，要來得令人印象深刻。而「色情式」的廣告也比較能夠吸引年輕消費者的注意。例如凱文克萊（Calvin Klein）精品服飾和遐思（Guess）精品服飾就是採用感官式的廣告，以異軍突起的手法，切入其它競爭廣告之中，捕捉到目標觀眾群的注意。同樣地，班尼頓（Bentton）的廣告則是利用驚人效果的手法，以社會上禁忌的話題，如種族歧視和同性戀等，來達到在競爭廣告中鶴立雞群的效果。

還有兩個概念和選擇性接觸有著密切的關係，它們就是選擇性扭曲和選擇性保留。當消費者的想法或信念和某項資訊有所矛盾衝突的時候，該消費者就會改變或扭曲該項資訊，這就是所謂的**選擇性扭曲**（selective distortion）。例如，假設某個消費者買了一部克萊斯勒車（Chrysler），可是在購買後，該消費者才又接收到另一個廠牌車款的最新訊息（比如說福特車）。這時，這名消費者就可能會扭曲否定掉這項資訊，以便維持住自己認定克萊斯勒車好過福特車的原始想法。另外，像經常搭乘飛機的商業人士，就會對有關飛機失事的數據資訊加以扭曲否定，因爲爲了工作的緣故，他們還是不能不搭飛機。而那些不想戒煙的人士，對醫學報告以及公共衛生局長所談到的肺癌和吸煙之間的關係，也向來是採取否定扭曲的態度。

選擇性扭曲

當消費者的想法或信念和某項資訊有所矛盾、衝突的時候，該消費者就會改變或扭曲該項資訊。

選擇性保留（selective retention）則是指只記住那些支持個人想法或信念的資訊。消費者會把所有不合己意的資訊給忘掉。比如說，某人在讀了一本和自己政治理念完全不合的宣傳手冊之後，往往就會將其中的內容給忘得一乾二淨了。

選擇性保留

只記住那些支持個人想法或信念的資訊。

個人會感覺到什麼樣的刺激，也是因人而異的。把人們置於相同的情況下，並接觸於相同的刺激物底下，可是每個人接收到的結果卻是全然不同的。舉例來說，有兩個人一起觀賞一部電視廣告，可是兩人對廣告訊息的詮釋卻完全不同。其中一個人被廣告中的訊息給全然吸引住，而且很想去買那個商品；另一個人則完全想不起廣告訊息是什麼，就連廣告中的商品也記不起來。

感覺認知對市場行銷的啓示

行銷人員必須從消費者對商品的感覺認知上，找出重要的線索和信號。行銷經理首先要確認的就是目標消費群想要從商品身上獲得的重要特質是什麼，比如說價格或品質，然後再設計出屬於這個特質的信號，傳達給消費者知道。舉例來說，消費者願意為了糖果上的精美包裝，而多付出一點錢。可是對酒類而言，閃亮精美的標籤就代表這瓶酒的價格並不會太貴；而平凡古樸的標籤則表示這瓶酒的身價不凡。安豪瑟（Anheuser-Busch）釀酒公司就抬高了旗下許多低價啤酒的價位，以便讓它的特級啤酒，百威啤酒（Budweiser），能夠吸引消費者的購買慾。[11]另外，行銷人員也會利用商品保證作為一種信號來告知消費者，該商品優於其它競爭品牌。消費者若是認為這種保證極具高度的可信度，就會把這個商品視為是高品質的商品。[12]

當然，品牌名稱對消費者來說，也是一種信號。例如Close-Up（特寫放大的意思）牙膏、DieHard（耐力持久的意思）電池、和Frigidaire（嚴寒的意思）電冰箱等的品牌名稱就能恰如其份地表達出該商品的特質。要是品牌名稱冠上企業代碼或字母的話，例如Mazda RX-7（馬自達）或WD-40，就會給人一種男性化，和未來科技化的感覺。[13]消費者也會從某些品牌名稱上感受到商品的品質和可信賴度。各公司之所以這麼小心在意自己的品牌辨識度，絕大部分是因為品牌價值的認定和消費者的忠誠度，有著密不可分的關係。擁有高度認定價值的十大產品名分別是柯達軟片（Kodak Photographic Film）、迪士尼世界（Disney World）、國家地理雜誌（National Geographic）、探索頻道（the Discovery Channel）、賓士轎車（Mercedes-Benz）、迪士尼世界（Disneyland）、純印記賀卡（Hallmark）、淺水灘水晶（Waterford Crystal）、工匠力工具（Craftsman Power Tools）、和費雪牌玩具（Fisher-Price）。[14]

商品依地點命名也可以產生某些聯想的認定價值。比如說聖塔菲（Santa Fe）和達科塔（Dakota）這兩個名字，就傳達出一種開放、自由、和年輕的氣息。而品牌名要是被取名為新澤西（New Jersey）或底特律（Detroit）就可能會讓人聯想到污染或犯罪。再例如德州（Texas）這個名字，會讓人聯想到獨立、機會和樂趣等，因為這個州有其戲劇化的歷史背景，而且許多消費者仍然認為德州代表的就是美國西部。[15]

行銷經理對感覺認知的門檻程度也很有興趣：亦即在刺激上可以引起消費者注意的最小差異點。這個概念也稱之爲剛好注意到的差異點（just-noticeable difference）。舉例來說，新力的錄影機究竟該降價到什麼程度，消費者才會認定這是一次特價的活動呢？25塊美金？50塊美金？或者更多？某個研究調查發現到，刺激物的「恰好注意到的差異點」大約都在20%的改變左右。舉例來說，消費者可能比較喜歡20%的降價更甚於15%。這樣的行銷原則也可適用在其它的行銷變數上，例如包裝尺寸或廣告播出的多寡程度。[16]另一項研究則指出，商品品牌的特價門檻比商店品牌的特價門檻要來得低，也就是說，某商店在某些特定商品項目上提供特價活動，和所謂的全店統一特價活動比起來，消費者比較容易感受到前者的特價訊息。要是全店統一特價活動想要達成同樣的效果，就必須提供更大的折扣數，才能讓消費者感受得到。[17]

除了在價格、包裝、和廣告量上作改變之外，行銷人員也可以在商品上作些改變。舉例來說，通用汽車在兩門轎車的附加配備上，究竟該增加多少時髦特點，才會讓消費者注意到這部兩門轎車的時髦性呢？類似像K商場（Kmart）的特價賣場，究竟該增加多少的新服務項目，才能讓消費者感受到它是個全服務方位的特價賣場呢？

打算進軍全球市場的行銷經理應該要知道，國外消費者對該公司商品的感覺認知是如何。舉例來說，在日本，貼了英文或法文標籤的商品，即使翻譯後的內容不知所言何物，也無損於這些商品在日本消費者心目中那種異國情調、高品質、高價位的形象認定。同樣地，許多歐洲人也認定美國製的商品就比當地製造的商品要來得好多了。因此只要在廣告和行銷上利用到美國當地的形象，該商品就往往能在歐洲市場上大有斬獲。舉例來說，一部叫做「美國傳奇」（The American Legend）的吉普車，在歐洲的銷售量就從1991年的18,000台急速攀升到1993年的25,000台。而在英國刊登的平面廣告，其畫面處理上則是一部掛著英文牌照的吉普車，停在一棟飄揚著美國國旗的小木屋前。[18]

誘因

在瞭解了誘因之後，行銷人員就可以對那些影響消費者購買商品或不購買商品的主要力量進行分析了。當你購買某個商品的時候，多是因爲你

圖示6.4
馬斯洛的需求層級

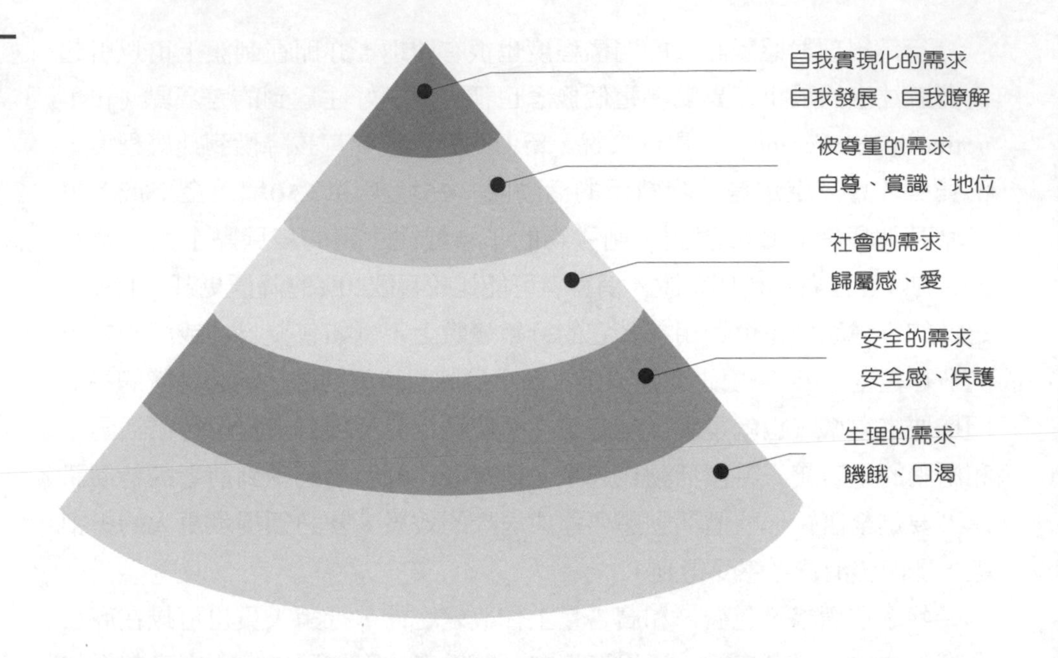

想要滿足某種需求。這些需求在被大量地喚醒之後，就會成為動機。舉例來說，某個早晨，在你上課之前，你覺得很餓，所以你需要吃些東西。為了回應這個需求，你在麥當勞前面停了下來，買了一客加蛋的麥香鬆餅。也就是說，你被饑餓所誘引，而到麥當勞裏光顧。**動機**（motive）就是一種驅策力，可以促使個人採取行動來滿足一些特定需求。

動機
一種驅策力，可以促使個人採取行動來滿足一些特定需求。

為什麼人們會在某段時間被某些特定需求所驅策呢？有一個頗受歡迎的理論叫做**馬斯洛的需求層級說**（Maslow's hierarchy of needs），（圖示6.4）就標明了這個理論。這個理論是依據需求的重要順序而排的：生理需求、安全需求、社會需求、尊重需求和自我實現的需求。一旦個人滿足了某個需求，另一個高層次的需求就會成為他的下一個目標。

馬斯洛的需求層級說
一個頗受歡迎的理論，這個理論是依據需求的重要順序而排的：生理需求、安全需求、社會需求、尊重需求、和自我實現的需求。

最基本的人類需求就是生理上的需求亦即對食物、水、和居所的需求。因為這些都是生存的基本條件，所以必須先被滿足。一個鮮嫩多汁的漢堡；或者是一名跑者在跑完馬拉松之後，灌下一瓶開特瑞（Gatorade）運動飲料，這些廣告就是在證明生理需求的滿足。

安全需求則包括了安全感以及免於痛苦和不舒適的自由。行銷人員往往會在消費者對安全需求的恐懼和焦慮上大作文章，以便販售他們的商品。舉例來說，富豪汽車（Volvo）的廣告就曾採用眞人證詞式的手法，敘述他們相信自己能在車禍中存活下來，全是拜富豪汽車所賜。另外，消費者對含有維他命E產品的大量需求，也是因為幾篇科學報告發表之後，所造成的一股風潮。這些報告認為這種維他命可以抵抗侵犯細胞並引起身體的退化作用的媒介物。而行銷人員也趁機在其它研究報告大作文章，指出維他命E也可能可以避免老化疾病，例如心臟病、癌症及一些老化徵兆。[19]

生理需求和安全需求被滿足之後，接下來就是社會需求，特別是愛和歸屬感 就成了需求上的重點。愛包括了被同儕所接納，以及性愛和浪漫的愛情。行銷人員對這方面需求的重視程度，可能更甚於其它需求。例如像服飾、化妝品、和旅遊包裝等，就是在暗示如果你買了該商品，一定可以得到愛。而歸屬感的需求也是行銷人員喜歡賣弄的手法。舉例來說，耐吉公司（Nike）將它的喬丹氣墊運動鞋（Air Jordan athletic shoes）塑造成不只是一般普通的運動鞋，這雙鞋是流行的象徵，也是運動的象徵。穿上它們，你不僅看起來很酷，打起球來也很酷，就像這雙鞋的代言人麥可喬丹（Michael Jordan）一樣。[20]

所謂「愛」就是不管個人的付出是什麼，都能被接納。「尊重則是根據個人對團體的付出程度」，所得到的接納。「自我尊重包括了自重和成就感」。「尊重的需求」則包含了聲譽、名望、和對個人成就的賞識。萬寶龍鋼筆（Mont Blanc）、賓士轎車（Mercedes-Benz）、以及尼蒙馬卡斯高級百貨店（Neiman Marcus），就是以尊重需求為出發點的。

最高層次的人類需求就是「自我實現」。這指的是自我滿足和自我表達，達到生活中「心之所向，形亦隨之」（people are what they feel they should be）的最高境界。馬斯洛認為只有非常少數的人才能達到這種境地。即便如此，廣告還是將重點放在這個需求上。例如，美國運通卡的廣告就傳達出，獲得這張卡，是你畢生的最高成就之一。同樣地，美國空軍鼓勵年輕人從軍報國的宣傳口號，則是「盡情展現你自己」（Be all that you can be）。

學習

學習
經由經驗以及練習，不斷在行為上改變的一種過程。

幾乎所有的消費行為都是得自於學習（learning）的結果，也就是經由經驗和練習，不斷在行為上改變的一種過程。我們不可能直接觀察到學習的進行，可是我們可以從一個人的行動上，推算出它的發生。舉例來說，假設你看到一則廣告是有關一種全新改進後的感冒藥，如果你去店裏買了那個藥，我們就可推估你已經從感冒藥的這類商品上，學到了某些事情。

學習有兩種形態：經驗上的學習和概念上的學習；與經驗上的學習（experiential learning）就是由經驗來改變你的行爲。舉例來說，如果回到家後，你服了上述那帖新的感冒藥，卻發現到無法減輕你的症狀，下一次你就不會再買它了。概念上的學習（conceptual learning）則不是從經驗中直接學來的。假設你站在某台冷飲自動販賣機的前面，注意到有一種減肥的飲料是加了人工代糖在裏頭的。可是某人告訴過你，這種減肥飲料在喝完之後，嘴裏會殘存一種不悅的餘味，於是你選擇了另一種飲料。即使你沒有試過這種飲料，你也得到了你不會喜歡這種新減肥飲料的學習經驗。

強化（reinforcement）和重複（repetition）則可以作爲學習上的後援。強化可能是正面的或負面的。如果你看到一台自動販賣機有售冷凍優格（刺激物），你買了它（反應），而且覺得這個優格相當清涼好吃（報酬），你的行爲就被正面強化了。相反地，如果你買了某種新口味的優格，可是嚐起來卻不好吃（負面的強化），你就不會再買這個口味的優格了。若是沒有正面或負面的強化作用，當事者就沒有動機去重複這種行爲模式或者不去購買。因此，若是某個新品牌給人的感覺只是中立性的，沒什麼好或不好的感覺，這時，就得採取一些促銷活動，例如在促銷上調整價格或增加份量等，來促使進一步消費行動的產生。學習理論有助於提醒行銷人員，應採取具體且及時的行動來強化目標消費群的行爲。

在促銷活動上，重複性的作法也是一個主要的策略，因爲它可以提升學習的結果。達美航空公司（Delta Airlines）就是利用不斷重複的廣告，讓消費者學習到「在達美，我們熱愛飛行，而且身體力行。」（At Delta, we love to fly, and it shows.）一般來說，爲了要強調學習，廣告的訊息必須長期的播出，而不是集中在某一段時間而已。

另一個相關的學習概念對行銷經理來說也很管用，那就是刺激生成。理論上，所謂**刺激生成**（stimulus generalization）就是指某個反應在第一個刺激後，又被第二個類似的刺激所延伸擴張。行銷人員通常喜歡在產品的家族系列上使用一個既成功又響亮的品牌名，因爲單一名稱可以讓消費者熟悉並認識旗下的每一個商品。這種單一品牌下的商品家族系列可以趁機介紹旗下新商品的上市，同時又能促進現有商品的銷售流通。傑洛果凍冰棒（Jell-O frozen pudding pops）就是靠著傑洛果凍（Jell-O gelatin）的名稱而打響的。克羅拉斯洗衣粉（Clorox laundry detergent）則是靠克羅拉斯

刺激生成
某個反應在第一個刺激後，又被第二個類似的刺激所延伸擴張。

漂白水（Clorox bleach）而起家。而伊芙玉洗髮精（Ivory shampoo）的靠山則是伊芙玉香皀（Ivory soap）。通用米爾食品公司（General Mills）最近推出了一種定名爲蓓蒂克羅克（Betty Crocker）的穀類食品，這個品牌名稱原是點心和配菜食品的老字號，通用米爾公司希望在穀類食品上借用蓓蒂克羅克的響亮名氣，進而帶動穀類食品的買氣。[21]有關命名的議題，我們會在第十章的時候，再詳細地介紹。

另一種刺激生成的形式則發生在自營商或經銷商設計類似的包裝來模仿某些著名廠商的品牌。這類的模仿往往會讓消費者產生混淆，以爲他買的東西就是原來的眞品。在國外市場進行販售的美國廠商，常常會發現到當地市場對原創品牌的保護措施實在不夠周延。舉例來說，在南韓市場上，寶鹼公司（Procter & Gamble）的伊芙玉香皀就必須和當地的玻利香皀（Bory）正面對決，因爲後者的商標包裝和前者非常類似。對玻利香皀不滿意的消費者，可能會把這些不滿歸到伊芙玉香皀的頭上，根本就不知道玻利香皀只是一個模仿者而已。這種仿造的商品往往製作得就像眞品一樣。例如，在中國仿造的李牛仔褲（Levi's），到了歐洲卻成了熱門商品，因爲李維史壯斯（Levi Strauss）公司在供需上有些失調，無法應付歐洲市場的大量需求。這些僞造品看起來就像是眞品一樣，所以毫無察覺的消費者根本看不出其中的不同，一直到經過幾次洗滌之後，腰帶環鬆落了，鉚釘扣也生了鏽，這才發現有些不妙。第四章所討論到的關貿總協（General Agreement on Tariffs and Trade, GATT），其協定的通過就可以抑制這種仿冒行爲的產生。

刺激生成的相反則是**刺激區隔**（stimulus discrimination），意指學習區分兩個相似商品的不同。一旦某個商品的報酬高或刺激大，消費者往往就比較偏愛這個商品。舉例來說，有些消費者偏好可口可樂；另一些消費者則比較喜歡百事可樂。他們之中有許多人堅稱嚐得出這兩種品牌的不同風味。

刺激區隔
學習區分兩個相似商品的不同。

有些類型的商品，如阿斯匹靈、汽油、漂白水、和衛生紙，行銷人員只能靠促銷活動來指出品牌之間的不同，否則消費者還眞的看不出來有什麼不同。這個過程就叫做產品差別化（product differentiation），我們會在第十章的時候，詳加說明。通常，產品差別化都是以表面的手法來進行的，例如，拜耳（Bayer）公司就告訴消費者，它的阿斯匹靈是「醫生最常推薦使用的阿斯匹靈」。

商品的偽造或模仿就是想要混淆消費者，讓他們以為自己買的是眞品。這種問題在品牌保護措施付之闕如的國外市場中，是很常見的。
©Mark Richards / CONTACT Press Images

價值觀、信念和態度

價值觀
一種恆久不變的信念，在這個信念下，個人或社會會偏好某種特定行為模式甚於其它行為模式。

學習有助於人們價值觀體系的形成，而價值觀則可造就出自我概念、人格特性以及生活形態等。所謂**價值觀**（value）就是指一種恆久不變的信念，在這個信念下，個人或社會會偏好某種特定行爲模式甚於其它行爲模式。人們的價值觀體系對消費者的行爲有很重大的影響，有著相同價值觀的消費者對價格以及其它相關的行銷誘因，往往有相同的行爲反應。價值觀也會反映在消費形態上，有環保概念的人就會購買對地球無害的商品。而價值觀也會影響消費者的電視收視習慣或雜誌閱讀。舉例來說，強烈反對暴力的消費者就不會去看有關犯罪的節目；同樣地，反對色情刊物的消費者，也不會去買《花花公子》（*Playboy*）雜誌。

價值觀體系也因文化和次文化的不同而異。舉例來說，休閒時間在美國是很受到重視的，消費者將很多時間和金錢都花在體育活動、電影、餐廳、度假、和遊樂場裏。美國的工作人士傳統上期望一天工作8個小時、一個禮拜5個工作天，剩下的就是自己休假的時間。但對日本人來說，他們一天工作12個小時、禮拜六也上班。只有一半的日本人會把所有的休假時間用完，而之所以不想休太多假的理由之一，則是他們不想因爲太早離開或放了太多假，而造成其他同事的負擔。傳統的日本工作人士也認爲，如果他們在花很多的時間在別的事情上，就可能會耽誤了工作。

目標消費群的個人價值觀對行銷經理來說，也有很重要的啓示意義。舉例來說，嬰兒潮那一代人士和X世代的人，兩者的個人價值觀就相當不同。嬰兒潮人士有很強烈的個人主義，他們在工作市場上嶄露頭角，而他們所身處的工作市場在乎看重的是個人的競爭力甚於合作的精神；個人的技術甚於團隊的貢獻。因爲他們誕生的時代正好處於經濟穩固的時候，所以嬰兒潮人士對經濟的看法一向抱持著樂觀的想法，而且對財務安全也有其基本的看法。[22]相反地，X世代的人比起他們的前輩，在工作、薪資、和人際關係等的穩定性上，就顯得不是那麼有信心。因爲他們出生在一個分崩離析日益嚴重的世界中，所以這些X世代的成員比他們的前輩更能接受人種、種族、祖國、家庭結構、和生活形態等等的個別差異。X世代的人喜歡從事的工作，必須要能滿足個人的興趣，並且在工作和休閒上能夠互相平衡。他們並不是反對廣告，他們只是討厭不夠眞誠的廣告，而且在這方面，他們可以算得上是專家。[23]

信念和態度對價值觀來說，是息息相關的。**信念**（belief）是知識下的組織模式，這個模式被認定是個人世界裏的一個眞相。某個消費者可能相信新力（Sony）的攝錄放影機可以拍出最好的家庭錄影帶，經得起大量的使用，而且價格合理。這些信念可能來自於自己的知識、信心、或聽別人說的。消費者通常會對某個商品的若干特點，發展出一組信念，然後再經過這些信念，塑造出一個品牌形象（brand image）——也就是對某個特定品牌的一種信念。相對的，品牌形象則會構成消費者對該商品的言論態度。

信念
知識下的組織模式，這個模式被認定是個人世界裏的一個眞相。

態度往往比信念更持久不變，也更複雜，因爲它們是由一堆相關的信念所組成的。**態度**（attitude）是一種學習到的傾向，用來對某個物件（比如說品牌）進行一致性的回應。態度也包含了個人的價值觀體系，代表的是好與壞、正確與錯誤、以及其它等等的個人標準。

態度
一種學習到的傾向，用來對某個物件（比如說品牌）進行一致性的回應。

讓我們來看看有關言論態度的例子，請環顧一下世界各地的消費者對信用卡使用習慣的態度爲何，就會發現這之間的差異甚大。美國人一向很樂於在購買商品或勞務的時候，以高利息的借貸方式來延遲付款的時間。可是對許多歐洲消費者來說，以借貸的方法（即使金額很小）來付款，實在是件很荒謬的事。德國人尤其不願意用信用卡購物。義大利擁有很精密的信用制度和銀行制度，足以應付信用卡的借貸方式，可是義大利人還是喜歡身上帶著現金，而且一掏就是一大疊。大多數日本人都有信用卡，可是信用卡購買金額卻不到消費者所有交易量的1%。基本上日本人是不太看重這種信用交易的方法，可是到國外旅遊的時候，還是得用上信用卡。[24]

如果某個產品或勞務正往收益的目標邁進，就只需要加強有關這個商品的正面態度就可以了。但是，如果該商品並沒有成功的跡象顯示，行銷經理就應該設法改變目標消費群對這個商品的態度才是。而改變的方法有以下三種：改變有關這個品牌特質的信念；改變這些信念的相對重要性；以及增加新的信念。

改變有關特質的信念

第一種技巧就是把有關商品特質的一些中立或負面的信念，轉變成正面的信念。舉例來說，因爲消費者認爲豬肉比較油膩而且不健康，所以銷售量一直節節敗退，而雞肉則是一路上揚。爲了對這個信念加以反擊，豬肉製造商推出了一個活動，主題就叫做「豬肉：另一種白肉」，以便將他們的商品在消費者的心目中重新定位。這個活動告訴消費者，豬肉比他們想像中要來得精瘦，卡洛里和飽和脂肪也很低。同樣地，寶馬（BMW）汽車則不斷努力想要擺脫掉它那種雅痞式的形象，將自己定位成一部安全又買得起的家庭房車。它的新電視廣告就著重在安全性的特點上，例如摩擦控制力等；而它的平面廣告也是第一次出現小孩的畫面。寶馬公司也希望這次的活動可以說服消費者，這部車並不像他們想像中的那麼貴。[25]紐福居食品公司（Newforge Foods）一直很難說服消費者，它的史潘恩牌（Spam）豬肉罐頭食品是由上等材料製成的。因爲研究調查顯示出，消費者認定史潘恩罐頭食品是由一些淘汰後的豬肉所製成，所以是次等品。史潘恩罐頭食品的廣告代理商希望藉由製造材料的品質告知來提升該產品的形象。[26]

相形之下，改變某項勞務的信念，就可能比較困難，因爲勞務的特點往往很不具體。若想說服消費者換一個髮型設計師、律師、或者到商場上的牙醫診所看牙齒，往往比要他們改變刮鬍刀片的品牌要難多了。形象也是很不具體的，可是卻是決定服務好壞的主要因素。什麼叫做「比較好的醫生」？消費者怎麼可能相信他們在商場診所中所得到的牙醫治療，會比他們的家庭牙醫師來得好呢？我們會在第十二章的時候，詳細探討勞務上的市場行銷。

改變信念的重要性

修正態度的第二個方法則是針對某個特點，改變信念的重要性。許多年來，消費者一直認爲燕麥麩穀類食品含有很高的天然纖維質。而和這個特點有聯想關係的信念就是纖維質可以幫助消化排泄。可是到了今天，行銷人員開始大力促銷燕麥麩穀類食品中的高纖維含量可以預防某些癌症。此舉提升了這個特點在消費者心目中的重要性。

奇異電器（General Electric）試著想改變日本消費者他們對冰箱特點上的信念。日本廠商認爲當地的消費者比較喜歡高度現代感，上有飾紋的小型冰箱。一部典型的日本冰箱尺寸通常是9立方英呎，售價1,300美元，有三個門和一個額外的冷藏室，可裝生鮮魚肉。較大型的日本冰箱則有六個門，售價在3,200美元左右。但是奇異也發現到，很多日本人很樂意把上述的特點，換成是一台較大、較簡單、但售價較便宜的電冰箱。因爲有愈來愈多的日本婦女在婚後仍然必須上班，所以並不能像老媽媽那樣，每天都上市場買菜，所以售價不貴的大型兩門冰箱就變得合理了起來。結果奇異冰箱以售價800美元的機型，一舉攻下3%的日本市場。[27]

增加新的信念

第三種轉換態度的辦法，就是增加新的信念。雖然消費模式的改變往往耗時甚久，可是穀類食品的行銷商人卻下了賭注認定消費者終將接受，穀類食品也可以作爲一種點心來食用。羅思頓（Ralston Purina）食品公司脆餅穀類食品（Cookie-Crisp cereal）的平面廣告就是採用一個男孩一邊作功課，一邊抓起一大把加了甜味的脆片，大口往嘴裏塞的畫面。家樂氏脆酥燕麥麩（Kellogg's Cracklin' Oat Bran）的盒子上也宣稱，這種穀類食品的口味就像是燕麥片餅乾一樣，是「絕佳的點心可在任何時候食用」。同樣地，桂格燕麥100%天然穀類食品（Quaker Oats 100% Natural cereal）的電視廣告就提倡可以直接從盒子裏抓一把來吃。口香糖的製造商也試著爲它們的商品使用，增加一些新的信念。其中有些廣告就宣導口香糖可以作爲吸煙的替代品，也可以消除用餐過後口中殘留的食物餘味。舉例來說，三叉低糖（Trident sugarless）口香糖就在廣告上宣稱，「用過餐後，嚼一片，可以幫助你預防蛀牙。」[28]另外，克萊斯勒公司（Chrysler Corporation）也正試著說服消費者，小型車也可以有四門，取代原來的三門設備。結果自四門小型車第一次上市以來，克萊斯勒車就以2：1的銷售比例，打敗了競爭對手。[29]

增加新的信念並不是一件容易的事。舉例來說，安豪瑟（Anheuser-Busch）釀酒公司在第一次推出百威無甜味啤酒（Bud Dry beer）時，消費者都覺得很迷惑，因爲「無甜味」（dry）這個字眼通常都是用來形容烈酒。然而自那時起，許多消費者還是相信了啤酒也可以用「無甜味」（dry）這個字眼來形容了。而富豪（Volvo）汽車公司在推出它的850時髦車款時，就遭遇到了問題。過去25年以來，富豪汽車已成功地將自己塑造成路上行駛中最安全的車種，但是也因爲這個安全形象太成功了，使得消費者只能認定它是一部方方正正鋼鐵不壞的坦克車，除此之外，很難再聯想到其它的形象。

想要進軍海外市場的美國公司，也可能需要協助當地的消費者增加一些有關商品的信念。舉例來說，在美國十分普遍的衛生保健方法，到了遙遠的國度就可能聽都沒聽過。在偏遠的印度鄉下，大多數的印度人從來沒使用過牙刷或牙膏。世代以來，他們都是用木炭粉和當地的土產植物來清理牙齒。爲了教育印度人有關牙膏的好處，高露潔公司(Colgate-Palmolive）派遣了行銷人員帶著半小時的宣導短片在市集當天到鄉下去，然後直接在那裏播放廣告，內容是一對夫妻在新婚之夜的時候，傳達出高露潔的訊息：高露潔有益你的口氣、牙齒和愛的生活。這個宣導短片的最後是由一名牙醫向大家解釋傳統的口腔清潔方法，如木炭粉，是沒有效的。短片終了，再散發免費的試用品，並由行銷人員示範如何用牙刷和牙膏來刷牙。[30]

人格特性、自我概念和生活形態

人格特性
個人對各種情況的一貫反應，加以組織、集合的方式。

每個消費者都有其獨特的人格特性。**人格特性**（personality）是一種廣泛的概念，指的是個人對各種情況的一貫反應，加以組織、集合的方式。因此，人格特性結合了心理性格和環境力量，它包含了人們最深層的氣質傾向，尤其是一些具支配性的特徵。有些行銷人員相信，人格特性會影響購買的商品品牌和類型。舉例來說，消費者所買的車型、服飾、或珠寶，都可以反應出一或多個人格特徵。（**圖示6.5**）所列出的人格特徵，就可以

適應性
成就需求
統治
社交性
親密的需求
權勢
感情用事
服從
穩定性
自主性
次序感
積極性
防禦
自信心

圖示6.5
某些共通的人格特徵

用來描繪消費者的人格特性。

自我概念
消費者如何去感覺自己；自我認知。

自我概念（self-concept）又稱之爲自我認知（self-perception），就是指消費者如何去感覺自己。自我概念包括了態度、認知、信念、和自我評估等。雖然自我概念可以改變，可是這種改變卻是漸進式的。經由自我概念，人們可以有自己的識別，進而產生一致性的行爲表現。

理想中的自我形象
當事者想要成爲的樣子。

眞實的自我形象
當事者對自己的實際認定。

自我概念還結合了**理想中的自我形象**（ideal self-image）（當事者想要成爲的樣子）和**眞實的自我形象**（real self-image）（當事者對自己的實際認定）。一般來說，我們總是想將眞實的自我形象提升到理想中的程度（或至少縮小這兩者之間的距離）。消費者很少會買一些傷害自己形象的商品。舉例來說，某個人認爲自己是個走在時代尖端的人，那麼她就不會買一些無法反映這種形象的衣服。

人類的行爲大部分是由自我概念來決定的。因爲消費者想要保護自己的個人識別，所以他們所買的商品、所光顧的店、以及所使用的信用卡，在在都顯示出他們的自我形象。舉例來說，男性和女性的香水就可以反映出他們所追求的自我形象。香奈兒（Chanel）的Egoïste香水就是給那些擁有一切，而且知道自己身價的男人所使用的。同樣地，依莉莎白泰勒（Elizabeth Taylor）的白鑽香水（White Diamonds perfume）則是「由夢所製成的香水」（the fragrance dreams are made of），是給那些追求傳奇美的女性所使用的。[31]

行銷人員藉著影響消費者對商品或勞務的相關感覺程度，進而對消費者動機造成影響，這些動機包括了對某個品牌的學習和購買，他們覺得自我概念很重要，因爲它可以解釋個人自我瞭解和消費行爲間的關係。

自我概念中的一個重要因子就是身體形象（body image），也就是對個人生理外觀，其魅力展露的感覺。舉例來說，作過整型手術的人都會覺得自己的身體形象和自我概念有整體的改善。此外，個人對身體形象的感覺常會成爲減肥的動機，而不是爲了健康或其它社會因素等理由。[32]針對上了年紀的嬰兒潮人士所推出的居家染髮劑，其銷售量大量攀升的原因，就是因爲中年男士和婦女想要讓自己看起來「年紀適中」。[33]而嬌生公司（Johnson and Johnson）所推出的皮膚乳液，理娜娃（Renova），也是將目標瞄準在嬰兒潮人士的身上，讓他們得以對抗「臉上的皺紋」。[34]GNC則利用消費者想要快速恢復體力的心理，趁機推出一種口服藥丸，可以爲消費者製造出「快速的能量」。[35]同樣地，健康俱樂部、運動器材廠商、和一些瘦身計畫等，也都是將目標市場瞄準在那些一心想要藉著運動減肥來改善自我概念的消費者身上。

生活形態
一種生活模式，可藉由個人的活動、興趣和意見等表現出來。

人格特性和自我概念都會反映在生活形態上。**生活形態**（lifestyle）就是一種生活模式，可藉由個人的活動、興趣、和意見等表現出來。心理描述學（psychographics）就是一種用來檢視消費者生活形態並進行分類的分析技巧。不同於人格特性的難以描述和測量，生活形態的特徵對消費者的區隔和瞄準很有助益。現在有許多產業都會使用精神統計來瞭解它們的市場區隔在哪裏。舉例來說，汽車產業就有一種心理描述區隔方案（psychographic segmentation scheme），可用來將汽車購買者分成六種族群，全是根據他們對車子的態度以及駕駛經驗而定的。其中的兩個極端類別，一是「齒輪腦袋」（gearheads），標準的車迷，喜歡開車，並自己打理車子的一切；另一個則是「負面者」（negatives），這種人把車子視爲是一種必要的罪惡品，他們希望可以儘量不要使用它。美孚公司（Mobil Corporation）也利用心理描述將汽油的使用者分成了五大類：公路戰士（road warriors）、眞正的藍領階級（true blues）、F3世代（generation F3）、以家庭爲優先的男人（homebodies）、和精打細算的購物者（price shoppers）。[36]這些不同類別的人在品牌忠誠度、購買數量、付款方式、偏好地點、和便利商店的使用上，都會有不同的表現。有關精神統計和生活形態區隔方案，我們會在第八章的時候，再詳細地討論說明。

6 確認並瞭解能影響消費者購買決策的社會因素是什麼

影響消費者購買決策的社會因素

影響消費者決策的第二個主要因素群就是社會因素，其中包括了肇因於消費者和外在環境交互作用下的所有效力，這些效力會進而影響到購買者的行爲。社會因素包括了文化和次文化、參考團體、意見領袖、家人、生命週期、和社會階級等（請回頭參考圖示6.3）。

文化

文化（culture）就是價值觀、規範、態度、和其它意義象徵的所有組合，它們共同構成了人類的行爲。還有這些行爲下所成就的人工製品或商品，可以一代接一代地傳承下來。文化是受到環境主導的。芬蘭的遊牧民族就發展了一套可生存在北極冰圈下的文化。同樣地，住在巴西叢林裏的人們，也有一套自己的生存文化來適應當地熱帶的生活。

文化
價値觀、規範、態度與其它意義象徵的所有組合，它們共同構成了人類的行爲。還有這些行爲下所成就的人工製品或商品，可以一代接一代地傳承下來。

人類之間的相互作用創造出價值觀，並爲每個文化發展出各自可以接受的行爲。藉著共通期待的建立，文化爲社會制定了次序。有時候，這些期待就轉換成了律法。舉例來說，在我們文化中的駕駛員，必須在紅燈的時候把車子停下來。

只要某個價值觀或信念能夠符合社會的需求，就會成爲文化中的一部分。可是如果它不再有什麼作用，就會漸漸地消失掉。舉例來說，在19世紀和20世紀初極受重視的大家庭，因爲當時的美國經濟幾乎都以土地耕作爲主，小孩子被視爲是一種資產，可以幫忙農事。可是到了今天，工業經濟的時代來臨，大家庭也就不再有存在的必要了。

文化是有動力的，它會隨著需求的變化和環境的演變而進行修正。在這個世紀裏，工業技術的快速成長已經促使了文化改變的比例範圍。電視改變了娛樂的形態和家人的溝通，並提高了某些政治和新聞事件的公眾知名度。自動化的技術也增加了我們的休閒時間，可是就某個層面來看，它也改變了傳統上的工作倫理。可想而知的是，文化標準將會持續地演變，因爲我們對能解決問題的社會形態需求也在繼續改變中。

公司行號若是不瞭解某個文化，就很難將它的商品賣出去。舉例來說，顏色在世界各地就有不同的象徵意義。在中國，白色代表的是服喪，因此新娘都是穿大紅色的。但在美國，黑色則表示服喪，所以新娘穿的是白色的禮服。百事可樂在東南亞一帶曾經雄霸一時，一直到它把瓶身以及販賣機的顏色從深的帝王藍改成淺亮的水藍色爲止。在那個地區，淺亮的藍色都是和死亡與服喪有關聯性的。

語言則是全球行銷商人在文化上必須要處理的另一個重點。他們要很小心地把商品名、口號、和促銷訊息等翻成外國語言，絕對不能傳達出錯誤的訊息。請看看下面這些行銷人員所犯的錯誤例子，他們對西語消費者所進行的訊息傳達，有多麼地可笑。通用汽車發現錯誤的時候已經太晚了，因爲它的新星（Nova）車（一種經濟省油的車型），直譯爲西班牙語，就成了「不走」的意思。庫爾斯（Coors）啤酒公司鼓勵它的消費者要釋放開來（turn it loose），可是就西班牙文來說，就成了「瀉肚子」（Suffer from diarrhea）。當法藍克（Frank Perdue）公司說：「再強硬的男人也可以烹調出鮮嫩的雞肉！」西語人士卻聽成了「一個性慾被挑起的男人，對一隻雞表現得很親熱」。

隨著愈來愈多的公司從事於全球性的商業運作，對外國文化瞭解的需求也就愈形重要了起來。行銷人員必須對當地的文化加以熟悉、適應。如果行銷人員不能明察當地文化的細微差別，在波士頓的流行風潮到了龐貝

放眼全球

跨越各種文化的市場行銷

幾家主要的美國公司在找到了新市場和消費者來購買它們的商品之後，就逐漸發現到這個世界還真的很小。可是它們也不得不承認，在這些不同文化之下的消費者，其差異也頗大。就百事可公司（Pepsico）的福利多——雷事業單位（Frito-Lay unit）來說，它在中國大陸所賣的芝多司點心（Cheetos），其口味就不同於美國本土所賣的口味。小組討論中的調查就發現到，美國芝多司的口味並不能迎合中國消費者的味蕾。在中國市場上，最受歡迎的兩種口味分別是可口的美國奶油味和強烈的日本牛排味。福利多——雷的市場調查為中國市場發明了最受歡迎的芝多司口味，而它的努力也獲得了相當的報酬：在1995年的時候，該公司在中國的一個省份，就賣了一億包的芝多司點心。

雖然可口可樂不管到哪個市場，都不會改變它原來的品牌口味，可是在促銷活動上，它還是入境隨俗地作了一些調整。可口可樂最近為了配合香港、中國、台灣、泰國、以及越南等國的農曆新年，推出了它的第一個全球性電視廣告，廣告中用6,200個可樂瓶堆成了一隻巨大的中國龍。這個廣告也展現了所有代表吉祥的中國象徵，有舞龍舞獅隊伍，還有煙火和打鼓等。可口可樂的這個策略似乎也有了代價回報：在最近一次對中國消費者所作的調查當中，可口可樂在品牌認知的排名上，就高居了第二名。

這麼多年來，盧本梅（Rubbermaid）公司就學到了幾課有關如何調整商品來適應國外的市場，特別是歐洲的不同文化。舉例來說，大多數的美國人都喜歡不深不淺的藍色或杏仁色，作為家居用品的顏色。但對南歐人來說，他們喜歡紅色的器皿；而荷蘭的顧客則喜歡白色。當盧本梅在美國市場賣了幾百萬個無蓋的垃圾桶時，歐洲人卻挑剔垃圾會從垃圾蓋裏冒出來，他們要的是有緊密垃圾蓋的垃圾桶。現在的盧本梅設計並推出了數十種的新產品，全都是針對歐洲市場的。它的多國語言目錄介紹了各種商品，其中包括了不同歐洲國家所偏好的顏色和尺寸等。而最後的結果則是，現在的盧本梅成了全歐洲第二大的家用品公司。[37]

有什麼可能理由會讓行銷人員在進行全球販售時，忽略了文化上的差異？行銷人員在冒險將商品推銷到國際市場前，需要採取哪些步驟來辨識這些文化上的差異呢？

（Bombay）就可能會一敗塗地。請閱讀「放眼全球」方塊文章中的幾個例子，體驗一下美國公司是如何將自己的商品加以修正，去適應當地的市場。

次文化

一個整體文化又可因人口特徵、地理位置、政治信念、宗教信仰、國家和種族背景以及其它等因素，而被分成幾個次文化。次文化（subculture）是指同質性的群體，他們共同分享著整個大文化下的幾個要素，以及他們這個群體中的幾個獨特文化要素。在這些次文化裏，人們的言論、價值觀、和購買決策都很類似，甚過於整體文化下的類似程度。次文化的差異可能導致某個整體文化下的不同變化，包括了人們在購買商品和勞務的時間、地點、方法、和內容。

次文化
同質性的群體，他們共同分享著整個大文化下的幾個要素，以及他們這個群體中的幾個獨特文化要素。

光是美國，就可以找到無數的次文化。許多都在地理上有集中的趨勢。例如，摩門教徒就集中在猶它州；法國後裔則多住在南路易斯安納州的湖澤地區；拉丁裔則在靠近墨西哥邊境地帶的各州散佈著；而多數的中國人、日本人、和韓國人則落居在美國沿太平洋岸的地區。

其它的次文化則沒有地理上的分野。例如最近的調查顯示，哈雷機車的騎士已儼然成爲一種獨特的次文化。[38]除此之外，電腦玩家（computer hacker）、軍人世家、和大學教授等次文化也在國內各地被發現。他們都各自擁有可經識別的言論態度和價值觀，使得他們和整體文化有所區隔。

如果行銷人員可以找得出各種次文化，他們就可以針對這些次文化的需求，設計出特殊的行銷活動。最近，卡夫食品公司（Kraft）就推出了一種新商品，有可快速融化的白色起司和豐富的奶油，叫做維拉林度（Valle Lindo），西班牙文就是「美麗的山谷」。這個商品是專爲拉丁裔的消費者所設計的，廣告也是用西班牙文，並在西語發音的電視和電台中播放。同時，卡夫食品也爲它旗下廣受拉丁裔消費者喜愛的各類現有食品，展開西語的廣告促銷活動。[39]同樣地，賽門圖書公司（Simon & Schuster, Inc.）則正在發展一系列的西語圖書，全是由當紅的美國書刊所翻譯過去的。[40]最後，還有安豪瑟釀酒公司（Anheuser-Busch）最近推出的特級啤酒，叫做西根巴克（ZiegenBock）啤酒，是專爲德州人所設計的，而且只在當地出售。爲了要搭上孤星獎（Lone Star pride），這家全美最大的釀酒廠商希望

圖示6.6
參考團體的類別

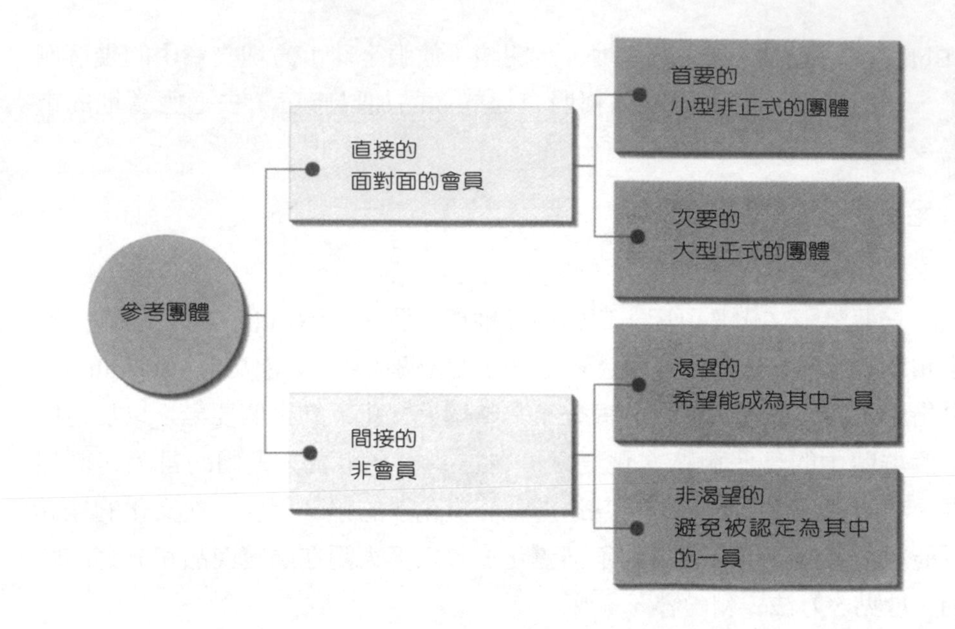

能在該州的特級啤酒市場裏，保有一個利基。[41]

參考團體

參考團體
能影響個人購買行爲的所有正式和非正式團體。

首要的會員團體
人們可定期互相影響的所有團體，全都是採取面對面、非正式的態度，例如家人、朋友和同事等。

次要的會員團體
和團體成員接觸的方式比較不定期而且較正式，包括了俱樂部、專業團體、和宗教團體。

渴望式參考團體
個人極欲加入的團體。

標準規範
可被該團體接受的價值觀和言論態度。

能影響個人購買行爲的所有正式和非正式團體，就是這個人的**參考團體**（reference groups）。消費者可能會利用商品或品牌來參與或成爲這個團體中的一份子。他們會觀察這些參考團體中的成員是如何消費的，並從中學習，而且他們會使用相同的標準來作出自己的消費者決策。

參考團體可以被廣泛分類爲直接或間接兩種（請參考**圖示6.6**）。直接的參考團體就是可面對面的會員團體，可直接接觸到人們的生活，他們可能是首要的，也可能是次要的。**首要的會員團體**（primary membership groups）包括了人們可定期互相影響的所有團體，而且全都是採取面對面、非正式的態度，例如家人、朋友、和同事等。相反地，和**次要的會員團體**（secondary membership groups）進行接觸的人們，其方式比較不定期而且較正式，這些團體包括了俱樂部、專業團體、和宗教團體。

另外，消費者雖然不屬於一些間接、非會員的參考團體，可是卻會被他們所影響。**渴望式參考團體**（aspirational reference groups）是個人極欲加入的團體，爲了要加入這樣的團體，他至少得符合這個團體的**標準規範**（norms）——就是可被該團體接受的價值觀和態度。因此，若是某個人想要經由選舉進入公職服務，他或她就可能要穿得保守點，就像其它政壇人士一樣。而且也得常去一些當地領袖和商場領袖經常聚會的餐廳和社交場所，並試著扮演一個能被選舉人和其它有影響力的人所接受的角色。從另一方面來說，一個十來歲的孩子，可能會染頭髮，在身上刺些刺青，並聽一些另類的音樂，以便打入同儕團體之中。

非渴望式的參考團體（nonaspirational reference groups）或稱分離式團體（dissociative groups），在我們試著和他們保持距離的時候，也會影響到我們的行爲。某個消費者可能會避免買某些類型的衣服或車子，不光顧某類的餐廳或商店，或者不去某個地區買房子，以免和這個特殊團體有所關聯。

非渴望式的參考團體

或稱分離式團體。這種團體在我們試著和他們保持距離的時候，也會影響到我們的行爲。

參考團體的活動、價值觀和目標等，都會直接影響到消費者的行爲。對行銷人員來說，參考團體有三個重要的啓示意義：他們可以作爲資訊的來源並影響當事者的認知；他們可以影響個人的渴望程度；以及他們的標準規範不是會限制就是會刺激消費者的行爲。舉例來說，爲了某個特殊的場合，而必須選定一家餐廳，或者決定該看哪部電影的時候，40%的美國人都會聽取家人和朋友的意見。[42]

意見領袖

參考團體往往包括了知名的人物，也就是會影響其他人的團體領袖或**意見領袖**（opinion leaders）。所以很明顯的，行銷經理必須先說服這類人士來購買他們的商品或勞務才行。其實有很多現在已成爲美國人生活中不可或缺的商品和勞務，當初之所以能一炮而紅，全是因爲意見領袖登高一呼的結果。舉例來說，在大眾能接受錄放影機之前，也是由意見領袖率先使用的。另外，有運動效益的交通工具和輕型卡車也是由意見領袖在1990年代將它們帶進了「家庭用交通工具」的範疇中。[43]

意見領袖

會影響其他人的團體領袖。

由於好奇心的驅使，意見領袖往往是第一個嘗試新產品和新勞務的人。他們也是社區裏、工作上、以及市場中的典型積極份子。除此之外，意見領袖也很自我放縱，因此使得他們敢於探索未經證實，但卻十分精細的商品和勞務。這種結合了好奇、行動主義、和自我放縱於一身的意見領袖，也往往是消費市場中走在時代流行尖端的人。[44]（圖示6.7）所列出的商品和勞務，都是當事者在進行購買之前，會先向意見領袖尋求意見的。

圖示6.7
智慧之語：意見領袖對消費者的登高一呼的效果遠超過他們自己的購買

【去年，接收到意見領袖推薦商品*的平均人數，以及1995年所作出的推薦（以百萬計）】

	被推薦物的平均數目	作出的推薦（以百萬計）
餐廳	5.0	70
度假地點	5.1	44
電視節目	4.9	45
汽車	4.1	29
零售店	4.7	29
服飾	4.5	24
消費電器	4.5	16
辦公設備	5.8	12
證券、信託基金、CD、以及其它	3.4	12

●全然就那些推薦商品的人而言。

資料來源：紐約州紐約市羅波史塔奇全球公司（Roper Starch Worldwide, Inc.），摘錄自1995年7月出版的《美國人口統計》（*American Demographics*）第42頁之〈以影響力來放大市場〉（Maximizing the Market with Influentials）一文。

意見上的領導是一種很隨意自在的面對面現象，而且往往不怎麼明顯，所以要找出意見領袖是哪一個，還眞的是一種挑戰。也因此，行銷人員通常會試著塑造出意見領袖，他們可能會利用學校的啦啦隊隊長來展示最新的秋季服飾，或者邀請市民領袖來提倡保險、推銷新車、以及其它東西等。

就全國性的層面來說，某些公司有時候也會利用電影明星、運動偶像、和其它名人等來推銷商品，但願他們眞的是適當的意見領袖。受歡迎的名人推薦者有肯戴斯柏居（Candice Bergen）、麥可喬丹（Michael Jordan）、比爾寇斯比（Bill Cosby）、山奎爾歐尼爾（Shaquille O'Neal）、伊麗莎白泰勒（Elizabeth Taylor）、喬伊蒙太拿（Joe Montana）、和辛蒂克勞馥（Cindy Crawford）。[45]

名人推薦的有效與否全在於這個發言人是否擁有可信度和魅力，以及大眾對他或她的熟悉度如何。如果發言人和商品之間的關聯性能夠建立起來，這種名人推薦的手法就往往能夠成功。舉例來說，喜劇演員比爾寇斯比對金融商品的推薦就是個徹底的失敗，可是對柯達相機和傑洛果凍（Jell-O gelatin）的促銷卻極爲成功。因爲消費者很難在心理上將比爾寇斯比這類喜劇演員和嚴肅的投資決策聯想在一起，可是卻能很輕易地把他和休閒活動以及每日的消費品連結起來。除此之外，在選擇名人推薦者的時候，行銷人員也必須考慮和這位名人有關的廣泛代表意義是什麼。因爲雖然這個名人可能有些特質是該商品所想要表達的，但他或她也可能有一些不太適當的其它特質。

另一方面，行銷經理也可以利用團體的認可或介紹來進行意見領袖的運作手法。舉例來說，有些公司的商品銷售是採美國心臟學會（American Heart Association）或美國防癌協會（American Cancer Society）的引薦手法。再舉一個例子，麥克耐爾消費品公司（McNeil Consumer Products）結合了關節炎基金會（Arthritis Foundation），共同推出一系列的關節炎止痛劑，這個作法使得這個商品一躍而成全國櫃台交易商品中銷售第一的關節炎止痛劑。麥克耐爾公司和關節炎基金會，它們都看出了這個市場機會，可將觸角深入到全美各地長年爲病痛所苦的數百萬人口身上。[46]此外，行銷人員也會從學校、教堂、城市、軍隊、和兄弟會組織中尋求推薦贊助，作爲旗下商品的團體意見領袖。而業務人員也會使用意見領袖的名字，以便在促銷會中達成最大的個人影響效力。

家人

對許多消費者而言，家庭是最重要的社會性團體，強烈影響到個人的價值觀、態度、自我概念以及購買行爲。舉例來說，一個極度重視健康的家庭，他們的購物名單一定明顯不同於將每一頓晚餐都視爲美食盛宴的家庭。此外，家庭對**社會化過程**（socialization process）也有很大的責任貢獻，所謂社會化過程就是將文化價值觀和標準規範傳承給下一代。孩子觀察父母的消費形態，並從中學習，然後他們也往往會照著相同的模式進行購物。

社會化過程
將文化價值觀和標準規範傳承給下一代。

而家庭成員中的決策角色往往因爲購買項目的不同而有很大的差異，在購買的過程中，家人會各自扮演不同的角色。發起人（initiators）就是指對購買過程作出建議、起始話題、或種下種子的人。發起人可以是家庭中的任何一位成員。舉例來說，姐姐可能會要求擁有一部全新的腳踏車，作爲她的生日禮物，因此就促成了這個商品尋求的開始。影響人（influncers）則是指購買意見受到重視的家庭成員。在這個例子裏，媽媽可能是價格範圍的監控者，而這個影響人的角色就是反對或贊成價格的高低範圍。哥哥

在首要會員團體中，例如家人，他們幾乎每天都會以非正式和面對面的態度，來互相影響對方。
©Lawrence Migdale/Tony Stone Images

可能也會對腳踏車的某些性能發表一些自己的意見。而決策者（decision maker）則是家庭中確實作出決定要買或不買的人。舉例來說，爸爸就可能在問了姐姐一些有關外觀上的問題，如顏色等，再加上自己的標準，如耐用性和安全性等之後，再選定最後的品牌和款式。購買者（purchaser）（可能是爸爸或媽媽）則是確實拿錢去換回商品的人。最後，消費者就是實際的使用者，在這個腳踏車的例子裏，就是姐姐。

行銷人員在考慮家庭的購買狀況時，也必須一併考慮家庭成員中消費者和決策者的角色分配。普通的行銷觀點都是將決策者和消費者視爲同一人，家庭行銷則增加了其它三種可能：有時候不只一個決策者；有時候不只一個消費者；有時候決策者和消費者不是同一人。（圖示6.8）就將家庭中可能發生的9種購買關係表列了出來。[47]

現在的小孩在父母的購買決策上，往往有很大的影響力。有許多家庭，父母都在工作，不太有時間，所以很鼓勵小孩子參與購買的活動。除此之外，在單親家庭中的孩子也比早期那些身處雙親家庭的孩子們，享有更大的家庭決策權。尤其對食物的選擇上，孩子的影響力更大。通常孩子們會幫忙決定全家人到哪家速食店用餐，甚至也會針對到哪家正式餐廳用

		購買決策者		
		一個成員	一些成員	所有成員
消費者	一個成員	1	2 網球拍	3
	一些成員	4 糖果汽水	5	6
	所有成員	7	8	9 電冰箱

圖示6.8
家庭中購買者和消費者之間的關係

資料來源：Robert Boutilier所著之〈拉起家人的這條線〉（Pulling the Family's Strings），此文刊載於1993年8月出版的《美國人口統計》（*American Demographics*）雜誌，第46頁。©1993，版權所有，翻印必究。

餐，提出自己的意見。另外，小孩子對家中平常用餐的食物內容也會發表自己的意見，許多小孩甚至連父母所購買的食品廠牌也有話要說。最後，孩子也會影響玩具、衣服、度假、娛樂、以及汽車等購買決策，即使他們並不是這些項目的實際購買者。

家庭的生命週期

一個家庭的生命週期階段也會對消費者的行爲有明顯的影響。正如第八章所詳加說明的，家庭的生命週期是一種有次序性的序列階段，在這些階段中，消費態度和行爲傾向會隨著當事者的成熟度、經驗、以及收入和地位的改變而逐步地演變。

行銷人員往往根據家庭的生命週期來定義他們眼中的目標市場。舉例來說，年輕的單身貴族大多把錢花在酒精飲料、教育、和娛樂上。剛升格當父母的年輕男女則會著重於健康醫療、衣服、居所、和食物等支出。若是家裏有比較大的孩子，則會在食物、娛樂、個人清潔美容用品、以及教育、甚至汽車和油錢上支出較多的金額。等到孩子們離開家，這些老夫妻所支出的錢又會多偏重在交通工具、女性衣著、健康醫療、和長途電話上。行銷人員也應該明瞭在現今這個社會裏，可能會有許多非傳統性生命週期的出現，例如離婚父母、一生不婚的單身男女、以及沒有生育子女的夫婦等，這類消費者的需求和欲求也是行銷人員的另一個著重焦點。

圖示6.9
美國的社會階層

上流階層 資本家	1%	這些人的投資決策形成了全國性的經濟基礎，其收入多來自於資產、獲利或繼承；大學畢業。
較上層的中產階級	14%	較高層級的經理、專業人士、中型企業的所有者；大學畢業；家庭收入幾乎是全國平均收入的兩倍。
中產階級 中產階級	33%	中級白領階層；高級藍領階層；高中畢業是其典型的教育程度；收入比全國平均收入略為高一點。
勞工階級	32%	中級藍領階層；下層白領階級；收入略低於全國平均收入。
較低層階級 勞工貧民	11-12%	低薪的服務工作者和技工；有些是高中畢業；生活水平略低於主流水準，可是卻高於貧窮的那條界線。
下層階級	8-9%	沒有定期工作的人，大多是靠社會福利金在度日；只受過一點教育；生活水平低於貧窮的劃分界線。

資料來源：改編自Richard P. Coleman所著之〈市場行銷上社會階層的持續意義〉（The Continuing Significance of Social Class to Marketing），此文取自於1983年12月號的《消費者研究日誌》（*Journal of Consumer Research*），第267頁；以及Dennis Gilbert和Joseph A. Kahl合編之《美國社會架構：一個綜合體》（*The American Class Structure: A Synthesis*）。出版商：Homewood, IL: Dorsey Press，1982年出版，第11章。

社會階層

社會階層
被視為擁有相等地位或相等社區名望的一群人，彼此經常進行正式或非正式的社交活動，而且分享著相同的行為標準規範。

美國就像其它社會一樣，也有社會階層制度的存在。**社會階層**（social class）就是指一群被視為擁有相等的地位或相等的社區名望的人，彼此經常進行正式或非正式的社交活動，而且分享著相同的行為標準規範。

有一些技巧可用來衡量社會階層；也有一些標準可以為社會階層下定義。（圖示6.9）所顯示的就是現代的美國地位架構。以下所列的，則是對這些階層中的成員，額外的一些觀察：

◇上流階層：上流階層是由很富有的人所組成的，上流階層的每個人似乎都認為自己長得不錯，所以很注重自己的外表。他們比較有自信、好交際、而且比其它社會階層人士更具有文化上的導向。他們也有一點自由驕縱，願意容忍不同的意見。上流階級的人士比其它社會階層人士更願意試著爲社會作出一點貢獻，例如公職服務、慈善機構的志願義工、或者是積極參與公眾事務等。就消費購買形態而言，這些有錢人往往擁有自己的房子，常購買新車和卡車，不太抽煙。而他們的財富實力也多顯示在他們擁有自己的度假別墅、度假地和遊艇、以及家管和園丁等服務上。[48]

◇中產階級：中產階級的消費者對人生自有一套不同的看法。目標的達成和名利的獲取對他們來說是很重要的。一般來說，和較低階層的人比起來，中產階級的成員對社會的適應力，特別是同儕之間的適應力很強。很顯然的，中產階級的生活形態和較低階層的成員比起來，前者是非常有活力的，而後者則顯得較爲靜態。儘管有些人具備了大學程度，可是主修課程和中產階級傳統中認定有用的概念並不相符，因此教育程度上的成就往往對個人的社會和經濟地位有很大的幫助。同時，這些置身於中產階級的人們通常處於「有」和「沒有」的夾縫之中。他們渴望能夠過有錢人的生活，可是卻受制於現實的經濟能力，以及他們和勞工階層所共有的謹慎心態。[49]

勞工階級則是中產階級中的次階層。勞工階級的成員在經濟和情感上非常依賴親戚家人和社區鄰里。不管是工作機會的介紹、購買意見的參考或遇上麻煩時的求助，這些次階層的人們都離不開親戚家人們的協助。而這個族群對周遭世界的地域性看法，也反映出他們對家庭關係的重視程度。舉例來說，勞工階級人士比中產階級人士更偏愛知道地方上的新聞，而後者對全國性或全球性的新聞卻比較有興趣。勞工階級人士的度假所在，離家比較近，而且往往在度假時，順便拜訪親友。

◇較低層階級：較低層階級的成員多處於貧窮的邊緣，或更糟的局面。這類階層的人有很高的失業率，其中許多個人和家庭都是靠社會救濟金在過日子。而這些人也多是文盲，或者只受過一點教育。同時，他們的生理和心理健康狀況也不太理想，比起其它階層來說，壽命比較短。和多數的有錢消費者比起來，較低層階級的消費者，飲食比較糟，在購物時，所採買的形態也比較雜。

兩個社會階層之間的生活形態區別往往大於單一階層裏的生活形態區別。而就兩個階層間的彼此區別度來說，最顯著的莫過於中產階級和較低層階級之間的區別。而在這兩者之間，我們可以看到生活形態上的一些主要轉變。

行銷人員之所以對社會階層這麼有興趣，全是因爲兩個理由。首先，社會階層往往可以指出他們在廣告上該用何種媒體？假設一家保險公司想要將保險賣給中產階級的家庭，它就可能會在當地的夜間新聞中插播廣告，因爲中產階級家庭比起其它階層要來得愛看電視。但如果這家公司想要賣更多的保險給較上層階級的人，它就會在商業刊物，如《華爾街日報》上，刊登一篇平面廣告，因爲教育程度較高和有錢人士，都會讀這類的刊物報紙。

再者，社會階層也會告訴行銷人員，某類型的消費者會到哪裏去購買商品。有錢的上層人士往往會光臨售價不菲的商店，而這些地方也正是其它階層深感不自在的場所。行銷人員也知道，中產階級經常會到購物商場裏逛逛，所以若是想賣東西給中產階級人士，就得在這些商場中鋪貨。

可是從另一方面來看，原來固有的主要社會階層類別對行銷人員來說，也漸漸不太管用了，原因是因爲美國社會的分裂，形成了更多明顯的子族群，每一個族群都有其獨特的品味和渴望。而最近的經濟趨勢也爲原來的社會階層架構增加了分裂作用的可能。許多原本可提供中產階級舒適生活和長期收入保障的工作，都漸漸消失了。結果造成各類子族群佔領了整個廣大的中產階級，每一個族群都有不同的機會、期待、和外觀。[50]

正當美國市場中的社會階層不再那麼地具備購買行爲的代表性時，許多海外市場的社會階層卻漸漸地成爲重要的決定因素。舉例來說，蘇俄在市場經濟上的轉變就創造出了明顯的社會階層架構：上層、中層、和較低層的市場。隨著那些利用市場機會而大量致富的人士出現之後，最近又有一批蘇俄人，無視於通貨膨脹和弱勢貨幣的現實面，努力工作，賺得更多，也過得更好了。這些中產階級的蘇俄人所買的消費商品，從電視機到自動麵包製造機等都有，而且他們支持蘇俄當局的政治和經濟穩定性。這群蘇俄的新中產階級，其核心成員多是年輕的專業人士和大城市裏的小型企業主。蘇俄的中產階級人士已成了行銷商人眼中的首要目標群，例如日本的新力公司就認爲，蘇俄遲早會成爲它在歐洲市場最大的彩色電視機買主。[51]

市場行銷和小型企業

向多元文化的市場進軍

儘管談了很多有關各地獨特文化和次文化的瞭解層面，以及根據這些特殊族群，量身裁定不同的行銷計畫等，但從實際面來看，許多小型企業根本就沒有那麼多的錢，因為其目標市場橫跨過不同文化和次文化，就必須採取所謂的多頭行銷活動和多頭廣告活動。它們不像大型的全國性企業，擁有用不完的預算可砸在各個目標市場上，眾所皆知的是，這些小型企業的行銷和廣告預算都很吃緊。因此，對這些小型企業主來說，針對個別族群所用的不同瞄準行銷辦法，根本就是不可能的。

因此，瞭解人們的共通性是什麼，對小型企業來說，可能就和瞭解人們之間的差異是什麼，一樣的有用。某個人的原始國籍或種族辨識也許很重要，可是卻沒有必要因此而將這個人限制於那些背景中的態度或生活形態下。社會價值觀、溝通方法、和共通興趣都可以跨越文化或次文化的障礙的，所以如果小型企業能夠瞭解這些不同族群所共享的背景，可是也不忘他們之間的本來差異，在行銷運作上就會十分有幫助。小型行銷商人可以不再為了追逐不同次文化的目標市場，而採用不同的行銷手法，反而能以單一的手法來對這群廣大的消費族群，進行促銷。

對小型企業主來說，想要彌補行銷活動中各文化之間差異，第一步就是要瞭解顧客的文化價值觀。執行好的研究調查或調閱最近的行銷調查或統計數據等這些舉動，都有助於小型行銷商人瞭解目標群的共通點和差異點是什麼。舉例來說，研究中指出，拉丁裔、非裔、和亞裔美國人的社區，都很重視家庭的延續，尤其特別尊重老祖父。宗教和上教堂作禮拜則是非裔和拉丁裔次文化中的基本部分。因此行銷活動若想跨越過這些次文化的界線藩籬，就可以使用家庭或宗教的主題來一次網羅到所有的目標群。

而小型企業主的第二步，就是去瞭解多重文化市場中的不同媒體習慣。小型企業若想針對不同的族群進行行銷活動，就得考慮多重的媒體管道和促銷活動，以便影響到每個族群的感覺認知。因為有些族群對大眾媒體的反應效果特別好，有些則偏好特定的媒體，因此在媒體上採用雙管齊下的方法，才能接觸到最廣大的目標觀眾群。除此之外，有些文化下的人們對口語的傳達比較習慣；有些則習於文字上的訊息。因此，多重文化的廣告活動應該採用畫面、聲音、和文字等不同組合，來達成它的目的效果，這也表示了空中和平面媒體都得兼顧到。

在對多重文化族群展開行銷活動時，選擇正確的訊息，並以適當的方法將它傳達出去，也是很重要的。舉例來說，說故事的手法就是在溝通上很能跨越過文化藩籬的一般性方法。以故事為捷徑，帶出大家都能接受感動的訊息，將這些似曾相識的故事情境融入現代化的每日生活當中。小型企業主若想同時傳達訊息給特定和廣大的收視群時，就可能必須使用一名有著當地色彩，可是卻也能被其它文化所認同的名人，來傳達分層式的訊息手法。舉例來說，某一個公益廣告想要將目標市場瞄準在黑人婦女的身上，因為她們是乳癌的高危險群，可是又不想在廣告中暗示這種疾病只集中在這個族群裏。因此解決的辦法就是找一名很受歡迎的黑人唱片女歌手，在廣告中說出自己家人的癌症經驗故事。[52]

小型企業可以做什麼，使得顧客之間能產生口耳相傳的促銷效果？還有什麼其它方法可以讓小型企業拿來運用，以便有效地將商品促銷到多元文化的市場上呢？

回顧

再回到本章一開始的討論部分，現在你就能夠明瞭個人和社會因素是如何地影響消費者的決策過程了。在故事中，你看到了可口可樂如何利用消費者對該商品包裝上的認知，特別是它的曲線瓶來加以大作文章。在經過了機智的行銷和廣告手法之後，該公司藉著消費者對可口可樂瓶身的認知，以及瓶身內被轉換而成的產品優點等，來試著增加全球的可樂銷售量。消費者的決策過程是引人入勝，同時也是錯綜複雜的，因此，若能瞭解消費者的行爲以及其中的影響因素，就有助於你確認出目標市場和設計出有效的行銷組合。

總結

1.解釋爲什麼行銷經理需要瞭解消費者的行爲：消費者的行爲可解釋消費者是如何作出購買決策，以及他們是如何使用和處理他們所購買的商品。瞭解消費者行爲可以幫助行銷經理在定義目標市場和設計行銷組合的時候，降低自身的不確定感。

2.分析消費者決策過程中的構成因子有哪些：消費者的決策過程一開始就是問題的察覺，也就是扣動了欲求未被滿足的刺激扳機。如果在作出購買決策前，需要一些額外的資訊，該消費者就會展開自身內在或以外的資訊尋 求。然後消費者會評估這些額外的資訊，建立起自己的購買原則，最後購買決策就產生了。

3.解釋消費者的購買後評估過程：消費者的購買後評估會受到購買前的期待、購買前的資訊搜尋、以及消費者的自信程度所影響。所謂認知失調就是消費者在購買商品後，才體驗到該商品的缺點，而產生出來的一種內在壓力。若是某項購買產生了認知失調的情況，消費者的反應往往是爲這次的購買決策尋求正面的強化作用，避開有關購買決策的負面資訊，甚至也可能乾脆將商品退回，將原來的購買決定作廢。

4.確認出消費者購買決策的幾種形態，並討論消費者參與度的重要意義：所有消費者的購買決策都會落入以下三種類別當中：首先，若是消費者只是從事經常性的低價商品購買，並且只需要作出一點小小的決策時，就是在表現慣常式反應行為；第二，若是消費者只是偶爾購買某個商品或是對某個產品類別的某個品牌不太熟悉的話，他就是在進行有限性決策的購買；第三，消費者的購買項目若是很陌生、而且售價昂貴、又不經常買，這就是深度參與的購買決策了。高度參與的決策往往包括了廣泛的資訊蒐集和對所有選擇方案的整體評估。相反地，低參與度的決策靠的就是品牌忠誠度以及因該商品無法提供個人識別，所以不需消費者有大費周章的舉動。因此，影響消費者參與程度的主要因素分別是價格、興趣、可能產生負面結果的風險、以及社會能見度等。

5.確認並瞭解能影響消費者購買決策的個人因素是什麼：個人因素包括了認知、誘因、學習、價值觀、信念、和態度；以及人格特性、自我概念、和生活形態等。感覺認知可讓消費者覺察出他們的消費問題是什麼。誘因則是驅策消費者進一步採取行動，來滿足自己的消費需求。幾乎所有的消費者行為都是經由學習而來的，也就是經由經驗的累積，不斷在行為上改變的一種過程。有著相同價值觀、信念、和態度的消費者，他們對行銷相關的刺激反應也相當類似。最後，有些商品和廠牌則可以反映出消費者的人格特性、自我概念、和生活形態。

6.確認並瞭解能影響消費者購買決策的社會因素是什麼：社會因素包括了一些外在的影響力，如參考團體、意見領袖、家人、家庭生命週期、社會階層、文化和次文化等。消費者可能會利用商品或品牌的形象，讓自己和某個參考團體產生認同感，或者成為其中一員。意見領袖則是參考團體中能影響其他人購買決策的成員。另外，家庭成員也會對購買決策造成影響，而孩子們的購物模式也往往和父母的購物模式很類似。行銷人員通常喜歡根據消費者的生命週期階段、社會階層、文化、和次文化來判定目標市場在哪裏；有著相同特性的消費者，其消費模式也往往很類似。因為所有的消費者行為都是由個人因素和社會因素所共同形成的，所以行銷策略的主要目標就是去瞭解這些因素，並影響這些因素。

對問題的探討及申論

1.描述消費者決策行爲的三種類別。請爲每一種消費行爲的類別，列出幾個典型的商品。

2.消費者用來購買商品的決策類型並不一定是一成不變的，爲什麼？請以你自己的經驗作爲實例，來支持你的答案論點。

3.信念和態度會如何影響消費者的行爲？該如何改變對某商品的負面態度呢？行銷人員又如何改變對某個商品的信念呢？請舉幾個實例，說明有關行銷人員如何改變對某個商品的負面態度，以及如何增加或改變對某個商品的信念。

4.請回想你在過去購買商品後，曾經歷過的認知失調。請寫一封信給你的朋友，告訴他這個事件，以及解釋你做了哪些補救措施。

5.家人在購買過程中會扮演各種不同的角色：發起人、影響人、決策者、購買者、和消費者。請就個人電腦系統、福祿牌（Froot Loops）早餐穀類食品、男性專用的凱文克萊迷炫古龍水（Calvin Klein Obsession cologne）、以及到麥當勞用晚餐等的購買過程上，你的每個家人所扮演的角色各是什麼，進行描述。

6.你是某家公司的新上任行銷經理，貴公司生產的是運動鞋，目標市場鎖定在大學生的次文化族群上。請爲你的老板寫一份備忘錄，上頭列出幾個可能吸引這群次文化族群的商品特點，並建議一些行銷策略。

7.請和另外三位從班上選出的代表同學，一起找出某個你們想要進行研究的商品。再和你的小組成員動動腦，先爲你的商品找出兩到三個競爭品牌，然後就每一個競爭品牌，確認出購買者是如何捨其它品牌而買其中這個品牌的。也就是說，買這個品牌而捨其它品牌的決策過程是怎樣？然後再選擇一些有販售這些品牌商品的商店，訪問該店的經理，瞭解他們對這些商品購買決策過程的看法是什麼。最後再準備一份報告，內容描述這些品牌商品的決策過程，其中應包括個人因素和社會因素，並將這份報告在課堂中提出討論。

8.請討論豐田公司的線上雜誌，豐田公司如何利用這些刊物來增加顧客的參與度呢？
http://www.toyota.com/

9.下列的全球網站如何利用「個人告示」（Personal Notification）的方法，來簡化購書的過程？
http://www.amazon.com/

學習目標

在讀完本章之後，各位應當能夠做到下列各項：

1. 描述企業對企業的市場行銷。
2. 討論企業對企業的市場行銷中，行銷和策略性聯盟之間的關係角色。
3. 確認出企業市場中客戶的四個主要類別。
4. 解釋國際標準工業分類制度。
5. 解釋企業對企業市場和消費者市場這兩者的主要差異。
6. 描述七種企業對企業交流的商品和勞務的類型。
7. 討論企業對企業採購行為中的涵蓋層面。

第7章

企業對企業的市場行銷

泰洛馬林生物研究公司（Terramarine Bioresearch Inc.）是一家小型（員工人數不到25人）的高科技生物化學公司，坐落在加州的聖地牙哥郡（San Diego County），是由幾位想要在生物化學的專業領域上找出商業用途的生物化學家所創立的。該公司的管理階層決定將努力的重點放在診斷試劑所用的化學藥品上，這種產品可以賣給專門製造血液測試儀器的廠商，他們的理想是要讓泰洛馬林公司成爲這些大型儀器製造商的分包商，可是成功的腳步似乎移動得很慢。五年後，該公司只找到了兩家客戶，這兩家曾拜訪過泰洛馬林的廠商，原本以爲泰洛馬林可能是它們的潛在客戶，結果卻發現只能作爲供應商而已。雖然如此，由這兩家廠商所購買的貨源也足以讓泰洛馬林除了維持生計之外，尙有一些盈餘了。後來，泰洛馬林的管理階層才又認識了國際標準工業分類的制度（Standard Industiral Classification，簡稱SIC）。

在知道了SIC可以幫助未來的行銷活動之後，泰洛馬林利用了鄧普徵信所（Dun & Bradstreet, Inc.）的《百萬美元名錄》（*Million Dollar Directory*），以及史坦普爾公司（Standard and Poor's Corporation）的《普爾名錄》（*Poor's Register*），找到了原來兩家客戶被登錄的SIC代碼，而這兩名客戶都登記在SIC 3821的代碼之下。接著，泰洛馬林又利用了《製造業普查和美國產業展望》（*Census of Manufactures and U.S. Industrial Outlook*），找出了在這個代碼底下的346家公司。最後從上述資料以及業務和行銷管理處（Sales & Marketing Management）的《產業和商業購買力調查》（*Survey of Industrial and Commercial Buying Power*）中，泰洛馬林公司終於可以決定自己該鎖定於哪些公司了。

經由《百萬美元名錄》、《普爾名錄》、以及美國境內一些記載著潛在客戶群的產業名錄指南，泰洛馬林才得以找出各公司的地址、電話、以及主要負責人的姓名等。該公司可利用這份名單，將相關資訊傳遞給這個領域的業務人員，也可以用直接郵件的方式將泰洛馬林的資料寄給每一家潛在客戶，並致電給比較大的客戶，要求安排業務上的拜訪活動等。這場非常經濟實惠的活動計畫，其最終結果就是讓泰洛馬林找到了以前從未發現到的潛在客戶，並針對這些潛在客戶，制定行銷計畫。因此我們可以說，SIC制度的使用有助於發展出極具成本效益和目標明確的行銷計畫。[1]

鄧普徵信所（Dun & Bradstreet, Inc.）

史坦普爾公平投資者服務（Standard & Poor's Equity Investor Services）

你在這兩處的網址上可以找到什麼樣的資訊，來幫助你作成行銷上的決策？你可以從上頭學到什麼有關現存企業的資訊？

http://www.dnb.com/

http://www.stockinfo.standardpoor.com/

1 描述企業對企業的市場行銷

什麼是企業對企業的市場行銷？

企業對企業的市場行銷
指的是針對個別公司與企業組織，所進行的產品與勞務上的行銷活動，而不是針對個人的消費來從事行銷活動。

企業對企業的市場行銷（business-to-business marketing）指的就是針對個別公司和企業組織，所進行的產品和勞務上的行銷活動，而不是針對個人的消費來作行銷活動。比如說，賣給貴校的投影機就是企業對企業行銷活動下的結果。企業對企業的產品包括以下幾種情況：該產品可以用來製造出其它商品；該產品可以成爲其它商品中的某一部分；該產品可用來增進某個企業的正常運作；或者該產品並不需要作任何改變，只是再經過一手販賣而已。因此區別企業商品和消費者商品這兩者之間的不同，就在於商品的未來用途，而不是物質上的特徵。若是爲了個人或家庭的消費以及送禮之故所購買的商品，就叫做消費者商品。但是即使是相同的商品，如微電腦或行動電話，卻是爲了企業上的用途而購買，就稱之爲企業對企業的商品。

2 討論企業對企業的市場行銷中，行銷和策略性聯盟之間的關係角色

市場行銷和策略性聯盟的關係

正如第一章所說的，關係行銷（relationship marketing）是一種可以和顧客建立起長期夥伴關係的策略，因此，關係行銷可以爲企業買方和企業賣方的基本角色重新定義。供應商可以針對買主的標準和運作需求，修正自己的邏輯思考、管理風格、和反應方式。一名滿意的客戶就是生意上廣結善緣的最佳宣傳來源，因爲這家客戶知道該供應商總是不負它的期望，

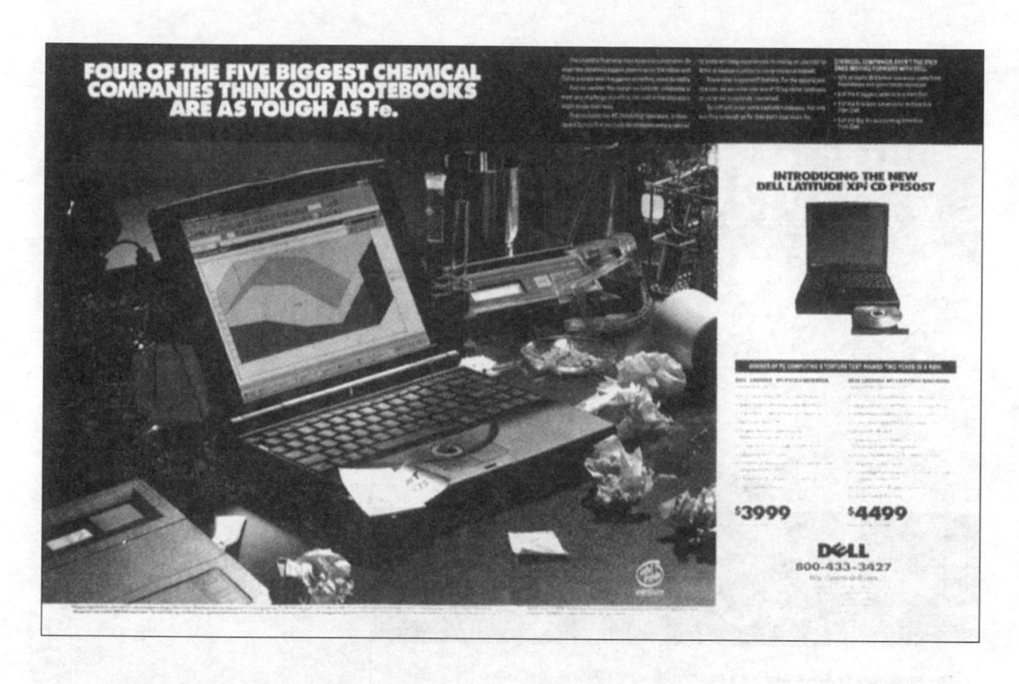

廣告標題

五家最大的化學公司裏頭，就有四家認爲我們的筆記型電腦像鐵一樣的堅固。

戴爾（Dell）電腦的市場行銷是針對公司行號，旨在協助這些公司的每日正常運作，並不是爲了個人使用或轉售用的。
Courtesy Dell Computer. Corporation

能準時的交貨，而且有信用。而信用正是關係行銷之所以能夠成功的基礎。[2]關係行銷並不只是一時的風潮而已，相反地，它一直受到企業力量的強烈驅策，這些驅策力包括了對品質、速度、和成本效益上的需求，以及最新出爐的工業技術。[3]

策略性聯盟
又稱之爲策略性合夥，係指兩家公司彼此之間的一致合作。

策略性聯盟（strategic alliance）有時又稱之爲策略性合夥（strategic partnership），係指兩家公司彼此之間的一致合作。策略性聯盟可以採以下幾種形式：授權許可或配銷協定、共同投資、聯合研發和合夥等。它們可能兩者都是製造廠商；也可能一邊是製造商，另一邊是客戶；或者一邊是製造商，另一邊是供應商；又或者一邊是製造商，另一邊則是管道仲介商。

策略性聯盟的趨勢愈演愈烈，尤其對那些科技公司來說，更是不可避免。因爲這些公司都瞭解到，策略性合夥並不僅只是重要而已，還是一個極具關鍵性的舉動。舉例來說，全錄（Xerox）公司的管理階層就決定，爲了要維持它在影印界的龍頭地位，它需要「召募一些供應商，讓它們成爲全錄家族的成員之一」。[4]這個策略也表示全錄公司必須減少供應商的數量，把那些留下來的供應商視爲聯盟中的一份子，和它們共享一些策略上的資訊，並借助這些供應商的專業技術，發展出新產品，以符合市場要求的品質、成本、以及運送標準等。

廣告標題

現在起，艾維斯可提供三倍的哩程服務。

正如這篇廣告所顯示的，艾維斯租車公司與幾家航空公司有了策略性聯盟的關係，因此當顧客租了艾維斯的車子時，也就相當於賺到了空中飛人活動（frequent flyer）的累計哩程數。
Courtesy Avis, Inc.

從事企業對企業的行銷人員，他們所組成的策略性聯盟是爲了達成幾個短期和長期目標，（圖示7.1）就爲這些加入策略性聯盟的公司，找出了八點策略性理由。

有些策略性聯盟非常成功，有些則一敗塗地。對成功的聯盟關係來說，其中有四個明顯的因素：[5]

◇選對正確的合夥人：正確的合夥人往往具備某些獨特的貢獻能力，例如提供資訊、技術、或市場的能力。

◇彼此同心協力：有很多不同的來源都指出（尤其是那些確實參與策略性聯盟事務的各式來源），合夥人之間的同心協力，的確是成功的主要關鍵。

◇責任架構的建立：每個企業組織中的成員都必須確保能以平等和爭取時效的態度，來負責聯盟之間的興衰問題。

圖示7.1
經常引用的策略性聯盟目標

1.減低進入新市場的風險和成本。
2.填補目前市場和技術據點之間的空隙。
3.將過剩的生產能力轉化成利潤。
4.加速新產品上市的腳步。
5.克服法律和貿易上的障礙。
6.擴展目前經營運作上的範圍。
7.在精減運作交易時，順便降低成本。
8.規模經濟之產出（Production economies of scale）。

資料來源：摘錄自朱利可漢梅森（Julie Cohen Mason）所著之〈策略性聯盟：成功的合夥關係〉（Strategic Alliance: Partnering for Success）一文，此文刊登於1993年五月號的《管理評論》（*Management Review*），此次翻印係經過該書刊出版商的同意。版權所有©1993，係歸於紐約美國管理協會（American Management Association, New York），翻印必究。

◇談判地位的觀察和控制：透徹瞭解該公司的談判地位，是發展和維繫策略性聯盟的不二法門。所謂談判地位的認識就是徹底瞭解對方的興趣、長期策略和可能的替代選擇。

許多策略性聯盟無法達成雙方合夥人原先所期待的利潤目標，其中有三點問題：

◇夥伴關係的組成往往差異頗大，使得行銷決策和設計決策更形複雜，進而在行動協調和彼此的互信建立上，製造了很多問題。
◇在某個國家合作良好的夥伴，到了其它國家卻不見得也能彼此相互支持，因此就變成了全球性聯盟的問題了。
◇因爲工業技術的快速步調，使得今天最具有吸引力的夥伴，到了明天就可能黃花不再了，因此導致了聯盟無法長期維繫的問題。[6]

策略性聯盟往往會構成多國性合夥關係的存在。在日本，IBM就和理光（Ricoh）公司以及富士銀行（Fuji Bank）有策略性聯盟關係，前者是爲了配銷低價的電腦商品；後者則是爲了行銷金融專用的設備系統。而福特汽車和馬自達汽車（Mazda）也有十款車型是採用合作方式製造的。根據《商業週刊》（*Business Week*）的報導，福特和馬自達在美國境內的營收，至少有四分之一是受益於這個策略性聯盟的結果。[7]「放眼全球」方塊文章就提供了美國製造商和六家亞洲家電製造商，其策略性聯盟的個案實例。

放眼全球

惠而浦進軍新邊界

1994年到1996年之間，惠而浦（Whirlpool）公司花了2億6千5百萬美元的代價，分別買下了中國大陸四家競爭廠商以及印度兩家廠商的控股權份。惠而浦最終的目的，是想要成為全亞洲洗衣機、乾衣機、洗碗機、電冰箱、以及家用冷氣機等產品的最大供應商。

根據《華爾街日報》的說法，惠而浦的管理階層都相信，亞洲家庭戶數的快速成長和比例不高的家電普及率，這兩項因素加總起來，正好提供了極具潛力的市場契機。舉例來說，中國大陸有超過10億的人口，可是卻只有不到10%的家庭擁有冷氣機、微波爐、和洗衣機等設備。

惠而浦也希望能把這些在中國大陸製造出來的家電商品外銷到亞洲其它國家去。為了要成功地執行這個策略，惠而普首先要做的就是提升合資夥伴的商品品質。根據惠而浦執行主管的說法，中國品牌的可信度和耐用度都不如日本品牌。由中國廠所製造出來的冷氣機，只能維持5到8年的使用壽命，和惠而浦在美國製造的機型比起來，顯然少了一半的壽命。《華爾街日報》引用了惠而浦的總裁兼最高執行長威廉馬洛（William Marohn）的一段話，內容是這樣的：「除非我們能製造出足以代表現代化和高級化的商品，否則我們不會讓它冠上惠而浦的名字。」

惠而浦為什麼要投資2億6千5百萬美元，只買下中國公司的部分所有權來製造這些等級不佳的商品？為什麼不直接將美國境內製造的商品，外銷到亞洲去？或者直接在中國和其它地區建立起惠而浦的工廠設備？請就以下幾個角度：整體策略性聯盟目標、影響聯盟成功的各種因素、以及三個導致策略性聯盟失敗的問題，進行對惠而浦共同投資計畫的評估。[8]

3 確認出企業市場客戶的四個主要類別

企業客戶的主要類別

企業對企業的市場是由以下四種客戶所組成的：製造商、轉售商、政府、以及機構組織等。

製造商

企業對企業市場中的製造商類客戶包括了以營利爲導向的個別公司和企業組織，他們利用這些購買來的商品和勞務，進行下列幾種可能動作：製造出其它的商品，併入其它商品之中，或者只是促進該組織企業的每日運作而已。製造商客戶的例子有建築業、製造業、運輸業、金融業、不動產、和食品服務業等。在美國，這類製造商客戶就超過了1,300萬家。其中有些是小型廠商；其它則是世界級大型企業的旗下單位。

個別製造商往往會購買大量的商品和勞務。像通用汽車這類的公司每年就會花上500億美元（這個金額超過了愛爾蘭、葡萄牙、土耳其、或者希臘等國的國內生產毛額），來購買諸如鋼鐵、金屬合成物和輪胎等企業商品。而像AT&T和IBM等公司每天也要花上5,000萬美元，來買一些諸如電腦晶片和零件的商品與勞務。[9]

轉售商

轉售商的市場包括了零售業和批發業，這些業者會購買許多成品，然後再將它們轉售以謀取利潤。零售商主要是將成品賣給消費者；而批發商則多將成品賣給零售商，其它成品則賣給企業組織類的客戶。目前在美國境內運作的零售商大約有1,500萬家；批發商則有50萬家。消費商品公司如寶鹼（Procter & Gamble）、卡夫通用食品（Kraft General Foods）和可口可樂等，都是將商品直接賣給大型的零售商和零售連鎖店，並經由批發商將貨源提供給較小型的零售單位。我們在第十五章的時候，會針對零售業和批發業的主題有更詳細的探討說明。

所謂企業商品的經銷商就是購買企業商品，再轉賣給企業客戶的批發商。它們可以庫存數以千計的商品項目，並雇用業務人員逐一拜訪各企業客戶。想要購買12打鉛筆或100磅肥料的企業主，往往會和當地的經銷商接洽，而不會直接找上像帝國鉛筆（Empire Pencil）或唐化學公司（Dow Chemical）之類的製造商。

政府

企業對企業市場中的第三個主要類別就是政府。政府組織包括了數以千計的聯邦、州立、和地方單位。這些單位可能構成了世界上商品和勞務的最大單一市場。

政府進行採買的合約往往會透過招標的方式來進行。有興趣的賣主可於特定時間內，提出某些特定商品的報價單（通常是採密封的方式）。有時候，報價最低的廠商就會得到這份合同。若是報價最低的廠商沒有得到這份合約，政府單位就必須提出有力的證明，爲這個決策的理由進行辯護。而否決掉最低報價的理由可能包括了對方的經驗不足；財務狀況不佳；或者是過去的表現不好等。招標方式使得所有供應商都有公平的機會可贏取政府的合約，並確保這些公眾基金花得合理。若想知道更多有關投標的事

市場行銷和小型企業

爭取政府合約的投標活動

對小型企業來說，政府組織往往是極佳的目標市場。許多小型公司都曾在這個市場中成功揚名，而政府組織也比其它市場更能提供一些明顯的利益點。舉例來說，毫無疑問的，政府單位一定會付錢，儘管付款的時間可能會拖上一陣子。而且，若是身為政府單位的承包商，這家興起的小型企業立刻就能在業界中迅速建立起自己的可信度，有助於和民營性客戶的交易進行。除此之外，政府什麼都買，小自食品、火星塞，大到各種科技設備等，幾乎無所不包。而且也不會對供應商採取突然取消訂單的舉動，而這種舉動在產業中，往往是經濟衰退的徵兆之一。另外，隨著分階段付款方式的進行，政府單位就像是小型企業的財務來源一樣，而這些分期給付的款項也可幫助小型企業購買所需的存貨，一步一步完成整個合約的履行。而且從某些小型企業主的角度來看，政府單位往往比其它公司買主要來得客觀多了。

多數政府的採購都是透過招標的方式來進行，該政府單位會刊出招標的廣告，詳載商品種類，並接受能提供這些商品的最低報價單。可是這類程序有時候也會出現否決掉最低報價單的時候。舉例來說，紐約市大都會運輸局委員會（Board of New York City's Metropolitan Transportation Authority）必須為這個運輸系統中一千個以上的洗手間提供衛生紙，就在決定是否要接受高於其它三家報價金額的168,840美元的投標單時，當局的委員會向管理階層詢問了下面這個問題：「你們為什麼否決掉出價最低的報價單呢？」總經理的回答是，其中一家供應商的單捲衛生紙偷工減料，份量不足；而另外兩家出局的原因則是它們所提供的衛生紙像沙紙一樣粗糙，不夠柔軟。因為這樣的解釋，於是委員會通過了投標價最高的那家廠商。[10]

即使要學會如何進行政府的招標事宜往往要花上很多的時間和努力，許多小型企業主和經理人士還是認為，獲得政府訂單的可能好處遠勝於這個招標過程中紛擾不休的各種麻煩。

身為紐約市大都會運輸局的委員會成員之一，你會接受總經理否決其它低報價單的理由嗎？你還需要哪些額外的資訊或證明？

宜，請參考「市場行銷和小型企業」方塊文章中的內容以及第二十一章的投標定價單元。

聯邦政府

只要你說得出來的商品或勞務，聯邦政府裏頭的人都用得上。因此美國聯邦政府算得上是世界中最大型的客戶。

雖然聯邦政府的大部分採購都是集中進行的，可是並沒有單一的聯邦機構會包辦政府所有的一切採購，而且在任何一個機構中，也沒有單一的買主會爲該機構包辦所有的採購事宜。所以你可以把聯邦政府視爲是許多大型公司的組合，彼此責任互相重疊，其中並有許多獨立的小型單位。

有關政府採購的資訊，可在《商業日報》（*Commerce Business Daily*）

學校的目標就是要教育孩子，而不是以營利爲目的，因此隸屬於企業對企業市場中的組織機構客户類別當中。
©1996 PhotoDise, Inc.

中獲得。一直到最近，想要和政府單位作生意的企業都發現，這些公文的組織不夠周全，而且在訊息傳達上也太晚了。但新的線上服務（http://www.govcon.com/）則在時效上要快多了，而且可讓承包商透過主要字鍵的搜尋，找到一些線索。[11]

州立、郡立和市政府

對小型和大型的賣主來說，和州立、郡立、以及市立單位作生意，比和聯邦政府作生意，要來得輕鬆多了。非聯邦級的文書工作就比較簡單和容易處理。但從另一方面來看，賣方也必須決定在這個爲數有82,000家的政府單位中，哪個單位才會想要買它的商品。州立和地方上的採購機構包括了學區機構、公路部門、公立醫院和住宅機構等。

組織機構

企業對企業市場中的第四個主要客戶就是那些想要達成某種目標的組織機構，而不是一般只以利潤、市場佔有率、和投資報酬率爲主要目標的公司行號。這類客戶包括了學校、醫院、大學院校、教堂、工會、兄弟會、市民俱樂部、基金會、以及其它非營利性的組織等。

4 解釋國際標準工業分類制度

國際標準工業分類

國際標準工業分類制度

由美國政府開發出來的編號系統，在這個系統中，各企業單位和政府組織依其主要的經濟活動而被分類。

國際標準工業分類制度（standard industrial classification system, SIC）就是一個由美國政府開發出來的編號系統，在這個系統中，各企業單位和政府組織依其主要的經濟活動而被分類。[12]SIC制度把整個經濟體分成了11個主要單位，每個單位中的主要產業團體都有一組兩位數的代碼。美國普查局（U.S. Census Bureau）則根據每一個兩位數的代碼發佈整體產業銷售量和就業人口數，而這個資料又依地理位置的不同而被細分，其細分程度可達每一個郡。

兩位數代碼的SIC產業類別又可被分成三碼、四碼、五碼、六碼、以及七碼等不同類別，每一個都代表了兩位數代碼類別下的各種次產業。（圖示7.2）就提出了兩碼、三碼、四碼、和五碼的例子。

（圖示7.3）則顯示了幾個可在公立圖書館和大學圖書館中查到的SIC資料。本章剛開始所談到的泰洛馬林生物研究公司（Terramarine Bioresearch, Inc.）就是將這些資源運用在企業對企業市場中的一家公司。

雖然SIC資料有助於分析、區隔、和瞄準各種市場，可是也是有些限制。舉例來說，聯邦政府對每一個企業組織的指定代碼只有一個，因此，這個系統並不能正確地描述那些參與了很多種不同活動的公司，或者那些提供了各種不同商品的公司。另一個限制則是有些產業並沒有指定的代碼，例如那些從事直接訂購的廣告代理商、電視購物服務商、以及租售客戶名單的供應商等。因此，一些從事企業對企業的行銷商人，就可能無法找出可描述現有客戶或潛在客戶的四位數代碼。[13]另一個SIC制度的限制則是《SIC手冊》（*SIC Manual*）並不常被修訂，最近修訂的版本是1987年發行的，這個版本取代了1972年的手冊和1977年的增訂版。所以很顯然的，其中有許多新興的產業都被忽略了。但不管這些限制如何，對從事於企業對企業的行銷商人來說，無論是過去或是未來，SIC都是非常具有價值的利用工具。目前新推出的SIC索引線上服務則讓該資訊的取得便利了許多（http://www.wave.net/upg/immigration/sic_index.html）。

圖示7.2

國際標準工業分類制度的分佈細目

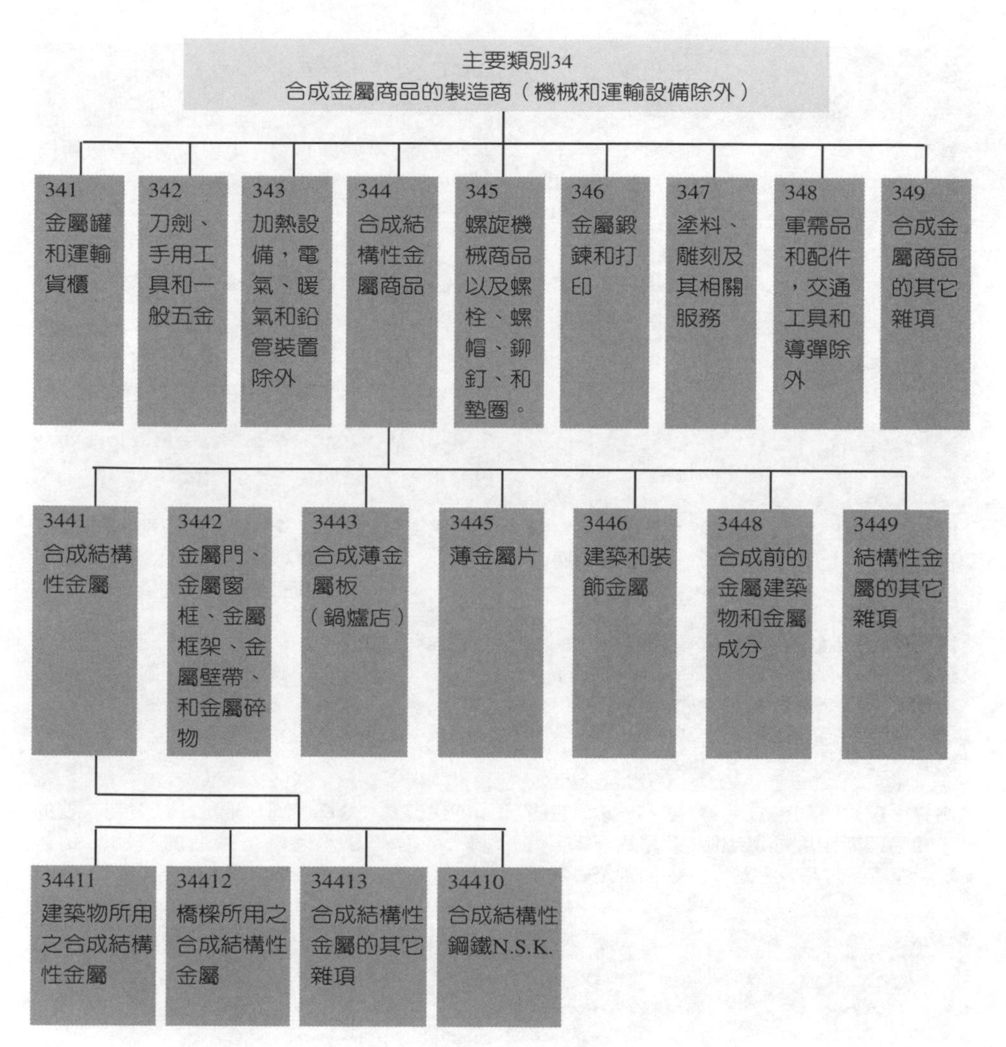

例子：合成金屬商品製造商

資料來源：摘錄自Robert W. Haas所著之《企業行銷6e》(*Business Marketing 6e*)，版權所有©1995年，係歸於西南大學出版社(South-Western College Publishing)，翻印必究。

圖示7.3
根據SIC所提供的國內企業市場資料來源

來源	出版頻率	SIC的代碼數目	內含的資料類型
美國製造業、礦業、批發業、零售業、特選服務業和建築業普查	每5年：1967,1972,1977,1982,1987,1992等	2-,3-,4-,5-,以及7-的代碼資料	根據時間、地區和商品等級所作的詳細產業資訊
美國製造業調查	沒有普查出刊的那幾年	2-,3-,4-,5-的代碼資料	和製造業普查的資料類似，可是比較沒有那麼詳盡
美國產業展望	每年	3-,4-,5-的代碼資料	公司的數量、集中於何處、過去的產業趨勢和預估未來的趨勢
郡立企業形態	每年	2-,3-,4-的代碼資料	員工的數量、可課稅薪資總額、各州和各郡的所有申報單位
鄧普徵信所的年度企業統計報告	非出版品電腦化的資料庫	4-的代碼資料	全美、各州以及各郡的機構數量；大機構的數量；製成商品、配銷商品以及勞務的價值。
民營產業名錄，亦即記載著美國各民營和公營公司的史坦普爾名錄、鄧普百萬美元名錄和渥茲（Ward's）企業名錄	每年	4-的代碼資料	公司名稱、地址、首要和次要的SIC代碼、製造的商品、銷售量、主要負責人的姓名
州立、郡立、和市立名錄，亦即哈理斯出版社所出版的麥克羅依州立產業名錄	不一定，有些是每一年；有些則是每兩年	4-的代碼資料	公司名稱、地址、首要和次要的SIC代碼、製造的商品、銷售量、主要負責人姓名
布雷達克斯（Predicasts）的「基準書」和「預估」	一季出版一次，同時也是電腦化的資料庫	7-的代碼資料	SIC所作的長、短期預估；主題摘要；市場量評估；時序資料；年成長率和資料來源
鄧普的美國企業普查	每年	4-的代碼資料	依據員工數量、營業額、各州和各郡等細目所提出的公司數量
資料庫，亦即鄧普徵信所的「市場確認者」、特律內企業、電子工商目錄、市場統計、湯瑪斯行銷資料中心、全國貿易資料庫、美國企業名錄	非出版品電腦化的資料庫	4-,5-的代碼資料	公司名稱、地址、SIC代碼、營業額、製造商品、員工數量、主要負責人姓名、市場佔有率、商品／勞務的預估消費量，若有需要，還可提供更詳盡的公司資料
郵寄名單公司，亦即全國企業名單，由美國企業名單公司所出版	非出版品電腦化的資料庫	4-,5-的代碼資料	標籤、表單、磁片、錄影帶內有公司名稱和住址，若有需要，還可提供更詳盡的公司資料

資料來源：摘錄自Robert W. Haas所著之《企業行銷6e》（*Business Marketing 6e*），©1995 South-Western College Publishing. Reprinted by permission.

特徵	企業對企業市場	消費者市場
需求	組織性的	個別性的
採購量	較大	較小
客戶數目	較少	很多
買主的坐落位置	在地理上很集中	分散的
配銷架構	比較直接	比較不直接
購買性質	比較專業	比較私人性
影響購買的因素	多重的	單一的
協商的形態	比較複雜	較簡單
交易互惠的運用	有	沒有
租賃的使用	比較多	較少
首要的促銷手法	直接銷售	廣告

圖示7.4
企業對企業市場和消費者市場，這兩者比較之下，其主要的特徵是什麼

企業對企業市場VS.消費者市場

5 解釋企業對企業市場和消費者市場這兩者的主要不同

不管客戶對象是商業組織或是消費者，市場行銷的基本哲學和運作都是一樣的。但是，企業市場也的確和消費者市場有些特徵上的不同。（圖示7.4）摘要了這兩個市場之間的主要不同點。

需求

消費者對商品的需求（第二十章會有詳細的討論）就完全不同於企業市場中的需求。後者的需求是其來有自、沒有彈性、有連帶關係、而且會受到波動的。

其來有自的需求

其來有自的需求
對企業商品的需求。

企業市場的商品之所以被稱之爲其來有自的需求（derived demand）是因爲企業組織所購買的商品，必須可以用來製造成消費者商品。也就是說，企業商品的需求是來自於對消費者商品的需求。舉例來說，汽車和卡車製造商就是美國鋼鐵、橡膠、和鋁的最大消費來源。

因爲這個需求是有來由的，所以從事於企業對企業市場行銷的人員，必須要小心監視這種需求形態以及消費者市場中的偏好變化，即便消費者並不是我們的客戶，也要做到這一點。此外，也要小心監視客戶的預估數字，因爲其來有自的需求都是隨著客戶所生產商品的未來需求量而決定的。

有些從事於企業行銷的人員，不只監視最終消費者的需求以及客戶的市場預估而已，他們也會試著去影響最終消費者的需求。舉例來說，美國鋼鐵公司（American Iron and Steel，簡稱AISI）就曾在電視廣告和雜誌廣告宣揚「罐頭食品的好處」，這些廣告的對象就是飲料購買者和消費者。根據AISI包伯菲辛傑（Bob Fatzinger）的說法：「我們不想讓發生在食品市場中的事件，舊事重演也發生在飲料產業中。」[14]

沒有彈性的需求

就價格來說，許多企業商品的需求都是沒有彈性的。沒有彈性的需求（inelastic demand）就是指商品價格上的增加或減少並不能實質影響對該商品的需求。

用來製造或作爲某個最終商品其中一部分的企業商品，其價格對最終商品的整體價格來說，影響並不大。因此，對於最終消費者商品的需求，也不會有什麼影響。假使說車漆或火星塞的價格在一年之內調漲了200%，你認爲會影響到那年所售出的新車數量嗎？可能不會吧！

有連帶關係的需求

有連帶關係的需求
在這個需求下，某個最終商品必須一起用到兩個或更多項目的商品。

有連帶關係的需求（joint demand）是指某個最終商品必須一起用到兩個或更多項目的商品。舉例來說，記憶晶片的不易取得，會導致微電腦的生產減緩，進而減少了對磁碟機的需求。許多企業商品，例如鎚頭的頭身和把手等，都可解釋這種有連帶關係的需求模式。

會受到波動的需求

倍數效應
或稱之爲加速原理。消費者需求上的一點增加或減少，就會對那些用來製造消費者商品的機器設備造成很大的影響改變。

對企業商品的需求——尤其是新工廠和新設備——往往比對消費者商品的需求來得更不穩定。消費者需求上的一點增加或減少，就會對那些用來製造消費者商品的機器設備造成很大的影響改變。經濟學家稱這種現象爲倍數效應（multiplier effect），或稱之爲「加速原理」（accelerator

美國鋼鐵公司在廣告上，將目標瞄準在罐頭食品和飲料的消費者身上。它不僅時時注意消費者的需求，也試著想影響消費者，讓他們多多購買罐頭商品。
©SuperStock, Inc.

principle）。

卡米斯引擎公司（Cummins）是專門生產重柴油引擎的製造廠商，這家公司採用的是很精密的表面磨光器來製造零件。假設卡米斯現在有20台的表面磨光機正在使用中，每一台機器的使用壽命可達十年，所以在購買上必須計算一下時間，使得兩台機器可在同一年作廢，每年都能置換兩台新的機器。因此如果對引擎零件的需求量不變，這一年就又要置換掉兩台機器。可是如果需求量有一點降低，18台表面磨光機就綽綽有餘了，所以卡米斯公司將不會撤換掉那兩台舊機器。但是萬一隔年的需求量又回到了以前的水準，甚至還多出一些的話，卡米斯公司爲了符合這個新的需求量，除了得把前一年就磨損掉的兩台機器給置換掉，還得另外再添上一或多台的機器才行。這種倍數效應在很多產業中都看得到，對企業商品的需求往往造成很大的波動影響。

採購量

企業對企業市場中的客戶，他們所購買的量遠大於消費者的購物量。只要想想家樂氏（Kellogg）公司用來製造葡萄乾麥麩（Raisin Bran）時所下的燕麥麩和葡萄乾採購訂單，就足以瞭解這個量有多大了。另外也可想像一下福特公司一次要採購多少輪胎來製造汽車。

客戶的數目

企業市場行銷人員所面對的客戶數遠低於消費市場中行銷人員所必須面對的消費人數。所以好處是比較容易確認出可能的買主，並察覺目前買主的需求和滿意程度，而且也可以對現有客戶進行私人性的服務。但是壞處卻是每一家客戶都是極具關鍵重要性的，特別對那些只有一家客戶的廠商來說，更是如此。在很多例子裏，這樣的客戶就是美國政府。

買主的坐落位置

企業市場中的客戶比起消費者來說，更有在地理上集中的趨勢。舉例來說，超過一半以上的全國性企業買主都集中在紐約州、加州、賓夕凡尼亞州、伊利諾州、俄亥俄州、密西根州、和新澤西州。而航空產業以及微電子產業則集中在西岸。另外，供應汽車製造業的許多廠商則集中在底特律和它的附近地帶。

配銷架構

許多消費者的商品都必須透過層層的配銷系統：製造商、一或多個批發商、以及零售商。但正如同前面所談到的許多特徵，我們知道企業對企業市場中的配銷管道顯然要短多了。而所謂的直接管道，亦即是製造廠商直接售貨給使用者的現象，也是很普遍的。

許多直接對使用者進行銷售的企業都逐漸發現到，有一些新的媒體，如光碟和全球網路等，都提供了很大的機會可以讓它們逕行接觸到國內和國際市場上的新客戶和潛在客戶，同時還可節省買方和賣方的許多成本。[15]

購買的性質

企業買主不像一般消費者，前者採購的方法都很正式。企業界所雇用的都是受過專業訓練的採購代理人或買主，這些人終其一生都在從事於某些商品項目的採買上。他們非常瞭解這些商品，也對賣方很熟悉。有些專業採購人士在參加過某項嚴苛的課程之後，還可獲得合格採購經理（Certified Purchasing Manager，簡稱CPM）的證照核發。

影響購買的因素

典型上來說，單一性的商業購買決策和消費者的購買比起來，前者所牽涉到的人數範圍比較多。各類領域的專家，如品管、行銷、財務、以及專業的買主和使用者等，都會被歸類於採買行動的核心之中（會在稍後單元詳加討論）。

協商的形態

消費者很習慣在購買汽車和不動產的時候，在價格上進行議價的舉動。但是在多數個案中，美國的消費者還是希望賣方能定好價格以及銷售上的其它附加條款，如運送時間和信用條件等。另一方面來說，企業行銷中的協商非常普遍，買方和賣方要溝通有關商品的規格、運送日期、付款條件及其它價格上的事宜等。而這些協商會議往往要花上好幾個月的時間才能作成最後定案，因此最終敲定的合約內容通常很冗長但也很詳盡。

交易互惠的運用

企業買主通常會選擇向它們的客戶購買商品，這種運作就叫做交易互惠（reciprocity）。例如，通用汽車（General Motors）向柏華納（Borg Warner）公司購買引擎來製造汽車和卡車，相對的，柏華納公司則會向通用汽車購買它所需要的汽車和卡車。這種運作方式既不非法，也不違反商業道德，除非其中一方強迫對方從事這樣的交易，而造成了不良的競爭後果。一般來說，交易互惠被認為是一種很合理的商業慣例。如果所有供應商都以相同的價格販售相同的商品，那麼向那些購買你商品的廠商，買回

交易互惠
企業買主選擇向客戶購買商品的一種運作。

廣告標題

向別克（Buick）汽車的付款方式說聲哈囉吧！因為這個付款方式比銀行貸款要低了30%以上。

請撥1-800-32-SMART

企業界很流行租用昂貴的設備，如電腦、建築設備、交通工具、以及汽車等。租賃的方式可為公司減少資金外流、可使用到賣方的最新商品、可得到最好的服務且還可增加稅務上的好處。

它們所製成的商品，是不是就不合理了呢？

租賃的使用

一般來說，消費者都是將商品直接買回，不會採用租賃的方式。可是企業界卻很流行租用昂貴的設備，如電腦、建築設備和交通工具、以及汽車等。租賃的方式可為公司減少資金外流、可使用到賣方的最新商品、可得到最好的服務、並且還可增加稅務上的好處。

而租賃者，也就是提供商品的公司，其身分可能是製造廠商或某家獨立的公司。租賃者所得到的好處包括了租賃方式可以比賣斷方式得到較高的利潤營收，且製造了機會可以和那些買不起商品的客戶作成生意。

首要的促銷手法

企業行銷人員往往在促銷活動上很強調業務人員的銷售，特別是對那些昂貴的項目、特殊訂製的商品、大量的購買、以及一些需要運用到協商的狀況等。而且許多企業商品的販售都需要以個人聯繫接洽的方式來進行，我們將會在第十八章的時候，詳加探討人員銷售的議題。

企業商品的類型

6 描述七種企業商品和勞務的類型

企業商品通常不會超過以下七種類別的範圍，這些類別都是根據它們的使用形態而定的：主要設備、補助設備、原料、組成零件、加工材料、補給品、和商業服務等。

主要設備

主要設備（major equipment）包括了一些資本財，如大型或昂貴的機器設備、主機電腦、風爐、發電機、飛機、和建築物等；而這些項目也被通稱為設施（installations）。主要設備會隨著時間的久遠而貶值，其價格會低於當年購買時所付出的金額。除此之外，主要設備也多是針對每一個客戶所特別訂製的。

主要設備
或稱設施，如大型或昂貴的機器設備、主機電腦、風爐、發電機、飛機和建築物等這類資本財。

對主要設備的行銷策略來說，個人銷售占了很重要的一部分，因為配銷管道的流程模式幾乎都是從製造商直接賣給企業界的使用者。

輔助設備

輔助設備（accessory equipment）較之主要設備要來得便宜，而且使用壽命也比較短。其中例子包括了手提式電鑽、電力工具、微電腦、和傳真機等。輔助設備在當年被購買的時候也是以金錢支出的方式獲得的，然後經過使用壽命之後，價格也就跟著貶值了。不同於主要設備的是，輔助設備往往是標準規格化的商品，因此可被多數的客戶所購買。這類型的客戶往往較分散，舉例來說，所有形態的客戶都會購買微電腦。

輔助設備
包括了手提式電鑽、電力工具、微電腦和傳真機等商品，比主要設備來得便宜，而且使用壽命也比較短。

類似像原木之類的原料，最後都會成爲製成品的一部分，其採購上都是很大宗的。
©1996 PhotoDisc, Inc.

當地的產業經銷商（批發商）在輔助設備的市場行銷上，扮演重要角色，因爲企業買主往往會向它們購買這些商品。不管輔助設備是在哪裏被購買的，廣告對輔助設備的促銷顯然要比對主要設備來的有幫助多了。

原料

原料
未經加工過的萃取物或農業產品，例如：礦石、木材、小麥、穀類、水果、蔬菜和魚蝦等。

原料（raw materials）是指未經加工過的萃取物或農業產品，例如：礦石、木材、小麥、穀類、水果、蔬菜和魚蝦等。原料到了最後都會成爲製成品的一部分。原料的使用者很廣泛，包括了鋼鐵工廠或原木廠、以及食品罐頭業等，它們所購買的量往往很大宗。因爲販售原料的賣方，其規模大多很小，所以並沒有任何人可以影響原料的價格和供應。因此，市場上原料的價格往往是固定的，個別的製造商很難有價格上的彈性變化。

促銷手法幾乎都是採用個人銷售的方式，而配銷管道也是從生產商直接賣到企業使用者的手裏。

組成零件
準備用來組合裝配的完成品，或是在成爲其它商品的其中一部分前，需要再進行一點加工手續的產品。

組成零件

組成零件（component parts）是指準備用來組合裝配的完成品，或是在成爲其它商品的其中一部分前，需要再進行一點加工手續的產品。例如，製造汽車所用的火星塞、輪胎、和電動馬達等。組成零件的一個特徵就是它們往往在被裝配成爲其它商品的一部分之後，還能保留它原來的識別證明。舉例來說，汽車上的輪胎就被認爲是汽車身上的一部分。除此之外，因爲組成零件往往會損耗，所以在最終商品使用壽命完成之前，這些組成零件都會被更換掉許多次。因此，對許多組成零件來說，有兩個重要的市場：設備製造原廠（original equipment manufacturer, OEM）和替換市場（replacement market）。

（圖示7.4）所列出的許多企業市場特徵，正好可以描述OEM市場。在OEM市場中的單位成本和販售價格之間的差異往往很小，但是因爲大宗購買的緣故，其利潤還是十分可觀的。

替換市場是由會購買組成零件來替換那些磨損零件的企業和個人所組成的。因爲這些組成零件在最終商品上仍然保有它們的識別證明，所以使用者可以找到原廠所用的同品牌零件來進行替換，例如，相同品牌的汽車輪胎或電池。替換市場的運作和OEM市場非常不同，不管想要進行更換的買主是企業組織或個人，他們都有（圖示7.4）所呈現的消費者市場特徵。請試想看看某個汽車更換零件，它的被購量很小，客戶很多而且在地理上分佈得很散，他們都是向汽車自營商或零件商店購買所需的零件。沒有協商的狀況發生，也不會有交易互惠或租賃的情況出現。

組成零件的製造商往往將廣告直接對準那些購買更換零件的客戶們。例如，庫柏輪胎橡膠公司（Cooper Tire & Rubber）就是一家只爲替換市場製造和行銷組成零件（汽車和卡車的輪胎）的廠商，而福特公司以及其它汽車製造商則和這些獨立廠商在這個汽車替換零件的市場上，彼此競爭。

加工材料

加工材料（processed materials）會被直接用在其它商品的製造上。它們和原料不同，必須再經過一層加工處理，例如薄金屬片、化學品、特級鋼鐵、木材、麥芽糖、和塑膠品等。它們也不同於組成零件，是無法在最終商品上保留其原來面貌的。

加工材料
直接用在其它商品製造上的產品。

多數的加工材料都被送到OEM市場中，或者送到專門服務OEM市場的經銷商手上。加工材料的購買通常都是根據客戶所需的規格或者產業的標準來進行的，例如鋼鐵和木材等。在選擇賣主的時候，價格和服務往往是很重要的參考因素。

補給品

補給品
不需要成爲最終商品的一部分，即可被消耗的商品項目。

補給品（supplies）就是指不需要成爲最終商品的一部分，即可被消耗的商品項目，例如機油、洗潔精、衛生紙、鉛筆、和紙張等。補給品通常是採買代理人例行要購買的標準化商品。這些補給品和其它企業商品比較起來，使用壽命較短，售價較不昂貴，因爲補給品往往可以被分成三種類別：保養類（maintenance）、修護類（repair）和操作類（operating supplies）；所以補給品也被人稱之爲MRO項目。

MRO市場的競爭是很激烈的，例如，筆客公司（Bic and Paper Mate）就爲了單價低廉的原子筆，積極爭取企業界的購買訂單。

商業服務

商業服務
某些支出項目，並不需要成爲某個最終商品的一部分。

商業服務（business services）就是指一些支出項目，它們並不需要成爲某個最終商品的一部分。這些服務往往涵蓋了外包供應商所提供的管理員、廣告、法律、管理顧問、市場行銷研究、維修、以及其它等等。雇請學有專精的外包公司或者雇用自己的員工來擔任以上那些工作，兩者比較起來，若是前者較爲低廉，當然還是採用前者比較划算。

7 討論企業對企業採購行爲中的涵蓋層面

企業對企業的採購行爲

你可能早就認爲，企業買主的採購行爲一定不同於消費者的採購行爲。就企業對企業的銷售策略發展來說，瞭解企業組織中的採購決策是如何進行的，往往是第一個很重要的步驟。這種採購行爲通常涵蓋了五個層面：採購中心、評估標準、採購狀況、採購過程、和客戶服務等。

採購中心

所謂採購中心（buying center）就是指某企業組織中，能參與採購決策的所有人員。而採購中心裏的成員和影響力也隨著公司的不同而不同。例如，以工程機械爲主要訴求的公司貝爾直升機（Bell Helicopter）公司，其採購中心的成員幾乎都是工程師。在以行銷爲導向的公司，如豐田汽車（Toyota）和IBM等，行銷人員和工程師則各佔了一半。在消費性商品公司，如寶鹼（Procter & Gamble）公司，產品經理以及其它行銷決策人士則主控了整個採購中心。但是在小型的製造廠商中，則每個人都有可能是成員之一。

採購中心
某企業組織中，能參與採購決策的所有人員。

採購中心裏的成員人數也隨著採購決策的複雜程度和重要程度的不同而有變化。另外，隨著每一次採購項目的不同，或甚至是隨著採購過程的演變，其中的成員也會跟著改變。爲了讓整個採購事件更形圓滿，採購中心裏的眞正成員通常不會出現在組織中的正式表格裏。

舉例來說，即使已經成立了一個正式委員會來負責選擇新的設廠地點，這個委員會也只是採購中心的一部分而已，其他的成員如總經理，往往在背後扮演了一個非正式但卻很有力的角色。在這個耗時甚長的決策過程中，比如說尋找設廠的地點，有些成員可能在中途就撤出了，因爲他們發現自己的建言不再受到重視。而剩下來的成員因爲其才能受到重用，而漸漸地成爲這個中心裏的主要人物。所以從來不會有所謂「誰入局」或「誰出局」的正式宣佈。

採購中心裏的角色

就像家庭中的採購決策一樣，在企業的採購決策過程中，也有許多人會扮演其中的角色：

◇發起人：首先做出採購建議的人。
◇影響人／評估人：影響該採購決策的人。他們通常會協助確定規格，並爲評估方案提供一些資訊。作爲影響人的技術人員往往很重要。
◇守門員：負責讓資訊流程順暢的人。對採買代理人來說，他們往往

圖示7.5
採購電腦的採購中心角色

角色	描述
發起人	部門總經理提議更換公司內部的電腦連線。
影響人／評估人	企業主計部門和資料處理部的副總裁針對電腦系統和賣主做了一些重要的建議。
守門員	採購和資料處理部門分析公司的需求，並提出符合條件的可能賣方名單。
決策者	行政部門的副總裁根據上述的建議，選出公司可接受的賣方和電腦系統。
購買者	採購代理人進行銷售項目的協商。
使用者	所有部門的員工都使用這個電腦系統。

將守門員這個角色視爲是自己權力的來源，一名秘書就可能扮演守門員的角色，決定哪一個賣主可以和買方會面。

◇決策者：擁有正式或非正式權力可選擇或核准供應商和品牌的人。若是處於很複雜的情況下，就很難決定由誰來作最後的決策。

◇購買者：實際協商購買的人。從該公司的總經理到採購代理人都有可能，全取決於該決策的重要程度。

◇使用者：在企業組織中實際使用該商品的人。使用者也往往是採購過程的發起人，並會協助確定商品的規格。

（圖示7.5）就以某個例子描繪了其中的基本角色。

採購中心對行銷經理的啓示

對成功的賣主來說，瞭解誰是決策單位中的成員；每個成員在採購決策中的相互影響力；以及每個成員的評估標準等，這些都是很重要的。成功的銷售策略往往會將重點集中在最具購買影響力的因素上，而業務提案表現中所迎合的評估標準，也都是那些對採購中心成員來說最重要的評估標準。舉例來說，拉克泰公司（Loctite Corporation）是製造超級黏膠（Super-Glue）和工業用黏合劑的廠商，它發現到在黏合劑的採購決策上，工程師往往是最重要的影響人和決策者，因此，該公司就對生產和維修工程師展開積極的行銷活動。

評估標準

企業買主都是根據以下三個重要的標準來評估商品和供應商：品質、服務、和價格（依重要性排列）：

◇品質：在這個例子中，品質就代表了技術上的適宜性。在生產過程中，較好的工具當然會有較好的工作表現，而優人一等的包裝也會增加自營商和消費者對這個品牌的接受度。品質評估也可用在業務人員和業務人員所屬的公司身上，企業買主都喜歡和聲譽卓越的業務人員或公司行號打交道，因爲他們在財務上比較可靠。品質的改進不應只是一種潮流或1990年代該做的事情而已，它是每個公司行銷策略中的應有部分。

◇服務：就像想要擁有令人滿意的商品一樣，這些企業買主也想要擁有滿意的服務。購買過程中往往會提供很多服務的機會。假設某個賣方賣的是重型設備，購買服務就可能包括對買主需求的研究調查。在經過了整套的調查分析之後，賣方會爲買主提供一份購買建議的報告，如果生意成交了，還會有售後服務，其中包括了設備的裝配和使用人員的訓練等。此外，售後服務也包括了保養和維修。而企業買主所重視的另一個服務則是零件必需品的可靠供應，買主的要求是在下了訂單之後，就能看到賣方準時地把零件送上門來。最後，買主也很歡迎可幫忙推銷自己商品的服務，如果賣方的商品在買主的最終製成品上可辨識出來的話，這種服務也就無可厚非了。

◇價格：多數情況下，企業買主都想以低價購得商品（也就是最低價）。但是如果買主強迫賣方降價到一定水平，使得後者損失利潤，那麼在品質上也只好打折了。結果卻造成了買主可能強迫該供應商不得再賣貨給它，因此，也只能另外再找貨源了。

許多國際性的企業買主也是照著這個評估標準在行事。有一項研究是針對購買高科技實驗室器材的南非買主所作的，這個研究發現到它們所使用的評估標準，依序是這樣排列的：技術服務、公認的商品可信度、售後服務、供應商的聲譽、是否易於保養、是否易於操作、價格、業務代表的自信程度、以及商品的運用彈性。[16]

購買狀況

通常公司企業（尤其是製造廠商）必須決定究竟是否該自己製造一些產品，還是向外包供應商購買這些產品。這個決策的主要關鍵就在於經濟上的考量，具有相同品質的商品項目可在別處以較低的價格購買得到嗎？如果不能的話，自行生產對有限的公司資源來說，是最好的辦法嗎？舉例來說，布理格斯（Briggs & Stratton）公司是一家製造四輪引擎的廠商，如果它購買機器設備自行生產汽油閥的話，就要花掉50萬美元，可是向外包廠商直接購買汽油閥的話，每年可省下15萬美元。然而布理格斯公司還可以利用這50萬美元提升自己的汽化器裝配線，每年又可省下22萬5千美元。

如果某個公司決定要向外購買，而不由自己來生產製造的話，這種購買就稱之爲新的購買（new buy）、修正式重新購買（modified rebuy）、或直接式重新購買（straight rebuy）。

新的採購

新的採購
第一次需要購買某個商品的情況。

新的採購（new buy）就是指第一次需要購買某個商品的情況。舉例來說，某家律師事務所決定要以微電腦更換掉所有文字處理機，這個狀況對新的賣方來說，可是個千載難逢的大好機會，因爲長期的關係還未建立起來（至少就這個商品來說），規格也可能還沒確定，因此買方對賣方多持著比較開放的態度。

如果這個新的商品項目是某種原料或是某個極具關鍵性的組成零件，買主就擔不起缺貨的可能危險。所以賣方必須說服買主，它絕對可以長期準時地供應高品質的原料或零件。

價值工程
又稱之爲價值分析。有系統地尋找一些價格較低廉的替代品。

新購買的狀況也可能源自於**價值工程**（value engineering）的關係，所謂價值工程，又稱價值分析（value analysis）就是指有系統地尋找一些價格較低廉的替代品。其目標就是以低於目前使用商品或服務的價格，找出有同樣功能表現的其它商品或服務。對買主和潛在的供應商來說，有關價值工程的研究有愈來愈多的趨勢。若是賣方能提出這類的研究結果，往往有利於其中的協商過程。

修正式重新購買

比起新的購買來說，**修正式重新購買**（modified rebuy）比較不那麼吹毛求疵，耗時也不會太久。所謂修正式重新購買的情況，就是買主想要在原來的產品或服務上作些改變。這些改變可能只是某個組成零件上的新顏色和更大的抗張強度；在行銷研究中涵括更多的受訪者；或者是在管理員的合約上訂出額外的條款。

修正式重新購買
買主想要在原來的產品或服務上做些改變。

因為雙方彼此都很熟悉，所以可信度早已建立了起來，買方和賣方只要專注在修正後的規格細節就可以了。但是在某些個案裏，修正式重新購買也會開放給新的投標者，因為購買者想要利用這個策略來確保新增條件下的競爭品質。例如某家律師事務所決定要買功效較佳的微電腦，該事務所就可能開放招標，以便檢視幾家供應商所提供的價格和品質等條件。

直接式重新購買

直接式重新購買（straight rebuy）也是賣方所偏愛的一種情況。購買者並不會再尋找新的資訊或新的供應商。訂單還是照下，產品也依照原來訂單上的要求來出貨。通常直接式重新購買是例行性的，因為購買條件已經在稍早的協商中完全弄清楚了。舉例來說，前面所提的法律事務所從相同的供應商那裏，定期地購買印表機的墨水盒。

直接式重新購買
購買者重新訂購相同商品和服務的一種購買情況，並不會再尋找新的資訊或對其它供應商進行調查。

在直接式重新購買中有一種常用的技巧，就是購貨合約的簽定。購貨合約可用在經常購買的商品和大量購買的商品中。基本上，購貨合約可讓買主的決策成為例行性的決策，並保證賣方的業務人員有一定的業務銷售量。對買方來說，它所得到的好處就是可作出快速又有信心的決策；而對賣方的業務人員來說，則是降低或消除了競爭上的壓力。全美自願醫院聯合公司（Voluntary Hospital of America, Inc.）是一個不以營利為目標的聯盟單位，其中包括了近900家的醫院。這家公司和嬌生公司（Johnson & Johnson）訂下了獨家合約，只能向嬌生公司購買所有醫藥專用的縫合線、棉花、和外科內視鏡等。這個合約為嬌生公司賺進了每年2億5千萬美元的營收。[17]

供應商千萬要記得，不要將直接式購買的關係視為理所當然。維繫和現有顧客的良好關係，比找到一個新顧客要來得容易多了。

圖示7.6
企業對企業的購買過程

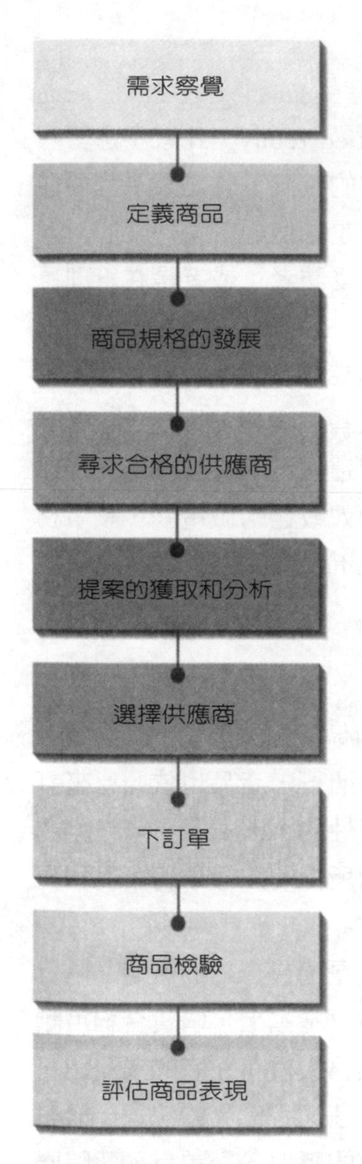

使用者知道目前的商品不能再用了，或者無法像新的商品表現得那麼好。

對本身工作有很清楚認識的使用者，對用來完成該工作的所需商品形態，進行了定義上的描述。

若是該商品需要特別訂製的話，影響人就會和業務人員一起合作，以便發展出特定的規格。影響人通常是很瞭解如何修正機械結構的人。

採購代理人尋找合格的供應商。影響人也許會提供一些供應商的名單，例如那些常在貿易展或商展上和潛在供應商有所接觸的品管人員。

採購代理人從供應商那裏接到商品建議書或是「投標單」。然後再隨同決策者，一起分析這些書面內容。

採購代理人和購買中心裏的成員分析所有的投標單和各賣方背景，並從中選出一個供應商。

（通常由）採購代理人下訂單，並確定所有有關運送和訂單上的例行事務，以及最後的財務往來條件。

收貨、驗貨或由品管人員檢查其中是否有短缺、損壞、或錯誤的貨物。

採購代理人和其它人士監控供應商的表現，而使用者則監控該商品的表現。

購買過程

（圖示7.6）顯示了企業對企業的整個購買過程。一開始是需求的察覺。舉例來說，某家公司可能會知道自己該換掉舊的機器，還是擴充原來的設備。

接下來的步驟就是暫時決定所需要的商品類型。有時候買方會草擬商品的規格，但大部分的情況還是由購買中心裏的成員來選擇供應商品的一些可能來源，並開始展開協商。採購代理人可能會有一些供應商名單，可提供不同類型的商品。協商一開始就是在討論所需要的商品、時間進度的長短、以及運送的條件是什麼等等。在所有參加招標的供應商提出建議書和投標單之後，協商過程就算終了了。然後買方再就這些建議書的內容進行分析，從中選出一個最好的供應商，再不然就是要求供應商就其中幾點內容進行說明。

賣方的分析

購買中心（特別是在新購買的情況下）會使用賣方評分系統（vendor rating systems），又稱賣方分析（vendor analysis），就買方所認定的重要特點，進行供應商之間的比較。（圖示7.7）描述了如何使用賣方分析來比較各個微電腦供應商。購買中心在該圖的左側列出六個最重要的特點，然後再根據這些特點進行對各賣方的評分。每個賣方的分數得自於所有評分的加總，再除以特點的總數目。在這個例子中，該賣方在各方面的表現都不錯，除了供給能力和產品線深度以外。所以採購代理人得決定這兩個特點究竟有多重要。

賣方分析
又稱賣方評分系統。就買方所認定的重要特點，進行供應商之間的比較。

圖示7.7
微電腦採購狀況下的賣方分析例子

	評分等級				
特點	不能接受（0）	很差（1）	普通（2）	好（3）	優良（4）
相容性					X
供給力			X		
可信度					X
產品線深度			X		
服務／後援支持					X
彈性				X	

Total score：4＋2＋4＋2＋4＋3＝19
Average score：19÷6＝3.17

還有一個比較複雜的方法，是根據每一個特點的重要性來進行評估，首先衡量每個特點的重要性指標分數（舉例來說，1代表有些重要；2代表重要；3則代表非常重要），然後把該賣方的評分分數乘以這些重要性指標分數，最後才得出該賣方的整體分數。

交易的完成

在分析完賣方之後，就可選擇供應商，開始協商購買的條件，然後買方發出訂單，交易因而得以正式化。訂單上的內容往往包括了商品的辨識代碼或描述、交貨數量和品質要求、交貨的方法和次數、以及付款條件等。

收到商品之後，他們就會檢查內容的正確與否、數量和品質是否符合要求，然後再登入於存貨當中。接下來是受理賣方的發票，最後再付款。一旦付款完成，交易也就結束了。雖然交易算是結束了，買方還是會經由定期的評估，隨時注意該商品和供應商的表現如何。這些評估有助於買方決定是否下次還要跟這家供應商合作。

業務人員的角色

在整個購買過程中，業務人員扮演了一個極爲重要的角色。業務人員往往是第一個知道買主需要用到他們商品的人，也因爲他們是第一個知道這種需求的人，所以就能對商品的定義和規格作出一些影響。

能對買主大力強調這種需求的業務人員，也往往會成爲這家公司考慮任用的供應商。好的業務人員在知道他們已經在客戶的心目中佔了一席之地後，就會乘勝追擊，問一下有關購買預算的問題。有了這些資料之後，業務人員會根據買主的預算範圍準備一份投標單，而這名業務人員所屬的公司也就有了競爭的機會。

如果這筆生意成交了，該業務人員應確定商品已經包裝妥當，而且準時送貨，並在最佳的狀況下連同所有該附的零件一起運抵目的地。最後，業務人員再經過售後服務，確定客戶很滿意商品，而賣方也已經完成了所有售前的承諾，這才算大功告成。

客戶服務

發展一套可監視客戶意見和客戶服務品質的正式系統，對從事企業對

福利多——雷烘烤薯片（Frito-Lay's Baked Lays chips）的業務人員預期消費者對這種低脂食品會有大量需求，所以說服雜貨店進貨和銷售這個商品，其功不可沒。
©Ray Hand

企業的行銷人員來說，愈來愈重要了。[18]比如說麥當勞（McDonald's）、比恩（L. L. Bean）戶外運動器材公司、和雷克斯（Lexus）公司，它們不僅針對商品也針對服務技巧發展了一些策略。許多公司都經由科技的幫忙找到新的方法來改善對客戶的服務。從事企業行銷的商人也在新的媒體技術上，如線上服務、光碟、和全球網路上，找到服務客戶的著力點。[19]舉例來說，聯邦快遞公司（Federal Express Corp.）就自1994年的11月起，展開全球網路的服務，可以提供每家客戶一個直接的視窗，進入聯邦快遞的包裝追蹤資料庫（package-tracking database）中。[20]我們在第十二章和第十三章的時候，會再來詳加探討客戶服務的議題。

回顧

讓我們回顧本文一開始就出現的泰洛馬林生物研究（Terramarine Bioresearch）公司。許多公司都根據SIC系統，使用裏頭的參考資料來組織一套行銷方面的資訊，且隨著愈來愈多的政府和私人資源投入在電腦的線上服務中，各公司行號現在只要敲上幾個鍵，就可以找到很多可資利用的資訊了。

總結

1.描述企業對企業的市場行銷：企業對企業的市場行銷就是對企業組織提供一些它所要購買使用的產品和勞務，而不是針對個人消費。而區別企業商品和消費者商品這兩者之間的不同，就在於商品的未來用途，而不是物質上的特徵。

2.討論企業對企業的市場行銷中，行銷和策略性聯盟之間的關係角色：關係行銷可以和顧客建立起長期夥伴和聯盟的關係。各公司之所以成立策略性聯盟，都有其不同的理由。有些策略性聯盟一敗塗地，而成功的主要關鍵則在於對夥伴的選擇應小心謹慎，而且必須創造出有利於雙方的局面才行。

3.確認出企業市場中客戶的四個主要類別：製造商市場是由以營利爲導向的個別公司和企業組織所組成的，他們利用這些購買來的商品和勞務，進行下列幾種可能動作：製造出其它的商品；作爲其它商品的零件使用；或者只是促進該組織企業的每日運作而已。轉售商市場則包括了零售業和批發業，這些業者會購買許多製成品，再將它們轉售以謀取利潤。政府組織的市場包括了聯邦、州、郡、以及市政府等，它們所購買的商品和勞務不僅是爲了支援自己的運作，也爲了服務公民所需。而機構組織的市場則是由各種不同的非商業組織單位所構成，它們的目標並不以營利爲主。

4.解釋國際標準工業分類制度：國際標準工業分類制度（SIC）有助於分析、區隔、和瞄準各種企業對企業市場以及政府市場。各企業組織都擁有一組可供辨識比較的數字代碼，而這個代碼代表的是它所從事的經濟活動類型（以廣泛的意義來解釋）、產業別、地理區域、附屬產業別、和產品分類等。不幸的是，SIC制度並不能適當地辨識出那些參與了很多種不同活動的公司，或者那些提供了各種不同商品的公司。

5.解釋企業對企業市場和消費者市場這兩者的主要不同：在企業對企

業的市場中，其需求是其來有自、沒有彈性、有連帶關係、而且會受到波動的。其購買量大於消費者的市場；客戶數目比較少，而且在地理上有集中的趨勢；配銷管道比較直接；也因爲使用專業的採購代理人，而使得購買辦法比較正式。在這個購買過程中，有許多人參與其中，整個協商過程也顯得比較複雜。交易互惠和租賃的情況相當普遍。最後，在企業對企業的市場中，銷售策略通常著重於個人的接洽，而不是廣告的利用。

6.描述七種企業商品和勞務的類型：主要設備包括了一些資本財，例如重機械等；輔助設備比主要設備要來的便宜，而且使用壽命也比較短；原料是指未經加工過的萃取物或農業產品；組成零件是指用來作爲其它商品部分零件的製成品或半製成品；加工材料則被直接用在其它商品的製造上；而補給品是消耗性的，並不需要成爲某個最終商品的一部分；商業服務則是非具體的商品，許多公司在運作上都會使用到。

7.討論企業對企業購買行爲中的涵蓋層面：企業對企業的購買行爲有五個基本特點，首先，購買通常都是由購買中心來進行的，而購買中心的成員往往網羅了不同的權威人士；第二，企業買主會根據品質、服務、和價格的優先順序，評估各商品和供應商；第三，企業對企業的購買往往不出下列三種類型：新的購買、修正式重新購買、和直接式重新購買；第四，企業對企業的購買是一個涵蓋了很多步驟的過程，包括了商品規格的發展、供應商的選擇、和供應商表現的評估等；第五，對客戶的售前服務、銷售期間服務、和售後服務，都在企業購買決策中，扮演了一個重大的角色。

對問題的探討及申論

1.其來有自的需求會如何影響汽車的製造呢？

2.爲什麼人際關係和個人銷售是企業對企業市場中最好的促銷方法呢？

3.一名同事寄給你一封電子郵件，想要徵求你的意見，因爲他打算把一套有聲郵件系統（voice-mail system）賣給當地的某家企業。回給他一封電子郵件，告訴他有哪些不同人士可能影響到該客戶的購買決策。請確定在回函中建議他對每個需求的處理方式該如何？

4.康柏（Compaq）公司的電腦是採用英代爾公司（Intel Corporation）所供應的微處理機。請描述這種關係下的購買狀況，但記住這個產業的科技發展非常快速。

5.在小組中，動動腦想想看有哪些公司的商品是專門在企業市場類別中銷售的。（請避開那些已在本章提過的例子）請列出十個商品，每一個類別市場都至少要有一個代表商品。然後再和另外一個小組配合進行，每個小組依序說出產品名稱，由另一個小組找出該商品的所屬類別。請試著藉由討論澄清所有的矛盾點，很有可能某些商品會同時分屬於一個以上的市場類別中。

6.第一美國集團購買協會（The First American Group Purchasing Association）（http://www.first.gpa.com）出版了每月前十大網站的名單，該協會認爲這些網站對小型企業最有幫助。請到其中一或多個網站上拜訪一下，然後寫一份備忘錄給一名考慮想要自己創業的同事，告訴他或她爲什麼應該拜訪這個網站？

7.下列這個網站提供了什麼樣的商業刊物、搜尋設備、資源、和服務等？
http://www.demographics.com/

8.你要如何利用下列的網站來籌劃一趟到多倫多的商務之旅？就最近一期的《企業對企業雜誌》（*Busineess to Business Magazine*）提出三篇主要文章。
http://www.business2business.on.ca/

學習目標

在讀完本章之後，各位應當能夠做到下列各項：

1. 說明市場和市場區隔的特徵。
2. 解釋市場區隔化的重要性。
3. 討論成功的市場區隔化之標準。
4. 說明一般用來區隔消費者市場的基準爲何。
5. 說明區隔企業市場的基準爲何。
6. 列出區隔市場的幾個步驟。
7. 就選定目標市場的幾個替代策略進行討論。
8. 解釋各公司爲何以及如何執行定位策略，以及產品差異化的角色扮演又是如何。
9. 討論全球市場的區隔化和目標瞄準議題。

第8章

市場的區隔和瞄準

問問看孩子們想到哪裏吃飯？許多都會選擇麥當勞（McDonald's）。不幸的是，他們的父母親通常都不願意帶他們去。

現在這個提供快樂餐的速食之家希望能說服成年人，讓他們和年輕人也有一樣的看法。因此，這個全國最大的速食連鎖店推出了一系列的三明治，以前所未見的行銷手法將目標瞄準在成年人的市場上。首先登場的是特大豪華堡（Arch Deluxe），這個產品是「自麥香堡（Big Mac）25年前上市以來，所推出的最大型漢堡」，一名麥當勞的行政主管這樣說道。

正當全美所有的速食店業務都呈現蕭條不振之際，麥當勞看出了成人市場中的一個機會點。它承認自己的研究調查發現到，有72%的受訪消費者認為麥當勞對孩子來說，擁有最好的漢堡，可是只有18%的受訪消費者認為它也是成年人的最佳漢堡。

特大豪華堡是以馬鈴薯粉和麵粉一起調製烘焙而成的麵包，裏頭有一塊四分之一磅重的調味牛肉，再配上捲心菜、蕃茄、起司、洋蔥、第戎醬（sauce of Dijon），以及石地芥末醬（stone-ground mustards）和美奶滋。椒鹽培根肉則是隨顧客喜好加與不加的。這個三明治被宣稱是「擁有成人口味的一種漢堡」，給了麥當勞一個機會在這個市場上進行背水一戰。直到目前為止，麥當勞一直沒有進入培根肉——捲心菜——蕃茄漢堡這個每年有50億美元的利基（niche）市場中。培根肉是漢堡產品中最受歡迎的餡料之一，然而，麥當勞只有在三明治的間歇性促銷期間，才會拿培根肉來作為號召賣點。

多數的麥當勞漢堡都見不到蕃茄的蹤影。除了強調低脂的麥瘦豪華堡（McLean Deluxe）中有蕃茄之外，就只剩下麥克DLT堡（McDLT）才見得到蕃茄。而後者是放在一種能保持餡肉熱騰騰、蔬菜冰涼脆口的特殊包裝中出售的。同時，麥當勞還推出了豪華雞肉三明治（Deluxe Chicken sandwich）和較大型的魚片三明治（Filet-O-Fish sandwich）。

這種種行銷手法究竟能否帶給麥當勞一種較為成熟的品牌形象呢？還是個未知數呢！這麼多年來，麥當勞在兒童餐裏放置小玩具，又以小丑麥當勞叔叔作為它的吉祥人物，所以，要一下子扭轉乾坤，轉移到成人市場中，可能將會有場硬戰好打哩！[1]

根據這篇短文介紹，你要如何界定市場區隔和目標市場呢？麥當勞又該如何瞄準成年人的市場呢？你認爲麥當勞的努力會成功嗎？

麥當勞公司

麥當勞的網站如何區隔和瞄準成人市場與兒童市場呢？

http://www.mcdonalds.com/

1 說明市場和市場區隔的特徵

市場區隔

市場
一群人或組織，擁有需求或欲求，並且有能力和意願去購買。

市場（market）的意思就是提供不同的東西給不同的人們。我們都很熟悉一些專有名詞，例如超級市場（supermarket）、證券市場（stock market）、勞工市場（labor market）、魚市場（fish market）、和跳蚤市場（flea market）等。而這些市場都有一些共同的特徵，首先，它們都是由人所組成的（消費者市場）；第二，這些人或組織都有一些需求和欲求，可以用一些特定的商品類別來滿足；第三，他們有能力去買他們所尋求的商品；第四，他們願意以自己的資源（通常是金錢或信用）來換取一些想要的商品。總而言之，所謂市場就是：（1）一群人或組織；（2）有需求或欲求；並且（3）有能力；和（4）有意願去購買。一群人中，只要缺了上述特點的其中之一，就不能稱之爲市場。

市場區隔
一群人或一群組織下的子群組，在這個子群組中的人們或組織，因爲擁有一或多個相同的特徵，所以也擁有相同的商品需求。

在一個市場裏面，**市場區隔**（market segment）就是指一群人或一群組織下的子群組，在這個子群組中的人們或組織，因爲擁有一或多個相同的特徵，所以也擁有相同的商品需求。有一方說法是，我們可以認定這個世界上的每一個人和每一個組織都是一個市場區隔，因爲每一個個體都是獨特不同的。另一方說法是，我們可以界定整個消費者市場就是一個大型的市場區隔，而企業對企業市場則是另一個大型的市場區隔，其中所有的人都有一些相同的特徵，所有的組織亦然。

市場區隔化
將一個市場分成幾個有意義、很類似、而且可辨識的市場團體，這個過程就叫做市場區隔化。

從市場行銷的角度來看，這兩種說明之間取出一點來描述其中位在某處的市場區隔是有意義的。將一個市場分成幾個有意義、很類似、而且可辨識的市場團體，這個過程就叫做**市場區隔化**（market segmentation）。市場區隔化的主要目的就是要讓行銷人員能以行銷組合來迎合一或多個特定區隔市場中的需求。

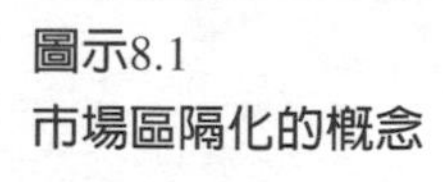
圖示8.1
市場區隔化的概念

無市場區隔化

完全被區隔的市場

根據男女性別所作的市場區隔化

根據族群年齡所作的市場區隔化

根據性別和年齡族群所作的市場區隔化

（圖示8.1）就描繪了市場區隔化的概念。每一個方塊都代表了一個由七人所組成的市場，而這個市場可能會有如下所示的不同變化：一個七人的同質市場；一個由七個不同區隔所組成的市場；一個由兩種不同性別區隔所組成的市場；一個由三種不同年齡區隔所組成的市場；或者是一個由五種不同年齡和性別區隔所組成的市場。在本章的後面部分，我們還會來詳加討論年齡、性別、以及其它用來區隔市場的各種基礎條件。

市場區隔化的重要性

2 解釋市場區隔化的重要性

一直到1960年代爲止，只有少許幾家公司實行市場區隔化的政策。而這些市場區隔化的努力，就如同蜻蜓點水一般，並不能算是正式的行銷策略。舉例來說，早在1960年代以前，可口可樂公司只生產一種飲料，並將它瞄準在所有的清涼飲料（不含酒精）市場上。如今，可口可樂公司針對不同的消費者偏好（口味、卡洛里、和咖啡因含量等），爲不同的市場區隔提供了十幾來種商品。可口可樂的產品包括了傳統的清涼飲料、「能源飲料」——例如能量飲料（Power Ade）、水果茶、和水果飲料——例如水果多比亞（Fruitopia）等。[2]

幾乎對所有成功的企業組織來說，市場區隔化都在它們的行銷策略上扮演了一個關鍵性的角色。市場區隔化之所以成爲這麼有力的行銷工具，是有其原因的。最重要的是，幾乎所有的市場都涵蓋了各種不同的人群和組織，而這些人群和組織也都各有不同的商品需求和偏好。市場區隔化正好可以協助行銷人員精確地界定這些顧客的需求和欲求。也因爲各區隔市場在規模和潛力上各不相同，所以區隔化可以幫助這些行銷決策者正確地定義出各種行銷目標，並在資源上作最好的分配。相對地，若是目標愈明確，表現結果也就愈容易評估了。

朵門（Domain）流行傢俱連鎖店提供了一個有趣的例子，告訴我們市場區隔化是如何幫助業務成長的。朵門公司在瞭解了它的嬰兒潮顧客不只關心裝潢而已，也很在乎自我成長等相關議題之後，爲了將觸角伸展到這個區隔市場中，它開辦了一系列的店內研討會，討論的主題涵蓋了女性議題和室內裝潢等。因而造成這個族群的生意自活動開始以來，一路上揚了35%。另一個目標市場則是二次世界大戰和戰後的那一代顧客，爲了這些顧客，該公司推出了一種較窄型的沙發，靠背的支撐力比較強，使坐者可以輕易地站起身來。在這種區隔化的辦法下，朵門公司還以直接郵件替代了原本的報紙廣告手法，結果支出下降了3%，營業額卻提升了將近40%，超過了四千萬美元。[3]

成功區隔化的各種標準

行銷人員會爲了三個重要的理由而將市場進行區隔。首先，區隔化可協助行銷人員找出有相同需求的顧客族群，並分析這些顧客的特徵和購買行爲；第二，區隔化可爲行銷人員提供一些資訊，協助他們設計出各種行銷組合，以配合一或多個區隔市場的特徵和欲求；第三，市場區隔化和行銷概念是相當一致的：它們都可滿足顧客的需求和欲求，同時也能符合該企業組織的目標。

爲了達到有效的目的，一個採用區隔化的計畫必須能符合下面四個基本要求：

◇實質價值（substantiality）：一個市場區隔必須大到足以保證可以發展和維持住一個特定的行銷組合。可是這項標準並不見得是說這個市場區隔一定要有很多潛在的顧客。例如專門從事於家居環境和辦公環境設計的行銷人員、以及商業客機和大型電腦系統的行銷人員，他們的顧客數量並不多，所發展出來的行銷計畫卻必須迎合每一個潛在顧客的需求。但是在多數的個案中，一個市場區隔仍然需要有很多的潛在顧客才算得上有商業價值的存在。IBM和全美15家最大型的銀行組成了一家公司，叫做整合體金融網路（Integrion Financial Network），可以爲顧客提供一系列的銀行線上服務。可是所有的銀行交易中，只有1%是採用電腦線上服務的，使得這個區隔化就實質價值來說，充滿了風險性。[4]無疑的，整合體公司也只能希望這個市場區隔可以在未來有很大的成長空間。

3 討論什麼才是成功區隔化的標準

◇可辨識性和可測量性（identifiability and measurability）：市場區隔必須可以被辨識得出來，其規模也必須能被衡量出來才行。某個地理位置內的人口數、不同年齡層的人口數、以及其它社會和人口上的特徵等，這類數據資料都很容易取得，而且也能爲市場區隔的規模大小，提供相當精確的衡量數字。假設說有某個社服團體想要藉著瞭解人們對毒品、酗酒、或產前照護等計畫的熱心參與程度是多少，進而在市場上作成區隔，但這個團體卻無法衡量出有多少人願意、漠不關心、或不願意參與這些活動，它就很難估算出是否有足夠的人數來贊助這些服務了。

◇可親性（accessibility）：各企業必須以特定的行銷組合來接觸那些目標區隔中的成員，可是有些市場區隔卻是很難觸及的，例如年長人士（特別是有閱讀障礙或聽覺障礙的年長人士）、不會說英語的人、以及文盲等。

◇回應性（responsiveness）：正如（圖示8.1）所描繪的，市場可以用任何看似有邏輯的標準來作區隔。但是除非某個市場區隔對某個行

Judy George是朵門傢俱連鎖店的所有者，她採用了區隔化的辦法，將目標瞄準在嬰兒潮和退休人士的身上，使他們成爲流行傢俱的購買者。
©Steven L. Lewis

銷組合的回應不同於其它市場區隔的回應，否則就沒有必要將它們分開。舉例來說，如果所有的顧客對某個商品的價位都很在意，就沒有必要爲了不同的市場區隔推出高價位、中價位、和低價位的商品了。

4 說明區隔消費者市場的基準爲何

區隔消費者市場的基準

區隔化基準
個人、團體或組織的各種特徵。

行銷人員使用**區隔化基準**（segmentation bases）或變數（variables），也就是個人、團體或組織的各種特徵，來將整個市場進行區隔畫分。區隔化基準的選定是很具關鍵性的，因爲一個不適當的區隔化策略可能會導致營業額的滑落和有利機會點的錯失。而主要的關鍵就在於找出一些基準，這些基準可以製造出有實質價值、可以衡量、也可以進入的市場區隔，而這些市場區隔對各種行銷組合的回應模式是各不相同的。

可以用單一變數來區隔市場，例如年齡；也可同時使用幾個變數如年齡、性別、和教育程度等來區隔市場。雖然單一變數的市場區隔比較不那麼精確，可是卻比多重變數的市場區隔要來得簡單和好使用。多重變數的

廣告標題

三分之一的唇膏都塗在誰的嘴唇上了？

《摩登成熟人士》（*Moderrn Maturity*）雜誌的廣告使用多重變數的區隔方式瞄準正要邁入50歲大關的女性嬰兒潮人士。Courtesy Modern Maturity

市場區隔，其缺點在於第一，比起單一變數的市場區隔來說，多重變數的市場區隔比較不好使用；第二，可資利用的第二層資料比較不好取得；第三，區隔化基準愈多，單一市場量也就愈小。然而目前的趨勢卻是使用很多個變數來作市場上的區隔。因爲多重變數的市場區隔比起單一變數的市場區隔來說，顯然要精確多了。

消費商品的行銷人員通常都使用以下一或多個特徵來進行市場上的區隔：地理、人口、心理描述法、利益追求、和使用頻率。

地理上的區隔

地理區隔（geographic segmentation）指的是以世界或各國的地域位置、市場量、市場密度、或者氣候等來區隔市場。市場密度指的是在一個單位土地上的人口數目。氣候則通常用在地理區隔上，因爲氣候對居民的需求和購買行爲會有很大的影響。吹雪機（snowblowers）、用水、滑雪

地理區隔

以世界或各國的地域位置、市場量、市場密度或者氣候等來區隔市場。

屐、衣服和空調暖氣設備等，都是依據氣候而各自擁有不同賣點的商品。

消費商品公司之所以在行銷上採用地域性的辦法往往是因爲以下四個理由。首先，有許多公司由於市場太過競爭或者市場營收蕭條不振，而必須找到一些新的辦法來刺激銷售；第二，以掃瞄器來進行電腦化結帳的櫃台，可以讓零售商更精確地評估出哪一個品牌在該地區的銷售成績比較好；第三，許多包裝商品的製造商都推出了全新的地域性商品，想要吸引當地人的偏好注意；第四，採用較具當地色彩的行銷辦法，可以讓消費商品公司對競爭市場作出較快的反應。舉例來說，美國可口可樂就爲德州發展了一個特殊的行銷活動，這個活動擁有一個地域性的主題，叫做「德州的可口可樂眞實事物的故鄉」（Coca-Cola Texas-home of the real thing），同時它還參加了該州所舉辦的反垃圾活動，其活動主題稱之爲「不要弄髒了德州」（Don't Mess with Texas）。另外，我們會在放眼全球的方塊文章中，提供另一個以地理做爲市場區隔化的例子。

人口上的區隔

行銷人員之所以利用人口資料來作市場上的區隔，是因爲這種資料的取得比較方便，而且和消費者的購買以及消費行爲有著密切的關係。用在人口區隔（demographic segmentation）的一般基準是年齡、性別、收入、種族背景、以及家庭生命週期等。以下所提供的重要資訊就是有關幾個主要的人口區隔。

人口區隔
以年齡、性別、收入、種族背景、以及家庭生命週期等來區隔市場。

年齡區隔

4到12歲的兒童對家庭消費的影響相當大，每年大約會花掉46億美元在玩具的購買上；58億美元在食品和飲料的購買上；15億美元在電影和運動比賽的購票上、25億美元在衣服的購買上；以及10億美元在錄影帶的租借上。此外，兒童在家庭支出上的直接影響可達1,700萬美元。[5]因此，這個年齡層對許多不同商品類別來說，絕對是個很具吸引力的市場。

羅威思公司
羅威思如何經由網站來促銷它的NASCAR贊助活動？這種促銷活動能成功地瞄準X世代嗎？
http://www.lowes.com/

另一個對行銷人員也很具吸引力的目標年齡層，就是誕生在1966年到1976年的4,700萬人口，統稱爲「X世代」，他們擁有1,250億美元的消費能力。羅威思公司（Lowe's）是一家專門從事家居環境改善的大型連鎖店，它爲了吸引X世代，特地和NASCAR簽約成爲旗下的贊助廠商，NASCAR

是一家賽車組織，在這個年齡層擁有很多的賽車迷。[6]另外，X世代非常熟悉電腦操作，所以也是網際網路上的最大目標市場。

年齡在35歲到44歲左右的消費者，家中往往有就學中的兒童，所以其消費比起其它年齡層來說更見龐大，項目包括了家用食品、房子、衣服、以及酒類等。而在45歲到54歲之間的消費者，比起其它年齡層在外出用餐、交通、娛樂、教育、個人保險、以及養老金等支出上，花得更多。[7]研究結果也和一般大眾想法大相逕庭，研究顯示50幾歲的族群，其中有70%

放眼全球

波蘭出現了波痞（Puppies）

最近這兩年，30歲左右的波蘭人Piotr和Danuta Jentes剛買下他們的第二部車子，另外還花了3,000美元買了一艘風浪板。他們是一家小型企業的所有者，看的是私人醫生；最小的孩子在一所私立托兒所就讀；而且花了很多的錢裝潢修繕自己的房子。可是像他們這樣的人，在這個急速西化的波蘭社會中，可不算是少數。

自1989年共產集團崩潰以來，波蘭人民在經歷了期望破滅等種種打擊之後，這是第一次有市場研究專家和經濟學家說，他們終於看到了波蘭中產階級的竄起。這些波蘭中產階級有時候又被人稱之為「波痞」（puppies），他們所購買的消費商品有汽車和電冰箱等，全都是老美認為理所當然的，可是在不久前，這些商品卻還只能被共黨高幹所擁有。現在這些波痞在購買力上所展現出的經驗老到，不得不讓經濟學家預示出這個國家的光明前景，也使得來自西方世界的公司都將波蘭視為是前共產集團國家中的最大投資本營。

波蘭擁有近4,000萬左右的人口，是目前中歐地區最大的國家。雖然這個國家中產階級的規模大小尚有待爭議，可是許多指標和專家都證實了這個消費層的生命力是絕對不可忽視的：

- 1996年的前三個月，汽車營業額就上揚了40%。更有意義的是，進口的四門Opels汽車和Renaults汽車取代了波蘭製的兩門速克達，在市場上成為最大的贏家。
- 1995年的時候，汽車貸款量從幾乎是零的局面成長了40%。這對固執己見，一向以現金購買所有東西的波蘭人來說，算得上是一個歷史性的改變，也讓那些成長中的金融服務單位吃下了一顆定心丸。通用資本公司（GE Capital）和福特信用（Ford Credit）公司，這兩家全美最大的汽車金融服務代理商也於去年在波蘭開張了。
- 根據一家美國企管顧問公司，麥肯西（Mckinsey）公司的說法：在1995年，波蘭各儲蓄銀行的存戶戶頭成長了14%。這表示向來把錢藏在床墊下的波蘭人，終於對自己的銀行有了更大的信心。

「中產階級已經在竄起成長中了。」波蘭通用汽車的行銷經理Kozinski這樣說道，這家公司打算於1998年的時候，在波蘭的南部地方設立一家工廠，如此一來，將可使汽車生產量提升到每年10萬部。

中產階級中最顯而易見的成員就是小型企業主、在外資公司上班的員工、以及波蘭公司裏的專業人士，他們都才要開始完成西歐人士在1950年代所希冀的夢想，其中包括：擁有自己的房子或公寓；買一部比較好的車子或是二手車；讓孩子受好的教育；以及每年到國外旅遊一趟。[8]

波蘭的中產階級對美國公司來說，是一個前途看好的目標市場嗎？有哪些商品可以在這個市場上暢銷大賣呢？

的人很願意嘗試一些新的品牌。除此之外，50歲以上的消費者掌控了本國整體金融資產的77%，而且他們也比一般人想像中的要健康多了。[9]「市場行銷和小型企業」的內文就會告訴你，年紀大小會如何影響金融服務方面的偏好。

性別區隔

一些從事服飾、化粧品、個人美容清潔用品、雜誌、珠寶、和鞋類方面的行銷工作人員，他們就常常以性別來區隔市場。例如，有個叫作體育地帶（Sports Zone）的全球網站（http://espnet.sportszone.com/），它專門提供由ESPN所製作的體育新聞，上網者有95%都是男性。[10]但是也有一些傳統上是針對男性消費者進行行銷活動的品牌，例如福特野馬車（Mustang）、凱迪拉克車、和麥得斯消音器（Midas Mufflers）等，開始將注意力轉移到女性消費者的身上。而女性商品，例如化妝品、家用品、和傢俱等也都將目標對準在男性的身上。[11]

收入區隔

收入是另一個普遍用來區隔市場的人口統計變數，因爲收入程度可以

市場行銷和小型企業

生活模式市場行銷公司

一旦談到金融服務的話，許多經歷過經濟蕭條時代的消費者，就顯得小心翼翼，不敢輕舉妄動，他們比較喜歡安全性高的投資方式，例如長期國庫券和可轉讓的定存單，即使這種投資的利潤很低也無所謂，另外，他們也不喜歡負債。

生活模式市場行銷（Lifestyle Matrix Marketing）公司是加州拉菲亞（Lafayette）市的一家小型公司，最近它針對曾經歷過經濟蕭條時代（亦即二次世界大戰和經濟衰退等）的兩個世代人士，推出了一種全新的保險政策。簽約公司也就是出售「人生安養計畫」（Lifetime Security Plan）的公司，在被保險人死亡之後，有權繼承死者的房子。相對地，這些多具退休身分的被保險人，在他們大限到臨之前，仍可住在自己的房子裏，每個月還可領取一份津貼。因爲現在的人活得愈來愈久了，所以這種保險可以免去當事者財務上的困擾。人生安養計畫甚至還提供了基本的居家維護。

另一方面，嬰兒潮世代的成員則不在乎舉債度日。因此，當他們年齡到達70歲的時候，可能還會對其它的保險產品感到興趣。舉例來說，有一種反向抵押——也就是相對於所有產權的另一種貸款——就可能會吸引嬰兒潮世代的人，因爲他們並不懼怕舉債。[12]

影響消費者的需求，並決定他們的購買能力。許多市場都以收入來作區隔，其中包括了房屋、服飾、汽車、和食物等。舉例來說，豐田汽車公司就將全新的RAV4小型跑車對準在較低收入的目標市場上。這種車型的售價比豐田一般傳統四輪傳動的4Runner車型少了一萬元。[13]另一方面，渥爾商場也將它的市場從傳統的農產和中等收入的大眾市場，逐步轉移到高收入的上層階級市場中。這家零售商爲了介紹高價商品，提升自家店內服飾商品線的品質，不惜在店內投下了大筆的金錢。[14]

種族區隔

有許多公司也都以種族變數來作市場上的區隔。其中三大種族市場分別是非裔美人市場、拉丁裔市場、和亞裔美人市場。非裔美人在1996年的總數高達了三千兩百萬人，是美國境內人口最多的少數民族。非裔美人的人口比例在下個世紀仍然會繼續成長，因爲該種族的出生率是22.1‰，而白人卻只有14.8‰。另外，非裔美人的死亡率也比一般人口來得低。同時這個族群的一年花費支出可達二千七百億美元。因此，行銷工作人員正逐漸見識到這個區隔市場的價値所在。[15]

研究人員也發現到，非裔美人和其它族群在消費形態上有些不同。舉例來說，黑人和白人在口味上，往往有不同的偏好。雖然黑人比一般大眾要來得少喝咖啡，可是他們卻比其它美國人更喜歡添加大量的糖和奶精。在知道了這樣的飲用趨勢之後，咖啡之友（Coffee Mate）公司開始對黑人消費者展開它的行銷計畫。它在全國性的雜誌，如《黑檀木》（*Ebony*）和《菁華》（*Essence*）等雜誌上大登廣告。同時也在黑人社區掛起戶外廣告。

在包裝選擇上，黑人和白人也有一些區別。非裔美人比較偏好大瓶裝的非酒精飲料。舉例來說，可口可樂在1970年代早期發現了這個現象之後，以後一旦是對黑人消費者進行廣告宣傳，就會以16盎斯裝的瓶身替代原來12盎斯裝的標準瓶身。[16]

財星（Fortune）500大企業裏，至少有一半曾經針對不同種族進行過不同的行銷活動。[17]雖然這種方法可以對市場進行有效的傳達，可是卻也需要獨特且明顯的市場組合辦法。下面的例子就是在介紹各個公司是如何將自己的市場瞄準在非裔美人的身上。

廣告標題

每一天，都來慶祝我們的美麗傳承

雅芳公司在使用種族的市場區隔時，企圖以黑人歷史月（Black History Month）爲號召，招攬非裔美國婦女購買它的商品。
Courtesy Avon Products Inc.

◇庫爾斯（Coors）啤酒製造商在市場行銷上，利用一些事件或體育活動來吸引非裔消費者。這家公司贊助了佛羅里達州奧蘭多市「淡味庫爾斯啤酒傳統足球公開賽」（Coors Lite Orlando Florida Football Classic），因爲它發現到這項運動可以吸引21到34歲的黑人消費者。[18]

◇史匹傑爾公司（Spiegel）是最大的目錄製造商，它和《黑檀木》雜誌出版商共同合資開發了一系列的服飾商品線以及商品目錄，它的市場對象就是非裔的美國婦女。史匹傑爾認定這個族群的婦女在衣服的支出上佔了家庭收入的6.5%，和所有婦女的平均支出5%比起來，顯然高了一些。另外，它所製作的目錄稱之爲「E風格」（E Style），強調它的服飾都是針對非裔的美國婦女而設計的。第一期目錄共寄出了一百五十萬份，收件者全是非裔婦女，其中包括了《黑檀木》雜誌的讀者和史匹傑爾公司的現有顧客。[19]

廣告標題

現在起，每一次你使用威士卡，都可以讚美屬於你自己的世襲傳承

拉丁裔族群的整體購買力，一年可達1,700億美元。但是，拉丁裔人口和語言的多樣化，對那些想要佔領這個族群市場的行銷人員來說，無疑有著許多的挑戰。
Courtesy First USA Bank

◇麥當勞的生意有15%來自於非裔美人的消費，因此針對這個族群的行銷廣告費用也佔了該公司的15%強。許多行銷專家都很讚賞麥當勞的早餐俱樂部（Breakfast Club）活動，因爲這個活動塑造出如同非裔美人的「巴痞」（buppies）形象，也就是「都會型黑人專業人士」（black urban professionals），而不是白人形象。

截至1995年底以前，拉丁裔的人口將會達到兩千六百萬人，到了2010年的時候，該人口則會高達三千九百萬人。[20]在美國境內，拉丁裔的族群是成長最快速的少數族群之一，該族群的整體購買力，一年可達一千七百億美元。[21]

拉丁文化所呈現出來的多樣化概念是最明顯不過了。墨裔美人佔了美國境內拉丁裔人口的60%，大多集中在美國的西南部。波多黎各裔美人則是拉丁裔族群中的第二大族群，大約有12%左右，可是卻完全主控了紐約市內拉丁裔人口的大多數。古巴裔美人則是南佛羅里達州拉丁裔人口的主要多數，然而卻只佔了全美拉丁裔的5%而已。最後剩下的23%人口，其血統則可追溯至西班牙、南美洲、或中美洲各地。[22]

今天的市場行銷經理都很小心翼翼地將目標對準在拉丁裔市場中的幾個多數族群上。舉例來說，坎貝爾湯料（Campbell Soup）廣告的其中一個系列，就是以一名烹飪的婦女爲主題，可是每個個別廣告的細節卻又大不相同，比如說角色的年齡、場景以及音樂等。針對古巴裔美人的版本，描繪的是一名祖母級的婦女在一間種滿植物的廚房裏，配合著新拉丁風味的背景音樂烹煮食物。相反地，墨裔美人的廣告版本則是一名年輕的家庭主婦在色彩鮮明、有著西南部風味的廚房裏，大展廚藝，背景音樂則是大眾流行音樂。

拉丁裔人口和語言的多樣化，對那些想要佔領這個族群市場的行銷人員來說，無疑有著許多的挑戰。以下的例子就是將目標市場對準在拉丁裔族群的幾家公司：

◇許多拉丁裔人都對來自家鄉的品牌有著很高的忠誠度。如果買不到上述這些品牌，他們就會選擇一些能夠反映其祖國價值和文化的其它品牌。[23]百事可樂買下了蓋麥沙（Gamesa）公司的主要股權，後者是墨西哥最大的餅乾製造商之一，然後，百事可樂就開始對美國境內的拉丁裔族群賣起了蓋麥沙餅乾。

◇過去十年來，美國境內西語媒體的數量也呈現穩定成長的局面。目前爲止，已有四十二種西語雜誌、三十一種拉丁風味十足的英語或雙語雜誌、以及一百零三種拉丁語報紙。[24]在電視和廣播電台中也蓬勃發展，其中有四個全國性的拉丁語廣播網，在超過六百家西語電台中播出。預估有80%的拉丁裔族群都在收聽。[25]

◇大型購物商場也試著想要吸引拉丁裔的顧客。位在亞歷桑那州的塔克森購物商場（Tucson Mall）就在三個西語廣播電台中播放廣告，同時，它還雇用了一個馬里亞奇音樂團體（mariachi music group）來幫它慶祝墨西哥假期（Cinco de Mayo）的活動。另外該商場的所有員工都是精通雙語的。這家佛羅里達州的商場從邁阿密和丹堤郡（Dade County）兩地吸引了將近五萬名的人潮，絕大多數都是拉丁裔的顧客。[26]

過去十年來，亞裔美人的人口成長率是拉丁裔美人的兩倍、非裔美人的六倍、白人的二十倍。[27]就像拉丁裔美人一樣，亞裔美人中也有十三種多樣的子族群。前五大族群分別是中國人（一百六十萬人）、菲律賓人（一百四十萬人）、日本人（八十四萬八千人）、亞洲印度人（八十一萬五千人）、和韓國人（七十九萬九千人）。亞裔美人的家庭比起其它種族族群、甚至白人族群來說，所受的教育程度比較高，經濟上也比較富裕。這個族群的中產家庭收入在1996年的時候，大約是在四萬二千美元左右；另外有32%的亞裔美人家庭，其家庭收入在五萬美元以上，而白人族群只有29%的家庭可達到這樣的收入水準。[28]

因為亞裔美人和一般人比起來，受過較好的教育，並有較高的收入，所以他們被人稱為是「行銷人員的夢想所在」（marketer's dream）。下面的例子就是將目標市場瞄準在亞裔美人的幾家公司：

◇凱迪拉克公司在加州的電視上，贊助「美國電報電話資深高爾夫公開賽」（Ameritech Senior Open Golf Tournament），並且播放韓語的廣告。[29]

◇大多數的亞裔美人都會喝很多的蘇打汽水，韓國人則是例外，這個族群裏只有52.1%的人指出他們在過去三個月內喝過蘇打飲料。同時，韓國人偏好七喜（7-Up）汽水勝過於其它品牌的汽水，這和其它一般的亞裔美人比起來，有著很大的差異，因為後者最偏好的蘇打汽水分別是可口可樂（55%）和百事可樂（18%）。[30]

◇有些企業家所建立的大型商場是專門迎合亞裔美人的。靠近英屬哥倫比亞溫哥華（Vancouver）市的亞柏丁中心，其中有80%的商家都是由華裔加拿大人經營，其顧客也有80%是華人。這家商場所提供的服飾都是香港製造的，還有一家店專售傳統的中藥材，以及一家戲院，專門播放中國影片。每到週末，功夫拳腳和中國民族舞蹈就是這個商場上的熱門把戲。

家庭生命週期的區隔

性別、年齡、和收入等人口學上的因素，往往不足以有效地解釋消費者不同購買行爲的原因。通常，有著相同年齡和性別的人們，他們之所以在消費形態上有所差別，大都是肇因於這些人身處於家庭生命週期的不同階段。所謂**家庭生命週期**（family life cycle，簡稱FLC）就是指由年齡、婚姻狀態、和是否有孩子等不同因素所組成的一系列階段過程。正如第六章所詮釋的，家庭生命週期對區隔市場來說是一項很具價值的基礎因素。

家庭生命週期
由年齡、婚姻狀態和是否有孩子等不同因素所組成的一系列階段過程。

（圖示8.2）描繪了傳統和現代的FLC形態，並從中顯示出每一個階段的家庭需求、收入、資源、以及支出花費等，各有什麼不同。水平線上的流程所表現的是傳統型的家庭生命週期，下面部分則是在這個傳統型的家庭生命週期中，每一個階段所呈現出來的家庭特徵和購買形態。另外，這個圖表也顯示出，第一次婚姻中，約有一半會以離婚收場。當這些年輕的已婚人口轉移到年輕離婚的階段時，他們的消費形態也往往會回復到年輕單身的週期階段上。五個離婚人士，約有四個會在中年的時候再度結婚，然後又重新進入傳統的生命週期中，就如同圖示中再循環流程中所呈現的一樣。

心理描述的區隔

年齡、性別、收入、種族、家庭生命週期、和其它人口統計上的變數，對區隔化策略的發展通常很有幫助，可是它們卻不夠全面性。人口統計上的資料只是提供一個骨架而已，心理描述上的因素才是其中眞正的精華。**心理描述上的區隔**（psychographic segmentation）是根據下面幾個變數所得來的：

心理描述上的區隔
根據人格、動機、生活形態和地理人口等因素所形成的市場區隔。

◇人格特性：人格特性反映出一個人的特點、態度、和習慣等。北美保時捷（Porsche）汽車公司就深諳保時捷車主的人口資料：四十歲左右的男性，大學畢業、年收入高達20萬美元。但是研究調查也發現到，在這個一般性的人口統計資料中，還有五種人格形態可以更有效地區隔保時捷買主。（圖示8.3）就描繪出了這五種區隔特徵。在經歷了七年的消沉之後，保時捷公司終於根據這份調查，重新修訂了它的行銷計畫，也因此該公司在美國的業績，一下子竄升了48%。[31]

◇動機：販賣嬰兒用品和壽險的行銷人員，利用的就是消費者的情感

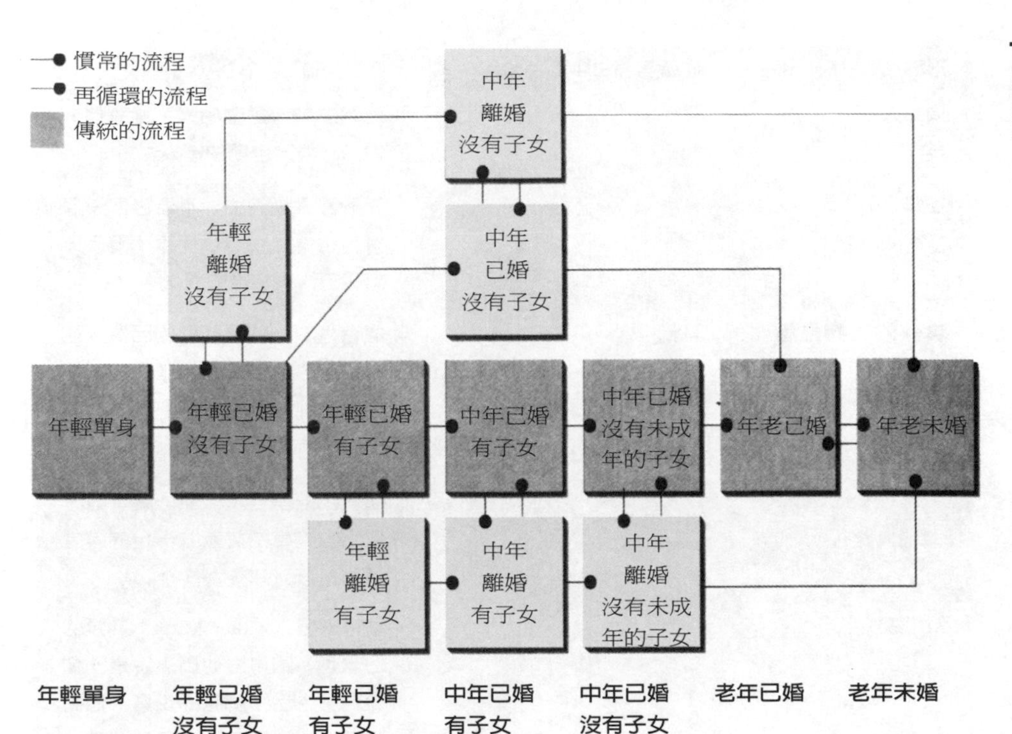

圖示8.2
家庭生命週期

年輕單身	**年輕已婚沒有子女**	**年輕已婚有子女**	**中年已婚有子女**	**中年已婚沒有子女**	**老年已婚**	**老年未婚**
少許財務負擔流行風的意見領袖重視休閒 購買：基本廚房設備，基本的傢俱、汽車、遊戲、設備、假期	財務狀況比即將到臨的未來生活要來得好有最高的購買率以及對耐久商品的平均購買次數最高 購買：汽車、冰箱、爐子、明智且耐久的傢俱、假期	家用購買達到最高峰流動資產很少不滿意自己的財務狀況以及存款金額對新產品感興趣喜歡廣告上的商品 購買：洗衣機、乾衣機、電視、嬰兒食品、健胸器、感冒藥、維他命、洋娃娃、旅行車、雪撬、溜冰鞋	財務狀況較佳主婦的工作更繁重有些孩子已經找到了工作很難受到廣告的影響耐久商品平均購買次數很高 購買：全新且有品味的傢俱，自助旅行，不必要的電器、遊艇、牙醫服務和雜誌	最高的自用住宅擁有率對財務狀況和存款金額感到滿意對旅行、娛樂、自我進修感到有興趣會進行捐獻對新產品沒有興趣 購買：假期、奢侈品、改善居家環境的用品等	收入急遽減少保有自己的房子 購買：醫藥用品；醫療照護，有益健康，睡眠以及消化的商品	收入急遽減少特別需要注意、關心、和安全感 購買：如同其他退休者所需求的商品和醫療一樣

圖示8.3
保時捷買主的分類

形態	佔所有買主中的百分比	特徵描述
頂尖人物	27%	他們主動、企圖心強，是掌握權力的一群人也期望被人注意。
社會名流	24%	有錢的貴族人士。不管售價有多貴，也不過就是一部車子罷了，無關乎人格特徵的展現。
驕傲的支持性顧客	23%	擁有權本身就是他們的目標，他們的車子往往是辛苦工作下所得到的戰利品，誰在乎是不是有人看見他們坐在裏面呢？
快活的人	17%	噴射機的常客，刺激的追尋者，他們的跑車為其熱力十足的人生更添加了刺激的色彩。
幻想家	9%	華特米堤（Walter Mitty）之類的幻想家。跑車對他們來說是一種從現實生活中解脫的工具，他們不僅沒有興趣讓別人印象深刻，擁有這部車對他們來說，反而還有一點罪惡感。

動機，亦即對他們所愛之人的關懷。另外，像速霸陸（Subaru）和鈴木汽車公司等，則是訴諸於經濟、可信度、和可靠度等理性動機。而像賓士（Mercedes-Benz）、捷豹（Jaguar）、和凱迪拉克等汽車公司，則是以身分地位的表徵爲其主要動機。

◇生活形態：生活形態區隔是根據人們如何支配時間、對各種事物的重視程度、他們的信念、以及社會經濟特徵（收入和教育程度）等因素，來將這些人分成幾個族群。舉例來說，NPD市場研究（NPD Market Reserch）公司就確認出下面五種「進食形態」（eating lifestyles）：肉類和馬鈴薯的食用者；有小孩的家庭，飲食內容常有蘇打汽水和甜味的穀類食品；節食人士；天然食物食用者；以及大都會風格人士——亦即高收入的都會家庭，其飲食內容包括了美酒、瑞士起司、和黑麥麵包等。

地理人口上的區隔
將潛在的顧客聚集成爲幾個相近似的生活形態類別。

◇地理人口：**地理人口上的區隔**（geodemographic segmentation）將潛在的顧客聚集成爲幾個相近似的生活形態類別，共結合了地理、人

動機是心理描述區隔上的其中一個變數。舉例來說，嬰兒用品的商家就是訴諸於消費者對他們所愛之人的關懷，作為其購買商品的動機。
©1996 PhotoDise, Inc.

口、以及生活形態等區隔因素。地理人口上的區隔可以幫助行銷人員實行**微觀市場行銷**（micromarketing），也就是發展一些行銷計畫，來迎合某個小型地理範圍內的潛在買主，例如某些鄰近地區，或是擁有非常特殊的生活形態或人口特徵的界定人群。目標商店（Target）就是以這樣的點子爲出發點，認定居住在鄰近地區的人們往往會購買相同的商品，因此它的每一個分店都以某些商品來迎合當地顧客的偏好。舉例來說，在費利克斯（Phoenix）市東邊的目標商店有賣祈禱專用的蠟燭，卻沒有小娃娃專用的腳踏拖車。另外約在15分鐘路程以外的目標商店，就坐落在富裕的史考思戴爾（Scottsdale）市裏，這家店有賣上述的腳踏拖車，可是卻不售手提式的加熱器，而加熱器在南邊20分鐘路程以外的梅沙（Mesa）市裏卻有出售。[32]

微觀市場行銷
發展一些行銷計畫，來迎合某個小型地理範圍內的潛在買主，例如，某些鄰近地區，或是擁有非常特殊的生活形態或人口特徵的界定人群。

心理描述上的變數可以個別用來區隔市場，或是結合其它變數，爲市場區隔提供更詳細的描述。其中一個很有名的結合辦法是由國際史丹福研究機構（SRI International）所提出的，稱之爲VALS™ 2——SRI價值觀和生活形態計畫的第二版（version 2 of SRI's Values and Lifestyles program）。

圖示8.4
VALS™ 2的特質

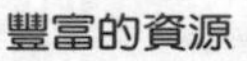

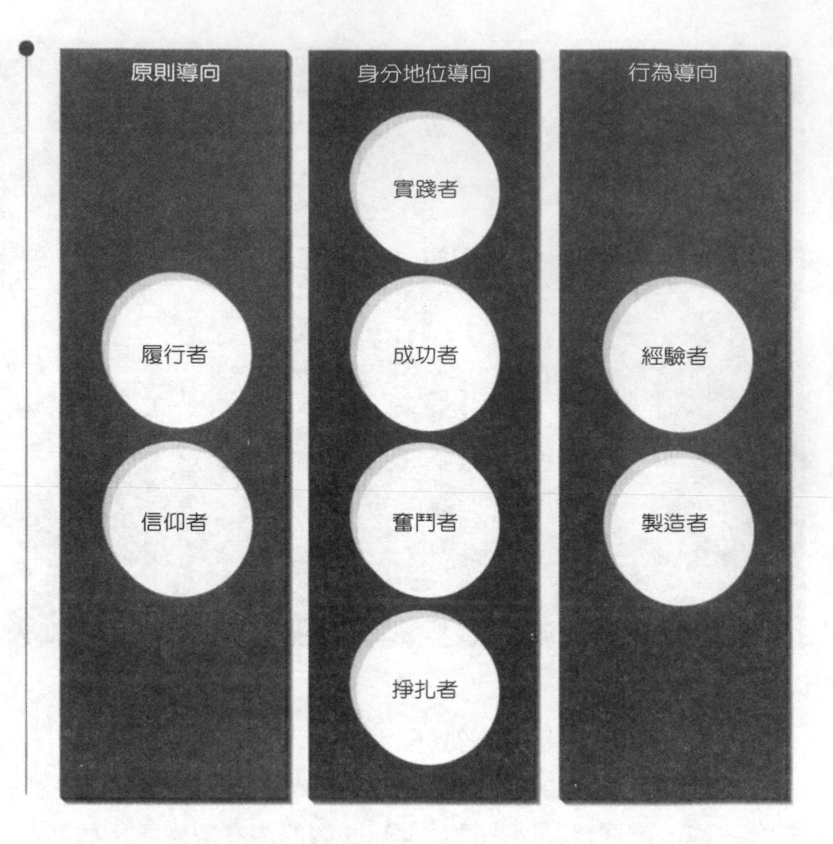

VALS 2並不採用傳統上的人口區隔變數，反而是以價值觀、信念、以及生活形態等，將美國消費者分成了幾個類別。許多廣告公司都曾使用過VALS的區隔辦法，成功地完成了幾個促銷活動。

正如（圖示8.4）所呈現的一樣，VALS 2可被分成兩個特質，垂直部分代表的是資源；水平部分代表的是自我導向。資源包括了教育程度、收入、自信心、健康、購買熱忱、智慧、和活力程度等。資源的那一部分是以極小值到最大值的方式，呈現出連續的狀態。一般來說，資源會從青少年期開始逐步增加一直到中年期，然後再隨著年齡的老化、憂鬱、財力降低、和身心退化等再逐步地消退。另一方面，自我導向的部分則以三種不同的購買方式呈現出來：

◇信念或原則會指引這些以原則為導向的消費者進行他們的選擇，完全無關乎情感、事件、或為了得到別人讚許等。

◇其它人的行為、讚許、和意見會強烈地影響以身分地位為導向的消費者。

◇行爲導向的消費者會受到社會活動、物質活動、各種變化以及風險等的影響。

（圖示8.5）描繪了八種VALS 2心理描述法的不同區隔。VALS 2只利用到兩個主要向度（資源和自我導向），就將成年消費者的族群，依照其顯著的態度、行爲形態、以及決策風格等，作了明確的定義。

利益點區隔

利益點區隔（benefit segmentation）是根據顧客想從產品身上所獲得的好處，而將這些顧客分門別類，做成區隔。大多數的市場區隔形態都是根據假設而來的，在假設中，我們認定某個變數和顧客的需求有直接的關聯。利益點區隔則不同，因爲它所進行的顧客分類，是根據他們的需求或欲求，而不是一些特徵描述，例如年齡或性別等。舉例來說，零食市場就可以被分成六種利益點區隔市場，詳細內容請看（圖示8.6）。

利益點區隔
根據顧客想從產品身上所獲得的好處，而將這些顧客分門別類，做成區隔。

人口統計上的資料，再加上人們所尋求的產品利益，就可整合作成顧客群的輪廓寫照。這樣的資訊可以和選定的目標市場一起配合進行市場行銷策略。舉例來說，美國賀卡（American Greetings'）公司創造了一種亭式卡片攤，坐落在機場內，專門迎合那些時間緊湊的商業人士，讓他們可以在等飛機的空檔時，選購幾張個人親筆的祝賀卡，致贈親友。[33]

使用率區隔

使用率區隔（usage-rate segmentation）是根據產品被購買的數量或被消費的數量來進行市場的分類。市場上產品類別多得不勝枚舉，可是一定會有下列的結合情況發生：前次使用者、第一次使用者、少量或非經常使用者、一般量使用者以及大量使用者。採用使用率的區隔方式，可以讓行銷人員將力量集中在大量使用者的身上，或者是發展出多重性的行銷組合，來瞄準不同的區隔目標。因爲大量使用者往往佔了該商品所有業績的絕大部分，所以行銷人員會將他們的注意力放在這群消費者的身上。舉例來說，90%的賀卡都是由女性消費者購買的，[34]因此，女性就成了一個很具吸引力的目標市場。

使用率區隔
根據產品被購買的數量或被消費的數量來進行市場的分類。

圖示8.5
VALS™ 2心理描述法的區隔

實踐者是一群成功、世故、活躍、「主導性強」的人們，他們有高度的自尊心和豐沛的資源。他們對成長很有興趣，一直想要多方面的發展、探索、和表達自我。他們對於財物和娛樂項目的選擇，往往反映出追求精緻生活的一種品味。

履行者是一群成熟、滿足、氣定神閒、深思熟慮的人們，他們很重視秩序、知識、和責任感。其中大多數都接受過良好的教育，對世界大事瞭若指掌，並靠其專業素養謀生。履行者是一群很保守，很實際的消費者，他們很在乎所購買的商品是否有價值？是否耐用？

信仰者是一群保守、傳統的人們，他們有具體的信念，並對傳統的機構組織有很深的依戀——家庭、教堂、社區、和國家等。以消費者的角色來看，他們很保守，也很容易被人掌握，因為他們喜歡用美國產品以及一些老字號的品牌。

成功者是一群有著成功事業、以工作為導向的人們，他們喜歡掌控自己的生活，事實上，他們也辦到了。成功者的生活很傳統，在政治立場上也很保守，很尊重權威以及身分地位。身為消費者的一員，他們喜歡買的商品或勞務，是那些已在同儕之間享有口碑的品牌。

奮鬥者尋求的是來自周遭的誘因、自我肯定、和讚許。他們很容易就感到厭煩，並且很感情用事。對奮鬥者來說，金錢的多寡即代表成功與否，因為奮鬥者一向很缺錢。他們會模仿那些有錢人，可是他們所希望獲得的東西，往往超過自己所能達到的能力範圍之外。

經驗者是一群年輕、有活力、有熱忱、而且很衝動的人們。他們尋求的是多樣化和刺激感，對服從和權威有著隱約的鄙視心理，但對他人的財富、名聲、和權力等，則以旁觀者的敬畏態度看待之。經驗者是一群熱情的消費者，大多的收入都花在衣著、速食、音樂、電影、以及錄影帶上了。

製造者是一群實際的人們，很重視自給自足。他們的生活圈很傳統，包括了家庭、實際的工作、和體能上的娛樂，對這個生活圈以外的東西則顯得興趣缺缺。他們對物質上的東西不感興趣，除非這些東西有其實際或功能性的用途（例如工具、輕型貨車、或是釣魚設備等）。

掙扎者的生活是處處受到束縛的，因為他們長久以來都很貧窮、沒有受過什麼教育、也沒有什麼謀生技能。他們缺乏社會關係，他們所專注的事情，就是如何解決眼前的迫切需求。年老的掙扎者擔心的是他們的健康。掙扎者是一群很謹慎的消費者，對大多數的產品和勞務都抱持著一種非常適可而止的需求心態，同時對偏好的品牌有著很高的忠誠度。

80/20原理
在所有顧客中，有80%的需求是來自於其中20%的顧客。

80/20原理（80/20 principle）是指在所有顧客中，有80%的需求是來自於其中20%的顧客。雖然這個比例並不是常常很精確，可是這個概念卻是千真萬確的。

在使用率區隔的變相運用下，有些公司也想嘗試吸引一些非使用者。馬利和詹姆斯（Menly and James）公司利用公開的資料庫數據，找出一些從未使用過該公司所生產的伊康特律錠（Ecotrin）止痛劑的關節炎患者。

圖示8.6
零食市場的生活形態區隔

	注重營養的零食食用者	注重體重者	有罪惡感的零食食用者	聚會中的零食食用者	來者不拒的零食食用者	經濟型的零食食用者
零食食用者的百分比	22%	14%	9%	15%	15%	18%
生活形態特徵	自信心強：自我控制力強	戶外型；有影響力的；熱愛冒險	高度焦慮；被孤立的	很擅交際的	享樂放縱的	自信心強；很在乎價格的
所尋求的利益點	營養的；無添加人工成份；天然的	低卡洛里；能快速補充體力	低卡洛里；好吃的	可以拿來招待客人，上得了檯面，可以和飲料一同搭配食用的	好吃；可以滿足饑餓感的	低價的；最有價值的
零食的消耗程度	少量	少量	大量	一般量	大量	一般量
經常被食用的零食類別	水果、蔬菜、起司	優格、蔬菜	優格、餅乾、小甜餅、糖果	堅果、馬鈴薯片、餅乾、脆餅	糖果、冰淇淋、小餅乾、馬鈴薯片、脆餅、爆米花	沒有特定的商品
人口統計上的資料	較高的教育程度；有較年幼的子女	年紀較輕；單身	年紀較輕或較長的人；女性；社會經濟地位較低	中年人；非都會型的	青少年	身處於大家庭之中；受過較高的教育

然後，這家公司寄了三種不同的直接郵件給這些非使用者：第一份郵件裏頭有一個免費樣本，並附贈一張5角美元的折價券；第二份郵件則夾帶了一塊美元的折扣券；第三份郵件則是邀請收件者寄回函到公司索取免費的樣本。這三份郵件至少達成了50%的收回率（相較於非目標性直接郵件1%或2%的回函率）。[35]

區隔企業市場的基準

5 說明區隔企業市場的基準爲何

企業市場是由四個廣泛的區隔面所組成：製造商、轉售商、機構組織、以及政府單位。（若要瞭解這些區隔切面的詳細內容，請參考第七章的內文）不管行銷人員究竟專注於幾個區隔面，他們都會在潛在的顧客群中找到一些多樣的變動性。因此，更深一層的市場區隔將有助於那些專門從事於企業市場行銷的工作人員，一如它幫助過消費商品行銷人員一樣。企業市場區隔的變數可以被分成兩個主要類別：宏觀區隔變數和微觀區隔變數。

宏觀區隔

宏觀區隔
根據一般特徵，將企業市場進行區隔的一種方法，其中特徵包括了地理位置、顧客類型、顧客量和產品用途。

宏觀區隔（macrosegmentation）變數是根據下列幾個一般特徵，將企業市場進行區隔：

◇地理上的位置：企業商品的需求在各地都不相同。舉例來說，許多電腦硬體和軟體公司都座落在加州的矽谷（Silicon Valley）。因爲有些市場是地區性的，買主喜歡向當地的供應商進貨，因此，位在較遠地區的供應商，就很難在價格和服務上與當地的供應商競爭。也就是說，若是要以地利之便，專作某個地區產業的生意，就必須將運作設備坐落在該市場的附近才行。

◇顧客類型：以顧客類型來作區隔，有助於企業行銷人員利用行銷組合來迎合某些有特定需求的組織或產業。許多公司都發現到這種形式的區隔對市場上的狀況來說，最能收到相得益彰的效果。舉例來說，IBM就在整合它的全球行銷力，將原來的地理位置區隔策略上，逐步轉移到以顧客類型爲導向的區隔策略。它計畫推行十四種產業區隔，其中包括了通訊業、金融業、醫藥業、和製造業。[36]

◇顧客量：購買量（大量、適度、或少量）也常被用來作爲企業區隔的基準。另一個基準則是買方的組織規模，因爲這可以影響到它的購買流程、所需商品量、所需商品類型、以及對不同行銷組合的回應方式。舉例來說，銀行就會針對它的商業客戶，依其規模大小，提供不同的金融服務、信用額度、和整體的注意力等。

◇產品用途：許多產品，特別是原料類的產品如鋼鐵、木材、石油等，都有很多種不同的用途。買方是如何運用該產品，這件事就可能影響到它的購買量、購買標準、和對賣方的選擇等。舉例來說，某個生產彈簧的製造廠商，它的銷售對象就包括了使用彈簧來製造機械工具、自行車、外科手術器具、辦公室設備、電話、以及飛彈系統等不同的顧客。

微觀區隔

宏觀區隔所製造出來的市場區隔，對被瞄準的行銷策略來說，其中內容變化往往太過多樣化了。因此，行銷人員發現到可以將宏觀區隔根據這些變數，如顧客量或產品用途等，再進行分類，形成較小的微觀區隔。**微觀區隔**（microsegmentation）就是將企業市場根據某個宏觀區隔內的決定性特質，再進行分割的一個過程。微觀區隔有助於行銷人員更清楚地定義出一些市場區隔和目標市場。以下就是幾個典型的微觀區隔變數：[37]

微觀區隔
將企業市場根據某個宏觀區隔內的決定性特質，再進行分割的一個過程。

◇主要的購買標準：行銷人員可以根據購買標準的排名先後，來區隔一些企業市場，例如產品量、快速可靠的運送、供應商的信譽、技術支援、和價格等。舉例來說，阿特拉斯企業（Atlas Corporation）在訂製門的產業市場中塑立了嚴苛的標準，它可以在四週以內完成產品的訂製，遠快於其它公司的十二到十五週平均生產週數。阿特拉斯公司的首要市場就是那些對訂製門有即刻需求的買主。

◇購買策略：買方的購買策略也可以形成一些微觀區隔。其中有兩種購買類型，分別是：**知足者**（satisficers）以及**充份利用者**（optimizers）。知足者會聯絡幾個熟識的供應商，並將訂單下給第一個能滿足商品要求和運送要求的廠商。充份利用者則會考慮很多供應商（相識與不相識的廠商都涵蓋在內），要求各廠商進行投標，然後再小心翼翼地研究所有的標單，最後才選定一個供應商。如何分辨出知足者和充份利用者，是一件非常容易的事。只要在接到業務電話的時候，問一些關鍵性的問題就可以了，例如：「貴公司爲什麼要向A公司購買X商品呢？」其答案就可以解釋買方的類型是怎麼一回事了。

知足者
這種企業顧客類型，會將訂單下給第一個能滿足其商品要求和運送要求的熟識廠商。

充份利用者
這種企業顧客類型，會考慮很多供應商（相識與不相識的廠商都涵蓋在內），要求各廠商進行投標，然後再小心翼翼地研究所有的標單，最後才選定一個供應商。

◇購買的重要性：若是每個顧客對該商品的用途各不相同，那麼根據該商品的購買重要性來作顧客的分類區隔，就顯得十分恰當。另外，若是這個商品對某些顧客來說是一種例行性的購買；對另一些顧客來說，則是非常重要的購買，那麼這種區隔辦法也可以適用在這樣的情況下。舉例來說，小型公司可能認爲買一台雷射印表機是資金上的一項主要支出；但對大型辦公室來說，則只是一筆普通支出罷了。

◇人格特徵：購買決策者的人格特徵（人口統計上的特徵、決策風格、風險忍受度、信心程度、工作責任等等）會影響到他們的購買行爲，因此對某些企業市場的區隔來說，也是一種變數基準。例如，IBM電腦的買主有時候會被描述成不願承擔風險的人，因爲他們不同於其他買主，後者會購買有著基本相同功能、但售價較低廉的電腦。因此在廣告上，IBM會強調旗下商品的高品質和可信度。

6 列出區隔市場的幾個步驟

區隔市場的進行步驟

對消費市場和企業市場來說，市場區隔化的目的就是要找出市場行銷中的機會點。（圖示8.7）把市場進行區隔化的每個步驟完整的記錄了下來。請注意步驟5和步驟6代表的是市場區隔化（步驟1到步驟4）之後的實際行銷活動。

圖示8.7
區隔市場的進行步驟和後續的活動

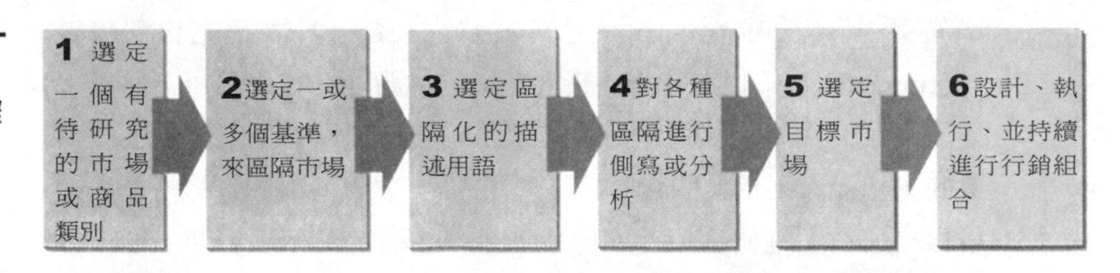

1.選定一個有待研究的市場或商品類別：確認出某個整體市場或商品類別，以便進行研究——它可能是該公司已投入競爭的領域、也可能是一個嶄新但卻有著相關市場或相關商品類別的領域、也可能是一個全新的市場或商品類別。舉例來說，安豪瑟啤酒製造商（Anheuser-Busch）在推出米其羅淡味啤酒（Michelob Light）和百威淡味啤酒（Bud Light）之前，就對啤酒市場作過一番研究。另外，它也在推出老鷹牌零食之前，對鹹味點心的市場作過調查。

2.選定一或多個基準，來區隔市場：這個步驟需要有經營上的洞察力、創造力、以及足夠的市場知識。區隔變數的選定並沒有什麼科學上的根據。但是，一個成功的區隔計畫所產生的市場區隔卻必須符合本章前述的四種基本標準。

3.選定區隔化的描述用語（descriptors）：在選定了一或多個基準之後，行銷人員必須接著選出這些區隔化的描述用語。描述用語可以辨認出一些可使用的區隔化變數。例如，某家公司選定人口統計作爲區隔化的基準，它就可能用到如年齡、職業、和收入等描述用語。

4.對各種區隔進行側寫或分析：輪廓側寫包括了區隔市場的規模、預期成長、購買頻率、現有的品牌使用率、品牌忠誠度、以及長期業績和潛在利潤等。這類資訊還可以依收益機會、風險、組織宗旨和目標的一致性、以及其它對該公司有利的各種因素等，進行潛在性市場區隔的排名。

5.選定目標市場：選定目標市場並不是市場區隔過程中的一個部分，而是後續必然的結果。這是一個很重要的決策，它會影響甚至可直接決定該公司的行銷組合是什麼。這個主題將會在本章的後面部分進行更詳細的說明。

6.設計、執行、並持續進行行銷組合：行銷組合就是商品、配銷、促銷、和價格等策略的組合，旨在和目標市場達成雙方都能滿意的交易關係。第十章到第二十一章將會在這些主題上進行更詳細的探索說明。

7 就選定目標市場的幾個替代策略進行討論

選定目標市場的各種策略

目標市場

一群人或一些組織機構，而某個公司爲了這群人或是這些組織機構，特地設計、執行和持續進行某個行銷組合，以便符合這個族群的需求，進而達成雙方都滿意的交易行爲。

截至目前爲止，本章所談的都是市場區隔化的過程，可是這個過程只是第一個步驟，其目的是用來決定究竟該鎖定哪些人，讓他們來購買商品。接下來的任務則是選定一或多個目標市場。目標市場（target market）是指一群人或一些組織機構，而某個公司爲了這群人或這些組織機構，特地設計、執行和持續進行某個行銷組合，以便符合這個族群的需求，進而

圖示8.8
選定目標市場的三種策略

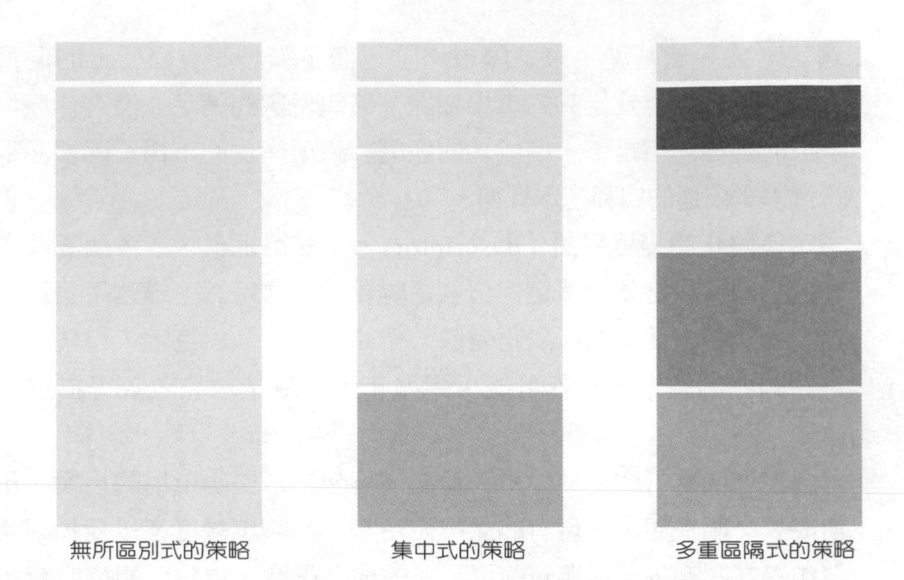

圖示8.9
各種目標行銷策略的優缺點

目標瞄準策略	優點	缺點
無所差別式的目標瞄準	●可能節省製造和行銷的成本	●毫無想像力的商品賣點 ●公司較易受到競爭市場的影響
集中式的目標瞄準	●資源集中 ●較能達成區隔界定市場的需求 ●有助於小型公司和大型企業一較高低 ●堅固的市場定位	●市場區隔太過狹隘或處於變動中 ●大型的競爭對手可能會以更有效的方法，來進攻此區隔市場
多重區隔式的目標瞄準	●較成功的財務收益 ●在製造和行銷上，達成規模經濟的目標	●高成本 ●同類殘殺

達成雙方都滿意的交易行爲。有三個普遍性的策略可用來選定目標市場：無所區別式的目標瞄準、集中式的目標瞄準、以及多重區隔式的目標瞄準，這些都會在（圖示8.8）中描繪出來。（圖示8.9）則會針對這些目標瞄準策略進行優缺點的分析。

無所區別式目標瞄準策略
這種市場行銷方法認定所謂市場就是一個大型市場，並沒有什麼個別的區隔在其中。因此是以單一的行銷組合來因應整個市場。

無所區別式的目標瞄準

採用**無所區別式目標瞄準策略**（undifferentiated targeting strategy）的公司，基本上多是以大眾市場的經營哲學爲導向，它們認定所謂市場就是一個大型市場，並沒有什麼個別的區隔在其中。因此這種公司是以單一行銷

廣告標題

你難道不希望無論何時，你都可以擁有自己製作的新鮮奶油糖霜蛋糕嗎？

你可以在兩分半鐘以內，用多明諾公司的加味糖果製作出來。

多明諾公司（Domino）採用有所區別式的策略來推銷它的糖果商品。除了一些雜貨店的品牌以外，它的商品根本就沒有什麼競爭對手。

Courtesy Domino Sugar Corporation

組合來因應整個市場。採用無所區別式目標瞄準策略的公司，認定每個顧客都有相同的需求，用單一共通的行銷組合來滿足他們就夠了。

在某產業中第一家開張的公司，有時候就會使用這種無所區別式的目標瞄準策略。因爲市場上沒有任何競爭對手，所以並不需要以各種行銷組合來迎合不同市場區隔的偏好。亨利福特（Henry Ford）對T型車款有一句經典性的名言，這句話正好詮釋了無所區別式的目標瞄準策略，他說：「他們想要什麼顏色的車子都沒關係，只要它是黑色就行了。」有一陣子，可口可樂公司也是以這種策略，推出單一商品和單一尺寸的綠色瓶身。另外，販售日用品的商家，如花卉和糖類等，也多是採用無所區別式的目標瞄準策略。

無所區別式的市場行銷有一個好處，那就是可以省下大筆的製造成本和行銷成本。因爲只需要生產一種商品項目，所以該公司可以採用大量生

廣告標題

藍布萊德所展示的這身打扮，讓他看起來活脫脫是個文藝復興時代的小男孩。

Rembrandt Displays The Style
That Makes Him Such A Renaissance Boy.

Strong lines and bold strokes combine to make the OshKosh B'Gosh holiday collection a body of art anyone can appreciate.

OshKosh B'gosh

The Biggest Name In Kids' Clothes.

歐可公司在兒童服飾上是如此地成功，以致於無法再對其他年齡層進行銷售。面對這樣集中的市場，這家公司只得將商品線延伸到兒童鞋、兒童眼鏡、和絨毛玩具上了。

Courtesy OshKosh B'Gosh, Inc.

產的規模方式。另外，若是只有一種商品需要促銷，而且只有單一管道可以配銷，想當然耳，其行銷成本就會跟著降低了。

可是這種無所區別式的策略之所以產生，往往肇因於廠商無心插柳的結果，而不是因爲精心設計而刻意執行的，所以也正反映出一些廠商根本就不曾考慮過市場區隔的好處是什麼。這樣的結果往往造成商品賣點毫無新意，很難吸引到消費者的注意。

無所區別式策略的另一個問題是，它會讓這家公司很容易受到競爭者的市場侵略影響。在赫需（Hershey）公司使用多重區隔式的策略之前，它的糖果市場就被火星（Mars）公司和其它糖果公司搜括掉了一大部分。可口可樂公司在1950年代晚期的時候，也曾對百事可樂拱手讓出它的冠軍寶座，只因爲後者所提供的瓶身容器有不同的尺寸選擇。

你可能認爲某公司若是專事生產一些了無新意的商品，如衛生紙等，它就可能採用無所區別式的策略。但是別忘了，這樣的市場也是有產業市場區隔和消費市場區隔的。產業界買主購買的是價格符合經濟成本、以一百捲爲單位，裝在箱子裏的單層式衛生紙。而消費者需要的卻是比較多樣化的商品，而且一次的購買量也比較少。在消費市場中，該商品可以訴諸於有色或白色、印花或無印花、柔軟或不柔軟、以及低價或高價等不同的區別。衛生紙產業中最大的市場領導者佛郝華（Fort Howard）公司，甚至沒有涉足到消費市場之中。

集中式的目標瞄準

在**集中式的目標瞄準策略**（concentrated targeting strategy）下，該公司會選定某個**市場利基**（niche）（某個市場中的單一區隔），作爲市場行銷的努力目標。正因爲這家公司只需要吸引單一的區隔市場，所以它可以傾注全力去瞭解這個市場成員的需求、動機、和滿意度等，同時也可以全力發展並持續進行某個精心設計的單一行銷組合。有些公司發現到這種方式可以集中資源，滿足目標界定市場的需求，比起分散資源在不同的區隔市場上，要有利可圖得多了。

集中式的目標瞄準策略
此策略會選定某個市場中的單一區隔，做爲市場行銷的努力目標。

利基
某個市場中的單一區隔。

舉例來說，購物中心的行銷人員就開發出利基式的購物商場，專門迎合上班婦女和非裔美人。這樣的購物商場包括了特別設計的零售組合、方便的停車位、叩應購物、和針對目標對象所進行的促銷活動等。[38]另一個例子則是紐康鋼鐵（Nucor Steel）公司，它和最大型的美國鋼鐵公司比起來，只能算是一家小公司，可是它傾注全力在鋼鐵市場中的鋼樑部分，因此在這個區隔市場中，它算得上是一名領導者。

小型公司通常喜歡採用集中式的目標瞄準策略，以便和大型公司一較長短。例如，遊戲專門店就是一群正在成長中的利基型零售店。這些小型獨立式的經營個體，靠的是個人服務和商品的選擇，而不是以價格取勝。因此這些店得以和大型的玩具量販店，如美國玩具反斗城等區隔開來。大多數的遊戲專門店都將目標對準在成人市場上，它們引進了一些經典性的遊戲，例如大富翁、異國風味的象棋、西洋雙陸棋、以及賭博遊戲的道具等。[39]

另一方面，有些公司利用集中式策略在一心嚮往的市場區隔中，建立起頗有份量的市場地位。例如保時捷汽車公司就是將目標放在汽車市場中的最上流階層，它打的口號是──「此乃上等格調級的魅力，非關大眾魅力」（class appeal, not mass appeal）。

集中式的目標瞄準違反了一句古老諺語的說法──「不要把你所有的雞蛋都放在一個籃子裏。」因爲如果被選定的區隔市場太過狹隘，或者因環境的變動而縮小了該市場，這家公司就可能得承受這個苦果了。舉例來說，1980年代的歐可（OshKosh B'Gosh）公司是專賣兒童服飾的，而且作得相當成功。但是也因爲它在兒童服飾上的名號太過響亮，以致於侷限了自己的商品形象，無法再對其他年齡層進行銷售。舉凡較大兒童的服飾、婦女的休閒裝、孕婦裝等，全都遭到了滑鐵盧。現在這家公司體認到這個事實，只得將商品線延伸到兒童鞋、兒童眼鏡、和絨毛玩具上了。[40]

對那些在目標界定市場上不甚得意的公司來說，集中式策略也可能成爲一場災難。幾年前，在寶鹼（Procter & Gamble）公司推出海倫仙度絲洗髮精（Head & Shoulders shampoo）之前，就已經有許多小公司在市面上販售防止頭皮屑的洗髮精了。可是海倫仙度絲挾其廣大的促銷活動，堂堂登場，一上市就攫取了這個市場上過半的江山。造成一年之內，許多原本集中在這個區隔市場上的公司，紛紛倒閉關門。

多重區隔式的目標瞄準

多重區隔式的目瞄準策略

此策略是選定兩個以上界定清楚的區隔市場，並爲每一個市場發展出一套明確的行銷組合。

某家公司若是選定兩個以上界定清楚的區隔市場，並爲每一個市場發展一套明確的行銷組合，就稱之爲**多重區隔式的目標瞄準策略**（multisegment targeting strategy）。舉例來說，在冷凍晚餐市場中，史塔福牌（Stouffer's）所提供的美食主菜是其中的一種區隔；而無脂烹調牌（Lean Cuisine）所提供的則是另一種區隔。赫需（Hershey）公司所推出的頂級糖果，如金牌杏仁巧克力棒（Golden Almond chocolate bars），它以精美的金色鋁箔紙包裹糖身，主要的目標市場就是成年人。該公司的另一個巧克力棒品牌叫作RSVP，其瞄準的對象是那些喜愛哥帝凡（Godiva）巧克力口味的消費者，但是售價卻如同赫需巧克力棒一樣。化妝品公司也是以多重式年齡區隔和種族區隔的方法，來提升業績和市場佔有率。舉例來說，媚比琳（Maybelline）和封面女郎（Cover Girl）這兩個化粧品品牌，就試圖以不同的商品線攻佔不同的區隔市場，其中有青春期女孩、年輕女性、年長女性、和非裔美國婦女等。

有時候，一些企業組織會根據多重區隔式的策略，以各種不同的促銷訴求來取代不同的行銷組合。舉例來說，不同的目標市場可能會被這些琳瑯滿目的瘦身計畫所吸引：持續瘦身計畫（Keep Fit）、制約計畫（Conditioning）、瘦身訓練計畫（Fitness Training）、苗條感性計畫（Slimnastics）、有氧計畫（Aerobics）、有氧舞蹈（Aerobic Dance）、健康俱樂部（Health Club）、身材控制計畫（Figure Control）、爵士舞蹈運動（Jazzercise）、或活力復甦計畫（Revitalize）。即使這些瘦身計畫的基本內容大同小異，但掛在前頭的名稱實則爲滿足不同需求的。

多重區隔式的策略可爲公司帶來許多好處，其中包括了較大的銷售量、較高的利潤、較大的市場佔有率，以及完成製造和行銷上的規模經濟。然而，這也包括了成本上的問題。其實，公司在決定使用這個策略之前，應該就多重區隔式策略和無所區別式策略以及集中式策略的不同成本，作一番比較。以下就是這些成本的細節說明：

◇產品設計成本：多重區隔式策略往往需要針對不同的市場區隔，推出不同的商品。也許只是改變一下包裝或換個標籤就可以應付了，但是也可能需要在產品上重新作一番設計。例如可口可樂就是一個換湯不換藥的例子，它採用了不同規格的瓶身和不同型態的容器，例如12盎斯裝的鋁罐和兩公升裝的玻璃瓶。相反地，康柏電腦公司在開發桌上型電腦和膝上型電腦時，就必須付出很大的成本。由此可得知，若是想創造不同區隔市場所尋求的不同獨特商品，就可能必須花上很大的代價。

◇生產成本：一旦公司想要針對不同的區隔市場，開發和推出不同的商品，整體的生產成本就會跟著提高。每一次的生產製造，都必須趁著生產線暫停的時候，再進行一次設備重組。其結果當然是提高了廠商的成本。

◇促銷成本：不管公司是否爲了每一個區隔市場生產不同的商品，發展個別的促銷策略卻是免不了的，因此絕對必須付出人力和財務上的資源。一般來說，這個公司必須爲每一個區隔市場創作個別的廣告，也必須有不同的媒體來爲這些廣告造勢。

◇庫存成本：一家公司的區隔市場愈多，它所承擔的庫存成本就愈高。若是庫存成本達到庫存銷售價值的20%到30%之間，這個多重區隔式策略的代價就太過高昂了。

◇行銷研究成本：一套有效的市場區隔策略，靠的就是精確詳細的市場資訊，這其中包括了消費者的人口統計資料；消費者對各種商品設計或促銷訴求的反應；消費者的興趣、態度、和意見等等。蒐集這類資訊的過程可能曠日費時，而且也很昂貴。舉例來說，羅傑超級市場連鎖店每年都以問卷方式訪談二十五萬名以上的消費者，以便決定消費者的需求是什麼。

◇經營管理成本：多重區隔式的目標瞄準策略也需要付出額外的經營管理時間。因為區隔數目愈多，所需要作的決策也愈多。該公司必須為每一個瞄準下的市場區隔進行市場組合上的協調整合。

◇同類相殘：若是某個新產品的業績奪去了該公司原來既有產品的業績，就會發生**同類相殘**（cannibalization）的情況。舉例來說，化學製藥公司推出了不需處方籤的全新抗酸劑，這種藥可以直接抑止病患的胃製造胃酸，例如塔克明HB抗酸劑（Tagamet HB）或百布西AC抗酸劑（Pepcid AC），而不是以傳統上中和胃酸的方式來治療胃灼熱的不適感，例如湯恩斯中和胃酸劑（Tums）或米蘭塔中和胃酸劑（Mylanta）。但是這些公司也知道，這種全新的胃藥極有可能會瓜分掉自己公司所生產的傳統制酸藥市場。因此，史密斯萊（SmithKline）公司的塔克明抗酸劑在廣告上就必須避免和湯恩斯中和胃酸劑作比較，因為後者正是該公司最賺錢的傳統制酸劑。[41]

同類相殘
此情況的發生是指某個新產品的業績奪去了該公司原來既有產品的業績。

另一個多重區隔式策略下的可能成本，就是該公司可能會因為需要蒐集市場資訊，而失去消費者的好感。

8 解釋各公司為何及如何執行定位策略，以及產品差異化又是扮演何種角色

定位

定位
發展出一套特定的行銷組合來影響潛在顧客對某個品牌、某個商品線或某個企業組織的整體認知。

定位點
某個商品、某個品牌或某些商品群，就其賣點來說，它們在消費者心目中的地位是什麼。

定位（positioning）就是指發展出一套特定的行銷組合來影響潛在顧客對某個品牌、某個商品線、或某個企業組織的整體認知。**定位點**（position）就是指某個商品、某個品牌或某些商品群，就其賣點來說，它們在消費者心目中的地位是什麼。從事消費商品的行銷人員尤其注重定位的問題。舉

品牌	定位	市場佔有率
汰漬牌（Tide）	強勁有力的洗淨力	31.1%
喜悅牌（Cheer）	強勁的洗淨力，衣服不褪色	8.2%
奔放牌（Bold）	添加衣物柔軟劑的洗衣粉	2.9%
獲益牌（Gain）	有陽光的味道，添加了消除異味的配方	2.6%
時代牌（Era）	能處理衣物上的汙點，並除去之	2.2%
銳氣牌（Dash）	有實在價值的品牌	1.8%
奧新多牌（Oxydol）	超漂白配方，能使衣物更潔白	1.4%
獨唱牌（Solo）	液狀的洗衣粉和衣物柔軟精	1.2%
德瑞福牌（Dreft）	對嬰兒衣物的洗淨效果特佳，對柔嫩的皮膚有安全的保障	1.0%
象牙白牌（Ivory Snow）	洗過後的嬰兒衣物，不管是對衣物纖維本身或嬰兒的皮膚，都絕對地安全，並且非常好沖洗。	0.7%
瞪羚牌（Ariel）	強勁的洗潔劑，專門針對拉丁裔的族群	0.1%

資料來源：摘錄自Jennifer Lawrence所著的〈不要指望寶鹼公司會減少它的洗衣粉品牌〉(Don't Look for P&G to Pare Detergents)，此翻印係取材自1993年5月3日出刊的《廣告時代》(*Advertising Age*)。版權所有©1993年，克萊恩傳播公司（Crain Communications Inc.）

圖示8.10
寶鹼公司個別洗衣粉的定位

例來說，寶鹼公司在市面上共有十一種不同品牌的洗衣粉，每一個品牌都有其獨特的定位點，詳情請看（圖示8.10）。

所謂定位就是假定消費者會根據一些重要特徵來比較某些商品。因此，若是行銷活動所強調的是非關緊要的商品特點，就可能會慘遭失敗。舉例來說，水晶百事可樂（Crystal Pepsi）和可口可樂公司的泰普（Tab）汽水以清澈（clear）爲商品的主要訴求，可是卻雙雙在市場上敗了下來，原因是消費者認定所謂清澈的定位，只是行銷上的花招而已，對消費者而言，並沒有什麼好處。[42]

有效的定位需要評估其它競爭品牌所佔據的定位點是什麼，並決定這些定位點上的重要向度有哪些，然後再選定一個該公司可以發揮最大影響效果的市場定位點。如果每個人都在製造五人座的大型豪華車，你爲什麼不投身在經濟型的小型車製造上呢？如果主要的競爭者都在以低價促銷它們的商品，你何不趁機推出一種高價位、高品質的商品呢？如果你的主要競爭對手都是賣可樂的，也許你就應該強調你的「非可樂」商品。

產品差異化

產品差異化
這是一種定位策略，某些公司會利用這個策略來將它們的商品和其它競爭對手的商品區別開來。

產品差異化（product differentiation）是一種定位策略，某些公司會利用這個策略來將它們的商品和其它競爭對手的商品區別開來。這樣的區別可以是實質性的，也可以是認知上的。協力電腦（Tandem Computer）公司所設計的機型是以兩個中央處理機（CPU）和兩個記憶體作為該電腦的系統，因此，絕對不會有當機或遺失資料庫的情況發生（例如，航空公司的訂位系統）。在這個案例中，協力公司利用了產品差異化所製造出來的商品，對目標市場來說，有著非常實質性的好處。

漂白劑、阿斯匹靈、無鉛汽油和某些肥皂等，它們是以品牌名、包裝、顏色、味道或某種「秘密」添加物等各種聊勝於無的方法來作區別。行銷人員試圖想說服消費者，某個品牌很特別，他們應該捨棄其它競爭品牌，來買這個品牌。

對某些商品來說，實在很難執行產品差異化的策略。例如，消費者就不太看得出來，各種河船賭場（riverboat casino）的賭博設備有些什麼不同，這種賭場是美國境內最近興起的一種行業。位在芝加哥市郊的女皇河上賭場（The Empress River Casino），強調的是顧客服務，它堅持在每張賭桌後的人們所受到的待遇一定不同於別家賭場，而且它所設計的環境佈置也大不相同。[43]

認知繪製

認知繪製
以兩度以上的向度，將各商品、品牌或商品群在消費者心目中的位置，繪製或展示出來。

認知繪製（perceptual mapping）就是以兩度以上的向度，將各商品、品牌或商品群在消費者心目中的位置，繪製或展示出來。舉例來說，（圖示8.11A）的認知繪製就是由通用汽車在1982年針對五種通用車款所作的消費者認知調查，它們分別是別克、凱迪拉克、雪佛蘭、奧斯摩比爾、和龐帝克。消費者的認知看法被安排在兩個軸上，水平軸的兩個頂點範圍分別是：保守的、愛家的V.S.敢現的、個人化的。垂直軸則用來代表價格上的認定，也就是從高價位到低價位的範圍都包含在內。請注意，在1982年的時候，各通用車款尚無明顯的認知表現。消費者無法區別每一個品牌，特

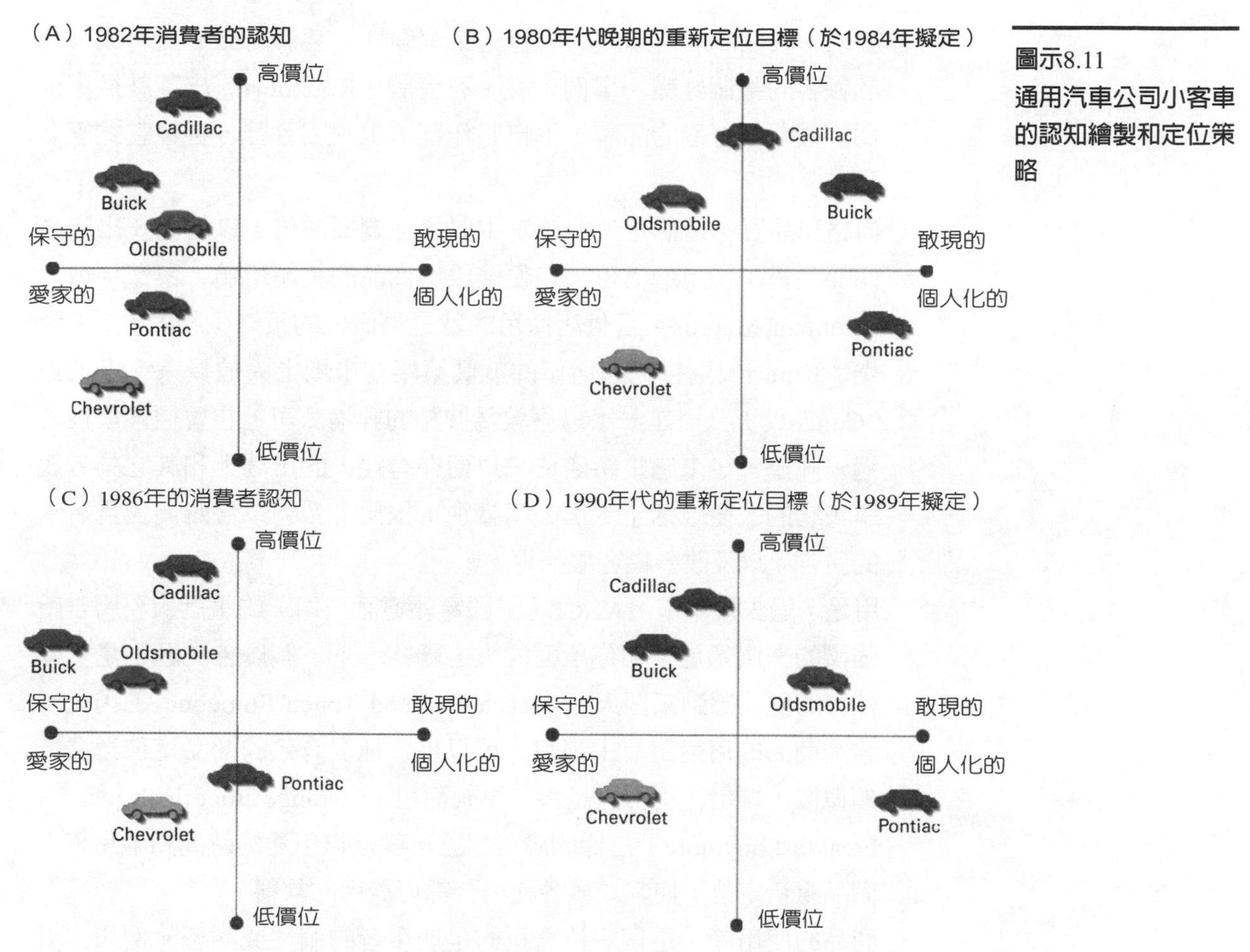

此翻印係取材自1993年5月3日出刊的《廣告時代》（*Advertising Age*）。版權所有©1993年，克萊恩傳播公司（Crain Communications Inc.）

圖示8.11
通用汽車公司小客車的認知繪製和定位策略

別是在保守／愛家V.S.敢現／個人化的空間範圍中。

到了1984年，通用汽車進行內部重組，減少各部門的業務重疊，並進行較少量且區隔較明顯的車款生產。（圖示8.11B）所展現的認知繪製就是通用公司在1980年代晚期，所計畫下的**重新定位**（repositioning），也就是改變消費者對不同車款的認知範圍。但是正如（圖示8.11C）所呈現的，消費者的認知內容在1982年到1986年之間，還是改變得不太多。

重新定位
改變消費者對某個品牌和其它競爭品牌之間關係的認知範圍。

定位的基準

公司行號所使用的定位基準（positioning bases）有：[44]

◇屬性：某個商品可以讓人聯想起某個屬性、某個商品特徵、或有利於顧客的某個好處。舉例來說，石港牌（Rockport）皮鞋就被定位爲一個非常舒適的品牌，下自工作鞋，上到宴會鞋，各種款式應有盡有。[45]

◇價格和品質：這個定位的訴求主要是強調高價位，以便襯托出商品的高品質；或是低價位，以便渲染出商品的物超所值。黎蒙馬可士（Neiman Marcus）百貨店採用的就是高價位的策略；相對地，K商場（Kmart）則以物超所值的低價策略在市場上大放異采。卡納茲（Cunard's）公司是一家以倫敦爲據點的郵輪公司，它曾經慘淡經營過一陣子，後來它重新定位，以便在有錢人的市場上和其它業者競爭，它的改變包括了更正公司識別；推出一系列以優雅高貴爲訴求的廣告；以及改善顧客服務等。[46]

◇用途：過去幾年來，AT&T（美國電報電話公司）的電話服務廣告所強調的一直都是：和你所愛的人，聯絡一下。其廣告主題則是「延伸你的愛，感動某個人」（Reach Out and Touch Someone）。因此，強調商品的用途對買主來說，可以是一種很有效的商品定位辦法。類似像「柳橙汁不再只是爲了早餐而已」（Orange juice isn't just for breakfast anymore）這樣的廣告口號，就是以用途的時間和地點來爲商品重新定位，使其成爲各種場合都可飲用的飲料。

◇商品的使用者：這個定位著重的是使用者的個性或類型。例如，雷爾（Zale）企業一向對旗下不同的珠寶店採用不同的概念，每一家珠寶店所定位的使用者都不相同。雷爾店迎合的是有著傳統品味的中年消費者；而哥頓（Gordon's stores）店則吸引年紀比較大但卻有現代眼光的顧客；而基爾特（Guild）店的定位則是50歲以上的有錢消費者。[47]

◇商品種類：這個目標是要讓某商品的定位可以讓人聯想到另一個特定的商品類別。其中的例子是人造奶油品牌，其定位就和奶油有著一定的關聯。

◇競爭對手：採用和競爭對手相抗衡的定位，也是定位策略中的一部分。艾維斯（Avis）租車公司就在定位上列舉自己是市場上的老二，和特定的競爭者抗衡。

我們也常常看見行銷人員採用一個以上的定位基準。AT&T的「延伸你的愛，感動某個人」（Reach Out and Touch Someone）活動，強調的不只是商品用途，還有低價的長途電話費。製奶（Milk-Made）公司將它的無膽固醇牛奶商品——清涼母牛（Cool Cow）——定位在年輕人的市場，其訴求是可替代清涼飲料的健康飲品。[48]

全球市場區隔化和目標瞄準等議題

9 討論全球市場的區隔化和目標瞄準議題

第四章討論的是全球市場標準化的趨勢，其中廠商包括了可口可樂公司、高露潔（Colgate-Palmolive）公司、麥當勞、和耐吉公司等，它們在不同的國家，都以全球一致性的市場行銷策略，推銷全球一致性的商品。而這一章所要討論的趨勢，則是界定精確的小型目標瞄準市場。

有些公司可能會採用全球市場標準化的辦法來瞄準那些亞洲「雅痞」，因爲這些人的消費能力足以和美國雅痞互相匹敵。©Carolin Parsons/Gamma Liaison

區隔市場的工作包括了選定幾個目標市場，設計、執行、和持續進行一些適當的行銷組合（如同圖示8.7的描述）。不管行銷人員採用的是地方性或全球性的角度，這些工作都是相同的。其中主要的差異只在於所使用的區隔變數而已。而世界各國普遍使用的變數包括了國民生產毛額、地理位置、宗教信仰、文化、或政治制度等。

有些公司試圖想用生活形態或心理分析上的變數，來將各個國家進行分類或是將全球所有的顧客進行市場上的區隔。所謂「亞洲雅痞」——如新加坡、香港、日本、和南韓等地方——就有很具潛力的消費購買力，他們的購買消費行爲類似在美國本土很著名的雅痞人士。像這樣的個案，企業組織就可以採用全球市場標準化的辦法了。

回顧

在本章一開始就出現的短文中，市場區隔化指的是一個分割過程，在這個過程中，行銷人員將某單一市場分割成幾個意味深長、有些相似卻各有特徵可供辨識的區隔市場或族群。目標瞄準則是選定一或多個市場區隔，供某個企業組織進行多種不同行銷組合的設計、執行、和維持。

麥當勞利用特大豪華堡（Arch Deluxe）來瞄準成年人的目標市場，它在廣告上宣稱這是「擁有成人口味的一種漢堡」。除此之外，它還提供了豪華雞肉三明治（Deluxe Chicken sandwich）以及較大型的魚片三明治（Fillet-O-Fish sandwich）。因爲我們很難預測麥當勞的這個新策略是否究竟會成功，所以短文中所引用的數據略加詮釋了這個成人區隔市場中的生存態勢。許多成年人認爲麥當勞對小孩來說，能提供最好的漢堡，所以他們有可能因爲這個理由而去光顧這家速食店。一旦他們進到店裏，就有可能嘗試這些新的餐點。假設這種三明治的品質和口味正合成年人的胃口，這個策略就有獲勝的可能了。

總結

1.描述市場和市場區隔的特徵：一個市場是由一群人或組織所組成的，他們有能力也有意願去購買一些商品來滿足自己的需求和欲求。市場區隔則是指一群人或一群組織下的子群組，在這個子群組中的人們或組織，擁有一或多個相同的特徵，所以也擁有相同的商品需求。

2.解釋市場區隔化的重要性：在1960年代以前，只有少數的企業會瞄準特定的市場區隔。今天，對所有已經成功的企業組織來說，區隔化已然成爲一個最具關鍵性的市場行銷策略了。市場區隔化有助於行銷人員利用不同的行銷組合來迎合某些特定人口區隔的需求。另外，它還能幫助行銷人員找出消費者的需求和喜好；瞭解一蹶不振的市場需求是什麼；以及開發出全新的市場行銷契機。

3.討論什麼才是成功區隔化的標準：成功的市場區隔有四個基本標準。首先，一個市場區隔必須要有實質性，它必須具備足夠的顧客量，才能得以生存維持下去；第二，它必須是可辨識和可測量的；第三，市場區隔中的成員必須可以接觸到這些行銷上的努力；第四，市場區隔必須對行銷上的努力具備回應性，如此一來，才能突顯它和其它區隔的不同。

4.描述用來區隔消費者市場的基準是什麼：有五個經常使用的基準，可用來區隔消費者市場。地理上的區隔根據的是地域、規模、密度、和氣候等特徵。人口上的區隔則是由年齡、性別、收入、種族、和家庭生命週期等特徵所組成。心理描述的區隔包括了人格特性、動機、和生活形態等特徵。利益點尋求的區隔方式，則是根據顧客對某個商品所追尋的利益點，而將這些顧客進行分類。最後是使用率區隔，將市場依照商品的不同購買量和消費量，進行分隔。

5.描述區隔企業市場的基準是什麼：企業市場可以用兩種基準來作區隔。第一種是宏觀區隔，將市場根據一般特徵，如位置和顧客形態等進行分隔。第二是微觀區隔，著重的是宏觀區隔中的各種決定性特質。

6.列出區隔市場的幾個步驟：區隔市場時，共需進行六個步驟：（1）

選定一個有待研究的市場或商品類別；（2）選定一或多個基準來區隔市場；（3）選定區隔化的描述用語；（4）對各種區隔進行側寫或分析；（5）選定目標市場；（6）設計、執行、並持續進行行銷組合。

7.就選定目標市場的幾個替代策略進行討論：行銷人員往往利用三種不同的策略來選定目標市場：無所區別式的目標瞄準；集中式目標瞄準；和多重區隔式的目標瞄準。無所區別式的目標瞄準策略認定該市場的所有成員，都擁有相似的需求，所以可以用單一的行銷組合來滿足。集中式的目標瞄準策略則是將所有的行銷努力都放在單一的市場區隔上。多重區隔式的目標瞄準策略，則是利用兩個以上的行銷組合來對準兩個以上的市場區隔。

8.解釋各公司爲什麼和如何執行定位策略，以及產品差異化的角色扮演又是如何：定位是用來影響消費者對某個品牌、某個商品線、或某個組織企業的整體認知。定位點這個專有名詞，則是指某個商品、某個品牌、或某些商品群，就其賣點來說，它們在消費者心目中的地位是什麼。爲了要建立一個獨特的定位點，通常會採用產品差異化的方法也就是強調該商品不同於其它競爭者賣點的實質差異或認知差異是什麼。產品的差異可能在於它的屬性、價格／品質、用途、使用者、類別、或競爭態勢等。

9.討論全球市場的區隔化和目標瞄準議題：不管目標市場是地方性、區域性、全國性、或是多國性的，舉凡市場區隔化、目標瞄準以及定位等這些主要工作都是一樣的。其中最主要的不同只在於行銷人員所用的變數而已，這些變數是用來分析市場、評估機會點、以及估算策略執行下所需用到的資源等。

對問題的探討及申論

1.請就歷史上市場行銷革命的角度，描述市場區隔化。

2.請選擇五則雜誌廣告上的不同商品，請就每一則廣告，描述其目標市場中的人口特徵和心理描述的特徵。

3.請利用（圖示8.5）中VALS心理描述區隔的描述方式，針對實踐者、履行者、和信仰者，發展出三套不同的廣告訊息來推銷一部車。請寫一份備忘錄給某家汽車公司的廣告總監，在其中描述你這三種訊息策略。

4.請和另外兩名同學組成一個小組，選定一個你們很熟悉的商品類別和品牌，然後參考（圖示8.9），準備一份市場區隔報告，並描述其中的目標瞄準計畫。

5.請解釋多重區隔式的目標瞄準。請就某個使用多重區隔式策略的公司進行描述，該公司必須是本章不曾提及過的例子。

6.和兩或三個同學組成一個小組。請爲某個新商品發行想一個點子，然後就你們想要瞄準的市場，進行區隔（或幾個區隔）策略的描述，並爲該商品發展定位策略。

7.請就三種不同的定位策略進行區分，並列舉幾家使用這些策略的公司廠商。

8.請在你所居住的社區裏選定一群人，他們必須具備某種未被滿足的消費需求，你認爲這群人可以形成一個足以生存下去的市場區隔嗎？爲什麼可以或不可以？

9.請就國內的市場區隔化和國際性的市場區隔化，比較其異同。

10.請查查看達美航空（Delta Airlines）公司是如何利用它的網站來迎合市場區隔的？

http://www.delta-air.com/

11.下列網站的訪客，在尋求相關的工作資訊時，是如何被區隔的？請試試看這個搜尋工具，並報告你的心得。

http://www.careermag.com/

12.你是哪一種VALS™2的類型？就你這種類型來說，最受歡迎的雜誌有哪些？

http://future.sri.com/vals/diamonds.html

學習目標

在讀完本章之後，各位應當能夠做到下列各項：

1. 解釋行銷決策支援系統的概念和目的。
2. 討論資料庫行銷和微觀行銷的本質。
3. 界定行銷研究並解釋它對行銷決策的重要性。
4. 描述行銷研究計畫中，所牽涉到的步驟。
5. 討論掃瞄式研究的日益重要性。
6. 解釋何時應該和不應該執行行銷研究。

第9章

決策支援系統和行銷研究

艾德瑞沙（Ed Rzasa）是波士頓市場（Boston Market）公司行銷研究部的副總裁，該公司位於科羅拉多州的哥頓（Golden）市。他相信行銷研究是該公司連鎖商品未來成長的關鍵所在。他認爲快速且及時的研究，可讓波士頓市場公司的經理階層迅速地做出某些決策，並採取即刻的行動。行銷研究對該公司的快速成長，有著舉足輕重的地位。

最近，這家公司把店名，從產品名（波士頓烤雞）（Boston Rotisserie Chicken）轉變成餐館名（波士頓市場家常風味餐）。瑞沙說這個公司是根據行銷研究才作了這樣一個決策。該公司推出了三種全新的主菜：火腿、肉塊，和火雞肉。瑞沙說研究調查顯示，顧客想要有更多的選擇，所以名稱的改變可顯示出，它不只是供應雞肉而已。

波士頓市場公司還推出了另一個新產品：波士頓家用蜜汁無骨滑嫩火腿（Boston Market Hearth Honey Boneless Glazed Ham），這個產品可在雜貨店裏買得到。同時又以波士頓肉片三明治（Boston Carver Sandwiches）進軍午餐市場。這全是拜行銷研究所賜。另外，它還測試了幾個新點子：塗上三層調味料的烤雞；物超所值的菜單：四塊美元的成人餐、兩塊美元的兒童餐、和一塊美元的附餐。[1]

波士頓市場公司充份地利用了行銷研究。行銷研究到底有哪些不同的執行技巧？經理們在做決策之前，是否總是要進行行銷研究？行銷研究和決策支援系統的關係又是如何？

行銷決策支援系統

1 解釋行銷決策支援系統的概念和目的

精確和及時的資訊是作成行銷決策的原動力。良好的資訊有助於提升公司的業績，並有效地利用公司的資源。經理們爲了準備和修正行銷計畫，往往需要一種系統來爲他們收集每天發生在行銷環境中的最新資訊，換句話說，就是蒐集**行銷情報**（marketing intelligence）。近來爲了蒐集行銷情報，最普遍用到的系統，就叫做**行銷決策支援系統**（decision support

行銷情報
每天發生在行銷環境中的最新資訊，可供經理們用來準備和修正行銷計畫。

行銷決策支援系統
一種互動式、彈性化的電腦資訊系統，可以讓經理人員在做決策的同時，獲取和操控資訊。

system，DDS）。

一套行銷決策支援系統（DSS）是一種互動式彈性化的電腦資訊系統，可以讓經理人員在做決策的同時，獲取和操控資訊。DSS能消去資訊處理專家，讓經理們在桌面上直接讀取有用的資料。

以下就是一套DSS系統的主要特徵：

◇互動式：經理們輸入簡單的指令，就能立即看到結果。這個過程是在他們的直接控制下，不需要任何電腦程式設計師，所以經理們也不必苦等一些報告。
◇彈性化：DSS能以各種不同的方法來分類、重組、總計、平均和運用一些資料。只要使用者改變主題的進行，它就會跟著轉換裝置，再就使用者手邊的問題，立刻提供資訊。舉例來說，最高經營者可以看到總體的數據顯示，而行銷分析師則可以細覽其中的內容。
◇啓發導向：經理們可以探究趨勢，將問題獨立出來，然後再問「假設性」的問題。
◇方便易學：DSS對那些不擅使用電腦的經理人員來說，很簡單也很容易就可以學會。Novice的使用者可以選定一個標準或是以「預設」（default）的方法來使用這個系統。在逐步適應其先進規格的同時，他們可以越過一些選擇性的程式特徵，直接在基本系統上工作。

桂格燕麥餐
開特力運動飲料
這些桂格公司如何利用電子郵件，來建立自己的資料庫？
http://www.quakeroatmeal.com
http://gatorade.com

舉例來說，桂格燕麥（Quaker Oats）公司的DSS，涵蓋了20億條有關商品、全國趨勢和競爭態勢等的資料項目。經理階層將該公司在市場上的成功歸功於這套系統的協助，其中在幾個商品類別中，擁有最大市場佔有率的領導品牌分別是：桂格燕麥穀類食品、開特力運動飲料（Gatorade）、凡第凱牌豬肉及豆類（Van de Camp pork and bean）、羅尼米（Rice-a-Roni）、以及潔蜜瑪姑媽牌（Aunt Jemima）煎餅。每一天有超過400個以上的行銷專家，在桂格公司內部使用這套DSS。他們使用這套系統是爲了執行三個主要任務：（1）回報、追蹤和進行一些格式化的報告；（2）行銷上的規劃，此規劃可以藉由提出「假設性」的分析和一些行銷可能性，自動進行品牌的規劃和預算的處理；（3）誘發人們對一些自發性行銷問題的答案。

中央企業（Central Corporation）負責新商品開發的副總裁兼經理蕾麗

史密斯（Renee Smith），她就提供了一個假設性的例子，可以證明該如何運用DSS。爲了評估最近上市的新商品業績表現，蕾麗可以「叫出」每週的銷售量資料，然後是每月的銷售量資料，也可以依照她的選擇，要求DSS將這些資料依據顧客區隔的方式，作成一覽表。正當她在桌面上進行的時候，她的指令要求會往不同的方向前進，全在於她所下達的決策指令是什麼。如果在她的思考過程中，突然有了疑問，想要瞭解上一季每個月的實際銷售量和預估銷售量之間的差異，她就可以利用DSS立刻進行分析。蕾麗可能會看到她的新商品業績明顯低於預估的目標。是她的預估太過樂觀嗎？於是她會接著比較其它商品的實際銷售量和她事前所作的預估，結果發現相當吻合。那麼是這個新商品有什麼問題嗎？是她的業務部門所得到的資源不夠嗎？或是他們沒有好好利用這些資源？這個問題困擾著她。新產品的配銷點只得到5%的訂單，和全產品的平均值12%相差太多。爲什麼？蕾麗猜想應該是業務部門沒有盡力去推銷的緣故。從DSS中所得到的量化資訊也許可以證明這個疑點。但是因爲眼前的量化資料已足夠滿足她的需求了，所以這名副總裁決定親自和業務經理談一談。

資料庫行銷和微觀行銷

2 討論資料庫行銷和微觀行銷的本質

也許DSS的大量運用全是爲了資料庫行銷（database marketing）的緣故，後者是一種大型電腦化檔案的產物，檔案中涵蓋了現有顧客和潛在顧客的輪廓側寫和購買形態。對微觀行銷來說，它往往是成功背後的主要工具，因爲微觀行銷非常重視市場中的明確資訊（請參閱第八章）。

資料庫行銷
一種大型電腦化檔案的產物，檔案中涵蓋了現有顧客和潛在顧客的輪廓側寫和購買形態。

值得一提的是，資料庫行銷可以：

◇找出最有利可圖和最無利可圖的顧客群。
◇找出最有利可圖的市場區隔或個體，以便將心力集中在該目標上。
◇將行銷上的努力瞄準在那些最需要支援的商品、勞務和市場區隔上。
◇爲不同區隔市場進行商品的重新包裝和重新定價，以便增加收益。
◇爲全新的商品和勞務，評估機會點。

廣告標題
市場力量
請取用牢靠的資料

資料庫行銷往往是微觀行銷成功背後的主要工具，因為微觀行銷非常重視市場中的明確資訊。
Courtesy Market Statistics, A Division of Bill Communications

◇找出賣得最好以及最有利可圖的商品和勞務。

1950年代一開始的時候，無線電視網就讓廣告主能夠「將同樣的訊息同時傳達給每一個人」。而資料庫行銷則可以將特製的個別訊息，經由直接郵件，同時送達到每一個人的手上。這也是資料庫行銷為什麼又稱之為微觀行銷（micromarketing）的緣故。資料庫行銷可以像過去在雜貨商、肉商、或麵包商等左鄰右舍所建立起來的人際關係網一樣，也建立起一個電腦化的格式。「一個資料庫就是一種集合式的記憶體。」理察百羅（Richard G. Barlow）如是說，他是頻率行銷（Frequency Marketing）公司的總裁，這是一家以辛辛那提市為根據地的顧問公司。「它以個人化的方式處理顧客資料就像老爹老媽的舊雜貨店時代一樣，那個時候他們知道所有顧客的名字，並會因為某個顧客想要什麼，而幫他多囤一些貨。」[2]唐納利行銷公司（Donnelley Marketing Incorporated）最近就發現到，有56%的製造商和零售商正在建立資料庫，另外還有10%的廠商也打算跟進。85%的廠商認爲，西元2000年以後，資料庫行銷對它們的競爭力來說，將是非常必要的。[3]

許多資料庫的規模大的令人咋舌：福特汽車公司擁有五千萬名顧客的名單；卡夫通用食品（Kraft General Foods）則有兩千五百萬名；花旗企業（Citicorp）有三千萬名；而金百利（Kimberly Clark）公司（好奇紙尿褲的製造商）則有一千萬名新生兒父母的名單。通用汽車所擁有的資料庫，內含了一千兩百萬名通用公司的信用卡持有人，如此一來，這家公司可以很輕易地獲取這些人購買習慣的資料。此外，通用汽車還對這些顧客進行調查，以便瞭解他們的駕車習慣和需求。

福特汽車公司
花旗企業
福特如何利用網站來增加自己的資料庫？請就花旗企業和福特的網站進行比較，哪一家公司在網站的利用上，更能有效地獲取市場資訊？
http://www.ford.com/us
http://www.citicorp.com/

儘管直銷長久以來一直都在利用資料庫行銷，可是這兩者並不相同。愈能精確瞄準到商品和促銷活動的潛在顧客，就愈能夠規劃出特有的訊息和活動，所以我們可以說，資料庫行銷對行銷效益有著莫大的貢獻。若是能夠適當地執行，就會產生兩位數的回應率，比起「垃圾郵件」只能產生2%到4%的回應率要好得多了。[4]舉例來說，希爾頓飯店（Hilton Hotel）經由它的「敬老計畫」（Senior Honors program）對年長市民展開了促銷活動，進而促使一半的目標消費者從事旅遊活動，其中包括了在希爾頓飯店和度假村的休憩。

建立資料庫時，若想增加其中的普遍性，可採用一種技巧，稱之爲「顧客俱樂部」。例如卡夫食品就曾邀請小朋友加入它所舉辦的起司和通心粉俱樂部。只要附上價值二．九十五美元的三張包裝截角，再加上寫好小朋友住址的會員申請書（當然也包括母親的資料），該公司就會寄出一頂畫家專用的無邊軟帽、項鍊、鞋帶、貼紙簿和其它的小東西等。菲力摩利斯（Philip Morris）公司也是要求顧客填寫詳細的問卷，然後再贈送那些回應問卷的顧客，免費的襯衫、睡袋、或其它商品等作爲酬謝，進而建立起大約內含兩千六百萬名吸煙者的資料庫。

美國運通（American Express，簡稱AMEX）利用它龐大的資料庫，發起了所謂的「關係宣傳」（relationship billing）活動，或稱之爲特製的每月一物活動，其中提供了一些特賣機會，例如某班機行程或是某商店的特價等。關係宣傳活動在歐洲、加拿大、和墨西哥等地都曾展開過，AMEX宣稱這個活動讓它在歐洲的信用卡成員，每一年都增加了15%到20%的消費支出。[5]

關係宣傳的手法讓AMEX可以更進一步地採用大量訂製（mass customization）的作法，也就是針對個別顧客，提供某種訊息通和商品來迎合他們。舉例來說，AMEX沒有利用廣泛的人口統計資料，反而界定了它的區隔市場為「女性的商業旅行人士，總是在國外的最後一站購買一些珠寶」。該公司的某些商品提供有時曾降到二十個名額左右，可是回應率卻高的驚人。

資料庫行銷也為相關商品的交互銷售製造了很大的機會。例如，佳能電腦系統（Canon Computer Systems）擁有一套具備了一百三十萬名顧客名單的資料庫。該公司在某個直接郵件的活動中，獲得了近50%的回函率，因為它在這個活動裏詢問印表機的使用者是否想要得到全新彩色掃描器的資訊，購買該掃描器的顧客，可以免費獲得四個印表機專用的墨水盒。

凡斯（Vons）公司是南加州最大的超級市場連鎖店，也是全美第九大的超市連鎖店。它將自己的簽帳會員卡提升為凡斯俱樂部會員卡（VonsClub card）。這張卡片有一種建立資料庫的基本功能，就是可以在促銷活動時，就該持有人所購買的商品項目，自動進行折價計算。凡斯公司的目的是想要根據購物者每一次的購物內容，建立全面性的資料庫檔案。在使用了這套資料庫之後，凡斯公司可以更清楚地瞭解消費者的行為，並針對凡斯俱樂部的會員在每個月使用雷射印表機，印出折價券寄給他們。即使是食品加工業和製造商也都受惠於凡斯公司的這套資料庫。櫸果（Beech-Nut）公司是一家嬰兒食品製造商，它就曾利用過凡斯俱樂部的郵件名單，找出在過去八個月內，曾經第一次購買過嬰兒食品的家庭。蘇珊威漢（Susan Widham）是該公司的行銷副總裁，她說道：「這套計畫可以讓我根據顧客所購買的商品類別和數量、購買頻率、以及購買哪家公司的商品等資訊，為某些目標顧客群，提供特定的條件賣點。」[6]在她的考量下，只要五角美元的折價券就可以留住櫸果公司的顧客；一美元的折價券則可以讓嘉寶公司（Gerber Products Co.）的顧客替換掉原來的品牌。

資料庫行銷讓許多美國人開始擔心了起來，因為它可能侵犯到消費者的隱私權。最近一份調查顯示，有45%的人強烈贊成應立法來管制廠商對消費者資訊的利用，相較於1990年的23%，其人數上升了很多。[7]

行銷研究的角色

3 界定行銷研究並解釋它對行銷決策的重要性

行銷研究
對行銷決策所牽涉到的資料，進行規劃、蒐集和分析的過程。

行銷研究（marketing research）就是對行銷決策所牽涉到的資料，進行規劃、蒐集、和分析的過程。然後再將這個分析的結果和管理階層溝通。行銷研究在行銷系統上扮演了一個很重要的角色，它可以讓決策者瞭解目前的行銷組合是否有效，以及是否需要作些改變等。此外，行銷研究對管理資訊系統以及DSS來說，都是主要的資料來源。

行銷研究有三種主要角色：敘述式、診斷式和預測式。敘述式的角色包括了事實狀態的蒐集和提出。舉例來說，該產業過去的銷售趨勢如何？消費者對該商品及其廣告的態度如何？診斷式的角色包括了資料的詮釋。例如，包裝設計上的改變，會對銷售造成什麼影響？而預測式的功能則是

美國軍隊使用行銷研究來發展出一套輪廓側寫，這套側寫告訴他們在募兵的廣告中，最能打動年輕人的內容是什麼。
©Peter Beck/The Stock Market

提出「假設性」的問題，舉例來說，研究人員如何以敘述式和診斷式的調查方法，來預估某個行銷決策的結果？

行銷研究和DSS之間的差異

因爲行銷研究是以問題爲導向，所以當經理人員需要一些方向來解決某個特定的問題時，他們就會採用行銷研究。舉例來說，行銷研究曾被用來找出消費者在購買新的個人電腦時會考慮哪些特性，它也可以幫助產品開發經理決定，冷凍豌豆的奶油調味料，究竟該加入多少牛奶？美國軍隊也使用行銷研究來發展出一套輪廓側寫，這套側寫告訴他們在募兵廣告中，最能打動年輕人的內容是什麼。

相反的，DSS則會針對環境的變動，持續將這類資訊蒐集整合，納入組織的資料庫中。這種資訊可透過不同的資源管道來蒐集，可能是經由公司內部，也可能採自於公司外部。其中一個重要的資訊來源就是行銷研究。舉例來說，馬斯提（Mastic）公司是一家居市場領導地位的乙烯基外牆供應商，它就曾以問卷的方式，調查過全國的經銷商和自營商對產品品質的看法。其中的問題包括了：馬斯提公司對經銷商的服務、該經銷商所售出的乙烯基數量、使用在新建築物的比例如何等。這些資料最後成了馬斯提公司DSS的一部分。在他們這套系統中的其它資料，還包括了：新開工的建築、全國失業人口數量、屋齡、房屋風格的變化趨勢等。而行銷研究對其DSS來說，則是輸入的來源之一。

管理階層對行銷研究的利用

行銷研究可以多方面協助經理人員，它可改善其決策的品質，並幫助經理們追蹤問題。更重要的是，適當的行銷研究有助於經理人士更加瞭解市場狀況，並能警告他們有關市場的趨勢是什麼。最後，行銷研究也可以幫助經理們估算出商品和勞務的認定價值以及顧客的滿意程度等。我們將在下文中討論這些利益點。

改善決策的品質

爲了要探索各種不同行銷方案的可行性，經理人士可以利用行銷研究來加強其決策的準確度。舉例來說，幾年前，通用米爾（General Mills）公司決定要將市場觸角擴張到全方位服務的餐館生意中。行銷研究指出，美國境內最受歡迎的餐飲類別是義大利菜，而美國人對通心粉和義大利食物的興趣和喜好會持續地增加。這家公司執行了很多次的口味測試，試圖找出最適當的味道，以期作出一份能讓目標顧客群滿意的菜單。這些行銷研究調查最後成就了橄欖樹花園（The Olive Garden）義式餐廳，它後來成為全國成長最快速，也是最受歡迎的義大利餐廳。

追蹤問題

另一個利用行銷研究的方法是找出某個計畫為什麼會失敗。是最初的決策錯誤嗎？還是外在環境的某個未預知變數造成的？要怎樣才能在未來避免掉同樣的錯誤？

金柏樂（Keebler）公司在1992年推出了甜斑點（Sweet Spots），它是

廣告標題

也許現在，就有某些豪華級轎車會將它們比擬為汽車界裏的大陸航空

如Continental Airlines之類的公司，也開始體認到顧客滿意度的重要性了。

Courtesy Continental Airlines, Inc.

圖9.1
對大學市場的調查

A.品牌忠誠度

你會對你父母所購買的品牌保持相同的忠誠度嗎？

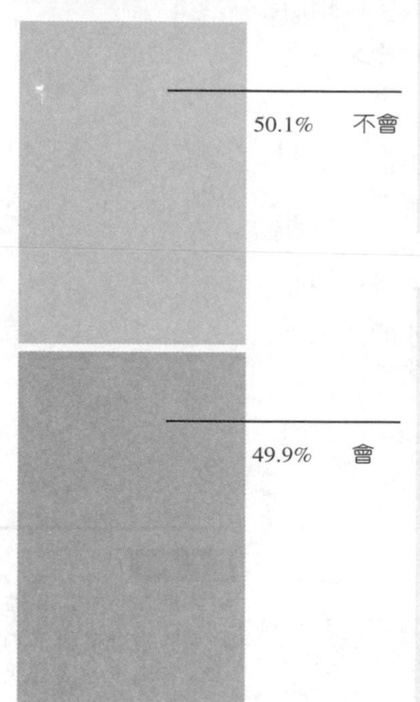

你會對高中時代所用的品牌，維持同樣的忠誠度嗎？

84.2% 不會

B.媒體運用

媒體	一天平均時數	和高中時代比起來，所花的時間更多或較少？		
		更多	較少	一樣
1. 廣播電台	2.21	55.0%	32.5%	7.9%
2. 電視網	1.57	67.2%	26.1%	1.8%
3. 有線電視	0.98	52.7%	31.4%	4.4%
4. 報紙	0.81	36.4%	48.4%	6.7%
5. 雜誌	0.67	48.5%	36.2%	6.2%

C.前十本最喜愛的雜誌（依順序排列）

雜誌	票數
1. Cosmopolitan	424
2. Sport Illustrated	399
3. Time	325
4. Rolling Stone	317
5. Glamour	315
6. Vogue	261
7. Newsweek	199
8. People Weekly	190
9. Mademoiselle	174
10. Elle	168

D.前十名有線電視節目（依順序排列）

有線電視頻道	票數
1. MTV	614
2. ESPN	350
3. HBO	343
4. CNN	240
5. Showtime	78
6. Nick at Nite	74
7. Cinemax	58
8. Discovery	46
9. VH-1	45
10. TBS	42

E.對直接郵件的回函率

郵件	回函率
1. J夥伴（J. Crew）	10.4%
2. 花旗威士卡（Citibank Visa）	10.0%
3. 美國運通卡	7.1%
4. L.L.運動器材（L.L.Bean）	6.3%
5. 信用卡（非特定的）	5.6%
6. 雜誌訂閱（非特定的）	4.8%
7. 陸地盡頭（Lands' End）	3.7%
8. 名士卡（Master Card）	3.3%

F.最喜歡的平面廣告

廣告	回答
1. 絕對伏特加（Absolute Vodka）	12.9%
2. 凱文克萊的分神篇（Calvin Klein's Obsession）	10.1%
3. 耐吉（Nike）	5.5%
4. 凱文克萊的永恆篇（Calvin Klein's Eternity）	2.2%
5. 百威啤酒（Budweiser）	2.0%
6. 凱文克萊的牛仔褲（Calvin Klein Jeans）	1.8%
7. 遐思的牛仔褲（Guess Jeans）	1.8%
8. 麥賽爾錄音帶	1.7%

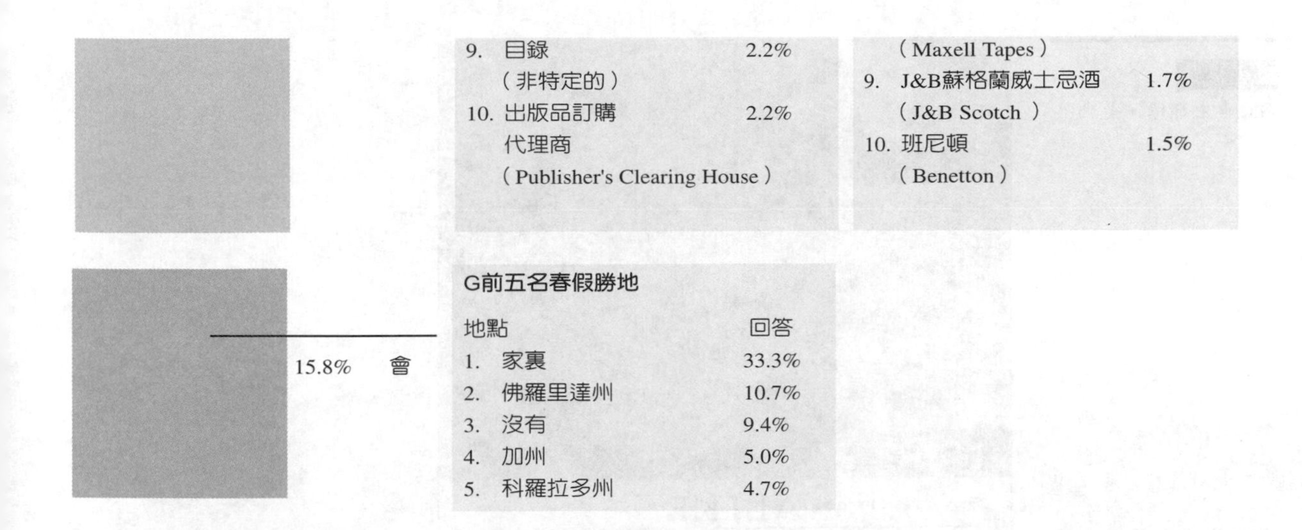

9.	目錄（非特定的）	2.2%
10.	出版品訂購代理商（Publisher's Clearing House）	2.2%

	（Maxell Tapes）	
9.	J&B蘇格蘭威士忌酒（J&B Scotch）	1.7%
10.	班尼頓（Benetton）	1.5%

G前五名春假勝地

地點		回答
1.	家裏	33.3%
2.	佛羅里達州	10.7%
3.	沒有	9.4%
4.	加州	5.0%
5.	科羅拉多州	4.7%

一種脆餅，上頭淋了很多的巧克力。這個商品的銷售還算不錯，目前仍在市場上販售，可是那是在經由行銷研究克服了幾個問題之後才有的結果。甜斑點上市沒多久，金柏樂公司就將它的包裝尺寸從售價二．二十九美元的十盎斯裝改成了售價三．十九美元的十五盎斯裝。可是需求量卻立刻滑落了下來。市場調查發現到，後來包裝的甜斑點被人認為是奢侈品，而不再是日常食品。於是金柏樂降低售價，並回到原先的十盎斯包裝。雖然甜斑點在最初的時候是想吸引一些高層次的成年女性消費者，可是它也想抓住兒童的市場。後續的研究調查指出，該商品的包裝設計吸引的是媽媽而非兒童。[8]

瞭解市場

經理人士也可利用行銷研究來瞭解市場的動態是什麼。假定你最近才到一家新公司上班，這家公司專門設計、生產、和行銷一系列的大學生休閒服，品牌名就叫做躍升（Movin' Up）。也許你所面臨到的第一個問題就是：大學生會像他們的父母一樣，對相同的品牌有一定的忠誠度嗎？或者他們會考慮不同的品牌？你也可能會問，大學生是否會對高中時代所用的品牌，仍保有忠誠度？（圖示9.1）就顯示出這些你想透過行銷研究所得到的答案。（圖示9.1）就是實際的行銷研究結果，該研究的樣本是全美十五所大學中的884名學生。

現在假設這家公司正打算利用直接郵件、雜誌、和有線電視等來促銷

廣告標題

GM車主都像，是嗎？

通用汽車也像所有的大型公司一樣，測量顧客的滿意程度以便瞭解它在價值感的傳達工作上，是否做得夠好？

它的躍升牌服飾，管理階層想要知道大學生一天之中花多少時間接觸各種媒體（請參考圖示9.1）。而廣告總監珊朵拉賈柏（Sandra Jarboe）也對（圖示9.1）大學生所閱讀的雜誌、所觀看的有線電視和所回應的直接郵件等感到有興趣。同時她對最能吸引大學生的廣告，也感到十分好奇。珊朵拉相信這些資訊有助於她設計出躍升牌服飾的廣告活動。此外，促銷經理約翰蓋茲（John Gates）也在考慮要到不同的春假旅遊勝地舉辦服裝秀。因此，他需要知道大學生都到哪裡去度他們的春假。正如你所看到的，行銷研究可以提供目標消費者生活形態、偏好和購買習慣等方面的觀察，進而幫助經理們發展出行銷組合。

培養顧客對價值和品質的認定

現在這個商業運作的環境，遠比以前要來得更具競爭性和變化性。消費者已經不太能容忍品質上和服務上的瑕疵，他們也不太能對某個品牌維持像以前一樣的忠誠度。消費者的期望達到了最高點。品質高、服務好、價格合理，才算是有價值，這也正是顧客滿意度的基石所在（如同第十三章的內文所述）。滿意的顧客才會和這家公司建立起長期的關係，當然，也會爲這家公司帶來長期的利潤收益。

在這樣的環境中，顧客滿意度就成了可告訴公司它在價值感的傳達上，究竟可以得到多少分的計分表。行銷研究就是可測出滿意程度的一種工具。今天，幾乎所有的大公司，從IDS金融服務（IDS Financial Services）到通用汽車，全都在測定顧客的滿意度是多少。

必勝客在1995年一月的時候，開始進行顧客滿意度的追蹤調查，現在它每個禮拜都會作一次五萬份的問卷調查。而該店經理的紅利多少就全繫於這個調查的結果是什麼，因此，問卷的內容必須根據一名經理可以掌控的情況來作設計。這個調查的內容包括了服務、食物、送貨、和／或店內用餐經驗等項目。必勝客發現到，滿意度和店內用餐或電話訂購的頻率有很大的關聯性。這個調查也顯示，短期之間的銷售成長和顧客的忠誠度沒有太大的關聯。舉例來說，顧客們搶購新口味的披薩，可是在忠誠度上卻沒有後續的上揚。因爲服務的問題，所以新顧客就可能不會再上門了。這個調查幫助必勝客瞭解到問題所在，所以在面臨下一次的新產品上市時，它就知道該如何處理了。[9]

行銷研究計畫的進行步驟

4 描述行銷研究計畫中，所牽涉到的所有步驟

幾乎所有採用行銷概念的公司，都會或多或少從事於一些行銷研究，因爲它對決策的做成非常有幫助。有些公司花了幾百萬美元進行行銷研究；有些公司，尤其是規模很小的公司，所執行的卻是非正式、規模有限的調查工作。舉例來說，當供應歐亞餐點的歐亞（Eurasia）餐廳第一次在芝加哥市奢華的密西根大道（Michigan Avenue）開張時，它吸引了無數的好奇者登門，可是卻讓重要的商業午餐顧客望之卻步，營業額因而垮了下來。店主針對該餐廳方圓一英哩以內數百名的商業人士進行調查，發現到這些人對歐亞的概念有些混淆不清，他們想要的是較低價的傳統亞洲食物。於是乎，該餐廳搖身一變，雇用了一名泰國主廚，翻新菜單，降低售

圖示9.2
行銷研究的過程

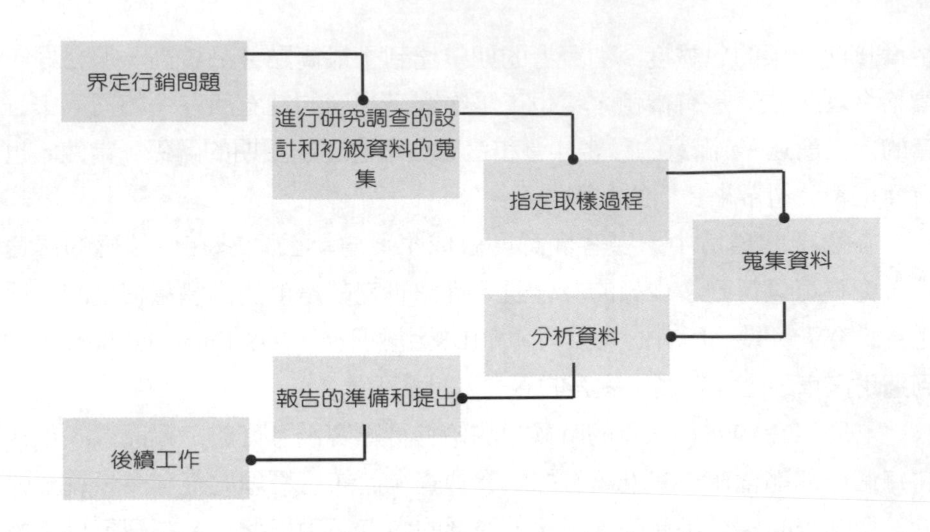

價，不久，這家餐廳的生意又興隆了起來。

不管研究計畫的成本是兩百美元或是兩百萬美元，它們都必須遵從一定的過程。行銷研究的過程對決策來說是一個科學化的辦法，可以儘可能地增加決策結果的精確性。（圖示9.2）就將這些步驟記錄了下來：（1）界定行銷問題；（2）進行研究調查的設計和初級資料的蒐集；（3）指定取樣過程；（4）蒐集資料；（5）分析資料；（6）報告的準備和提出；以及（7）後續工作。

界定行銷問題

行銷研究過程中的第一步就是說明問題的所在，或是提出決策者和研究人員雙方都同意的研究目標。這個步驟可不像它表面看起來的那般容易，可是它卻是個很重要的步驟，因爲這類的問題說明可以引導後續的研究進行。在某些情況下，可能只需要很簡單地說明問題的所在；但也有一些情況，卻必須詳細地詮釋出研究的目標。

狀況分析

狀況分析
針對某個特定的行銷問題，進行廣泛的背景調查。

在某些個案裏，將問題找出和架構成型，也可能成爲背景調查的主要目標，這就稱之爲狀況分析（situation analysis）。對外包的行銷顧問來說，或者是對第一次處理某個特定問題的研究人員來說，狀況分析是一件非常重要的事。狀況分析有助於研究人員深入問題——瞭解公司、該公司的商品、市場、市場歷史、競爭環境、以及其它等等。在蒐集了這些背景資料之後，研究人員就可能需要再回到問題所在以及研究目標上，進行修正的工作。

完成了狀況分析之後，研究人員會整理出一份符合研究目標所需的資料名單，然後再決定做決策時所需要用到的資料類型有哪些。通常爲了更進一步地界定問題所在或研究目標，研究人員也會開始著手準備次級資料。

次級資料

次級資料
以前因爲其它目的而蒐集的資料。

次級資料（secondary data）就是指以前因爲其它目的而蒐集的資料。不管是公司內部的人或公司以外的人，他們都可能爲了自己的一些需求，而蒐集過一些資料。（圖示9.3）就描述了次級資料的幾個主要來源。大多數的研究調查有部分都必須用到次級資料，而這些資料通常可以快速且低廉地蒐集到，問題只是在於到哪裏去找出相關的次級資料。

如果次級資料可以幫忙解決研究人員的問題，它倒不失爲一種省錢又省時的方法。即使問題並沒有被解決，次級資料也有其它的好處。它可以幫忙界定出問題所在；建議研究的方法，以及解決該問題所需用到的資料類型等。除此之外，次級資料還可以正確地指出應取樣哪類型的人，他們的處所，並作爲和其它資料比較的基準。但是假使次級資料當初被蒐集的目的完全不同，以致於不能配合目前研究人員的特定問題，就會有一些缺點產生。舉例來說，某家消費商品製造商想要瞭解以煤炭製成的壁爐專用人造木材是否可以取代以碎木壓縮而成的人造木材？前者的市場潛力究竟如何？研究人員發現到很多的次級資料，都是有關於作爲燃料用途的木材總體消耗量、每州消費的數量、以及燃燒用的木材類型等內容。另外，可以找到的次級資料中還包括了消費者對碎木製成的人造木材，其態度和購買形態是什麼。豐富的次級資料雖然能讓研究人員深入地觀察人造木材的市場，可是卻沒有任何相關資料能夠提供：消費者究竟會不會買煤炭製成的人造木材？

次級資料的品質也可能是個問題。通常次級資料的來源處並不會提供詳盡的資訊，因此研究人員很難評估這些資料的品質或其相關性的程度。

圖示9.3
次級資料的主要來源

來源	描述
內部的資訊	公司內部的資訊可能有助於解決某個特定的行銷問題。其中的例子包括了營業發票、其它會計記錄、先前的行銷研究資料以及過去的銷售資料等。
市場研究調查公司	這些公司包括了尼爾遜公司、亞必特拉（Arbitron）公司和IMS國際公司（IMS International）等，全都是可提供消費商品市場佔有率和收視觀眾特性等次級資料的主要來源。
貿易協會	有許多貿易協會，如「全國產業聯合委員會」（National Industrial Conference Board）和「全國零售商協會」（National Retail Merchants Association）等，都會蒐集對會員而言重要的資料。
大學研究單位、專業協會、基金會	這是一大群不以營利為目的的組織機構，它們會收集行銷研究人員感到有興趣的各種資料，並將這些資料贈送出去。
商業出版物	《廣告年代》（*Advertising Age*）、《銷售管理》（*Sales Management*）、《商品行銷》（*Product Marketing*）、《銷售規劃周刊》（*Merchandising Week*）以及許多其它商業出版物，都會提供有用的研究資料。
政府資料	聯邦政府是次級資料所在的一大寶庫。其中的報告有「住宅普查」（Census of Housing）、「零售商普查」（Census of Retail Trade）、「服務業普查」（Census of Service Industries）、「製造商普查」（Census of Manufacturers）、「美國統計摘要」（Statistical Abstract of the US.）、「經濟指標」（Economic Indicators）和「美國工業展望」（U.S. Industrial Outlook）。現在有愈來愈多的政府資料可以在國際網路上查得到。其中很多普查報告，如「現有人口調查」（Current Population Survey）、「各縣市商業形態」（County Business Patterns）、以及「各縣市和都市資料」（County and City Data）等，都可在http://www.census.gov這個網址上找得到。另外，普查資料也以光碟片的形式出現在坊間。
線上資料庫	有兩個卓越的線上資料庫，它們分別是Profound的RESEARCHLINE或Dialog的MARKETFULL。另外Hoover的BUSINESS RESOURCES也是不錯的資料庫。後者可以提供1,500種商業的詳盡描述，外加6,200種其它商業的約略描述。在AOL上的關鍵字是「Hoover」；而在CompuServe「Hoover」也是它的標題字。
光碟資料庫	克萊塔斯（Claritas）公司所提供的光碟片，可用來分析市場區隔，並作一些人口統計上的研究。發現（Find/SVP）公司也以光碟的方式，提供了數百種的行銷研究報告。

廣告標題

免費……

商業信用指數、目錄輔助、和電話簿的資料等，全都在國際網路上！

線上的電腦化資料庫使蒐集資料的工作變得輕鬆多了。
Courtesy American Business Information, Inc.

所以無論如何，研究人員都應該問一問：是誰蒐集這些資料的？為什麼要蒐集這些資料？其蒐集方法是什麼？其中的分類（例如大量使用者VS.少量使用者）是如何設計和界定的？這些資訊是何時蒐集的？

線上資料庫

蒐集傳統的次級資料往往是件極為吃力的工作。研究人員必須向政府單位、貿易協會、或其它提報單位進行申請，接下來得等幾個星期才會收到回函。通常，研究人員會到圖書館走幾趟，可是卻往往發現他們所需要的報告不是被人借走了就是搞丟了。但是今天，可以利用許多線上的電腦化資料庫，進而減輕因蒐集次級資料所帶來的種種麻煩。**線上資料庫**（on line database）是一種公開資訊的蒐集，任何人都可經由適當的電腦設備取得這些資料。目前有超過一萬種以上的線上資料庫，只要是行銷研究人員

線上資料庫

一種公開資訊的蒐集，任何人都可經由適當的電腦設備取得這些資料。

有興趣的主題，這些資料庫幾乎都可提供。

參考資料庫的鐘點計費，從最便宜的（二十美元）到最貴的（二百美元以上）都有。使用者進入資料庫時所需上的網路也是以小時來計費，而這種收費大約相當於你打長途電話和資料庫電腦連線的費用。有些資料庫則是視使用者所取用的實際資料內容而收費。叫出書籍的目錄可能是免費的，可是若想看書中的內容就得花幾塊錢，但若是想取閱某家企業的財務報告，所花的銀兩就是上百元了。使用者在索取一筆資訊之前，應先知道他們所必須付出的代價是多少。有些資料庫的販售是採年費制的，在付過費的這一年當中，可以讓你無數次地取用資訊。

讓我們來看看，線上資料庫能如何地影響決策的作成。參考一下卓越（Superior）公司（非其真實名稱）的例子，這家公司是東岸最大的消費商品製造商。有一天早上，該公司的總裁一起床就聽到不妙的消息。市面上正謠傳某個競爭對手要整合所有的力量，一舉進攻該公司其中一個個人美容清潔用品市場，根據估算，這個市場一年的營業額可達三千萬美元。那一天稍晚的時候，公司內部憂心忡忡的執行主管們已經準備好要採取激烈的反擊行動了：削低售價，以期能化解這場危機。

可是就在採取行動之前，卓越公司的主管們決定要先做一番調查。他們的線上資料庫告訴他們這個競爭對手在幾年前就被一家集團給買了下來。接下來，在查閱當地的商業報紙資料庫後也發現到，有某家廣告代理商雇用了新的人事來支援這個在市面上甚囂塵上的活動。更進一步的線上搜尋則透露出，其母公司曾經想要賣掉這家無利可圖的附屬公司。另一則故事則指出，母公司的債券曾經貶值，一名債券持有人因此而提出了法律上的訴訟。另一則商業新聞透露道，該母公司的某名資深執行主管最近退休了，繼任者是誰，無從得知。其它的故事則聲稱是另外兩名主管離開了公司，並暗示該公司的董事會現在正處於一團亂的局面。

卓越公司的主管們當下決定，就目前的表面情勢來看，好像是個很大的威脅，可是實際上不過是一家幾近癱瘓的公司所作的表面姿態而已。「如果外頭有黃金的話，」一名卓越公司的主管這樣說道，「他們也可能沒有鏟子去把黃金鏟起來。」這個故事的結局是：卓越公司的總裁決定要維持原價，以保有公司的原有利潤。

線上資料庫賣主

線上資料庫賣主（online database vendor）係指向資料庫設立者取得資料庫的中間人。這類賣主提供的資料庫內容包括了電子郵件、新聞、財務、體育、天氣、航空公司班機表、軟體、百科全書、參考書目、工商名錄、全文記載的資訊和數據資料等。因此，使用者只要進入單一的線上賣主網址上，就可以取得各種不同的資料庫了。而且在此系統上因爲必須以單一發票來進行所有資料庫的收費，所以收費方式也簡單多了。而個別賣主的所有資料庫都使用相同一套標準化的搜尋過程，所以操作功能也就跟著簡化了。線上賣主還會提供一套索引，以便讓使用者決定哪一個資料庫最能符合他們的需求。

線上資料庫賣主
係指向資料庫設立者取得資料庫的中間人。

幾個最受歡迎的線上賣主分別是：CompuServe、America Online、Pordigy、Dow Jones News / Retrieval Service、和DIALOG。CompuServe是布拉克（H&R Block）個人所得稅申報公司的子公司；而DIALOG則是耐律德（Knight-Ridder）新聞企業的子公司。後者可提供四百種以上的資料庫，內含了一億五千萬筆資料。（圖示9.4）列出了幾家主要線上賣主所提

Dow Jones	Dialog	CompuServe
Disclosure II（商業資料庫）	Disclosure II（商業資料庫）	Standard & Poor's General Information File（史坦普爾公司的一般資訊檔案）
Dow Jones News（道瓊新聞）	Management Contents（管理要旨）	Washington Post（華盛頓郵報）
Current Quotes（目前開盤價）	Standard & Poor's Corporate Description（史坦普爾公司的描述說明）	World Book Encyclopedia（全球書籍百科全書）
Wall Street Journal（華爾街日報）	Books in Print（已出版的書刊）	Microquote（Stock information）（股價資訊）
Academic American Encyclopedia（美國學術百科全書）	Electronic Yellow Pages（電子電話簿）	Business Information Wire（商業資訊線）
Cineman Movie Reviews（電影評論）	Magazine Index（雜誌索引）	AP News（美聯社新聞）
AP News（美聯社新聞）	AP News（美聯社新聞）	Comp*U*Store OAG（航空客運時刻表）
Comp*U*Store OAG（航空客運時刻表）	OAG（航空客運時刻表）	

圖示9.4
廣受大衆歡迎的線上賣主，它們所提供的資料庫如下

圖示9.5
CompuServe所提供的全美人口統計資料庫

●由市場統計中所得到的幾個「商業人口統計」(Business Demographics)報告，是根據美國普查資料而來的，其設計用途是專門為了商業市場的分析。其中有兩種類型的報告：一為「企業對企業的報告」(Business to Business Report)，包括了「國際標準工業分類」(Standard Industrial Classification，簡稱SIC)的所有類別，它提供了單一特定地理區域中，每一個類別的受雇人口數量：另一種「廣告主服務報告」(Advertisers' Service Report)則可提供在零售業中組成各種SIC類別的商業資料，每一份索價10美元的報告會將每一個地理區域的整體商業數量，根據各公司的規模大小作成一覽表。以上這兩種報告都可依下列各種分類單位來取得：某個郵遞區號、某個郡、州、或大都會、亞必特拉(Arbitron)電視收視市場、尼爾遜(Nielsen)電視收視市場或全美國。

●中央資料(Cendata)所提供的全美普查資料乃直接取自於美國統計調查局(U.S. Census Bureau)。該資料可以讓你找出各種形態、趨勢和關聯性的資料，以便作成一些非正式的決策。這種功能表系統所提供的數百種記錄，都是從統計調查局在全美各地執行下的調查結果中篩選出來的，其中的主題包括了農業、商業、建築業和房屋業、國外貿易、政府單位、製造業、人口、以及家譜等。中央資料從美國政府所取得的不間斷經濟資料，會在美國政府像媒體發佈之後的一個小時內，也進行正式的出刊。這種方式可以讓使用者及時取得目前最新的經濟發展資訊。除了普查報告以外，中央資料還會提供解說性的內文，以便使用者瞭解這些數據資料。

●取自於CACI公司的「區域人口報告」(Neighborhood Demographic Reports)提供了以美國郵遞區域號碼為分類方式的基本人口資料。共有四種區域報告可以取用：「人口統計」(Demographics)、「市民／公開活動」(Civic/Public Activity)、「送禮創意」(Gift Idea)、以及「體育／休閒活動」(Sports/Leisure Acitivity)。每一種報告售價10美元。

●取自於CACI公司的「超級面」(Superside)可以將你的搜尋鎖定在特定的地理範圍內。這些報告的分類提出方式有下列幾種：全美國；每一州、每一郡、和每一個大都會；亞必特拉電視收視市場；尼爾遜電視收視市場；各地方；普查管道；較次級的市政區分；以及郵遞區號等。所提供的內容包括了一般人口統計、收入、房屋供給、教育程度、就業情形、以及目前和來年的預估。你可以將你的搜尋鎖定在單一特定的地理範圍內，或者同時鎖定數個範圍以便完成一份較完整的市場報告。這些報告包括了根據1990年普查側寫所做出的「人口統計報告」(Demographic Reports)；「最新資料和預估資料」(Update and Forecast Data)；「購買潛力報告」(Purchase Potential Reports)。最後還有「ACORN目標市場行銷」(ACORN Target Marketing)，這個報告是專門根據消費者居住地區的類型所進行的消費者分析和側寫。以上報告的售價從25美元到45美元不等。

●取自於CACI公司的「全美──各州──各郡報告」(US-State-County Reports)可以提供全美、各州、或各郡的人口統計資料，其中的內容包括了總人口、總戶數、平均年齡、平均家庭收入、家庭類型、職業別、種族別、以及其它等等。每一份的報告是10美元。

資料來源：此翻印經CompuServe許可。

供的一些資料庫。這些資料庫的類型和數量都是很驚人的。舉例來說，CompuServe可提供五種全美人口統計的資料庫，（圖示9.5）會詳細說明每一個資料庫的內容爲何。

如何搜尋

線上資料庫有兩個層面：組成資料庫的眾多個別記錄以及搜尋軟體，後者有助於你從資料庫裏數千或數百萬個記錄中，找到你所想要的資料。你可以把搜尋軟體視爲一個機器人，它的行動速度是以光速來計算的。假定你鍵入某個字或某句片語，這套軟體就會在資料庫裏把所有出現過的這個字或這句片語挑出來，不管內文究竟是什麼。這套軟體會配合你的搜尋，以資料庫裏的記錄數目來回應。

假設你對總統居所的陳述感到有興趣，該搜尋軟體所找出的白宮片語記錄，可能就會高達四十五個。其中十四個是屬於賓夕凡尼亞大道1600號這個住址的；四個是咖啡的品牌；一個是有關馬利（Marin）郡（這個地區以其當地的白色房屋而著名）；另外有二十六個來自於印度新德里的白宮（White House）出版公司。

線上資料庫賣主可提供幾個好處。第一個好處是研究人員可以快速地取得大量的資料，不用再像過去那樣地曠日費時。第二，若是研究人員能有效地利用線上搜尋程序，就可以很快地找到相關資料。第三，以前這些大量資料是需要進行調查才能取得，而且還得從事檔案的保管工作，現在幾乎都不用了，不僅減少了人力成本的支出，也提高了生產效率。最後，小型公司也可以像大型公司一樣，研究相同的次級資料，而且作法上也和大型公司一樣。

線上資料庫賣主也可能有一個缺點：假設使用者不擅於搜尋資料庫，就可能會對這一大堆資料感到毫無頭緒。研究人員在尋找正確的引證提要和全文時，必須小心地選擇自己的用字。因此，他們必須很熟悉一些新的術語，以便縮小搜尋的範圍。布氏（Boolean）邏輯就是線上搜尋中，一個關鍵性的要素。像AND、OR和NOT的基本概念，就是用來縮小或放大搜尋範圍的。

套裝光碟資料庫

現在有一些公司也以磁片的方式提供個人電腦所用的套裝資料庫。舉例來說，克萊塔斯（Claritas）公司就爲市場區隔和人口統計研究，以及認知繪製等目的，建立出兩個套裝資料庫：專爲廣告代理商所用的Compass/Agency；和專爲新聞報紙業所用的Compass/Newspapers。克萊塔斯公司最近在Compass/Agency資料庫裏又加添了亞必特拉電台收聽率和取自於賽門斯行銷研究（Simmons Marketing Research Bureau）公司及媒體標誌（Mediamark）公司的商品使用率等資料。而Compass/Newspapers這套系統涵蓋了兩百份以上的報告和繪圖。使用者可以從中取得訂閱戶、讀者率、和廣告主等資料，也可將這些資料以報告或繪圖的形式呈現，或是將它們傳送到其它標準套裝軟體上，例如試算紙、文字處理和繪圖等應用軟體。

「美國商業司」（U.S. Department of Commerce）也製成了一些普查資料，可供個人電腦使用，其中包括了一千三百種有關人口、教育程度、婚姻狀況、家庭孩童數、房屋價值或每月租金以及收入等各種資料。美國統計調查局也提供了各種TIGER檔案，裏頭繪製了所有美國的街道、公路、鐵路、導管、電線、機場、郡區、市政區、普查區、普查族群、國會地區、選區、河流和湖泊等坐落位置。

研究設計的規劃和初級資料的蒐集

好的次級資料有助於研究人員作出一套完整徹底的狀況分析。有了這樣的資訊，研究人員就可以列出一些有待解答的問題，並依順序排列之。研究人員必須決定，回答這些問題需要有哪些精確的資料。**研究設計**（research design）可以指出有哪些研究問題需要解答，如何蒐集以及何時蒐集這些資料，還有這些資料該如何被分析。傳統上，只要研究設計通過了之後，該計畫的預算也就大致抵定了。

研究設計
指出有哪些研究問題需要解答，如何蒐集以及何時蒐集這些資料，還有這些資料該如何被分析。

有時候，也可以蒐集更多的次級資料來回答研究調查上的問題。如果此法行不通的話，就需要蒐集初級資料了。**初級資料**（primary data），也就是第一次被蒐集的資訊，它可以在調查的方式下，解答某些特定的問題。初級資料的主要優點在於它可以針對某個特定研究問題，提供解答，而這是次級資料所做不到的。舉例來說，貝氏堡（Pillsbury）公司有兩套全新的調理處方，都是用冷凍麵團來製作甜餅。消費者究竟喜歡哪一個呢？次級資料絕對無法回答這樣的問題。一定要有目標消費群來嘗試這兩種調理

初級資料
乃第一次被蒐集的資訊，它可以在調查的方式之下，解答某些特定的問題。

處方，然後再就甜餅的口味、口感和外觀等進行評估。此外，初級資料是現存第一手的資料，研究人員很清楚它的來源是什麼。有時候，研究人員會自己蒐集資料，而不假手於外包公司。研究人員也可以自己釐訂研究方法，如此一來，就可以保有該資料的所有權了。相反地，次級資料可以提供給所有有興趣的人，而且收費也很低廉。

蒐集初級資料需要付出昂貴的代價，價錢從小型調查的幾千塊美元到全國性調查的幾百萬美元都有。舉例來說，一個全國性的15分鐘電話訪談，取樣人口是一千名成年男性，其價碼就是五萬美元，工作內容包括了資料分析和報告完成等。因爲初級資料的蒐集代價不菲，所以很多公司都以刪減訪談數量，來達到節省成本的目的。執行過許多研究計畫的大型公司則會採用其它的技巧來省錢，它們會把一些研究計畫搭配在一起實行，或者是兩個不同的計畫都使用同一套問卷來進行資料的蒐集。這種方法的缺點是，假設狗食和上等咖啡都得用同一套問卷，就可能會混淆了受訪者。而搭配的方法也需要耗掉較久的時間（可能要用掉半個小時以上），往往讓受訪者覺得不耐，進而造成回答品質的低落。因此受訪者答案可能很簡陋，而且心裏還想著：「這到底要什麼時候才結束啊？！」冗長的訪談也往往會讓受訪者不願再參與其它的調查訪談。[10]

但是它的缺點往往可以用它的優點彌補過來，因爲它通常是解決某個研究問題的唯一辦法。隨著各種研究技巧的運用（如調查、觀察和實驗等），初級資料的研究幾乎可以解決任何行銷上的問題。

調查研究法

用來蒐集初級資料最普遍的方法就是**調查研究法**（survey research），研究人員和人們發生互動，進而取得事實、意見、和態度等資料。（圖示9.6）就將調查研究法中的幾個普遍常見的形式特徵，做一摘要表列。

調查研究法
用來蒐集初級資料最普遍的方法，研究人員和人們發生互動，進而取得事實、意見和態度等資料。

居家訪談

雖然是在家裡進行，但這種個人親身式的訪談卻往往能提供較高品質的資訊。這種方法的成本很高，因爲必須負擔訪員的旅費和時間支出。因此，現在市場研究人員所執行的居家訪談數量，比起從前來說，要少得多了。

圖示9.6
各種調查研究法的特性

特性	居家個人親身式的訪談	商圈攔截式訪談	在訪員的家中進行電話訪談	地點集中式的電話訪談
成本	成本高	成本適中	成本適中	成本適中
時間	時間適中	時間適中	快	快
訪員是否可以採用探究的技巧	可以	可以	可以	可以
能否提出概念並獲得回應	可以（也可以測試口味）	可以（也可以測試口味）	不行	不行
管理階層對訪問員的控制程度	低	適度	低	高
一般資料的品質	高	適度	適度←→低	高←→適度
蒐集大量資料的能力	高	適度	適度←→低	適度←→低
處理複雜問卷的能力	高	適度	適度	如果採用電腦的話，就有很高的處理能力

特性	小組討論會	自我執行式的廣告郵件調查	郵件問答小組調查	電子郵件訪談	郵寄電腦磁片
成本	低	低	成本適中	適中～低	成本適中
時間	快	慢	相當慢	時間適中	相當慢
訪員是否可以採用探究的技巧	可以	不行	可以	如果是互動式的，就可以	不行
能否提出概念並獲得回應	可以	可以	可以	可以	可以
管理階層對訪問員的控制程度	高	無	無	若使用訪員的話就很高	無
一般資料的品質	適度	適度～低	適度	高～適度	高～適度
蒐集大量資料的能力	適度	低～適度	適度	高	高
處理複雜問卷的能力	低	低	低	高	高

儘管如此，這類調查研究法還是有不少好處。因爲受訪者是在自己的家裏接受訪問的，而家裏是一個讓自己做出消費決策最自然的環境。訪員可以向受訪者出示一些受訪項目（例如包裝設計），或者邀請受訪者嚐嚐看或試用某個受測商品。另外，訪員還可以在必要的時候，進行深入的探究；這是一種技巧，可用來澄清受訪者的回答內容。舉例來說，訪員可能會問：「就你剛剛嚐過的沙拉醬來說，有什地方是你覺得最喜歡的？」受訪者可能會說：「口味!」可是這個答案卻不是什麼有用的資訊，所以訪員會以探究的技巧接著問：「你可不可以就口味這一點，再詳細地說明一下？」於是受訪者會接著詮釋道：「它不會太甜，胡椒量也剛剛好，我還喜歡其中那種淡淡的大蒜味。」

商圈攔截式訪談

執行**商圈攔截式訪談**（mall intercept interview）的地點就在購物商場的一般地區。這對訪員和受訪者來說，是一種很經濟式的一對一接觸訪談，省掉了訪員旅費和行程的支出。在進行這類調查之前，研究公司必須在商圈裏租到一間辦公室，或者以日付的方式租用一個空間。這種調查方法的缺點是很難擁有代表性的取樣人口。

商圈攔截式訪談
一種調查研究的方法，在購物商場的一般地區進行訪談。

商圈攔截式訪談必須要很簡短，若是受訪者是站著接受訪問，訪談時間就必須更短。通常訪員會邀請受訪者到辦公室裏接受訪問，可是即使如此，受訪時間也很少超過15分鐘。研究人員往往會向受訪者出示某些新產品的概念，某個受測電視廣告或是請他們嚐嚐看某樣新食品。一般來說，商圈攔截式訪談的整體品質和電話訪談是差不多的。

行銷研究人員正將一些新的科技運用在商圈訪談上。第一種技術叫做**電腦輔助式的個人訪談**（computer-assisted personal interviewing），研究人員執行一對一的個人訪談，從電腦螢光幕上讀取問題並向受訪者發問，然後再把受訪者的答案直接鍵入電腦中。第二種辦法是**電腦輔助式的自我訪談**（computer-assisted self-interview），商圈中的訪員攔截受訪者，並將自願的受訪者帶到電腦前面，每一個受訪者自己從電腦螢光幕上讀取問題，然後再將自己的答案鍵入電腦中。第三種方法是全自動式的自我訪談，受訪者由訪員引導，或是自己走到集中放置電腦的攤位上，從螢光幕上讀取問題，直接鍵入自己的答案。[11]

電腦輔助式的個人訪談
一種訪談方法，訪員從電腦螢光幕上讀取問題並向受訪者發問，然後再把受訪者的答案直接鍵入電腦中。

電腦輔助式的自我訪談
一種訪談方法，商圈中的訪員攔截受訪者，並將自願的受訪者帶到電腦前面，每一個受訪者自己從電腦螢光幕上讀取問題，然後再將自己的答案鍵入電腦中。

在電腦輔助下，訪員從電腦螢光幕上讀取問題，然後將受訪者的資料直接鍵入電腦中。

電話訪談

和一對一的個人訪談比起來，電話訪談的成本比較低，也擁有最佳的取樣人口。雖然一般人批評這種訪談方式所提供資料品質遠低於居家訪談的品質，可是研究顯示這類的顧慮根本就沒有必要。[12]

集中式電話設備
一個經過特別設計的電話房間，可在裏頭進行電話訪談。

多數的電話訪談都是在一個經過特別設計的電話房間裏進行的，又稱之爲**集中式電話設備**（central-location telephone，簡稱爲CLT）。在這個電話房裏有很多條電話線和個人訪談站，有時候還有監控設備和耳機。凡是使用廣域電信服務系統（Wide Area Telephone Service，簡稱WATS）的研究公司，只需要一個位置點，就能訪問到全國各地的受訪者了。

許多CLT設備都有提供電腦輔助式的訪談功能。訪員從電腦螢光幕上讀取問題，然後將受訪者的資料直接鍵入電腦中。研究人員可以隨時停止調查，並將調查結果立即列印出來。因此，研究人員可以在計畫展開時，瞭解進行程度如何，並在必要的時候，修正其中設計的內容。另外，線上的訪談系統也可以節省很多的時間和金錢，因爲只要將回答記錄下來，資料就立刻被登錄了，不需要在訪談之後，再進行個別的整理過程。印記賀卡（Hallmark）公司發現到，訪員若是使用問卷紙來進行鞋盒賀卡（Shoebox Greeting cards）的訪談，就需要花上28分鐘；相對地，若是使用電腦輔助式的相同問卷，則只需花上18分鐘。[13]

回歸式電話調查
電話訪談的另一種新趨勢。該方法是寄給消費者一包資料，要求收件者打免付費電話，向電話中的電腦語音系統作答。

電話訪談的另一種新趨勢是**回歸式電話調查**（in-bound telephone surveys）。M/A/R/C是全美最大的行銷研究公司，它發展了一套「品牌品質監控法」（Brand Quality Monitoring）。這個方法的過程很簡單：M/A/R/C會寄給消費者一包資料，內含幾張贈券，可兌換客戶商品和競爭者商品的免費樣本，比如說花生醬、速食湯或微波爐專用的爆米花。這名消費者被要求一個接一個地使用這兩家廠商的商品。使用完之後，受訪者就可以打免付費電話。這支電話是電腦語音系統，每週七天，每天二十四小時全天候服務。該系統會向消費者敘述所有的選項，消費者只要按下電話上的號碼，就可以把自己對這兩個商品的意見記錄下來。M/A/R/C每個禮拜都會將記錄結果製成一覽表，以月報、季報、或年報的方式送達給客戶。唯有利用資料庫的資訊，才能知道有哪些消費者會使用某特定商品，比如說穀類食品，研究公司就可以把穀類食品的兌換券寄給這些消費者了。[14]

馬茲行銷研究（Maritz Marketing Research）公司調查中心的總監，特律絲夏克斯（Trish Shukers）預想了未來的一套系統，她稱這套系統爲整合式訪談（integrated interviewing），她是這樣描述的：

整合式訪談
一種新的訪談方法，受訪者可在電腦網路上接受訪談。

> 一名潛在受訪者看到我們登在網路上的調查廣告，透過數據機撥「800」號碼，連上我們的電話中心。電訪員接到這通來電，先進行過濾，決定這名受訪者是否合乎我們的樣本要求，然後在電腦螢光幕上的圖記按一下，就可將有關調查的資訊傳輸給受訪者，接著再將受訪者轉接到另一個系統上，進行自動化的調查訪談。若是該受訪者在自動化調查的過程中有任何疑問，還可以隨時回到原先那位「真人接聽」電訪員的線上。
>
> 想像一下用電腦連線訪問受訪者的情況，我們可以在上頭出示廣告文案或包裝設計的原型（通常我們都認為這種方式必須透過個人親身式的訪談才能做到），然後再執行一通比較長的電話訪談（不管是真人接聽或自動化接聽都可以），並在訪談結束之後，以電子郵件一字不漏地將訪談內容傳輸給客户。[15]

電子郵件訪談

在過去數十年來，電話訪談一向是許多消費調查的主幹，因爲這種調查方式可以快速、低廉、且輕鬆地獲取資料。但也由於機器接聽、消費者對電話調查的負面心態（肇因於不當使用和電話推銷的結果）、以及愈來愈多的電話號碼未登錄在電話簿上等種種原因，使得行銷研究人員不得不另尋它途來蒐集資料。1996年的時候，美國人口中有40%都具備了家用電腦，有一千萬以上的人口經由國際網路和一些服務供應商，如CompuServe和America Online，完成了電腦連線。電子郵件就是個人電腦連線上最常運用到的工具之一。預估到公元2000年的時候，至少有一千五百萬戶家庭會裝設配備數據機的個人電腦。[16]

電子郵件調查

一種訪談技術，研究人員可利用整批形態的電子郵件將調查問卷傳送給受訪者，受訪者也經由電子郵件來作答。

研究人員通常會使用整批形態的電子郵件來傳送調查問卷給使用電子郵件的受訪者。受訪者鍵入自己的答案，然後把回函傳送回去。**電子郵件調查**（e-mail surveys）的最大好處就是快速的回函率。某個調查在兩天後就達到了23.6% 的回函率，比起傳統上全國性的郵件調查方式，在時間上要縮短了許多。十四天之後，前述調查的整體回函率就達到了48.8%，和大多數的傳統郵件或電話調查比起來，高出了許多。[17]另外，因爲電子郵件是一種雙向互動式的媒體，受訪者可以詢問某些特定問題的意義何在，如果受訪者願意的話，也可以提出其它的問題。

電子郵件調查還是會面臨線上訂戶數量有限的問題，且上線人口傾向年輕、富有的理性。[18]其他會遭遇的問題還有大量無效的電子郵件地址，及電子郵件調查容易爲人所忽視、刪除。

郵件調查

以郵件來做調查有幾個好處：低成本、省掉了訪員和現場監督員、集中控制管理、以及保障受訪者的無記名方式（如此一來，可讓回答內容更暢所欲言）。有些研究人員覺得郵寄的問卷能夠給受訪者完整作答的機會，他們可以查查家中的資料記錄，並和家人討論一下。然而郵寄的問卷往往有很低的回函率。

低回函率也會產生問題，因爲這表示人口中有某類人口的回函率高於其他人口，這種結果下的樣本是無法代表整個被調查的人口樣本。舉例來說，回函樣本中可能有絕大多數都是退休人士，極少數是在職人士。在這樣的例子中，若是回答有關社會安全福利的問題，就可能會一面倒地偏向肯定的態度。另一個嚴重的問題是，在郵件調查中，無法對受訪者的答案進行詳細的探究。

市場眞相（Market Facts）、美國家庭意見調查（National Family Opinion Research）、和NPD研究（NPD Research）等公司，提供了另一種有別於郵件調查（只能調查一次）的方式，稱之爲由郵件問答小組調查

（mail panel）。一份郵件問答小組調查內含了幾個家庭的樣本，這些家庭都是經由郵件招募，自願參加某段時間的調查活動。小組裏的成員通常會收到一些禮物作爲參加調查的酬謝。基本上，這種小組可以多次利用。郵件問答小組調查不同於只能做一次的郵件調查，因爲前者的回函率很高，70%的回函率（就那些同意參加調查的人來說）算是很普遍的。

郵寄電腦磁片

基本上來說，**郵寄電腦磁片調查**（computer disk by mail）這種方法具備了郵件調查的所有優缺點。唯一特別的優點是，以磁片進行調查可以將略過的指令併入調查中。例如，當某個問題問道：「你有養貓嗎？」如果答案是否定的，你就必須自己略過所有有關養貓方面的問題。若是以磁片進行調查，它會自動執行這樣的功能。磁片調查也可以在問卷上採用開放性的問題。此外，磁片上也能輕易地出示各種圖形，並和問卷上的問題結合在一起。最後，磁片調查也省略了必須將書面調查資料轉換成電碼的手續。可是它最主要的缺點卻是，受訪者必須要有電腦或是願意使用電腦。

郵寄電腦磁片調查
就像典型的郵件調查一樣，只是受訪者收到的是磁片，必須以磁片進行作答。

小組討論會

小組討論會（focus groups）是一種個人親身式的訪談。通常是經由電話過濾進行隨機抽樣而招募來的受訪者。一般來說，一個小組內共有七到十位具有相同特性的受訪者。爲了讓這些合格的消費者願意參加小組討論會，研究調查公司會以金錢來酬謝他們（通常是三十美元到五十美元之間）。會議地點（有時候可能是個類似起居室的房間；有時候則會擺上一張會議桌）往往會裝置錄音、甚至錄影設備。有時候還會有一間觀察室藏身在一大片單向投射的鏡子背後，如此一來，客戶（製造商或零售商）就可以在這間觀察室裏，觀看整個會議的進行。在整個會議中，會有一位由研究調查公司所聘用的主持人主導整個會議的進行。

小組討論會
由七到十個人參加由一位主持人所引導的小組討論。

小組討論會不單單是問答之間的訪談而已。「小組動力」和「小組訪談」並不同。因**小組動力**（group dynamics）而產生的互動關係，是小組討論會成功與否的關鍵所在。這種互動關係也是捨個別調查而就小組討論的原因所在。使用小組討論會的必要原因之一，就是在會議中，某個人的回答可能會帶給另一個人一些刺激誘因，進而在這些受訪者的回答之間產生交互作用，這種作用下所得到的答案內容遠遠超過個別訪談時所得到的個

小組動力
此互動關係是小組討論會成功與否的關鍵所在。

廣告標題

我們的設計師在設計車款之前，就已經請教過外面的幾位專家了。

福特汽車公司要求消費者試開幾個車款，然後再將這些消費者聚在一起，進行小組討論會，以便取得他們的意見。
Courtesy Ford Motor Company.

別內容。

有時候小組討論會可以爲新商品的點子扮演動腦的角色，或者可以爲新商品的幾個概念進行過濾。舉例來說，福特汽車公司就曾要求消費者試開幾個車款，然後再將這些消費者聚在一起，進行小組討論會。在討論中，消費者抱怨他們的鞋子被磨得很不舒服，因爲後座缺乏足夠的落腳空間。福特公司因此將前座下方的地板傾斜，並加大座椅調整軌道的空間，還將鈓星和黑貂這兩種車款的座椅調整軌道從金屬改成平滑的塑膠。

由視焦網路（Focus Vision Network）所提供的一種新系統，可以讓客戶和廣告代理商在芝加哥、達拉斯、波士頓以及其它15個主要城市中，同步收看現場播映的小組討論會。舉例來說，這種私人衛星網路可以讓通用汽車的研究人員在觀察室裏觀看聖地牙哥市的小組討論會時，同時控制兩台攝影機的同步攝影。這名研究人員可以取整個會議的全景或局部特寫，也可以掃攝每一名參加者。他還可以直接和戴著耳機的會議主持人通話。奧美廣告（Ogilvy and Mather）公司紐約一家大型的廣告代理商，其客戶有星盒海食品（StarKist Sea Foods）、史格藍（Seagrams）釀酒公司、萬事達信用卡（Mastercard）、以及漢堡王就裝置了這樣的系統。[19]

有些公司也開始進行電腦連線式的小組討論會。尼可羅迪安（Nickelodeon）是一家專門播放兒童節目的有線電視網，它對自己的節目有一些疑問。舉例來說，如果尼可羅迪安把節目表和播放時間呈現出來，孩子們看得懂嗎？該公司的研究部門副總裁，凱倫佛利斯卻爾（Karen Flischel）構想了一個新點子，就是利用CompuServe來作線上的小組討論會。他們選了幾個也是CompuServe使用者的觀眾。[20]這群小孩年齡在8到12歲之間，所代表的家庭年收入是三萬美元到十萬美元，其中有一半是少數種族。他們全都擁有個人電腦，而且家裏也有錄放影機。每個禮拜有三次的集會時間，由尼可羅迪安公司的研究人員就不同的主題進行討論。其中大約有三分之一的會議主題都環繞在某些特定的聯播節目上。這些孩子有了自己的鍵盤，就可以立刻回答這家公司的問題。他們告訴研究人員，他們搞不清楚在《未來人》（*The Tomorrow People*）片段中所出現的不同地點。這是一部五個單元的連續劇，其中的故事情節發生在世界各地。製作人終於瞭解雙層巴士的畫面無法讓孩子們瞭解這代表的是倫敦的場景，於是在畫面上另外加上了該城市的名稱。

從電話訪談到小組討論會，在世界各地所執行的行銷研究方法大抵相同。雖說如此，在其它國家所進行的行銷研究還是有一些重要的差異。我們會在「放眼全球」的方塊文章中，由某家國際行銷研究公司的總裁，克理斯凡德威爾（Chris Van Derveer）來談談這個問題。

問卷設計

任何一種調查研究法都需要問卷，問卷的使用可以保證所有的訪員都會以相同的順序詢問相同的問題。問卷上的問題有三種基本形態：開放式、封閉式、以及等級式等（請參看圖示9.7）。**開放式問題**（open-ended question）很鼓勵受訪者用自己的話語來表達意見，研究人員可以根據話中的意義，得到很豐富的資料。相反地，**封閉式問題**（close-ended question）

開放式問題
在執行問卷時，很鼓勵受訪者用自己的話語來表達意見。

放眼全球

全球行銷研究的挑戰

在處理國際性的行銷研究時，其爭論重點多半放在技巧方法上。依據我們的經驗，不管在哪個地區執行行銷研究，電話調查一直是最有效的辦法。許多研究贊助者在他們的合約裏，都建議在南美洲以及亞洲市場採用個人親身式的訪談方法。因為在南美洲，商業接觸算是一種社交，所以傳統上，我們最好採用類似的調查方法。而個人親身式的訪談比起電話調查來說，要顯得較有社交意義。對亞洲市場來說，也比較建議採用個人親身式的訪談方法，因為這可顯示出研究人員對受訪者的尊重。

在為國外市場進行問卷設計時，對調查的介紹和目的所在必須比美國本土的問卷設計更加詳盡才行，因為國外的受訪者比較喜歡追根究底，而且態度上也比美國人要來得正式多了。你可能發現一份需要15分鐘時間進行訪談的問卷，在德國就可能要耗上40分鐘，因為德國的受訪者談的比較多，而其德語的精確性也低於英語。這種較長時間的訪談，往往會增加研究調查的成本。

其實在國際性的研究調查中，最棘手的莫過於翻譯的問題。請記住，如果你要調查五種不同市場／語言，這五種市場的問卷內容也必須一模一樣。不然就會發生兩組不同的回答，完全無益於資訊的蒐集。[21]

你可以想到在國際性行銷研究中所碰到的其它問題嗎？你認為在其它國家進行行銷研究，就如同在美國進行行銷研究一樣的重要嗎？

封閉式問題
在執行問卷時，只要求受訪者就有限的幾個答案進行圈選。

等級式問題
也是封閉式問題，可是卻是用來測定受訪者回答內容的強弱程度。

則是要求受訪者就有限的幾個答案進行圈選。傳統上，行銷研究人員會把兩種選擇的題目（又稱之爲二選一）和多種選擇的題目（通常稱之爲多重選擇）分開來。**等級式問題**（scaled-response question）也算是封閉性問題，可是卻是用來測定受訪者回答內容的強弱程度。

在製成一覽表的時候，封閉式問題和等級式問題比開放式問題要容易多了，因爲前兩者的答案選擇是固定的。可是從另一方面來看，如果研究人員並未小心地設計封閉式問題，就可能會遺漏了某個重要的選項。例如，假定這個問題是來自於某個食品的調查問卷：「在家裏調製塔可餅（taco）時，除了肉類以外，你通常會在裏頭加上什麼餡料？」

這個選項名單好像很完整，是不是？可是請看看下面的回答：「我通常會加上一種嚐起來像鱷梨味道的綠色辣醬。」；「我會把萵苣和菠菜切一切，混合起來放進去。」；「我是個素食主義者，完全不吃肉，所以我的塔可餅裏頭，只放guacamole」你該如何爲這些回答歸類呢？所以這個問題還需要加上一個「其它」的選項。

一個好的問題必須在問法上，既清楚又精確，語焉不詳的句子一定要避免。舉例來說，看看這個句子：「你住在離這裏十分鐘遠的地方嗎？」

開放式問題	封閉式問題	等級式問題
1.你認為向郵購目錄訂購商品，和在當地的零售店購物比起來，前者有什麼優點？（追問：還有什麼其它的好處？） 2.你為什麼要把你的毯子或地毯送到專洗店去代洗，而不由自己或家人來清理？ 3.這個眼影的色彩有什麼地方是你最喜歡的？	二選一題 1.你將丹麥牌商品拿上桌前，會先熱過嗎？ 會..................................1 不會................................2 2.聯邦政府根本不在乎像我這樣的人在想什麼？ 同意................................1 不同意............................2 多重選擇 1.我想請你回想一下，上一次你所買的鞋子，它的樣式是什麼類型。我會唸出幾種描述內容，請告訴我那雙鞋子是屬於哪一種類型？（唸出所有的類型選擇，圈選出符合描述的類型） 正式的............................1 休閒的............................2 帆布製／練習用／體育用鞋..............3 特製的運動球鞋..............4 靴子................................5 2.過去三個月內，你曾以什麼用途來擦抹納辛瑪（Noxzema）乳霜？（圈選出所有的用途形態） 用來洗臉........................1 用來滋潤皮膚..................2 用來治療皮膚上的疤痕......................3 用來清潔皮膚..................4 用來治療乾燥的皮膚.......5 用來柔軟皮膚..................6 用來防曬........................7 用來保持臉部肌膚的平滑...................8	既然你已經用過了這個毛毯清潔劑，你認為你... （圈選一項） ____絕對會買它 ____可能會買它 ____不一定會買它 ____可能不會買它 ____絕對不買它

鱷梨	1	墨西哥辣醬	5	甘椒	9
起司	2	橄欖（黑的／綠的）	6	酸奶油	0
Guacamole	3	洋蔥（紅的／白的）	7		
萵苣	4	辣椒（紅的／綠的）	8		

圖示9.7

在全國市場的研究調查問卷中，所找到的各種問題類型

這得看你指的是哪一種交通工具（也許這個人是用走的哩！），還有開車的速度、認定的時間範圍、以及其它因素等等。所以受訪者應該要看著地圖，地圖上畫出幾個地區，再由受訪者告知他或她是住在哪一個地區。

清楚明瞭的意思還包括了你所使用的術語一定要合理易懂。問卷調查可不是什麼字彙大考驗，所以一定要避免用一些難懂的術語，而且所用的語句還得符合目標消費群的習慣。類似像「你所主要使用的洗碗清潔劑，它的功效程度如何呢？」這種問法，大概都會遭人白眼。比較簡單的問法是：「你（1）很滿意；（2）有點滿意；或（3）不滿意你目前所使用的洗碗清潔劑？」

進行訪談之前，先將調查的目的說清楚，也會有助於訪談過程的清楚明瞭。受訪者應該要瞭解該研究的企圖以及訪員的期望是什麼。當然，有時候爲了要讓答案沒有偏頗之嫌，訪員不得不對調查研究的企圖進行一番粉飾。如果訪員說：「我們正在爲美國國家銀行進行形象調查。」然後才繼續問一些有關這家銀行的問題，結果就很有可能會產生一些偏差性的答案。受訪者會想要回答他們自認爲是「正確」或是訪員想要聽到的答案。

最後，爲了確保訪談過程的清楚明瞭，訪員應避免把兩個問題集中在一起發問。例如：「你對胡椒田農家（Pepperidge Farm）牌咖啡蛋糕的口味和口感，喜歡的程度如何？」這樣的問題應該分成兩個部分，一個是有關口味的；另一個則是有關口感的。

問題不只要清楚，也不能有偏袒的嫌疑。類似像「你在過去六個月內，曾經買過高品質的老黑水手牌（Black & Decker）工具嗎？」這類的問句，就會多少左右了受訪者對這個主題的看法（在這個例子裏，他會把高品質和老黑水手牌工具連想在一起）。而像以下句子也可能會左右受訪者的看法：「你對昨天晚上在假日飯店所受到的良好服務，覺得開心嗎？」（受訪者幾乎是被告知，這個答案應該是肯定的）。這些例子都很明顯，遺憾的是，許多誤差性的問句並不是那麼地明顯易辨。其實，訪員的衣服和手勢也可能會造成一些影響。

觀察研究法

觀察研究法不同於調查研究法，前者並不直接和人群產生互動。**觀察研究法**（observation research）的三種類型分別是：由人們來監視人們、由人們來監視活動、以及用機器來監視人們。由人們來監視人們的研究，主要有兩種類型：

觀察研究法
根據以下三種觀察類型所進行的研究方法：由人們來監視人們、由人們來監視活動、以及用機器來監視人們。

◇神秘購物者：研究人員會假扮成顧客，來觀察由零售商所提供的服務品質。規模最大的神秘購物者公司是位在亞特蘭大市的夏普卻克（Shop'N Chek）公司。該公司在全國各地共雇用了一萬六千名的匿名購物者。他們會評估通用汽車業務員的禮貌態度如何？聯合航空的班機服務品質如何？溫蒂速食店的漢堡點餐效率如何？它們和其它客戶比起來的成績如何？德瑟克（Texaco）石油公司最近就推出了一個叫做「協力建構明天」（Building Tomorrow Together） 的活動，這個活動雇用了許多神秘購物者，來為全美一萬四千個零售點進行評估。所有加油站的經理、卡車停靠站的站長、以及員工等，全都靠這次的評估來決定他們是否能贏得公司所頒發的表彰獎項。[22]

◇在單向鏡的後面進行觀察：費雪牌遊戲實驗室（Fisher-Price Play Laboratory）邀請了許多小朋友來參加玩玩具的活動。玩具設計師就躲在單向鏡的後面，觀察這些孩子們是如何玩耍費雪牌的玩具和其它製造商的玩具。舉例來說，費雪牌公司在設計玩具除草機的時候，遭遇到了一些瓶頸。結果，一名設計師從觀察鏡的後面注意到小孩子對肥皂泡泡的想像力，進而創作出一種會吐出肥皂泡泡的除草機，第一年就賣出了一百萬台以上。

在觀察研究法中，以人們來監視活動的形式，其中最著名的就是稽核法（audit），也就是對某個商品的銷售量進行檢查證實。稽核法有兩種類型：零售稽核和批發稽核，前者是指賣到最終消費者手上的銷售量是多少；後者則是指從倉庫送到零售商手上的訂貨量是多少。批發商和零售商會讓稽核員到他們的店裏和倉庫，檢查一下該公司的銷量記錄和訂貨記錄，以便確定商品的流通情況。相對的，零售商和批發商則會收到由稽核公司所核發的補償金和基本報告。

稽核法
觀察研究法的其中一種形式，以人們來檢定和證實某個商品的銷售量。

以機器來監視人們的作法，其中有三種形態：

◇交通流量計算器：最常見也最受歡迎的機器式觀察研究法，莫過於用機器來計算某條公路的交通流量。戶外看板的廣告主非常依賴這種計算器，因爲它有助於決定某戶外看板平均一天的曝光度如何。零售商也會使用這套資訊來決定開店的位置。舉例來說，便利商店就需要相當程度的高流量來達成營利的目標。

◇影像感應推車：這種機器被裝設在店內的天花板上，利用紅外線感應器來追蹤購物推車。這套新系統常常偵測到不少顧客是用雙手來裝東西的。這些顧客把推車停在廊道的盡頭，然後再一路走過去，從貨架上拿取商品擱在手臂上。零售商認爲這類購物者買得比較少，因爲受限於他們雙手所能承載的份量。[23]

◇人數自動計量器：再不久，就會有一種類似像照相機的裝置問市，可以用來測量電視收視觀眾的數量。這種自動系統的外觀看起來像是個錄放影機，可放置在電視機的上頭，該系統可被設定來辨認幾張熟悉的面孔，所以當家中個別成員看電視的時候，就會被自動地記錄下來。它會注意到收視者何時離開房間，甚至收視者的眼睛稍稍離開電視螢光幕片刻，也會被登錄下來。陌生的面孔則被視爲是該家庭的訪客。大家都很熱切期待這種人數自動計量器，因爲廣告主愈來愈要求收視率一定要確實，而無線電視網也有很大的壓力，必須讓廣告主知道，他們所播放的廣告的確被目標收視群收看到了（收視率對廣告時段的定價很有關係）。一名A.C.尼爾遜（A. C. Nielsen）公司的執行主管說，這種自動系統應該可以產生「更高品質、更精確的數據資料，因爲受訪者根本不用做什麼事」，只要「像平常一般的自己」就可以了。但是也有一些無線電視網和廣告主在批評這種自動系統。一名執行主管說：「誰會想讓這種東西裝在自己的臥房裏？」[24]其他人則聲稱，這種系統需要有良好的光線才能正常運作。此外，這種盒狀物也有其視野上的限制，所以極有可能無法辨識出房間裏一共有多少人在收看電視。這種自動計量器會比目前在使用的日誌系統來得管用嗎？就1996年年底來說，這種計量器還未達到完美的地步。而現在，主要的四家無線電視網也正通力合作，想要開發出另一種機器裝置，來測定收視觀眾量的大小。[25]

A.C. 尼爾遜公司
尼爾遜公司的四萬戶消費者小組，如何提供有關消費者購買行爲的深入觀察報告？在這個網址上，還有哪些網路資源可以利用？
http://www.acnielsen.com/

以上所有這些觀察研究法的技巧都至少能提供兩點好處是調查研究法所不能及的：第一，消除了在訪談過程中所可能產生的誤差問題；第二，觀察研究法不需要受限於受訪者的意願有無，就能取得資料。

另一方面來說，觀察研究的方法也有兩種缺點。第一，因爲無法測出受訪者的動機、態度和感覺，所以缺乏一些主觀性的資訊；第二，資料蒐集的成本可能會提高，除非這種被觀察的行爲模式，出現的頻率次數多又短暫，而且可以預估到，才有可能降低成本。

實驗法

實驗法（experiment）是研究人員用來蒐集初級資料的另一種方法。研究人員改變一或多項變數，如價格、包裝設計、貨架空間、廣告主題、廣告支出等，然後觀察在這樣的改變下，另一個變數（通常是銷售量）會有什麼樣的變化？最好的實驗法就是所有的因素保持恆常不變，只有那幾個被操控的變數例外。例如，在廣告支出上作些改變，然後由研究人員觀察商品銷售量的變化程度。

實驗法
研究人員用來蒐集初級資料的一種方法。

要讓外在環境的所有其它因素保持不變的態勢，老實說，就算可以辦得到，也會是一樁成本可觀的巨大工程。因爲這類外在的因素包括了競爭對手的活動、天氣和經濟狀況等，而這些都是超乎研究人員所能控制的範圍之外。可是市場研究人員還是有辦法可以對這個不斷改變中的外在環境提出解釋。馬斯（Mars）公司是一家糖果製造商，它的銷售量不斷地滑落，全都流向競爭對手的業績上了。傳統的調查顯示出，它的糖果棒並不被消費者認爲是物超所值的商品。於是馬斯公司懷疑，是否以相同價格來賣較大尺寸的糖果棒，可以刺激銷售的成長，進而抵銷原料成本的增加。這家公司設計了一個實驗，在這個實驗裏，各地的行銷組合保持不變，可是糖果的尺寸卻加大了。結果大尺寸的糖果棒銷售量大增，而多出的成本也被額外的收益給彌補了過來。最後的結果是，馬斯公司加大了糖果棒的尺寸，同時也增加了市場佔有率和利潤收益。

指定抽樣的方法

一旦研究人員決定了初級資料的蒐集方法，接下來就是要選定抽樣辦法。對公司廠商來說，它們並不太能對新商品的所有可能使用者進行大規模的普查，當然也不可能訪談所有的使用者。所以，它必須選擇一群樣本來接受訪談。**樣本**（sample）就是指一群人口中的某個子集合。

樣本
一群人口中的某個子集合。

在決定抽樣計畫之前，應先問幾個問題。首先是界定**母群體**

母群體
被抽樣的某個大族群。

（universe），也就是被抽樣的某個大族群。行銷人員對這群人的意見、行爲、喜好、態度等等，都很感興趣。舉例來說，某個研究調查的目的，是要瞭解某個全新品牌的狗罐頭食品，是否有其市場，於是，母群體就可能界定在目前所有的狗罐頭購買者。

選定母群體之後，再來就是問清楚所抽取的樣本是否必須要代表這個人口。如果答案是肯定的，就必須採用機率樣本，否則，就可以考慮使用非機率樣本。

機率樣本

機率樣本
指母群體中每個成員被選上的機率是已知的。

機率樣本（probability sample）是指母群體中每個成員被選上的機率是已知的。它最大的好處就是這種科學辦法可確保該樣本絕對可以代表這個母群體。

隨機抽樣
樣本的抽取方式必須確保該母群體中的每個成員，都有相同的機會被選爲樣本。

機率樣本中的其中一種類型就是隨機抽樣。**隨機抽樣**（random sample）的抽取方式必須確保該母群體中的每個成員都有相同的機會被選爲樣本。舉例來說，某所大學想要利用學生的活動費用來建造一棟複合式運動館，因此很想瞭解所有學生的代表性意見。如果該大學可以獲得所有註冊學生的最新登錄名單，它就可以利用亂數表（可在多數的統計書籍上找得到），從名單上抽取學生樣本。（**圖示9.8**）就描繪了機率樣本和非機率樣本中的幾個常見形式。

非機率樣本

非機率樣本
不太有意圖或無意圖找出某個人口的代表樣本，就被稱之爲非機率樣本。

便利抽樣
以研究人員的方便取得爲前提，所採用的受訪者名單。

只要不太有意圖或是無意圖找出某個人口的代表樣本，就被稱之爲**非機率樣本**（nonprobability sample）。非機率樣本之中的最普遍的一種形式就是**便利抽樣**（convenience sample），亦即以研究人員的方便取得爲前提，所採用的受訪者名單，舉例來說，員工、朋友或親戚等，都有可能。

只要研究人員瞭解這個樣本並無代表性，這種非機率樣本也還是可以接受的。因爲這種樣本的成本低，所以仍是許多行銷研究的基礎所在。

機率樣本	
簡單隨機抽樣法（simple random sample）	母群體的每個成員都有已知並相等的中選機會。
分層抽樣法（stratified sample）	母群體被分成幾個相互排斥的子群（例如性別或年齡），然後再從每一個子群中進行隨機抽樣。
集束抽樣法（cluster sample）	母群體被分成幾個相互排斥的子群（例如地理區域），然後再挑選出隨機抽樣的集束。接著研究人員在這些被選上的集束中，就集束裏的每個成員進行資料蒐集；或者是對每個集束裏的機率樣本成員進行資料蒐集。
系統抽樣法（systematic sample）	先決定母群體的名單（例如在XYZ銀行開立支票存款的所有顧客），然後再決定樣本區間（skip interval）。樣本區間就是將母群體數除以樣本數所得到的區間數字。假定樣本數是100人，而該銀行有1,000名支票存款顧客，則樣本區間就是10。然後再從樣本區間裏（在此例中是1到10之間），以隨機選擇的方法抽出一個開頭數字，假定這個數字是8，則此區間形態就是8,18,28,…
非機率樣本	
便利抽樣法（convenience sample）	研究人員挑選最簡單的人口成員，再從這些成員中蒐集資訊。
判斷抽樣法（judgment sample）	研究人員的挑選原則是根據個人的判斷，確認被選上的這些成員最有可能提供精確的資訊。
配額抽樣法（quota sample）	研究人員在幾個類別中（例如大型狗的飼養者V.S.小型狗的飼養者），確定規定受訪的人數。受訪者不需要經由機率抽樣的方法來挑選。
滾雪球抽樣法（snowball sample）	額外挑選的受訪者都是根據最初受訪者的推薦而來的。之所以採用這種方法是因為很難找到某種特定類型的受訪者。例如，在過去三年內，曾經環遊世界的人。這種抽樣技巧正應驗了「物以類聚」這句老話。

圖示9.8
樣本類型

誤差類型

測定誤差
係指研究人員想得到的資訊和由測定過程所提供的資訊，這兩者之間有些許差異存在。

不管行銷研究採用哪一種樣本，都會發生兩種類型的誤差：測定誤差和抽樣誤差。**測定誤差**（measurement error）是指研究人員想得到的資訊和由測定過程所提供的資訊，這兩者之間有些許差異。舉例來說，人們可能會告訴訪問員，他們有買庫爾斯啤酒，可是實際上卻沒有。一般來說，測定誤差往往比抽樣誤差要來得大。

抽樣誤差
當某個樣本不太能代表其目標人口，就會產生誤差。

抽樣誤差（sampling error）則是指某個樣本不太能代表其目標人口。而抽樣誤差也有多種呈現類型。無回應式誤差（nonresponse error）是指實際訪談的樣本和原來抽取的樣本不同。這種誤差發生的原因，是因爲原來選定的受訪者拒絕合作或者無法聯繫得上。例如：人們對自己的飲酒習慣難免覺得尷尬，所以就可能會拒絕受訪。

架構誤差
係指抽取樣本的母群體，不同於目標人口。

架構誤差（frame error）則是另一種抽樣誤差的類型，它是指被抽取樣本的母群體不同於目標人口。舉例來說，假定某個電話調查是要瞭解芝加哥市的啤酒飲用者對庫爾斯啤酒的態度，於是使用芝加哥市的電話簿作爲架構（frame）（用來從中挑選受訪者的裝置或名單），這個調查就可能產生了架構誤差。因爲並不是所有芝加哥市的啤酒飲用者都有電話，而且有許多電話號碼也沒有登錄在電話簿上。一份完美理想的樣本（舉例來說，一個沒有架構誤差的樣本）必須能符合目標人口中的所有重要特性。你可以找到芝加哥市啤酒飲用者的完美架構嗎？

隨機誤差
所挑選的樣本，就其總體人口的代表性來看，並不夠完美。

隨機誤差（random error）是指所挑選的樣本就其總體人口的代表性來看並不夠完美。隨機誤差可解釋被選上的樣本，其實際平均值究竟能多精確地反應出母體人口的實際平均值。例如，我們在芝加哥市啤酒飲用者中所找出的隨機樣本，其中只有16%的人經常飲用庫爾斯啤酒。第二天，我們重複同樣的抽樣方式，結果發現，在第二次的隨機樣本中有14%的人經常飲用庫爾斯啤酒。這兩者之間的差異就是來自於隨機誤差的關係。

資料的蒐集

現場執行公司
轉包契約，進行受訪者訪談工作的公司。

大多數初級資料的蒐集都是由行銷研究現場執行公司來進行。**現場執行公司**（field service firm）最擅長的就是根據轉包契約，進行受訪者的訪談工作。許多現場執行公司在全國各地都有辦公室。一個典型標準的行銷研究必須在各個城市進行資料蒐集，所以也就需要行銷人員和相當數量的現場執行公司進行合作。爲了確保所有的承包公司都有一致的做事步調，每一份工作都必須進行詳細的現場說明。所有事情絕不能以僥倖的心理來承辦，也絕不能讓承包公司有自我詮釋的機會。

除了執行訪談之外，現場執行公司也會提供小組討論會的使用設施、商圈攔截式訪談的執行地點、受測商品的倉庫，以及可調製受測食品的廚房設施。它們也會執行零售審計法（計算零售貨架上售出的某商品數量）。在居家式訪談結束之後，現場執行的監督員會確認這個調查是否屬實，於是他會再聯絡15%的受訪者，除了想要證實問卷上的某些答案是否記錄完整之外，也可查證這些受訪者是否眞的接受過訪談。

資料分析

在蒐集完資料之後，行銷研究人員就要進行研究過程中的下一步動作：資料分析。資料分析的目的就是要從一大堆資料裏，進行詮釋，並從中找出結論。行銷研究人員會利用行銷研究中常見的一或多種方法，來進行資料的彙整和分析，這些方法分別是單向頻率計算、交叉編表，以及其它更複雜精細的統計分析等。在這些方法中，單向頻率表格只記錄對某單一問題的多種回答內容。舉例來說，「你最常買哪一種品牌的微波爐專用爆米花？」這個問題的答案就可提供一份單向頻率的分配表。單向頻率表通常用在資料的分析上，至少是初步的分析，因爲它們可以爲研究人員擬

在蒐集完資料之後，下一步動作就是要進行分析，以便從中得到詮釋，並找到行銷人員可利用的結論。

圖示9.9
最常購買的微波爐專用爆米花和性別之間的假設性交叉編表

品牌	兩性的購買率	
	男性	女性
奧維拉牌（Orville Reddenbacher）	31%	48%
電視時光牌（T.V. Time）	12	6
派普牌（Pop Rite）	38	4
第二幕牌（Act Two）	7	23
體重監視牌（Weight Watchers）	4	18
其它品牌	8	0

出這個研究結果的大致輪廓。

交叉編表
一種分析資料的方法，可以讓分析師看到某項問題的回答內容和其他一到多項問題的回答內容兩者之間的關聯性如何。

交叉編表（cross-tabulation）或稱爲cross-tab，可讓分析師看到某項問題的回答內容和其它一到多項問題的回答內容兩者之間的關聯性如何。舉例來說，最常購買的微波爐專用爆米花品牌，它和性別有什麼關聯性？（圖示9.9）所呈現的就是這個問題的假設性答案。雖然，奧維拉牌（Orville Reddenbacher）爆米花普遍受到男女性的喜愛，可是顯然地，女性喜愛的程度比較大。和女性比起來，男性較喜歡派普牌（Pop Rite）爆米花，而女性則比男性更可能去買體重監視牌（Weight Watchers）爆米花。

研究人員還可以使用其它很多種複雜的統計方法，例如假設測試（hypothesis testing）、聯想測量（measures of association）和回歸分析（regression analysis）等。這些技巧已超越了本書的討論範圍，不過你仍可在其它行銷研究的教科書上找到這類資訊。究竟該在什麼時候使用這些複雜的統計方法，端看研究人員的目標所在以及所欲蒐集的資料爲何。

報告的準備和提出

做完資料分析之後，研究人員就必須準備報告，和管理階層溝通相關的研究結論和建議事項。這是過程中的一個主要步驟。如果行銷研究人員希望經理們實踐他或她所提出的建議，就必須先說服他們這個研究結果是可信的，因爲有資料數據爲憑。

研究人員通常必須同時提出書面和口頭報告，這些報告是爲會議中的聽眾特別準備的。一開始的時候，應先明確地說出該研究的目標，然後再簡潔完整地解釋研究的設計或運用的方法，接下來是提出幾個主要發現的摘要，最後的結論則是向管理階層提出一些建議事項。

大多數進入行銷界的人們，都會成爲行銷研究的使用者而非供應者。因此，他們必須知道應注意報告上的哪些事項。因爲我們雖然買了很多東西，可是東西的品質卻不是那麼明顯易辨，而高價位也不一定就能保證絕對會有出眾的品質。一份行銷研究報告的品質衡量標準就在於該研究的提案內容。這份報告符合提案中所制定的目標嗎？在提案中所概述的研究方法，有確實地執行嗎？這些結論是根據資料分析下的邏輯推論而來的嗎？在這樣的結論下，該報告中的建議夠謹愼嗎？

另一個衡量的標準就在於書面的品質。它的寫法清楚易懂嗎？有句話說，如果讀者有絲毫的機會可能產生誤解，他們就會全盤誤解了。所以報告應該儘可能地精準確實。

後續工作

行銷研究過程中的最後一個步驟就是後續工作的進行。研究人員應該確定，爲什麼管理階層願意或不願意執行他在報告中所做的建議。報告中有足夠的資訊來做決策嗎？還需要做什麼，才能讓這份報告更有助於管理階層的運用？市場研究人員應該和產品經理，或是任何一位授權這個研究計畫的人維持良好的關係，這是非常必要的，因爲他們通常都會長久地合作許多計畫。

有許多小型公司沒有時間或沒有金錢來從事複雜正式的行銷研究。可是也不應該就此限制它們從事一些較不複雜的市場研究。

掃瞄式研究

5 討論掃瞄式研究的日益重要性

掃瞄式研究（scanner-based research）是指持續性地監控一組受訪者所接受到的廣告訊息、促銷活動和商品定價，以及他們所購買的東西，再從這組受訪者身上蒐集資料。在這個研究中的可變動因素包括了廣告活動、兌換券、商品展示和商品價格等。最後結果則是一個體積龐大的資料庫，其中包括了市場行銷上的各種努力和消費者的反應行爲等。掃瞄式研究可以讓行銷研究達成幾乎完美的巔峰目標：精確、客觀地瞭解各種不同的行銷努力和實際的業績兩者之間的直接關係是什麼。

掃瞄式研究
持續性地監控一組受訪者所接受到的廣告訊息、促銷活動和商品價格，以及他們所購買的東西，再從這組受訪者身上蒐集資料。

兩個掃瞄式研究的主要供應商分別是資訊資源公司（Information Resources Incorporated，簡稱IRI）和A.C.尼爾遜公司。這兩家公司各佔了這個市場的一半江山，但是IRI卻是掃瞄式研究的開山鼻祖。

行為掃瞄

行爲掃瞄式的研究計畫，會經由商店內的掃瞄器，追蹤三千户家庭的購買內容。

IRI的第一個商品是**行爲掃瞄**（BehaviorScan）。這個研究會在每一個執行行爲掃瞄的城市裡招募許多家庭（約計有三千戶，長期性地參加這個研究計畫），形成一個家庭小組。小組裏的成員必須在配有掃瞄設備的雜貨店或藥房裏，出示ID卡結帳購物。如此一來，IRI就可以長期性地電子追蹤每一戶家庭的購物內容。它還可以利用微電腦，來測定每一個家庭的收視情況，並傳送特定的廣告到小組成員的電視裏。在瞭解了家庭小組的購買行爲之後，它就可以操控市場行銷上的各種變數，例如電視廣告或消費者活動，或者也可以推出新商品，進而分析消費者購買行爲上的實際改變是什麼。

資訊掃瞄

一種掃瞄式服務，可爲包裝性消費商品產業進行銷售量的追蹤。

IRI最成功的商品在市面上每年都可進帳一億三千萬美元，全美客戶共計有740家，這個商品就叫做**資訊掃瞄**（InfoScan）。資訊掃瞄是一種掃瞄式服務，可爲包裝性消費商品這個產業進行銷售量的追蹤。它可以爲所有的條碼商品監控評估其零售業績、詳細的消費者購物資訊（包括對商店的忠誠度、購物籃中所有被購商品的總花費）、以及製造商和零售商所發動的促銷活動等。

6 解釋何時需要和不需要執行行銷研究

何時需要執行市場行銷研究？

當經理們面對某個問題，而心中已有幾個解決腹案時，他們絕對不會直覺想到進行市場行銷研究。然而事實上，他們所要做的第一件事，就是決定應不應該進行市場行銷研究？

有些公司在某些市場上，已經做了很多年的行銷研究。這類公司非常瞭解目標顧客的所有特性，以及他們對現有商品的好惡所在。在這樣的情況下，它們就不想再花錢，重複作更進一步的市場研究。舉例來說，寶鹼公司對咖啡市場就有非常豐富的認識。它在作完佛傑士即溶咖啡（Folgers Instant Coffee）的第一次口味測試之後，就逕行將該商品配銷到全國市場上，而沒有做進一步的研究。莎拉李的統一食品廚房（Consolidated Foods

Kitchen of Sara Lee）在推出冷凍新月形麵包的時候，也是採用舊的策略；而桂格燕麥（Quaker Oats）公司在推出燕麥混合軟棒（Chewy Granola Bars）時，也是如出一轍。可惜的是，這樣的手法並不是每一次都奏效。P&G的行銷人員自以爲很瞭解止痛劑的市場，於是略過市場研究，直接推出膠囊裝的艾卡普利（Encaprin）止痛劑。但是因爲這個商品欠缺凌駕現有商品的明顯優點，所以很快就從市場上敗下陣來。

經理們很少因爲對自己的判斷極具信心，而拒絕接受更多可取得的免費資訊。但是若是資訊的代價太過昂貴，或是取得的時間拖得太長，他們就有足夠的理由拒絕取得這些資訊。經理們是否願意獲得額外的決策資訊，全在於他們對這些資訊的品質、價格、和時效上的認定。當然，如果有完美的資訊可以運用，也就是說，這個資料毫無疑問地可以告訴你該選擇哪一個腹案，決策者當然會很樂意多付點錢來取得它，因爲這總比付錢買一份讓你無所適從的資訊要好多了。所以，總而言之，只有在資料的預期價值大於取得成本時，才需要採用行銷研究。

回顧

再回頭看看本章開頭所提及的波士頓市調公司，這家公司應該可以利用實驗法、觀察研究法、或調查研究法來執行市場行銷研究。如果它選擇的是調查研究法，就可以利用幾種媒體（例如電話、郵件或線上網路）來進行市場研究。

除非公司對手邊的問題有足夠充份的資訊（也是來自於過去的研究成果），否則就可能需要進行市場行銷研究。然而，經理們也要確定，蒐集資料的成本一定要低於它的價值才可以。

通常，主要的市場行銷資料多是來自於公司內部的決策支援系統，這個系統會持續性地蒐集各種來源的資訊，再轉呈給決策者。以供決策者作爲決策的根據。而DSS資料的供應來源往往是行銷研究資訊。

總結

1.解釋行銷決策支援系統的概念和目的：決策支援系統可讓行銷經理立刻獲取資料，並親自運用操控，進而做出最佳的決策。決策支援系統有四個格外有利於行銷經理的特點，它們分別是：互動式、彈性化、啓發導向、和方便易學。經理們不需要外來的協助，就可以自己立刻進入決策支援系統。這套系統可讓使用者以各種不同的方法運用資料，也可以要它回答假設性的問題。即使是初學電腦的使用者，也能輕鬆地利用這套系統。

2.討論資料庫行銷和微觀行銷的本質：行銷資料庫只是決策支援系統的一部分，內含了現有顧客和潛在顧客的特質描述和購買形態。微觀行銷則起源於大型資料庫，因為後者儲存了大量顧客的特質描述和購買形態，可讓微觀行銷運用來瞄準目標家庭或個人。微觀行銷有幾個重要的功能，它可以確認出特定顧客群和各市場區隔的收益潛力；它可以為特定的市場區隔確認出最有效的包裝和定價策略；此外，它還可以為全新的商品和勞務，找出市場機會點。

3.界定行銷研究並解釋它對行銷決策的重要性：行銷研究就是為了解決某些特定的行銷問題，而進行資料蒐集和分析的一個過程。行銷人員可利用行銷研究來探索某些行銷策略的收益程度如何。他們可以檢查為什麼某些策略會失敗，並分析一些市場區隔的主要特徵。此外，行銷研究可讓管理階層主動出擊，找出社會上和經濟上新近竄起的趨勢是什麼。

4.描述行銷研究計畫中，所牽涉到的各個步驟：行銷研究過程牽涉到幾個基本步驟。首先：研究人員和決策者必須彼此同意問題的所在或研究的目標是什麼。有時候這個步驟還需要進行背景調查，也就是狀況分析，通常是從次級資料中獲得部分的資訊。然後研究人員就可以進行整體的研究設計，確定如何蒐集和分析首要資料。在蒐集資料之前，研究人員必須先決定受訪者該採機率樣本或是非機率樣本？通常會雇用現場執行公司來進行資料的蒐集。一旦蒐集完成，研究人員就會使用統計方法來進行分析。接著是口頭和書面報告的準備和提出，同時也必須對管理階層做出結論和建議。到了最後一個步驟，研究人員應該要知道自己的建議是否被採納執行，還需要做些什麼，才能讓整個計畫更趨成功。

5.討論掃瞄式研究的日益重要性：掃瞄式研究系統可讓行銷人員確保調受訪者只接觸某些變數，並監控他們對這些變數的反應程度，這些變數包括了廣告、兌換券、店內陳設、包裝和價格等。行銷人員可分析這些變數和受訪者購買行爲之間的關聯性，進而更深入地觀察自己的銷售策略和行銷策略。

6.解釋何時需要和不需要執行行銷研究：行銷研究可提供資料給經理們，以便他們做出最佳的行銷決策。但是，公司應該考慮，行銷研究的預期效益是否大過於它的成本？在通過研究預算之前，管理階層應該要確定，手邊並沒有任何資訊可供決策使用。

對問題的探討及申論

1.行銷的任務就是要創造出交易的行爲。在這個交易過程中，行銷研究扮演的是什麼角色？

2.行銷研究在傳統上一直和消費商品製造商有著密切的關係。今天，我們看到愈來愈多的企業組織，不管賺不賺錢，全都在使用行銷研究。你認爲爲什麼有這樣的趨勢存在？請舉出一些例子。

3.請對下面這段描述，進行書面回答：「我在市中心的地方擁有一家餐館，我每天都見到很多顧客，而且我知道他們的名字。我曉得他們喜歡什麼和不喜歡什麼。如果我在菜單上加上一些新菜式，可是卻沒有人點它，我就知道顧客們不喜歡這道菜。我會閱讀摩登餐館（Modern Restaurants）這類的雜誌，以便瞭解這個行業有什麼樣的趨勢。這就是我能做到的所有行銷研究。」

4.舉出下面各例：（a）行銷研究的敘述性角色；（b）診斷性角色；和（c）預測性功能。

5.請評論下面的幾個方法，並建議更好的替代方案：

a.某家超級市場對自己的形象塑造很有興趣，於是趁顧客還未將商品放進購物袋之前，先放進一份簡短的問卷。

b.某家購物商場爲了要評估自己的商圈範圍有多廣，就派遣了訪員在每個禮拜一和禮拜五的晚上，駐守在停車場上，一旦顧客停好車，訪員就上前詢問他們的郵遞區號。

c.某家電影製片場爲了要評估某部新電影受歡迎的程度，邀請消費者打900電話，投票表明他們是否想再看一遍這部電影。每位致電者都需付出兩塊美元的費用。

6.你必須負責招攬更多主修商業的學生到你的學校就讀，爲了要達成這個任務，請寫一份行動大綱，內容記載你所要採取的各項步驟，其中包括抽樣過程。

7.爲什麼次級資料有時候會勝過初級資料？

8.要是公司沒有任何問題，還有必要發展一套行銷決策支援系統嗎？

9.請就什麼時候應該使用小組討論會這個議題，進行討論。

10.請將全班同學分成八人一組的小組，每一組都要就貴校對學生所提供的服務品質和數量這個主題，進行小組討論。每一組選出其中一人擔任主持人。請記住，主持人的角色是促進整個討論的進行，而不是引導討論的內容。這些小組的討論時間在45分鐘左右。如果可能的話，這些小組的討論應該被錄影或錄音起來。完成之後，每個小組都要寫一份簡短的報告結果，也可考慮將你們的研究成果和貴校的院長共同分享。

11.請在下列的網址上，找到列在其中的城市，並描述這家公司所提供的行銷研究資訊類別。

http://www.usadata.com/usadata/market/bymar.htm

12.在下列電腦網站上，可爲市場研究人員提供什麼樣的服務？

http://www.anywhereonline.com/home2.htm

13.請試試下列網站爲行銷決策支援工具所提供的穿越軟體（Software Walk-Through）。這個程式設計對行銷人員有什麼幫助？

http://www.allen.com/marketview/

第二篇
批判思考個案

老強席爾維斯餐廳（Long John Silver's）向車上點餐的顧客群招手（drive-through customers）

有句老話說道，大多數的消費者都不喜歡參加調查訪問。現在這個說法就快要被推翻了，因為有一種愈來愈普遍的技巧，是讓受訪者打電話給研究人員，而這個「研究人員」偏巧是台機器而已。它是一套精細的軟體程式，可以讓受訪者利用自己的按鍵式電話進行回歸式調查（in-bound surveys）。也許這種無人式的接聽以及由受訪者自己控制訪談的特性，正可以解釋為什麼回歸式調查的平均回應率比較高的原因。

老強餐廳就曾成功地運用過這種回歸式調查。這家餐廳是家講究快速服務的海鮮餐飲連鎖店，總公司位在德州的雷辛頓（Lexington）市。它在全美三十八個州、加拿大、新加坡以及沙烏地阿拉伯等各地共設置了近乎一千五百家分店。老強餐廳採用了一種叫做Show N Tel的回歸式調查計畫，在雙向式的電話語音回答系統上運作。這項計畫是由位在達拉斯的雙向溝通公司（Interactive Communications Inc.）所設計的。

因為這個研究是經常性的，所以該公司利用回歸式調查的方法，來捕捉一群很難掌握的消費者：車上點餐的顧客和外帶的顧客。「我們的生意有大多數都是來自於車上點餐和外帶的顧客，」老強餐廳的行銷研究經理賴利諾伯如是說道，「要和在店內用餐的顧客談一談，是一件很容易的事情，可是要掌握車上點餐和外帶的顧客就有些困難了。回歸式調查可以在這一點上作得比較好。自從我們開始執行一般的調查以來，一直得不到很多有關這個族群顧客的資訊，我們試過郵件調查，可是回函率非常的低。」

外帶和車上點餐的顧客會拿到一張卡片，卡片上請他們在午夜之前打免付費電話參加一個簡短的調查。在電話訪談結束之際，再告知一組代碼給來電者，使他們手上的那張卡片變成一張可兌換免費餐點或飲料的兌換券，以作為他們參加調查的酬謝。當受訪者打電話進來的時候，該系統會先向他們致意：「您好，感謝您撥冗致電老強餐廳的調查專線，您最近曾來過本餐廳，所以我們很有興趣想要知道您對本餐廳的意見是什麼。」一旦確認了來電者使用的是按鍵式電話，受訪者就會被告知調查的時間有多長以及接收酬庸禮物的方法等。

這些顧客會被問到他們所購買的餐點內容，並針對一些屬性進行滿意度的考核測定。受訪者也需要提供人口統計上的資料。

雙向溝通公司的全國計畫設計總監馬克馬區（Mark Mulch）提到，在雙向式調查中有三種類型的問題做得最好：評分問題，受訪者在電話按鍵上輸入各種評分等級的代表號碼；資料登錄問題，例如，「您點餐後，花了多少分鐘才拿到餐點？」；以及開放性問題，由受訪者解釋他們爲什麼不滿意。

在開放性問題上作答的受訪者，事前不會被告知他們可以說多久，可是根據馬區的說法，45秒鐘已經很足夠了。一旦他們說完了，就在電話上按一個鍵。

客戶會收到以文字抄寫下來的開放性回答內容，或是一盒錄音卡帶。這套系統也可以讓客戶打電話進來，直接逐字聽取其中的內容。舉例來說，某家分店經理就可以打電話進來，對顧客的滿意度進行立即的瞭解。

該系統還有一套安全防護的裝置，可以避免掉重複的來電。馬區說：「我們在調查裏可以裝上一個控制器，舉例來說，這個系統會要求受訪者輸入他們的電話號碼。如果擁有這個號碼的人已經打過電話進來了，該電腦系統就會說：『很抱歉，我們已經訪問過貴戶了，謝謝您的來電。』然後再給他們一組兌換代碼就好了。」

這套系統還可以進行每一家分店的訪談記錄追蹤，如此一來，就可限定每一家分店的顧客受訪次數。「當顧客打電話進來的時候，會被要求輸入分店的代碼，這樣子，那家店的顧客受訪次數就又多了一筆，等到受訪的目標配額達成之後，資料庫就會終結掉該分店的資料蒐集，並向來電者致歉說明：『很抱歉，這家分店的訪談調查已經完成了。』即使該分店的訪談配額已經達成，來電者還是可以得到索取免費餐點的代碼資料，以作爲他們不吝來電的報酬。」

問題

1.你是老強餐廳的地區經理，你會想從車上點餐的顧客和外帶的顧客訪談中，瞭解哪五件重要的事情？

2.你覺得來電調查有什麼優點？有什麼缺點？

3.還有哪些行銷研究的技巧，可以用來蒐集這類的資料？爲什麼不使用它們呢？

4.你建議用什麼方法來訪談店內用餐的顧客？

5.對非老強餐廳的顧客群進行訪談調查，你覺得有道理嗎？如果答案是肯定的，你會問他們什麼問題？

6.請就「資料庫行銷對老強餐廳可能有什麼好處」這一點進行說明。

資料來源：摘錄自1995年10月號庫客的《行銷研究回顧》（*Quirk's Marketing Research Review*）中，Joseph Rydholm所著的〈不要打電話給我們，我們會打電話給你〉（Don't Call Us We'll Call You）一文。

第二篇
行銷企劃活動

分析市場行銷機會點

現在你要為你所選擇的這家公司進行銷計畫準備的下一步動作，即全盤瞭解行銷上的機會點。下面的活動會幫助你更瞭解自己的市場，增加在你行銷組合上的成功機率。此外，請參考（圖示2.8），找出額外的行銷計畫主題。

1.請為你所選擇的公司產業類別，找出它的SIC代碼，請根據這個SIC代碼，為你公司所在的產業類別，進行一份簡短的產業分析「舉例來說，可參考全美產業展望（Industrial Outlook）」。

2.你公司的顧客是誰（消費者、產業、政府、非營利單位或是以上皆是）？在每一個市場中，是否有特定的區隔或利基是你的公司所特別在意的？如果有的話，哪一個是你們的重點所在？為什麼？有哪些因素用來塑造出這些區隔？

行銷建立者應練習

※市場分析樣板中的市場區隔部分

3.請描述貴公司的目標市場區隔。請利用人口統計、心理分析、地理位置、經濟因素、規模大小、成長率、趨勢、SIC代碼以及任何其它適當的解說符號。

行銷建立者應練習

※市場分析樣板中的顧客特徵描述部分

4.請就顧客在購買貴公司的商品或勞務時，所經歷的決策過程進行描述。有哪些關鍵性因素會影響這個購買行為的過程？

5.請選出貴公司商品賣點的四個特性。請將這四個因素作為主軸，畫出兩個定位格，並在這些象限上填上競爭對手和你自己的賣點。有哪些需求和欲求的「空洞」，還未被填上呢？

行銷建立者應練習

※行銷溝通樣板中的定位部分

6.在你執行行銷計畫之前，還有哪些議題必須在初級行銷研究中探索？這些議題可能包括顧客需求、購買意圖、顧客對商品品質的認定、價格認定、對爭議性促銷活動的反應等等。

行銷建立者應練習

※商品上市圖表的試算表
※營運預算的試算表
※銷售預估和分析的試算表

第三篇

商品決策

10.商品概念

11. 商品的開發與管理

12. 服務業和非營利組織的市場行銷

13. 顧客對價值、品質及滿意度的認定

學習目標

在讀完本章之後，各位應當能夠做到下列各項：

1. 定義「商品」這個專有名詞。
2. 爲消費商品進行分類。
3. 定義「商品項目」、「商品線」、和「商品組合」這幾個專有名詞。
4. 描述品牌設定在行銷上的用途。
5. 描述包裝和標籤在行銷上的用途。
6. 就品牌設定和包裝上的全球性議題，進行討論。
7. 解釋商品保證爲何及如何成爲重要的行銷工具。

第10章

商品概念

1994年年中的時候，雅芳公司推出了一系列的服裝商品線，稱之爲「雅芳風」（Avon Style），其中包括貼身內衣、襪類和休閒運動服。新商品系列上市後的前十個月內，消費者就購買了將近一億兩千萬美元的雅芳風產品。

雅芳風的成功激勵了該公司的執行主管，再添上全新的家用傢俱商品系列，其中有床單、毛巾和餐盤等。根據《品牌周刊》（*Brandweek*）的說法，雅芳之所以跨足到家用傢俱的類別中，是想要彌補它積弱不振的禮品生意，這門生意已經有好幾年都呈現停滯不前甚或下滑的局面。[1]有趣的是，雅芳在幾年前就賣掉了它的健康保養用品部門，以便能將重心放在它的主要事業上——美容保養用品。

雅芳也計畫要推出清潔保養頭髮的全新商品線，以及一份嶄新的郵購目錄，稱之爲「來自於郵購的時尚，雅芳美人」（Avon Beauty, a Fashion by Mail）。同時也正以其它幾個新商品系列，進行網路上銷售機會的探索。[2]

爲什麼像雅芳這種化妝品公司，也開始推出服裝和傢俱等商品呢？雅芳公司的聲譽對這些商品線的上市推出，會有幫助嗎？你認爲雅芳的策略是正確的嗎？

雅芳公司

在雅芳的網站上，有哪些現成可用的網路銷售機會？你找到了哪些新商品線的佐證？

http://www.avon.com/

什麼是商品？

1 定義「商品」這個專有名詞

企業組織行銷計畫中的核心所在，就是商品，它是塑造行銷組合的一切起源點。只有等到公司有商品要販售時，行銷經理才能決定價格、設計促銷策略或設置配銷管道等。此外，一條絕佳的促銷管道、一套令人信服的促銷活動以及一個合理的定價，若是沒有優良或適當的商品來作其中的主角，也都是徒勞無功的。

商品
個人在交易中所得到的任何東西，可能喜歡它，也可能不喜歡它。

我們可將商品（product）定義成個人在交易中所得到的任何東西，可能喜歡它，也可能不喜歡它。商品可能是一個具體的貨物，如一雙鞋子、也可能是修剪頭髮這類的勞務、或是「不要隨地亂丢」等這類的點子、也或者是以上三種例子類型的組合。典型的商品特性包括了包裝、風格、顏色、各種選擇和尺寸大小等；而不具體的重要特性則包括了服務品質、賣方的形象、製造商的聲譽以及消費者認定別人對該商品的觀感是什麼。

對大多數人來說，「商品」這個專有名詞就代表了一個具體的貨物，但是勞務和點子也算是商品。（第十二章就會談到有關勞務方面的行銷）不管推出上市的商品是貨物、勞務、點子抑或是前述內容的各種組合，我們在第一章所談到的行銷過程都是一樣的。

2 為消費商品進行分類

消費商品的類型

商品可被分類成企業（產業）商品或消費商品兩大類，全看買主的意圖是什麼。這兩類商品的最主要區別就在於它們的未來用途。如果未來用途是某個商業目的，該商品就被劃歸為企業或產業商品。正如第七章的內文所解釋的，**企業商品**（business product）是被用來製造其它商品或勞務；促使企業組織運作；或是轉售給其它顧客。**消費商品**（consumer product）則是被買來滿足個人的私人需求。有時候，相同的商品項目可以被認定為企業商品，也可被認定為消費商品，端視其用途而定。其中的例子包括了電燈泡、紙筆和微電腦。

企業商品
（產業商品）這種商品可被用來製造其它商品或勞務，促使企業組織運作或是轉售給其它顧客。

消費商品
被買來滿足個人的私人需求的商品。

我們需要知道商品的分類，因為企業商品和消費商品，這兩者的賣法是大不相同的。它們被賣給不同的目標市場，同時，也使用不同的配銷、促銷和定價策略。

第七章解釋過七種不同類別的企業商品，它們分別是主要設備、輔助設備、組成零件、加工材料、原料、補給品和服務等。而本章現在也要對消費商品進行分類。雖然分類的方法有很多種，但是最普遍的辦法卻是將它分成便利商品、選購商品、特殊商品以及未覓求商品這四大類。（請參看圖示10.1）這個辦法是根據購物者在購買這些商品時，所花費的努力程

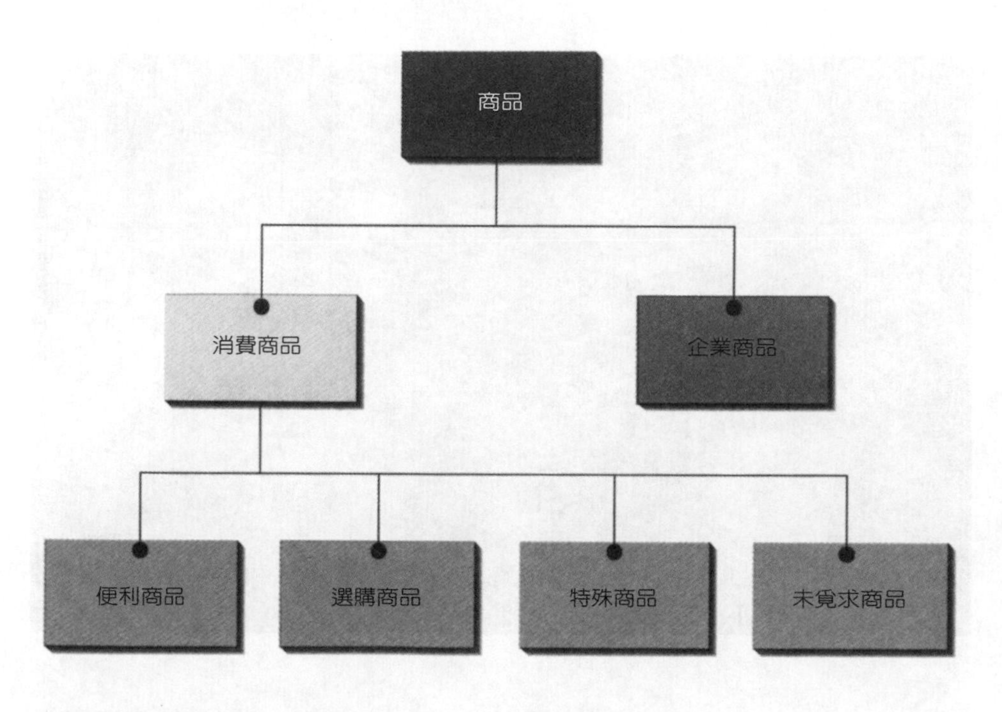

圖示10.1
消費商品的分類

度有多少而定的。

便利商品

便利商品
所費不多的商品項目，只要花一點購物心思就可以了。

便利商品（convenience product）是指所費不多的商品項目，只要花一點購物心思就可以了。也就是說，消費者不願意為了這類商品，大費周章地逛街選購。糖果、飲料、梳子、阿斯匹靈、小型五金用品、乾洗服務和洗車服務等，這些都是所謂的便利商品。

消費者經常在買便利商品，通常事前並不需要有什麼計畫。儘管如此，消費者還是知道一些受人歡迎的便利商品，它們的品牌名稱是什麼，例如可口可樂、拜耳阿斯匹靈（Bayer aspirin）、和好防護除臭劑（Right Guard deodorant）。便利商品通常需要有很廣泛的配銷通路，這樣子才能夠薄利多銷，達成收益的目標。

選購商品

選購商品
需要經過比較後，才能購買的商品，通常比便利商品來得貴，而且只能在爲數較少的店裏才買得到。

選購商品（shopping product）通常比便利商品來得貴，且只能在爲數較少的店裏才買得到。消費者通常會就各品牌或各家店的形式、價格、實

在選購類似像電視這樣的同質選購品時，消費者往往想要找出售價最低，功能符合自己需求的品牌。
©Jeff Greenberg

用性及是否符合自己的生活形態等特性進行比較後，才買下這個選購商品。他們願意在過程中花上一點心思努力，來得到他們想要的商品利益。

選購商品有兩種類型：同質選購品和異質選購品。消費者認爲同質選購品基本上都很類似，例如洗衣機、乾衣機、電冰箱和電視等。購買同質選購品時，消費者往往想要找出售價最低，功能符合自己需求的品牌。

相反地，消費者認爲異質選購品在基本上是不同的，例如傢俱、服飾、房子和大學院校等。消費者在比較異質選購品時，往往會遇到一些麻煩，因爲它們在價格、品質、和特性上等差異相距甚大。進行異質選購品的比較，這種行爲的好處是「可以找到最好的商品或最適合自己的品牌」，而且，這往往是一種個人化的決策。

特殊商品

當消費者大費周章地搜尋某一個特定商品，而且，非常不願意接受它的替代品，這個商品項目就叫做**特殊商品**（specialty product）。精細的鐘錶、勞斯萊斯（Rolls Royce）汽車、昂貴的立體音響設備、美食餐廳、和高度專業化的醫療照顧等形式，這些都被認爲是特殊商品。

特殊商品
此商品是消費者大費周章搜尋而來的，而且，非常不願意接受它的替代品。

特殊商品的行銷人員所採用的廣告，往往隱含著地位象徵和鑑賞選購力，以期維持商品既有的獨特形象。配銷通路也只侷限在某個地理位置中的一或少數幾個點上。最重要的就是品牌名稱和服務品質。

未覓求商品

某商品是買主可能還不知道的，或是某已知商品是買主不願積極去尋求的，這些商品都稱之爲**未覓求商品**（unsought product）。新商品就是屬於這個類別，除非廣告和配銷通路能增加它們在消費者心目中的知名度。

未覓求商品
某個商品是買主可能還不知道的，或是某個已知商品是買主不願積極去尋求的。

有些貨物總是被歸類在未覓求商品類別中，特別是一些我們總是不願去考慮或不想去花錢的商品，例如，保險、墓地、百科全書以及一些類似的商品，它們往往需要積極的推銷人員或高度說服力的廣告，才能促進銷售。業務人員總是想盡辦法找到可能的買主。因爲消費者並不會經常性地尋求這類商品，所以這些公司必須經由業務人員、直接郵件、或直接回應式的廣告來找到消費者。

商品項目、商品線與商品組合

3 定義「商品項目」、「商品線」以及「商品組合」這幾個專有名詞

很少有公司只賣一種商品，通常，都是賣很多項的產品。一個**商品項目**（product item）是指一個特定式樣的商品，該商品有別於該公司組織下的其它所有商品，擁有自己的明顯賣點。吉利公司（Gillette）的特銳克第二代刮鬍刀（Trac II）就是商品項目的例子之一。（請參考**圖示**10.2）

商品項目
一個特定式樣的商品，該商品有別於該公司組織下的其它所有商品，擁有自己的明顯賣點。

一群關係密切的商品項目，就稱之爲**商品線**（product line）。舉例來說，（**圖示**10.2）標明「刀片和刮鬍刀」的欄框，就代表了吉利公司的其中一條商品線。在商品線裏，各商品項目可能因容器尺寸、形狀的不同而有差異。舉例來說，健怡可樂（Diet Coke）有鋁罐裝，也有各種不同尺寸的塑膠瓶，而每一種尺寸和每一種容器都是一個個別的商品項目。

商品線
一群關係密切的商品項目。

所謂**商品組合**（product mix）就是指該公司名下所售的所有商品。吉利公司的商品：刀片和刮鬍刀、男性化妝品、書寫用具以及打火機等，就共同組成了它的商品組合。商品組合裏的每一個商品項目都可能需要有自己的行銷策略。但是在某些例子裏，有些商品線，甚至是整個商品組合，都共用某個行銷策略中的一些因素。舉例來說，通用汽車（General Motors）

商品組合
公司名下所售的所有商品。

圖示10.2
吉利公司的商品線和商品組合

商品組合的寬度（橫向）；商品線的深度（縱向）

刀片和刮鬍刀	男性清潔美容用品	書寫工具	打火機
Sensor（感應刮鬍刀）	Series（個人系列）	Paper Mate（比百美筆類）	Cricket（板球打火機）
Trac II（特銳克第二代刮鬍刀）	Adorn（噴髮劑）	Flair（佛瑞爾筆類）	S. T. Dupont（都彭打火機）
Atra（廣角刮鬍刀）	Toni（洗髮精）		
Swivel（活動刀頭刮鬍刀）	Right Guard（止汗除臭劑）		
Double-Edge	Silkience（潤絲精）		
Super Adjustment（藍吉列刮鬍刀）	Soft and Dri（止汗除臭劑）		
Lady Gillette（女用刮鬍刀）	Foamy（刮鬍泡）		
Super Speed（超速刮鬍刀）	Dry Look（止汗除臭劑）		
Twin Injector（雙刀頭刮鬍刀）	Dry Idea（止汗除臭劑）		
Techmatic（技術動力刀刮鬍刀）	Brush Plus（洗髮潤絲精）		
Three-Piece（三片裝）			
Knack（竅門刀片）			
Blades（刀片組）			

的龐帝克（Pontiac）部門就以相同的廣告主題，促銷旗下的所有龐帝克車款商品和商品線，這個主題就是「我們創造了刺激——龐帝克」（We build excitement-Pontiac）。

公司若是能將幾個相關性的商品項目組織起來，成爲一條商品線，就可以得到一些好處：

◇廣告上的經濟考量：商品線可讓廣告達到經濟划算的效益。許多商品項目可以在一個商品線的保護傘下，共用一個廣告。舉例來說，坎貝爾湯料（Campell Soup）就可以用「嗯……好喝！（m-m-good）」一句廣告主題來形容它旗下商品線中的所有湯料商品。

坎貝爾湯料公司
坎貝爾如何透過這個網址，來促銷它的所有商品？
http://www.campbellsoup.com/

◇包裝上的統一性：商品線還可以有統一包裝的好處。線上的所有包裝都能採用共同的外觀，但是也仍然維持每個項目的不同識別。坎貝爾湯料就是一個很好的例子。

◇零件標準化：商品線可以讓公司將一些零件標準化，進而減低製造和存貨的成本。舉例來說，杉松耐（Samsonite）公司用在折疊桌椅上的許多零件，也都用在它的室外傢俱上。通用汽車公司的許多車款製造，也都採用相同的零件。

◇有效的銷售和配銷：商品線可讓寶鹼（Procter & Gamble）這類公司的業務員，有一整套的系列商品提供給顧客。經銷商和批發商也往往喜歡向能提供整套系列商品線的公司進貨，因運輸和倉儲成本也會跟著降低。

◇同等的品質：買主通常認為在同一條商品線上的所有商品項目，都應該有相同的品質。舉例來說，消費者就認定所有的坎貝爾湯料以及所有的玫琳凱（Mary Kay）化妝品都應該有相同的品質。

商品組合寬度（product mix width）指的是一家公司所提供的商品線數量。舉例來說，吉利公司商品組合的寬度是四條商品線。**商品線深度**（product line depth）則是指一條商品線中的商品項目數量。正如（**圖示10.2**）所呈現的，刀片和刮鬍刀這條商品線，共有十二個商品項目；而男性化妝品的商品線，則包含了十個商品項目。

商品組合寬度
一家公司所提供的商品線數量。

商品線深度
一條商品線中的商品項目數量。

各公司增加商品組合寬度的目的，就是為了要分散風險。為了增加銷售業績、提升利潤收益，各公司組織往往不會只靠一或兩個商品來賺錢，它們會將風險平均分攤到許多商品線上。同時，商品組合寬度的擴大，也是為了要建立起公司的聲譽。舉例來說，柯達公司藉著新商品線的介紹，塑立了它在攝影界的形象領導地位。柯達的商品線現在共包括了軟片、沖印、照相機、攝影機、紙張和化學藥品等。而本章一開頭就談到的雅芳公司，其中也描述到它在最近所作的一些努力，雅芳公司增加了服裝、傢俱以及其它新商品線，進而加寬了自己的商品組合。

而增加商品線深度的原因有下面幾個：爲了要吸引不同偏好的各種買主；藉由市場區隔來增加銷售利潤；在生產和行銷上，建立起規模經濟；以及均衡各種季節的銷售形態。舉例來說，在1970年到1993年之間，天美時鐘錶（Timex）公司就將手錶商品線的深度從三百個商品項目增加到一千五百個。[3]

商品項目、商品線和商品組合的調整

在經過一段時間之後，爲了要利用新開發的商品技術或爲了因應外在環境的變化，各公司就會對旗下的商品項目、商品線和商品組合進行變更。它們的調整方法可能只是稍微修改商品；或是對商品進行重新定位；再不然就是擴大或縮減商品線。

商品的修正

商品修正
改變某個商品的一或多個特性。

行銷經理必須決定是否該修正現有商品以及何時進行這件事。**商品修正**（product modification）就是改變某個商品的一或多個特性：

◇品質的修正：在商品的可靠度和耐久性上作些改變。若是降低了商品的品質，該製造商就可能也得跟著降低售價，以期吸引那些原本買不起該商品的目標市場。但是從另一方面來看，提升的品質卻能幫助這家公司和競爭對手在市場上一較長短。而品質提升後，不僅能增加品牌的忠誠度；讓自己較有本錢提高售價；同時也可找出市場區隔中的新機會點。汽車業的安全措施賣點，如反鎖煞車和安全氣囊等，就是這類品質修正的最佳例證。

◇功能修正：在商品的多樣性、效益性、便利性、或安全性上作些改變。因爲消費者普遍認定液化推進劑對環境會造成傷害，所以道耳化學（Dow Chemical）公司就將它的衛浴清潔劑改成扣壓噴霧的包裝方式。寶鹼公司的止汗除臭劑，如好防護（Right Guard）、老香味（Old Spice）、和專業保證（Sure Pro）等品牌，也採用了不含液化推進劑的扣壓噴霧包裝或幫浦包裝方式。[4]

◇風格上的修正：從美學的觀點，在商品的外觀上做些改變，而不是在功能上或品質上作改變。成衣廠商最會利用風格修正的方法，鼓

計畫式報廢究竟是浪費的行爲還是不道德的行爲？行銷人員卻堅持，是消費者來決定衣服的風格何時該報廢的。
©1996 PhotoDisc, Inc.

勵顧客在衣服還沒穿壞之前，再添購新的衣服。計畫式報廢（planned obsolescence）這個專有名詞最常用來形容這類商品修正的方法，也就是在顧客確實需要替換品之前，就把那些先前買回的商品給報廢掉。有些人認爲計畫式報廢是一種浪費的行爲；有些人則宣稱這種作法是不道德的。可是商家們則回應道，消費者喜歡在風格上作些修正，因爲他們認爲某些貨物的外觀應該常常有些改變，如衣服和汽車。行銷人員甚至說，不是製造商和行銷人員決定什麼時候該把舊的風格報廢掉，是消費者決定的。

計畫式報廢
一種商品修正的方法，在顧客確實需要替換品之前，就把那些先前賣掉的商品給報廢掉。

重新定位

正如第八章所解釋的，重新定位就是改變消費者心目中對某個品牌的認識。舉例來說，肯德基炸雞（Kentucky Fried Chicken）一心想將自己重新定位，以期吸引更多有健康意識的消費者。它的策略包括了將餐廳的名字逐步更爲KFC，減少「炸雞」這個字眼的出現，在菜單上添加烘烤雞肉的菜式。羅斯理上校金黃烤雞（Colonel's Rotisserie Gold）就是一種浸過調味汁，慢火烘烤而成的雞肉商品，也是該公司稱之爲「重新定位的關鍵所在」。[5]

人口統計上的改變、業績滑落或是社會環境上的變遷等，都會刺激公司重新定位一些既有的品牌。舉例來說，因爲點心人口的改變和市場佔有率的滑落，使得福利多——雷公司不得不重新定位它那在市場上縱橫58年，銷售對象對準所有年齡層的第一品牌：福利多司（Fritos）。它的重新定位包括了改變福利多司的標幟和包裝，將目標市場的重心放在9到18歲的消費者身上，同時推出全新的電台和電視廣告。世界上最著名的品牌之一，《花花公子》（*Playboy*）雜誌，也在進行重新定位，以期反應出現代的價值觀和生活形態。「我們的核心顧客向來是男性，可是現在我們打算將品牌的屬性擴張到夫妻上頭」克莉絲汀海夫納（Christie Hefner）[6]如是說，「花花公子是一個有格調的美國品牌，這個品牌是性感的、羅曼蒂克的、有趣的，也是精緻的，它應該擁有更廣大的讀者群才是。」[7]

商品線的擴張

公司的管理階層決定在既有的商品線上再增加一些商品項目，以便能在產業中具備更強的競爭力，這就叫做**商品線的擴張**（product line extension）。舉例來說，朋馳汽車（Mercedez-Benz）公司計畫於1997年到2000年之間，在轎車的商品線上再增加十一種車款，其中包括兩款迷你型市內車和一款跑車。[8]美樂釀酒公司花了七千萬美元，推出全新旗艦品牌：美樂啤酒，這是1996年所發生的最新例子。[9]

商品線的擴張
在既有的商品線上再增加一些商品項目，以便能在產業中具備更強的競爭力。

商品線的縮減

這個世界眞的需要三十一種不同的海倫仙度絲洗髮精嗎？或者五十二種不同的克瑞斯特牙膏（Crest）？寶鹼公司的答案是不需要。[10]寶鹼公司刪減商品線的辦法是，把不受歡迎的尺寸、口味和其它無法迎合顧客的變化內容給刪除掉，留下顧客喜歡的商品項目。幾十年來，寶鹼公司不是推出什麼全新改良配方，就是上市什麼檸檬口味、或是巨無霸包裝等，它的商品線早就過渡膨脹了。[11]而商品線過度膨脹的徵兆有以下幾個：

◇商品線上的某些商品因為銷售額太低，或是同類殘殺到同一條商品線上的其它項目，因而無法達成收益目標。
◇製造資源和行銷資源被不成比例地分配到低流通率的商品項目上。
◇某個商品因同一條商品線上有新的商品加入或是競爭對手推出新的商品，而顯得過時陳舊。

1996年年中的時候，蘋果電腦宣佈要計畫性地縮減50%的麥金塔機型數量。根據該公司的主席暨最高經營管理者，吉爾柏特阿米里歐（Gilbert F. Amelio）的說法，他們的策略是「降低蘋果電腦公司的成本，給自己一個機會去找到全新的有利資源。」[12]

縮減過度膨脹的商品線，對公司來說往往有三個主要好處。第一，資源可以集中在幾個最重要的商品項目上；第二，經理們不用再為了改善幾個表現不良的商品，而大費周章地浪費資源；第三，新商品將會有比較大的成功機會，因為財務和人力資源都可以被挪用到這些新商品的身上。

品牌設定

4 描述品牌設定在行銷上的用途

任何一個企業商品或消費商品的成功，有一部分是要靠目標市場上的努力，將各商品明顯地區別開來。而另一部分則要靠品牌命名，因為這也是一種將自己商品和競爭商品區隔開來的主要工具。

所謂品牌（brand）就是指可以用來確認賣方的商品並和其它競爭商品有所區別的一個名稱、術語、象徵、設計或以上任何幾種項目的結合。而品名（brand name）則是指某個品牌中可以用口語說出來的那一部分，其中包括了字母（GM, YMCA）、字（Chevrolet）、和數字（WD-40、7-Eleven）。而品牌中無法用口語說出的其它部分，則稱之為品標（brand mark），舉例來說，大眾皆知朋馳轎車和達美航空的品標。

品牌
可以用來確認賣方的商品，並和其它競爭商品有所區別的一個名稱、術語、象徵、設計或以上任何幾種項目的結合。

品名
某個品牌中可以說出來的那一部分，其中包括了字母、字、和數字。

品標
在品牌中，無法用口語說出來的其它部分。

品牌設定的好處

品牌的設定有三個主要目的：商品的身分識別、重複銷售和新商品的銷售。其中最重要的目的就是商品的身分識別（product identification）。品牌設定可讓行銷人員將自己的商品和其它商品區分開來。消費者對許多品名都很熟悉，而且對他們來說，這些品牌就代表了品質的保證。（圖示10.3）依序列出了十個品牌名，是美國消費者認定最具高品質的幾個商品。而根據美國青少年的反應，最酷的品牌則有耐吉、李維斯、遐思？（Guess?）、代溝（Gap）、可口可樂、百事可樂和瑟加。[13]

圖示10.3
全美最受重視的品名

1.柯達攝影軟片（Kodak Photographic Film）	6.朋馳轎車（Mercedez-Benz Automobiles）
2.迪士尼世界（Disney World）	7.印記賀卡（Hallmark Greeting Cards）
3.國家地理雜誌（National Geographic）	8.淺水灘水晶（Waterford Crystal）
4.探索頻道（The Discovery Channel）	9.工匠力工具（Craftsman Power Tools）
5.迪士尼樂園（Disneyland）	10.費雪牌玩具（Fisher-Price Toys）

資料來源：1996年4月8日出刊的《品牌周刊》（*Brandweek*），第38-40頁的〈品質的寫照〉（A Picture of Quality）一文，Sean Mehegan著。

品牌衡平
公司和旗下各種品名的價值。

領導品牌
某個品牌在消費者的心目中，佔有非常重要的地位，以致於只要一提到某個商品類別、用途、屬性或顧客利益點，他們就會想起這個品牌。

品牌衡平（brand equity）指的是公司和旗下各種品名的價值。在顧客之間，擁有高知名度、品質認定和品牌忠誠度的品牌，就會享有很高的品牌衡平。享有高度品牌衡平的品牌對公司來說，是個非常有價值的資產。根據預估，可口可樂的品牌衡平大約是三百六十億美元；萬寶路（Marlboro）是三百三十億；柯達則是一百億。[14]而像寶鹼這類的公司，每天都要花上五百萬美元來鞏固自己旗下商品的品牌衡平。[15]

領導品牌（master brand）是指某個品牌在消費者的心目中，佔有非常重要的地位，以致於只要一提到某個商品類別、用途、屬性或顧客利益點，他們就會想起這個品牌。[16]（圖示10.4）記錄了幾個商品類別中的領導

圖示10.4
幾個商品類別中的領導品牌

商品類別	領導品牌
烘焙蘇打餅	臂鎚蘇打餅（Arm & Hammer）
自黏繃帶	幫安繃帶（Band-Aid）
蘭姆酒	巴卡迪蘭姆酒（Bacardi）
抗酸劑	愛可瑟勒胃乳液（Alka-Seltzer）
凝膠	吉露果子凍（Jell-O）
湯類	坎貝爾湯料（Campbell's）
食鹽	摩頓食鹽（Morton）
玩具火車	尼歐雷玩具火車（Lionel）
奶油起司	費城起司（Philadelphia）
蠟筆	克雷優拉蠟筆（Crayola）
油膏	凡士林（Vaseline）

資料來源：1992年9月號的《行銷研究》（*Marketing Research*），第32到43頁，Peter H. Farquhar等人所著之〈制衡第一品牌的各種策略〉（Strategies for Leveraging Master Brands）。上述翻印係經過美國行銷協會之准允。

品牌。在這十一個商品類別中，你還能想出幾個品牌呢？你可以找出其它商品類別中的領導品牌嗎？也許不太多吧！坎貝爾對消費者來說，代表的就是湯，可是並不代表高品質的食品。

優良的品牌名稱究竟是由哪些因素構成？市面上好的品牌名稱多數都有下面幾點特徵：

◇容易發音（不管是對國內還是國外買主而言，都是一樣的）。
◇容易辨認。
◇容易記住。
◇簡短。
◇明顯、獨特。
◇可描述商品。
◇可描述商品用途。
◇可描述商品利益點。
◇可以有正面的聯想。
◇可加強所欲建立的商品形象。
◇不管在國內或國外市場上，都受到法律上的保護。

老實說，並沒有一個品牌擁有上述所有的特點，但是最重要的卻是，這個品牌只能被它的所有者使用，而且受到法律上的保護。

在世界各地的許多地方，來自於美國的品牌就代表了高價位。寶鹼公司的靜語（Whisper）衛生棉，就比中國當地的品牌價格貴出了十倍。而嬌生公司的品牌，像是嬌生嬰兒洗髮精和幫安繃帶（Band-Aids），在中國的市場上就貴上了五倍。[17]而吉列公司所生產的用過即丟刮鬍刀，其售價也是印度市場當地品牌的兩倍。

品牌忠誠度
不喜歡其它品牌，只對某個品牌有持續性的偏好。

創造重複銷售（repeat sales）的最佳代表就是滿意的顧客。[18]品牌的設定有助於消費者辨識出他們想要再次購買的商品，同時避免掉那些不想買的商品。**品牌忠誠度**（brand loyalty）是指不喜歡其它品牌，只對某個品牌有持續性的偏好，這種情形在某些商品類別上很普遍。因爲大約有過半數的使用者對香煙、美乃滋、牙膏、咖啡、頭痛藥、軟片、香皀和肉醬等這類商品中的某個品牌，維持著一定的忠誠度。由揚基拉維區合夥人公司（Yankelovich Partners）所執行的年度監測研究，其中發現到74%的受訪者「會找到一個他們所喜歡的品牌，而且很難改變他們對這個品牌的偏好。」一旦消費者認定某個品牌的品質和價值，就得花上很多的金錢和努力，才能再度改變他們心中的觀感。[19]因此，品牌識別對品牌忠誠度的建立來說，是非常重要的。

品牌設定的第三個目的是促使新商品的銷售（new-product sales）。列在（圖示10.3和10.4）的各家公司和品牌，若是要介紹新商品上市，就十分管用了。

電腦網路則是另一種新的替代選擇，它可以幫公司建立品牌知名度、提升品牌形象、刺激商品的新銷售和重複銷售以及增進品牌忠誠度和建立品牌衡平。但是，有些團體認爲網路上的行銷似乎有些過頭了。他們指控某些公司，包括家樂氏公司和福利多——雷公司等，在網路上進行剝削式的行銷活動。

品牌策略

每家公司都得面對複雜的品牌決策。正如（圖示10.5）所描繪的，第一個決策就是到底應不應該進行品牌設定。有些公司即使沒有用到品牌名稱，依舊能在市場上販售，這些未被命名的商品被稱爲一般商品。決定要爲商品進行品牌設定的公司，則可以使用製造商的品名、私人（批發商）

圖示10.5
主要的品牌決策

品牌			無品牌		
製造商的品牌			私人品牌		
個別品牌 例如： 汰漬（Tide）、喜悅（Cheer）	家族品牌 例如： 奇異電器（General Electric）、RCA	綜合體（家族和個別） 例如： 家樂氏脆片（Kellogg's Rice Krispies）	個別品牌 例如： 麥肯克拉克餐廳烤肉醬（McClark's Restaurant Bar-B-Cue Sauce）	家族品牌 例如： 克魯格零售連鎖店（Kroger）	綜合體（家族和個別） 例如： 西爾思的肯莫牌洗衣機（Sears-Kenmore）

的品名、或是兩者皆採納。不管採用以上哪種方法，接下來都得就下面幾個決策進行斟酌：個別品牌的設定（不同的商品有不同的品牌）、家族品牌的設定（不同品牌的共通名稱）、或是個別品牌設定和家族品牌設定的結合體。

一般商品VS.有品牌的商品

一般商品
未經裝飾、沒有品名的低成本商品，可以從它所屬的商品類別辨識出來。

一般商品（generic product）是指未經裝飾、沒有品名的低成本商品，可以從它所屬的商品類別辨識出來。（請注意若是某個一般商品和某個品牌名稱，結合成為一個普遍常用的名詞，如玻璃紙（cellophane），那就是另外一回事了。）一般商品通常在某些類別中都有了不錯的市場佔有率，例如罐頭水果、罐頭蔬菜和紙類商品。這類沒有品牌名的商品，往往是靠白色包裝盒外的黑色印刷字，才得以辨識得出來。

一般商品最主要的訴求就是它們的低價位。一般雜貨商品通常比同類別製造商的品牌便宜30%到40%；比同類別零售商的自有品牌便宜20%到25%。

一般商品也出現在藥品這樣的商品類別中。一旦某些成功藥品的專利權期滿之後，就會有很多低價的一般商品出現在市面上。舉例來說，莫克（Merck）藥廠最受歡迎的關節炎治療劑是克林隆利耳（Clinoril），當它的專利權期滿之後，營業額立刻滑落了50%。

製造商的品牌VS.私人的品牌

製造商的品牌
某個製造商的品牌名稱。

製造商的品牌名稱如柯達、懶男孩（Lazy Boy）、朦朧水果（Fruit of the Loom）等，都稱之爲**製造商品牌**（manufacturer's brand）。有時候也可以用「全國性品牌」這個稱呼來代表「製造商的品牌」，可是這種用法並不見得正確，因爲有許多製造商只進行地區性市場的販售而已。所以製造商品牌這個名詞比較能精確地界定出品牌的所有者。

自營品牌
由某個批發商或零售商所擁有的品牌名稱。

自營品牌（private brand）是指由某個批發商或零售商所擁有的品牌名稱。狩獵俱樂部（Hunt Club）（JC潘尼綜合零售商的品牌）（JC Penny）；山姆的美國選擇（Sam's American Choice）（渥爾商場的品牌）（Wal-Mart）；以及IGA（獨立雜貨聯合店的品牌）（Independent Grocers' Association）等全都是自營品牌。專門爲自營商標製造商協會（Private Label Manufacturers Association）所進行的一項蓋洛普民意調查，其中顯示出83%的消費者說他們經常購買比較便宜的零售商品牌。[20]根據統計，自營品牌佔了超市營業額的20%；藥房營業額的8.6%；以及大宗貨商營業額的9%以上。[21]

到底是誰在買自營品牌？根據一個專家的說法：「年輕、眼光敏銳、受過教育的購物者，他們都是自營品牌的買主。」這些人之所以願意去買自營品牌，是因爲他們相信自己對品質和價值的評估能力。[22]（圖示10.6）就描繪了幾個主要事項，是批發商和零售商在考慮是否要賣製造商品牌或自營品牌所應注意到的地方。許多公司，如JC潘尼、K商場、和安全道路超市連鎖店（Safeway）等，都是採用綜合性的辦法來進行。

個別品牌VS.家族品牌

個別品牌的設定
在不同商品上使用不同的品牌名。

許多公司在不同商品上使用不同的品牌名，這種方式就稱之爲**個別品牌的設定**（individual branding）。當各商品的用途或表現相差很大的時候，該公司就會使用個別品牌的方法。舉例來說，沒有道理讓一雙襪子和一根棒球棍擁有相同的品牌名稱。寶鹼公司在洗衣劑的市場上，就使用不同的品牌來瞄準不同的區隔市場，其中包括了大膽（Bold）、喜悅（Cheer）、銳氣（Dash）、德瑞福（Dreft）、時代（Era）、獲取（Gain）、象牙白（Ivory Snow）、奧新多（Oxydol）、獨唱（Solo），以及汰漬（Tide）等各種品牌。

陳列販售製造商品牌的主要優點	陳列販售私人品牌的主要優點
●可得到來自於像寶鹼這類公司所提供的大量廣告，有助於鞏固消費者的忠誠度。	●批發商或零售商往往能從自己的品牌上賺到較高的利潤。除此之外，也因為私人品牌是僅此一家、別無分號的，所以比較沒有降價競爭求售的壓力。
●知名的製造商品牌，如柯達和費雪牌等，可以吸引新顧客的上門，加強該自營商（批發商或零售商）的聲譽。	●製造商可以隨時決定要撤掉某個品牌或是從某個轉售商的店裏撤櫃，有時候甚至會成為自營商的直接競爭對手。
●許多製造商都能提供快速的送貨服務，使自營商不用庫存太多的貨品。	●私人品牌可以穩定顧客和批發商或零售商之間的關係。想要買耐久電池（Die-Hard）的人，一定得要到西爾思（Sears）才買得到。
●如果自營商湊巧賣出某個品質不良的製造商品牌，顧客可能只是轉買其它品牌，但對該自營商仍然保有忠誠度。	●批發商和零售商不能控制製造商品牌的配銷密集度。渥爾商場的店長不用擔心其它自營商是否會促銷山姆的美國選擇（Sam's American Choice products）或歐羅依狗食（Ol' Roy dog food）。因為他們知道這些品牌只在渥爾商場和山姆的批發俱樂部（Sam's Wholesale Club stores）才買得到。

圖示10.6
從轉售商的觀點，進行製造商品牌和私人品牌的比較

馬里歐（Marriott）國際公司也是以馬里歐庭園（Countyard by Marriott）飯店、住家飯店（Residence Inn）、和美好田野飯店（Fairfield Inn）等不同的商品名稱，來瞄準不同的市場區隔。

從另一方面來看，以相同的品牌名稱在市面上推出多種不同的商品，這就是家族品牌（family brand）的運用。舉例來說，新力的家族品牌包括了收音機、電視、音響、和其它各種不同的電器商品。但是，一個品牌名稱也只能做到這樣的地步。你能辨識得出假日飯店、假日便捷飯店（Holiday Inn Express）、假日精選飯店（Holiday Inn Select）、假日陽光狂歡勝地飯店（Holiday Inn Sunspree Resort）、假日花園宮庭飯店（Holiday Inn Garden Court），以及假日套房飯店（Holiday Inn Hotel & Suites）等各種商品之間的差異嗎？想必不能！大多數的遊客也無法做到。[23]

家族品牌
以相同的品牌名稱在市面上推出的多種不同的商品。

廣告標題

現在起，家中各類型的成員都能在同一個鏡頭中出現了

新力的家族品牌包括了收音機、電視、音響、攝影機和為數眾多的其它各種電器商品。

Courtesy Sony Electronics, Inc.

聯合品牌的設定

聯合品牌的設定

一個商品或它的包裝，擁有兩個或多個品牌名稱。

聯合品牌的設定（cobranding）就是指一個商品或它的包裝，擁有兩個或多個品牌名稱。若是數個品牌名稱的結合方式可以增進某個商品的聲譽或認定價值，抑或是有利於品牌的擁有者和使用者時，聯合品牌的設定就算得上是有效的策略。六旗主題遊樂園／名士卡（Six Flags Theme Parks/Master Cards）這樣的聯合品牌，可以讓持卡人收集季票、入場券以及在園內消費憑證的各種點數。[24]

聯合品牌也可以用來辨識商品的成份或組成因子。代糖（NutraSweet）這個品牌名和它的家族品牌標誌就出現在三千種以上的食品和飲料包裝上。而英代爾這家微處理機公司，也付費給一些微電腦製造商，如IBM、戴爾、和康柏等，要求它們在廣告上和包裝盒上，加入電腦中「內含英代爾」（Intel inside）的字句。

若是兩家以上的組織企業想要合作提供某個商品時，也可以利用聯合品牌的方式。舉例來說，福利多——雷和麥肯漢林（McIllhenny）公司就曾聯合起來，一同上市塔巴斯哥原味辣醬洋芋片（The Original Tabasco

Chips）。[25]布里耶爾斯（Breyers）公司則將自己的冰淇淋與里斯（Reese's）、麥斯威爾（Maxwell House）、莎拉李（Sara Lee）以及赫須（Hershey）等公司，進行聯合品牌的方法。[26]

就聯合品牌來說，歐洲公司顯然落後於美國公司。其中之一的理由就是在嘗試新品牌的時候，歐洲顧客比美國顧客的警戒心要來得高。歐洲零售商的貨架空間也比美國零售商的貨架空間要來得小，因此比較不願意給新品牌一個嘗試的機會。[27]

商標

商標
使用某個品牌或其中部分的專有權利。

服務標誌
某項服務的商標。

商標（trademark）是指使用某個品牌或其中部分的專有權利，其它人沒有得到允許，不得使用這個品牌。**服務標誌**（service mark）在服務業中，也有相同的功能。品牌中的某部分或是其它有關商品識別的部分，都涵蓋在商標保護法內，其中的例子有：

◇形狀：例如吉普車（Jeep）的前置架、可口可樂的瓶子、甚至是建築物的形狀，如必勝客。
◇裝飾顏色或設計：例如，耐吉網球鞋的裝飾、耐用電池（Duracell battery）的黑／銅混合色、李維斯牛仔褲在褲子左後袋的小標籤、或者是十字筆（Cross pens）頂端上黑色的圓錐紋路。
◇引人注意的片語措辭：例如愼慮人壽保險（Prudential）公司的「擁有這塊寶石的一小片」（Own a piece of the rock）；馬利林區（Merrill Lynch）證券公司的「我們絕對看漲美國」（We're bullish on America）；以及百威（Budweiser）啤酒的「這是你的兄弟」（This Bud's for you）。
◇縮寫：例如Bud、Coke、或是The Met。

哈雷——戴維森（Harley-Davidson）重型機車公司甚至向美國專利商標局（U.S. Patent and Trademark Office）申請將哈雷機車獨一無二的引擎聲，列爲商標。這家公司援引了許多前例，一心想要專利商標局授權登記聲音的商標權，其中包括了MGM的怒吼聲和NBC的喇叭聲。但是九家公司都對這項申請投了反對票，其中有四家是日本的機車製造商。[28]

1988年的商標修正法允許各公司行號可在良善的使用意圖下登記商

耐吉商品爲人熟知的飛馳聲已被登記爲商標，因爲它是該公司商品識別中的一部分。
©Linda Kaye/AP Wide World Photos

標，年限是10年（一般來說，商標發佈後的六個月內就生效了）。爲了要重新續約，該公司必須證明自己仍在使用這個商標。只要商標仍在使用，商標的權利就可以維持下去。通常來說，如果該公司已經有兩年沒用過它的商標，該商標就視同放棄作廢，可以由新的使用者宣告擁有這個標誌。公司組織若是想推出新的品牌、商標、或是包裝，就必須要考慮下面幾點建議：[29]

◇採用商標或包裝形式之前，最好小心檢查一番，以確保自己沒有侵犯到別人的商標權。
◇在仔細搜尋之後，才可考慮登記爲自己的商標。
◇請讓你的包裝儘可能地有自己的特色。
◇謹愼維持住你的商標。

一般商品名

以等級或類型來進行商品辨識，而不是以商標來進行商品辨識。

若是無法保護自己的商標，這家公司的商品就可能會淪爲一般商品。**一般商品名**（generic product name）是以等級或類型，而不是以商標來進行商品的辨識。有一些以前是品牌的名稱，可是卻無法被它們的所有者妥善保護，最後竟成爲一般商品名，這些商品名包括了阿斯匹靈、玻璃紙

（cellophane）、油毯（linoleum）、熱水瓶（thermos）、煤油（kerosene）、專賣權（monopoly）、可樂和碎麥（shredded wheat）。

類似像勞斯萊斯、十字（Cross）、全錄、李維斯、佛列吉戴爾（Frigidaire）和麥當勞等公司，都很積極強調自己的商標。勞斯萊斯、可口可樂、和全錄甚至刊登報紙和雜誌廣告，說明自己的品牌名稱就是商標，絕不能被拿去進行描述性或一般性的用途。有些廣告還威脅要對任何違反商標法的當事者，提起法律訴訟。

無論違反商標保護法的處罰是多麼地嚴苛，有關侵犯商標的訴訟卻是時有所聞。其中最主要的戰爭禍源大多是某個品牌名非常類似另一個品牌名。舉例來說，庫爾斯釀酒（Coors Brewing）公司就控告羅伯庫爾（Robert Corr）生產了一系列的軟性飲料，其品牌名就叫做庫爾之飲料（Corr's Beverages）。凱悅飯店（Hyatt Hotel）也禁止凱悅法律事務所（Hyatt Legal Services）在廣告上強調「凱悅」這兩個字。

另外，各公司也必須對抗仿冒品或一些未經授權的品牌，例如假的李維斯牛仔褲、微軟軟體、勞力士錶、銳跑和耐吉球鞋以及路易士手提包（Louis Vuitton handbags）等。李維史壯斯（Levi Strauss）公司花了兩百多萬美元來調查六百件以上的仿冒案。其它公司如IBM和可口可樂，也很積極地想要消除掉一些仿冒品。[30]

在歐洲，如果你的品牌、標語或商標都已經正式登記過了，你就可以控告仿冒者。以前，若是想在某個國家尋求商標上的保護，就得在當地國進行正式的商標登記才行。可是現在，只要你在歐盟（European Union，簡稱EU）的任何一個會員國裏登記商標，就可以一次OK。[31]下面的方塊文章「放眼全球」，就要來談談在中國大陸所發生的仿冒問題。

包裝

5 描述包裝和標籤在行銷上的用途

長久以來，包裝都有一個實用性的功能，那就是可以把內容物放在一起，在配銷的運送過程中，保護其中的商品。到了今天，包裝的功能更多了，它不僅是一個可以促銷商品的容器，也可以讓商品在使用上更好用、更安全。

放眼全球

中國大陸無法保護外商公司的商標和其它智慧財產權

根據《財星》（*Fortune*）雜誌的說法：「中國大陸有麻煩了！它的政治體系不穩定，貪官污吏到處都是。而且它那急速上升的經濟也是岌岌可危。管理當局並不太在乎人權和著作權。」[32]

美國企業界長久以來就抱怨中國大陸的公司總是濫加仿造美國的商標、軟體和其它智慧財產權。在雜貨店裏放眼望去，你很容易就可以瞄到一個似曾相識、紅白相間的牙膏盒，看起來非常像高露潔（Colgate）牙膏；也可以找到貼著「帝蒙標準綠」（Del Monte green）標籤的罐頭食品；抑或是一包外盒印著小公雞的穀類食品，像透了家樂氏所用的識別動物。但是，再仔細一看，才知道原來牙膏的名字叫做可露潔（Cologate）；蔬菜罐頭叫做金龍（Jia Long）；穀類食品則叫做孔嘎祿玉米片（Kongalu Corn Strips）。[33]

違法私造的軟體在中國大陸非常普遍。在一次襲擊工廠的行動中，有5,700張仿冒微軟軟體的磁片被查扣。[34]

美國和中國在1995年2月達成了一項協定，在協定中，北京當局同意要以行動來保護美國的智慧財產權。老實說，即使真的採取了行動，也只有一點點而已。為了要向中國當局的領導人施加壓力，使他們能認真積極地履行這項協定，美國貿易代表處已經將中國大陸單獨列在「優先國家」的類別中，意思是中國大陸可能會因此而受到制裁。[35]

大多數的人都相信，故意拿顧客所買的品牌來欺騙他們是一種不道德的行為。可是你要怎麼區分這究竟是相似的包裝設計，抑或是商標或著作權的剽竊？這中間的尺寸實在很難拿捏。難道說帝蒙罐頭用了綠色的標籤，就表示其它罐頭業者都得採用其它顏色才行？穀倉前的小公雞就一定專屬於家樂氏嗎？類似像家樂氏這樣的美國公司，在確信了自己的版權和商標已被他人侵犯後，它可以採取什麼樣的行動？如果可以採取行動的話，你認為美國政府在遇到國外的商標侵犯案時，應該採取什麼樣的行動來禁止這類事情的發生。

包裝的功能

包裝有三個主要功能：裝載和保護商品、促銷商品以及簡化商品的儲存、使用和便利性。另外還有第四個功能，這個功能已經愈來愈重要了，那就是循環再生、降低環境污染的功能。

內裝和保護商品

包裝上最明顯的功能就是能裝進各種液態、顆粒狀或其它分離狀態的商品。包裝也可以讓製造商、批發商、和零售商以特定的份量包裝（例如盎斯）將商品賣到市面上。

包裝的另一個明顯功能則是它的實質保護作用。大多數的商品在製造、收成或是生產、消費和使用這段過程中間，必須經過很多次的轉手。它們在生產和消費之間，要歷經很多次的運送、儲藏和檢驗。有些商品，

除了內裝商品和保護商品的實際功能之外，包裝尚有促銷商品的功能，讓商品在使用上更簡便也更安全。
©Brooks Walker/National Geographic Image Collections

像是牛奶，就必須要在冷藏的狀態中；其它商品，如啤酒，絕對不能曝露在陽光底下；另外還有一些商品，像是藥物和繃帶，則必須保持無菌的狀態。包裝可以讓商品免於破裂、氧化、溢出、腐壞、陽光、熱氣、寒氣、細菌蔓延以及其它狀況等等。

促銷商品

包裝不僅可以識別商品、標明成份、指明特性和說明用法，也可以區分出某商品和競爭商品之間的不同，並讓新商品和來自於相同製造商的家族商品有所聯結。一個全新上市的坎貝爾湯料商品，因爲身上的紅色標籤，而使得自己很容易就被聯想是坎貝爾湯料家族的成員之一。

製造廠商可以利用包裝上的設計、顏色、形狀，以及材質等，來影響消費者的認知及其購買行爲。舉例來說，金百利（Kimberly-Clark Corp.）公司和寶鹼公司最近相繼推出了一系列精美包裝下的可麗舒（Kleenex）衛生紙和泡芙絲（Puffs）衛生紙。他們的想法是，如果包裝盒漂亮一點，人們就不會介意把它們放在每個房間裏明顯的位置上。直到目前爲止，這個策略似乎已經生效了。在這個有著十五億美元的衛生紙市場上，大約有25%的營業額都流向了高檔品的項目中。[36]

在銷售上，包裝也有適度的功能。桂格燕麥公司在沒有改變任何行銷策略的狀況下，只將羅尼米（Rice-a-Roni）的包裝修正了一番，營業額就在一年內上升了44%。

有利於商品的儲存、使用和便利功能

批發商和零售商都比較偏好在運送、儲藏和貨架陳列方面方便好用的商品包裝。他們也喜歡能保護商品、免於腐壞或碰撞破裂、並能延續商品貨架生命的包裝。

而消費者對便利的需求，其範圍涵蓋得相當廣。儘管有些消費者想要商品的包裝可以防止塗改；防止小孩開啓，但是他們也經常在找尋一些好拿、好開和好關的商品項目。另外，消費者也希望有能重複使用或用過即丟的包裝。由《銷售和行銷管理》（*Sales & Marketing Management*）雜誌所作的調查顯示，消費者不喜歡——或者說總是避免去買——易漏的冰淇淋盒；過重或過胖的醋瓶；無法轉動、必須費力拉出的玻璃瓶蓋；用開罐器才能打開的沙丁魚罐頭；以及很難倒出東西的穀類食品包裝盒。類似像拉鍊撕條、鉸鏈轉動蓋、環帶溝槽、螺旋轉動蓋、以及噴嘴設計等，這些都是爲了解決上述包裝問題才有的新發明。嬌生公司所推出的泰內隆快速蓋（Tylenol FastCap）止痛劑，就是一個擁有專利的全新包裝，只要手腕輕輕一扭就可以打開了。[37]

有些公司則利用包裝來進行市場上的區隔。舉例來說，泰內隆快速蓋止痛劑就是將目標瞄準在50歲以上患有關節炎的成年人以及沒有小孩的家庭人口。[38]不同尺寸的包裝也可以吸引不同用量的使用者。食鹽的包裝包括了單一用量裝、野餐專用的特殊包裝、以及巨無霸的經濟裝等，各種尺寸應有盡有。坎貝爾湯料也以單一份量裝的罐頭來瞄準老年消費者和單身消費者。而啤酒和飲料的各種包裝尺寸則是非常的類似。包裝上的便利可以增進商品的使用效益，進而擴大它的市場佔有率和利潤營收。

可循環再生，降低對環境的污染

在1990年代，包裝上最重要的議題之一就是環保問題。根據一項研究指出，接受調查的消費者中有90%認為不應該過度包裝，同時應該要有循環再生利用的機會，這一點是很重要。[39]

有些公司利用它們的商品包裝來瞄準那些關心環保議題的消費者。舉例來說，布拉卡多國際（Brocato International）公司用來裝填洗髮精和潤絲精的瓶子，就是可以在垃圾掩埋場裏進行生物分解的物質。寶鹼公司則以「有利生態」的幫浦式噴霧器包裝，取代原有的液化推進劑，來推銷「專業保證」和「老香味」這兩種止汗除臭劑。其它同樣推出幫浦式噴霧器的公司包括了莊臣（S.C. Johnson）公司（該公司有保證牌傢俱亮光劑）（Pledge furniture polish）；瑞基和可曼（Reckitt & Coleman）家用品公司（該公司有屋萊牌毛毯清潔劑）（Woolite rug cleaner）；羅奧L.P.（Rollout L.P.）公司（該公司有塔客5號清潔劑）（Take 5 cleanser）；以及李奇森（Richardson-Vicks）公司（該公司有維達沙宣牌噴髮劑）（Vidal Sassoon hair spray）。[40]

標籤製定

包裝上不可或缺的一部分就是標籤。在製定標籤時，通常會採用下面兩種形式的其中之一：說服性或資訊性。**說服性的標籤**（persuasive labeling）著重的是促銷的主題或廣告標語，有關消費者應該知道的資訊則在其次。布萊斯（Price Pfister）公司發展出一種全新的說服性標籤——以水龍頭的照片、品牌名、和廣告標語為號召——其目的就是要加強品牌識別，打響品牌名稱進而取代製造商的名字。[41]請注意像「全新」、「改良」、或「超級」這類的字眼，早就不再有任何說服力。消費者已經厭煩了「全新……」這類的說法，效果反而會打折扣。

說服性的標籤
著重的是促銷的主題或是廣告標語，有關消費者應該知道的資訊則在其次。

相反地，**資訊性的標籤**（informational labeling）則是設計來幫助消費者做出正確的商品選擇，並降低他們在購買後所產生的認知失調（cognitive dissonance）。西爾思（Sears）公司在它所有樓層的貨品上，都貼上了「信賴標籤」（label of confidence），這張標籤會就商品的耐用度、顏色、特點、清潔方法、用法指示、以及構造標準等，加以說明。多數的傢俱製造商也會在它們的商品上加貼標籤，說明該商品的構造特點（例如架構形態、線圈數量和布料特性等）。1990年通過的「營養成份標籤和教育法案」（Nutritional Labeling and Education Act），其中要求多數的食品包裝

資訊性的標籤
目的為幫助消費者做出正確的商品選擇，並降低他們在購買後所產生的認知失調。

電腦化的光學掃瞄器可以讀出UPCs或條碼，然後再將它們和品牌名稱、包裝尺寸、以及價格等作比對。
©1996 PhotoDisc, Inc

必須要有詳細的營養成份說明，同時，食品包裝上的健康訴求也必須有一定的標準。這項立法的最重要結果就是「食品藥物管理局」（Food and Drug Administration）從此制定了一套管理原則，用來整頓下面幾種標籤辭彙的用法：低油脂（low fat）、清淡（light）、低膽固醇（reduced cholesterol）、低鈉（low sodium）、低卡洛里（low calorie）和新鮮（fresh）。[42]賽那塔諾（Celentano）公司是一家新澤西州的義大利冷凍食品製造商，它利用了這些新制定的法規，在標籤上「一如往常」地記載著：賽那塔諾的商品不含任何添加物、化學品、防腐劑或人工成份。[43]

通用商品代碼

通用商品代碼
用來追蹤商品的號碼，以粗細不等的垂直線條（條碼）來代表，可以電腦化的光學掃瞄器來讀取。

出現在量販店和超級市場的**通用商品代碼**（universal product codes，簡稱UPCs），早在1974年就推出問市了。因爲這些數字型的代碼是以粗細不等的垂直線條來代表，所以也被稱之爲條碼（bar codes）。這些線條可以用電腦化的光學掃瞄器來讀取，然後再將這些代碼和該商品的品名、包裝尺寸、以及價格作比對。它們還可以在收銀機的捲紙上印出資料，讓零售商可以快速且精確的打出顧客的購買記錄單、控制存貨，同時進行營業額的追蹤累計。這套UPC系統和掃瞄器也可以用來進行單一來源的研究調查。（請參考第九章）

有關品牌設定和包裝上的全球性議題

6 就品牌設定和包裝上的全球性議題進行討論

正如本章的「放眼全球」一文所提出的，品牌模仿在某些國家已到了愈演愈烈的局面。而僞造品對某些極具聲譽的國際性品牌來說，包括李維斯牛仔褲、勞力士錶和精工錶、古奇（Gucci）手提包和路易士（Louis Vuitton）手提包，也是一個很令人頭痛的主要問題。因此在品牌設定和包裝上，國際性公司一定要有一些考量。

品牌設定

若是決定以現有的商品進軍某個國外市場，在品名的處理上則有三種選擇：

◇一個品名在各地通用：如果公司只推出一個商品，而且這個品名在當地市場上也沒有負面的聯想意義，就可以採用這種策略。可口可樂公司在全球一百九十五個國家都採用單一品名的策略。單一品名策略的好處是，不管在哪一個市場都能很強烈地辨識出該商品，而且也很容易協調每個市場的促銷活動。

◇適應和修正：若是品名無法以當地市場的語言來發音；或是這個品名已被當地的其他人士所擁有；抑或是這個品名在當地的語言上有負面粗陋的聯想時，就不能採用單一品名的策略。墨西哥的Bimbo麵包在美國就會遇到一些需要矯正的情況；而日本的咖啡專用奶精Cheap這個名字，在美國或加拿大等地也可能不太適當。[44]

◇不同的市場採用不同的品名：若是譯名或發音上有問題，或是行銷人員想要讓這個品牌看起來像是個當地的品牌；抑或是當地的法規規定品名一定要地方化，這時就會採用當地的品名。吉列公司的絲吉恩斯（Silkience）潤絲精在法國叫做Soyance；在義大利則稱之爲Sientel，這樣的適應改變似乎比較能吸引當地的市場。可口可樂的雪碧汽水在韓國爲了要因應當地政府對外國字的限定使用，而重新命名爲Kin。熊寶貝（Snuggle）衣物柔軟精在日本稱之爲 FaFa；在法國則稱之爲Cajoline；而在世界其它各地也有不同的稱呼。[45]

可口可樂在全球195個國家都採用單一品名的策略。因此，它的商品和正面形象在世界各地都可以認得出來。
©Jeff Greenberg

包裝

對國際行銷來說，包裝上有三點重要事項必須特別地注意：標籤、美學和氣候的考量。標籤上最重要問題就是如何適切地譯出成份、促銷訊息和商品用法。在東歐，瞪羚（Ariel）牌洗潔精的標籤就必須以十四種不同的語言印出來，從拉脫維亞文到立陶宛文，各種東歐語言應有盡有。[46]另外，你也得小心翼翼地讓標籤符合每個當地政府的要求。幾年前，一名義大利法官命令將所有可口可樂的瓶子從貨架上撤下來，就因爲它的成份沒有在標籤上適當地表現出來。在比利時和芬蘭這兩個國家，標籤的制定更加繁瑣，因爲它們要求標籤上的文字必須以雙語的方式出現。

包裝美學也要注意，關鍵就在於必須配合地主國的文化特性。舉例來說，光是顏色就有各種不同的聯想。在某些國家，紅色和魔法有著一定的關聯性；綠色則可能代表危險的警告；白色則是死亡的象徵。美學也會影響包裝的尺寸大小。在缺乏冷藏設備的國家裏，軟性飲料無法以六罐裝的方式售出。另外在某些國家，類似像洗潔劑這樣的商品也只能以小份量的包裝方式出售，因爲當地家庭沒有足夠的儲存空間。其它商品，像是香煙，在低購買力的國家裏，也只能以小包裝或單支香煙的方式來出售。

極端的天候或是長距離的運送，也都需要有更堅固和更耐用的包裝來進行海外的交易。當商品必須進行長距離的運送時，或是在運送和倉儲之間，需要經過很多次的轉手，這時，就要非常小心商品可能會有溢出、腐壞、或是破損之類的問題。如果生產和消費之間的時間拖得很長，就必須要確保該商品的包裝可以保證它的生命週期。

商品保證

7 解釋商品保證爲何及如何成爲重要的行銷工具

正因爲包裝是用來保護商品的，所以保證書就是列出有關商品的基本資訊，以保護買主。一份**保證書**（warranty）必須能確保某一貨品或某種勞務的品質或表現。**明文保證**（express warranty）是指書面上的擔保，小自簡單的聲明，例如「百分之百純棉」（100 percent cotton）——這是指對品質的擔保，和「包君滿意」（complete satisfaction guaranteed）——這是一種對表現的聲明，大到以技術性的辭藻文字寫出完整的書面文件等，都包含在明文保證的範圍裏面。相反地，**非明文保證**（implied warranty）則是指未經書面寫下的擔保，保證該貨品或勞務完全符合它們當初被售出的目的和用途。所有的銷售都在美國「統一商法」（Uniform Commercial Code）的規定下，含有非明文保證。

保證書
確保某一貨品或某種勞務的品質或表現。

明文保證
書面上的擔保。

非明文保證
未經書面寫下的擔保，保証該貨品或勞務完全符合它們當初被售出的目的和用途。

國會在1975年通過了聯邦交易委員會修正法案中的「梅納森——摩斯保證書條款」（Magnuson-Moss Warranty-Federal Trade Commission Improvement Act），有助於消費者瞭解保證書的用途，並可據此要求製造商和自營商做出具體的行動。做出百分之百承諾保證的製造商必須符合幾點最低要求，其中包括「在合理的時間範圍內，以不另收費的方式」進行商品瑕疵上的修復和更換，若是該商品在修復期間，「經過合理次數範圍內的嘗試」之後，仍然無法運作使用，就必須全額退費給該商品的購買者。如果有任何保證不能符合上述的嚴格規定，就會被「明確地」劃界爲有限性的保證。

回顧

讓我們回顧一下雅芳公司增加服飾和傢俱這兩條商品線的故事。雅芳之所以採用增加商品組合寬度的策略，是為了要充份利用自己長久以來建立的公司聲譽。這家公司希望藉著商品線的增加（儘管它們和公司的核心商品線在性質上並不一致），來擴大整體的營業額和商品範圍。雅芳這個名稱對服飾商品線的上市顯然很有助益，可是對傢俱商品線來說，成功與否還是個未知數。因為在幾年前，當雅芳把觸角伸到健康保養用品業時，它的名字可不是那麼管用的。其實，雅芳會做出跨足傢俱商品業的決策，其部分原因可能是看到了凱文克萊、遐思和李茲（Liz Claiborne）等服裝公司，最近都跨足到傢俱業的成功案例。

總結

1.定義「商品」這個專有名詞：無論想要與否，商品就是某個人或某家組織在交易中所得到的任何東西。購買決策的基本目的就是要得到和某個商品有關的具體和非具體利益。具體利益包括了包裝、式樣、顏色、尺寸和特點等；非具體利益則有服務、零售商的形象、製造商的聲譽以及經由這個商品所聯想到的社會地位。對任何行銷組合來說，商品是其中最具關鍵的要素。

2.為消費商品進行分類：消費商品可分成四大類：便利商品、選購商品、特殊商品和未覓求商品。便利商品是指所費不多，只要花一點購物心思就可以買到的商品。選購商品則有兩種類型：同質選購品和異質選購品。因為同質選購品都很類似，所以主要的區別就在於它們的價位和特性。相對地，異質選購品則因本身的明顯特徵而能吸引到消費者的購買。特殊商品所具備的獨特點，對某些顧客來說，是非常想要擁有的東西。最後是未覓求商品，它可能是新商品，也可能是需要進行強力推銷的商品，因為消費者總是避免買它或是忽略了它。

3.定義「商品項目」、「商品線」和「商品組合」這幾個專有名詞：商品項目是指一個特定式樣的商品，它有別於該公司組織下的其它所有商品，擁有自己的明顯賣點。商品線則是指一群關係密切的商品，全是由同一家公司所提供。而公司的商品組合，則是指該公司名下所售的所有商品。「商品組合寬度」指的是一家公司所提供的商品線數量。「商品線深度」則是指一條商品線中的商品項目數量。各公司修正現有商品的方法，不外乎改變它們的品質、功能特性或形式風格。若是該公司在既有的商品線上再增加一些新的商品項目，就稱之爲商品線的擴張。

4.描述品牌設定在行銷上的用途：品牌就是指可以用來確認和區分某家公司商品的名稱、術語或象徵。品牌的設定可以鼓勵顧客的忠誠度，也可以幫助新商品的崛起。品牌策略也需要針對以下幾種品牌方式作出決策：個別品牌、家族品牌、製造商的品牌和私人品牌。

5.描述包裝和標籤在行銷上的用途：包裝有四個功能：內裝和保護商品；促銷商品；有利於商品的儲存、使用、和方便；以及可再生循環利用、降低環境污染的功能等。從促銷的角度來看，我們從包裝上就可以識別出品牌和商品特性，也可以從包裝上區別出它和競爭商品的不同，並辨識出其它來自於相同製造廠商的商品。標籤則是包裝上不可或缺的一部分，它兼具了說服性和資訊性的功能。就本質上來說，消費者在作購買決策之前，包裝是行銷人員用來影響他們購買決策的最後一個機會。

6.就品牌設定和包裝上的全球性議題進行討論：除了品牌剽竊的問題之外，國際性的行銷人員也要愼重地考量品牌設定和包裝方面的問題，其中包括：品名的選擇策略；標籤的翻譯和配合地主國的要求；保持包裝上的美感，同時符合地主國的文化特性；以及包裝尺寸必須配合地主國的偏好等。

7.解釋商品保證爲何及如何成爲重要的行銷工具：商品保證是很重要的工具，因爲它可以保護消費者，有助於他們評估商品的品質好壞。

對問題的探討及申論

1.一家當地的市立組織要求你在午餐時間作一份提案報告，主題是計畫式報廢。你決定不從負面的觀點來探討企業界如何經由計畫式報廢的作法來剝削顧客，反而要從另一個角度來談談生產這種不持久商品的好處是什麼。請準備一頁左右的提案大綱。

2.一家當地的零售商想要將她的鞋子品牌連同現有的存貨推出上市，她雇用你寫一份報告，概要說明該作法的優缺點是什麼。請著手進行這份報告。

3.請找出五個著名的品牌名稱，並解釋你爲什麼選上它們。

4.請分成幾個小組，每個小組就其大家都很熟悉的某個商品包裝，進行討論。請準備一份簡短的提案報告，向全班同學說明這個包裝的優缺點是什麼。

5.某些零食製造商是如何修正它們的商品來滿足顧客的新需求？

6.你的新老闆要求你準備一份簡短的備忘錄，內容是有關線上超市購物的未來前景，以及對包裝的可能影響是什麼。請準備這份備忘錄的大綱摘要。

7.以下網址所提供的商品組合是什麼？http://www. disney .com/

8.請列出李維史壯斯公司透過以下網址進行銷售的幾個國家。這些商品賣點和美國以及歐洲等國所販售的商品，有什麼不同？

http://www.levi.com/

學習目標

在讀完本章之後，各位應當能夠做到下列各項：

1. 描述新商品的六種類別和解釋開發新商品的重要性。
2. 解釋新商品開發過程中的幾個步驟。
3. 解釋爲什麼有些商品會成功？有些則會失敗？
4. 討論有關新商品開發的全球性議題。
5. 描述一些用來開發新商品的組織團體或架構。
6. 解釋商品生命週期的概念。
7. 解釋新商品被採用的普及過程。

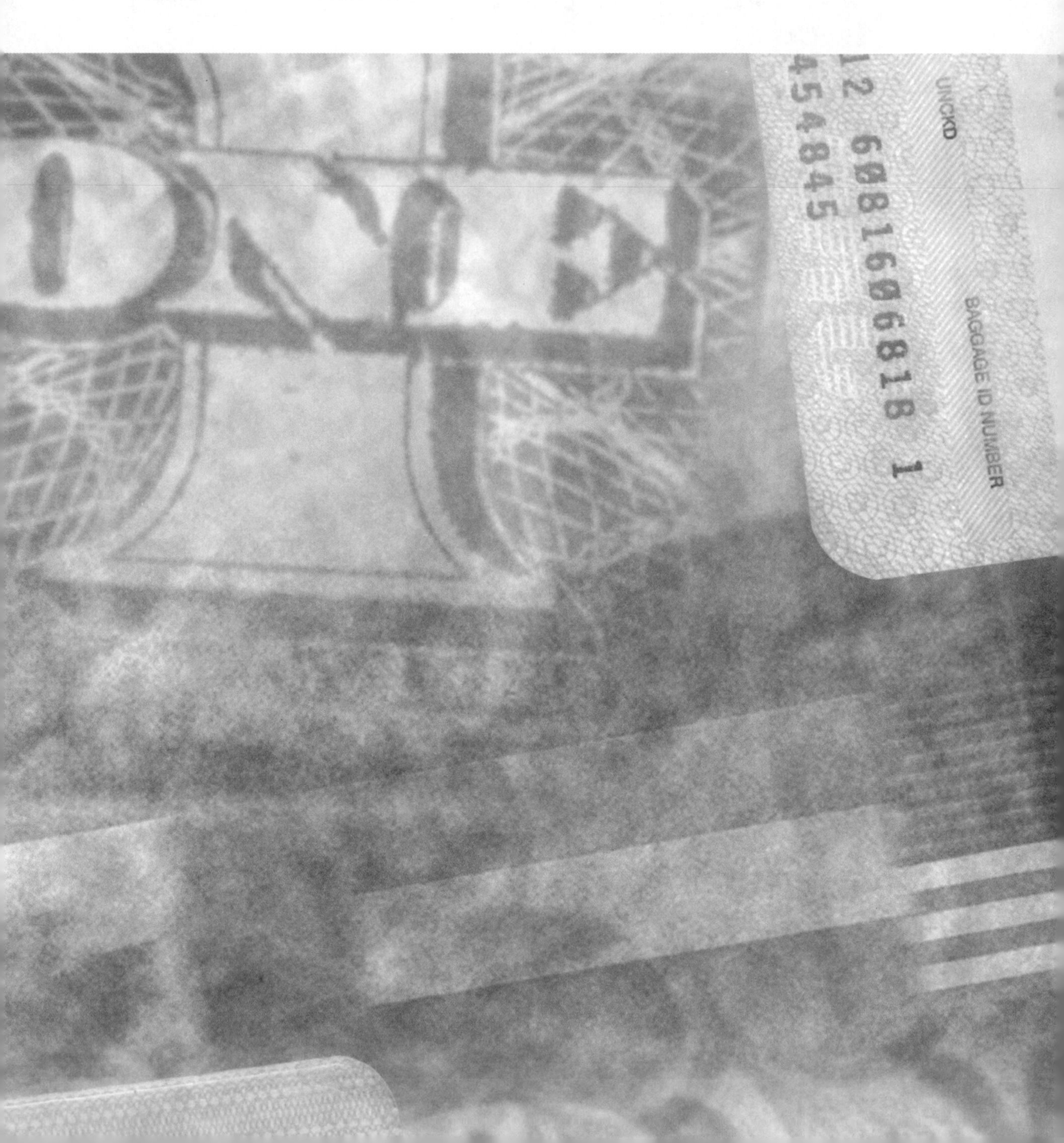

第11章

商品的開發與管理

福利多——雷公司最近結合了寶鹼公司所開發出來的歐雷斯油（olestra），將六種大家都很熟悉的洋芋片和玉米片品牌「分別是一般口味和香烤口味的福利多——雷洋芋片、波浪（Ruffles）洋芋片、牧場起司口味（ranch cheese）和正點起司口味（cool ranch）的朵利多司（Doritos）洋芋片以及脫斯多司（Tostitos）玉米片」再重新整裝，推出上市。上述的歐雷斯油是一種油脂替代品，它在1996年通過了「聯邦藥物管理局」（Federal Drug Administration, FDA）的核准上市，可被運用在鹹味零食的製作上。這種全新的「馬克司」系列洋芋／玉米片完全不含油脂，卡洛里只有一點點，且據說嚐起來的口味像眞的一樣。

在某部電視廣告裏，一個漁夫嚐了福利多——雷的馬克司洋芋片之後，就信步在水面上漫遊了起來。因爲這種畫面上的「奇蹟」就如同發現到無油脂洋芋／玉米片的口味和一般福利多——雷口味沒什麼兩樣。它的廣告結語是「只要嚐一口，你就成了它的忠實信徒」（One taste and you'll be a believer）。[1]

歐雷斯油是自人工糖精（aspartame）於二十幾年前核准上市以來，第一個再度投入食品加工業的全新營養代用品。[2]寶鹼公司希望它在零食市場中能像人工代糖一樣在飲料界那樣地大受歡迎。但是這項工作可能不像原先預期的那麼輕鬆，因爲所有以這種人工油脂製成的商品，都必須在標籤上詳加說明，告知消費者這種人工物質可能會引起像拉肚子這類的副作用，也可能吸取體內的某些維生素和營養物質。包裝上也必須印上一支免付費的電話號碼，接受來自於消費者的批評和指教，若是消費者有抱怨申訴，也必須轉呈給FDA。[3]

福利多——雷、波浪、朵利多司和脫斯多司等品牌旗下的馬克司系列，算得上是新商品嗎？而歐雷斯油也是嗎？請解釋你的答案。

1 描述新商品的六種類別和解釋開發新商品的重要性

新商品的類別

新商品
某個商品對全世界、單一市場、製造商、轉售商或是以上任何綜合體來說，是全新第一次問市的產品。

新商品（new product）這個專有名詞很容易令人混淆，因爲它的意義範圍很廣泛。事實上，這個名詞有很多種「正確」的解釋定義，不管是從全世界、單一市場、製造商或轉售商、或者是以上幾個綜合體的角度來看，都有新商品上市的可能。以下就是新商品的六種類別：[4]

◇對全世界來說是一種全新的商品（也稱之爲間斷的創新發明）：這些商品可以創造出全新的市場。電話、電視、電腦和傳眞機等，這類商品的發明問市就是最普遍的例子。

◇新商品線：這些商品是某家公司以前不曾生產或販售過的，可以被推銷到市面上的現有市場中。請回憶一下第十章的雅芳公司，它在最近就跨入了服飾界和傢俱界這兩個行業當中。

◇在現存商品線上另行追加新商品：這種類別的新商品可補充公司在現有商品線上的不足。印記賀卡公司最近就宣稱，它特定爲寵物增加了一百一十七種全新的賀卡樣式。根據印記所做的研究顯示，寵物飼養者中有75%會買聖誕禮物給他們的寵物，有40%的飼養者會慶祝寵物的生日。[5]事實上，每年上市的新商品中，超過四分之三都是屬於商品線的擴充，也就是說，現有品牌有了新的變化、新的配方、新的尺寸和新的包裝等。[6]

◇現有商品的改良或修正：所謂「全新改良」的商品可能眞的做了一些改變，也可能只是做一點小幅度的改變而已。露華濃（Revlon）推出的改良新商品：不褪色唇彩（Color Stay Lipcolor），已成爲藥房和量販店裏銷售第一名的唇膏商品了，因爲它的賣點是一天下來，嘴上的唇彩仍舊不脫妝。[7]

◇重新定位的商品：以現有的商品瞄準新的目標市場或市場區隔。卡夫食品正嘗試把彈恩（Tang）果汁重新定位爲酷樂（Kool-Aid）果汁和橘子汁以外的另一種早餐果汁，供9歲至14歲的孩童做選擇。[8]

◇較低售價的商品：這個類別指的是該商品的功能表現和競爭品牌不相上下，但售價卻較低。惠普公司所推出的影印噴射機（CopyJet），就是彩色印表機和彩色影印機的結合體，其售價卻只有多數傳統彩色影印機的十分之一。[9]

新商品的開發過程

2 解釋新商品開發過程中的幾個步驟

布茲、艾倫和漢彌敦（Booz, Allen and Hamilton）管理技術顧問公司在新商品開發過程的研究上，已做了三十多年了。在這段期間裏，這家公司共分析了五種主要的研究，最後做成結論指出，在新商品的開發和問市中，能獲得最後成功勝利的公司，多會採取下列幾個行動：

◇義不容辭，必要性地長期支援創新發明和新商品的開發。

◇在整體目標和策略的驅動下，以定義清楚的新商品策略爲核心，運用公司專屬的方法。

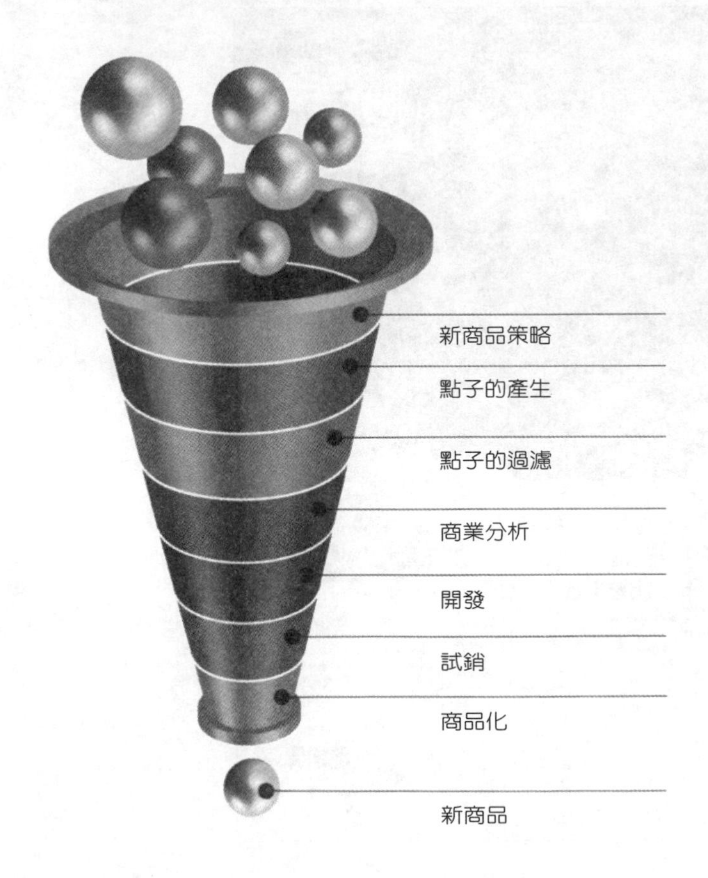

圖示11.1
新商品的開發過程

◇利用過去的經驗，達成和維繫競爭上的優勢。

◇建立一種環境——也就是一種管理風格、組織架構和最高管理階層的支持程度——它有助於完成公司明訂的新商品目標和整體目標。[10]

大多數公司都會遵照正式的新商品開發過程，也就是從新商品策略開始著手。（圖示11.1）描繪了一個七步驟的過程，我們會在下文詳細討論之，圖形的形狀就像一個漏斗，目的是要強調其中每個階段的行動就像是過濾一樣，把不可行的點子全都篩選掉。

新商品策略
該策略會把新商品開發過程和行銷部門、事業單位以及整體企業的各個目標連結起來。

新商品策略

新商品策略（new-product strategy）會把新商品開發過程和行銷部門、事業單位以及整體企業的各個目標連結起來。一個新商品策略一定要和這

廣告標題
新推出下一世代的電視機

這是一個世界性的新商品？抑或是改良下的現有商品而已？
Courtesy Zenith Electronics Corporation

些目標相容才可以，反之，這三個體系的目標也必須彼此一致才行。

新商品策略是企業組織整體行銷策略下的一部分。它有助於焦點的集中，爲新點子的產生、過濾和評估提供必要的方向準則。新商品策略可界定新商品在企業組織整體企劃下的角色爲何，並描述該企業組織所想要提供的商品特點是什麼以及它想進入什麼樣的市場。[11]

點子的產生

很多來源都可以產生新點子，舉凡顧客、員工、經銷商、競爭對手、研發部門和顧問等都可能。

◇顧客：行銷觀念認爲，顧客的需求以及欲求可以做爲開發新商品的跳板。生產眞空瓶身的熱水瓶（Thermos）公司提供了一個公司如何從顧客身上開發新商品的有趣例子。[12]該公司爲了要開發新的家用烤肉架，它的第一步就是派遣新商品小組中的10名成員，到市面上實地進行一個月的任務，此任務就是去瞭解人們對野外炊煮的需求是什麼，進而發明商品來滿足他們。他們在波士頓、洛杉磯、和俄亥俄州的哥倫布市等各地進行小組討論會的市調研究，同時還拜訪很多家庭，並拍攝他們野外烤肉的情形。

◇員工：行銷界的各路人馬——廣告人員和行銷研究人員以及業務人員——因爲他們常常分析市場，在行銷界裏浸淫已久，所以往往可以創造出一些新商品的點子。各公司應該多多鼓勵旗下員工，勇於提供一些新商品的點子給公司，一經採納，還可以獎勵這名員工。自黏性便條紙（Post-it® Notes）的成功問市就是取自於某位員工的點子。1974年的時候，3M公司商用膠帶部的研發組，正式發展出自黏性便條紙的製造成份，並得到了專利權。然而事實上，這項產品早在一年前就由一名商用膠帶部門的員工發明出來。他是教堂合唱團中的一員，他在聖歌樂譜上以紙夾或紙條來標示一些該注意的地方，結果紙夾會弄破樂譜，而紙條也常常不翼而飛，最後的解決之道，就是眾所皆知地以自黏性的紙片來完成這些標示的任務，同時，也將它們包裝起來在市面上出售。

◇經銷商：訓練有素的業務人員會例行性地詢問經銷商，還有哪些需

廣告標題

它們有助於你的溝通
它們有助於你的記憶
它們也有助於你的退休

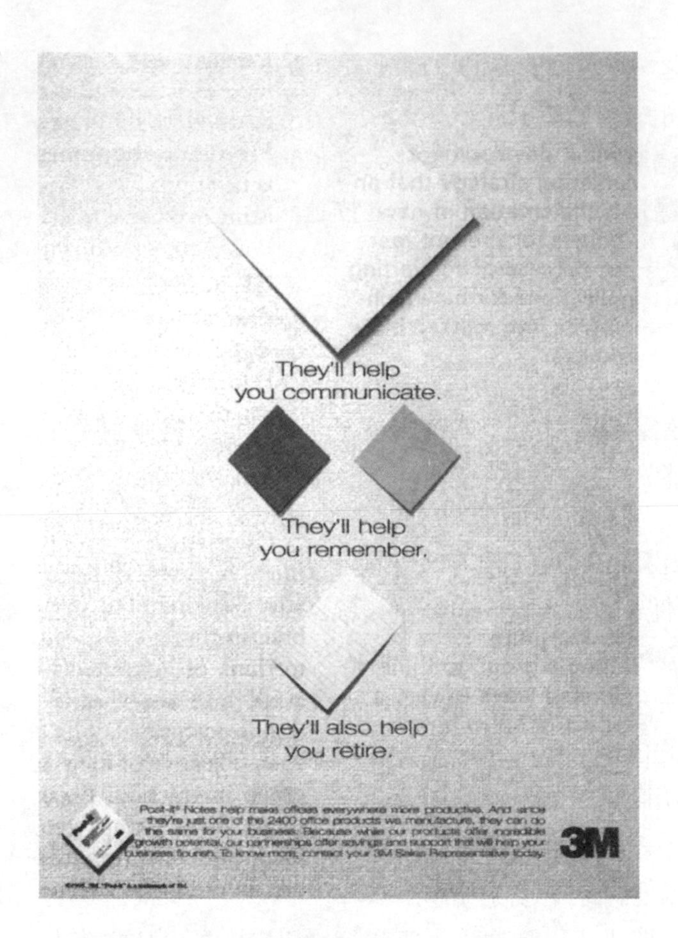

3M公司商業膠帶部的一名員工想出了自黏性便條紙的點子。所以各公司應該鼓勵員工勇於提出新商品的點子，一經採納，就該有所獎勵酬謝。
Courtesy 3M

求是顧客所需要的。因爲經銷商和顧客的距離最近，往往比製造商更瞭解顧客的需求是什麼。盧本梅（Rubbermaid）公司的無垃圾午餐盒——品名爲老搭擋（Sidekick），就是來自於一名經銷商的點子。這名經銷商建議盧本梅把它的塑膠容器放進一個午餐盒裏，再將這個盒子以有別於紙袋和塑膠袋的另一種包裝形式來出售。

◇競爭對手：沒有一家公司會只採用公司內部所產生的新點子。任何一家公司的行銷情報系統，大部分的工作都是在監視競爭對手的商品表現。其中的目的之一就是要瞭解有哪些競爭品牌的商品可以被仿效生產。競爭市場上的監視還包括了追蹤由公司自己的顧客所賣出去的商品。

在全球網路上（World Wide Web）有很多有關競爭廠商的資訊。[13]舉例來說，Alta Vista站（http://www.altavista.digital.com）就是一個有力的索引工具，可以用來找出有關商品和廠商的資訊所在。而Fuld & Co.站上的競爭市場情報指南也提供了各種市場情報站的消息。另外，也可藉由參加國外食品展、酒類嘉年華、服裝秀、汽車大展、甚至是巡迴表演等，來獲取有關競爭對手的資料。而以上所有的資訊都可能刺激靈感、概念的產生，甚至讓你和可能的國外合作夥伴搭上線。[14]

◇研究發展部門（簡稱R&D）：R&D一直身兼著四項重要的任務使命。基本研究（basic research）是科學性的研究，旨在找出新的技術。實用性研究（applied research）則是把新的技術做出有效的運用。**商品開發**（product development）則更往前跨伸了一步，目的在於把有效的運用技術轉換成可推行上市的商品。商品修正（product modification）則是指在現行的商品上，作一些美化或功能性的改變。許多全新商品的突破，大多來自於R&D的研發成果。寶鹼公司的二合一洗髮潤絲精——飛柔雙效（Pert Plus）洗髮精，就是從實驗室裏發展出來的。

商品開發
爲現行市場創造出全新商品的一種行銷策略，也就是把有效的運用技術轉換成可以推行上市的商品。

◇顧問：外聘的顧問一向能爲公司做一番體檢，進而提出一些商品點子。這些顧問公司的例子包括了韋斯頓（Weston Group）公司；布茲、艾倫與漢彌頓公司以及管理決策（Management Decisions）公司。傳統上，顧問公司可以幫忙看出這家公司是否擁有一個平衡良好的商品組合投資，如果沒有的話，需要有那些新商品的點子來彌補這樣的不均。舉例來說，一家外聘的顧問公司就爲艾爾威（Airwick）公司找出了光鮮地毯牌清潔劑（Carpet Fresh carpet cleaner）的點子，這個商品果然在市面上大放異彩。

創意是新商品點子的泉源所在，無論這個點子是誰想出來的。目前有很多種方法和技巧，都是用來刺激創意的產生。最常用來激發新點子的兩種方法分別是腦力激盪法和小組討論會的執行。**腦力激盪**（brainstorming）的目的就是由一群人針對某個商品或是某項問題，天馬行空地想出各種點子方法。不管其中點子有多荒誕可笑，任何成員都不能對它提出批評。客觀的評估會在以後進行，目前著重的只是愈多點子愈好。正如第九章所談到的，小組討論會的目的就是要經由小組成員之間的互動，激發出深入的

腦力激盪
由一群人針對某個商品或是某項問題，天馬行空地想出各種點子方法。

論點和想法。小組討論會的成員大約是七到十人。有時候，由消費者所組成的小組討論會常會激發出很不錯的新商品點子，例如，旋轉牌狗食（Cycle dog food）、豎立牌室內芳香劑（Stick-Up room deodorizers）、除塵剋星吸塵器（Dustbuster vacuum cleaners）和溫蒂漢堡的沙拉吧等，都是小組討論會的成果。在產業市場中，如機器工具、鍵盤設計、飛行器的內裝設備和鋤耕機的配備等，也都曾運用過小組討論會的方式。

點子的過濾

過濾
商品開發過程裏的第一次篩選，就是要把不符合公司策略的點子給剔除掉，或是因某些理由而無法實踐的點子給刪除掉。

概念測試
用來評估新商品點子的試驗，通常是在商品原型被創造出來之前就先測試過。

在眾多新點子誕生之後，接下來就是接受商品開發過程裏的第一次篩選。這個階段，又稱之爲**過濾**（screening），就是要把不符合公司策略的點子給剔除掉，或是因某些理由而無法實踐的點子給刪除掉。這種過濾的工作通常交給新商品委員會、新商品部門或是其它一些正式指派的小組來進行。大多數的新商品點子會在過濾的階段就被否決掉了。

概念測試通常用在過濾階段，目的是要對幾個概念（或商品）進行評比。**概念測試**（concept test）可以評估新商品的點子構想，通常是在商品原型被創造出來之前就先執行概念測試了。典型的作法是，研究人員可以從概念測試中知道，某個商品構想的描述和視覺表現所帶給消費者的反應是什麼。

概念測試被認爲可以相當準確地預估出商品線的擴充能否成功。同時對那些非盲目模仿下的新商品項目、不容易被歸類爲既有商品類別的新商品以及不需要消費者行爲有太大改變的新商品來說，概念測試的預估往往相當準確。例如蓓蒂克魯格鮪魚（Betty Crocker Tuna Helper）小食譜、旋轉牌狗食、利比水果飄浮（Libby Fruit Float）飲料等。但是，概念測試對需要創造出大量消費模式或者需要改變消費者行爲的新商品，就無法準確地預估。例如：微波爐、錄影機、電腦和文字處理機等。

商業分析

商業分析
過濾過程中的第二個階段，在這個階段裏必須計算出需求、成本、銷售、獲利等各種最初數字。

在第一次過濾中存留下來的新商品構想，接下來就要邁入**商業分析**（business analysis）的階段，在這個階段裏必須計算出需求、成本、銷售、獲利等各種最初數字。也是第一次開始預估和比較各種成本與收益的時候。此過程可能很簡單也可能很複雜，全視該商品和該公司的本質而定。

商品的新穎程度、市場的規模大小以及競爭市場上的客觀環境等，都會影響收益預估的準確度。[15]類似像軟性飲料這樣的既有市場，有關整體市場量的產業預估是可以隨手取得的，但是若想預估某個新上市的商品，其市場佔有率如何，就可能是個較大的挑戰了。

分析整體經濟趨勢以及它對預定銷售的影響程度，這兩種分析對某些商品類別來說，非常的重要，因爲有些商品類別對商業週期變動的敏感程度特別的高。如果消費者認爲目前的經濟很不穩定，風險也很高，他們就可能會延遲購買一些耐久性商品，如家用電器、汽車或是房子等。同樣地，企業買主如果預期到經濟蕭條，也會延遲某些主要設備的購買行動。

在商業分析階段時，通常會問下列幾個問題：

◇這個商品的大致需求是什麼？

◇這個新商品對整體銷售、收益、市場佔有率以及投資回收等的可能影響是什麼？

◇這個商品的上市會影響到現有的商品嗎？這個商品會同類相殘現有的商品嗎？

◇目前的顧客會從這個商品身上得到什麼好處呢？

◇這個商品可以增進公司整體商品組合的形象嗎？

◇這個新商品會影響到現有的員工嗎？它需要讓公司雇用到更多的人力？抑或是減少人力的支出？

◇如果必要的話，還需要添加哪些新的設施？

◇競爭對手會如何回應呢？

◇失敗的風險是什麼？公司願意承擔這樣的風險嗎？

在回答上述及其相關問題時，可能也需要做些市場、競爭環境、成本以及技術能力等各方面的研究分析。不過在這個階段的終了之際，管理階層應該已經對這個商品的市場潛力有了非常清楚的認識。這種透徹性的認識瞭解是很重要的，因爲只要商品的構想點子一進入開發的階段，成本就會急遽地增加。在「市場行銷和小型企業」中會提供一份核對表，以供小型企業評估新商品點子之用。

潛水芭比娃娃必須要能在水中游泳踢水達15個小時，以便滿足美泰兒公司對該項商品必須能維持一年保固期的要求。
©1994 Jose Azel/AURORA

開發

開發
商品開發過程中的一個階段，在這個階段中，會進行原型式樣的發展和行銷策略的草擬。

在開發（development）的最早期階段，R&D部門或是工程部門可能會發展出這個商品的原型樣式。而在這個階段裏，該公司也會開始草擬一份行銷策略，行銷部門則會決定商品的包裝、命名和標籤等等。除此之外，它也會預設出初期的促銷、價格以及配銷等策略。同時，通盤檢查如何以合理的成本範圍來製造這個商品等這類技術性的問題，也要著手進行。

開發階段可以進行很久一段時間，因此可能耗資甚多。克瑞斯特牙膏（Crest toothpaste）在開發階段就花了10年左右的時間；速食米飯（Minute Rice）花了十八年；拍立得彩色相機（Polaroid Colorpack）和全錄影印機都各花了十五年；而電視機則花了五十五年。福特公司釷星汽車的重新設計，從1986年的第一次推出，到1996年的重新問市，這之間共花了五年的時間和二十八億美元的支出。[16]

當所有相關單位（包括R&D、行銷部、工程部、生產部、甚至是供應商等）都能以通力合作的方式進行，開發過程就往往能夠達到極佳的效果，這個過程也稱之爲「同步性商品開發」（simultaneous product development）。電腦連線網路也是一個很有用的工具，可用來改善在商品

市場行銷和小型企業

評估新商品概念的核對表

如果某家小型企業非常幸運，不僅有穩定的業績，同時銷售也呈現成長的趨勢，因此新商品的加入，更可能會帶來收益上和市場佔有率的增加。但是小型企業的經理們也要小心，不要將擴充範圍超過公司的財務能力之外。因為一個新商品的上市需要貨架上的空間，在存貨上也要進行投資，甚至還要多準備一些零件，也許還需要雇請一位新的業務人員，而這一切的一切，都需要額外的財力支出。

一家全新開張的小型企業通常都是處於「不成功，便成仁」的情境中，因為萬一新商品失敗的話，就表示這家公司破產了，也許也表示這個人一生的積蓄都泡湯了。相反的，對某個有事業基礎的小型企業主來說，若是發現到自己用以營生的資源都化為泡影，那麼選對新商品可能就是他們的轉機，因為它可能可以抵銷掉虧損的部分。

不管是大公司還是小公司，商品開發過程都大抵相同。但是對許多小公司來說，它們可能要親自參與開發過程中的大部分步驟，而不能一昧地依靠專家或外聘的顧問公司。

以下就是一份簡單的核對表，可讓小公司用來評估新商品的概念。藉著加總所有的點數，小型企業主得以更精確地評估出新商品的成功與否。

1.該投資的稅前收益分擔	
35%以上	+2
25-35%	+1
20-25%	-1
20%以下	-2

2.年度銷售預估	
1,000萬美元以上	+2
200-1,000萬美元	+1
100-200萬美元	-1
100萬美元以下	-2

3.商品生命週期的預定成長階段	
三年以上	+2
兩或三年	+1
一或兩年	-1
不到一年	-2

4.投資資本的還本	
一年以內	+2
一到兩年	+1
兩到三年	-1
三年以上	-2

5.高價位的可能性	
很低或者沒有什麼競爭性，所以很容易上市	+2
要上市的競爭環境尚稱平和	+1
要上市的競爭環境很激烈	-1
必須小心防範所有的競爭對手，才能順利上市	-2

這個核對表並不是非常完整。可是只要有負數或不好不壞的數值產生，企業主就得小心考慮是不是該放棄掉這個商品概念。

開發上互有關聯的行銷單位、廣告代理商、圖形設計師以及其它人等的溝通關係。在線上，來自各方的團體可以定期地會面，以指尖來溝通新的構想和資訊，這種花費低廉的方法，可以讓新商品儘早推行到市面上。[17]

在開發階段，實驗室就得針對商品的原始模型進行一連串的試驗。使用者安全（user safety）是實驗室裏商品試驗的重要準則，所以新商品必須要在實驗室裏通過比使用者預期中還要嚴苛的考驗才行。1972年的「消費者物品安全法案」（Consumer Product Safety Act），要求製造商要執行「合理的測試計畫」，以確保商品能符合既定的安全標準。

許多在實驗室裏測試良好的商品，也必須通過居家和企業的試用才行。符合這類使用測試的商品類別包括了人類食品、寵物食品、居家清潔用品、工業化學品和補充品。這些商品都不貴，可是其性能特徵對使用者來說卻是很顯著的。

大多數的商品在經過實驗室的測試結果和試用之後，仍需要再做一些細部修正的工作才算大功告成。因此在試銷之前，通常仍需要進行開發上的第二個階段。

試銷

試銷

把某個商品和行銷計畫，有限度地推行到市面上，以便瞭解在上市的情況下，潛在顧客的反應如何。

商品和行銷計畫發展完成之後，往往要在市場上經過試銷的過程。**試銷**（test marketing）就是把某個商品和行銷計畫，有限度地推行到市面上，以便瞭解在上市的情況下，潛在顧客的反應如何。試銷可以讓管理階層評估各種策略選擇，以及行銷組合的各種適應情況。寶鹼公司的菲布利除臭劑（Febreze），是一種全新的噴霧除臭劑，可以永久除去衣物上的臭味，如煙味或寵物的羶味等，它於1996年在愛達荷州（Idaho）的鳳凰城（Phoenix）、鹽湖（Salt Lake）市以及波伊西（Boise）市等都進行了商品的試銷活動。[18]

被選做為試銷地點的城市必須要能反應出未來商品上市地區的市場狀況才行。當然，絕對沒有所謂「魔法城市」的存在，可以一網打盡地代表所有市場的狀況。而且在某個城市裏一戰奏捷的商品，並不見得一定也會在全國市場上戰果輝煌。所以在選擇試銷城市時，研究人員所找到的地點，其人口狀況和購買習慣等，必須要能反映出整體市場的狀況才行。而該公司也必須在試銷都市裡，有良好的配銷通路。此外，試銷地點也得獨立於一般媒體的觸角之外，因為如果當地的電視台，其收視範圍超過這個試銷區域，那麼用來宣傳試銷商品的電視廣告就會引來這個市場以外的消費者，結果造成新商品在市場上的反應比它實際上的表現還要成功。（圖示11.2）提供了一份核對表，是試銷市場的選定標準。而（圖示11.3）則列出了美國最受歡迎的幾個試銷城市。

在選定某個試銷市場時，有許多要求必須列入考慮，特別是以下幾點：
有類似於計畫中的配銷點
獨立於其它城市以外
有可以進行合作的廣告媒體
在年齡、宗教和文化社會上，有多樣交叉式的組成結構
沒有不尋常的購買習慣
有代表性的人口規模
典型標準的個人所得
擁有做為試銷城市的良好記錄，但並未被過度的濫用
不容易被競爭對手給「堵」到
有很穩定的年度銷售額
沒有強勢的電視台和聯合性的報紙、雜誌或廣播電台
有可以進行合作的零售商
擁有研究調查和審計的服務
不受制於不正常的影響力，例如某個產業的全面進駐或是觀光業非常盛行等

圖示11.2
用來選擇試銷市場的準則核對表

試銷的高成本

通常，試銷所涵蓋的面積範圍是美國本土的1%到3%，持續時間約爲十二到十八個月，成本則在一百萬美元到三百萬美元之間。[19]有些商品在試銷市場上的時間可能更久。例如麥當勞的沙拉就花了十二年的時間進行開發和試銷，最後才正式推出上市。且不管成本多少，很多公司都認爲，與其在全國上市期間一敗塗地，倒不如在試銷市場上栽個跟頭還來得好些。

因爲試銷的成本很高，所以有些公司在爲知名的品牌進行商品線擴充的時候，就不再進行試銷的活動了。例如，佛傑士咖啡是眾所皆知的品牌，所以寶鹼公司在全國市場配銷低咖啡因的佛傑士咖啡時，只遭遇到一點點的風險而已。莎拉李美食廚房（Consolidated Foods Kitchen of Sara Lee）在推行它的冷凍牛角麵包時，也是採用相同的辦法。其它不曾經過試銷市場就直接上市的例子還有：通用食品的國際牌咖啡（International Coffees）；桂格公司的混合燕麥棒和混合燕麥條以及貝氏堡（Pillsbury）的牛奶脆棒（Milk Break Bars）等。

經常在做修正變動的商品也不會採用試銷的方法。舉例來說，個人電腦的製造商在推出更高速度的處理機前，就不需要經過試銷這道手續。WordPerfect文書處理程式並沒有試銷後來最受歡迎的第六版軟體。這些升

圖示11.3
全美最佳的試銷市場

排名	大都會地區	1990年的人口數
1	密西根州的底特律（Detroit）	4,382,000
2	密蘇里州——伊利諾州的聖路易市（St. Louis）	2,444,000
3	北卡羅萊納州——南卡羅萊納州的夏綠蒂-蓋斯塔尼亞——石頭丘（Charlotte-Gastonia-Rock Hill）	1,162,000
4	德州的佛渥斯——阿靈頓（Fort Worth-Arlington）	1,332,000
5	密蘇里州——肯色斯州的肯色斯市（Kansas City）	1,566,000
6	印第安納州的印第安波里斯（Indianapolis）	1,250,000
7	賓州——新澤西州的費城（Philadelphia）	4,857,000
8	北卡羅萊納州的威明頓（Wilmington）	120,000
9	俄亥俄州——肯塔基州——印第安納州的辛辛那提（Cincinnati）	1,453,000
10	田納西州的納須維拉（Nashville）	985,000
11	俄亥俄州的達頓市——春田市（Dayton-Springfield）	951,000
12	佛羅里達州的傑克森維拉（Jacksonville）	907,000
13	俄亥俄州的特雷多（Toledo）	614,000
14	北卡羅萊納州的格林斯保羅——雲士頓——賽倫——高點市（Greensboro-Winston-Salem-High Point）	942,000
15	俄亥俄州的哥倫布斯（Columbus）	1,377,000
16	維吉尼亞州的夏綠蒂斯維拉（Charlottesville）	131,000
17	佛羅里達州的巴拿馬市（Panama）	127,000
18	佛羅里達州的潘索可拉（Pensacola）	344,000
19	威斯康辛州的米爾伍基（Milwaukee）	1,432,000
20	俄亥俄州的克雷文地（Cleveland）	1,831,000

資料來源：1992年一月號的《美國人口》（*American Demographics*）雜誌中的〈所有美國市場〉（All American Market）一文，Judith Waldrop著。©1992，版權所有，翻印必究。

級或全新改良後的商品在沒有任何試銷的情況下，就直接投入市場中，因爲這些商品的舊版本已提供了足夠多的行銷經驗，而這些行銷經驗也是在試銷市場中可能蒐集到的資料。

試銷的高成本並不只是財務上的支出而已。其中一項無可避免的問題就是，試銷活動會讓還沒有正式上市的新商品及其行銷組合提前曝光。因此，令人耳目一新的優勢已然消失。舉例來說，寶鹼公司在幾年前試銷免調理的唐肯漢茲（Duncan Hines）糖霜時，通用米爾公司一得到消息，就率先以蓓蒂克魯格（Betty Crocker）的品牌推出同樣的免調理糖霜，結果反倒成爲這個商品類別中的銷售冠軍。[20]

競爭對手也可以用業務上的促銷手法、降價求售、或是廣告活動等，來蓄意破壞或防堵對方試銷活動。它們的目的就是要把試銷廠商想要瞭解的市場狀況給扭曲掉或隱藏起來。當百事公司於1990年在明尼亞波利斯（Minneapolis）試銷它的高山露（Mountain Dew）運動飲料時，桂格公司就以開特利（Gatorade）運動飲料的兌換券和大量廣告來反擊。[21]

試銷以外的替代選擇

許多公司都在找尋有別於試銷以外其它更便宜、更快速、更安全的替代方法。早在1980年代，資訊資源（Information Resources）公司就開發出了另一種辦法：使用超市的掃瞄資料所做成的單一來源研究法（已在第九章討論過）。一台典型的超市掃瞄器價值大約在三十萬美元左右。

另一種替代方法是**模擬（實驗室）市場測試**（simulated（laboratory）market testing）。這個方法是把數個商品（包括測試商品）的廣告和其它促銷資料都呈現給目標市場中的成員知道。然後再把這些人帶到一間店（可以是眞的店，也可以是假的店）裏進行購物，同時其購物的行爲也會被記錄下來。另外，還會監視購物者的行爲，包括重複購買的行爲，以便瞭解這個商品在眞實的市場狀況下，其可能表現是如何。研究公司對模擬市場測試的執行價碼是兩萬五千美元到十萬美元之間，和試銷市場的一百萬美元或更高的價碼比起來，簡直是小巫見大巫。

模擬（實驗室）市場測試
把數個商品（包括測試商品）的廣告和其它促銷材料都呈現給目標市場中的成員知道。

無論有多少替代方法，大多數的公司還是考慮使用試銷做爲新商品上市前的基本動作。因爲失敗的慘痛代價實在無法讓這些商品在沒有試銷的情況下，就貿然上市。但是有時候，若是預估到自己失敗的風險並沒有很高，那麼直接從開發階段跳到商品化的階段，也就無可厚非了。

商業化

新商品開發的最後一個階段就是**商業化**（commercialization），也就是做出讓商品上市的決策。一旦做出商品商業化的決策，就表示需要展開下面幾個動作：訂購生產原料和設備、開始生產、存貨建檔、把商品運送到實地的配銷點、展開業務訓練、向業界宣告新商品的正式上市、向潛在顧客進行廣告宣傳。

商業化
做出讓商品上市的決策。

從最初下達商業化的決策命令一直到商品的眞正上市，這段時間可長可短。某些簡單的新商品只需用到現有的設備，所以只要幾個星期就可堂

早在1980年代，資訊資源公司就開發出以超市的掃瞄資料來做研究。一台典型的超市掃瞄器價值大約在30萬美元左右。
©Chuck Keeler/Tony Stone Images

堂登場；而某些技術性的新商品因為需要用到特製的機器方能生產，所以幾年下來的籌備時間也就在所難免了。

從商品的開發一直到第一次問市，這中間的總成本實在令人瞠目結舌。美國公司每年總共要花上一千二百五十億美元以上，來進行約四千二百五十種新品牌的研發、製造和上市。[22]單是吉列公司這一家，就花了兩億美元在感應刮鬍刀（Sensor）的開發和製造上，另外有一億一千萬美元則用在第一年的廣告支出上。

對某些商品來說，精心規劃下的線上網路活動也可以提供一些新商品資訊，讓那些專門在新商品身上尋求解決辦法的人們來使用。因為若是能及時捕捉到一群對某個商品有急切需求的顧客，總比和目標市場進行傳播溝通，最後才激發出他們對該商品的需求，要來的划算有效多了。[23]

爲什麼有些新商品會成功？有些則會失敗？

3 解釋爲什麼有些商品會成功？有些則會失敗？

根據各協會、貿易出版品、顧問公司以及官方的統計資料等顯示，新商品的失敗率約在80%到90%之間，每年損失成本超過一千億美元以上。[24]許多商品之所以失敗，只是因爲製造廠商缺乏完善的行銷策略。更甚者，他們不明瞭自己所生產出來的商品應該要符合消費者的需求，這一點比製造出「自己最在行」的商品要來得重要多了。

儘管失敗，但也有大小之分。徹底的失敗是指公司已無力補償它因開發、行銷和生產等所付出的成本，這項商品確確實實地讓公司損失了一筆錢。而近似於失敗則是指新商品有利潤回收，但是其收益量並不符合公司的效益成本或是既定的市場佔有率目標。在近似失敗的個案裏，有時候還可以靠重新定位或改良商品成爲某條商品線的其中一員，進而存活下來。舉例來說，湯尼披薩（Tony's Pizza）在市場上失敗了，後來因爲發展出質地堅實但嚐起來並不像硬紙板的外皮，才得以在市場上繼續存活下去。同樣地，胡椒田的丹尼麵包（Pepperidge Farm's Deli）也是在市場上掙扎良久，直到改良了成份品質之後，才算大功告成。

無論開發和試銷新商品的成本風險有多高，許多公司——例如盧本梅、坎貝爾湯料和寶鹼公司等，還是相繼投入開發新商品的行列中。有些新商品成功了；有些則不幸失敗了。歸究其原因，其中新商品甫上市就能一戰奏捷的最主要因素就在於該商品能確實地滿足市場的需求，這也是行銷概念能夠預測得到的。而新商品之所以在市場上敗下陣來，也是因爲商品的特性無法滿足顧客的欲求，若是商品無法提供獨特且超人一等的價值認定，當然就被註定了失敗的命運。其它失敗的原因還包括高估了市場量的規模、不當的商品定位、定價太高或太低、不佳的配銷通路、差勁的促銷活動或只是因爲自己的商品品質太差，根本比不過別的競爭品牌。舉凡成功的新商品，總是能向一定規模的消費者和組織團體，傳達自己的利益點，這種利益點對目標市場來說是深具意義而且可以領會得到的，同時，這些成功的新商品在某些方面也和那些想取代它們的競爭商品不盡相同。[25]擁有新商品成功問市經驗的公司組織，大多擁有下列幾種特徵：

◇一向很注意傾聽來自於顧客的聲音。

◇執著於生產最佳的商品。
◇對市場未來的走向有遠大的宏觀。
◇堅強的領導能力。
◇對新商品開發的一貫承諾。
◇以團隊方式完成新商品的開發工作。[26]

4 討論有關新商品開發的全球性議題

有關新商品開發的全球性議題

市場和競爭環境的日趨全球化，更促使了多國性公司必須從全球性的觀點來考量新商品的開發問題。一開始就以全球性策略爲出發點的公司，比較能夠開發出全球都能通用上市的商品。在許多跨國性的企業中，商品開發都把全球配銷的可能性考慮在內了，同時也爲獨特的市場需求提前做準備。舉例來說，幫寶適（Pampers）在美國上市後的一個月以內，寶鹼公司就將它配銷到全球各地的市場上。其目的就是要在一年之內，把商品推銷到九十個國家的商店貨架上。它的策略目標是要在國外競爭廠商來得及反應之前，就先在自營商之間建立起品牌忠誠度。

有些全球性的行銷人員在設計商品時，就先以本國主要市場的法規和基本需求爲標竿，如果可能的話，再就每個國家的個別市場需求來進行修正。舉例來說，日產汽車公司（Nissan）開發出標準車款，然後再經過局部修正，就可以售到多數市場中。對於無法接受這個車款的少數市場，日產公司再以當地能夠接受的車款來販售。日產公司靠著這個辦法，得以將它的基本車款數目從四十八種減成十八種。但是也有例外的時候。下文中的「放眼全球」方塊文章中，就要描述克萊斯勒（Chrysler Corp）公司是如何專門針對亞洲市場，進行新款車型的開發。

5 描述一些用來開發新商品的組織團體或架構

新商品開發的組織架構

爲了讓新商品能夠水到渠成地到達終點目標，一個有組織性的架構是非常必要的。然而在許多公司，最高管理階層往往扮演著接收新點子的被

放眼全球

專為亞洲市場設計的美國車

克萊斯勒公司正考慮為亞洲市場製造出一種多數人都能負擔得起的小型車種，市場包括印度和越南等。這種車款的售價在3,500到6,000美元之間，可能要和當地的合夥公司一起生產製造。據該公司的說法，該決策沒有任何時間上的限制。他們之所以公佈這件事情，是因為製作技術員正試圖找出如何為開發中國家製造出既安全又便宜的車款。

克萊斯勒最近為美國以外的幾個市場，推出了好幾種車型，這些市場包括了西歐、拉丁美洲和亞洲部分地區。「在多數個案裡，都是以現有的北美車款來販售，比較特別是的亞洲，我們所售出的都是能迎合當地市場的車型。」一名克萊斯勒公司的發言人如是說道。[27]

你認為克萊斯勒在亞洲市場為什麼不以北美車款的行銷模式來進行呢？新的車款算得上是「新商品」嗎？如果是肯定的，哪一種新商品類別最適合它們？

資料來源：摘錄自1995年10月16日出刊的《華爾街日報》〈克萊斯勒考慮為亞洲的幾個市場，製造小型車款〉(Chrysler Considering Building a Small Car for Markets in Asia)，此翻印係經過《華爾街日報》的准允。

動角色，根本不會積極主動地尋找新構想。更甚者，高層經理在接到構想之後，處理不當，所以這些新點子究竟會不會被採納，就只有靠運氣了。

新商品點子的產生以及新商品的成功問市，其中在背後有一臂之力的主要推手就是來自於最高管理階層的全力支持。除此之外，組織企業中的幾種團體或架構也能對新商品的開發有所幫助。這些團體或組織架構包括了新商品委員會和新商品部門、風險小組以及平行工程部等。

新商品委員會和部門

新商品委員會（new-product committee）是專門管理新商品開發過程的一個團體。其中成員多是各職能的代表人員，如製造、研發、財務和行銷等。許多公司組織利用新商品委員會來進行點子的過濾。

新商品委員會
專門管理新商品開發過程的一個團體。

新商品委員會以外的另一種替代選擇是新商品部門（new-product department），其功能和新商品委員會一樣，不同的是，這是以全職的方式來進行。新商品部門會提出新商品的目標和計畫、籌備研究調查、評估新商品的概念和構想、協調測試的進行及主導跨部門小組溝通等。理想上商品開發部門的工作人員會定期和各運作部門的同仁進行聚會溝通。

新商品部門
新商品部門和新商品委員會有著一樣的功能，不同的是，這是以全職的方式來進行。

正式部門的設置有助於權責的劃分和個人工作範圍的釐清。一個負有職權的個別部門在開發新商品時，就可以免於生產、行銷、和其它團體等的不當影響。同時也能在自我權責的要求下，完成新商品開發的使命。因此，這個部門的主管可以不用太依靠外界的人力。

風險小組和公司內部企業家

風險小組

一個以市場爲導向的團體，由一群來自於不同訓練背景的代表所組成。

風險小組（venture team）是一個以市場爲導向的團體，由一群來自於不同訓練背景的代表所組成。這些成員有行銷人員、研發人員、財務人員和各種其它背景的相關人員，他們全都專注於單一的目標，也就是爲公司新登場的事業，規劃出有利的前景。風險小組最常被利用來處理重要的商業任務和商品任務，而這些任務都是無法相容於現有組織架構下的各項工作，因此可能需要較多的財務支援以及比其它單位更長的時間來等待時機的成熟，而且也需要在公司鬆緊適中的政策下有一些創意的表現。風險小組不同於新商品委員會，因爲它需要其中成員全時間的投入。風險小組只有在必要的時候才會組成或解散，它也不同於新商品部門，因爲後者是整體組織架構下的一個固定單位。

貝爾大西洋電話公司的優勝者計劃，專爲公司內部企業家提供創業資金、指南方向、和訓練課程等，以利其發展出新商品的點子。
©Dave Hoffman

公司內部企業家（intrapreneur）指的是在某家大企業組織中開發新產品或新事業的人才。許多想要在員工當中擷取創意發明的公司，都有獎勵點子的制度計畫。貝爾大西洋電話公司就有一個內部使用的點子課程，叫做優勝者（Champion）。這個課程專爲來自於公司各階層的商品創意家，提供創業資金、指南方向和訓練課程等。這些參加者可以將自己薪水的一部分投資在新商品計畫上，以做爲新商品上市的籌碼。[28]這個計畫的成功與否，就在於最高管理階層的全力支持以及儘管這些點子不見得能眞正成型上市，但公司上下卻仍對這些點子的提出有著一致的鼓勵心態。

同步性商品開發

商品愈早推銷到市面上，就愈有獲利的機會。延誤耽擱只會造成營業上的損失。全錄公司就學到了一課慘痛的教訓：它的執行主管很驚訝地發現到，日本的競爭對手正在開發新的影印機型，其影印速度是全錄的兩倍，成本則只有全錄的一半。許多美國公司，包括前三大汽車製造商（通用汽車、福特汽車和克萊斯勒），都正試著找出最新的辦法來縮短它們的開發週期，以期能搶先推出新的商品。

有一種以小組爲導向的新商品開發辦法，叫做同步性商品開發（simultaneous product development）。這個辦法可以讓公司縮短開發過程，並降低它的成本。同步性商品開發就是指所有相關功能單位和外包供應商，全程參與所有的開發過程。奇異電器公司稱這種小組成員爲「一個咖啡壺」（one coffee pot）的商品開發小組。他們一起進行開發的任務，所以可以避免掉類似像工程師或製造商無法做出設計上的要求規格，而不得不退回給設計師重新修正等這類的錯誤。[29]若是能在過程上讓主要供應商早點參與，也有助於重要零件的設計和發展。

同步性商品開發
以小組爲導向的新商品開發辦法。

商品生命週期

6 解釋商品生命週期的概念

商品生命週期（product life cycle）的概念有助於追蹤某個商品在各個階段的被接受程度，這個週期從引進（誕生）到衰退（死亡）都包含在內。正如（圖示11.4）所標明的，一個商品的進展會有四個主要階段：引

圖示11.4
商品生命週期的四個階段

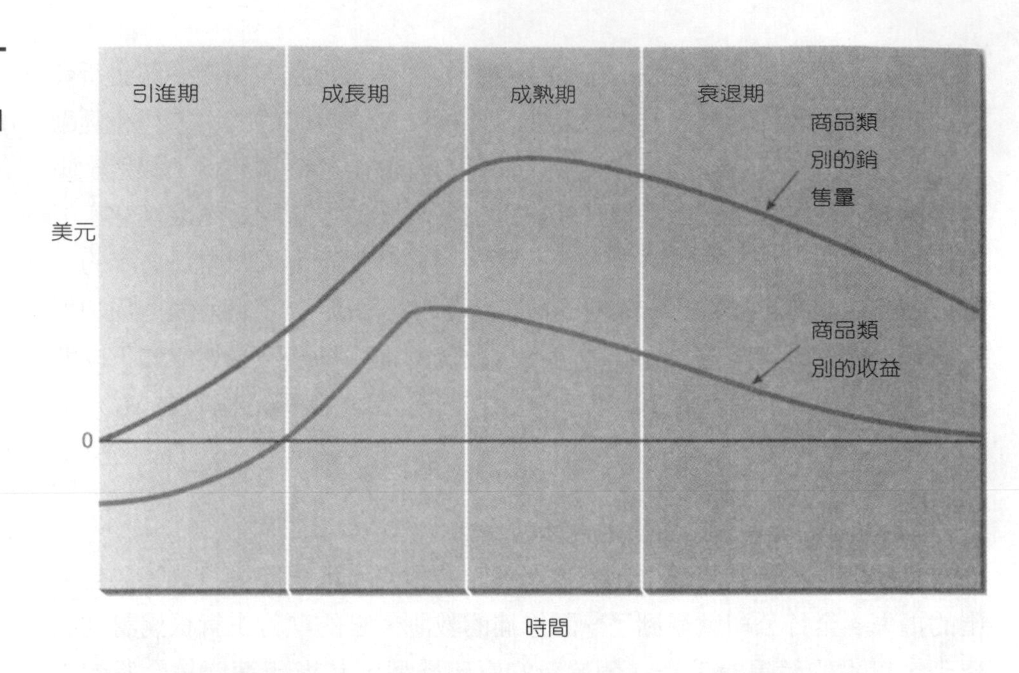

圖示11.5
時尚品、流行品和時髦品的商品生命週期

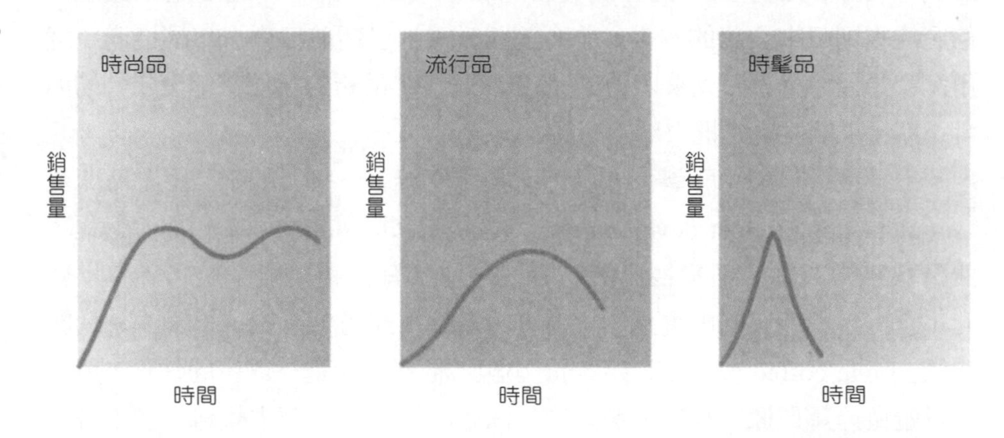

進期、成長期、成熟期和衰退期。請注意這裏所描繪的商品生命週期並不是指任何一個品牌，它指的是某個商品類別或商品階層的生命週期。一個**商品類別**（product category）包括了可以滿足某項特定需求的所有品牌。舉例來說，商品類別可能是小客車、香煙、軟性飲料和咖啡等類別。

商品類別
可以滿足某項特定需求的所有品牌。

每個商品花在生命週期的任何一個階段時間都不盡相同。有些商品，例如時髦品，可能在幾週之內就完成了整個生命週期。還有一些商品，像是洗衣機和乾衣機，則可能停留在成熟期長達幾十年。（圖示11.4）爲消費耐久品這個類別描繪了它的典型生命週期，例如洗衣機或乾衣機。相反的，（圖示11.5）所描繪的則是時尚品（例如正式的、上班的或休閒的服飾）、流行品（例如迷你裙或踩腳褲）和時髦品（例如豹紋服飾）等的個別生命週期。但是若是能在商品本身、用途、形象或定位上做些改變，也可以延續該商品的生命週期。

商品生命週期並無法告知行銷經理，該商品的生命週期有多長或它在各階段的持續時間是多久，它也不會主宰行銷策略。事實上，它只是一個工具，有助於行銷人員預測未來的趨勢，以及建議適當的因應策略。

引進期

商品生命週期中的**引進期**（introductory stage）是指一個全新商品的首度亮相上市。做為個人使用的電腦資料庫、室內空氣清淨機和風力家用發電機等，都是最近才引進商品生命週期的商品類別。

引進期
一個全新商品的首度亮相上市。

在引進期所支出的行銷成本往往很高，因為需要給自營商較高的邊際利潤，才能獲得適當的鋪貨機會；同時，也要給消費者足夠的誘因來試試看這個新商品。這個時期的廣告費用也很高，因為你必須花較多的時間來教育消費者，有關這個新商品的利益點是什麼。而生產製造成本也不低，因為總是會有一些商品和製造上的瑕疵有待改善，此外，還要花上很大的努力才能達到大量生產的經濟規模。

正如（圖示11.4）所呈現的，銷售量在引進期的時候，往往增加得很慢。此外，也因為研發成本、工廠工具的製作以及新上市的高成本等因素，使得利潤呈現負數的局面。引進期的長短通常由商品的特性來決定，例如該商品取代原先商品的優勢是什麼；需要花上多少努力時間才能完成對消費者的教育以及管理階層對這項新商品的承諾資源是多少等等。

成長期

如果某個商品類別從引進期生存了下來，就會邁入生命週期中的**成長期階段**（growth stage）。在這個階段裏，銷售量的增加往往非常快速。這時，許多競爭廠商紛紛投入這個市場，大型的企業組織也可能開始併購在前頭衝鋒陷陣的小型公司，而且各家的利潤都讓人喜上眉梢。行銷的重點從促銷消費者的初次需求（例如促銷CD唱盤）轉而成為積極主動的品牌廣告，強調各品牌間的差異比較（例如：新力牌、國際牌和RCA這之間的不

成長期階段
商品生命週期的第二個階段，在這個階段裏，銷售量的增加往往非常快速。許多競爭廠商紛紛投入這個市場，大型的企業組織也可能開始併購在前頭衝鋒陷陣的小型公司，而且各家的利潤都令人非常滿意。

廣告標題
你以爲你的洗衣粉是全新改良過的

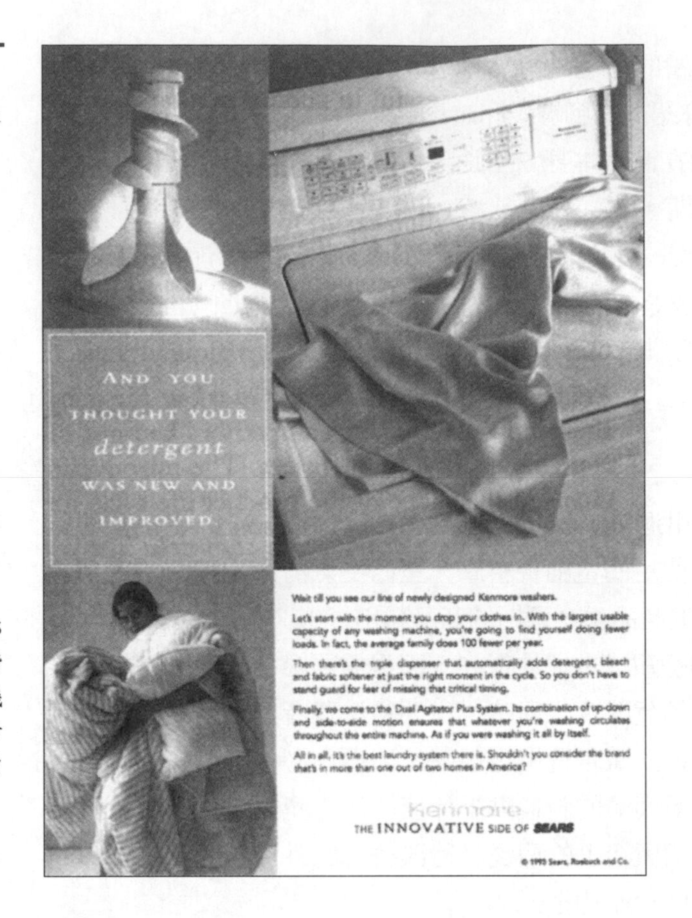

許多主要的家電品都正處於成熟期的階段，有太多的洗衣機都是被舊有的使用者給替換掉，而不是賣給了新的使用者。
Courtesy Sears, Roebuck and Co.

同）。

成熟期

成熟期
這個時期的銷售量是以遞減的比例模式在成長。

若是銷售量以遞減的比例模式在成長，就表示**成熟期**（maturity stage）已開始了。新的使用者不可能無限量地加入，而且早晚這個市場也會達到飽和的狀態。通常，這個階段是商品生命週期中持續最久的階段。許多主要的家電用品就是正處於生命週期中的成熟期，例如半數以上的洗衣機、乾衣機和電冰箱，它們都是因爲使用者的舊機型用壞了，才被購買的，而不是被新使用者所購買。沖泡飲料和咖啡也是成熟期的商品類別例子。

衰退期

如果銷售量一路下滑，就表示**衰退期**（decline stage）的開始。下滑的比例速度取決於消費者品味的改變有多快，或者是取而代之的商品被接納的速度有多快。許多便利商品和時髦品在一個晚上的時間就可能丟掉市場上的所有江山，結果留下大筆未售出的存貨，例如設計師品牌的牛仔褲。其它商品項目則衰退得比較慢，像是市民波段無線電（俗稱火腿族）、風箱落地式的黑白電視機和機械式手錶等。

衰退期
銷售量一路下滑。

對行銷管理的啓示

商品生命週期有助於行銷經理的事先籌劃，使他們能夠主動出擊，取代原先只能對事件的發生採用被動反擊的方式。商品生命週期是很有效的預測工具，因爲每個商品都要經過這些階段歷程，所以只要看看過去的資料，就可以預測出該商品在生命週期上的曲線落點是什麼。商品的收益就像銷售量一樣，也會跟著商品生命週期的預定行徑來表現。

但是有一點非常重要，那就是在成熟期的商品和品牌並不見得會直接滑落到衰退期，然後就在市面上消失。行銷經理可以運用各種策略來維持甚至是擴張這些已然成熟的商品類別或品牌它們的銷售量：

◇提升現有顧客對該商品的使用頻率：佛羅里達州柳橙種植者協會（Florida Orange Growers Association）就成功地運用了這個策略，策略的活動主題叫做「柳橙汁不只是早餐飲料而已」（Orange Juice Is Not Just for Breakfast）。因爲電視廣告的播出，提醒消費者柳橙汁是非常健康新鮮的飲料，可以在一天中的任何時候飲用，柳橙的整體消費量也就隨著上升了。

◇爲該商品找到新的目標市場：嬌生嬰兒洗髮精就很成功地將母親、姐姐以及後來的父親、兄長等市場都收納到原來的嬰兒市場中，只因爲行銷策略中的主題改成爲「它的溫和，可以讓你每天都使用」（It's mild enough to use every day），於是乎目標市場量就擴充了好幾倍。

◇爲該商品找到新的用途：經過了幾十年的層層銷售，臂槌牌烘焙蘇

圖示11.6
商品生命週期中的各種行銷策略典型

商品生命週期				
行銷組合策略	引進期	成長期	成熟期	衰退期
商品策略	商品樣式有限；商品經常進行修正	商品樣式數目急速擴張；商品經常進行修正	大量的商品樣式	不符效益的商品樣式和品牌在市面上消失
配銷策略	有限的配銷通路，其通路的活絡與否全在於商品本身；要很努力地打通配銷管道，也需要給經銷商和零售商較高的邊際利潤，才能吸引他們的進貨	自營商數目急速擴張；為了和經銷商及零售商建立起長期的關係，必須更賣力地經營配銷通路	為數龐大的自營商；邊際利潤正逐漸滑落；努力地維繫經銷商和貨架上的空間位置	無利可圖的販售點也被判出局
促銷策略	建立商品的知名度；刺激第一次的需求；向經銷商使用強力的人員推銷方式；對消費者採用兌換券或免費試用樣品的推銷方式	刺激有選擇力的需求；積極進行品牌的廣告宣傳	刺激有選擇力的需求；積極進行品牌的廣告宣傳；大量促銷以便維繫住自營商和顧客	不再進行任何促銷活動
定價策略	定價往往很高，以便能彌補開發成本（請參閱第二十章）	因為競爭的壓力，價格到了成長期的末期就開始滑落了	價格持續滑落中	以很低的價格維持在一定的狀態中；如果無所謂競爭的話，價格可能會些微的上揚

打粉（Arm & Hammer）被促銷成爲電冰箱的清潔劑、管線系統的汙垢清除劑、小盒子的清潔劑、甚至還被當成了牙膏來使用。每一次新的用途在廣告上一出爐，業績就會跟著爬上來。

◇品牌售價低於市場標準：比克（Bic）筆及天美時手錶在它們各自的產業中掀起了一番革命。它們的競爭對手雖然試圖推出另一些品牌，品質尚可，售價低廉，但在市場上卻無法成功。只有這兩個品牌爲原子筆和手錶市場，徹底改變了商品生命週期的形態。

◇開發新的配銷管道：近幾年來，渥萊（Woolite）衣物柔軟精只能在百貨公司裏才買得到。美國家用商品（American Home Products）公司於是將它鋪在超市和雜貨店的貨架上，而商品、售價和促銷賣點則完全沒有變動，可是業績在第一年就成長了三倍。

◇增加新的配方或減掉舊有的成份：洗衣粉產業最喜歡運用這個策略來擴張各品牌的生命週期，它們會在原來商品中添加漂白配方、潔白配方、增豔配方、各種香味以及多種不同的成份和屬性。福利多雷的全新「馬克司」無油脂系列，就是添加了寶鹼公司所發明的代油成份，這也是一個以成份的添加或減少來擴充銷售量的例子。[30]

◇做出戲劇化的新保證：浪花洗潔精（Spray'n Wash）的衰退業績一下子彈了回來，只因爲它做出了下面的保證：「如果浪花洗潔精無法去除掉襯衫上的污點，我們是指任何一件襯衫，那麼，我們就會買一件新的襯衫還給你。」

（圖示11.6）略述了商品生命週期中的每個階段，其中典型的行銷策略有哪些。

新商品的普及散播

7 解釋新商品被採用的普及過程

如果行銷經理和產品經理瞭解消費者是如何得知並採用商品，他們就有很好的機會可以成功地導引商品走完整個的生命週期。因爲商品的生命週期和接納過程是並肩齊步的。一位買了某個商品，但在之前從未買過的人，最後可能會成爲一名**採用者**（adopter），因爲這名消費者對自己的試用經驗很滿意，所以會再度購買使用這個商品。

採用者
某位消費者對自己的試用經驗很滿意，所以會再度購買使用這個商品。

創新發明的普及方式

創新發明（innovation）是指某個商品對潛在採用者而言，是全新第一次見到過的，不管這個商品對世界來說，是否是全新不曾見過的；抑或只是對個人而言，它是創新的商品，這些都不重要。而普及（diffusion）則是指採用某個創新發明的蔓延過程。

創新發明
某個商品對潛在採用者而言，是全新第一次見到過的。

普及
接納某個創新發明的蔓延過程。

有五種類型的採用者會加入這個普及過程：

◇創新者：採用該商品的人當中，那些2.5%最先採用的人。創新者很願意嘗試新的構想和新的商品，幾乎到了著迷的地步。除了有較高的收入之外，他們在社區以外的世界，也比非創新者要來得世故和活躍。他們不太理會團體的標準，而且非常有自信。因爲他們都受過良好教育，所得資訊往往取自於科技來源和專家的介紹。一般認爲創新者都具備了冒險勇敢的特性。

◇早期採用者：接下來有13.5%的人會採用這個新商品。雖然早期採用者並不在第一批採用者之列，可是他們也算是在商品生命週期的早期就採用了這個新商品。和創新者比起來，他們比較在乎團體的標準和價值觀，另外，他們的視野和活動範圍也以當地社區爲主，不像創新者那麼有世界觀。早期採用者往往比創新者更像是一位意見領袖，因爲他們和群眾的關係密切。爲人所尊重是早期採用者的主要特性。

◇早期的多數大眾：再下來會有34%的人開始接受這個商品。早期的多數大眾在採用一個新商品前，會先衡量其中的利害得失。他們比早期採用者更喜歡蒐集大量資訊，並且在各品牌之間進行評估比較，因此，採用的過程就拉長了一些。他們依靠群眾提供資訊，可是自己卻不是意見領袖。事實上，他們往往是意見領袖的朋友和鄰居。在新構想的普及過程中，這群早期的多數大眾大多扮演著重要的中間銜接角色，因爲他們正處於早期採用者和晚期接納用者的中間位置。這群多數大眾的最主要特徵就是謹慎多慮。

◇晚期的多數大眾：接下來又有34%的人會採用這個新商品。晚期的多數大眾之所以會採用，是因爲他周遭的多數朋友都已使用了這次產品。因爲他們也很注重群眾的標準規範，所以他們的採用是礙於順從多數的壓力始然。這個族群的年紀比較大，在收入和教育程度上也低於一般水準。他們的傳播溝通大多是靠口耳相傳的方式，而非利用大眾媒體。這個族群的主要特性就是疑心病很重。

◇落伍者：最後剩下16%的人會採用這個商品。就像創新者一樣，落伍者也不喜歡遵照群眾的標準模式，但是他們的獨立多是肇因於自己對傳統習慣的執著，因此，過去的種種對他們的決策影響很大。

等到落伍者採用某項創新發明時，它可能早就過時，被其它新的東西給取代了。舉例來說，他們可能在彩色電視機都已經十分普及之後，才想到要買一台黑白電視機。他們的採用時間拖得最長，也擁有最低的社會經濟地位。他們對新商品往往抱持著懷疑態度，和快速先進的社會有脫節的現象。這群人的最主要價值觀就是傳統。行銷人員往往會故意忽略落伍者，因爲他們對廣告或人員銷售是一點也不會動心的。

（圖示11.7）標示了各種採用者和商品生命週期各階段的關係。請注意不同類別的接納者會在不同階段的商品生命週期進行第一次的購買。就成熟期和衰退期來說，其中所有的銷售幾乎都是代表了重複購買。

商品特性和採用程度

有五種商品特性可用來預估和解釋某項新商品的普及率和被採用的程度。

◇精細複雜度：理解和使用某項新商品的難易度。商品愈複雜，它的普及速度就愈慢。舉例來說，在35厘米相機的功能自動化以前，它

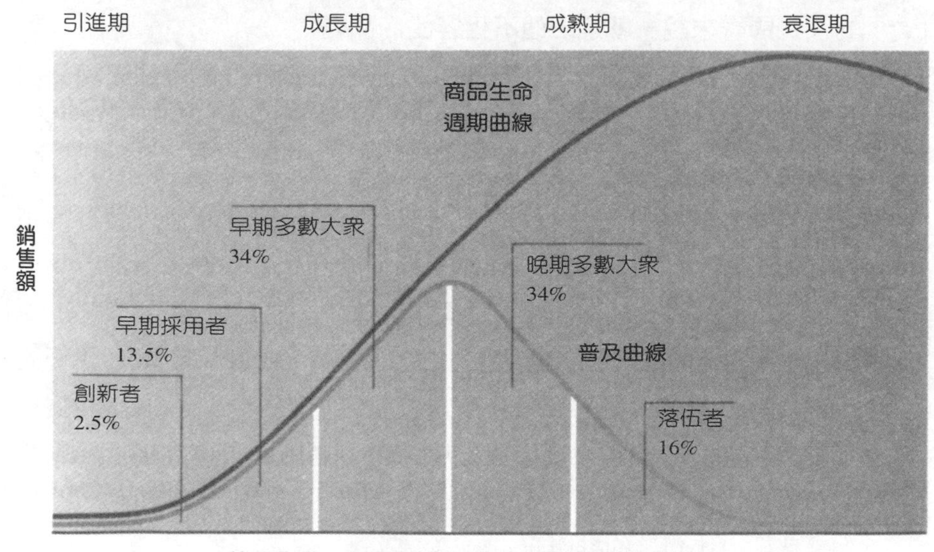

圖示11.7
普及過程和商品生命週期的關係

一名藥廠業務人員正和醫生討論一些新商品。提供健康保養用品和服務的供應商幾乎都要靠這種口耳相傳的溝通方式，來爭取新生意的上門。
©David J. Sams/Tony Stone Images

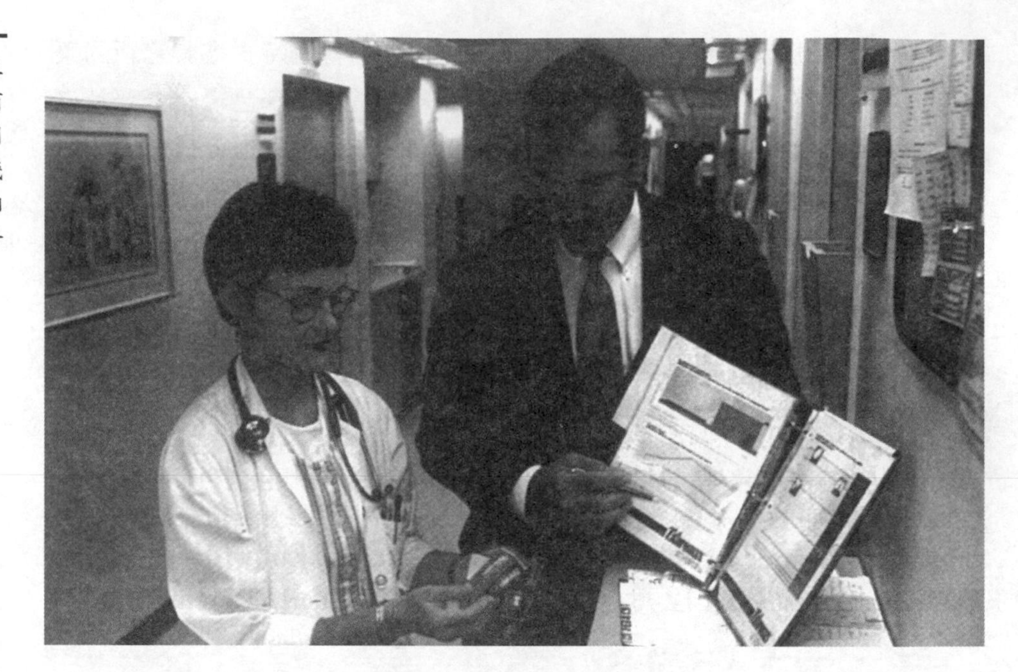

的主要使用者多是攝影愛好者或是攝影專業人士，因為它的操作對多數人來說，實在太困難了。

◇相容性：新商品和現有價值觀、現有商品知識、過去經驗以及目前需求等的調和並存程度。不相容的商品比可相容的商品，在普及速度上要慢了許多。舉例來說，避孕藥的推出對宗教信仰不鼓勵節育的某些國家來說，就是一個不相容的商品。

◇相對優勢：認定某個商品優於被取代品的多寡程度。舉例來說，因為微波爐可以減少烹調上的時間，所以比起傳統的爐子，就有著非常清楚的相對優勢。

◇可觀察性：使用某個商品後的好處或其它結果可被其他人觀察得到或被用來和目標市場溝通。舉例來說，流行商品和汽車是最容易表現於外的商品，比起個人保養清潔用品來說，它們較容易被觀察。

◇試用性：某個商品可以被有限度試用的程度。要試用新牙膏或新的早餐麥片可比試用新的汽車或微電腦要容易的多了。在展示間裏作示範或試開車子和在家裏進行試用，這可是兩碼子事。為了要刺激消費者做出嘗試的舉動，行銷人員往往會舉辦免費樣品活動、品嚐大會或採用小包裝的推廣方式。

採用過程對市場行銷的啓示

有兩種溝通方式有助於普及的過程：消費者之間的口耳相傳以及行銷人員對消費者的傳播。群眾之間的口耳相傳會加快普及的速度。意見領袖在他的跟隨者面前大談新商品，或是和其他意見領袖交換新商品的資訊。因此，行銷人員必須確定這些意見領袖的資訊內容正是他們在媒體上所想要運用到的內容才行。某些商品的供應商，例如專業性的健康保養用品，大多是靠口耳相傳的傳播方式來爭取生意的上門。

第二種有益於普及過程的傳播方式則是由行銷人員向潛在採用者直接進行傳播溝通。用來和早期採用者溝通的訊息，通常不同於和其他採用者溝通的訊息（包括早期多數大眾、晚期多數大眾、和落伍之人）。早期接納者也比創新者要來得重要多了，因爲這個族群佔了絕大多數，而且在社會上比較活躍，幾乎全是意見領袖。

一旦促銷活動焦點從早期接納者轉移到早期多數大眾和晚期多數大眾，行銷人員就必須對這些目標市場的主要特性、購買行爲及媒體特性等深入研究一番。然後再修正訊息和媒體策略以便配合這些族群的特性。普及過程的模式有助於引導行銷人員進行促銷策略的發展和執行。

回顧

讓我們回顧一下本章開頭有關福利多──雷公司的馬克司洋芋片。不管是馬克司系列抑或是歐雷斯代油，它們都算得上是新商品。馬克司系列可適用於很多種新商品類型，它可以算是現有商品中的改良或修正版；也可以被認爲是現行商品線的再增加項目；抑或是一種全新的商品線。要歸類歐雷斯代油就比較困難一點。有些人會辯稱，因爲它是這二十年來首度進入食品供應市場的營養原料，所以「對全世界來說是全新的東西」。另外一些人則認爲它只是一個替代原料，是用來改良或修正現有商品的。其實針對這些問題，它們的答案究竟如何並不重要，重要的是討論的角度是什麼。畢竟，多數的分類方法都是很主觀的。

總結

1.描述新商品的六種類別和解釋開發新商品的重要性：對全世界來說是一種全新的商品（間斷的創新發明）；新商品線；在現行商品線上另行追加的新商品；現有商品的改良或修正；重新定位的商品；抑或是較低售價的商品等，這些歸類都算是新商品。爲了維持或增加利潤，公司必須要在以前的商品邁入到成熟期或是利潤開始滑落之前，至少再推出一個成功的商品。對公司來說，有幾個背後因素使得它不得不繼續推出一些新商品，這些因素分別是被縮短的商品生命週期；快速變遷的技術和消費者的喜好；新商品的高失敗率；以及新商品點子需要較長的執行時間等。

2.解釋新商品開發過程中的幾個步驟：首先，公司會先略述未來商品的特性和角色，再完成新商品策略的擬定。然後再由顧客、員工、經銷商、競爭對手或內部的研發單位來進行新商品點子的發展。一旦新商品的點子被過濾小組完成第一次的篩選而存留了下來，就會進入商業分析的階段，以便決定它的可能獲利率。如果這個商品概念有足以在市面上生存的能力，就會再被推往開發的階段。在開發階段裏，必須評估製造過程中的技術可行性和經濟效益，同時也要進行商品性能和安全性的實驗室試驗以及試用計畫。在經過第一次的試驗和修正之後，多數商品會進入試銷的階段，以便評估消費者的反應和行銷策略。最後，若是試銷成功，就會進入全面商業化的最後階段。商業化過程就表示需要開始生產；建立存貨；運貨給經銷商；訓練業務人員；宣佈商品的上市以及向消費者播放廣告等。

3.解釋爲什麼有些商品會成功？有些則會失敗？：決定新商品是否成功的最主要因素，就在於該商品和市場需求的契合程度。愈能契合市場需求的商品，就愈可能成功。反之則不然。

4.討論有關新商品開發的全球性議題：一個具有全球眼光的行銷人員，在開發商品的時候，會希望該商品也可以在輕易的修正下，就能符合各當地市場的需求。他的目標並不只是開發出一個可以在全世界通行上市的商品而已。

5.描述一些用來開發新商品的組織團體或架構：公司會利用新商品委

員會和部門以及風險小組來促進新商品的開發過程。新商品委員會是由來自於同一家公司的各部門代表所組成的，所扮演的功能類似於諮詢建議的角色。新商品部門則是一個獨立的部門，有高層次的人力支援功能，部分像是行銷功能；部分則類似研發功能。風險小組則是從組織企業體中進行徵召，其中成員必須對特定計畫進行全職性質的投入，同時也鼓勵採用「公司內部企劃家」的辦法來進行新商品的開發。有些美國公司採用的是在日本深受歡迎的組織架構，稱之爲同步性的商品開發，也就是所有部門一起合作開發新商品。

6.解釋商品生命週期的概念：所有商品類別都會經歷生命週期的四個階段：引進期、成長期、成熟期和衰退期。各商品通過這些階段的速率各不相同。行銷經理會利用商品生命週期的概念做爲分析的工具，來預估該商品的未來走向，並做出最有效的行銷策略以便應對。

7.解釋新商品被採用的普及過程：普及過程就是指某個新商品從製造商到最後採用者的散佈蔓延過程。普及過程中的採用者分屬於五種類別：創新者、早期採用者、早期多數大眾、晚期多數大眾和落伍者。商品特性也會影響到被採用的比例速度，其中包括了商品的精細複雜度和現行社會價值觀的相容程度、相較於被取代品的相對優勢程度可觀察性以及試用性等。此外，普及過程可靠口耳相傳或是行銷人員對消費者的傳播來進行。

對問題的探討及申論

1.新商品委員會和風險小組有什麼不同？

2.請列出同步性商品開發的優點是什麼？

3.分成幾個小組，針對特地爲多雨的天氣所推出的全新服飾線動動腦，想出新的點子。潛在顧客需要什麼類型的商品呢？請準備一份簡短的提案報告，向你的班上同學介紹。

4.你是耐吉（Nike）公司的行銷經理，你的部門有了新點子，想要製造全國大學通用的棒球棍。假設你們正處於商業分析的階段，請根據本章「商業分析」單元中所提的問題，寫一份簡短的分析報告。

5.試銷的最大缺點是什麼，應如何避免呢？

6.請描述哪些商品的採用率會受到複雜性、相容性、相對優勢、可觀察性和試用性等的影響。

7.你是屬於哪一類型的採用者行爲？請解釋一下。

8.請將個人電腦放在商品生命週期的曲線上，並解釋你所設定位置的理由是什麼？

9.公司的行銷人員如何從顧客在下列網址所下的訂單，就其內容資訊做出新商品的開發計畫呢？

http://www.pizzahut.com

10.顧客的意見回饋會如何影響福利多——雷烘焙洋芋片的開發計畫呢？

http://www.fritolay.com

學習目標

在讀完本章之後，各位應當能夠做到下列各項：

1. 討論服務對經濟的重要性。
2. 討論服務和貨品之間的不同。
3. 解釋服務行銷爲什麼對製造業而言很重要。
4. 爲服務業發展行銷組合。
5. 討論服務業中的關係行銷。
6. 解釋服務業中的內部行銷。
7. 討論服務行銷的全球性議題。
8. 描述非營利組織的市場行銷。
9. 解釋非營利組織行銷中的獨特觀點。

第12章

服務業和非營利組織的市場行銷

牛津健康規劃股份有限公司（Oxford Health Plans, Inc.）是一家已經有十二年歷史的健康維護公司，自1991年以來，公司規模就擴張了兩倍，不僅會員超過了一百萬人，更擊敗了紐約市場上的許多大型競爭對手。該公司的利潤在1995年的時候，上升了71%，淨賺一千五百六十萬美元，營業額則達到十七億七千萬美元，成長率達132%。

定位明確良善的牛津服務幾乎是一上市就成爲人們心目中的醫療照護標竿。儘管現在這條健康管理的路要難走多了，可是它的最新策略卻是以緊密的組織系統做爲驅動力，再以教育爲前提導向。此法若是奏效，牛津就有能力來確定誰比較可能會生病；並教導這些人如何不用看病就能照顧好自己；同時賦予醫師一些醫療和財務上的責任，讓他們自己決定什麼樣的醫療照護才是最適當的。該公司的行銷專業技術讓牛津能夠針對會員的需求和其個別的醫療狀況做出最獨特妥善的安排。而該公司的醫師群也有自主權來決定病人的醫療照護該如何。但是這其中有愈來愈多的決定是依靠資料的彙集而做成的，而這些資料也會告訴牛津什麼措施是必要的，以及什麼東西眞的很管用等。就理論上來說，這套策略的最終結果就是要以比較低的成本來達到最佳的醫療品質。就長遠來看，它將會成爲最令人佩服的一種設計，也代表了醫療界的未來走向。

牛津組織了幾個四十到一百名左右的醫師小組，成爲「合夥股東」。這些醫生可從病人繳付的保費中抽取1%，而這些保費也是用來支付醫師費、住院治療費、和處方藥物費的預算金額。舉例來說，如果某位醫師送他的病人去做心電圖，其費用支出就是來自於她這個小組的預算。另外，牛津會根據理賠資料，準備當季的報告，其中詳述小組中每位醫師的運作情形。某位膽囊腫的病人是否被送到一家收費昂貴的醫院？他住院的時間是不是太長了？

這套系統的設計，大大利用了個人利己主義、同儕間的競爭壓力、以及財務上的自營生息等特點。如果醫師們超過了他們的預算，他們就會虧錢。因此，要是不經過深思熟慮，就濫用資源，長久下來，成本必定會提高。所以，牛津希望藉著一連串需求管理的方式，來降低成本的支出。這些方法的其中之一就是找出身患長期疾病的病人，爲他們擬定一些健康計畫，以避免日後昂貴的醫療支出。舉例來說，牛津從理賠資料和病人調查中找出氣喘病患，然後寄給他們一些自我保養的教育資料以及一個價值十美元的高流量測定器，讓氣喘病患隨時評估自己的氣管狀況。同時，該公司也派出實地工作人員，到病患的家中教導他們如何使用這個測定器。

儘管針對這些辦法所做的學術研究尚未有結論出現，但是牛津卻得到了很好的成果。在兩年之內，氣喘病人的住院醫療就降低為原來的三分之一，一年之內為牛津節省了三十萬美元。而針對懷孕媽媽所做的教育計畫，也就是鼓勵她們做好產前檢查，更降低了三分之一體重不足的嬰兒出生率。「這是很聰明的作法，」康乃狄克州格林威治（Greenwich）的產科醫生麥可席克特（Michael Schechter）說道，「這樣的作法明白地顯示出他們比別的公司付出更多的關心，而且他們將一路節省下去。」[1]

類似像健康照護這樣的服務，它和貨品（例如汽車、衣服、食品等）有什麼不同？牛津的健康照護究竟能提供給它的顧客什麼樣的服務？牛津如何與它的顧客建立起關係呢？

1 討論服務對經濟的重要性

服務的重要

服務

以人力或機械力應用在人們或物件上的一種結果。

所謂**服務**（service）就是以人力或機械力應用在人們或物件上的一種結果。服務可能是一種行為、一種表現、抑或是一種努力，它無法以具體的形式來擁有。今天，服務業這一行早已成了美國經濟上一個舉足輕重的角色。十個在職人員當中，就有八個以上是從事服務業的，例如運輸業、零售業和金融業等。[2]根據統計，服務業共佔了美國國內生產毛額的74%，而其貿易收支餘額在1993年更高達了五百五十七億美元（相較於貨品類的貿易逆差一千三百二十四億美元）。所以就整體來看，服務業的確有助於這個國家降低貿易總逆差的數字。[3]

美國勞動統計局
你在這個網址上可以找到哪些資料，有助於你預估市場趨勢？
http://stats.bls.gov/

預計國內對服務業的需求還會持續地成長。根據勞動統計局的資料指出，從現在起一直到西元2005年，服務業將會是所有工作淨成長率的龍頭老大，這個趨勢就如同（圖示12.1）所呈現的一樣。而這類需求增加的原因多來自於人口上的因素。例如逐漸老化的人口將需要用到護理師、居家醫療照顧、物理治療師以及社會工作人員等的協助；而雙薪家庭也需要有托兒所、到府清潔以及草坪維護等服務業的幫忙。同時，對資訊經理的需求也會與日俱增，如電腦工程師、系統分析師和律師助手等。[4]

服務業對世界經濟來說也很重要。在英國，有73%的工作是屬於服務

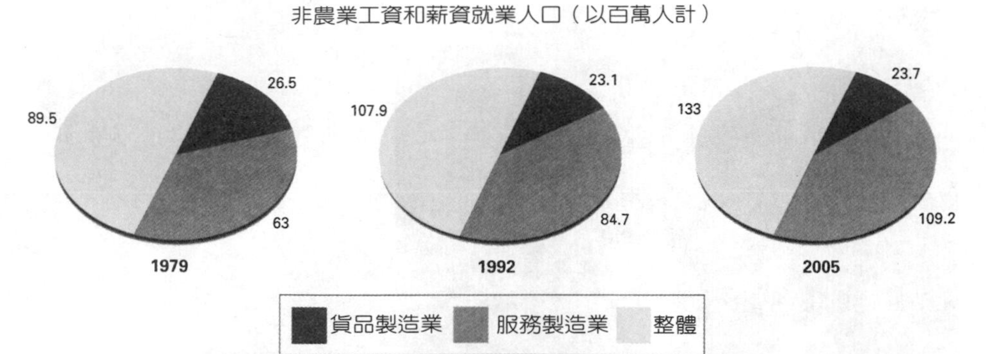

資料來源：1996年9月2日《阿靈頓星際電報》（*Arlington Star Telegram*），第B9頁

圖示12.1
服務業將持續成為所有工作成長率之冠

業；另外，在德國則有57%的就業人口，日本也有62%的就業人口從事於服務業。[5]

第一章所描述的行銷過程可適用於所有類型的商品，不管它是貨品或服務都通用。而在本書中所討論到的許多構想和策略，也常常以服務業做爲例證。在很多時候，無論商品的特性是什麼，行銷還是行銷。但是有些時候，服務的確會有一些自己獨特的特徵，有別於貨品的不同，因此，行銷策略也要跟著這些特徵做一番調整。

服務和貨品有什麼不同

2 討論服務和貨品之間的不同

服務有四種獨特的特性，使它有別於一般的貨品，它們分別是：無形性、不可分離性、異質性和不可保存性。

無形性

服務和貨品之間最基本的不同就在於服務是一種無形的東西。因爲它的無形性（intangibility），所以我們無法像對貨品一樣，用觸覺、視覺、味覺、聽覺等來感受服務這個東西。服務無法被儲存，而且很容易被人複製模仿。此外，服務也不是什麼來自於任何隱而不宣的技術，因此，並沒有專利權可以保護它。

無形性
我們無法像對貨品一樣，用觸覺、視覺、味覺、聽覺等來感受服務這個東西。

不管是購買前或購買後，評估服務的品質實在比評估貨品的品質要來

服務並不像貨品，例如醫療服務等，它們是無形的，無法以觸覺、聽覺、味覺等任何感覺來體會。
©Roger Tully/Tony Stone Images

得困難多了。因爲和貨品比起來，服務所呈現出來的探索特質比較少。所謂**審查特質**（search quality）就是指在購買前可以被輕易評估出來的特性。舉例來說，某樣電器或某部汽車的顏色。同時，服務也比較容易呈現出經驗和信譽特質，所謂**經驗特質**（experience quality）是指只有在使用後，才能被評估的特質，例如餐廳用餐的品質或是某個假期的實際經驗等。而**信譽特質**（credence quality）則是指即使在購買後也很難讓消費者進行評估的特質，因爲消費者並不具備必要的知識或經驗背景來做評估。醫療和諮詢服務就是信譽特質的最佳寫照。

審查特質
在購買前可以被輕易評估出來的特性。

經驗特質
只有在使用後，才能被評估的特質。

信譽特質
即使在購買後也很難讓消費者進行評估的特質，因爲消費者並不具備必要的知識或經驗背景來做評估。

這類特質也讓行銷人員很難傳達出服務的無形利益點。因此，行銷人員往往藉著有形的線索來傳達某項服務的本質和品質。舉例來說，全州保險（Allstate Insurance）公司利用「好幫手」（good hands）這個象徵來協助傳達保險所能提供的利益點。

而消費者所拜訪的設施，或是傳送服務的出處所在，這些都算得上是整體服務賣點中比較具體的部分。例如，邦恩斯和諾伯公司是全國頂尖的書商，它的創立就是著眼於許多消費者的購物其實就是一種娛樂的形式。

因此，它被設計成爲一家可以提供獨特購物經驗的書店，店裏頭以木製裝潢營造出傳統且柔色的圖書館氣氛，以期能取悅這些愛書人。除此之外，精緻現代的建築和時髦漂亮的陳列方式則是用來滿足顧客的需求。這家公司的超級分店甚至還提供咖啡廳和寬大厚實的沙發桌椅，讓人們在瀏覽成堆的書籍時使用。管理階層還需時時確定店內的洗手間也是乾淨整潔的。[6]

有關組織企業的訊息也會透過裝飾格調、服務區的整潔乾淨以及人員的態度和穿著打扮等，傳達給顧客知道。華特迪士尼這個組織就最擅於運用這類有形的線索方式。迪士尼樂園和迪士尼世界就是將焦點放在場景（設施）、卡司（人員）和觀眾的身上。男女主人（而不是員工）以獨有的魅力和出眾的商店（不是交通工具和店家而已）來招待客人（身分不再是顧客）。當扮演卡司角色的員工被雇用時，他們會得到一份書面的資料，上頭寫明他們將接受什麼樣的訓練；何時以及至何處報到；以及該穿什麼樣的衣服等。他們上班的第一天就是在「迪士尼大學」裏度過的，在這裏他們會學到有關迪士尼的哲學、管理風格和其淵源歷史等。這些「卡司成員」也會發現到這個組織的所有部分是如何運作進行來滿足客人的各種需求。在這個神奇王國裏，卡司陣容就像場景一樣地重要。

不可分性

貨品是被生產後，再進行消費的。服務則完全不同，它的販售、生產和消費通常是同時發生。換句話來說，服務的生產和消費是不可分離的活動。所謂**不可分離性**（inseparability）係指在服務的生產過程中，消費者必須在場，例如剪頭髮和進行外科手術，所以他們不得不被捲入於所購服務的生產過程之中。這種將消費者捲入其中的生產方式在貨品的製造上十分罕見。舉例來說，許多速食店以觸控式的影像螢幕將顧客點餐所在的聲音或畫面呈現出來，這個方式有助於加快點餐的過程。[7]

不可分離性
服務的特性之一，服務的生產和消費是同時發生的。

不可分離性也表示該服務無法以集中地點來集體生產，再分配到各個分支點上進行消費，而貨品卻能做得到。同時，服務也無法被隔絕於服務提供者的角度之外，因此，公司所傳達出的服務品質，就得靠員工的素質表現了。

從渥斯堡一直到莫斯科，各地的麥香堡都是一樣的。但是，服務也往往是異質性的，也就是說，服務無法像貨品那樣地標準化和制式化。
©REUTERS/Stringer/Archive Photos

異質性

異質性
服務往往不像貨品那樣標準化和制式化。

麥當勞最大的優點就是它的一致性。不管顧客是在渥斯堡（Fort Worth）、東京或莫斯科等哪個地方，點一客麥香堡和一份薯條，他們都很清楚知道自己會得到什麼東西。但是這個情況可不是每個服務供應商都能做到的。**異質性**（heterogeneity）就表示服務往往不像貨品那樣標準化和制式化。舉例來說，在小組手術中的外科醫生和同一家理髮廳裏的理髮師，其中成員的技術就各不相同。而若是以單一成員來看，他或她也會因一天中的不同時間、健康狀況或其它因素等而有不同的表現程度。因爲服務往往是密集勞動性的，而其生產和消費也不可分，所以就很難控制其中的品質和一貫性。

標準化和訓練課程可以增加服務的一致性和可靠性。如必勝客和肯德基炸雞這類餐廳，它們爲顧客所提供的高度一致性服務就是源自於標準化的準備過程。另一個增加一致性的方法是將過程機械化。舉例來說，銀行爲了減低櫃員服務的不一致性，而以自動櫃員機來取代。機場的X光監測設備也取代了人工的行李搜尋方式。而收費公路上的自動投幣機更替代了昔日的收費員。還有自動洗車裝置免除了人工洗車、打臘和擦拭等品質不一的水準。

不可保存性

不可保存性（perishability）是指服務是無法被儲存、倉儲或當做存貨一樣收起來。飯店裏的一間空房或飛機上的空座椅就表示公司那天是沒有進帳的。儘管沒有進帳，可是到了尖峰期間，這些服務業卻往往不得不拒絕掉許多全價購買的顧客。

不可保存性
服務是無法被儲存、倉儲或當做存貨一樣收起來。

對許多服務業來說，最重要的挑戰之一就是找出方法讓供需平衡。「有點進帳總比沒有進帳要好」的這個哲學促使了許多飯店在週末和淡季時候，以折價的方式來招攬顧客。航空公司也在離峰時段採用類似的這種策略。而租車公司、電影院和餐館等，也都使用折價的方式來鼓勵非尖峰時段的顧客上門。UPS就計畫以平常載貨的貨機來招攬乘客於週末時候搭乘，因爲這個時候的貨機正好閒置不用。[8]

製造業中的服務行銷

3 解釋服務行銷爲什麼對製造業而言很重要

將貨品和服務上的行銷做一番比較是很有益的，可是在現實生活中，你很難去明確界定製造商和服務商。事實上，許多製造商都認定，服務是讓它們成功的主要因素。舉例來說，對購買影印機的買主來說，維修和保養服務就是很重要的一環。

生產貨品的製造商之所以重視服務，其中的理由之一就是良好的服務品質能帶給它很大的競爭優勢，特別是對那些有著類似商品的產業而言。例如，在汽車工業中，各汽車品牌之間的品質差異對消費者來說並不太大。通用汽車就是因爲瞭解到這點，才爲業務技巧和顧客服務等項目，設計出全新的指南方針，同時也將自營商的獎勵金額和這份指南的實踐程度以必要的連帶關係來執行。無線電波屋（Radio Shack）家電公司在擴張它的商品賣點時，不僅考慮到消費者的電器用品（貨品），也涵蓋了電器的修護和送達（服務）[9]。現在有很多電腦製造商都在實施遠端支援計畫，以便讓服務技術員進行撥入、搜尋和變更的維修工作，如此一來，電腦使用者才可以排除故障，立刻上線[10]。

4 為服務業發展行銷組合

服務業的行銷組合

服務的各種特性——無形性、不可分離性、異質性、和不可保存性——使得行銷倍具挑戰性。行銷組合的各種因素（商品、配銷、促銷和定價）也需要做些調整，來因應這些特性下所產生的特別需求。

商品（服務）策略

在服務行銷中所發展的「商品」策略，需要將整個規劃的重心放在服務過程上[11]。以下是三種類型的發生過程：

◇處理人物的過程：發生在以顧客本身為主的服務上，其中包括有運輸服務、髮型美容、健康俱樂部、牙醫和醫療服務等。
◇處理所有物的過程：發生在以顧客所有物為主的服務上，例如草坪維護、汽車修理、乾洗服務和獸醫服務等。
◇處理資訊的過程：包括了技術的使用（例如電腦）或腦力的使用。例如會計、教育、法律和金融服務等。

因為每一種服務類型的顧客經驗和參與程度各不相同，所以行銷策略也可能有所差異。舉例來說，處理人物的過程服務就比處理所有物的過程服務要來得更需要顧客的參與，也就是說，前者的行銷策略將比較著重不可分離性和異質性等這類的議題。

核心服務
顧客所購買的最基本利益點。

補充性服務
用來支援或增添核心服務的一些服務。

核心服務和補充性服務

服務賣點可被視為是一大堆的活動，其中包括了**核心服務**（core service）也就是顧客所購買的最基本利益點；以及其他用來支援或增添核心服務的**補充性服務**（supplementary services）。（圖示12.2）描繪了聯邦快

圖示12.2
聯邦快遞的核心服務和補充性服務

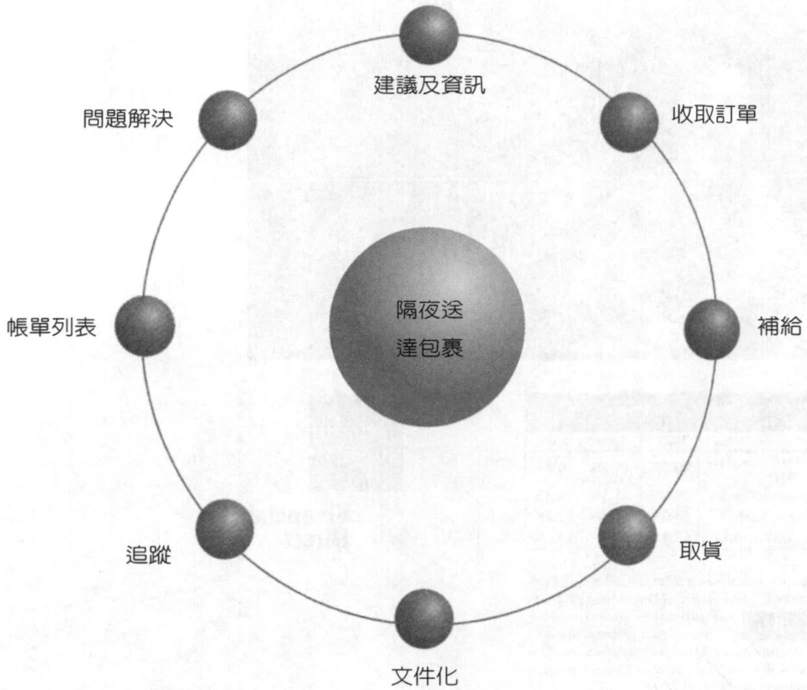

資料來源：摘錄自《服務行銷》(*Service Marketing*)，3E，Christopher H. Lovelock著。©1996，此摘錄係經新澤西州上鞍河市(Upper Saddle River)的普雷汀斯荷(Prentice-Hall)公司之准允。

遞的這類概念，它的核心服務是隔夜的包裹運輸和送抵，這也是處理所有物的過程服務；而補充性服務則有些類似處理資訊的過程服務，其中涵蓋了問題的解決、建議及資訊、帳單列表和收取訂單等。

因為競爭愈演愈烈，所以許多服務業的核心服務早就成了一種必需商品，各廠商不得不在補充性服務上大作文章，以期能創造出競爭上的優勢。例如位在德州的「理察森醫療中心」(Richardson Medical Center)就把AT&T的影像電話(video telephones)作為產科服務的一部分來推廣。這項服務由準父母負擔長途電話費，位在遠方的親戚則到AT&T電話中心(AT&T Phone Center)租用影像電話，或是把影像電話帶回家借用二十四小時[12]。從另一方面來說，有些公司則以大量刪減補充性服務做為自己的市場定位。舉例來說，麥可羅泰爾(Microtel)旅館就是以「快速投宿」的陽春旅館概念起家，這些低價的旅館擁有單人房和雙人房以及一個游泳池，可是沒有會議室或其它服務設施[13]。

前標題
有利投資者的另一項好處
主標題
無負擔
有目共睹的表現

美國運通公司增加了一種全新的服務叫做美國運通財務管理指引，這個服務有助於顧客投資共同基金、運作貨幣市場存款帳戶和提供貼現經紀服務等。
Courtesy American Express Corp. This permission shall be governed by the laws of the State of New York.

大量定製化

發展服務賣點的重要議題就在於這個服務應該定製化抑或是標準化。定製化的服務比較有彈性，可以因應個別顧客的需求，可是索價也比較高。傳統的律師事務所處理個案的方式就是根據客戶狀況的不同而來因應，所以提供的是定製化的服務。標準化的服務則有效和便宜多了。舉例來說，凱悅法律服務（Hyatt Legal Services）公司不同於傳統的律師事務所，前者提供的是低價、標準化的「整套服務」，服務對象多是那些對法律需求不太複雜的客戶，例如立遺囑或是離婚調解等。

大量定製化
使用技術以大規模的方式來提供定製化服務的一種策略。

除了從標準化或定製化這兩種服務選擇其中之一以外，還可以將這兩個元素一同採納，成爲一種合併策略，稱之爲**大量定製化**（mass customization）。大量定製化就是應用技術以大規模的方式來提供定製化的服務。其結果就是給每位顧客個別想要的東西。舉例來說，西北航空發展了一個互動式的乘客娛樂中心，在這個中心裏，頭等艙和商業艙的乘客可以各自選擇他或她所想要的服務，包括了影像娛樂、購物、旅遊服務資訊等[14]。本章啓文中的牛津健康規劃中心就是以專門技術找出患有長期病症的會員，然後爲他們提供個別的服務。牛津公司的護士或實地工作人員會聯絡這些病患，提供精心設計的資訊，協助他們儘可能地避免掉未來可能用到的醫療。[15]

服務組合

大多數的服務機構都會推出一種以上的服務項目。舉例來說，確農（ChemLawn）公司就提供草坪照顧、灌木照顧、地毯清潔和產業草坪服務等多種項目。每一個組織的服務組合都代表了一組機會、風險和挑戰。而服務組合中的每個部分也該爲公司的目標完成各盡一份力。爲了要成功，每一項服務都需要不同程度的財務支援。

因此，服務策略的設計就表示需要決定該向哪些目標市場介紹新的服務項目；有哪些現有的服務應該持續下去；以及應該去除掉哪些舊有的服務。舉例來說，美國運通公司增加了一種全新的服務叫做「美國運通財務管理指引」（American Express Financial Direct），這個服務有助於顧客投資共同基金、運作貨幣市場存款帳戶和提供貼現經紀服務等。[16]

配銷策略

對服務機構來說，配銷策略必須注意的是便利性、銷路點的數量、直接VS.間接配銷、地點以及時刻表等議題。究竟該選擇哪個服務供應商，其中最大的影響關鍵就在於便利性的考量。因此，身處服務業的公司一定要能提供便利的服務才行。舉例來說，美國航空公司投資了數百萬美元，開發出一套SABRE訂位系統，使得獨立旅行社的訂位過程更加便利快速。這套系統現在是該產業中最廣爲採用的訂位系統。

對許多服務業的公司來說，其中一個重要的配銷目標就是可利用的銷路點數量是多少；或者是在特定時候，可以開張利用的銷路點數量有多少。一般來說，配銷通路的密集度應該要能符合目標市場的需求和喜好，

廣告標題

現在起，不用離開你的滑鼠墊，也能訂得到機票。

西南航空公司的顧客可以透過該公司的網址，查詢班機時刻表和票價，甚至可以直接在網路上訂票。
Courtesy Southwest Airlines

而不是超過需求。太少的銷路點可能會造成顧客的不便，而太多的銷路點則可能造成成本的浪費。配銷通路的密集度也要視品牌的形象而定，因爲有限的銷路點會讓該項服務顯得與眾不同，備覺殊榮。

接下來的配銷決策就是決定是否該把這項服務直接或間接配銷給最終使用者。因爲服務的本質是無形的，所以很多服務業必須採用直接配銷或連鎖分店的方式。其中例子包括了法律、醫療、會計和個人保養服務等。而最新式的直接配銷則是上網，舉例來說，多數航空公司都使用網路來賣票，這個方式可以爲航空公司節省配銷的成本[17]。其它採用標準化「整套服務」的公司，例如證券基金、航空公司和保險公司等，也都發展了一套間接式的配銷管道，也就是透過仲介商來從事服務的引薦。舉例來說，百視達影帶（Blockbuster Video）公司就以試銷的方式，在渥爾商場設置影帶出租攤位，供消費者選擇租用。[18]

服務的地點最能清楚表達出目標市場策略和配銷策略之間的關係。根據康拉德希爾頓（Conrad Hilton）的說法，影響飯店成功最主要的三個因素分別是「地點、地點和地點」。塔可貝爾（Taco Bell）是百事可公司的附屬單位，它將自己從地區性的一千五百家速食餐廳連鎖店，脫胎換骨成為跨國性的食物外送店，接單門市（points of access, POA）超過了一萬五千家。而POA可能設置在任何一個你會用餐的地點──機場、超級市場、學校自助餐廳或是街道的轉角處等。[19]

對那些非常重視時間性的服務業來說，如航空公司、醫生和牙醫等，時刻排班表就成了非常重要的關鍵因素。舉例來說，有時候班機的時刻表往往是顧客選定航空公司的關鍵所在。

促銷策略

消費者和商業用戶往往覺得評估服務要比評估貨品困難多了，因為服務是不具體的。同樣的，行銷人員在促銷無形的服務時，也比促銷有形的貨品要來的困難許多。這裏就有四個促銷策略可以試試身手：

◇強調有形的線索：有形的線索就是指服務賣點上的一種具體象徵。飯店業為了讓自己的無形服務能夠具體化，不僅拿掉床罩，還在枕頭上面放置薄荷。保險公司則利用石頭、毛毯、雨傘和雙手等象徵，來使自己的服務具體化。而馬里林區（Merrill Lynch）證券公司則使用一頭公牛來代表自己的服務。

◇使用個人式的資訊來源：個人式的資訊來源就是指消費者所熟悉的人（例如某位名人）或是某個他們認識或有私人關係的對象等。名人推薦法有時候可用來減低消費者對這項服務的認定風險。此外，服務業也可能需要在現有顧客和潛在顧客之中，激起口耳相傳的正面效果，所以常常採用眞實的顧客在廣告上演出。古德珊瑪靈頓醫院（House of Good Samaritan Hospital）所製作的電視廣告，就是採用眞人眞事的方式，讓病患親身告白他在醫院治療的經過。這個策略對古德珊瑪靈頓醫院來說，的確帶來了很多利潤。[20]

◇創造出有力的組織形象：創造形象的方法之一就是舉證事實，包括服務設施的實質環境、員工的外在表現、以及和服務有關的具體項目等（例如文具、帳單和名片等）。舉例來說，麥當勞就以它的金色拱形標誌、標準化的室內裝潢和員工的制服等，塑造出令人印象深刻的企業形象。另一個創造形象的方法是透過品牌的設定。MCI電信（MCI Communications）公司就藉由在公共通信業的長途電話服務中創造出各種品牌，而得以快速的成長，譬如：「朋友和家」（Friends and Family）及「1-800-COLLECT」（對方付費電話）。[21]

◇參與售後溝通：售後溝通是指在和顧客完成服務交易之後，所做的後續活動。明信片調查、電話拜訪、小手冊、和各式各樣的後續活動，都可以讓顧客感受到賣方非常感謝他們的回饋和參與。

定價策略

服務定價的考量，這一點和第二十章及第二十一章所討論到的定價考量很類似。而服務的某些特性也代表在定價上必須面臨到一些挑戰：[22]

◇界定服務消費量的單位：為了要設定服務項目的價格，界定服務消費量的單位就顯得格外重要了。舉例來說，你的定價究竟是根據整套特定服務的全部完成為基準（例如剪好顧客的頭髮）；抑或是依所花時間的長短為定價標準（花了多久時間才剪好顧客的頭髮）？有些服務甚至還包括了商品的消耗，例如食物和飲料。餐廳就以食物和飲料的消費量多寡來向顧客索價，而不是以桌椅的使用情形來做為定價的標準。有些運輸公司是以哩程數來定價；有些則以統一價的方式來出售。

◇涵蓋多重元素的服務定價：對那些涵蓋多種元素的服務項目來說，它的著眼點就在於是否該就所有的元素加總起來進行單一定價；抑或是每個元素都有個別的價位。若是顧客不喜歡為服務內容中的個別部分再付出「額外」的費用（例如搭飛機還要為行李和機上餐點付出額外的費用），這時最好採用單一定價的方式，而且這對公司來說，也比較好計算。舉例來說，MCI提供了一套基本的通信服務，每個月只索價四．九五美元，其中項目包括了30分鐘的電話時間、五小時的上網時間、個人代碼可發送到幾個地點位置以及一張電話卡等[23]。相對的，顧客也可能不想為其中幾個用不到的服務項目付出費用。現在就有許多傢俱公司對傢俱的運送採用「個別式」的費率算法。若是顧客願意的話，可以直接從店裏自己載貨回去，省去運送費用的支出。

◇因應開放管制：最近幾年經歷過開放管制的服務業，大多已經改變了自己的定價策略。舉例來說，當航空業還在管制中的時候，所有航空公司的機票價格全都是一樣。可是到了今天，航空旅客在面臨飛往相同地點的不同售價時，往往覺得一頭霧水。事實上，即使是最低價格，在各售票代理商的定價也不盡相同。同樣地，開放管制後的金融服務機構也必須開始小心考量貸款的費率標準、支票塡寫特權、保險政策、經紀服務和其它服務等相關內容。

行銷人員在爲每項服務設定價格時，也往往會制定其中的目標。以下就是三種定價目標的類別：

◇以收益爲導向的定價：著重的是盡力擴大能夠涵蓋成本的收入盈餘。這個辦法的侷限性在於你很難爲許多服務業算出成本是多少。
◇以營運爲導向的定價：它著眼的是以不同的價位來尋求供需上的平衡。舉例來說，若想爲飯店的房間做到供需平衡的情況，就必須在旺季時候提高售價，淡季的時候降低售價。
◇以鼓勵爲導向的定價：試著盡力擴大顧客數量來使用該項服務。如此一來，就必須針對不同市場區隔的付費能力來設定不同的價位，同時，也要有多樣的付費方式（例如信用卡），以便增加購買的可能。

一家公司可能需要用到一種以上的定價目標。事實上，以上三種目標都可能在定價策略上或多或少用得到，雖說如此，這三種目標的個別重要性也依服務類型、競爭對手的售價、不同區隔市場中顧客的購買能力、以及可議價的空間等而有不同的變化。對定製化的服務來說（例如法律服務和建築服務），顧客也許可以有議價的能力。

圖示12.3
關係行銷的三種階段

階段	連結類型	服務定製化的程度	行銷組合中的主要元素	長期競爭優勢的可能性
1	金錢上	低度	價格	低度
2	金錢、社交上	中度	個人化的溝通	中度
3	金錢、社交、架構上	中度到高度	服務到家	高度

資料來源：此翻印係經過賽門和舒斯特（Simon & Schuster）公司的分部：自由出版社（The Free Press）同意。摘錄自《行銷服務：品質上的競爭》（*MARKETING SERVICE: Competing Through Quality*）。Leonard L. Berry與A. Parasuraman著。版權所有©1991自由出版社。

5 討論服務業中的關係行銷

服務業中的關係行銷

在許多服務業當中，提供服務的機構和顧客之間不斷有互動發生，因此，雙方都可能受惠於關係行銷，亦即是我們在第一章所談到的，可用來吸引、開發顧客，並和顧客維持關係的一種策略。其中的構想就是讓滿意的顧客購買公司所提供的額外服務，並且不願轉換到其它競爭品牌上，進而建立起顧客的忠誠度。滿意的顧客往往也會進行口耳相傳的溝通模式，進而帶進更多的顧客。

許多企業都發現到，維繫老顧客比吸引新顧客上門，在成本上要來得划算多了。舉例來說，一名銀行的執行主管就發現到，顧客保留率上升2%，就如同降低10%的成本，所得到的利潤效果一樣。

如之前所建議的，關係行銷執行程度有下列三種（見圖示12.3）：[24]

◇階段一：公司使用價格上的誘因來鼓勵消費者繼續和它有生意上的往來。其中例子包括了許多航空公司都曾舉辦過的「空中飛人」（frequent-flyer）促銷活動，以及提供免費或打折的旅遊服務給那些經常投宿的飯店常客。這個階段的關係行銷就長期來說是最沒有效果的一種，因爲它的定價優勢很容易就被其它公司模仿取代。

赫茲企業
赫茲在它的網址上還提供了什麼其它的行銷計畫和特殊賣點？
http://www.hertz.com/

◇階段二：這個階段的關係行銷也是利用價格上的誘因，可是除此之外，還會尋求和顧客建立起社交上的關係。公司不僅和顧客保持聯絡，瞭解他們的需求，同時，也會設計一些符合他們需求的服務項目。例如，曼哈頓東區套房飯店（Manhattan East Suite Hotels）就製作了一份顧客資料庫，內容全是曾經在紐約市該飯店的九家豪華分店裏投宿過的顧客資料。該飯店的門房會向剛抵達的客人，直呼其名親切地打招呼。訂房組的接待人員也知道這名客人是否喜歡面向某個特定方向的房間，或者總是要住在位於非吸煙區內的房間裏[25]。階段二的關係行銷比較有可能讓公司保持在競爭的優勢狀態下。

◇階段三：在這個階段裏，公司還是會利用金錢和社交上的關係，可是也會在這套公式上再加入一些架構性的連結關係。所謂架構性的連結關係就是提供別家公司所做不到的附加價值服務。赫茲公司的頂級黃金俱樂部活動（#1 Club Gold）可讓會員先打電話來訂一部車子，然後登上在機場前等候的專用巴士，告訴司機他的姓名，司機就會把他載到那部車子的前面才下車，在此同時，赫茲也已經事先幫他發動了引擎，並根據天氣狀況，調整好空調的冷熱[26]。像這類型的行銷計畫，就非常可能與顧客建立起長期性的維繫關係。

服務業中的內部行銷

6 解釋服務業中的內部行銷

服務就是行爲表現，所以要和顧客建立起長期關係，就得靠該公司的員工素質。喜歡這份工作並且對公司很滿意的員工，往往會帶給顧客較高品質的服務。換句話來說，公司要是能讓它的員工開心，就比較有機會讓它的顧客再上門。因此，服務業的公司最好能執行內部行銷，所謂**內部行銷**（internal marketing）就是指對待員工如同顧客一樣，並發展良好的制度體系和眾多的利益點來滿足他們的需求。以下就是幾個用在內部行銷的活動項目：才能競賽、遠景規劃、員工培訓、團體分工、讓員工有更多的自由可以參與決策、獎勵表現良好的員工和瞭解員工的需求[27]。

內部行銷
對待員工如同顧客一樣，並發展良好的制度體系和眾多的利益點來滿足他們的需求。

現在有許多公司都構思了各種不同的活動，爲的就是要滿足員工的需求。這些公司包括了AT&T、花旗集團和安泰人壽等。它們都投資了數百萬的美元來改善員工的托兒和養老問題[28]。聯合航空還推出了一種計畫，可讓飛行員和空服員更有彈性地和同事交換勤務的執行，這個計畫在第一年就降低了病假率達17%[29]。這些例子都告訴了我們，服務業應如何投資它們最重要的資源——也就是它們的員工。

廣告標題

任何人都可以接聽這部電話
我們就是需要響應這個號召的人們

這個廣告反應出西南航空公司對內部行銷的承諾。這家公司為它的員工提供了很多利益點，只是想讓員工——也就是顧客——開心！
Courtesy Southwest Airlines

7 討論服務行銷的全球性議題

服務行銷中的全球性議題

服務業的國際性行銷已成了全球商業活動中的主要一部分，而美國則是全世界最大的服務輸出國家。但是，放眼望去，服務業的市場競爭也是愈演愈烈。

為了在全球市場上佔有一席之地，服務業的公司必須先就它們的核心商品做成決策，然後再設計行銷組合裡的各個元素（額外的服務項目、定價、促銷和配銷），並將每個國家的文化、技術和政治環境等列入考量的範圍。

許多美國服務業因為競爭上的優勢，而得以早早進入全球市場之中。舉例來說，美國的銀行業就在顧客服務和理財綜合管理上佔盡了優勢。建

放眼全球

一個地球就只有一個UPS

聯合包裹服務（United Parcel Service，簡稱UPS）於1996年首度將它的品牌賣力推向全球性的視野範疇之中。UPS是全球第一大民營快遞公司，1994年的收益達到了196億美元（聯邦快遞是85億美元、空中傳播（Airborne）是19億美元），它藉由和各國當地的快遞公司合作，於1993年完成了全球營業網路的部署，服務範圍橫跨兩百個國家。

UPS是全世界最大型體育活動的贊助商，也就是1996年的奧林匹克運動會。它所支出的7,000至1億美元左右的經費，其中涵蓋了權利金的部分，是該公司創立88年以來最大的一次手筆。而這筆經費也被UPS的行銷副總裁彼得費雷度（Peter Fredo）視為是UPS理想的契機所在，因為它不僅能展示出UPS最新完成的全球連線網，也可以實質創造出四海一家的感覺，讓遍及全球的30萬名UPS新舊員工心連心結合在一起。「奧林匹克運動員的形象和UPS一直以來所尋求的形象很類似：遍及全球的競爭者。」費雷度說道，「這十年以來，UPS一直想要完成遍及全球的服務網，現在它已經到達最具關鍵的時刻所在了，而奧林匹克運動會在此正好提供了一個完美的表演舞台。」

UPS想要利用類似像運動員援助訓練計畫（Athlete Assistance Training Program）這類的活動來為全體工作人員進行打氣，只要有員工有心想成為奧林匹克隊伍中的一員，該公司就會提供訓練和財務上的援助。這次活動中，共有九名員工曾想要打入其中。

該公司使用了一支消費性廣告，在電視、平面和戶外廣告上大量曝光，將UPS定位成一位全球性競爭者，它的廣告標語是「跟著商業脈動而前進」（Moving at the speed of business）。紐約的阿瑪拉提／靈獅廣告（Ammirati & Puris/Lintas）公司負責它在美國境內的廣告活動；倫敦的麥肯全球廣告公司（McCann Worldwide）則負責它海外廣告的部分，後者必須將這個活動迎合國外的各個市場，其中包括了德國、英國、法國、加拿大、澳洲和亞洲部分地區。它在NBC的奧林匹克專題報導之間，穿插全新的廣告，將UPS服務的速度、精準度和訓練有素的優點與奧林匹克的運動員互相媲美。另外還為經常來往的顧客以及重量級的用戶舉辦抽獎活動，獎項包括了奧林匹克運動會之旅以及其它各獎項等。

「我們想要利用這個時機和所有觀衆來完成品牌設定上的兩種目標：在全球，獲得更廣大的認定賞識；以及內部品牌的統一化。」UPS的行銷經理蘇珊羅森柏格（Susan Rosenberg）如是說道，「我們有許多員工都是來自於不同國度，可是會一起參加我們所贊助的這些活動。」[30]

UPS利用奧林匹克來建立全球性的行銷策略，請對它的這番舉動進行評估。它的全球性品牌形象該如何「有形化」呢？UPS還可以利用哪些行銷活動來協助發展有關奧林匹克主題下的各種運用？

築業和工程業的服務領域也提供了廣大的全球性契機，因爲美國公司在這方面有深厚的經驗基礎，所以才有可能爲機械材料類、人力資源管理和計畫管理等發展出龐大的規模經濟。而美國的保險業對海上保險、風險評估以及保險運作等都有豐富的經驗知識，所以才得以將保險業輸出到其它國家。而快遞服務的全球性潛力更不容小覷，這也是我們要在「放眼全球」中討論的議題。

8 描述非營利組織的市場行銷

非營利組織的市場行銷

非營利組織
某個組織的存在是爲了完成有別於一般商業目標（利潤、市場佔有率或投資回收等）以外的其它目標。

非營利組織（nonprofit organization）就是指某個組織的存在是爲了完成有別於一般商業目標（利潤、市場佔有率、或投資回收等）以外的其它目標。非營利組織和私人性質的服務公司，這兩者共同擁有一些很重要的特徵：它們推出的都是無形的商品；它們在生產過程中都需要顧客的在場；而且不管是營利性或非營利性的服務，其服務的性質差異因人的不同和時間的不同而互有所別，甚至由同一個人所表現出來的服務品質，也時有差異。其實，不管該服務單位是營利也好、非營利也好，它們都不能像有形的貨品一樣，可以先生產、儲存，之後再進行出售。

很少人知道，非營利組織佔了全美國經濟活動的20%以上。各政府單位的支出成本，就是非營利組織中最顯著的一種形式，而它也是全美國家

廣告標題
我們不因國際分界而踩煞車

因爲競爭上的優勢，使得史賓律特快捷公司得以進入全球市場。
Courtesy Sprint Communications Company

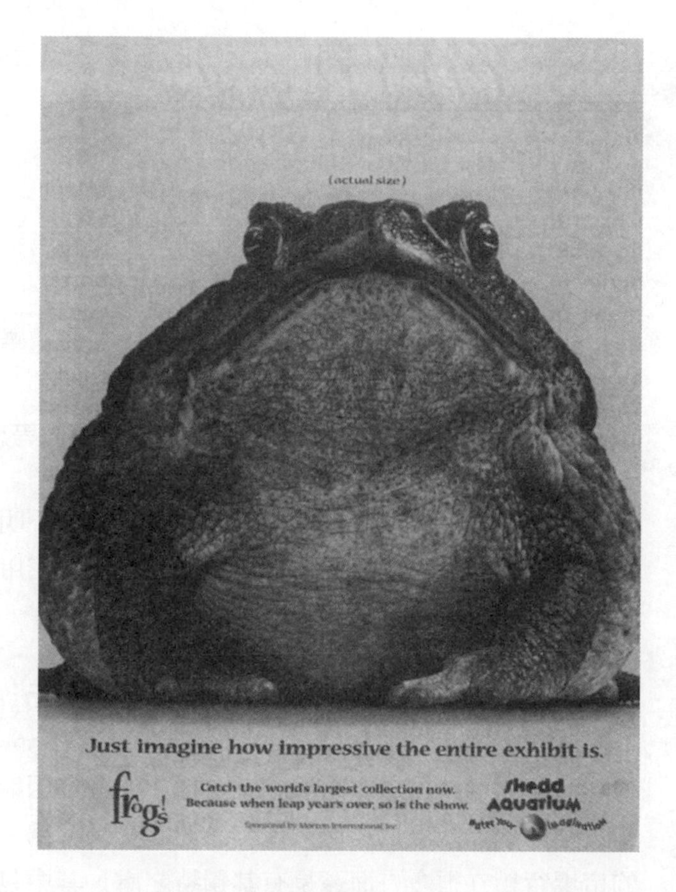

廣告標題

只要想像一下整個展覽會多令人印象深刻

類似像雪德水族館（Shedd Aquarium）這樣的非營利組織，就佔了全美經濟活動的20%以上。
Courtesy Shedd Aquarium

庭所要負擔的最大一筆預算，而這筆預算遠超過他們在房屋、飲食或醫療照護上所付出的金額數目。若是將聯邦、州立、和當地等各政府單位的收益加總起來，其總值就遠遠超過三分之一的美國國內生產毛額。此外，每五個非農業在職人口中，就有一位是在政府單位裏做事。除了這些政府實體以外，其它的非營利組織還包括了成千上百個私人博物館、劇院、學校和教堂。

什麼是非營利組織的市場行銷

非營利組織的市場行銷（nonprofit organization marketing）就是指非營利組織爲了滿足和目標市場之間的交易，所做的一切努力。雖然這些非營利組織在規模上和目的上各有不同，而運作的環境也是彼此互異，可是大多數仍會進行下列幾種行銷活動：

非營利組織的市場行銷

非營利組織爲了滿足和目標市場之間的交易所做的一切努力。

◇確認出它們想要服務或吸引的顧客（儘管它們通常用的術語是客戶、病人、會員或贊助人等）。
◇明確或暗地訂出特定的目標。
◇開發、管理和刪減掉一些計畫或服務項目。
◇決定收費的價格（儘管它們通常用的術語是費用、捐款、學費、運費、罰鍰或稅率等）。
◇排定活動或計畫的時間表，決定該在何處舉辦或是該提供什麼樣的服務等。
◇透過手冊、招牌、公共服務的發佈或廣告等來傳達它們的便利性。

通常，擁有以上這些功能的非營利組織並不明瞭它們所從事的活動正是所謂的市場行銷。另外，有些非營利組織在使用行銷技巧上，甚至到了走火入魔的地步。

9 解釋非營利組織行銷中的獨特層面

非營利組織行銷策略中的獨特層面

就像是商業組織中的服務業一樣，非營利組織的經理也需要發展出行銷策略，以期能滿足和目標市場之間的交易行爲。儘管如此，非營利組織的市場行銷在很多方面還是有其獨特之處，其中包括了行銷目標的設定、目標市場的選擇以及發展出適當行銷組合等。

目標

在民營的領域中，利潤一向是執行決策的指引目標和評估事業結果的準則所在。可是非營利機構卻不是以利潤的尋求和股東之間的利益分配做爲本身的目標。它們的重心比較擺在基金的募集，以便可以彌補費用的支出。舉例來說，衛理公會（Methodist Church）並不以捐獻盤中剩下多少金額，來界定自己的成功與否。科學和工業博物館（Museum of Science and Industry）也不以旋轉柵門中所投入的代幣金額做爲自己的成就標準。

多數的非營利機構都希望能對複合式的選民，以公平有效的服務來回應他們的需求和喜好。這之中包括了使用者、付費者、捐贈者、政治家、派任官員、媒體和一般普羅大眾等。非營利機構是無法以金錢上的計算來衡量它們的成功或失敗的。

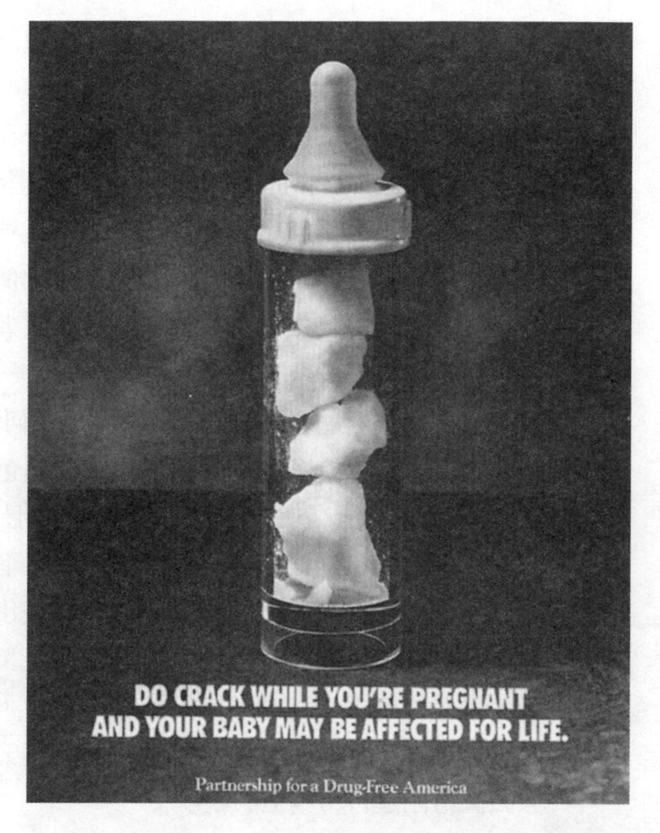

廣告標題
請在你懷孕的時候，確實攪拌開來，而且你的寶寶這一生可能會受到它的影響。

這個廣告想要打破大眾對藥物上癮的冷漠態度，以期能接觸到它的目標觀眾，亦即有藥物濫用問題的懷孕婦女。
Courtesy Partnership for a Drug-Free America

因為缺乏財務方面的底線所在，以及存在了太多無形、甚至是模擬兩可或者互相衝突的各種目標，因此使得非營利機構的經理很難在目標的優先順序、決策的做成以及表現的評估上，做出任何決定。他們所用的方法往往和一般民營機構所經常用的方法不太相同。舉例來說，美國家庭計畫聯盟（Planned Parenthood）就曾設計出一種系統方式，以薪水的遞增來找出員工是如何完成他們每一年所設定的目標。

目標市場

有關目標市場的議題，以下有三個部分是非營利機構所獨有的：

◇冷漠以對或持強烈反對態度的目標群：民營機構在市場區隔的發展上，通常以那些最能產生回應的族群為自己的目標市場。非營利機構則完全相反，它們所針對的目標市場往往是那些冷漠以對或持強烈反對態度的族群，例如接種疫苗、家庭計畫宣導、藥物濫用或酒精中毒問題以及心理諮商等。

◇不能不採用無所區別式的區隔策略：非營利機構往往採用的是無所區別式的策略（請參閱第八章）。有時候是因爲它們沒看出市場上的先機，或者是認爲無所差別式的辦法可以達到規模經濟的地步，在每人平均成本上的支出比較低。而在其它例子裏，非營利機構卻常被迫或不得不將目標市場對準在一般使用者身上，以求能量化目標市場中的人數。可是問題就在於所謂的「一般使用者」，其數量根本就很少，以致於這類策略根本無法滿足任何一種區隔市場。

◇補充式的定位：許多非營利機構的主要角色就是以自己可資利用的資源對那些無法在民營機構中得到適當服務的人提供援助式的服務。這樣的結果造成了非營利機構只是一個補充性的角色，而不具備任何的競爭性。它們的定位使命在於找出沒有得到適當服務的市場區隔，並發展出符合他們需求的行銷計畫，而不是像民營機構一樣，將目標瞄準在有利可圖的利基市場上。舉例來說，某大學圖書館可能將自己界定爲公共圖書館以外的補充性服務事業，而不會和公共圖書館進行市場上的競爭。

商品決策

在商業和非營利機構之間，具有三項和商品相關的明顯區別：

◇利益點的複雜性：非營利機構的商品概念並不如「翱翔於友善的天空」（Fly the friendly skies）或「我們是以老式的方法在賺錢」（We earn money the old-fashioned way）等這麼簡單，它們所推出的往往是複雜的行爲或觀念。其中例子包括了運動的必要、正確的飲食、喝酒不開車、以及請勿抽煙等。人們從中收取到的利益點訊息比較複雜不具體，而且較具長遠性。因此很難向消費者進行溝通。

◇利益點的強度：許多非營利機構所提供的利益點強度很弱或不夠直接。若是要你以每小時55英哩的速度來開車，或是要你去捐血，抑或是要你去找鄰居捐錢給慈善機構等，舉凡這些事情對你來說有什麼直接或個人的好處？相對的，多數的民營機構就比較能以交易的方法，提供直接或個人性的利益點。

◇參與度：許多非營利機構在推出商品時，所激發出的參與度不是「特別低」（預防森林火災或請勿亂丟垃圾）就是「特別高」（從軍樂或請勿吸煙）。民營機構所推出的商品，其參與度的範圍差距就沒那麼大了。而傳統促銷工具在面對參與度太低或太高的商品時，往往比較使不上力。

配銷決策

非營利機構是否有能力適時適地將它的服務推廣到潛在顧客族群當中，是其成功與否的主要關鍵因素。舉例來說，擁有政府撥給土地的州立大學，大多數都會在該州提供補習教育，以期能讓一般大眾受惠。許多規模龐大的大學都擁有一或多個衛星校區，以便讓其它地區的學生前來就

廣告標題
零錢從這裡進去
零錢從那裡出來

救世軍把募款鍋放在街上，以徒步的方式進行募款，而這只是它眾多管道通路的其中之一。
Courtesy The Salvation Army

讀。還有些教育機構甚至透過互動式的影像技術，爲校區以外的學生提供遠距教學的課程。

某項服務必須使用到固定設施的程度多寡，對配銷決策來說，也有其重要的啓示。很明顯的，類似像鐵路運輸和湖邊釣魚這樣的服務，只能在特定某些定點上才能提供。可是也有許多非營利服務並不需要用到特定的設施，例如諮詢服務就不一定得在諮詢中心的辦公室裏才能獲得，諮詢人員和客戶可以在任何地方碰面會談。而查驗服務、救援青少年計畫以及在通勤火車上所教授的教育課程等，也是屬於可以輕易運送的服務項目。

救援石

救援石如何透過網路來鼓勵捐贈

http://www.reliefnet.org/reliefrock/rock.htm

非營利機構就如同一些營利機構一樣，也開始使用全球網路來進行服務的配銷。舉例來說，救援石（Relief Rock）就是一個線上網站，其目的是要募款救援盧安達（Rwanda）這個國家，而現在也開始爲全世界的慈善機構進行募款的工作。救援石瞄準的是X世代的捐贈者，它可讓使用者從數個可免費播放30秒音樂樣本的音樂現場中選擇其中之一。然後在結尾時，以手的圖形出現在畫面上，以便使用者選擇加入這二十一個慈善團體的其中一個。[31]

基金募款也需要有良好的管道通路。救世軍（Salvation Army）利用聖誕假期，以徒步方式將募款鍋放在各地的街道上接受捐款，然後再將多數的捐款回饋給當地的救世軍單位，只留下一小部分轉呈至全國總部的辦公室。而最複雜的募款通路方式可能是一年一度的傑利路易士肌肉失調電視接力秀（Jerry Lewis Muscular Dystrophy Telethon）。該節目在民間使用數以千計的電話號碼來蒐集抵押品，然後再由各州或各地區整合當地所蒐集到的募捐總數，用來提供當地的人才和人物參加該節目一年一度所舉辦的盛事。最後會在拉斯維加斯，也就是傑利路易士及其同仁協調巨星演出的地方所在，向全國報告所蒐集到的禮物總數。

促銷決策

許多非營利組織無法使用廣告的促銷辦法，這使得它們的促銷選擇受到了一些限制，多數的聯邦代理商就是屬於這類的非營利組織。而其它的非營利組織則可能因爲自己沒有足夠的資源來外聘廣告代理商、促銷顧問公司或市場行銷人員，但是，它們還是有一些特殊的促銷資源可以利用：

◇專業的志願者：非營利組織常常會尋求行銷、業務和廣告方面的專業人士，來幫助它們發展和執行促銷策略。在某些例子裏，廣告代理商也會爲非營利機構提供免費義務性的服務，以期能換取潛在性的長期好處。舉例來說，某家廣告代理商免費爲一家舉足輕重的交響樂團提供廣告上的服務，只因爲這家交響樂團擁有一群大師級的指揮家。而免費義務性質的服務還可爲捐贈者的名聲、資格能力、以及所屬的機構等帶來人脈和知名度。

◇業務促銷活動：利用現有的服務或其它資源所進行的業務促銷活動，以便讓大眾注意到該非營利機構的賣點內容，這種手法也有日漸增加的趨勢。舉例來說，靠近賓州匹茲堡的綠木交響樂團（Edgewood Symphony Orchestra），就贈送免費的入場券給那些參與電話調查的受訪者，這些受訪者都是從來沒參加過交響樂團的音樂會，不過卻很想參加的一群人。[32]

◇公眾服務廣告：**公衆服務廣告**（public service advertisement，簡稱PSA）就是指爲聯邦、州立、當地政府或某非營利機構的某一個計畫進行促銷上的發表。PSA的贊助商和一般的商業廣告主不同，前者是不需要付版面和時段的廣告費用，這些費用是由媒體業者認捐的。廣告評議會還找出幾個最令人印象深刻的PSA，例如森林防火熊（Smokey the Bear）即用來提醒人們小心森林大火。

公衆服務廣告
爲聯邦、州立、當地政府或某非營利機構的某一個計畫進行促銷上的發表。

◇授權許可：有些非營利機構發現將自己的名稱或形象以授權許可的方式向廣大群眾進行傳播溝通，是一件相當有效的方法。例如，羅馬教廷想要籌募基金並傳達有關天主教堂的一切，於是透過授權許可的計畫來進行。這個計畫就是將梵諦岡圖書館的藝術品、建築物、壁畫、手稿等內容，印在T恤、眼鏡、蠟燭或裝飾品上。[33]

定價決策

非營利機構在定價決策上有五點特徵和營利單位不大相同：

◇定價目標：對營利組織來說，收入是最重要的定價目標，或者更精確地說，最大獲利率、最高營業量或是投資回收等，都是營利組織在定價上的最重要目標。其實，許多非營利組織也會考慮到收入的問題，只是它們所尋求的無非是想以收入來支付部分或全部的成本費用，而不是想完成在股東之間的利潤分配而已。同時，非營利組織也會透過課稅和機動費用等這類方法來重新分配收入。此外，它們也會在個人或家庭之間，或者是穿越地理和政治界線等來努力地募集資源。

◇非財務上的價格：在許多非營利狀況下，消費者不用付出貨幣上的價格，而是必須吸收非貨幣成本。這類成本之所以重要是因爲有爲數衆多的合格公民並沒有利用到這些專爲極度貧困之人所準備的免費服務。在很多公衆協助計畫中，約有半數合乎資格的人士沒有參與該計畫活動。非貨幣成本是由時間上的機會成本、困窘成本、和努力成本所組成的。

◇間接費用：經由稅收而得到的間接費用對「免費」服務來說是很常見的，這些「免費」服務的例子有圖書館、消防隊和警力治安等。營利單位則不常採用這類間接付費的方式。

◇付費者和使用者的區隔：在設計上，許多慈善機構的服務是提供給極度貧困的人士，而其費用支出則多是由財務背景較佳的人所出資的。雖然在營利機構裏也可以見到這種付費者和使用者區隔的方式（例如保險理賠），但畢竟還不算多見。

◇低於成本的價格：這種低於成本價格的例子最常見的就是大學的學費。幾乎所有的公私立大學院校都以低於整體成本的價格來提供服務。另一個例子則是某個以社區爲主的機構組織，叫做「玩就贏」（Playing to Win）。「玩就贏」位在紐約市黑人住宅區的東邊，專門服務那些低收入的家庭，參加者只要繳三十五美元就可以使用電腦六個月。因爲這個組織有部分是由公共基金和私人基金所補助，所以能以低於成本的價格提供電腦上網的服務[34]。其實這種方式也存在於一般營利機構當中，然而往往只是暫時性質，而且不太受人歡迎。

回顧

讓我們回頭看看本章啓文中的牛津健康規劃中心，在讀完本章之後，你就會知道該文章最後面所提問題的答案是什麼。牛津的服務顯然不同於一般的健康照護服務，因爲它是以定製化的服務來滿足個別顧客的需求。除此之外，牛津中心也比多數的健康照護機構更重視疾病的事前教育和保健預防。

牛津所執行的市場行銷概念，是以個別化的服務來提升顧客的滿意度。這個方法可以增進顧客的忠誠度，也有助於該公司和顧客建立起長期性的關係。

總結

1.討論服務對經濟的重要性：服務業在美國經濟上扮演了一個關鍵性的角色，它代表了四分之三的工作人口，並佔了60%以上的國內生產毛額。

2.討論服務和貨品之間的不同：服務有四種獨特的特性——無形性、不可分離性、異質性和不可保存性。服務之所以是無形的，正是因爲它們缺乏清楚可辨識的實質特性，因此造成行銷人員很難將它的特定利益點向潛在顧客傳達。而服務的生產和消費也往往是不可分的。另外，服務之所以是異質性的，是因爲它們的品質好壞完全取決一些變數，如服務提供者、個別消費者、地點以及其它等等。最後，因爲服務無法被儲存，所以也有不可保存性的特徵。最後要說的是，如何讓服務的供需平衡，而且同時發生，這對服務業來說是非常大的挑戰。

3.解釋服務行銷爲什麼對製造業來說很重要：雖然製造商在市場上推出的是以貨品爲主，可是所提供的相關服務也往往能讓它們得到競爭上的優勢，尤其對那些在市場上彼此競爭的類似貨品而言，更是如此。

4.爲服務業發展行銷組合：有關「商品」(服務)策略的議題包括了需要處理什麼樣的過程(處理人物、所有物或資訊)；核心服務和補充性服務；定製化VS.標準化服務；以及服務的組合或套裝等。配銷策略則涵蓋了便利性、銷路點的數量、直接VS.間接配銷通路以及時刻排班表等。而對具體線索的強調、使用個人式的資訊來源、創造出有力的組織形象以及參與售後溝通等，這些都是有效的促銷策略。最後有關服務的定價目標則可能是以收益爲導向、以營運爲導向以鼓勵爲導向、或是以上這三種的結合。

5.討論服務業中的關係行銷：服務業中的關係行銷涵蓋了吸引顧客、開發顧客和維持顧客等這三種關係。在關係行銷中有三個階段：階段一著重的是定價上的誘因；階段二除了使用定價誘因以外，還加上了和顧客之間的社交關係；階段三則利用定價誘因、社交關係以及架構上的關係等來建立起長期性的維繫關係。

6.解釋服務業中的內部行銷：內部行銷是指對待員工就像對待顧客一樣，並發展出一定的體制和利益點來滿足員工的需求。喜歡這份工作並對公司很滿意的員工，往往能提供較好的服務品質。內部行銷活動包括了選拔人才、遠景規劃、員工培訓、團體分工、讓員工有更多的自由參與決策、獎勵表現良好的員工以及瞭解員工的需求等。

7.討論服務行銷的全球性議題：美國已成爲全世界最大的服務輸出國家。雖然競爭非常激烈，可是因爲美國在許多服務產業中都有相當廣泛的經驗，所以佔盡了很大的競爭優勢。爲了在全球市場上佔有一席之地，身處服務業的公司必須要能針對每一個當地國的環境，調整自己的行銷組合才行。

8.描述非營利組織的市場行銷：非營利組織所追求的目標不是利潤、市場佔有率和投資回收等。非營利組織的市場行銷是要促使自己和目標市場之間達成互相滿意的交易行爲。

9.解釋非營利組織行銷中的獨特層面：非商業性質的行銷策略有幾個獨特的特徵，其中包括了它所關心的是服務內容和社會行爲，而不是貨品和利潤；它執行的是困難且無所差別式的目標市場策略，而這些目標市場有時候往往是屬於邊緣地帶的目標族群；它所提供的商品很複雜，其利益點並不直接，參與度也不夠高；它的配銷管道很短、很直接也很迅速；它往往缺乏可供促銷的資源；而它的定價和生產商與消費者之間的服務交易並沒有直接的關聯性。

對問題的探討及申論

1.請為某所大學院校解釋一下它的審查特質、經驗特質和信譽特質。

2.假定你是某家金融服務公司的經理，請為貴公司列出有關無形性啓示的一覽表。

3.你正向某家服務業的公司應徵行銷經理的工作，該公司詢問你該如何處理供需之間的不平衡問題，請將你的答案寫在備忘錄上，呈交給該公司的副總。

4.請和班上其它兩名同學組成一個小組，請為某項新服務發想點子，然後再為這項新服務發展出行銷組合策略。

5.請就問題4的服務開發議題，讓小組中的組員討論他們該如何執行內部行銷？

6.若是要將該項新服務（取自於問題4）推向國際市場，你會考慮的議題有哪些，請以書面寫下來。你要如何改變你的行銷組合來遷就這些議題呢？

7.和班上兩三位同學組成一個小組，使用本章所討論的四種促銷策略來為你所就讀的大學或學院，設計促銷策略。

8.你所居住當地的非營利性質交響樂團在吸引贊助者的活動上遭遇了困境，現有的贊助者大多是50歲以上的老年人，還有哪些其他的目標市場可以賴以存活呢？請就選定的目標市場，寫出你會使用的促銷活動是什麼。

9.下列網址提供了哪些服務？訪客該如何使用「特賣一覽表」（Special Offer List）？
http://www.travelweb.com/

10.行銷人員可從下列網址所提供的服務得到什麼樣的好處？請在「商業」（Business）一欄底下的眾多子類別中，選擇其中之一，並描述你在其中所發現到的郵遞名單。
http://www.liszt.com/

學習目標

在讀完本章之後，各位應當能夠做到下列各項：

1.界定顧客的價值。
2.描述三合一的顧客認定價值。
3.解釋品質改良的各種技術。
4.描述管理階層、員工和供應商這三者在品質改良計畫中的角色。
5.區分三種服務類別。
6.描述服務品質的其中要素。
7.解釋服務品質中的差距模式。
8.討論以認定價值爲基準的定價，其中的要素爲何。
9.解釋顧客滿意度的兩個主要決定因素。
10.解釋顧客忠誠度的經濟性影響。

第13章

顧客對價值、品質及滿意度的認定

顧客看待商品、做出選擇和進行購買的方法一直不斷地改變。整體而言，消費者現在愈來愈有辨識力，同時也願意嘗試新商品來滿足自己心底浮現而出的需求。

舉例來說，消費者正逐步體認到選擇單純化的重要性，他們不願意再花上大筆時間，在一大堆同性質卻又令人眼花撩亂的商品之間，尋找自己所要的東西。除非這中間又發生了某種改變，否則購物者的重心將會逐漸放在非傳統的銷路點上，而捨棄掉原來經常光顧的超級市場和大型量販店。老爸老媽型的傳統雜貨店也會起死回生，因爲這種店的貨樣不會太繁複，而且有親切的個人服務，也不用大排長龍地等候結帳。

此外，由於會使用電腦的人口愈來愈多，店內購物將逐漸轉型爲家中購物。而電視和網路購物的人口比例也會一飛沖天。有越來越多的商品會採用送貨到家的服務，而這種服務可能須藉助冰箱或食品室這類能兼顧外賣和內用的裝置才能達成。

對消費者來說，無論是實在的品牌、可辨識的品牌、全國性的品牌、國際性的品牌或私人性的品牌，它們都是很重要的。不管是爲了抓住購物者一閃即逝的眼光，抑或是爲了加強消費者對品牌選擇上的情感訴求，品牌標誌和包裝上的一貫性視覺效果和感官刺激都會變得愈形重要了起來。除此之外，標籤也必須簡單易讀，有效日期也得標示清楚。

在食品業的市場中，車上用餐有愈來愈高的比例出現；而健康、方便、不會弄得一團糟的旅遊食品也有愈來愈受到歡迎的趨勢。另外一方面來說，消費者也開始在食品的消費上尋求一種情感上的滿足心理，其中的例子是有「家庭風味」的套餐，買來即可食用，還附贈磁器、餐具以及必要的附屬品等。這類隨叫隨帶的餐飲，是在類似麵包烘焙店的環境裡製作出來的，它所帶來的感官經驗和舒適感，都是消費者所渴望擁有的。[1]

上述所談到的各種趨勢可以提供給消費者什麼樣的價值觀？這些趨勢也爲你提供了另一種價值觀嗎？你想得到目前有哪些公司也對消費者提供類似這樣的價值觀？

1 界定顧客的認定價值

什麼是顧客的認定價值？

現在的公司在許多方面都面臨了急遽的變化，其中包括消費者的教育程度和需求愈來愈高；全新的技術和市場的全球化等。這種種變化造成了整個競爭環境遠比以前要來得激烈難行多了。此外，想要建立並維持長期的競爭優勢，最主要的關鍵就在於傳達出卓越的顧客認定價值，這也是我們在本章開頭所談到的例子。

顧客價值觀（customer value）在第一章內文中的定義是顧客爲獲取其它利益點，而必須犧牲掉自身某些利益比例的自我認知。顧客所接收到的利益點有各種不同的形式，這些形式可能以功能、性能、耐久性、設計性、簡便性以及服務性等各種方式來呈現。爲了要換取這些利益點，他們可能必須放棄金錢、時間、和一些努力成果。

顧客的認定價值並不是用高品質一句話就可以帶得過去。用高價格才能獲得的高品質商品，並不見得被認爲是有價值的。當然凡事得自己動手的服務和低品質的商品也不會被認爲有價值。相反的，顧客對他們所期待的商品或服務品質有很高的評價，而且其售價也在他們願意支付的合理範圍內，這才算是有價值的購買。

這種價值認定式的行銷可以用來售出一部價值四萬四千美元的日產Infiniti Q45型汽車和價值三塊美金的提森冷凍雞肉餐（Tyson frozen chicken dinner）。

對於顧客認定價值觀有興趣的行銷人員，須做到下列幾點：

◇提供有用的商品：這是最起碼的一點。消費者不會對不堪使用的破舊商品有耐心的。

◇給消費者的商品，永遠高於他們的期待：在豐田汽車推出雷克斯（Lexus）的不久之後，該公司就必須下令召回所有這類車型。就在召回命令發佈之前的一個週末，自營商致電給全美所有的雷克斯車主，親自安排車子的領回事宜，置換車上其中的零件。

◇避免不切實際的定價：消費者不瞭解爲什麼家樂氏（Kellogg's）的穀類食品要比其它品牌來得貴，以致於家樂氏的市場佔有率在1980年代晚期，滑落了五個百分點。

廣告標題

發自於內心的友善服務……

渥爾商場的這張廣告強調個顧客認定價值中的兩個主要關鍵：和藹友善的服務和便宜的售價。
Courtesy Wal-Mart

◇告訴購買者眞相：今天這一群見多識廣的消費者，要的是有教育價值的廣告內容以及知識淵博的售貨人員。

◇在服務和售後支援上，提供該公司上下一心的承諾：請看西南航空公司的例子。人們之所以搭乘西南航空，是因爲這家航空公司有卓越的評價聲譽。雖然乘客們在搭乘時不見得能得到他們所指定的座位和餐點（只有花生或餅乾），但它的服務卻是無庸置疑地可靠和友善，而且售價也比其它航空公司來得便宜。西南航空的所有員工都很努力地想要滿足顧客。若是需要飛行機師的協助時，他們也會到登機門前來服務旅客，而票務人員也會幫忙搬動行李。有一位訂位組的人員就曾陪著一名虛弱的老婦人從達拉斯飛到了圖爾桑（Tulsa），只因爲該名老婦人的兒子擔心她無法自己處理飛到聖路易士（St. Louis）的換機事宜。[2]

其實現今所強調的顧客認定價值係源自於1980年代那時廣受人歡迎的「整體品質」（total quality）計畫。這些計畫最主要目的就是要藉著改善生產過程來提升商品的品質，而其它的顧客需求則反而未如此受到重視。舉例來說，維尼安（Varian Associates）公司是一家科技設備製造商，它在很多方面就採納了品質要求的原則。這家公司旗下生產眞空系統的單位，就將商品的準時送達率從原先的42%提升到了92%。可是也因爲維尼安公司太過執著於完工的期限，使得眞空設備單位的同仁們都忽略了回應客戶的來電，結果反而造成營運上市場佔有率的滑落。同樣地，維尼安公司的放射設備服務部門在該產業中卻穩居「迅速造訪顧客」這項服務評價中的第一名寶座，可是該部門的員工卻因爲趕著要在向顧客解說商品之前，先完成他們所留下的工作，所以總是匆匆忙忙地就把事情做完。這種方法上的失調不均衡當然會對該公司的盈虧底線造成直接的影響。結果維尼安公司的營業額在1989年只獲得三千二百萬美元的收益，到了1990年的營業額也只成長3%而已，據該公司宣稱，他們至少損失了四百一十萬美元。[3]

今天能在市場上具備競爭力的各家公司，都是將自己商品的品質置於最高的前提之上。優良的商品設計和更快速的製造生產固然可取，可是現今社會對商品的要求早就提升到另一種層面了，前述的標準要求只是過時的論點罷了。

維尼安公司
Varian Associates
維尼安如何經由網站上的首頁和顧客溝通它的承諾呢？它還提供哪些顧客服務？
http://www.varian.com/

維尼安公司在遭遇了這種因偏狹的品質計畫所帶來的失望結果之後，開始積極尋求其它方法來取悅顧客和提升品質。當時的顧客們都抱怨維尼安賣給醫院的放射設備往往需要花很長的時間才能裝設完畢，於是維尼安公司不辭辛勞地研究了上百種的可能解決方案，最後才決定在其中的裝設過程中做些改變。舉例來說，在運送電纜上，以塑膠袋的外裝取代以往防碰撞的粒狀塡充物，這樣的改變起碼爲顧客節省了30分鐘左右的清理時間。同時，該公司也重新設計了其中的主要零件部分，使得它們在安裝上更簡單方便。而這群對維尼安公司深表滿意的醫院客戶也終於能在平均安裝時間上少掉95小時，相當於每份訂單的五萬美元價值。而維尼安公司也爲自己每年省下一百八十萬美元。

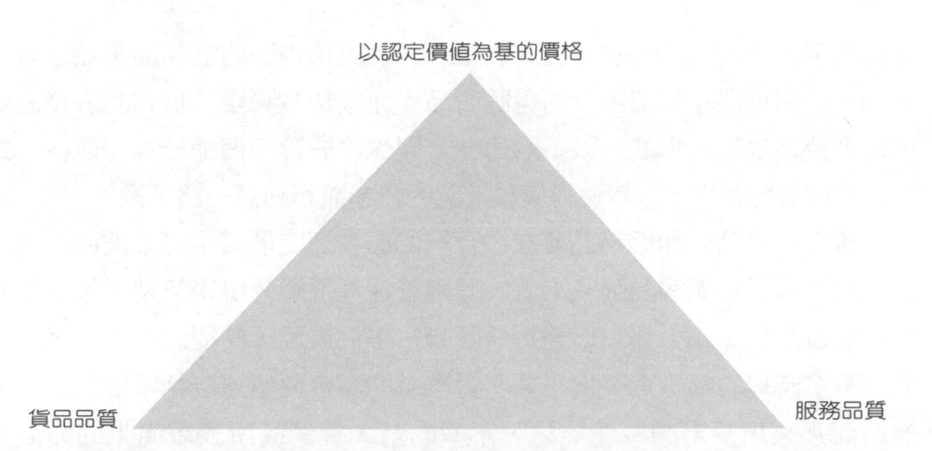

資料來源：摘錄自Earl Naumann所著的《創造顧客的認定價值》(*Creating Customer Value*)。版權所有©1995係由西南大學（South-Western College）出版。翻印必究。

圖示13.1
三合一的顧客認定價值

顧客認定價值的架構

2 描述三合一的顧客認定價值

爲了要把顧客的認定價值發揮到極致，公司就必須先瞭解自己是否符合顧客心中的期望。眞正的顧客認定價值是由顧客來界定的，而不是由公司來定義，因爲若是由公司來設定，意義就會顯得曖昧不明。有一種很管用的架構可用來瞭解顧客究竟想要什麼，那就是三合一的顧客認定價值（customer value triad）。[4]正如同（圖示13.1）所呈現的，三合一架構中的三個部分分別是（察覺的）貨品品質、（察覺的）服務品質、和以認定價值爲基準的價格。貨品品質和服務品質就在這三角關係中的最底層，表示是由它們兩者支撐著以認定價值爲基準的價格。

三合一的顧客認定價值
貨品品質、服務品質、和以認定價值爲基準的價格，也就是顧客認定價值中的三個要項。

一旦可以滿足或超越這三個部分的顧客期待心理，也就創造出顧客的認定價值了。若是公司不能在這三個部分的其中之一滿足顧客，它就不可能傳達出優良的顧客認定價值。請看看康柏電腦最近所發生的問題，這家公司最先創造出手提個人電腦的利基市場，不管是它的貨品還是服務品質都是非常優良的，而它的定價也高出競爭對手三十到三十五個百分點，可是康柏電腦的顧客仍然相信，他們所得到的價值是非常值得的。但是因爲後來康柏電腦不再像它的競爭對手一樣，積極地針對市場需求作出因應對策，而IBM的個人電腦以及IBM其它同種商品的更低售價等紛紛出爐，終於結束了這個市場上的科技差距。顧客們無法再容忍康柏電腦的高售價，因為競爭對手的商品比前者更有價值。其實康柏電腦的貨品品質並沒有降低，該公司仍然在製造優良的電腦商品；而康柏電腦讓人信賴的服務品質也是維持著以往的水準，只不過三合一關係中的第三個部分——價格，跟不上前兩者的腳步，終於使得康柏電腦的營業額和利潤一路下滑。

雖然貨品品質和服務品質在三合一的顧客認定價值中可以被個別提出來討論，可是從顧客的眼光來看，這兩者往往很難分辨得清楚。幾乎所有的有形貨品或多或少都和服務有些關聯。舉例來說，美國的汽車公司一向擅於製造時髦的轎跑車，但是顧客對汽車的認定價值還包括了他們從汽車經銷商那裏所得來的接觸經驗，不幸的是，經銷商所表現出來的懶散服務，一度讓美國汽車的招牌敗在日本汽車製造商的手中。

老實說，在想到任何一種服務時，你實在很難不把有形貨品也包含在內。雖然餐廳是屬於服務業，可是有人會懷疑其中相關貨品（食物）品質的重要性嗎？同理也可驗證在醫療保健業、旅行業、保險業和其它服務業中。畢竟，許多服務事業有商品，也有相關的服務項目。

顧客們往往會在某個商品的整個生命週期上，將貨品服務特性、品質以及價格公平性等混淆在一起，然後還在這一堆理不清的關係當中再加上

代爾電腦公司以直接銷售給顧客的方式，在售價上採取低於康柏電腦和其它電腦製造商的價格策略，進而創造出售價低廉的公司文化。
©Ed Kashi

其它各種價值觀。接著再把這些想法拿來和其它競爭商品作比較，最後才選出最佳的認定價值。公司組織若是只著重三合一認定價值的其中一或兩個部分，而忽略了第三個部分，就可能會遭遇到像康柏公司那樣的境遇。舉例來說，代爾電腦公司（Dell Computer）就以直接銷售給顧客的方式，在售價上採取低於康柏電腦和其它電腦製造商的價格策略，同時仍維持高品質的商品水準，進而創造出售價低廉的公司文化。[5]

顧客認定價值在國際市場上的重要性就像在美國市場一樣。這一點也是我們要在「放眼全球」中所討論的。

放眼全球

美國公司在日本市場找到了利基

美國郵購目錄產業可不像其它美國產業，它們在日本市場完全就沒碰到釘子，而且還做得相當成功。日本的購物者幾乎什麼都買，不管是LL比恩運動服（LL Bean），還是薩克斯（Saks）第五街的女性服飾，他們都有興趣。

就在其它美國廠商仍在日本市場中浮沉之際，這群零售業者早就在享受成功的美好滋味了，因為它們發現到日本公司無法滿足顧客需求的市場。許多中產和上流消費者，特別是那些年輕的一代和居住在都會裏的人士，幾十年來就不喜歡去看日本本土的郵購目錄，因為那當中就像個大雜燴一樣，什麼都賣，上從廉價的服飾、項鍊，下到尿布、狗食，無所不包。相反的，美國的郵購目錄只提供高品質的商品，而且小心地將目標對準在特定的族群上。另外，美國的郵購服務還有兩項特點是一般日本郵購所不常見到的，那就是終其一生、無庸置疑的商品保證和頂尖模特兒的示範圖片。況且在美國郵購上所出售的美國知名品牌服飾比起日本頂尖百貨公司所出售的當地知名服飾要便宜多了。除此之外，有愈來愈多的美國郵購目錄都翻成了日文，以方便日本消費者的使用。

美加（Miko Takariji）是一名中上階層的職業婦女，她著迷於外國的郵購目錄已經很多年了，她也正是日本消費者中新潮流裏的代表人物。她通常會在位在東京的家裏瀏覽這些目錄，然後再為自己和她的丈夫訂購其中的服飾。「在日本，你幾乎很難以合理的價格買到品質不錯的商品。」美加如是說道，「而我在日本郵購目錄中所找到的，盡是一些便宜貨，而且看起來也像是便宜貨。」[6]

請描述美國的郵購目錄如何為日本消費者提供高人一等的顧客認定價值？日本的郵購公司需要做些什麼，才能和它們競爭？日本的零售業該如何和美國郵購業競爭呢？

優良的品質

在三合一顧客認定價值中的這三個部分，其中的貨品品質在過去十年來早就受到大家最多的注意。品質運動很快就成爲1980年代最重要的議題

總體品質管理

透過企業總體組織所做出的協調努力，以期提供高品質的貨品和過程，進而確保顧客的滿意度。

之一，而且極可能是這二、三十年以來最重要的商業啓蒙概念。其實在這場品質運動的背後，它的企業哲學就是**總體品質管理**（total quality management，簡稱TQM）。所謂TQM就是透過整體企業組織所作出的協調努力，以期提供高品質的貨品和過程，進而確保顧客的滿意度。

TQM的計畫就像行銷概念一樣，是根據對顧客需求的瞭解所發展出來的。因此，市場行銷在TQM上也扮演了一個很重要的角色，而傳統的行銷技巧也往往可以用來支持品質上的重點所在。

對生產過程中的每一個步驟來說，品質都是很重要的，這就是TQM的主要觀念。相反的，早期對品質控制的努力多放在完成品的檢驗上。而TQM卻設法想從一開始就把瑕疵問題給剔除掉。貨品在設計階段時就需要接受檢驗，而製造過程也必須以可靠和穩定的技術來處理。這種經過深思熟慮後的精心設計，再加上控制過程中的小心謹慎，當然可以得到高品質的商品結果。

一直到最近，許多經理人士仍舊相信，高品質就表示成本也必須提高。但是，有很多公司也已經開始瞭解，如果東西做得不好，然後再花些代價去解決問題，如此一來，你所支出的成本將高過於你在一開始就把事情做好所付出的成本。除此之外，豐富的生產力來自於品質改良的結果。若是某家公司太過執著於完成品的品管檢驗，大約有半數以上的工作人員就必須投身在瑕疵完成品的尋找和重新製作上。而這個過程的投資可能需要佔掉整個生產成本的20%到50%。[7]舉例來說，卡本企業（Cabot Corporation）兩年多來在它其中一家黑煙末工廠裏減少了90%的瑕疵問題，結果從此以後，每年都能省下一百萬美元的成本支出。[8]

摩爾肯布里居國家品質獎（Malcolm Baldrige National Quality Award）是爲了紀念前任商業秘書長，而以他的名字命名的，它是由美國國會於1987年所設立，目的是爲了要獎勵那些在貨品品質和服務品質都達到世界一流水準的美國廠商。同時，這個獎項也能促進大眾對商品品質的認識，把有關品質的資訊傳達給商業社會中的其他人士。

布里居獎是由美國商業部的「國家標準技術協會」（National Institute of Standards and Technology）所處理執行的。布里居獎的評議委員會是由來自於各產業、大學院校、健康醫療組織和政府機構等的專業人士所組成的。它的主要審核標準就在於該公司是否能符合顧客的需求，顧客的排名地位應永遠擺在最前面。爲了要符合這個獎項的標準，有心的公司必須顯示它的持續改善能力。無論是公司領導人抑或是員工都得積極參與，而且也要針對資料和分析內容作出迅速的回應。曾經得到布里居獎的公司包括了IBM、聯邦快遞、西屋公司的核子燃料部門（the Nuclear Fuel Division of Westinghouse）和全錄事業商品和系統（Xerox Business Products and Systems）。

基本的品質技術

3 品質改良的各種技術

TQM中所使用的幾個技術和傳統作生意的方法明顯不同。這些技術包括了品質功能部署、標準規範的制定、持續不懈的改良、縮短週期時間以及過程問題的分析等。

品質功能部署

品質功能部署
有助於公司將顧客的設計需求轉換成商品規格的一種技術。

品質功能部署（quality function deployment，簡稱QFD）這種技術有助

汽車公司持續不懈地重新設計它們的商品，爲的就是要爲市場提供更好的服務。持續不懈的改良對服務業來說也很重要。©Kevin Horan/Tony Stone Images

於公司將顧客的設計需求轉換成商品的規格。它可拉近公司和顧客之間的距離，把顧客心中對商品的期待融入於商品設計之中。這個方法採用的是一種品質表格的方式，表格上將顧客的需求和貨品該如何設計生產來滿足他們的需求，這兩者之間作了直接的關係聯結。因此，QFD表格可說是從顧客的角度出發，為商品的設計開發提供最佳的指南方向。

規範標準的制定
把公司的商品和世界一流的商品作比較評分的一種過程，而這些世界一流的商品也包括其它產業中的商品。

規範標準的制定（benchmarking）就是把公司的商品和世界一流的商品做比較評分的一種過程，而這些世界一流的商品也包括其它產業中的商品。所謂「一流」就是指商品的功能特性和顧客滿意度的評分結果。規範標準的制定有助於公司設定表現目標，鞭策自己持續向這些目標邁進。舉例來說，規範標準的其中一個類型就是發展一個和產業平均值可以互相較量的縱剖面。J. D.能量公司（J. D. Powers）是汽車產業中的一家獨立調查研究公司，它蒐集了各種車款的顧客滿意度資料，再將這些資料賣給汽車製造商。然後這些汽車公司就可以把自己的表現和這份產業綜合資料裡所得到的平均值作比較。

持續不懈的改良

持續不懈的改良
時時尋求做好事情的方法，矢志達成品質維持和改善的目的。

持續不懈的改良（continuous improvement）就是時時尋求做好事情的方法，矢志達成品質維持和改善的目的。公司上上下下都要設法防範問題的發生，並有系統地改良關鍵過程，而不是等到問題發生時，再來尋求解決之道。持續不懈的改良也代表必須時時尋求創新式的生產方法，縮短商品的開發時間，並使用統計上的方法定期地衡量表現結果。

不管是服務業還是製造業，都可以運用這種持續不懈的改良方法。潘南（Paine & Associates）公司是加州一家公關公司，它實施了持續不懈的改良辦法，以便激發出有創意的媒體活動構想。上至邀請更多的人參與動腦會議，下至利用一些深具創意的工具，例如會發光的卡片等，這一連串小小的改變，終於造就出改良的成果。因為在1994年的時候，這家代理商被評選為全國十大最具創意的代理商之一。[9]

縮短週期時間

週期時間
從生產開始到顧客接收貨品，或服務為止的總時間。

改善貨品品質和服務品質的最有效方法之一就是縮短週期時間。所謂**週期時間**（cycle time）係指從生產開始到顧客接收貨品或服務為止的總時間。週期時間比競爭對手要來得短的公司，其獲利速度比較快，在營運的成長上也增加得很快。都彭化學製造商的卡雷茲（Kalrez）橡膠製品，在1988年的時候擁有90%的市場佔有率，可是來自日本的競爭廠商卻因能提供更好的顧客服務，而奪去了它的市場佔有率。都彭公司則以週期時間的減短來回敬它的競爭對手，它讓卡雷茲橡膠的生產日數從七十天縮短到十六天；訂單申購時間從四十天縮短到十六天；然後再把準時送達率從70%提升到100%。就在短短的三年內，都彭公司的卡雷茲橡膠銷售量立刻上升了22%。[10]

過程問題的分析

若有公司想要採用持續不懈的改良方式，就必須先確認問題背後的原因是什麼。有一種方法叫做**統計上的品質控制**（statistical quality control，簡稱SQC），它是用來分析製造過程中的原料、零件和成品的脫序程度。這個方法是由日本TQM運動的領導者艾德華斯丹明博士（Dr. W. Edwards Deming）所首創的。他相信以統計數據來全盤瞭解整套系統，將有助於問題的診斷和解決。類似像每小時的輸出、瑕疵品比例、每一次運作時間等資料，都可蒐集起來進行分析，進而達到改善的效果。SQC也有助於工程師瞭解有哪些錯誤可以事先避免？哪些錯誤無法避免？以及對那些可以控制的問題找出背後成因。

統計上的品質控制
用來分析製造過程中，原料、零件和成品脫序程度的一種辦法。

布雷多分析（Pareto analysis）就是找出公司裡最大問題所在的一種辦法，它所用的主要工具是一份條狀圖表，上頭列出所有問題的排名，其優先順序通常是依照該問題的發生頻率多寡而排列。大多數公司都發現到最嚴重的問題往往一再重複地發生，因此，最常發生的問題就可能對品質造成最負面的影響。布雷多理論認定，有80%的問題來自於20%的成因。該分析也建議管理階層最好先將重點擺在最大的問題身上，接下來是發生頻率排名第二的問題，然後依此類推，持續性地設法改善所有的品質。（圖示13.2）的例子就是某家包裹快遞公司的布雷多圖表。

布雷多分析
找出公司最大問題所在的一種辦法，所用的主要工具是一份條狀表格，上頭列出所有問題的排名，其優先順序通常是依照該問題的發生頻率多寡而排列。

圖示13.2
某包裹快遞公司的一份布雷多圖表，上面顯示出影響消費者滿意度的各種因素

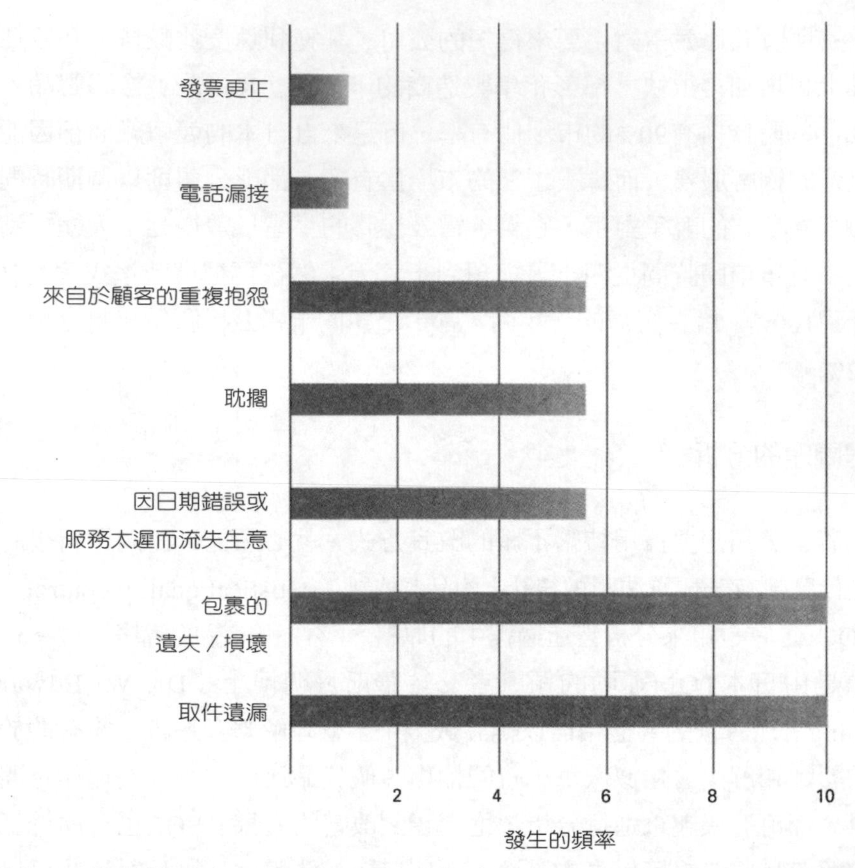

資料來源：該資料摘錄自Donald L. Weintraub所著之〈執行總體品質管理〉(Implementing Total Quality Management)。此次經過核准之翻印係取自於1991年第一季的《三稜鏡》(*Prism*)，這是由小亞瑟公司（Arthur D. Little, Inc.）所出版，專門針對最高管理階層所發行的雜誌。

4 描述管理階層、員工和供應商這三者在品質改良計畫中的角色

致力品質改善的參與者

最高和中級管理階層、員工以及供應商等，全都在品質改善行動中，扮演著一個很重要的角色。

管理階層

有關品質的看法和策略都是由最高管理階層所擬定的，他們的承諾應該不只是動動嘴而已。最高管理階層有責任規劃好整個制度，讓品質改善

的計畫得以落實。管理階層若是想得到全公司上下對TQM的全力支持，最好的辦法就是爲品質的目標達成，提供獎勵性的補償好處。舉例來說，有一些保健組織正開始展開對自己會員的年度調查，以期瞭解會員對旗下醫生的喜好程度如何。而醫生所拿到的獎勵費用則是和病人問卷上的得分高低息息相關。

最高管理階層對TQM的執著，也應該落實到負責監督管理的中階主管層級。中階主管們成爲最高管理階層和員工之間的疏通管道，而員工則是公司裏和顧客接觸最頻繁的一群人。另外，中階主管也代替員工們參與品質計畫的設計和執行。

員工

讓員工參與品質計畫，這其中往往有三個主要因素：

◇授權：授權給員工——正如第一章所說的，把決策權下放到員工的身上——進而使員工對這份工作產生正面積極的態度，協助縮短週期時間，讓主管們有更多的時間專心在策略的擬定上。這種權力下放的正面效果實例不勝枚舉，AT&T的大學服務卡（AT&T Universal Card Services，簡稱UCS）在短短三十個月內，就跳升爲該產業中的第二大服務卡（結合了一般信用卡和長途電話卡這兩種功能）。UCS的管理階層認爲，授權員工的作法在「取悅顧客」上扮演了一個很重要的角色。舉例來說，站在第一線和顧客接觸的員工們，擁有權限可以增加顧客的信用額度，也可以不經過管理階層的同意，就直接調整顧客的帳單記錄。據該公司的說法，它的顧客中有98%的人都認爲AT&T的整體服務要比其它競爭對手來得好。[11]

◇團體的協調合作：當人們一起努力，以期達成共同的目標時，就是在展現團體的協調合作精神，同時也表示這些人正一起分享責任的負擔和決策的做成。這是一種彼此之間的合作，而不是我們經常在一般公司行號中所見到的彼此競爭。員工之間的協調合作就提升了艾文北美自動機械公司（Arvin North American Automative）的品質系統。艾文北美公司是一家自動排放廢氣系統的製造廠商，該公司的每個小組在每週都會舉辦動腦會議，目的在於從訓練課程中所學習到的品質概念，找出落實執行的方法。這些小組在一年內共交出了521件改善方案，其中有7件最後得到了管理階層的認可同意。這些方案已經讓公司達到了減少成本浪費的目標，提升了公司的收益。[12]

◇訓練：訓練員工有關品質技術方面的知識，這是TQM中很重要的一環。訓練課程有助於員工瞭解企業宗旨和他們的工作，以及TQM的原則和衡量的工具方法。馬洛工業（Marlow Industries）是達拉斯一家電熱式冷卻器的製造廠商，它也是1991年布里居品質獎的小型企業得主。在1991年的時候，馬洛公司的員工花在訓練課程的時間每人平均有五十個小時。而湯瑪斯室內系統公司（Thomas Interior Systems）就位在芝加哥，專事設計和轉售辦公室傢俱，該公司的年度工資總額成本，約有5%都花在教育訓練的支出上。湯瑪斯的每一名員工每年平均花在訓練課程上的時數是四十個小時，這些訓練課程被安排在員工的正常工作時間內進行，而參加的員工也是照正常的工作時間來領取薪資。[13]

供應商

採行品質計畫的公司，往往鼓勵它的供應商亦有其品質計畫。若是某家公司正設法製造出零缺點的產品，當然也就無法忍受上游廠商給它的是有瑕疵的原料或零件。目前有許多公司正逐步採行和少數供應商達成長期合作關係的作法，可是它們對品質的要求也愈來愈嚴格。

供應商參與品質計畫的例子也是不勝枚舉的，梅爾蒙廢氣商品公司（Maremont Exhaust Products）是一家廢氣置換商品的製造商，它發展了一套精密複雜的資料追蹤系統和品質問題回報系統（Quality Problem Report system，簡稱QPR），以便提供資訊告知供應商有哪些地方有待改善。[14]摩托羅拉（Motorola）公司的呼叫器商品集團（Paging Products Group）在全球市場的佔有率達到了60%，部分原因就是來自於供應商的合作，因而提升了品質和技術，也降低了成本和週期時間，多年來，該公司的供應成本每年都可以少掉八到十個百分點。[15]威爾森氧氣公司（Wilson Oxygen）是一家位在德州奧斯汀（Austin）的地區性廠商，專事銷售工業用品，例如：焊接設備、飲料自動販售系統和工業用瓦斯等。威爾森公司有一組品質評估小組，專門和供應商合作，以便減少誤差和改善服務，進而達成成本的降低。[16]

及時（just-in-time，簡稱JIT）存貨管理的概念會在第十四章的時候詳加討論，它也是另一個讓我們瞭解到TQM如何在製造商和供應商之間展開密切運作關係的範例之一。對採行JIT的供應商來說，品質是非常重要的，因爲如果是在最後一秒前才能把東西送出去，那就很難查得出來其中有哪些零件或供應品是有瑕疵的。

服務品質

大多數的商品或多或少都和這個部分有些關聯。舉例來說，僅僅是購買一部車就牽涉到許多額外的服務，而所有的保養維修和保證工作也都算得上是一種服務的形式。另外，也有一些商業活動是把服務視爲主要的輸出成果，例如餐廳、飯店、健康照顧中心以及隔夜快遞服務等。不管我們是在談論以服務爲輔的某項商品，抑或是以服務爲主的某項產業，服務品質對顧客的認定價值來說，都是十分重要的，而且會影響到顧客的滿意程度。事實上，企業界的執行主管都將服務品質的改善視爲是當今他們所面臨到最具關鍵挑戰性的任務。因此，所有的企業組織都在尋求一些創意方法，來提升服務的品質。

◇許多航空公司都正在提升國際線頭等艙的服務品質。舉例來說，美國航空就爲頭等艙和商業艙的乘客提供更寬廣的座椅落腳空間和更好的餐點。而英國航空（British Airway）的頭等艙乘客則可坐在半隱密性的梨木臥鋪上，這種臥鋪外觀看起來像是一張椅子，但是可以展開來成爲一張舒適的床。[17]

◇澳洲觀光客人數的急速上揚，使得很多家飯店不得不參加一些專門針對顧客服務所開的課程，以期讓自己在市場上擁有一定的競爭優勢。當地有一家非營利組織，叫做澳洲主人（AussieHost），它專門爲站在第一線的員工提供訓練課程，爲參加者灌輸專業素養，以期改善服務顧客的品質。[18]

在Sam's Club購物的消費者，可以在買朋馳汽車的同時，順帶得到一些機油。汽車買主將購車事宜交給那些有著固定價格的自營商來處理。©Ann States/SABA

◇在健康照護的服務行業中，有很多家公司都藉著爲長期性疾病（例如氣喘和糖尿病）進行所謂的預防性服務計畫投資，來改善它們的健康照護品質。[19]

5區分三種服務類別

服務的類別

服務可再被細分成三種類別。[20]想要改善服務品質的主管們就必須注意以下這三種類別：

◇售前服務：也就是在消費者的決策過程中提供充足的資訊和協助。目前的汽車產業就正在進行售前服務的變革。事實上，令人透不過氣來的汽車展示間再加上說話如連珠砲似的推銷員和緊迫盯人的高壓手法，都已逐漸落伍了。現在的汽車買主會透過網路上的購買服務，來瀏覽各種車款和售價。然後再打電話給汽車經紀人，讓後者爲他們處理購車等協商事宜。另外，消費者也會到大型的二手車商場，像是汽車馬克斯（CarMax）等這類賣場，在那裏他們可以利用攤位上的電腦輕易地瀏覽到各種車訊，並把他們所想要的車訊資料列印出來，更棒的是，他們不需要在價錢上討價還價。[21]

售前服務並不只是及時回應顧客的問題而已。德州儀器公司（Texas Instruments，簡稱TI）每一年都有二十萬名潛在顧客詢問一些問題，其中約有95%的問題會在兩個小時之內就得到解答，且最遲不超過二十四個小時，就會讓所有的問題都得到解答。另外，TI也發展出一套內部追蹤系統，以確保不會漏失任何一個顧客的問題。當然，這種快速的回應方式也爲所有TI商品塑造了良好正面的形象。其實，售前服務並不只侷限於製造業而已，舉例來說，有些保險公司就必須爲潛在顧客進行全盤透徹的需求分析，以便協助他們挑選出最適當的保險種類。

◇傳輸處理服務：這種服務和公司與顧客之間的交易處理有很直接的關係。交易服務中最常見的例子就是提供傳眞號碼，以利顧客的傳眞訂購；有些公司則更進一步地爲顧客提供電腦和數據機，裏頭還安裝了訂購專用的軟體，以縮短訂購的週期時間。也有一些公司已開始採行網路訂購的方式。傳輸處理服務還包括了有關存貨剩餘或短缺、分配量的改變、或訂單塡購比例等資訊的快速傳輸。它也可能包括公司的交貨日期，以及財務和信用等事項。另外就飯店業和航空業來說，傳輸處理服務還涵蓋了便捷快速的旅客報到手續。

◇售後服務：這種服務發生在交易處理之後，也是公司行號在傳統上所強調的售後支援性服務。舉例來說，如果某項訂購的貨物有了耽擱的情況產生，售後服務所提供的訂單狀況、再訂貨或貨運延誤等相關資料，就變得異常重要了起來。

服務品質的要素

6 描述服務品質的其中要素

顧客通常會依下列五種要素來評估服務品質的好壞：[22]

◇可信度：即具備可讓人信賴的服務能力，所呈現出的服務內容不僅精確而且水準一致。可信度就是在第一次表現服務的時候就做得非常稱職。這項因素對消費者來說，可算是最重要的。

◇回應性：即提供迅速服務的能力。回應性的例子包括了迅速回電給顧客；快速地爲趕時間的顧客提供餐點；或者是立刻將交易用的聯絡文件郵寄出去。

◇擔保度：即員工的知識水準和禮貌以及他們足以讓人信賴的能力程度。有技巧的員工會以禮對待顧客，讓顧客覺得他們可以相信這家公司，進而加深擔保的程度。

◇移情性：即對個別顧客的注意和關心。有些公司的員工認得出一些顧客，可以直接叫出他們的名字，也瞭解這些顧客的個別需求是什麼，這就是移情作用的提供。有一份對資深主管所做的顧客滿意度調查指出，MCI通信公司是長途傳輸系統中的第一選擇，因爲它會定期地拜訪瞭解顧客，非常重視顧客的想法。[23]

◇具體性：即服務項目上的實質根據。服務項目中的具體部分包括了用來提供服務內容的實質設施、工具和設備等，例如醫生的辦公

市場行銷和小型企業

AT&T和MCI將目標瞄準在上網服務的市場上

最近，AT&T和MCI都不約而同地將重點放在市場量日益成長的上網服務上。AT&T對那些自動參加1996年世界網路服務（World Net Service）的長途電話用戶，每個月都提供五個小時的免費上網服務。而MCI也以類似的競爭手法招攬它的長途電話顧客。

這些舉動對目前市場上三千家左右的上網服務公司（簡稱ISPs）有什麼影響？在這三千多家公司裏，有許多都是創業式的小型公司。「對這些小型創業家來說，AT&T和MCI代表的是一種很令人懼怕的挑戰，」網路社會（Internet Society）的總裁兼最高經營者唐希斯（Don Heath）如是說道，而網路社會也一直在尋求網路服務上的全球性運作和協調。「它們有很多的資源和足夠的能力，可以提供許多小型創業公司所不能提供的服務項目。」

然而就在一般人認為AT&T和MCI極有可能奪去市場的大半佔有率時，有一群提供上網服務的小型公司卻一點也不感到有何威脅性。舉例來說，位在芝加哥的泰茲凱利帕卡公司（Tezcatlipoca, Inc.）也是一家上網服務公司，它擁有約一千五百名左右的顧客，該公司的總裁珍妮佛克拉傑維區（Jennifer Kralijevich）相信她的顧客——大多是商業用戶以及「比較認真專業的個人用戶，而不是偶爾上網瀏覽的訪客而已」——他們和AT&T與MCI所招攬到的顧客明顯不同。「這些大公司所找到的顧客對最尖端的技術資訊不是很有興趣，他們只是要上網而已。」克拉傑維區如是說道。

從事這一行的人都相信，小型創業公司在面對大型企業時，仍然有一些優勢存在。「小型公司所提供的價值感是這些遠距離公司所無法做到的，」希斯這樣說道，「為了保持競爭力，小型公司必須提供個人電腦用戶一些更上一層的服務才行。」於是，這些小型公司所推出的獨特服務可能還包括了為它們的顧客建立網址等。

很多人都同意，小型公司的最佳競爭之道就是透過顧客服務來達成。可以不斷提供最新技術支援，並以個人親切式的顧客服務（而不是忙碌的佔線信號）來對待顧客的公司，才是真正的大贏家。[24]

在網路業中，小型公司提供給顧客的服務品質內容有哪些？它們有任何競爭優勢可以凌駕類似像AT&T和MCI這樣的大型公司嗎？AT&T能做什麼來和網路服務業的小型公司競爭？

室、自動櫃員機以及服務人員的外型等。

總體的服務品質就是由這五種要素的評估結合而成。正如「市場行銷和小型企業」方塊文章中所談到的，小型公司也可以和大型公司在市場上一較高低，只要它們願意在服務品質上多加注意一點就可以辦到了。

服務品質中的差距模式

7 解釋服務品質中的差距模式

有一種叫做差距模式（gap model）的服務品質模式，可以找出是哪五種差距造成了服務上的問題，並影響了顧客對服務品質的評估（見圖示13.3）。[25]

差距模式
一種服務品質模式，它可以找出是哪五種差距造成了服務上的問題，並影響了顧客對服務品質的評估。

◇差距一：這個情形發生在顧客心中所希望的和管理階層認爲顧客所想要的，這兩者之間所產生的出入差距。這類的差距肇因於對顧客需求的缺乏認識或誤解。很少做或是完全不做顧客滿意度調查的公司，往往能夠體驗到這類的差距。若是想終結掉這個差距，最重要的一個步驟就是針對顧客的需求和滿意度進行調查，以便完全掌握顧客的想法是什麼。

◇差距二：這是指管理階層認爲顧客的希望和管理階層爲了提供服務而發展出來的品質規格設計，這兩者之間的差距出入。基本上，這項差距多肇因於管理階層不能將顧客的需求轉換成公司內部可以運作交付的系統。舉例來說，肯德基炸雞曾一度以「雞肉的效益性」或是說當晚被丟棄的雞肉多寡來衡量各分店店長的績效如何。結果造成晚一點到店裏消費的顧客，不是得等很久才能吃到現炸的雞肉，就是得食用已擱放了好幾個小時的雞肉餐點。這項「雞肉效益性」的衡量標準很顯然未將顧客考慮在內，當然營業額的表現也就跟著滑落了。[26]

◇差距三：這個差距存在於服務的品質規格和所提供的實際服務之間有所出入不同。若是已經消除了差距一和差距二，那麼差距三的肇因就在於管理階層和員工並沒有照著該做的事來做。訓練不佳的員

圖示13.3
服務品質的差距模式

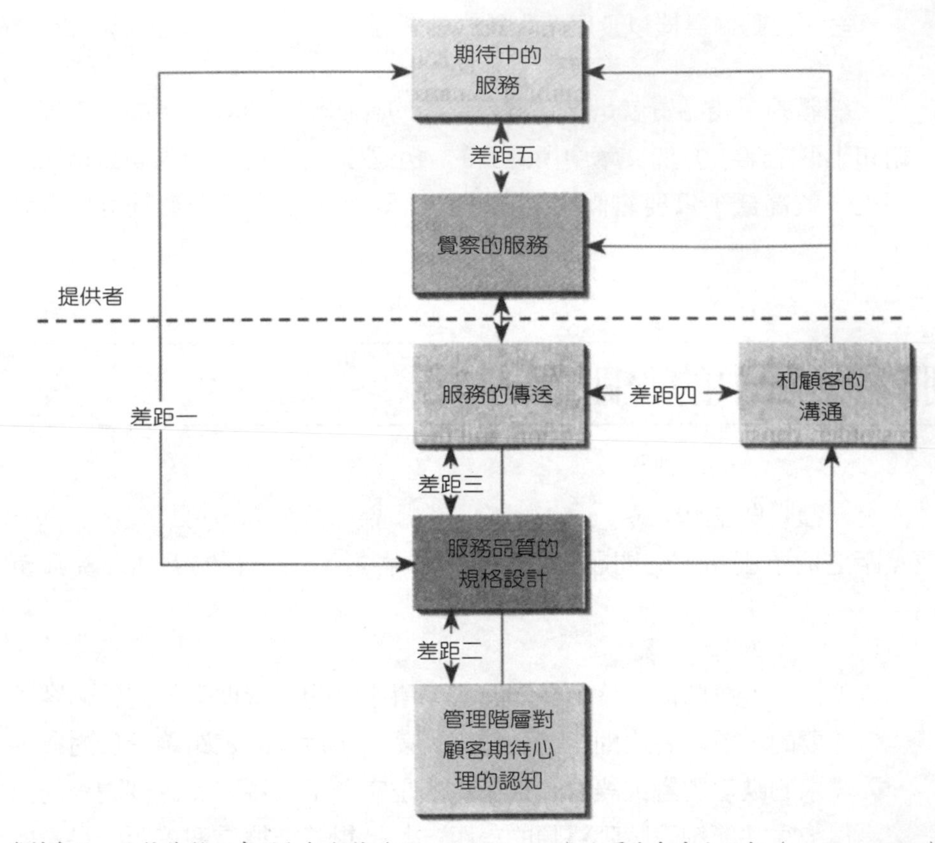

資料來源：此摘錄係經賽門和舒斯特（Simon & Schuster）公司分部自由日報（The Free Press）的准允，本圖表取自於Valarie A. Zeithaml、A. Parasuraman和Leonard L. Barry等所著之《傳送品質服務：平衡顧客的認知和期待》。©1990版權所有，翻印必究。

工和背後沒有激勵動力的員工往往會造成這類的差距。管理階層需要確保手下的員工擁有適當的技術和工具來完成他們的工作。而其它可以終結掉差距三的技巧還包括了好好訓練員工，讓他們知道管理階層的期待是什麼，並鼓勵團體之間的分工合作。

◇差距四：這個差距存在於公司所提供的服務和顧客被告知可以得到的服務，這兩者之間的出入不同。這個差距很明顯地只是傳播溝通上的問題，它可能是廣告上的誤導或欺騙手法，給顧客的承諾遠超過公司所能付出的，或者是 「不惜任何代價」，只要顧客上門的心理使然。為了除掉這個差距，公司方面需要透過誠實精確的傳播內容，告訴大眾它所能提供的服務究竟有哪些，進而塑造出符合實際狀況的顧客期待心理。

◇差距五：這個差距出現在顧客所接收到的服務和他們所想要的服務，這中間的出入不同。這樣的差距可能是好的，也可能是壞的。舉例來說，若是一名病人在心中認定，看病的候診時間大概需要二十分鐘左右，結果只等了十分鐘就見到醫生了，這時，病人對服務品質的評估就會相對地提高。反之，若是等了四十分鐘，評價結果就跟著降低了。

假設這些差距的其中之一或其中幾個特別大，所認定的服務品質就會降低。要是差距縮小了，服務品質當然也就跟著改善了。舉例來說，塔可貝爾公司在差距三的部分有些問題，管理階層對服務品質的規格設計和實際所傳達出的服務品質明顯不符。管理階層的錯誤在於使用傳統手法來「掌控」員工，結果造成員工的高流動率和士氣低落，進而演變成對顧客的服務品質也跟著滑落。該公司的管理階層在覺察到這樣的問題之後，立刻著手展開計畫，對員工的控制做了一些改變。該公司藉著縮小差距三的問題，確實地傳達出管理階層認爲在競爭市場上很重要的服務內容，才得以讓這家公司在市場上成功地立足。[27]

以認定價值爲基準的定價

8 討論以認定價值爲基準的定價，其中的要素爲何

以認定價值為基準的定價
該定價策略係源自於品質運動。

以認定價值爲基準的定價（value-based pricing）所做出的定價策略係源自於品質運動。它不是以成本或競爭對手的價格來做考量，而是從顧客的角度著手，再配合整個競爭態勢，才做出的適當定價[28]。其中最基本的假設前提就是該公司必須以顧客爲導向，時時尋求顧客在貨品上和服務上所想得到的特性內容，以及這些特性內容對顧客的認定價值是什麼。但是因爲很少有公司是屈於壟斷專賣式的，所以在使用這樣的定價方式時，也必須顧及它對競爭商品的顧客之價值觀會造成什麼樣的影響。顧客在評估商品的價值時（不只是它的價格而已），也會把替代品的認定價值考慮在內。因此，以認定價值爲基準所做出的定價，不僅對顧客來說必須是很不錯的價格，和其它選擇比起來，也必須是不錯的價格才行。

寶鹼公司在確認出汰漬洗衣粉、克瑞斯特牙膏（Crest）、維克斯

（Vicks）感冒糖漿和幫寶適免洗尿布等這類商品的銷售量之所以停滯不前，全是因爲定價上的問題之後，它就開始發展出一套全新的認定價值定價計畫。因爲消費者對這些商品需求的滑落，全是因爲它們的售價高於競爭品牌的售價之故，所以寶鹼公司爲了扭轉銷售的情勢，在策略上做了一些轉變，雖然它仍舊維持高售價的方式，可是卻在以顧客認定價值爲基準的定價策略上，經常性地不定期推出折扣專案，以每日特價的策略方法來達到提高銷售的目的（有關這個策略請參考第二十一章）。[29]

在汽車產業中，以認定價值爲基準的定價所採用的方式就是單一價格銷售，也就是說以低價的套裝價格出售一組固定性的配備（例如：空調、電動窗、電動門鎖和後視除霧鏡等）。因此一部標準陽春車再加上上述這些配備之後，售價就會稍微提高一些。通用汽車在1990年推出鈕星車系的時候，就率先實施了這種作法。[30]

以認定價值爲基準的定價方式，其中最重要的一點就在於它不只是降低了售價而已，它還將顧客的認定價值也考慮了進去。在本章前述部分，顧客的認定價值就被界定爲爲了獲取其它利益點，而必須犧牲掉自身某些利益比例的自我認知。而顧客的這類犧牲損失往往涵蓋了交易成本、生命週期成本以及某些風險等。所謂**交易成本**（transaction cost）是指顧客必須立刻做出的財務支出或承諾，換句話說，就是購買的價格。**生命週期成本**（life cycle cost）則是顧客在商品的使用生命中所遭遇到的預期性額外成本。也因爲生命週期成本是預期下的產物，所以難免會有一定程度的**風險**（risk）涉入，也就是對長期成本付出的不確定感。另一個成本因素是**非貨幣性的損失**（nonmonetary sacrifice），也就是顧客在購買時或接收到售後服務時，所必須投資付出的時間和心力。

交易成本
顧客必須立刻做出的財務支出或承諾，也就是購買的價格。

生命週期成本
顧客在商品的使用生命中所遭遇到的預期性額外成本。

風險
對長期成本付出的不確定感。

非貨幣性的損失
顧客在購買時或接收到售後服務時，所必須投資付出的時間和心力。

交易成本

對某個使用週期很短的簡易性商品來說，交易成本往往主宰著顧客的決策過程。一個蔬菜罐頭、一罐飲料或是一瓶酒，它們的生命週期成本都相當的低，其中也許會有一點小小的風險涉入，例如選了一瓶風味很差的酒，可是對多數商品來說，它們的認知風險都不太大。

對那些差別性不大的商品來說（亦即和競爭對手所提供的賣點沒什麼太大的差異區別），交易成本往往代表了主要的決策標準。因爲顧客無法根據商品的特殊屬性來做選擇，交易成本（價格），也就變得重要了起來。舉例來說，大多數的消費者都認爲汽油是沒有什麼差別性的一般商品，所以他們會對價格非常敏感，每加侖只要增減幾毛錢，都會引起他們的注意。德克瑟可公司（Texaco）就試著想要克服掉這種刻板印象，爲它的系統3汽油（System 3 gasoline）塑造出高品質的形象。如果它的方法奏效的話，在價格上就可以提高一點，但是仍然會讓顧客覺得這是值得的。

生命週期成本

商品的預期生命愈長，生命週期成本就愈重要。凱特匹勒（Caterpillar）機械製造廠之所以這麼成功，原因其中之一就是縱然它在重機械方面的交易成本比較高，可是它的生命週期成本卻比競爭對手要來的低。因此，整體合計的財務損失就降低了。同樣地，惠普公司在雷射印表機的市場上佔著極具份量的地位，這是因爲它的高交易成本被生命週期的低成本給打平補償了過來。

對汽車產業來說，生命週期成本卻是它們所面臨到的一個問題因素。由於新車的高交易成本，使得顧客都儘量繼續使用原來的舊車子。因爲車主看得出來，即使舊車的維修費用讓生命週期成本變得很高，但使用原來

在購買類似像電視這樣的耐久品時，消費者往往會根據品牌形象，自行做出對生命週期成本的預期認定。
©Terry Vine/Tony Stone Images

的舊車比起再買一部新車來說，還是要划算多了。

銷售耐久品（例如汽車、洗衣機、乾衣機、和電視）的行銷人員必須要知道，顧客總是會自行作出對生命週期成本的預期認定。要是沒有資訊提供給顧客做爲判斷的根據，他們的認定就會變得很主觀，而且常常是以品牌形象爲標準。這種現象表示管理階層必須要明瞭，在顧客決策過程中，生命週期成本的相關重要性是什麼。若是生命週期成本很重要，行銷人員就該傳達出特定的資訊，以便幫助顧客們自行塑造出精確的期待心理。

風險

商品的預期生命愈長，風險的重要性就變得愈高。對那些生命週期很長的商品來說，顧客往往很難精確地評估出它究竟可以維持多久的生命，所以財務上的損失也就很難事先估算出來。

讓我們假設你的車需要一組新的輪胎，你預期中的利益點包括了四萬英哩的輪胎生命；某些還不錯的性能表現；以及對崎嶇不平的路面所做的品質保證等。你的犧牲損失就是交易成本（假定每個輪胎花了你八十塊美金），以及每一年轉動輪胎和修理洩胎的生命週期成本。可是萬一這組輪胎只維持了兩萬五千、三萬或三萬五千英哩，而不是你原先預期的四萬英哩，那麼你的認定價值會如何呢？很遺憾的，你永遠不知道輪胎究竟可以維持多久，因爲一些未知的風險常常會破壞這之間的平衡。

爲了克服消費者對風險的顧慮，行銷人員往往會提供一些保證。在汽車產業中，最新款式的二手車通常會加上額外的「維修保證政策」再行出售。這些保證政策大概要讓購車者再多花五百到一千元美金左右，如此一來，就可幫助車主降低購買二手車的高風險。也因爲二手車的交易成本和預期生命的增加，購車的認定風險也就跟著提高了，進而爲別的服務項目提供了出售的機會。

非貨幣性的損失

隨著顧客在購買貨品或服務時所要付出的金錢代價，時間和心力的支出也是無可避免的。「非貨幣性的損失」就是用來指時間和心力方面的「代價」。在某些狀況下，許多顧客都願意在貨幣和非貨幣上做出一些犧牲

損失。舉例來說，類似像7-Eleven這樣的便利商店在許多商品的售價上往往比較貴，可是對那些不想花時間到大型超市，只為了買一條吐司或一加侖牛奶的顧客來說，他們還是願意多付一點錢，因為他們可以省下很多的購物時間。

隨著現今市場上對認定價值的重視日益高漲，公司若是想增加自己的競爭優勢，就必須費心地為顧客創造出一些便利性辦法。很多公司都已經成功地利用了和非貨幣性損失相關的議題活動，例如美國航空公司和希爾頓度假飯店，它們正在試驗一種全新的服務項目，可讓頭等艙和商務艙的旅客在登機時就完成飯店房間的指定和鑰匙取得。凱悅飯店則正在嘗試一種專事房間登記的自動設備以及房間鑰匙自動退出機。[31]位在德州渥斯堡（Fort Worth）的哈利斯衛理公會醫院（Harris Methodist Hospital），則重新設計了急診室的服務系統，大大降低了候診的時間。也因為它的努力，使得病人的滿意度明顯提高，而哈利斯醫院也獲得了由《美國日報》（*USA Today*）和羅徹斯特理工學院（Rochester Institute of Technology）所合頒的品質獎杯（Quality Cup awards）。[32]

顧客滿意度

企業組織若是將顧客的認定價值視為是自己的目標，它就需要知道自己在滿足顧客的需求期待上，究竟達到了多少。顧客滿意度就是指顧客感覺到某個商品的表現，符合或是超越過他心中對該商品的預期心理。但是，你不能老是靠顧客把他們的感覺表現出來，所以顧客滿意程度的衡量標準就必須做得很仔細。

顧客滿意度的衡量

用來衡量顧客滿意度的計畫過程必須持之以恆，並能將顧客所想要的商品轉換成可資利用的資料數據。它應該要從商品屬性和服務標準的角度來看，以顧客自己的語言來說出他們想要從貨品和服務當中獲得什麼。顧客滿意度的衡量也可以對顧客的價格看法做一番審視。另外，在衡量顧客的滿意度時，現有顧客、流失的顧客以及潛在顧客全都要涵括在內。

在顧客滿意度調查中的最佳例子就是加州公園遊樂場管理部門（California Department of Parks and Recreation, DPR）所做的調查報告，它成就了DPR在品質改善上的不斷努力成果。這些資料係來自於兩百六十八個加州州立公園每一季所執行的九千次調查，可讓主掌公園運作的管理階層不斷調整服務策略。舉例來說，因爲熱心遊客的回函，才促使公園管理處開始進行有關南加州帕利斯湖（Lake Perris）經常發生的划船和高速滑水意外事件等資料的蒐集。僅僅五年之內，帕利斯湖面就發生了四百八十件的意外事件，絕大多數的意外受害者是23歲到33歲之間的年輕人。在做這項調查之前，公園管理員都認爲是因爲酒精的緣故，才使得操作者的意外頻頻發生，因此正準備要在湖面上禁止酒類的飲用。可是調查結果卻顯示，大多數的意外肇因於操作者的經驗不足。於是乎，公園的主事者把重點改放在船隻操作的安全教育上。這樣的計畫在執行了一個夏天之後，再重新檢視一番，結果發現船身意外事件降低了三十一個百分點。[33]

就像DPR一樣，公司爲了要改善顧客的滿意度，就必須要能確實地找出能表現出顧客認定價值的商品屬性才行。[34]若是想知道這些屬性是什麼，就得先衡量顧客對每一個認定價值背後因素的預期心理、表現認定和重視程度等，這些背後因素包括了商品、服務和價格等。但是，一份好的顧客滿意度測量計畫不應只是針對顧客的期待心理與認知和做出經驗累積式的資料而已，它還必須找到在傳統行銷研究中所不常見到的質化內容，使顧客成爲公司在學習過程和決策過程中不可或缺的一部分。舉例來說，由小部分顧客群所組成的小組討論會，在一連串的調查研究下，可以貢獻出極有價值的內容，讓公司知道該如何改善自己的交貨時間，或增進對顧客的服務能力。

9 解釋顧客滿意度的兩個主要決定因素

顧客的滿意度或顧客的不滿意度？

在設計顧客滿意度的測試計畫時，企業主必須先瞭解顧客滿意度的兩因素模式（two-factor model of customer satisfaction）。這個模式所要闡述的是，會達成滿意度的某樣因素，不見得就會造成顧客的不滿意。有一類因素稱之爲**衛生因素**（hygiene factors），它們的出現會造成顧客的不滿。另一種類別則稱之爲**滿意因素**（satisfiers），也就是成就顧客滿意度的各種因素。

衛生因素
這些因素的出現會造成顧客的不滿。

滿意因素
能成就出顧客滿意度的各種因素。

顧客們可以告訴你，他們對某項商品或服務爲什麼滿意或不滿意？但是造成顧客不滿意的幾個因素卻不同於可讓他們滿意的幾個因素。某些屬性的缺乏或表現不良可能會立刻造成顧客的不滿；但是即使在這幾個屬性上做得很好，也不見得會讓顧客的滿意度明顯地提高。相反地，能讓顧客感到滿意的幾個因素，卻不見得會造成顧客的不滿意。因此，可造成高滿意度的若干因素，若是有了不佳的表現，並不一定就會讓顧客出現不滿意的心理。值得注意的是，衛生因素和滿意因素這兩類因素會依族群的不同而有不同。顧客滿意度調查的設計可以用來決定哪些因素被顧客認定是衛生因素；哪些因素又被視爲滿意因素。

如果某家公司在衛生屬性上做得相當好，顧客就會認定這個商品或服務是可以接受的，可是並不是什麼了不得的東西。各種衛生屬性的達成只能造就出最低程度的滿意度而已，但是若無法做到最低程度的滿意度，顧客就會感到不滿。即使你在衛生屬性上達到了極高的標準，顧客也只會說：「那又怎麼樣呢？你本來就應該做到的啊！」

舉例來說，假定顧客們預期某家飯店的房間應該要很乾淨，可是如果在他們抵達時，發現到房間很不乾淨，他們的不滿心理就會油然而生。不管房間內的床鋪是不是舒服；房間的顏色是不是很美；也不管衛浴設備是否寬敞豪華，這些都無所謂，因爲類似像乾淨整潔這樣的衛生屬性做不到的話，顧客就會覺得不滿意。即使房間很乾淨，顧客也可能不會注意到這一點，因爲乾淨的房間本來就是飯店服務裏最起碼的要求。因此，乾淨這一點對滿意度來說，就不像它對顧客的不滿所能造成的影響強度了。

衛生屬性在表現上必須要達到最低標準，如此一來，滿意因素才能顯出其重要性。一旦顧客對衛生屬性的要求達到了標準，滿意因素才有可能創造出更高的顧客滿意程度。以飯店的例子來說，如果房間很乾淨，那麼舒適的床、漂亮的顏色、和豪華的衛浴設備等，才能發揮讓滿意度往上攀升的效果。

在衡量顧客的滿意度時，不管是衛生因素或是滿意因素，只要對顧客有其重要性，都必須找出來進行評估衡量。也就是說，管理階層必須問對問題。聯合包裹服務公司（United Parcel Service, Inc., UPS）就是一個最佳例證。UPS一直認爲準時送達顧客的包裹是顧客最關心的一件事，其它所有事情則可以擺在第二位。所以UPS對品質的認定幾乎全部集中在時間和行動的研究調查上。他們所想要瞭解的無非是在某個城市的尖峰時間內，電梯門開啓的平均時間是多少，並計算人們要花多久時間才會回應門鈴聲等，以做爲衡量快遞品質的關鍵要素。UPS的包裹運送車甚至經過了特殊設計，以方便司機從貨車裏出來。該公司在調查中詢問受訪者，是否對UPS的包裹送抵時間感到滿意；以及他們是否認爲該公司的快遞速度可以再快一點。可是當UPS最近開始擴張問卷上的問題範圍，詢問消費者該如何改進它的服務品質時，才赫然發現到，原來消費者不是那麼地在意包裹的準時送達。UPS管理階層很訝異地發現到，顧客們竟然想要和送貨司機有多一點的溝通機會，因爲後者是顧客唯一能和UPS進行面對面溝通的人。如果司機不是那麼的趕時間，願意多聊聊的話，顧客就可以從他們身上多瞭解一些有關快遞方面的實際經驗了。[35]因此，對UPS的顧客來說，準時送達只是衛生因素；有時間和顧客產生互動關係的司機才是一個滿意因素。

10 解釋顧客忠誠度的經濟性影響

顧客忠誠度

平均來說，美國企業界在五年內就失去了一半左右的顧客。[36]爲顧客提供更卓越的認定價值感，以維持顧客的滿意度，這樣的做法可以增加他們成爲忠誠顧客的可能性，進而確保該公司的長期生存和成長。忠誠的顧客對公司來說要比那些不忠誠的顧客來得有利可圖多了，正如（圖示13.4）所呈現的，有關顧客忠誠度的實際經濟效益包括了：

獲取成本
引進新顧客所需要付出的成本，包括廣告、電話推銷、需求調查和資料登入等各種成本。

1.較低的獲取成本：**獲取成本**（acquisition cost）是指引進新顧客所需要付出的成本，包括廣告、電話推銷、需求調查和資料登入等各種成本。正因爲對單一忠誠顧客所付出的成本相當於爲單一非忠誠顧客所付出的成本，所以對該公司來說，若是忠誠顧客量夠大的話，整體獲取成本就會顯著的降低，因爲它的新顧客量不用增加太多。

基本利潤
取自於基本購買的利潤，不受時間、忠誠度、效益性或其它考量的影響。

2.基本利潤：所有顧客在購買一些商品或服務時，所付出的價格一定高過於公司所付出的成本。這種取自於基本購買的利潤，不受時間、忠誠度、效益性或其它考量上的影響，就稱之爲**基本利潤**（base profit）。所以一家公司若是對一名顧客的維繫時間愈久，就有愈長的時間來賺取其中的基本利潤。

3.收入的成長：在很多生意上，顧客的支出花費往往會與日俱增。舉例來說，到店裏買衣服的顧客，終將會發現到這家店裏也有賣其它

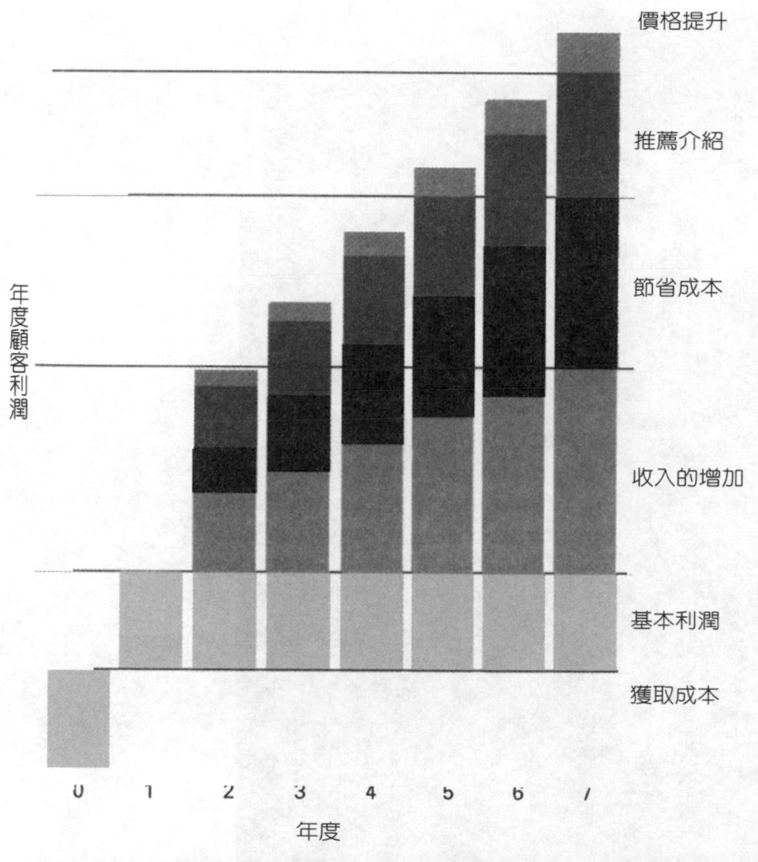

圖示13.4
為什麼忠誠顧客比較有利可圖

資料來源：此翻印係經過哈佛商業學校出版社（Harvard Business School Press）之同意。摘錄自1996年麻州波士頓的Frederick F. Reichheld所著之《隱藏在成長、利潤和持續價值背後的力量》（*The Hidden Force Behind Growth, Profits, and Lasting Value*），第39頁。版權所有©1996，係歸於哈佛大學（Harvard College）校長及其同仁，翻印必究。

商品，像是鞋子或精細的磁器等，所以也就開始購買這些東西，使得在單一顧客身上所得到的收入也就跟著增加了。

4.節省成本：一旦顧客逐漸瞭解某項生意，他們就會變得更有效率。他們不再浪費時間詢問一些公司所沒有提供的商品或服務內容，也不用再靠公司員工為他們提供資訊或意見。舉例來說，在財務規劃上，規劃專員花在第一年參加這項服務的新顧客身上，其時間約是花在舊顧客身上的五倍。顧客和公司之間的相互認識經驗，在日積月累之下，都有了顯著的成果，使得雙方互蒙其利，進而轉變成較低的成本。

Lexus汽車的新顧客大多來自於舊顧客的介紹引薦。
Courtesy of Lexus, A Division of Toyota Motor Sales, Inc. Photography: ©Rick Rusing; ©Kathleen Norris Cook.

5.推薦介紹：滿意的顧客也往往會向其他人進行推薦。舉例來說，Lexus汽車的新顧客大多來自於舊顧客的介紹推薦。

6.價格提升：忠誠的顧客多半覺得他們所得到的商品或服務是很有價值的，所以對價格的敏銳度往往不如沒有忠誠度的顧客們。

除了顧客忠誠度以外，企業忠誠度也有兩種界面：員工忠誠度和投資者忠誠度。平均來說，美國企業在四年內就失去了一半左右的員工；不到一年內，就失去了一半左右的投資者。但是對那些有著成功紀錄且歷久不衰的公司來說，它們都知道，唯有保有忠誠的顧客和員工，長此以往，才能讓投資者有所收益。

USAA就是一家成功地執行忠誠度管理的公司，它坐落在德州的聖安東尼歐（San Antonio），是一家專營保險和投資管理事宜的公司，它的服務

Kinko公司正設法爲員工（又稱之爲工作夥伴）除去障礙，不吝於給他們任何好處。©Chicago Tribune. Tribune photo by Chris Walker

對象包括現職和退職的軍官及其眷屬。USAA在二十六年前的營運資產只有二億七百萬美元，到1996年爲止，資產則超過三百四十億美元。在這樣的成長之下，員工的離職率從原來的43%降至爲5%，顧客的保留率則維持在零流動率的一個百分點以內。USAA很努力地去瞭解忠誠度的特性是什麼，並不斷修正自己的服務能力，以便在顧客認定價值的創造上能有不斷的變革改進，並將它所學到的內容，併入於管理階層的決策過程當中。

目前有許多公司都已經採行創造顧客忠誠度和員工忠誠度的作法。網際網路即爲一項很有效的工具，因爲它可以和顧客產生互動，所以能促進顧客忠誠度的產生。在網際網路上，各公司可以利用電子郵件來快速地傳遞顧客服務；以團體討論的方式建立起社區間的共識以及就定製化商品的購買行爲進行追蹤蒐集。[37]有線暨無線通信（Cable and Wireless Communications）公司就因爲在通信產業中提供最好的顧客服務，而贏得了許多忠誠的企業客戶。該公司也提供直接的業務諮詢，讓業務人員瞭解爲什麼他們的客戶可以如此的成功，以便順利地進行商品的定製化。[38]爲了培養員工的忠誠度，大陸航空公司（Continental Airlines）讓它的員工參與決策過程，而且若是能榮登運輸部（Department of Transportaion）在每個月所頒佈的航班準時排名表的前半段，該公司就會獎勵所有的員工[39]。金功公司（Kinko）也是設法爲員工（又稱工作夥伴）除去可能的障礙，不吝於給他們任何好處。[40]

回顧

在本章開頭文章中所談到的趨勢潮流，無論在便利性、購物時間和心力的減少支出、個人服務、具體品牌、包裝以及感性訴求等各方面，都爲消費者提供了更好的認定價值。多數人都同意，這些利益點的確很值得擁有。正如本章所討論到的，有一些公司也已經開始向顧客提供這類的認定價值。也許你也可以在附近地區找到能提供優良認定價值的公司行號哩！

總結

1. 界定顧客的認定價值：所謂認定價值就是顧客爲了獲取利益點，而必須犧牲損失自身某些利益的比例。
2. 描述三合一的顧客認定價值：三合一的顧客認定價值是根據以下三種東西：貨品品質、服務品質和以認定價值爲基準的價格。當顧客對這三個領域的期待心理能被滿足或超越的時候，顧客的認定價值就建立了起來。如果沒有在這三方面滿足顧客的期待心理，就表示你沒有傳達出優良的顧客認定價值。
3. 解釋品質改良的各種技術：在品質改良上，有五種重要的技術。品質功能部署（簡稱QFD），就是使用品質圖表將顧客對貨品的需求和商品的設計與製造連結起來。規範標準的制定（benchmarking）則是把公司的商品拿來和世界一流的商品做評比。持續不懈的改良（continuous improvement）則是矢志完成並尋求讓事情更完善的方法，管理階層要設法防範問題的發生，有系統地改良關鍵過程，而不是等到問題發生時，再來尋求解決之道。縮短週期時間（reduced cycle time）則是表示縮短從生產開始到顧客接收貨品或服務爲止的總共時間，週期時間比競爭對手要來得短的公司，其獲利速度比較快，在營運的成長上也增加得很快。過程問題的分析（analysis of process problems），這個方法可以借用一些工具來完成，例如統計上的品質控制，也就是分析製造過程中的原料、零件和成品的脫序程度以及布雷多分析法（Pareto analysis），亦即使用條狀圖表的排名方式，列出生產和服務中的所有脫序原因，以便找出該公司的最大問題所在。

4.描述管理階層、員工和供應商這三者在品質改良計畫中的角色是什麼：品質改善計畫需要公司上下的通力合作。最高管理階層一定要身體力行品質的改善行動。員工的被充份授權（讓員工擁有決策的權利）團體的分工合作、員工的訓練等，這些因素對品質改善的成功與否，都是非常重要的關鍵所在。參與品質改良的供應商也應該採行品質計畫，因爲若是某家公司正設法製造出零缺點的產品，當然也就無法忍受上游廠商給它的是有瑕疵的原料或零件了。

5.區分三種服務類別：第一種類別是售前服務，也就是在消費者的決策過程中提供充份的資訊和協助。第二種類別是傳輸處理服務，它和公司與顧客之間的交易處理有很直接的關係。第三種類別是售後服務，它發生在交易處理之後，例如汽車的保養和維修等。

6.描述服務品質的其中要素：顧客通常會依五種要素來評估服務品質的好壞。第一個要素是可信度，就是具備可讓人信賴的服務能力，所呈現出的服務內容不僅精確而且水準一致。第二個要素是回應性，亦即爲顧客提供迅速服務的能力。第三個要素是擔保度，這是指員工的知識水準和禮貌以及他們足以讓人信賴的能力程度。移情性則是第四個要素，它是指對個別顧客的注意和關心程度。第五個要素是具體性，也就是服務項目上的實質根據（例如，設施、設備、以及服務人員的外觀等）。

7.解釋服務品質中的差距模式：服務品質中的差距模式可以找出造成服務問題和影響顧客對服務品質評估的五種差距。當差距愈大的時候，服務品質就愈低落。一旦差距縮小了，服務品質也就跟著提升了。差距一是指顧客的期待和管理階層認爲顧客所期待的，這中間有認知差距。差距二則是指管理階層認定顧客所想要的和服務品質的規格設計，這兩者之間的差距。差距三則是服務品質的規格和所提供的實際服務之間有所出入不同。差距四是指由公司所提供的服務內容和透過外在傳播所承諾的服務內容有所不同。差距五則是顧客對服務的期待和他們對服務表現的認定，這中間的差距。

8.討論以認定價值而做出的定價，其中的要素爲何：以認定價值爲基準的定價，其中有四種要素。交易成本是指顧客必須立刻做出的財務支出或承諾。生命週期成本則是指顧客在商品的使用生命中，所遭遇到的預期性額外成本。風險則指是對生命週期成本的不確定感。非貨幣性的損失則是顧客在購買商品或服務以及接收到售後服務時，所必須付出的時間和心力。

9.解釋顧客滿意度的兩個主要決定因素：能造成滿意度的各種因素，並不一定就會造成顧客的不滿意。有一類因素稱之爲衛生因素，它們就是造成顧客不滿的主要原因。衛生因素可共同架構成爲一個門檻標準，若是無法達到這個門檻標準，就會讓顧客感到不滿；但是，即使其表現遠超過這個標準，也不會對滿意度有什麼貢獻。第二類因素叫做滿意因素，它對滿意度有顯著的貢獻，一旦衛生因素達到了可接受的水準之後，滿意因素才會變得重要了起來。

10.解釋顧客忠誠度的經濟性影響：顧客忠誠度的經濟性影響包括了較低的整體獲取成本、日積月累下來的可觀基本利潤、收入的成長、成本的節省、來自於顧客的推薦介紹；和提高價格的條件能力。

對問題的探討及申論

1.利用本章所提到認定價值的定義和架構，在你所居住的城鎮裏找出幾家你認爲能提供良好的顧客認定價值的公司，並解釋爲什麼你會如此認爲？也請找出一些無法提供良好顧客認定價值的公司，並解釋其中的原因。

2.到圖書館找找看，有哪家公司最近得到了布里居國家品質獎。請就這家公司是如何得到這個獎項，進行一份書面的簡短報告。

3.請選擇一項你最近所購買到的商品或服務，找出其中的售前服務、傳輸處理服務和售後服務。依你的看法，這家公司最需要在哪一類服務上多做改進？

4.請就你對服務品質中五項要素的期待和認定，把你最近在某項服務業中所得到的經驗，進行分析（例如：美容院、電影院、或餐廳等）。

5.請運用你所學到的服務品質來分析美國郵政局（U.S. Post Office）或是你學校的附設餐廳，如果必要的話，請建議它們需要做哪些改變？

6.下列各項商品有哪些相關性的服務？

a.電視　b.牛仔褲　c.報紙　d.洗碗機

e.汽車　f.傢俱　g.電話　h.披薩

7.就問題6所列出的商品，找出其中的交易成本、生命週期成本和涉入的風險等。

8.請就本章所定義的顧客滿意度進行思考，然後說說看在什麼情況下，你和某家公司的生意來往會令你很滿意？在何種情況下又會讓你不滿意？在這些情況下，你認爲有哪些衛生因素和滿意因素在其中呢？請寫一份備忘錄給該公司的總裁，解釋該公司在這兩項因素上的表現如何？

9.以四位同學爲一組，在每個小組中，由其中兩位同學扮演「調查研究人員」，另外兩位則扮演「顧客」。每個小組都要選擇一項該「顧客」非常忠誠使用的商品或服務（例如碳酸飲料、有品牌的牛仔褲、醫生、和美髮師等），由「研究調查人員」對這些「顧客」進行訪談，詢問他們爲什麼對該項商品或服務那麼地忠誠。

10.以年齡爲劃分的族群可以構成一個文化嗎？有興趣爲嬰兒潮人士提供認定價值和滿意度的行銷人員，嬰兒潮的文化會如何影響他們呢？

http://www.enews.com/magazines/demographics/archive/120195.2html

11.種族傳承評議會（Ethnic Heritage Council）是什麼？當地的行銷人員若是想增加自己商品和服務的認定價值感，他們該如何與這類機構進行合作或贊助呢？

http://www.eskimo.com/~millerd/ehc/

第三篇
批判思考個案

吉列公司的刮鬍刀系列

吉列公司長久以來一直主宰著刮鬍刀系列的整個市場。它在1903年開張的時候，只賣出五十一組刀片，現在卻是世界上領先群倫的佼佼者。但是它最爲人所知的還是它的刮鬍刀系列，事實上，吉列公司早轉型爲多樣商品線的廠商了，其中在許多類別上也穩居世界中的領導地位，其中包括了書寫工具「比百美」（Papermate）和「水人」（Waterman）筆類；家電用品「百靈電鬍刀」（Braun）；牙刷「歐樂-B」（Oral-B）；以及美容清潔用品等。吉列公司的商品在全球兩百多個國家地區都有出售，其製造廠共有五十七座，遍及二十八個國家。

安全刮鬍刀的推出證明了吉列公司在開發新商品上的能力技術。特銳克第二代（Trac II）和廣角刮鬍刀（Atra）在1970年代問市的時候，立即造成市場上的轟動，成功地攻佔了市場上的地位。可是到了1980年代，市場趨勢開始盛行用過即丟的刮鬍刀，取代原先極受歡迎的耐久型匣式刮鬍刀。在一項對歐洲的刮鬍市場所做的調查中顯示，多數45歲以下的男性經常使用過即丟的刮鬍刀，而且並不會對吉列公司的品牌特別的忠誠。事實上，一家法國公司比克（Bic）早就在大包裝且廉價的用過即丟刮鬍刀市場上佔了一席之地。刮鬍工具很快就成爲一般大眾的日常必需品，有愈來愈多的消費者是依價格的因素來選購刮鬍刀，而不再以品質或品牌爲選擇的標竿。

1990年代初期，吉列感應（Gillette Sensor）刮鬍刀在美國、歐洲和日本等地推出上市，它的售價高於用過即丟的刮鬍刀產品。感應刮鬍刀在各地的售價從一．九九美元到三塊美元都有，上市後的最初幾個月就有了極佳的銷售成果。其實，這個商品眞正有利可圖的部分在於它的可替換刀片。每一片刀片售價只要零．七五美元，而毛利幾乎可達到90%。在推出的第一年內，感應刮鬍刀就奪取了美國和歐洲兩地7%的可替換刀片市場佔有率，以及42%的非用過即丟刮鬍刀市場佔有率。

對顧客來說，感應刮鬍刀的功能好處相當大。它所提供的雙刃匣式刮鬍設備，非常地具有彈性，可以順著使用者的臉部輪廓自動調整弧度。此外，感應刮鬍刀的高科技形象也使得它的角色不再只是單純的個人衛生用具而已，而它合理的售價也讓人覺得是非常值得的。

爲了對感應刮鬍刀做出反擊，舒適（Schick）公司則推出了兩種全新的刮鬍刀系列。舒適牌「絲緞效果」（Silk Effects）刮鬍刀就是專爲女性所設計使用的產品，它的特點包括了尖軸雙刃刀片，可自動調整角度，以便進行更平滑細緻的刮鬍動作；在把手上還有不滑手的凹槽設計，以確保使用者的抓握力；另外還提供一個裝盛刮鬍刀的小盒子和一個彈開式的卡匣，方便自己在家進行刀片的更換。而追蹤者（Tracer）則是專屬於男性的刮鬍刀，它也具備了彈性伸縮刀片，可因應臉部的輪廓來進行彎曲轉折，使得男性的刮鬍動作更加平順仔細。這兩樣商品都提供了無條件式的品質保證。

雖然感應刮鬍刀在市面上的推出非常成功，吉列公司也不敢掉以輕心。1994年的時候，它推出了超感應刮鬍刀（SensorExcel），一開始先在日本和歐洲兩地出售，稍後才在美國市場上推出。超感應刮鬍刀使用的是最新的科技，所以被公認爲是所有刮鬍刀設備的精華大成。這種新式的刮鬍刀具有微小的「翅狀物」，可以拉開皮膚，讓頰髭豎立起來，以利刀片面的刮掠。就像前述的刮鬍刀一樣，它的可替換刀片也有很高的毛利率，所以在上市之初所用的策略，就是以低價促銷、大量的兌換券和免費樣本（特別是在超市內）等來進行攻城掠地的動作。

隨著超感應刮鬍刀的成功上市，吉列公司又在1996年推出女性專用的超感應刮鬍刀。到了1997年，女性超感應刮鬍刀已躍升爲全美銷售量最大的女性專用刮鬍刀。正如吉列公司的副總裁所說的：「超感應刮鬍刀改變了女性之間對刮鬍的基本認知，從不雅觀的苦差事——可是卻是必要的——轉變成爲女性例行美容工作上的一個必要部分。」

當吉列公司於1977年推出廣角刮鬍刀時，這個商品不可避免地也吞食了特銳克第二代刮鬍刀的部分市場。同樣地，在感應刮鬍刀和超感應刮鬍刀推出之後，吉列公司的其它品牌（非用過即丟刮鬍刀）也受到了波及。其實，該公司在推出每一個新商品時，它的目標不只是要維繫原來的忠誠顧客群，也是爲了要從其它競爭對手身上奪取更多的市場佔有率和新的使用者。因此，新商品的開發就是一個不斷創新的過程。

吉列公司在1997年爲超感應刮鬍刀所進行的市場行銷活動，曾經針對用過即丟刮鬍刀的男性使用者發出直接的行動召喚，該公司鼓勵他們「接受超感應刮鬍刀的挑戰── 我們敢打賭，只要你用過一次超感應刮鬍刀，保證你就不會再想用以前那種用過即丟的刮鬍刀了。」出現這種挑戰號召的地區包括了北美洲和西歐，同時也將它置於廣告、消費者促銷活動以及零售展示點中。

感應刮鬍刀和超感應刮鬍刀在市場上的成功轟動，再度鞏固了吉列公司在市場上長久以來的領導地位，更把它的主要競爭對手舒適牌刮鬍刀拋諸千里之外。而且更重要的是，這些成功的經驗導致了用過即丟和低利潤的刮鬍刀在市場上的江河日下。感應刮鬍刀和超感應刮鬍刀的高品質刀片，以及吉列公司的專業製造技術，使得它的競爭對手很難像它一樣，直接製造出能媲美其價格和品質的類似商品。

問題

1.感應刮鬍刀和超感應刮鬍刀爲什麼會成功，尤其是打敗了用過即丟的刮鬍刀？

2.爲什麼要個別單獨推出女性專用的超感應刮鬍刀？

3.類似像吉列公司這樣不斷創新的公司，也有它所必須面對的風險。如果某個新商品成功了，還是會同類殘殺到自己旗下的現存商品線。對公司來說，它究竟該如何判斷創新的商品應該在什麼時候推出和如何推出呢？

第三篇
行銷企劃活動

商品決策

行銷企劃的下一個部分就是要描述行銷組合中的幾個要素，先從商品或服務賣點開始。請確定你的商品計畫能符合目標市場的需求和欲求。另外，請參考（圖示2.8），看看還有哪些額外的行銷企劃主題。

1.你所選擇的公司還提供哪些消費商品或企業商品？

2.請將你公司的各個賣點做成一份商品搭配組合表。請考慮在行銷某條商品線和某個商品組合中的商品項目時，它所造成的廣泛影響。應列入考慮的因素有價格、形象、輔助性商品、配銷關係以及其它等等。

3.你所選定的公司擁有品牌名稱和品牌標誌嗎？如果沒有的話，請為它們設計一下。如果有的話，請評估它的品牌名稱和標誌與目標市場的溝通能力如何。

4.你公司的商品包裝和標籤做得如何？它的包裝策略對目標市場來說很適當嗎？它的包裝可以符合配銷、促銷、和價格等因素的要求嗎？

5.請評估你公司所提供的保證和擔保？包括退貨的政策等。

行銷建立者應練習

※銷售計畫樣板中的退貨和修正政策

6.請將你公司的商品放在商品生命週期上的適當階段位置，在這樣的位置上，有什麼啓示意義呢？你的公司該為將來預做什麼樣的準備呢？

行銷建立者應練習

※市場分析樣板中的商品生命週期

7.哪一類型的採用者會購買你公司的商品？這個商品在市場上的普及過程很快還是很慢？為什麼？
8.該商品提供什麼樣的服務層面？是如何處理顧客服務的？公司著重的服務品質要素是什麼？

行銷建立者應練習

※銷售計畫樣板中的顧客服務

9.你所選定的公司在和誰進行關係行銷呢？
10.該商品可提供良好的顧客認定價值嗎？

行銷建立者應練習

※行銷預算試算表中的商品上市預算

註釋

Chapter 1

1. Barbara Maddux, "How One Red Hot Retailer Wins Customer Loyalty," *Fortune*, 10 July 1995, pp. 72–79. Reprinted by permission of *Fortune*, © 1995 *Fortune*. All rights reserved worldwide.
2. Peter D. Bennett, *Dictionary of Marketing Terms*, 2d ed. (Chicago: American Marketing Association, 1995), p. 115.
3. Philip Kotler, *Marketing Management*, 9th ed. (Englewood Cliffs, NJ: Prentice-Hall, 1996), p. 11.
4. Stephen Baker, "A New Paint Job at PPG," *Business Week*, 13 November 1995, pp. 74, 78.
5. John A. Byrne, "Strategic Planning," *Business Week*, 26 August 1996, pp. 46–52.
6. Valarie A. Zeithaml and Mary Jo Bitner, *Services Marketing* (New York: McGraw-Hill, 1996), p. 31.
7. Ken Zino, "We Want to Keep You Satisfied," *Parade Magazine*, 1 October 1995, p. 8.
8. Robert L. Crandall, "AA-BA: A Great Combination," *American Way*, 15 July 1996, p. 14.
9. Rahul Jacob, "Why Some Customers Are More Equal Than Others," *Fortune*, 19 September 1994, p. 216.
10. Kevin J. Clancy and Robert S. Shulman, "Marketing—Ten Fatal Flaws," *The Retailing Issues Letter*, November, 1995, p. 4.
11. Roland T. Rust, Anthony J. Zahorik, and Timothy L. Keiningham, *Service Marketing* (New York: HarperCollins, 1996), p. 375.
12. Zeithaml and Bitner, p. 173.
13. Leonard L. Berry, "Relationship Marketing of Services," *Journal of the Academy of Marketing Science*, Fall 1995, pp. 236–245.
14. Berry, p. 240.
15. Berry, p. 241.
16. Malcolm Fleschner with Gerhard Gschwandtner, "The Marriott Miracle," *Personal Selling Power*, September 1994, p. 25.
17. Leonard L. Berry and A. Parasuraman, *Marketing Services* (New York: Free Press, 1991), p. 49.
18. Berry and Parasuraman, p. 49.
19. Greg Bounds and Charles W. Lamb, Jr., *Introduction to Business* (Cincinnati, OH: South-Western Publishing Co., 1997).
20. Gary Samuels, "CD-ROM's First Big Victim," *Forbes*, 28 February 1994, pp. 42–44.
21. Samuels, p. 42.
22. "King Consumer," *Business Week*, 12 March 1990, p. 90.
23. Cyndee Miller, "Nordstrom Is Tops in Survey," *Marketing News*, 15 February 1993, p. 12.
24. "The Rebirthing of Xerox," *Marketing Insights*, Summer 1992, pp. 73–80.
25. "King Customer," p. 91.
26. Fleschner, p. 26.
27. Joseph Kahn, "P&G Viewed China As a National Market and Is Conquering It," *Wall Street Journal*, 12 September 1995, p. A1. Reprinted by permission of the *Wall Street Journal*, © 1995 Dow Jones & Company, Inc., All Rights Reserved Worldwide.
28. Philip Kotler, *Marketing Management*, 9th ed. (Englewood Cliffs, NJ: Prentice-Hall, Inc., 1997), p. 22.
29. Laura Koss-Feder, "Franchising: A Recipe For Your Second Career," *Business Week*, 4 March 1996, pp. 128–129.

Chapter 2

1. William M. Bulkeley, "The Fastest Jet May Not Win the Race," *Wall Street Journal*, 1 August 1996, pp. B1, B5.
2. Peter Coy, "Is it an Airplane or a Helicopter? Well, Both," *Business Week*, 27 May, 1996, p. 97.
3. Tary Knight, "The Relationship Between Entrepreneurial Orientation, Strategy, and Performance: An Empirical Investigation," in Barbara Stern, George Zinkhan, Peter Gordon, and Bert Kellerman, eds., *1995 AMA Marketing Educators' Conference Proceedings* (Chicago: American Marketing Association, 1995), pp. 272–273.
4. Theodore Levitt, "Marketing Myopia," *Harvard Business Review*, July–August 1960, pp. 45–56.
5. Saturn Corporation, *Face to Face with the Future* (Detroit: Saturn Corporation, 1994).
6. Kathy Rebello, "Inside MicroSoft," *Business Week*, 15 July 1996, pp. 56–67.
7. Manjeet Kripalani, "A Traffic Jam of Auto Makers," *Business Week*, 5 August 1996, pp. 46–47.
8. Rebello, pp. 56–67.
9. Elisabeth Malkin, "On Your Mark, Get Set—Phone!" *Business Week*, 6 May 1996, p. 54.
10. Carlos Tejada, "Pickle Queen Turns Farm Fare Into a Fancy City Treat," *Wall Street Journal*, 31 January 1996, pp. B1–B2.
11. Who Really Makes That Cute Little Beer?" *Wall Street Journal*, 15 April 1996, pp. A1, A8.
12. Stanley Slater and John Narver, "Improving Performance in the Market Oriented Business," in Barbara Stern, et al., ed., 1995 *American Marketing Association Educators' Conference Proceedings*, p. 367.
13. Jennifer Merritt, "The Belle of the Golf Balls," *Business Week*, 29 July 1996, p. 6.
14. "How Three CEOs Achieved Fast Turnarounds," *Wall Street Journal*, 21 July 1995, pp. B1, B2.

Chapter 3

1. Joseph Pereira, "Toy Business Focuses More on Marketing and Less on New Ideas," *Wall Street Journal*, 29 Feb-

ruary 1996, pp. A1, A4.
2. "Tracking Study Looks at Perceptions of Multimedia/Interactive Technologies," *Quirks Marketing Research Review*, January 1996, pp. 27, 29.
3. "A Caddy That's Not for Daddy," *Business Week*, 18 December 1995, pp. 87–88.
4. "Levi's vs. The Dress Code," *Business Week*, 1 April 1996, p. 57.
5. "Welcome to the Age of 'Unpositioning,'" *Marketing News*, 16 April 1990, p. 11.
6. "Federal Express's Lobbyists, Led by Chairmen, Are Proving to be Major Force in Washington," *Wall Street Journal*, 8 August 1995, p. A14.
7. Susan Caminiti, "The New Champs of Retailing," *Fortune*, 24 September 1990, p. 98.
8. Leonard L. Berry, A. Parasuraman, and Valarie A. Zeithaml, "Improving Service Quality in America: Lessons Learned," *Academy of Management Executive*, 8, no. 2, 1994, p. 36.
9. "Smart Selling: How Companies are Winning Over Today's Tougher Customer," *Business Week*, 3 August 1992, pp. 46–48.
10. "The Overloaded American," *Wall Street Journal*, 8 March 1996, pp. R1, R4.
11. "Sorry, Boys—Donna Reed Is Still Dead," *American Demographics*, September 1995, pp. 13–14.
12. Gerry Myers, "Selling To Women," *American Demographics*, April 1996, pp. 36–42.
13. Ibid.
14. Ibid.
15. Ibid.
16. James McNeal and Chyon-Hwa Yeh, "Born to Shop," *American Demographics*, June 1992, pp. 34–39. Copyright © 1992 *American Demographics*. Reprinted with permission.
17. Ibid.
18. "Photography Companies Try to Click with Children," *Wall Street Journal*, 31 January 1994, pp. B1, B8.
19. The material on teenagers is taken from Peter Zollo, "Talking to Teens," *American Demographics*, November 1995, pp. 23–28.
20. "Marketing to Generation X," *Advertising Age*, 6 February 1995, p. 27.
21. Susan Mitchell, "How to Talk to Young Adults," *American Demographics*, April 1993, pp. 50–54.
22. "Understanding Generation X," *Marketing Research*, Spring 1993, pp. 54–55.
23. "Xers Know They're a Target Market, and They Hate That," *Marketing News*, 6 December 1993, pp. 2, 15.
24. "Easy Pickup Line? Try Gen Xers," *Advertising Age*, 3 April 1995, pp. 5–22.
25. "The Baby Boom Turns 50," *American Demographics*, December 1995, pp. 22–27.
26. "Survey Sheds Light on Typical Boomer," *Marketing News*, 31 January 1994, p. 2.
27. Cheryl Russell, "The Master Trend," *American Demographics*, October 1993, pp. 28–37.
28. Nikhil Deogun, "O Say Can You See: Proliferation of Flags Is Blinding Richmond," *Wall Street Journal* 21 December 1995, pp. A1, A9.
29. Russell, pp. 28–37.
30. "The Baby Boom at Mid-Decade," *American Demographics*, April 1995, pp. 40–45.
31. Russell, pp. 28–37.
32. Ruth Hamel, "Raging against Aging," *American Demographics*, March 1990, pp. 42–45.
33. "American Maturity," *American Demographics*, March 1993, pp. 31–42.
34. "Boomers Come of Old Age," *Marketing News*, 15 January 1996, pp. 1, 6.
35. "Mature Market Often Misunderstood," *Marketing News*, 28 August 1995, p. 28.
36. Michael Major, "Promoting to the Mature Market," *Promo*, November 1990, p. 7.
37. "Bond Stronger with Age," *Advertising Age*, 28 March 1994, pp. 5–6.
38. "Baby-Boomers May Seek Age-Friendly Stores," *Wall Street Journal*, 1 July 1992, p. B1.
39. Charles Schewe and Geoffrey Meredith, "Digging Deep to Delight the Mature Adult Customer," *Marketing Management*, Winter 1995, pp. 21–34.
40. "Americans on the Move," *American Demographics*, June 1990, pp. 46–48.
41. "Work Slowdown," *American Demographics*, March 1996, pp. 4–7.
42. Martha Farnsworth Riche, "We're All Minorities Now," *American Demographics*, October 1991, pp. 26–33.
43. William Dunn, "The Move toward Ethnic Marketing," *Nation's Business*, July 1992, pp. 39–44; "The Numbers Bear Out Our Diversity," *Wall Street Journal*, 24 April 1994, p. B1.
44. Dunn, p. 40; "How to Sell across Cultures," *American Demographics*, March 1994, pp. 56–58.
45. Jon Berry, "An Empire of Niches," *Superbrands: A Special Supplement to Adweek's Marketing Week*, Fall 1991, pp. 17–22.
46. Ibid.
47. "Is America Becoming More of a Class Society?" *Business Week*, 26 February 1996, pp. 86–92.
48. "Rethinking Work," *Business Week*, 17 October 1994, p. 80.
49. "Motorola's Prospects Are Linked to New Technologies," *Wall Street Journal*, 11 April 1996, p. B4.
50. "Could America Afford the Transistor Today?" *Business Week*, 7 March 1994, pp. 80–84.
51. "Frito-Lay Devours Snack-Food Business," *Wall Street Journal*, 27 October 1995, pp. B1, B4.

Chapter 4

1. "Did Whirlpool Spin Too Far Too Fast?" *Business Week*, 24 June 1996, pp. 136–138.
2. "Potato Chips—To Go Global—Or So Pepsi Bets," *Wall Street Journal*, 30 November 1995, pp. B1, B10.
3. Edmund Faltermayer, "Is 'Made in the U.S.A.' Fading Away?" *Fortune*, 24 September 1990, pp. 62–73.
4. "Riding High: Corporate America Now Has an Edge Over Its Global Rivals," *Business Week*, 9 October 1995, pp. 134–146.
5. Ibid.
6. Paul Krugman, "Competitiveness: Does It Matter," *Fortune*, 7 March 1994, pp. 109–116; and "New Lift for the U.S. Export Boom," *Fortune*, 13 November 1995, pp. 73–75.
7. U.S. Central Intelligence Agency, *The World Fact Book* (Washington, DC: Government Printing Office, 1993), p. 334; U.S. Department of Commerce, Bureau of the Census, *Statistical Abstract of the United States* (Washington, DC: Government Printing Office, 1993), p. 722.
8. *The World Almanac* (Mahwah, NJ: World Almanac Books), 1996, p. 426.
9. "Economists Predict Strength in Exports," *Wall Street Journal*, 29 December 1995, p. A2.
10. U.S. Central Intelligence Agency, p. 334; U.S. Department of Commerce, p. 722.
11. "U.S. Trade Deficit Fell $9.18 Billion in Quarter," *Wall Street Journal*, 13 March 1996, p. A2.
12. Neil Jacoby, "The Multinational Corporation," *Center Magazine*, May 1970,

p. 37.
13. Robert Reich, "Who Is Them?" *Harvard Business Review*, March–April 1991, pp. 77–89.
14. "The Stateless Corporation," *Business Week*, 14 May 1990, pp. 98–105.
15. Theodore Levitt, "The Globalization of Markets," *Harvard Business Review*, May–June 1983, pp. 92–102.
16. Saeed Samiee and Kendall Roth, "The Influence of Global Marketing Standardization on Performance," *Journal of Marketing*, April 1992, pp. 1–17; see also James Willis, Coskun Samli, and Laurence Jacobs, "Developing Global Products and Marketing Strategies: A Construct and a Research Agenda," *Journal of the Academy of Marketing Science*, Winter 1991, pp. 1–10.
17. "For Peruvians, Fizzy Yellow Drink Is the Real Thing," *International Herald Tribune*, 27 December 1995, p. 3.
18. "Global Products Require Name-Finders," *Wall Street Journal*, 11 April 1996, p. B5.
19. "Don't Be An Ugly-American Manager," *Fortune*, 16 October 1995, p. 225.
20. "Trainers Help Expatriate Employers Build Bridges to Different Cultures," *Wall Street Journal*, 14 June 1993, pp. B1, B6.
21. "Portrait of the World," *Marketing News*, 28 August 1995, pp. 20–21.
22. "In the New Vietnam, Baby Boomers Strive for Fun and Money," *Wall Street Journal*, 7 January 1994, pp. A1, A5.
23. Vladimir Kvint, "Don't Give Up on Russia," *Harvard Business Review*, March–April 1994, pp. 4–12.
24. Thomas Kamm, "Brazil Swiftly Becomes Major Auto Producer As Trade Policy Shifts," *Wall Street Journal*, 18 April 1994, pp. A1, A4.
25. "India Opening Up to Western Marketers, But Challenges Abound," *Marketing News*, 6 November 1995, pp. 1–2.
26. "Pop Radio In France Goes French," *International Herald Tribune*, 2 January 1996, p. 2.
27. Ibid.
28. "This Is One the White House Can't Duck," *Business Week*, 8 April 1996, p. 52.
29. Ibid.; also see Moshe Givon, Vijay Mahajan, and Eitan Muller, "Software Piracy: Estimation of Lost Sales and the Impact on Software Diffusion," *Journal of Marketing*, January 1995, pp. 29–37.
30. Marie Anchordoguy, "A Brief History of Japan's Keiretsu," *Harvard Business Review*, July–August 1990, pp. 58–59.
31. Robert Cutts, "Capitalism in Japan: Cartels and Keiretsu," *Harvard Business Review*, July–August 1992, pp. 48–50.
32. "U.S. Sees Progress in Talks with Japan, but Seeks More Action on Trade Gap," *Wall Street Journal*, 31 July 1992, p. B2.
33. "How NAFTA Will Help America," *Fortune*, 19 April 1993, pp. 95–102.
34. Karl Zinsmeister, "Swallowed Up at Work," *American Enterprise*, January 1996, pp. 16–19.
35. "How NAFTA Will Help," pp. 95–102.
36. "NAFTA Rivals Debate Impact on Jobs," *Dallas Morning News*, 26 February 1996, p. 1D.
37. "Latin Nations, Unsure of U.S. Motives, Make Their Own Trade Pacts," *Wall Street Journal*, 9 January 1996, pp. A1, A4.
38. "Road to Unification," *Sky*, June 1993, pp. 32–41.
39. Tony Horwitz, "Europe's Borders Fade, and People and Goods Can Move More Freely," *Wall Street Journal*, 18 May 1993, pp. A1, A10. Reprinted by permission of the *Wall Street Journal*, © 1993 Dow Jones & Company, Inc. All Rights Reserved Worldwide.
40. Rahul Jacob, "The Big Rise," *Fortune*, 30 May 1994, pp. 74–90.
41. Ibid.
42. "Plan Helps Exporters Fish Abroad From Docks at Home," *Wall Street Journal*, 5 March 1996, p. B2.
43. "Making Global Alliances Work," *Fortune*, 17 December 1990, pp. 121–123.
44. "For Whirlpool, Asia Is the New Frontier," *Wall Street Journal*, 25 April 1996, pp. B1, B4.
45. Joel Bleeke and David Ernst, "The Way to Win in Cross-Border Alliances," *Harvard Business Review*, November–December 1991, p. 130; also see P. Rajan Varadarajan and Margret Cunningham, "Strategic Alliances: A Synthesis of Conceptual Foundations," *Journal of the Academy of Marketing Science*, Fall 1995, pp. 282–296; George Day, "Advantageous Alliances," *Journal of the Academy of Marketing Science*, Fall 1995, pp. 297–300; and Johny Johansson, "International Alliances: Why Now?" *Journal of the Academy of Marketing Science*, Fall 1995, pp. 301–304.
46. "Major U.S. Companies Expand Efforts to Sell to Consumers Abroad," *Wall Street Journal*, 13 June 1996, pp. A1, A6.
47. "FedEx: Europe Nearly Killed the Messenger," *Business Week*, 25 May 1992, p. 124.
48. "The New U.S. Push into Europe," *Fortune*, 10 January 1994, pp. 73–74.
49. "TI Teams Up In Asia," *Dallas Morning News*, 4 February 1996, p. H1.
50. David Szymanski, Sundar Bharadwaj, and P. Rajan Varadarajan, "Standardization versus Adaptation of International Marketing Strategy: An Empirical Investigation," *Journal of Marketing*, October 1993, pp. 1–17.
51. "P&G Viewed China As a National Market And Is Conquering It," *Wall Street Journal*, 12 September 1995, pp. A1, A6.
52. "'Made in America' Isn't the Kiss of Death Anymore," *Business Week*, 13 November 1995, p. 62.
53. "Global Ad Campaigns, after Many Missteps, Finally Pay Dividends," *Wall Street Journal*, 27 August 1992, pp. A1, A8.
54. "Can TV Save the Planet," *American Demographics*, May 1996, pp. 43–47.
55. "Machine Dreams," *Brandweek*, 26 April 1993, pp. 17–24.
56. "Ewing Shoots to Shoe Planet," *Brandweek*, 7 March 1994, p. 10.
57. "Marketing Board Games Is No Trivial Pursuit," *Dallas Morning News*, 14 January 1996, pp. 1F, 4F.
58. "Ford's Global Gladiator," *Business Week*, 11 December 1995, pp. 116–118.
59. "Hmm. Could Use a Little More Snake," *Business Week*, 15 March 1993, p. 53.
60. "Europe's Unity Undoes a U.S. Exporter," *Wall Street Journal*, 1 April 1996, p. B1.
61. "Can Rubbermaid Crack Foreign Markets?" *Wall Street Journal*, 20 June 1996, p. B1.
62. "The Rumble Heard Round the World: Harleys," *Business Week*, 24 May 1993, pp. 58–59.
63. "Unknown Fruit Takes On Unfamiliar Markets," *Wall Street Journal*, 9 November 1995, pp. B1, B5.
64. "Greeks Protest Coke's Use of Parthenon," *Dallas Morning News*, 17 August 1992, p. 4D.
65. "Kiddi Just Fine in the U.K., But Here It's Binky," *Marketing News*, 28 August 1995, p. 8.
66. Cyndee Miller, "U.S. Firms Lag in Meeting Global Quality Standards," *Marketing News*, 15 February 1993, pp. 1, 6, reprinted with permission of American

Marketing Association; Ronald Henkoff, "The Hot New Seal of Quality," *Fortune*, 28 June 1993, pp. 116–120; "Competition At Home Pushes More Companies to Seek an International Rating," *Wall Street Journal*, 1 September 1995, p. A1.
67. Ibid.
68. "PC Makers Find China Is a Chaotic Market Despite Its Potential," *Wall Street Journal*, 8 April 1996, pp. A1, A9.
69. "Why Countertrade Is Hot," *Fortune*, 29 June 1992, p. 25; Nathaniel Gilbert, "The Case for Countertrade," *Across the Board*, May 1992, pp. 43–45.
70. "Revolution in Japanese Retailing," *Fortune*, 7 February 1994, pp. 143–146.
71. "Flouting Rules Sells GE Fridges In Japan," *Wall Street Journal*, 31 October 1995, pp. B1, B2.
72. "To All U.S. Managers Upset By Regulations: Try Germany or Japan," *Wall Street Journal*, 14 December 1995, p. A1.
73. "PC Makers Find China. . . . ," p. A9.
74. Ibid., p. A1.

Chapter 5

1. Adapted from Alix M. Freedman, "Tinier, Deadlier Pocket Pistols Are in Vogue," *Wall Street Journal*, 12 September 1996, pp. B1, B14; "Wal-Mart Bans Sheryl Crow Album Over Lyric," *U.S.A. Today*, 11 September 1996, p. D1; and Alix M. Freedman, "A Single Family Makes Many of the Cheap Pistols That Saturate Cities," *Wall Street Journal*, 28 September 1992, pp. A1, A6–A7; Andrea Gerlin, "Wal-Mart Stops Handgun Sales Inside Its Stores," *Wall Street Journal*, 23 December 1993, pp. B1, B8; Kevin Goldman, "NRA Calls Ads for Women Educational," *Wall Street Journal*, 28 September 1993, p. B6; Joseph Pereira and Barbara Carton, "Toys 'R' Us to Banish Some 'Realistic' Toy Guns," *Wall Street Journal*, 14 October 1994, pp. B1, B12.
2. Hank Walshak, "Let's Hear It For Ethics In Marketing," obtained from www.stellar.org, September 1996, pp. 1–2.
3. Elyse Tanouye and Michael Waldholz, "Merck's Marketing of AIDS Drug Draws Fire," *Wall Street Journal*, 7 May 1996, pp. B1, B6.
4. Andrea Gerlin, "How a Penney Buyer Made Up to $1.5 Million On Vendor Kickbacks," *Wall Street Journal*, 7 February 1995, pp. A1, A12.
5. Jerry E. Bishop, "TV Advertising Aimed at Kids Is Filled with Fat," *Wall Street Journal*, 9 November 1993, p. B1.
6. Helene Cooper, "CPC Advocates Use of Condoms in Blunt AIDS-Prevention Spots," *Wall Street Journal*, 5 January 1994, p. B1.
7. Wendy Bounds, "Active Seniors Do Laps of the Mall—Then Cool Down by Eating Fast Food," *Wall Street Journal*, 9 January 1993, p. B1.
8. Sharon Harris, "The Advertising of Nature's Substitutes: Societal Issues and Implications," *Proceedings of the American Marketing Association*, Summer 1996, pp. 404–405; Thomas M. Burton, "Methods of Marketing Infant Formula Land Abbott in Hot Water," *Wall Street Journal*, 25 May 1993, pp. A1, A5.
9. Mary L. Carnevalle, "Parents Say PBS Station Exploits Barney in Fund Drives," *Wall Street Journal*, 19 March 1993, pp. B1, B8.
10. Based on Edward Stevens, *Business Ethics* (New York: Paulist Press, 1979).
11. Anusorn Singhapakdi, Skott Vitell, and Kenneth Kraft, "Moral Intensity and Ethical Decisionmaking of Marketing Professionals," *Journal of Business Research*, 36 (1996), pp. 245–255; Ishmael Akaah and Edward Riordan, "Judgments of Marketing Professionals about Ethical Issues in Marketing Research: A Replication and Extension," *Journal of Marketing Research*, February 1989, pp. 112–120; see also Shelby Junt, Lawrence Chonko, and James Wilcox, "Ethical Problems of Marketing Researchers," *Journal of Marketing Research*, August 1984, pp. 309–324; and Kenneth Andrews, "Ethics in Practice," *Harvard Business Review*, September–October 1989, pp. 99–104.
12. O.C. Ferrell, Debbie Thorne, and Linda Ferrell, "Legal Pressure for Ethical Compliance in Marketing," *Proceedings of the American Marketing Association*, Summer 1995, pp. 412–3.
13. Paul Nowell, "Critics Fuming over Joe Camel's Female Friends," *Houston Chronicle*, 19 February 1994, p. 1D.
14. "Teens' Favorite Cigarettes Are Also Most Advertised," *Wall Street Journal*, 19 August 1994, p. B1; Joanne Lipman, "Surgeon General Says It's Time Joe Camel Quit," *Wall Street Journal*, 10 March 1992, pp. B1, B7; see also John P. Pierce et al., "Does Tobacco Advertising Target Young People to Start Smoking? Evidence from California," *Journal of the American Medical Association*, 11 December 1993, p. 3154; and Michael B. Mazis et al., "Perceived Age and Attractiveness of Models in Cigarette Advertisements," *Journal of Marketing*, January 1992, pp. 22–37.
15. Eben Shapiro, "FTC Confronts 'Healthier' Cigarette Ads," *Wall Street Journal*, 21 March 1994, p. B7; Larry Dietz, "Who Enjoys the Right of Free Speech? Jane Fonda, Joe Camel, You, and Me," *Adweek Western Advertising News*, 20 April 1992, p. 44.
16. Eben Shapiro, "California Plans More Antismoking Ads," *Wall Street Journal*, 26 January 1993, p. B7.
17. Suein L. Hwang and Alix M. Freedman, "Smokers May Mistake 'Clean' Cigarette for Safe," *Wall Street Journal*, 30 April 1996, pp. B1, B2.
18. Sharon Harris, pp. 404–405.
19. Laura Bird, "Critics Shoot at New Colt 45 Campaign," *Wall Street Journal*, 17 February 1993, p. B1.
20. Joanne Lipman, "Foes Claim Ad Bans Are Bad Business," *Wall Street Journal*, 27 February 1990, p. B1.
21. Deborah Schroeder, "Life, Liberty, and the Pursuit of Privacy," American Demographics, *June 1992*, p. 20.
22. Jonathan Berry, "A Potent New Tool for Selling," *Business Week*, 5 September 1994, pp. 56–62.
23. James A. Roberts, "Green Consumers in the 1990s: Profile and Implications for Advertising," *Journal of Business Research*, 36 (1996), pp. 217–231.
24. Schwartz and Miller, p. 28; Terry Lefton, "Disposing of the Green Myth," *Adweek's Marketing Week*, 13 April 1992, pp. 20–21.
25. Doug Vorhies, C.P. Rao, and John Ozment, "Marketing Capabilities and Marketing Effectiveness as Antecedents to Financial Performance," *Proceedings* of the American Marketing Association, Summer 1996, pp. 39–40.
26. Terry Lefton, "Beating the Green Rap," *Adweek's Marketing Week*, 27 January 1992, p. 6; Joe Schwartz, "Turtle Wax Shines Water, Too," *American Demographics*, April 1992, p. 14.
27. See "Green Marketing," located at www.aa.net/garage/scrape1/ green.html, 1992, p. 3.
28. See "The Green Business Conference," located at www.ecoexpo.com/EcoExpo/noframe/show/gbc.html, October 1996; and "It Ain't Easy Being a Green Retailer," *Wall Street Journal*, 20 De-

cember 1993, p. B1.
29. Adapted from Robert W. Armstrong, "An Empirical Investigation of International Marketing Ethics: Problems Encountered by Australian Firms," *Journal of Business Ethics*, March 1992, pp. 161–171.
30. This section adapted from Archie B. Carroll, "The Pyramid of Corporate Social Responsibility: Toward the Moral Management of Organizational Stakeholders," *Business Horizons*, July–August 1991, pp. 39–48.
31. Stephanie N. Mehta, "Black Entrepreneurs Benefit From Social Responsibility," *Wall Street Journal*, 19 September 1995, p. B1.
32. Barbara Clark O'Hare, "Good Deeds Are Good Business," *American Demographics*, September 1991, pp. 38–42.
33. Suzanne Alexander, "Life's Just a Bowl of Cherry Garcia for Ben & Jerry's," *Wall Street Journal*, 15 July 1992, p. B3.
34. Cara Appelbaum, "Jantzen to Pitch In for Clean Waters," *Adweek's Marketing Week*, 6 April 1992, p. 6.
35. Elyse Tanouye, "Drug Firms Start 'Compliance' Programs Reminding Patients to Take Their Pills," *Wall Street Journal*, 25 March 1992, pp. B1, B5.
36. Andrew Pollack, "Un-Writing a New Page in the Annals of Recycling," *New York Times*, 21 August 1993, p. 17.
37. Rebecca Goodell, "National Business Ethics Survey Findings," *Ethics Journal*, Fall–Winter 1994, pp. 1–3.
38. O. C. Ferrell and John Fraedrich, *Business Ethics*, 3d ed. (Boston: Houghton Mifflin, 1997), p. 173.

Chapter 6

1. Kevin Goldman, "Coke Contours New Ads to Fit 'Cultural Icon' of Shapely Bottle," *Wall Street Journal*, 14 February 1995, p. B6; Stephen Kindel, "Anatomy of a Bottle: How Coca-Cola Has Cashed In on Its Curvaceous New Packaging's Cultural Currency," *I.D.*, September–October 1995, p. 68(6); Ellen Ruppel Shell, "Package Design: The Art of Selling, All Wrapped Up," *Smithsonian*, April 1996, p. 54(9); Maria Mallory and Kevin Whitelaw, "The Power Brands," *U.S. News & World Report*, 13 May 1996, pp. 58–59; Charles Siler, "The Shape of Patents to Come in the U.K.: Coke's Contour Bottle Protected by New Rules," *Advertising Age*, 18 September 1995, p. 54.
2. Angelo Henderson, "Coming in Tomorrow's Car Seat: Storage, Built-In Safety Belts and Surround Sound," *Wall Street Journal*, 22 January 1996, pp. B1, B8.
3. Valerie Reitman and Gabriella Stern, "Adapting a U.S. Car to Japanese Tastes," *Wall Street Journal*, 26 June 1995, pp. B1, B6.
4. D. S. Sundaram and Michael D. Richard, "Perceived Risk and the Information Acquisition Process of Computer Mail-Order Shoppers," in *1995 Southern Marketing Association Proceedings*, eds. Brian T. Engelland and Denise T. Smart (Houston: Southern Marketing Association, 1995), pp. 322–326.
5. Eric D. Bruce and Sam Fullerton, "Discount Pricing as a Mediator of the Consumer's Evoked Set," in *1995 Atlantic Marketing Association Proceedings*, eds. Donald L. Thompson and Cathy Owens Swift (Orlando: Atlantic Marketing Association), pp. 32–36.
6. F. Kelly Shruptrine, "Warranty Coverage: How Important in Purchasing an Automobile," in *1995 Southern Marketing Association Proceedings*, eds. Brian T. Engelland and Denise T. Smart (Houston: Southern Marketing Association, 1995), pp. 300–303.
7. Don Umphrey, "Consumer Costs: A Determinant of Upgrading or Downgrading of Cable Service," *Journalism Quarterly*, Winter 1991, pp. 698–708.
8. Robert L. Simison, "Infiniti Adopts New Sales Strategy to Polish Its Brand," 10 June 1996, pp. B1, B7.
9. Stephen L. Vargo, "Consumer Involvement: An Historical Perspective and Partial Synthesis," in *1995 AMA Educators' Proceedings*, eds. Barbara B. Stern and George M. Zinkhan (Chicago: American Marketing Association, 1995), pp. 139–145.
10. See Gail Tom, "Cueing the Consumer: The Role of Salient Cues in Consumer Perception," *Journal of Consumer Marketing*, Spring 1987, pp. 23–27; and Joan Meyers-Levy and Laura A. Peracchio, "Understanding the Effects of Color: How the Correspondence between Available and Required Resources Affects Attitudes, *Journal of Consumer Research*, Volume 22, Number 2, September 1995, pp. 121–138.
11. Richard Gibson, "Anheuser-Busch Makes Price Moves in Bid to Boost Sales of Flagship Brand," *Wall Street Journal*, 28 February 1994, p. A7A.
12. William Boulding and Amna Kirmani, "A Consumer-Side Experimental Examination of Signaling Theory: Do Consumers Perceive Warranties as Signs of Quality?" *Journal of Consumer Research*, June 1993, pp. 111–123.
13. Teresa M. Pavia and Janeen Arnold Costa, "The Winning Number: Consumer Perceptions of Alpha-Numeric Brand Names," *Journal of Marketing*, July 1993, pp. 85–98.
14. Sean Mehegan, "A Picture of Quality: Kodak Leads EquiTrend Survey of Brand Quality for the Second Consecutive Year," *Brandweek*, 8 April 1996, p. 38.
15. Kathleen Deveny, "What's in a Name? A Lot If It's 'Texas,'" *Wall Street Journal*, 24 November 1993, pp. 11, 14.
16. Elizabeth J. Wilson, "Using the Dollarmetric Scale to Establish the Just Meaningful Difference in Price," in *1987 AMA Educators' Proceedings*, ed. Susan Douglas et al. (Chicago: American Marketing Association, 1987), p. 107.
17. Sunil Gupta and Lee G. Cooper, "The Discounting of Discounts and Promotion Thresholds," *Journal of Consumer Research*, December 1992, pp. 401–411.
18. Dana Milbank, "Made in America Becomes a Boast of Europe," *Wall Street Journal*, 19 January 1994, p. B1.
19. Matt Murray, "Americans Eat Up Vitamin E Supplies," *Wall Street Journal*, 13 June 1996, pp. B1, B8.
20. Maria Mallory and Kevin Whitelaw, "The Power Brands," *U.S. News & World Report*, 13 May 1996, p. 58.
21. Richard Gibson, "Can Betty Crocker Heat Up General Mills' Cereal Sales?" *Wall Street Journal*, 19 July 1996, pp. B1, B6.
22. Patricia Braus, "The Baby Boom at Mid-Decade," *American Demographics*, April 1995, pp. 40–45; "In the Wake of the Baby Boom," *Sales & Marketing Management*, May 1993, p. 48.
23. Karen Ritchie, "Marketing to Generation X," *American Demographics*, April 1995, pp. 34–38; Nicholas Zill and John Robinson, "The Generation X Difference," *American Demographics*, April 1995, pp. 24–33. Also see Susan Mitchell, "How to Talk to Young Adults," *American Demographics*, April 1993, pp. 50–54.
24. Steven Lipin, Brian Coleman, and Jeremy Mark, "Pick a Card: Visa, American Express, and MasterCard Vie in Overseas Strategies," *Wall Street Journal*, 15 February 1994, pp. A1, A5.
25. Kevin Goldman, "BMW Banks on Affordability and Safety," *Wall Street Journal*, 17 January 1994, p. B3; Kevin

Goldman, "BMW Shifts Gears in New Ads by Mullen," *Wall Street Journal*, 21 May 1993, p. B10.
26. Tara Parker-Pope, "New Agency Says It's No Baloney: Spam's Good Enough to Eat Alone," *Wall Street Journal*, 26 December 1995, p. B3.
27. Norihiko Shirouzu, "Flouting 'Rules' Sells GE Fridges in Japan," *Wall Street Journal*, 31 October 1995, pp. B1, B2.
28. Yumiko Ono, "Broadening War against Smoking Proves a Blessing to Gum Makers," *Wall Street Journal*, 29 March 1994, p. B9.
29. Oscar Suris, "Will Extra Doors Lure More Drivers into Trucks, Vans?" *Wall Street Journal*, 21 November 1996, pp. B1, B10.
30. Miriam Jordan, "In Rural India, Video Vans Sell Toothpaste and Shampoo," *Wall Street Journal*, 10 January 1996, pp. B1, B3.
31. Maxine Wilkie, "Names That Smell," *American Demographics*, August 1995, pp. 48–49.
32. Nora J. Rifon and Molly Catherine Ziske, "Using Weight Loss Products: The Roles of Involvement, Self-Efficacy and Body Image," in *1995 AMA Educators' Proceedings*, eds. Barbara B. Stern and George M. Zinkhan (Chicago: American Marketing Association, 1995), pp. 90–98.
33. Yumiko Ono, "Home Hair-Color Sales Get Boost as Baby Boomers Battle Aging," *Wall Street Journal*, 3 February 1994, p. B6; Suein L. Hwang, "To Brush Away Middle-Age Malaise, Male Baby Boomers Color Graying Hair," *Wall Street Journal*, 2 March 1993, pp. B1, B10.
34. Elyse Tanouye, "Pitching Wrinkles as Medical Malady, J&J Launches Rx Cream for Aging Skin," *Wall Street Journal*, 13 February 1996, p. B1, B9.
35. Matt Murray, "GNC Makes Ginseng, Shark Pills Its Potion for Growth," *Wall Street Journal*, 15 March 1996, pp. B1, B3.
36. Allanna Sullivan, "Mobil Bets Drivers Pick Cappuccino Over Low Prices," *Wall Street Journal*, 30 January 1995, pp. B1, B4.
37. Cyndee Miller, "Not Quite Global," *Marketing News*, 3 July 1995, pp. 1, 7–9; G. Pascal Zachary, "Major U.S. Companies Expand Efforts to Sell to Consumers Abroad," *Wall Street Journal*, 13 June 1996, pp. A1, A6; "Coke's Lunar New Year Ad," *Wall Street Journal*, 15 February 1996, p. B5; Kevin Goldman, "U.S. Brands Trail Japanese in China Study," *Wall Street Journal*, 16 February 1995, p. B10; and Raju Narisetti, "Can Rubbermaid Crack Foreign Markets?" *Wall Street Journal*, 20 June 1996, pp. B1, B4.
38. John W. Schouten and James H. McAlexander, "Subcultures of Consumption: An Ethnography of the New Bikers," *Journal of Consumer Research*, June 1995, pp. 43–61.
39. Yumiko Ono, "Kraft Hopes Hispanic Market Says Cheese," *Wall Street Journal*, 13 December 1995, p. B7.
40. Patrick M. Reilly, "How Do You Say 'Bestseller' in Spanish?" *Wall Street Journal*, 4 January 1995, pp. B1, B6.
41. Susan Warren, "New Beer Pins Its Appeal on State Pride," *Wall Street Journal*, 5 April 1995, pp. T1, T3.
42. Chip Walker, "Word of Mouth," *American Demographics*, July 1995, pp. 38–44.
43. "Maximizing the Market with Influentials," *American Demographics*, July 1995, pp. 42–43.
44. Ibid.
45. Kevin Goldman, "Women Endorsers More Credible Than Men, a Survey Suggests," *Wall Street Journal*, 12 October 1995, B1.
46. "Chrysler, Johnson & Johnson Are New Product Marketers of the Year," *Marketing News*, 8 May 1995, pp. E2, E11.
47. Robert Boutilier, "Pulling the Family's Strings," *American Demographics*, August 1993, pp. 44–48.
48. Diane Crispell, "The Very Rich Are Sort of Different," *American Demographics*, March 1994, pp. 11–13.
49. Diane Crispell, "Middle Americans," *American Demographics*, October 1994, pp. 28–35.
50. Kenneth Labich, "Class in America," *Fortune*, 7 February 1994, pp. 114–126.
51. Steve Liesman, "Rising Prosperity: More Russians Work Harder, Boost Income, Enter the Middle Class," *Wall Street Journal*, 7 June 1995, pp. A1, A6.
52. Adapted from Steve Rabin, "How to Sell Across Cultures," *American Demographics*, March 1994, pp. 56–57.

Chapter 7

1. Adapted from Robert W. Haas, *Business Marketing*, 6th ed. (Cincinnati, OH: South-Western College Publishing, 1995), p. 232.
2. Alan M. Patterson, "Customers Can Be Partners," *Marketing News*, 9 September 1996, p. 10.
3. Frank G. Bingham, Jr. and Barney T. Raffield III, *Business Marketing Management* (Cincinnati, OH: South-Western College Publishing, 1995) pp. 47–48.
4. Bingham and Raffield, p. 48.
5. Haas, pp. 213–220.
6. Michael D. Hutt and Thomas W. Speh, *Business Marketing*, 4th ed. (Fort Worth, TX: Dryden Press, 1992), p. 265.
7. James B. Treece, Karen Lowry Miller, and Richard A. Melcher, "The Partners," *Business Week*, 10 February 1992, pp. 103–104.
8. Adapted from Robert L. Rose, "For Whirlpool, Asia Is the New Frontier," *Wall Street Journal*, 25 April 1996, pp. B1, B4.
9. Hutt and Speh, p. 3.
10. Bingham and Raffield, pp. 18–19.
11. Gary McWilliams, "Small Fry Go Online," *Business Week*, 20 November 1995, pp. 158–164.
12. For a comprehensive review of the SIC system and its uses, see Haas, pp. 231–263.
13. Haas, p. 248.
14. Kelly Shermach, "Steel Industry Hopes to Raise Awareness for Food Products," *Marketing News*, 22 May 1995, pp. 1, 13.
15. Jonah Gitlitz, "Direct Marketing in the B-to-B Future," *Business Marketing*, July/August 1996, pp. A2, A5.
16. Haas, p. 190.
17. "Johnson & Johnson, Voluntary Hospitals Reach Supplies Pact," *Wall Street Journal*, 10 November 1992, p. B5.
18. Tom Hayes, "Using Customer Satisfaction Research to Get Closer to the Customers," *Marketing News*, 4 January 1993, p. 22.
19. Harris Gordon, "B-to-B Marketing in the Interactive Age," *Business Marketing*, July/August 1996, p. A2.
20. Amy Cortese, "Here Comes the Intranet," *Business Week*, 26 February 1996, p. 76.

Chapter 8

1. Richard Gibson, "McDonald's Plays Catch-Up with BLT Burger," *Wall Street Journal*, 2 May 1996, p. B1.
2. "Coke Targets Young Men with OK Soda," *Marketing News*, 23 May 1994, p. 8.
3. Faye Rice, "Making Generational Marketing Come of Age," *Fortune*, 26

June 1995, pp. 110–114.
4. "IBM, 15 Banks Introduce Online Service Company," *Arlington Star Telegram*, 10 September 1996, p. C4.
5. J. L. Hazelton, "Hey, Little Spenders," *Fort Worth Star Telegram*, 24 April 1996, p. B1.
6. Faye Rice, "Making Generational Marketing Come of Age," *Fortune*, 26 June 1995, pp. 110–114.
7. "How Spending Changes During Middle Age," *Wall Street Journal*, 14 January 1992, p. B1.
8. Jane Perley, "Poland Starting to See the Emergence of 'Puppies'," *Fort Worth Star Telegram*, 16 May 1996, p. C4.
9. Pam Weisz, "The New Boom Is Colored Gray," *Brandweek*, 22 January 1996, pp. 28–29.
10. Marc Spiegler, "Betting on Web Sports," *American Demographics*, May 1996, p. 24.
11. "New Ford Mustang Designed to Attract More Female Buyers," *Marketing News*, 3 January 1994, p. 27; Fara Warner, "New Cadillac Reconnaissance: Women and African Americans," *Brandweek*, 28 February 1994, pp. 1, 6; Fara Warner, "Midas Increases Bid to Attract Women," *Brandweek*, 14 March 1994, p. 5; Pam Weisz, "There's a Whole New Target Market Out There: It's Men," *Brandweek*, 21 February 1994, p. 21; Adrienne Ward Fawcett, "Ads Awaken to Fathers' New Role in Family Life," *Advertising Age*, 10 January 1994, pp. 5–8.
12. Faye Rice, "Making Generational Marketing Come of Age," *Fortune*, 26 June 1995, pp. 110–114.
13. Valerie Reitman, "Will Americans Go for Tiny Sport-Utility Cars?" *Wall Street Journal*, 31 January 1996, pp. B1, 2.
14. Louise Lee, "Discounter Wal-Mart Is Catering to Affluent to Maintain Growth," *Wall Street Journal*, 7 February 1996, pp. 1, 6.
15. "Blacks' Family Incomes Grew During 1980s, Census Says," *Fort Worth Star-Telegram*, 25 July 1992, p. A3.
16. Eugene Morris, "The Difference in Black and White," *American Demographics*, January 1993, pp. 44–46.
17. "Marketers Pay Attention! Ethnics Comprise 25 Percent of the U.S. Market," *Brandweek*, 18 July 1994, p. 26.
18. "Coors Courts Blacks with Research, Events," *Advertising Age*, 17 April 1996, p. 46.
19. "Spiegel, Ebony Aim to Dress Black Women," *Wall Street Journal*, 18 September 1991, pp. B1, B7.
20. "The Largest Minority," *American Demographics*, February 1993, p. 59; "Profile: Hispanics," *Advertising Age*, 3 April 1995, p. S–18.
21. Stuart Livingston, "Marketing to the Hispanic Community," *Journal of Business Strategy*, March–April 1992, pp. 54–57.
22. "Specific Hispanics," *American Demographics*, February 1994, pp. 44–53.
23. "To Reach Minorities, Try Busting Myths," *American Demographics*, April 1992, pp. 14–15; "Poll: Hispanics Stick to Brands," *Advertising Age*, 15 February 1993, p. 6.
24. "Advertising in Hispanic Media Rises Sharply," *Marketing News*, 18 January 1993, p. 9.
25. Elizabeth Roberts, "Different Strokes," *Adweek's Marketing Week*, 9 July 1990, p. 41; also see "What Does Hispanic Mean?" *American Demographics*, June 1993, pp. 46–56.
26. Sydney Roslow and J. A. F. Nicholls, "Hispanic Mall Customers Outshop Non-Hispanics," *Marketing News*, 6 May 1996, p. 14.
27. "Asian Americans," *CQ Researcher*, 13 December 1991, pp. 947–964.
28. Adapted from William O'Hare, "A New Look at Asian Americans," *American Demographics*, October 1990, pp. 26–31. Reprinted with permission © *American Demographics*, October 1990. For subscription information, please call (800) 828-1131.
29. "Asian Ads Shuffled Behind Curtain," *Advertising Age*, 3 April 1995, p. S-26.
30. Jerry Goodbody, "Taking the Pulse of Asian Americans," *Adweek's Marketing Week*, 12 August 1991, p. 32. Used by permission of A/S/M Communications, Inc.
31. Alex Taylor III, "Porsche Slices Up Its Buyers," *Fortune*, 16 January 1995, p. 24.
32. Gregory A. Patterson, "Target 'Micromarkets' Its Way to Success; No 2 Stores are Alike," *Wall Street Journal*, 31 May 1995, pp. 1, 9.
33. Kate Fitzgerald, "Happy Birthday (Name Here)," *Advertising Age*, 21 February 1994, p. 17.
34. "x $ = ?" *Brandweek*, 31 January 1994, pp. 18–24.
35. Stan Rapp and Thomas Collins, *The New Maxi Marketing*, exerpted in *Success*, April 1996, pp. 39–45.
36. "IBM Realizes Marketing," *Marketing News*, 6 June 1994, p. 1.
37. Much of the material in this section is based on Michael D. Hutt and Thomas W. Speh, *Business Marketing Management*, 4th ed. (Hinsdale, IL: Dryden Press, 1992), pp. 170–180.
38. Kelly Shermach, "Niche Malls: Innovation for an Industry in Decline," *Marketing News*, 26 February 1996, pp. 1–2.
39. Tim Triplett, "Game Stores Find a Niche among the Competitive," *Marketing News*, 23 May 1994, p. 14.
40. Susan Chandler, "Kids' Wear Is Not Childs' Play," *Business Week*, 19 June 1995, p. 118.
41. Leon Jaroff, "Fire in the Belly, Money in the Bank," *Time*, 6 November 1995, pp. 56–58.
42. Tim Triplett, "Consumers Show Little Taste for Clear Beverages," *Marketing News*, 23 May 1994, pp. 1, 11.
43. Tim Triplett, "Marketers Eager to Fill Demand for Gambling," *Marketing News*, 6 June 1994, pp. 1, 2.
44. These examples were provided by David W. Cravens, Texas Christian University.
45. Steve Gelsi, "Staying True to the Sole," *Brandweek*, 8 April 1996, pp. 24, 26.
46. Elaine Underwood, "Sea Change," *Brandweek*, 22 April 1996, pp. 33–36.
47. Kathryn Hopper, "Polished and Profitable," *Fort Worth Star Telegram*, 22 March 1996, pp. B1, 3.
48. Cyndee Miller, "Firm Touts Milk Product as Hip Alternative to Soda," *Marketing News*, 23 May 1994, p. 6.

Chapter 9

1. Adapted from Chad Rubel, "Boston Market Also Likes to Serve Up Fast Research," *Marketing News*, 26 February 1996, p. 12.
2. "A Potent New Tool for Selling—Database Marketing," *Business Week*, 5 September 1994, pp. 56–62.
3. Jagdish Sheth and Rajendra Sisodia, "Feeling the Heat–Part 2," *Marketing Management*, Winter 1995, pp. 19–33.
4. Ibid.
5. Ibid.
6. "Coupon Clippers, Save Your Scissors," *Business Week*, 20 June 1994, pp. 164–166.
7. Jim Costelli, "How to Handle Personal Information," *American Demographics*, March 1996, pp. 50–58.
8. "Keebler Learns to Pay Attention to

Research Right from the Start," *Marketing News*, 11 March 1996, p. 10.
9. "Pizza Hut Explores Customer Satisfaction," *Marketing News*, 25 March 1996, p. 16.
10. Andrew Bean and Michael Roszkowski, "The Long and Short of It," *Marketing Research*, Winter 1995, pp. 21–26.
11. Scott Dacko, "Data Collection Should Not be Manual Labor," *Marketing News*, 28 August 1995, p. 31.
12. John Vidmar, "Just Another Metamorphosis," *Marketing Research*, Spring 1996, pp. 16–18; Sharon Munger, "Premium Medium," *Marketing Research*, Spring 1996, pp. 10–12; and William Nicholls, "Highest Response," *Marketing Research*, Spring 1996, pp. 5–8.
13. Diane Pyle, "How to Interview Your Customers," *American Demographics*, December 1990, pp. 44–45.
14. "New Product Survey Uses Voice Mail," *Dallas Morning News*, 14 October 1995, p. 2F.
15. Trish Shukers, "Integrated Interviewing," *Marketing Research*, Spring 1996, pp. 20–21.
16. "E-Mail Surveys–Potentials and Pitfalls," *Marketing Research*, Summer 1995, pp. 29–33.
17. Ibid.; see also "Net? Not Yet," *Marketing Research*, Spring 1996, pp. 26–29.
18. "Stay Plugged In to New Opportunities," *Marketing Research*, Spring 1996, pp. 13–16.
19. "More, Better, Faster," *Quirk's Marketing Research Review*, March 1996, pp. 10–11, 50.
20. Tibbett Speer, "Nickelodeon Puts Kids Online," *American Demographics: 1994 Directory of Marketing Information Companies*, pp. 16–17.
21. Chris Van Derveer, "Demystifying International Industrial Marketing Research," *Quirk's Marketing Research Review*, April 1996, pp. 28, 35.
22. "Refining Service," *Quirk's Marketing Research Review*, January 1996, pp. 10–11, 35.
23. Michael McCarthy, "James Bond Hits the Supermarket: Stores Snoop on Shoppers' Habits to Boost Sales," *Wall Street Journal*, 25 August 1993, pp. B1, B8.
24. "Do Not Adjust Your Set," *American Demographics*, March 1993, p. 6; "Nielsen Rival to Unveil New Peoplemeter," *Wall Street Journal*, 4 December 1992, p. B8.
25. "Nielsen Schmielsen," *Business Week*, 12 February 1996, pp. 38–39.

Chapter 10

1. Pam Weisz, "Avon Broadens Mix with Housewares," *Brandweek*, 2 October 1995, p. 4.
2. Ibid.
3. Chris Roush, "At Times, They're Positively Glowing," *Business Week*, 12 July 1993, p. 141.
4. Terry Lefton, "Still Battling the Ozone Stigma," *Adweek's Marketing Week*, 16 March 1992, pp. 18–19.
5. Matthew Grimm, "Kentucky Fried (Not) Chicken Set to Turn Rotisseries on Full Blast," *Brandweek*, 12 July 1993, pp. 1, 6.
6. Noreen O'Leary, "The Old Bunny Trick," *Brandweek*, 18 March 1996, pp. 26–30.
7. Ibid., p. 29.
8. Brandon Mitchener, "Mercedes Adds Down-Market Niche Cars," *Wall Street Journal*, 21 February 1996, p. A10.
9. "Miller Launches New Flagship Beer Brand," *Marketing News*, 8 March 1996, p. 9.
10. "Make it Simple," *Business Week*, 9 September 1996, p. 96.
11. Ibid.
12. Jim Carlton, "Apple CEO Outlines Survival Strategy," *Wall Street Journal*, 14 May 1996, pp. A2, A4.
13. "Teens Name Coolest Brands," *Marketing News*, 12 February 1996, p. 6.
14. Keith J. Kelly, "Coca-Cola Shows That Top-Brand Fizz," *Advertising Age*, 11 July 1994, p. 3.
15. Cited in Alexandra Ourusoff, "Who Said Brands Are Dead?" *Brandweek*, 9 August 1993, pp. 20–33.
16. Peter H. Farquhar, et al., "Strategies for Leveraging Master Brands," *Marketing Research*, September 1992, pp. 32–43.
17. Rahul Jacob, "Asia, Where the Big Brands Are Blooming, *Fortune*, 23 August 1993, p. 55.
18. Holly Heline, "Brand Loyalty Isn't Dead—But You're Not off the Hook," *Brandweek*, 7 June 1993, pp. 14–15.
19. Diane Crispell and Kathleen Brandenburg, "What's in a Brand?" *American Demographics*, May 1993, pp. 26–32.
20. Sandra Baker, "Savvy Shoppers," *Fort Worth Star Telegram*, 31 March 1996, p. D1.
21. Chad Rubel, "Price, Quality Important for Private Label Goods," Marketing News, 2 January 1995, p. 24.
22. "Kmart Accelerates Private Label Push," *Brandweek*, 29 January 1996, p. 6.
23. Bruce Orwall, "Multiplying Hotel Brands Puzzle Travelers," *Wall Street Journal*, 17 April 1996, p. B1.
24. Kelly Shermach, "Cobranded Credit Cards Inspire Consumer Loyalty," *Marketing News*, 9 September 1996, p. 12.
25. Karen Benezra, "New Tabasco Product a Chip Shot For Frito," *Brandweek*, 22 April 1996, p. 8.
26. "Food Fax," *Fort Worth Star-Telegram*, 22 May 1996, Section E, p. 4.
27. "Cobranding Just Starting in Europe," *Marketing News*, 13 February 1995, p. 5.
28. "Register The Rumble," Harley-Davidson Motor Company, 20 November 1995.
29. Steven C. Bahls and Jane Easter Bahls, "Fighting Fakes," *Entrepreneur*, February 1996, pp. 73–76.
30. Carrie Dolan, "Levi Tries to Round Up Counterfeiters," *Wall Street Journal*, 19 February 1992, pp. B1, B8; Damon Dorlin, "Coca-Cola's Sprite Enters South Korea; Local Sprint Follows," *Wall Street Journal*, 21 February 1992, p. B5.
31. Maxine Lans Retsky, "Who Needs the New Community Trademark," *Marketing News*, 3 June 1996, p. 11.
32. "Motorola Bets Big On China," *Fortune*, 27 May 1996, p. 116.
33. Marcus Brauchli, "Chinese Flagrantly Copy Trademarks of Foreigners," *Wall Street Journal*, 20 June 1994, pp. B1, B5.
34. Robert Greenberger, "U.S. Sharply Attacks China Over Intellectual Property," *Wall Street Journal*, 1 May 1996, pp. A3, A14.
35. Ibid.
36. Raju Narisetti, "Plotting to Get Tissues Into Living Rooms," *Wall Street Journal*, 3 May 1996, pp. B1, B12.
37. Judith J. Riddle, "J&J Ready to Flip Lid on Tylenol," *Brandweek*, 3 May 1993, p. 3.
38. Ibid.
39. "Just Enough Packaging," *Wall Street Journal*, 7 September 1995, p. A1.
40. "A Biodegradable Plastic Gains Notice," *Wall Street Journal*, 4 February 1993, p. A1; Robert McMath, "It's All in the Trigger," *Adweek's Marketing Week*, 6 January 1992, pp. 25–28.
41. Pam Weisz, "Price Tools for Pfixer-Uppers," *Brandweek*, 18 April 1994, p. 8.
42. Beverly Bundy, "What's in It for You?" *Fort Worth Star-Telegram*, 4 May

1994, p. D1.
43. Jacqueline Simmins, "Using Labeling Rules to Pitch a Product," *Wall Street Journal*, 25 March 1994, p. B1.
44. Steve Rivkin, "The Name Game Heats Up," *Marketing News*, 22 April 1996, p. 8.
45. Hugh Filman, "A Brand New World: Packaged Goods Companies Go Global with Their Wares," *Marketing Executive Report*, June 1992, pp. 22–23.
46. "Make it Simple," p. 102.

Chapter 11

1. Karen Benezra, "Frito Max-es Out With Olestra Line," *Brandweek*, 29 April 1996, p. 4.
2. Marian Burros, "No One Can Eat One Bag," *Star-Fort Worth Telegram*, 23 May 1996, p. E8.
3. Ibid.
4. *New Product Management in the 1980s* (New York: Booz, Allen and Hamilton, 1982), p. 8.
5. Sam Bradley, "Hallmark Enters $20B Pet Category," *Brandweek*, 1 January 1996, p. 4.
6. Greg Erickson, "New Package Makes a New Product Complete," *Marketing News*, 8 May 1995, p. 10.
7. Yumiko Ono, "Nonsmearing Lipstick Makes a Vivid Imprint on Revlon," *Wall Street Journal*, 16 November 1995, pp. B1, B3.
8. Betsy Spethmann, "Tang Blastoff," *Brandweek*, 11 March 1996, pp. 1, 6.
9. Don Clark, "H-P Unveils Lower-Priced Color Copier," *Wall Street Journal*, 2 October 1995, p. B3.
10. *New Product Management*, p. 3.
11. Ibid., pp. 10–11.
12. Brian Dumaine, "Payoff from the New Management," *Fortune*, 13 December 1993, pp. 103–110.
13. "Search and Employ," *Forbes*, 3 June 1996, p. 88.
14. George Gruenwald, "Some New Products Spring From Unsystematic Process," *Marketing News*, 8 May 1995, p. 4.
15. David W. Cravens, *Strategic Management*, 5th ed. (Homewood, IL: Richard D. Irwin, Inc., 1997), p. 255.
16. Kathleen Kerwin, "The Shape of the New Machine," *Business Week*, 24 July 1995, pp. 60–66.
17. Tom Lynch, "Internet: A Strategic Product Introduction Tool," *Marketing News*, 22 April 1996, p. 15.
18. "Procter & Gamble Co. To Test a New Spray For Removing Odors," *Wall Street Journal*, 8 May 1996, p. A5.
19. Christopher Power, "Will It Sell in Podunk? Hard to Say," *Business Week*, 10 August 1992, pp. 46–47.
20. Ibid., p. 46.
21. Ibid.
22. John Bissell, "What's in a Brand Name? Nothing Inherent to Start," *Brandweek*, 7 February 1994, p. 16.
23. Lynch, p. 15.
24. Bissell, p. 16.
25. Joel Baumwoll, "Why Didn't You Think of That?" *Marketing News*, 22 April 1996, p. 6.
26. David W. Cravens, *Strategic Marketing*, 5th ed. (Chicago: Irwin, 1997), pp. 244–245.
27. "Chrysler Considering Building a Small Car For Markets in Asia," *Wall Street Journal*, 16 October 1995, p. A2.
28. Timothy D. Schellhardt, "David in Goliath," *Wall Street Journal*, 23 May 1996, p. R14.
29. "Blue-Sky Research Comes Down to Earth," *Business Week*, 3 July 1995, pp. 78–80.
30. Benezra, p. 4.

Chapter 12

1. Keith H. Hammonds, "Oxford's Education," *Business Week*, 8 April 1996, pp. 108, 110.
2. Shannon Dortch, "Metros At Your Service," *American Demographics*, May 1996, pp. 4–5.
3. Ronald Henkoff, "Service Is Everybody's Business," *Fortune*, 27 June 1994, pp. 48–49. © 1994 Time, Inc. All rights reserved.
4. Ibid.
5. "The Manufacturing Myth," *Economist*, 19 March 1994.
6. "That's Entertainment," *Services Marketing Today* [Services Marketing Division newsletter, American Marketing Association], May–June 1994, p. 4.
7. Lynn Beresford, "Visual Aid," *Entrepreneur*, March 1996, p. 38.
8. "UPS Studies Adding Passenger Flights," *Fort Worth Star-Telegram*, 9 May 1996, p. B1.
9. "Saturn, Luxury Car Brands Score Big," *Fort Worth Star-Telegram*, 17 June 1994, p. B4; Stephanie Anderson Forest, "Radio Shack Goes Back to the Gizmos," *Business Week*, 28 February 1994, p. 102.
10. "Inside Job," *Entrepreneur*, June 1996, p. 32.
11. Much of the material in this section is based on Christopher H. Lovelock, *Services Marketing* (Englewood Cliffs, NJ: Prentice-Hall, 1996), pp. 39–40.
12. "Baby Pictures Just a Phone Call Today," *Services Marketing Today* [Services Marketing Division newsletter, American Marketing Association], March–April 1994, p. 4.
13. Steve McLinden, "Microtel Selects Site in Arlington," *Fort Worth Star-Telegram*, 24 May 1996, p. B1.
14. Joseph B. Pine II, *Mass Customization: The New Frontier in Business Competition* (Boston, MA: Harvard Business School Press, 1993).
15. Hammonds, pp. 108, 110.
16. "American Express Plans New Financial Services," *Fort Worth Star-Telegram*, 16 May 1996, p. C2.
17. Dan Reed, "Airlines Go On Line to Cut Costs," *Fort Worth Star-Telegram*, 13 April 1996, p. B1.
18. Mark S. Leach, "A Blockbuster Opens in Wal-Mart," *Fort Worth Star-Telegram*, 23 May 1996, p. C2.
19. Henkoff, pp. 52, 56.
20. Laurie Freeman, "Samaritan Applies Business-to-Business Approach to Revise Image, Lure Patients," *Business Marketing*, December 1995, p. 25.
21. Patricia Seelers, "Yes, Brands Can Still Work Magic," *Fortune*, 7 February 1994, pp. 133–134.
22. Much of the material in this section based on Lovelock, pp. 238–240.
23. Leslie Gornstein, "MCI Introduces Bundled Services on Single Billing," *Fort Worth Star-Telegram*, 30 April 1996, pp. B1–2.
24. Much of the material in this section is based on Leonard L. Berry and A. Parasuraman, *Marketing Services* (New York: Free Press, 1991), pp. 132–150.
25. Joshua Levine, "Relationship Marketing," *Forbes*, 20 December 1993, pp. 232–234.
26. "Car Rental: Hertz—#1," *Services Marketing* [Services Marketing Division newsletter, American Marketing Association], July–August 1993, p. 4.
27. Berry and Parasuraman, pp. 151–152.
28. "Business Giants to Plow $100 Million Into Child and Elder Care," *Fort Worth Star-Telegram*, 14 September 1995, p. B1.
29. Aaron Bernstein, "United We Own," *Business Week*, 18 March 1996, pp.

96–102.
30. Sam Bradley, "One World, One UPS," *Brandweek*, 5 February 1996, p. 20.
31. Andrea Petersen, "Charities Bet Young Will Come for the Music, Stay for the Pitch," *Wall Street Journal*, 7 September 1995, p. B1.
32. Nevin J. "Dusty" Rodes, "Marketing a Community Symphony Orchestra," *Marketing News*, 29 January 1996, p. 2.
33. Silvia Sansoni, "Gucci, Armani and . . . John Paul II?" *Business Week*, 15 April 1996, p. 108.
34. Louise Nameth, "A Safety Net for Net Surfers," *Business Week*, 15 April 1996, p. 108.

Chapter 13

1. Robert Posten, "Consumers Will Be Picky About Packaged Goods," *Marketing News*, 2 December 1996, pp. 7, 18.
2. Kenneth Labich, "Is Herb Kelleher America's Best CEO?" *Fortune*, 2 May 1994, pp. 45–52.
3. David Greisling, "Quality: How to Make It Pay," *Business Week*, 8 August 1994, pp. 54–59.
4. Much of the material in this chapter regarding the customer value triad is based on Earl Naumann, *Creating Customer Value* (Cincinnati, OH: Thomson Executive Press, 1995).
5. Michael Treacy and Fred Wiersema, "How Market Leaders Keep Their Edge," *Fortune*, 6 February 1995, pp. 88–98.
6. Mari Yamaguchi, "Japanese Consumers Shown Local Catalogs to Buy American," *Marketing News*, 2 December 1996, p. 12.
7. Otis Port and John Carey, "Questing for the Best," *Business Week*, 25 October 1991, p. 10.
8. Keith H. Hammonds and Gail DeGeorge, "Where Did They Go Wrong?" *Business Week*, 25 October 1991, p. 35.
9. Mark Henricks, "Step By Step," *Entrepreneur*, March 1996, pp. 70, 72, 74.
10. Port and Carey, p. 14.
11. Michael E. Milakovich, *Improving Service Quality* (Delray Beach, FL: St. Cecil Press), pp. 31–33.
12. Peter Wendel, "Supplier Quality in the Automobile Industry," *The Quality Observer*, March 1996, pp. 9–10.
13. Michael Barrier, "Small Firms Put Quality First," *Nation's Business*, May 1992, p. 30.
14. "The Quality Accomplishments of Five Automotive Aftermarket Companies," *The Quality Observer*, March 1996, pp. 17–19, 20.
15. Jordan D. Lewis, "Western Companies Improve Upon the Japanese 'Keiretsu'," *Wall Street Journal*, 12 December 1995, p. A21.
16. Mike Vasilakes, "Wilson Oxygen Teams Up with Employees and Suppliers to Improve Quality," *Welding Distributor*, March–April 1993, pp. 65–70.
17. Dan Reed, "Class Consciousness," *Fort Worth Star Telegram*, 7 February 1996, pp. B1–2.
18. Helen Manley, "Great Expectations," *Australian Hotelier*, July 1995, pp. 45–47.
19. Paul Magnusson and Keith H. Hammonds, "Health Care: The Quest for Quality," *Business Week*, 8 April 1996, pp. 104–106.
20. Naumann, pp. 81–84.
21. Mary Kuatz, Lori Bongiorno, Keith Naughton, Gail DeGeorge, and Stephanie Anderson, "Reinventing the Store," *Business Week*, 27 November 1995, pp. 84–96; and Keith Naughton, Kathleen Kerwin, Bill Vlasic, Lori Bongiorno, and David Leonharat, "Revolution in the Showroom," *Business Week*, 19 February 1996, pp. 70–76.
22. Valarie A. Zeithaml and Mary Jo Bitner, *Services Marketing* (New York: The McGraw-Hill Companies, Inc., 1996).
23. Larry Light, ed., "Up Front," *Business Week*, 12 August 1996, p. 4.
24. Heather Page, "Equal Access," *Entrepreneur*, July 1996, p. 28.
25. Zeithaml and Bitner.
26. Chad Rubel, "Managers Buy into Quality When They See It Works," *Marketing News*, 25 March 1996, p. 14.
27. John E. Martin, "Unleashing the Power in Your People," *Arthur Andersen Retailing Issues Letter* [Texas A&M University, Center for Retailing Studies], September 1994, p. 1.
28. Much of the material in this section is based on Naumann, pp. 101–121.
29. Bill Saporito, "Behind the Tumult at P&G," *Fortune*, 7 March 1994, p. 75.
30. Brian S. Moskal, "Consumer Age Begets Value Pricing," *Industry Week*, 21 February 1994, p. 36.
31. Elaine Underwood, "Hilton, Hyatt, Clarion Eye 'Smart' Check Tech," *Brandweek*, 27 November 1995, p. 21.
32. Jim Fuquay, "Fast-Track Treatment," *Fort Worth Star Telegram*, 9 May 1996, pp. B1, B5.
33. "California State Parks Listen to Customers," *Quality Digest*, May 1996, p. 9.
34. Much of the material in this section is from Earl Naumann and Kathleen Giel, *Customer Satisfaction Measurement and Management* (Cincinnati, OH: Thomson Executive Press, 1995).
35. Greisling, p. 56.
36. Much of the material in this section is based on Frederick F. Reichheld, *The Loyalty Effect* (Boston, MA: Harvard Business School Press, 1996).
37. Jonathan B. Levine, "Customer, Sell Thyself," *Fast Company*, June–July 1996, p. 148.
38. Treacy and Wiersema, pp. 94–95.
39. Scott McCartney, "Taking Wing," *Fort Worth Star Telegram*, 16 May 1995, p. C1.
40. Chad Rubel, "Treating Coworkers Right is the Key to Kinko's Success," *Marketing News*, 29 January 1996, p. 2.

行銷學（上冊）

著　　者／Charles W. Lamb, Joseph F. Hair, Carl McDaniel
譯　　者／郭建中
出 版 者／揚智文化事業股份有限公司
發 行 人／葉忠賢
責任編輯／賴筱彌
登 記 證／局版北市業字第 1117 號
地　　址／台北市新生南路三段 88 號 5 樓之 6
電　　話／886-2-23660309　886-2-23660313
傳　　真／886-2-23660310
印　　刷／鼎易印刷事業股份有限公司
法律顧問／北辰著作權事務所　蕭雄淋律師
初版一刷／2000 年 8 月
ISBN ／957-818-153-1
定　　價／新台幣 550 元
郵政劃撥／14534976
帳　　戶／揚智文化事業股份有限公司
E - mail ／tn605547@ms6.tisnet.net.tw
網　　址／http://www.ycrc.com.tw

國家圖書館出版品預行編目資料

行銷學／Charles W. Lamb, Joseph F. Hair, Carl McDaniel 著；郭建中譯. -- 初版. -- 台北市：揚智文化，2000〔民 89〕

冊； 公分. --

譯自：Marketing, 4th ed.

ISBN 957-818-153-1（上冊：精裝）. -- ISBN 957-818-154-X（下冊：精裝）

1. 市場學

496 89008108